普通高等教育"十四五"规划教材

园艺植物研究法

曹云娥　王晓敏　薛占军　主编

中国农业大学出版社

·北京·

内容简介

《园艺植物研究法》全书共十五章(不含绪论),主要内容包括:园艺植物科学试验研究概述、园艺植物试验设计技术、园艺植物生物学特性调查、园艺植物种质资源研究、园艺植物砧木选择与嫁接的应用、园艺植物土肥水管理试验、园艺植物整形修剪试验、园艺植物花芽分化研究、园艺植物抗性研究、园艺植物产品品质研究、园艺植物设施栽培研究、园艺植物生物技术研究、园艺植物病虫害基础研究方法、高光谱成像技术的应用、软件介绍。本书内容广泛且深入,涉及农学、化学、生物学、生态学、环境科学等诸多学科范畴,在教学过程中可根据各地、各学校、各专业的具体情况和教学需要,加以选用。

图书在版编目(CIP)数据

园艺植物研究法/曹云娥,王晓敏,薛占军主编. -- 北京:中国农业大学出版社,2023.10

ISBN 978-7-5655-3074-6

Ⅰ.①园… Ⅱ.①曹… ②王… ③薛… Ⅲ.①园林植物-研究方法-高等学校-教材 Ⅳ.①S68-3

中国国家版本馆CIP数据核字(2023)第179485号

书　名 园艺植物研究法
Yuanyi Zhiwu Yanjiu Fa

作　者 曹云娥　王晓敏　薛占军　主编

策划编辑 杜　琴　王笃利　　**责任编辑** 杜　琴
封面设计 李尘工作室
出版发行 中国农业大学出版社
社　址 北京市海淀区圆明园西路2号　　**邮政编码** 100193
电　话 发行部 010-62733489, 1190　　读者服务部 010-62732336
编辑部 010-62732617, 2618　　出　版　部 010-62733440
网　址 http: // www.caupress.cn　　**E-mail** cbsszs@cau.edu.cn
经　销 新华书店
印　刷 运河(唐山)印务有限公司
版　次 2023年10月第1版　2023年10月第1次印刷
规　格 210 mm×285 mm　16开本　27.5印张　700千字
定　价 81.00元

编审人员

主　编　曹云娥　王晓敏　薛占军

副主编　胡晓辉　夏晓剑　孙　婧　张　毅

编　者　(按姓氏笔画排序)

王　玉（南京农业大学）
王晓卓（宁夏大学）
王晓敏（宁夏大学）
孔秋生（华中农业大学）
石　玉（山西农业大学）
田永强（中国农业大学）
刘厚诚（华南农业大学）
孙　婧（内蒙古农业大学）
吴龙国（宁夏大学）
辛　明（宁夏大学）
张　毅（山西农业大学）
张雪艳（宁夏大学）
胡晓辉（西北农林科技大学）
夏晓剑（浙江大学）
曹云娥（宁夏大学）
靳　磊（宁夏大学）
樊　丽（内蒙古农业大学）
薛占军（河北农业大学）

主　审　杨凤娟（山东农业大学）

前　言

为全面贯彻“实施科教兴国战略，强化现代化建设人才支撑”的部署，进一步深化我国高等农业院校教育教学改革创新，针对教育部对专业课程的设置，满足学科专业调整，培养创新人才，提高创新能力，服务经济社会发展，推进国家事业发展的厚基础、宽口径、广适应、高素质、强能力复合型专业人才的需要以及不断促进教育事业发展成果更多、更公平地惠及全体人民，我们组织编写了《园艺植物研究法》。《园艺植物研究法》是一本集果树、蔬菜和观赏植物为一体，主要针对园艺、园林等本科专业课程教学需要的教材。教材编写以“扎根中国、融通中外、立足时代、面向未来的新理念、新思想、新观点”为指导思想，广泛吸收有价值的国内外最新研究成果和方法，注重体现“科学性、先进性、新颖性、融合性、综合性、引领性和实用性”原则，使教材结构和内容渐臻新颖完善，易于学习使用。该教材涉及学科多，知识面广，内容纷繁庞杂，因而大多数章节都由 2～3 人编写，目的是集合多人智慧和多学科知识，使编写内容更加完善。

本教材共十五章（不含绪论），第一章至第三章主要介绍园艺植物包括果树、蔬菜和观赏植物科学研究的共性基础知识和方法、试验设计、生物学调查等，这是学生学习该门课程必须掌握的通用知识。其余各章则针对各种园艺植物的共性和特点，结合园艺植物科学试验研究所要求的系统知识，把能够融合果树、蔬菜和观赏植物三大类主要园艺植物的基础内容按章编排。同时，也将一些新方法、新技术，如无公害和绿色食品生产、设施栽培及生物技术等研究内容写进了教材。各校可根据实际情况选讲。本书可作为本科生教材，对于研究生及园艺工作者也是一本十分重要的参考工具书。

本教材的编写分工为：绪论由孔秋生编写；第一章由王玉编写；第二章由曹云娥编写；第三章由孙婧、樊丽、靳磊编写；第四章由王晓敏编写；第五章由田永强编写；第六章由张雪艳编写；第七章由樊丽编写；第八章由张毅编写；第九章由胡晓辉编写；第十章由刘厚诚编写；第十一章由石玉编写；第十二章由夏晓剑编写；第十三章由薛占军、辛明编写；第十四章由吴龙国编写；第十五章由曹云娥、王晓卓编写。在每章末都提供了思考题，以供读者巩固学习。

本教材承蒙山东农业大学杨凤娟教授审阅，感谢杨凤娟教授提出了许多宝贵意见。同时还要感谢编者所在院校对本教材编写工作的大力支持与协助。

由于本教材涉及的植物种类多，学科知识面广，书中难免存在一些缺点和不足，诚望同人和广大读者批评指正。

编　者

2022 年 8 月

目 录

绪论

一、园艺植物研究法的内涵

园艺(Horticulture),即园地栽培(Garden Husbandry),包括果树、蔬菜和观赏植物的栽培、繁育技术和生产经营方法,可相应地分为果树园艺、蔬菜园艺和观赏园艺。园艺一词,原指在围篱保护的园囿内进行的植物栽培,现代园艺虽早已打破了这种局限,但仍是比其他作物种植更为集约的栽培经营方式。

园艺植物(Horticulture Plant)是一类供人类食用或观赏的植物,狭义上园艺植物包括果树、蔬菜、花卉,广义上还包括西瓜、甜瓜、茶树、芳香植物、药用植物和食用菌等。园艺植物既有乔木、灌木、藤本植物,又有一、二年生及多年生草本植物,还有许多真菌和藻类植物(如蘑菇、木耳、紫菜、海带等),资源十分丰富,种类极其繁多。

研究(Research)指对事物进行调查、钻研或探讨,以寻求事物的真相、性质和规律等。研究的英文"Research"有反复探索、寻求之意,其英文解释为:Careful study or investigaion,especially in order to discover new facts or information 或 Advanced study of a subject,so as to learn new facts or scientific laws。可见研究就是为寻求真知而反复探索未知的过程,这是一个充满艰苦而好奇的过程。

法乃方法,方法(Method)一词源于希腊语,由 Meta 和 Hodos 合成,含有"沿着"和"道路"的意思,表示人们活动所选择的正确途径或道路。方法在《墨子·天志(中)》中意为测定方形之法。黑格尔把方法称为主观方面的手段,但它不是物化了的手段,而是人类认识客观世界和改造客观世界应遵循的某种方式、途径和程序的总和。科学方法就是科学认识主体为从实践和理论上把握科学认识客体(即科学对象,如果树、蔬菜、观赏植物等)而采用的一般思维手段和操作步骤的总和。在园艺植物研究中,科学方法包括观察与调查方法、试验研究方法、实验室实验法、数学方法、逻辑思维方法等。

"园艺植物研究法"是针对我国高等农业院校园艺专业开设的课程,是学生进行科学研究并掌握必要研究手段的"工具书"。本课程的学习要求学生掌握园艺植物科学研究的全过程和基本方法,初步培养学生独立进行科学研究的素养和能力。

二、园艺业的发展趋势

园艺业是农业种植生产中的一个重要组成部分,对于丰富人类营养、美化和改造人类生存环境有重要意义。我国是世界园艺产业大国,生产规模已居世界第一。我国的园艺业已经历了由单纯追求种植面积向追求产量的转变,现正在由数量型生产向质量效益型生产转变。

随着人们生活质量的不断提高,园艺产品逐渐走进大众视野,这就对园艺业的发展提出了更高的要求,园艺业也相应呈现新的发展趋势。

1. 资源最优化利用与开发

资源利用包括对光能、土地和植物材料等资源的合理优化利用。我国园艺植物资源极其丰富，是十二大植物的起源中心之一。资源的最优化利用就是因地制宜地确定栽培植物的种类、品种，并以最高效率开发自然条件优势，发挥植物种质资源的效力，使之获得最高产量和最优品质，即“适地适种适栽”。资源的优势利用还包括继续研究和开发利用野生园艺植物资源。我国的野生园艺植物资源非常丰富，有野生果树 73 科、173 属、1 076 种以及 81 个亚种、变种和变型；有野生蔬菜 213 科、2 822 种；野生花卉更多，仅新疆就有 156 属、1 087 种。近几十年来，野生果树(如山葡萄、猕猴桃、刺梨、越橘、酸枣、沙棘、树莓等)和野生蔬菜(如蕨菜、薇菜、苋菜、苦荬菜、水飞蓟、落葵、猴头菌等)的开发利用都取得了很好的成就。随着对野生资源的深入调查研究，我国野生园艺植物的利用与开发必定有更加广泛的发展前景。

2. 大力发展绿色食品，积极开拓有机园艺

绿色食品产业是我国一项开创性事业，20 世纪 80 年代我国首先组织实施了无公害蔬菜生产技术，后又扩大到粮食、果树及其他农产品，并于 1989 年首次提出了绿色食品(Green Food)概念。1995 年，中国绿色食品发展中心又正式发布了绿色食品标准，并定义为“经专门机构认定，许可使用绿色食品标志的安全、优质、营养食品”。我国是世界上第一个由政府倡导开发绿色食品的国家，即参照国外相关食品标准，结合我国国情，将绿色食品分为 A 级和 AA 级。AA 级基本等同于国外有机食品或生态食品，果品基本要求达到 AA 级，其生产过程中禁止使用有害的化学合成肥料、农药和食品添加剂。国际上主要发展有机(生态)食品，并在 1972 年成立了国际有机农业运动联盟(International Federal of Organic Agriculture Movement，IFOAM)，其将有机(生态)食品定义为根据有机农业和有机食品生产加工标准而生产、加工、经授权的有机食品颁证单位颁发证书的、供人们食用的一切食品。有机食品生产中不得使用化学合成物质、辐射和基因工程获得的生物及其产物，以维持可持续农业发展的生产体系。在园艺上，提出了有机园艺(Organic Horticulture)和生态园艺(Ecological Horticulture)两个概念。从长远看，有机园艺是一种发展方向，应积极开拓。

3. 观光及设施园艺迅速发展，多种园艺形式不断展现

观光园艺(Visiting Horticulture)、都市园艺(City Horticulture)、旅游园艺(Traveling Horticulture)均有相似的内涵，都是配合休闲、旅游的园艺，是现代农业发展到一定阶段和人们生活达到一定水平后的必然产物。随着我国经济的迅速发展及都市化进程的加快，集经济、旅游、休闲、生态、科普等多功能为一体的观光园艺业，必将在我国尤其是大、中城市周边得到迅速发展。同时，设施园艺(Installation Horticulture)即利用太阳能调节热量的反季节栽培，如各种温室、大棚、遮阳网等发展也非常迅速。近年来还不断涌现出多种园艺植物种植形式：诸如市场园艺(Market Gardening)，即自采果园、自采菜园、自采花圃等；社区园艺(Sociedistrict Gardening)，即在楼房之间种植园林树木、花卉、草坪、果树、蔬菜等；家庭园艺(Household Gardening)，即在家庭的楼顶、阳台、室内栽种园艺植物；微型园艺(Miniature Gardening)，即在一定容器内栽培园艺植物。有的学者还提倡运输园艺(Transport Horticulture)，即主张适地适栽，建立生产基地，在最适地区规模化生产园艺产品，哪里需要往哪里运输。在交通发达的今天，这也不愧是一种好方法。总之，多种形式园艺生产并举，有利于进一步促进园艺产业的发展与兴盛。

三、园艺植物科学研究的意义与任务

科学研究是人类探索、揭示和利用客观规律以改造世界的活动，是扩充、修改和整理知识的探索工作。近半个世纪以来，园艺事业得到了迅速发展，园艺植物的科学研究取得了可喜成就，特别是近20多年来，园艺事业的发展速度是前所未有的。园艺植物的研究，如种质资源的发掘、保存与利用，优良新品种的引选育，高产优质高效的配套管理技术，产前、产中、产后各环节的配套措施，贮藏保鲜及加工技术，现代生物技术等方面都取得了世人瞩目的成果。但是应该看到，与世界上园艺植物科学研究和生产的先进国家相比，我国园艺植物的生产与研究还有许多问题需要研究和解决，例如，我国的园艺植物种质资源尚未得到充分发掘和利用，尤其是抗性资源的利用；在园艺植物的生产栽培中仍然存在品种良莠不齐，良种区域化未完全实现，病虫危害严重，缺乏科学的土肥水配套管理和整形修剪技术，单位面积产量低，产品质量较差等问题；产品的防腐保鲜、贮藏加工、运输销售等方面也存在很多问题；设施栽培和生物技术研究还比较落后。在果树方面，树种及品种结构不合理，苹果、梨、柑橘超过果品总量的60%，而且中、晚熟品种所占比例仍然较大，品质欠佳，优质果率仅为40%左右，能达到精品果标准的产品只占总产量的5%左右；采后处理及贮运手段整体落后，加工能力严重不足。在蔬菜方面，种植技术水平不高，采后处理、贮运方式落后，产品深加工与发达国家相比处于落后水平。在花卉方面，只重视扩大生产规模，忽视提高单位面积产量，专业化、规模化生产程度低，生产方式落后，花卉质量差，缺乏国际竞争力。由此可见，园艺植物的科学研究任重而道远。已有成果的取得依靠的是科学研究，现有问题的解决仍需要依靠科学研究，可以说，园艺植物科学研究是推动园艺产业科研与生产不断向前发展的源动力。

今后园艺植物科学研究的主要任务有：研究园艺植物生产与外界环境的关系；选择培育优良的园艺植物种类、品种及砧木；研究解决快速培育苗木技术；研究合理栽植密度和相应的整形修剪技术；研究“早、高、稳、优、低”的高效益管理技术；研究提高品质、提高观赏价值、创建品牌的综合技术；研究果园土肥水等栽培管理技术；研究果实采收适期及产后贮、运、销等综合应用技术；研究主要病虫害的预测预报及综合防治技术；研究园艺植物信息网络、市场与流通、科技与开发、社会化服务等方面存在的问题以及改进与促进措施。

第一章

园艺植物科学试验研究概述

科学技术对生产力、社会和经济的发展具有重要的推动作用。要探索和应用科学技术,科学研究是必需的。科学研究是人们探索未知事物的本质和规律及对已有知识分析、整理的实践活动。科学研究是科学活动的具体表现和中心内容。本章主要介绍科学技术和科学研究的概念与分类,园艺植物科学试验研究的特点、方法和程序。

第一节　科学技术和科学研究的概念与分类

一、科学

1. 概念

人们在认识自然、探索自然、改造自然的同时,一直在探究科学的本质。不同学者对科学给出了解释,但迄今为止,还没有一个被世人所公认的定义。因此,人们更多地是从一个侧面对科学的本质特征加以揭示和描述。在梵语中,"科学"指的是"特殊的智慧"。在拉丁语中,"科学"为"Sciencetia",是学问或知识的意思,英语中的"Science"也是由拉丁文衍生而来的。16世纪,"Science"被引入中国,并译为"格致"。"格致"是"格物致知"的简称,表示实践出真知。日本明治维新时期的教育学家福泽吉将"Science"译成"科学",后被康有为引进并使用,自此"科学"取代了"格致",沿用至今。我国《辞海》和《自然辩证法词典》对科学概念的解释为:"科学是关于自然、社会和人类思维等的知识体系或正确反映自然、社会和思维本质与规律的系统知识,是实践经验的结晶"。随着科学的发展,人们对科学的认识逐渐深入,科学的定义也在不断完善,如今科学不只是"知识或者学问",也不仅仅是"知识体系",而是"反映自然、社会和思维等客观规律的知识体系相关活动的事业"。

2. 分类

(1)根据研究对象分类　可将科学分为三类:

①自然科学(Natural Science)。以自然界现象及其规律为研究对象,研究自然发展规律的科学。

②社会科学(Social Science)。以人类社会为研究对象,研究社会发展规律的科学。

③人文科学(Humanities Science)。以人类精神生活为研究对象,研究人类精神表现的科学。

(2)根据研究直接目的分类　园艺植物科学研究属于自然科学的范畴。根据研究直接目的,自然科学通常划分为以认识自然为目的的基础科学和以改造和利用自然为目的的应用科学两类。

①基础科学(Basic Science)。也称为理论科学,是应用科学的理论基础。其任务是探索自然界的未知领域,揭示、掌握自然事物和现象的性质和发展规律。通常划分为数学、物理学、化学、天文学、地球科学、生物学、逻辑学等。

②应用科学(Applied Science)。有时也称之为(广义的)技术科学,它是研究如何将基础理论用于指导解决生产实践中的问题,如何将基础理论转化为生产力的科学,如医学、农学、气象学、材料学等。

人们习惯上把基础科学称为(狭义的)自然科学,由于应用科学称为技术科学,通常简称技术,故基础科学又常简称为(狭义的)科学。

3. 自然科学的特点

(1)同一性 自然科学的研究对象是客观存在的,是不以人的主观意志为转移的。它不掺杂任何带有主观色彩和阶级意识的理论,不具有阶级性,因而能被不同阶级的人共同接受,体现同一性。

(2)继承性 自然科学中凡经过实践检验是正确的内容,就可以永久为后人所继承。除非在某一时期被证实错误或有一定局限,否则不会因社会形态更替被摒弃,并且随时间推移愈加完善,表现继承性。

(3)动力性 自然科学能够指导人们利用和改造自然,是知识形态的生产力,一旦投入生产实践就会形成推动社会发展强大的原动力,即动力性。

(4)实践性 自然科学的知识来源于实践,又终将服务于实践,其正确与否也需要经过实践的反复验证,所以具有很强的实践性。

(5)动态性与暂时性 自然科学的知识必须经常面对质疑和验证,要么证实其合理性从而接受、继承,要么发现其错误之处并加以修改,甚至完全推翻。

二、技术

技术(Technology)是指人类在实践(包括生产、生活、交往等方面)活动中,根据积累起来的实践经验和科学知识创造的各种物质手段和方式方法之和。技术既包括生产工具、设备等硬件,又包括方法、工艺和制度等软件,是成套的知识系统。

现代科学与技术是辩证统一的,二者互为前提,互相促进又互相制约。科学知识对技术发明有着重要的指导作用,技术发展的需要是许多重大科学课题的研究目的;科学理论和科学实验上的重大突破能产生全面的连锁反应,促进科学技术和社会生产力的迅猛发展,同时现代基础科学研究越来越依赖各种先进、高超的实验和观测技术;技术发明是科学知识的物化,没有技术这个中间环节,科学知识就无法成为经济发展的推动力,经济发展又反过来为探索科学提供了更多的资源和资金。因此,科学与技术既有联系又有区别,它们之间的关系如表1-1所示。

表1-1 科学与技术的联系和区别

项目	科学	技术
联系	科学理论的重大突破为技术进步铺路	技术进步为科学发展提供了有力的实验技术支撑;技术是科学转化为生产力的中间环节
目的	认识世界,理解和阐明自然界的本质及其规律	改造世界,实现对自然界的控制、利用及保护
任务	着重解决“是什么”“为什么”“能不能”等问题,提供物化的可能	着重解决“做什么”“怎么做”等实际问题,提供物化的现实

续表 1-1

项目	科学	技术
表现形态	知识、理论形态。属于社会的精神财富	物质形态(包括生产过程中的劳动手段、加工方法、工具设备等)。属于社会的物质财富
作用	领先的、开路的	后继的
最终产物	理论性的知识	物质的,有形和无形的产品(包括可以买卖的物品和方法)
效益	长远的社会效益	直接的经济效益
评价标准	以对知识的贡献大小为标准,要求深	以对生产和经济的贡献大小为标准,要求新
保密性	不保密。没有强烈的商业性,取得的先进研究成果一般抢先发表;在正常情况下或得到版权所有者同意后,可自由引用或运用	最初绝对保密。可有专利,可以购买或转让

三、科学研究

1. 概念

科学研究来源于英文“Research”,由前缀“re”(表示再度、反复的意思)和“search”(指探索、寻求的意思)组成,合起来就是反复探索的意思。世界各国习惯上用“研究与开发”(Research and Development, R & D)表示科学研究的概念。日本就直接用“研究开发”(RD)表示科学研究。

科学研究最根本的目的在于探索未知、揭示规律,提高人们认识和改造自然的能力,具体表现为:推动科学不断发展,促使技术不断进步,引导社会不断前进。

2. 分类

科学研究有多种分类方法,一般根据其性质、目的、应用和过程来划分。根据研究过程可将科学研究分为基础研究、应用研究和开发研究。三者的主要特点对比见表 1-2。

表 1-2 不同类型研究的主要特点对比

项目	基础研究	应用研究	开发研究
研究概念	以创新探索知识为目标的研究	运用基础研究成果和有关知识为创造新产品、新材料、新方法、新技术的技术基础所进行的研究	利用基础研究、应用研究成果和现有知识为创造新产品、新材料、新方法、新技术进行的研究
研究目的	发现自然规律和发展科学理论	探讨科学知识转化为技术的可能	生产新产品和完成工程任务
选题原则	以学术价值为主	注重社会与经济效益,兼顾学术价值	以经济效益为主,并注重社会效益
课题来源	以自选为主	上级下达、生产单位委托、自选均有	以上级下达及生产单位委托为主
管理原则	提倡自主、自由,无具体内容、时间、经费要求	有较明确的目标、时间、经费要求	有明确的目标、计划,有严格的时间、经费要求
管理方法	经费约占研究总经费的15%,多实行基金制	经费占总经费的20%~30%,基金制和技术合同制兼有	经费占总经费的60%~70%,技术合同制或承包制

续表 1-2

项目	基础研究	应用研究	开发研究
成果形态	学术论文、专著	学术论文、专利、原理、模型	专利设计、图纸、论证报告、样品、专利产品
成果意义	对科学有广泛深远的影响,可开拓新技术或新生产领域	对有限特定领域有较普遍影响	影响特定具体领域
成功率	一般 5%～10%,实现商业化、企业化的占 2%～3%	一般 50%～60%,实现商业化、企业化的可能性较大	一般 90% 以上,实现商业化、企业化可能性最大
保密性	一般没有保密性	有一定的保密性	有很强的保密性

第二节 园艺植物科学试验研究特点

园艺植物种类繁多,包括草本、藤本和木本植物;生长周期长短不等,从一、二年生到多年生均有;经济产品类型多样,根、茎、叶、花、果实、种子均有。根据目前的分类,园艺植物主要包括果树、蔬菜和观赏园艺植物。果树以多年生木本植物为主(也有少数是草本植物,如草莓、香蕉、菠萝等),一般株型高大,多为深根性,以果实作为食用器官。蔬菜多为一、二年生草本植物,株型矮小,多为浅根性,根、茎、叶、花、果实、种子均可食用。观赏园艺植物包含一至多年生草本和木本植物,株型多样,以花、叶、果实、枝干和根系为主要观赏器官,具有良好的社会效益。根据园艺植物的生物学和栽培学特性,园艺植物科学试验研究主要具有五个方面的特点:

一、时间性

园艺植物具有年周期和生命周期两个发育周期,在不同年龄和不同物候期的园艺植物发育状态差异很大,进行试验研究时比较复杂,因此园艺植物试验研究在时间上具有连续性和长周期性特点。多年生的园艺植物生长周期长,其试验研究所需时间相对较长,而一年生园艺植物生命周期短,其试验研究所需时间也相对较短。

二、季节性

除了基因型因素,园艺植物的生长发育及开花结果很大程度上受环境条件的影响,与季节时令息息相关。因此,园艺植物试验研究具有较强的季节性。

三、空间性

多年生的木本园艺植物(大部分果树和一些观赏植物)长期生长在同一个地方,由于树体高大,枝叶繁茂,根系深且分布广,占有的地上和地下空间较大,进行园艺植物试验研究时需要较大的小区面积,试验易受个体所占区域的地形、土壤及小气候等条件的影响,很难保证试验条件的一致性,试验误差较大。相反,植株矮小的园艺植物(如蔬菜和一些草本花卉植物),生活空间小,相对容易保证环境条件及植株株型的一致性。

四、差异性

园艺植物的种类和品种繁多，差异极大。同一种园艺植物，不同品种在株型、叶形、叶色、果实大小、果形和果色等方面可能存在非常大的差异，如番茄果实有红色、粉色、黄色、紫色、绿色等多种颜色。园艺植物的产品器官有营养器官（根、茎和叶）和生殖器官（花、果实和种子）。以营养器官为产品的植物，为了获得优质高产，需要抑制其生殖器官的发育；而以果实为产品的则要促进生殖器官的发育。此外，同一品种不同个体之间也存在一定的差异，如果树等株型较大的园艺植物，树冠的上、中、下和内、中、外不同生态部位的微域气候存在差异，地下部表土和心土对根系的影响也存在差异，这就导致器官组织的生长发育产生差异，进而影响产量和品质。

五、简缩性

多年生园艺植物生长发育具有连续性，其生长发育受外界环境条件和栽培技术的影响，并且外界环境条件和栽培技术对这些植物的作用也具有累积和传递作用，即当年的环境和技术措施会影响到以后几年的生长。根据有机体与环境统一的观点，植物本身就年复一年持续记录着它对外界环境的生态生理反应。因此，在科学试验研究中，可以通过对干、茎、枝、芽、叶、花序、果薹和节间等生物学的调查，推测前几年的生长发育状况及环境条件对它的影响，这样就能在较短时间内获得更多的试验结果，既能简化试验方法，又能缩短试验期限。

第三节　园艺植物科学试验研究方法

园艺植物试验研究具有时间性、季节性、空间性、差异性和简缩性的特点，能反映园艺植物试验研究的复杂性。如何恰当运用一系列科学、合理、准确、经济的研究方法探索园艺植物生长发育规律及其影响因素，对发现、创制新的种质资源，提高园艺植物的抗逆栽培技术、产量和品质起至关重要的作用。所谓研究方法就是为了达到研究目的而采取的具体步骤和手段。在园艺植物科学试验中，常用的科学方法有观察法、田间试验研究法、实验室试验法和逻辑思维法。

一、观察法

（一）观察的定义和意义

所谓观察，是指人们通过感觉器官或借助某些科学辅助仪器和其他科学手段，在自然发生的状态或人为发生的条件下，有目的、有计划、有组织、有思考、长期持续地感受观察对象所提供的信息，并进行系统的考察和描述的过程。观察是人们认识事物获得第一手感性经验和事实的根本途径，是科学研究中最基本、最普遍的方法和必要步骤，也是检验和发展某些科学理论的实践基础。因此，有人说“科学研究开始于观察”。

观察不是简单地看一看，搜集一些材料。它具有明确的目的、任务和观察对象，是为了解决一定的科学问题，积极地探索未知客观事物的本质及其规律而进行系统观察的过程。通过观察自然事物或现象，记录客观事实，发现主次矛盾，可为进一步的理论分析提供第一手初始资料。

（二）观察的要素

观察要素主要包括观察目的、观察对象、观察内容、观察环境和观察工具。

1. 观察目的

观察目的指“为什么观察”，是根据研究的需要而定的，与整个科学技术研究的目的相一致，即揭示研究对象的性质和规律性，指导社会实践。由于观察目的不同，所选择的观察对象、内容、环境和工具也不一样。首先要明确观察目的，然后确定观察对象、内容、环境和工具等。

2. 观察对象

观察对象是根据观察目的而定的，园艺植物试验研究的观察对象主要为各种果树、蔬菜和观赏园艺植物。观察可分为定性观察和定量观察。定性观察又称现象观察，仅指对观察对象的性状或观察对象与其他事物的定性关系的观察，如叶子是否脱落，叶子、花、果实的形状、大小、颜色等。但在科学研究中，不仅要知道“是不是”，还要知道“有多少”，这就往往要求对观察对象可以量化的性状以及观察对象与其他事物的数量关系进行测定和描述，即定量观察，如什么时候萌芽、开花、落叶等；抽多少枝，发枝率多少；枝多长、多粗等。

3. 观察内容

观察内容也是由观察目的和对象决定的，分为基本观察和专项观察。物候观察就属于基本观察的内容，如观察植物在什么时候萌芽、开花、坐果、果实转色、成熟等。专项观察则是为某一专门的研究任务而开展观察计划、提供观察资料的，如品种丰产性能的观察，除基本观察外，还要对分枝、结果习性做专项观察。

4. 观察环境

环境条件分为自然环境和特定环境。自然环境是保持自然状态下的环境，特定环境为栽培条件下的试验设计或不同条件下比较观察的环境。因为大多数园艺植物是栽培植物，所以园艺植物的观察主要在栽培条件下进行，观察环境属于特定环境。无论是在自然环境还是特定环境下观察，都要注意环境因素对园艺植物生长发育的影响，通常会有许多重要意义的科学发现。

5. 观察工具

根据是否使用工具将观察分为直接观察和间接观察。直接观察是最传统的观察方法，全靠观察者感觉器官进行观察，现在仍不失其重要性。间接观察是指观察者必须借助一定的观察工具进行的观察。观察工具是感觉器官的强化和延伸，扩展了感觉器官的感知范围，提高了感觉器官的感知精度。在园艺植物的科学观察中，常用的观察工具有：普通显微镜、体视显微镜、荧光显微镜、双目扩大镜、扫描显微镜、激光共聚焦显微镜、照相机、照度计、钢卷尺、游标卡尺、测微尺、天平、台秤、折射仪、测糖仪、温度计、湿度计等。

（三）观察的原则

在园艺植物科学研究工作中，要使观察获得准确的资料，必须遵循目的性、客观性、典型性和全面性原则。

1. 目的性原则

观察首先要具有明确的观察对象和观察目的。一般观察是消极接受外界对感官的刺激过程，而目的性正是将科学观察与一般观察区别开来的重要标志。若没有一定的目的，对大量的、复杂的感性材料的整理分析就无从谈起。

2. 客观性原则

观察必须坚持客观性原则，即坚持实事求是，对自然事物不加控制、不加干预，不影响其常态，观察其客观的、真实的本来面目，并将得到的观察资料反复核对，力求资料真实，避免先入之见、假象和错觉，观察时不能掺杂任何感情色彩或个人偏见。

3. 典型性原则

在园艺植物的研究观察中，观察对象千差万别，范围广，数量大，性质形态多样。如对一块一万至几万平方米的果园或菜园进行观察，显然不可能对所有植物进行全面、逐一、系统的观察，实际上也没有这个必要。只能从中抽样选择部分植株，有条件地撇掉与研究目的无关的内容、次要的过程，尽可能排除干扰因素，即选择具有普遍代表性的典型植株，这样所观察的材料才能代表全体，从而获得对研究对象真实的、细微的、本质的认识。选取典型观察对象后，人们便可集中时间和精力对其仔细观察，收集准确和必需的观察资料。

4. 全面性原则

全面性是观察的基本原则。观察对象往往由不同个体或不同部分组成，这就要求我们在观察时不能片面地、孤立地把握事物，而应尽可能地从不同方面、不同角度、不同层次进行观察，全面把握观察对象的各个属性和特征，以准确把握事物的本质。此外，园艺植物是有生命的，在不断地进行生长发育，时间和空间上是处于变化的。因此，园艺植物的观察也要随着其生长发育的进程进行，不能只停留在某一个点或时期。例如，进行叶片生长发育规律的观察，要从叶芽分化开始，定期观察测定，直至叶片脱落。将所有观察的结果整合起来做成动态的图，才能观察到叶片动态变化。只有通过动态观察才能全面了解变化的过程。因此，在观察的过程中只有做到动态地、全面地、系统地掌握观察对象的各种表现形态、时间上的演变规律以及空间的分布规律，才能真正地反映客观真相。

（四）观察的方法

根据观察目的，依据观察原则，制定出观察计划。观察计划包括观察目的（如物候、品种比较等）、观察对象、观察地点、观察要求等，根据观察内容制定观察记录表格、观察工具清单等。

这里以物候观察为例说明观察的方法。所谓物候是指植物和动物在一年中随着气候的变化而出现的自然节律现象，如园艺植物的萌芽、展叶、开花、结果、落叶等。物候出现的时期称为物候期，表现出来的特征现象称为物候相。园艺植物物候观察的重点是生长期的变化，通过物候观察来了解园艺植物生理机能和形态发生的变化规律，为栽培管理提供依据。

1. 物候观察地点及观测植株的选定

所选的观察地点一定要有代表性，能代表该地区的自然环境条件。观察多年生园艺植物时，要在代表性园地中选择一定数量的代表性植株并编号，进行多年固定不变的观察。

2. 观测记载方法

不同植物的记载方法存在差异，木本和草本植物物候观测记录表如表 1-3 和表 1-4 所示。

表 1-3 木本植物物候观测记录表

品种	发展时期								
	萌芽期		展叶期		开花期				
	芽膨大期	芽开绽期	开始展叶期	展叶盛期	花序出现期	始花期	盛花期	开花末期	落花期

品种	发展时期								
	结果期					叶片变色期		落叶期	
	坐果期	果实膨大期	果实着色期	果实成熟期	果实脱落期	叶开始变色期	叶全部变色期	开始落叶期	落叶末期

表 1-4 草本植物物候观测记录表

品种	发育时间						
	播种期	出苗期	移栽期	营养生长盛期	开花期	结果期	采收期

二、田间试验研究法

1. 概念与评价

田间试验(Field Experiment)是指在大田的自然环境中,进行人为处理和控制,以差异对比法为基础,以园艺植物本身的表现作为指示,进行一系列处理、观察、比较来客观评价不同处理的效果与反应。试验中要突出主要研究内容,排除次要因素。田间试验是基本的试验,广泛应用于园艺植物试验研究。

多年生园艺植物田间试验的时间比较长,还需要一定的材料、仪器、设备及经费等条件。在新品种、新技术、新产品进行推广前,都要进行田间试验。只有在田间试验成功后,才能进行大面积推广。

2. 田间试验步骤

田间试验先进行预备试验,然后进行正式田间试验(图 1-1)。

(1)预备试验(Primary Experiment) 是在对试验处理的效果无十分把握的情况下进行的一种探索性试验,是为正式试验做准备的试验,又叫初步试验。它的规模小,设计简单,处理可以多一些,重复数可以少一些,试验时间短,准确性要求较低,只是为了初步探索某些理论的正确性或某些技术、方法和计划的可行性,或者初步鉴定某些品种的基本特性等,然后在预备试验的基础上进行优化,开展进一步

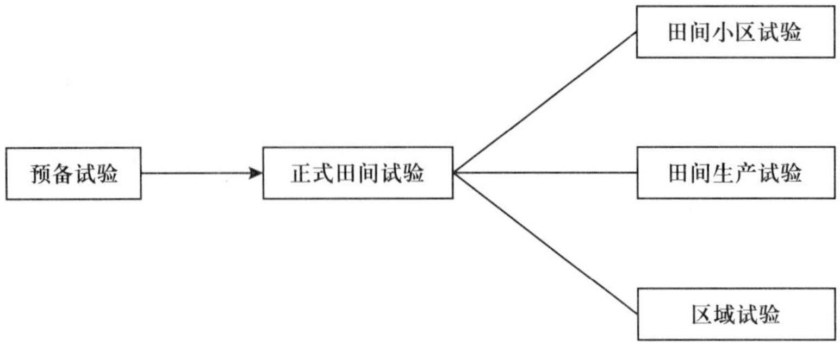

图 1-1　田间试验步骤

的研究，使正式试验建立在更有把握的基础之上。尤其是一些重大研究项目需要做预备试验，如引种试验等。

(2) 正式田间试验　又名基本试验(Basic Experiment)，是一种主要的试验形式，是比较长时间的试验，要按试验的目的和要求进行设计，准确性要高，对试验的设置和方法应有充分的依据和全面的考虑，是成果鉴定或论文撰写的主要依据。可分为以下三个步骤进行：

①田间小区试验(Small Plot Experiment)。在田间进行的以小区为基本单元的正式试验，其特点是在人为控制的条件下进行，小区面积小，代表性较差。为了提高试验的精准度，小区面积大小要适当，重复次数要多，设有保护行以控制边际影响，选择适当的统计方法进行显著性检验。

②田间生产试验(Production Experiment)。把小区试验放在生产条件或接近生产条件下进行重复试验，检验小区试验取得的结果，同时这种试验具有示范和推广意义。其特点是试验地面积要大，试验材料要多，试验地和试验材料均要有代表性，而且处理和重复次数宜少，试验要求的准确度较高。

③区域试验(District Experiment)。主要指品种区域化试验，用于选育种。为了品种区域化，可以同时在几个地点进行同一设计的多点试验。要检验某个新育成的品种或新引进的品种能否大面积推广，必须先在本区域内进行多点试验，经过区域试验后，才能进行大面积推广。一般区域试验要连续进行多年，对于果树，必须在结果后观察 3～5 年，才能做出结论。

田间生产试验和区域试验都是进一步检验试验结果、进行推广的示范试验。

三、实验室试验法

实验室试验(Laboratory Experiment)是指在人为控制的环境条件下(如人工气候室、植物工厂、光照培养箱等)，研究园艺植物本身或生产栽培上存在的各种问题，从中寻找规律，作为调查总结或田间试验的辅助试验。如盆栽试验、水培试验、塑料大棚、人工气候室、植物工厂等试验，以及元素诊断、花粉萌发试验、组织培养、组织观察、生理生化分析等，均适合在实验室内进行，以弥补田间观察的不足。在园艺植物栽培上常用于生理生化分析(如糖、酸、维生素、矿物质等的测定)，营养诊断(指导土肥管理、配方施肥等)，组织培养(苗木繁殖、脱毒苗的培养等)，器官的形态解剖、生理特性观察(如花芽分化观察、果实性状研究等)。

实验室试验法的优点是克服了田间试验下难以控制的环境因素造成的干扰，减少了结果分析的复杂性，该法特别有利于理论问题的探讨。这种方法的缺点是对设备条件要求较高。因此，在应用上应考虑现有的人力、物力以及设备条件，能够用调查总结研究法或田间试验法解决问题的就少用实验室试验法。另外，还要注意实验结果的应用价值，如果试验条件与实际生产条件的差距较大，在推广时还需要进行生产试验。

四、逻辑思维法

思维是一种认识活动，是指人脑借助语言实现的、以已有理论知识为中介的、对经验事实和感性材料形成概念，做出判断并进行推理，揭示研究对象的规律，从而得到科学结论的过程。因此，人们通常把概念、判断和推理称为思维形式。

科学理论是由概念、原理、定律所组成的具有严密逻辑结构的知识体系。这个体系的形成大体上要经过“试验—判断和推理—假说—检验”几个阶段，完成这几个阶段就要运用以下几种逻辑思维方法。

1. 具体与抽象

具体与抽象是思维过程中不可分割的两种方法。人们对客观事物的认识是将具体的感性材料通过科学的抽象转化为思维上具体的认识。认识活动开始时，研究对象是作为一个具体的事物出现在人们面前的，人们对它的认识是具体的感性认识，然后人们通过思维活动抽象出各个方面的规定性，接着将各个规定性根据其固有的联系统一起来，形成能够反映事物本质的、整体的、具体的理性认识。

具体分为感性的具体和理性的具体。感性的具体是人们通过感觉器官初步得到的对事物外部特征和外部联系的综合认识，理性的具体是人们对事物内在本质和内在联系的认识，是多样性的统一。

抽象是人们通过分析客观事物后，舍弃个别的、偶然的、非本质的东西，掌握其一般的、必然的、本质的东西。经过抽象可形成概念，概念能分别从各个侧面揭示事物的本质属性。

具体与抽象是对立统一的。思维抽象是在感性具体的基础上形成的，思维具体又是在思维抽象的基础上形成的，具体与抽象互相渗透和转化。科学研究就是从具体到抽象，再从抽象到具体，如此反复进行的过程，遵循“实践—认识—再实践—再认识”的总规律，从而获得对事物本质和规律的正确认识。

2. 分析与综合

分析与综合是揭示个别与一般、现象与本质内在联系的思维方法，是对感性材料进行抽象思维的基本方法。人们对客观事物的认识从个别到一般时，必须深入分析个别事物各个方面的规定性，区分出本质与非本质、必然与偶然的东西。当人们对客观事物的本质取得一般的认识时，需要从本质的一般特征出发，按照事物的内在联系，综合事物各个方面的规定性以取得对该事物全面的、本质的、具体的认识。

分析是把复杂的事物分解为简单要素，把复杂的事物简单化，从结果中寻找原因，把认识引向深入。

综合是把分析过程中被分割的事物的各个要素，按照其固有的规律有机地联系起来，从总体上进行考察和研究的思维方法。综合是以分析为前提的，没有分析就没有综合。综合不是把对象的各个要素任意简单相加或随意凑合。综合是从各个要素相连的总体上研究考察，继续深入研究对象的本质和内部各个要素之间的辩证关系。如气候对园艺植物生长发育的影响是综合作用的，就要从总体上去研究其相互关系和发展规律。

分析是在综合指导下的分析，综合是在分析基础上的综合，二者是相互渗透转化的。分析结束后就必须进行综合，综合得到结论后势必有新的分析。分析是从综合认识开始的，又是达到综合认识的手段。分析与综合就其思维方法的方向来讲是相反的，一个是在整体的基础上去认识部分，一个是在部分的基础上去认识整体。

3. 归纳与演绎

(1)归纳法　是培根作为近代科学的思维工具而创立的，是从个别的事物中概括出普遍的规律和一般的原理。运用归纳法，可以从个别事实的考察中，提出假说和猜想；可以从纷繁复杂的经验材料中找出普遍的规律。

归纳法根据概括对象是否完全可分为完全归纳法和不完全归纳法。完全归纳法是将某类事物的全部对象，无一遗漏的情况归纳出结论。不完全归纳法只根据部分对象具有某种属性而做出概括。在科学研究中常用的是不完全归纳法，因为研究是与未知打交道，很难做到完全归纳。无论是哪种归纳方法都有两个特点：一个特点是在归纳的过程中，始终以一定的理论知识为指导；另一个特点是在归纳推理中渗入演绎法推理。

(2)演绎法　是亚里士多德创建的，是从一般的原理推断出个别的结论，在古代的自然科学研究中占统治地位。演绎法最常用的形式就是三段论：大前提、小前提、结论。演绎的大前提是已知的一般原理，是推理的依据和理由；小前提是关于个别事实的判断，应与大前提有关；结论是从一般已知的原理推出的，对个别事实做出的新判断。只要选择的大前提正确，并且推理的形式符合逻辑规则，那么结论就是可信的。演绎推理是园艺植物科学研究中获取新知识的主要手段，也是论证的有力工具，还是做出科学预见的重要手段和检验理论的辅助手段。

在园艺植物科学研究中，归纳和演绎是相互联系、相互补充、不可缺少的。演绎是和归纳相反的逻辑思维方法，但演绎要以归纳为基础，演绎所依据的一般原理是由归纳而得的。归纳要以演绎为指导，没有归纳，经验材料就不能上升为理论；没有演绎，理论就不能精确化，不能成为严密的科学。只有归纳和演绎交互使用，从个别到一般，再从一般到个别，如此往复，研究者才能不断深化对事物的认识，才能发现并证实科学真理。

4. 类比、想象与假说

(1)类比　是根据两个(类)对象存在一些相同的属性，且其中一个(类)对象具有某种属性，由此推出另一个(类)对象也具有这种属性。与演绎推论不同，演绎所得结论具有必然性，而类比所得结论是或然的。归纳结论虽然也有或然性，但归纳是从个别到一般，而类比是从个别到个别。类比的局限性在于它的结论具有或然性，要提高类比结论的可靠性，有两种途径：一是类比的相同属性越多，结论越可靠；二是类比的属性越本质，结论也越可靠。

(2)想象　不是凭空产生的，是以客观实际或者试验结果为依据的，是直观的深化和外延，具有形象性、新颖性、创造性及高度概括性等特点。想象是认识的高级阶段，是形成新的科学概念的重要手段，是新的科学思想的胚芽。

(3)假说　是人们根据已知的事实材料和科学原理，对尚未被认识的事物做出一种假定性的说明。科学假说所具有的一些显著的特点恰好表征了科学两方面的特性：科学假说的猜测性、试探性和不确定性表征了科学研究的进取性和冒险性；科学家说的背景知识的根据性和可检验性又表征了科学的保守性和稳健性。科学假说要通过实践加以验证，运用演绎推论证明是否正确，进而转化为科学理论。假说是发展科学理论的必由之路，科学理论是沿着“假说—检验—理论”的道路发展的。

5. 循序渐进与偶然发现

科学研究是一个严密的工作过程，要坚持循序渐进，否则就会一事无成。虽然在科学史上，有许多偶然的发现，但这些偶然发现也是建立在勤奋研究的基础上的。在园艺植物的栽培中，“芽变”的发现往往是偶然的，目前已经由芽变培育出了许多优良品种，但是只有从事育种或栽培工作并仔细勤奋探索的科技人员才有这个偶然发现的机遇。

6. 逐步逼近法

科学研究需要反复探索，一般很难一次成功，特别是正确的理论、定理通常是经过不断实践，不断修正，逐步逼近目的而获得成功的。这种方法在科学研究上称为逐步逼近法。在任何科学研究中，几乎都要经历逐步逼近这一过程。在园艺植物研究中，良种选育就要利用逐步逼近法。

7. 论证

论证也是一种思维活动。人们的认识是否正确，是需要经过实践来检验的，并不是每一个认识或每一次认识都要经过实践检验，可以应用一个或一些正确的认识来证明另一个认识的正确性，这就是论证。论证贯穿于科学研究的全过程，从选题开始直至研究成果评价、推广应用，每一个阶段都要论证。

第四节　园艺植物科学试验研究程序

科学研究的程序可分为三个阶段九大过程：科研准备阶段，包括选题、查阅资料、制定研究方案；调查和试验阶段，包括观察与试验研究、材料收集与整理、理论分析；总结应用阶段，包括课题总结与验收、成果鉴定、推广与报奖。

一、选题

选题包括确定研究方向和选择研究课题两个方面，选题是科学研究的起点，它决定了研究的方向、目的、内容和结果。

1. 选题原则

选题必须遵循以下几条原则。

(1) 科学性　即选题必须符合最基本的科学原理，遵循客观规律，即选题应以一定的科学理论或技术事实为依据。科学性原则是衡量科研工作的首要标准，从根本上违反科学原理或经科学实践一再证明行不通的课题不宜作为研究对象。

(2) 创新性　即所选课题应该是尚未解决的或未完全解决的，研究结果具有先进性、新颖性和独创性。这要求课题必须是尚未发现的真理或者尚未解决的问题。

(3) 必要性　选题应满足学科自身发展和园艺生产实践的需要。若科研成果是基于国家战略发展的重大需求，那么它将迅速转化为现实生产力，从而有力地推动国家经济建设的发展。因此，选题要与乡村振兴、可持续发展等国家重大战略需求紧密结合，宜选择最亟须解决、最重要的问题进行研究。

(4)可行性　选题应考虑是否具备一定的主、客观条件。主观条件指科研人员的知识结构、研究能力、心理素质和科研兴趣等,客观条件指人力、物力、财力等条件。在客观条件允许或通过一定努力能够获得的条件下,在规定的期限内能通过克服一定困难完成的课题,才是兼具可行性和重要价值的。

(5)经济性　基础研究课题需要注重投入产出比。基于我国的现实经济情况,要尽量避免重复、不合理、无研究意义的课题,防止造成大量的人力、物力、财力和时间的浪费。应用或开发研究课题讲究投入少、见效快、经济效益显著。

(6)合理性　选题所需投入的人力、物力、财力和时间合理。

(7)严肃性　选题是一项严肃的研究工作,一定要严肃认真对待。朝三暮四、朝令夕改,只会浪费投入的人力、物力、财力和时间。

2. 选题依据

(1)依据各级政府下达的科研任务选题　国家、部委、省市和各种学术团体等在一定时间内下达一些研究项目,如国家重点研发计划“蓝色粮仓科技创新”重点专项、国家自然科学基金、省自然科学基金等项目。

(2)围绕某一确定的研究方向选题　如园艺植物优质、高效、高产技术、新品种选育等。

(3)从当前生产中亟须解决的问题中选题　如园艺产品提质增效、高品质园艺产品生产关键技术、名特新优品种的研发与利用、设施蔬菜低温弱光逆境克服技术、设施园艺土传病虫害绿色防控技术等。

(4)从园艺科学研究中亟须研究的问题中选题　通过广泛阅读国内外文献,收集资料,掌握园艺科学研究现状和进展,从中选择研究课题。如园艺植物基因编辑育种、抗逆基因挖掘等问题。

(5)从科研过程中发现的新问题、新苗头中选题　如高温导致植株徒长,选择高温诱导徒长的机制进行研究等。

(6)以引进和推广国内外先进科研成果作为选题　如优良新品种、新砧木、新技术、新工艺、新产品的引进、鉴定、改进和推广等。

(7)从学科渗透、交叉中选题　学科渗透、交叉是一种必然趋势,在学科交叉的地带存在许多新的课题供选择,如智慧园艺、园艺疗法等。

二、查阅情报文献资料

情报指科研人员在科学交流或研究活动中所需的有用的知识信息。文献指以文字、符号、图像或音频等为载体记录的知识信息。可以说,信息是事物存在方式和运动状态的表达;信息经过思维加工便成了知识;有应用价值的知识被激活、传递就是情报;知识与一定的物质载体结合成为文献。

情报文献资料是科研的基础。在科学研究中,往往需要有目的、有计划、有针对性、系统地搜寻最新、有价值的资料。只有充分占有丰富的资料,才能握有学术发言权,才能了解掌握学科发展动态,紧接新进展,站在巨人的肩膀上开展研究工作。

(一)查阅情报文献资料的意义

①认识、掌握学科发展水平和动向,了解本学科发展中取得的成就、存在的薄弱环节和空白以及今后的发展趋势,继承已有的科学技术等知识,以前人或他人达到研究终点时所取得的成果为起点进行研究。

②全面了解前人对所研究课题已做过的工作，以其研究成果为研究工作的基础；以其成功经验为向导；以其失败教训为借鉴；以其需要补充或修改的部分，尚未完全解决、有待进一步研究的问题为症结，从而确定应从哪些方面入手进行研究。

③掌握别人还没做什么，正要做什么或者不会去做什么，避免重复前人或他人的工作，防止造成经济和时间上的浪费。

④选题确定后，需要紧密围绕选题广泛而深入地搜集情报文献资料，之后对所得资料进一步整理、加工、分析和综合，运用多种科学理性思维方法，从中提炼和揭示事物内在的性质和规律性，提出正确、鲜明的观点和独到、深刻的见解。

⑤情报文献资料是构筑科学研究的“血肉”。科学研究除了要有好的观点，还要有足够的资料支撑观点，否则观点就显得空洞无物，难具说服力。

（二）图书资料分类

图书馆是收罗、整理、收藏各类图书资料，供人阅览和参考的机构。将图书资料专业地分类，科学有序地排放，有利于借阅者从浩如烟海的图书文献中快速找到目标资料，因此有必要理解和掌握图书资料分类方法和排架规则。目前国内图书馆使用最广泛的分类法体系是《中国图书馆分类法》（原称《中国图书馆图书分类法》，简称《中图法》），该体系将图书分为马克思主义、列宁主义、毛泽东思想、邓小平理论，哲学，社会科学，自然科学和综合性图书五个基本部类，再往下扩展为22个基本大类，形成了一个条理清晰、系统、完善的图书目录体系。其顺序为：

A 马克思主义、列宁主义、毛泽东思想、邓小平理论
B 哲学、宗教
C 社会科学总论
D 政治、法律
E 军事
F 经济
G 文化、科学、教育、体育
H 语言、文字
I 文学
J 艺术
K 历史、地理
N 自然科学总论
O 数理科学和化学
P 天文学、地球科学
Q 生物科学
R 医药、卫生
S 农业科学
S1 农业基础科学
S2 农业工程
S3 农学（农艺学）
S4 植物保护
S5 农作物
S6 园艺
S6-0 园艺理论与研究方法
S6-3 园艺研究方法与工作方法
S60 一般性问题
S61 苗圃学
S62 设施园艺（保护地栽培）
S621 基本作业
S623 促成栽培
S623 软化栽培
S624 温床
S625 温室
S626 蔬菜设施园艺
S627 瓜果设施园艺
S628 果树设施园艺
S629 花卉设施园艺
S63 蔬菜园艺
S63-3 蔬菜园艺理论与方法论

S631　根菜类(直根类)
S632　薯芋类(块茎类)
S633　葱蒜类
S634　白菜类
S635　甘蓝类
S636　绿叶菜类
S637　芥菜类
S641　茄果类
S641.1　茄子
S641.2　番茄(西红柿)
S641.3　辣椒
S641.4　酸浆(红姑娘)
S641.9　其他
S642　瓜类
S642.1　南瓜
S642.2　黄瓜
S642.3　冬瓜
S642.4　丝瓜
S642.5　苦瓜
S642.6　西葫芦(美洲南瓜)
S642.9　其他
S643　豆荚类
S644　多年生菜类
S645　水生菜类
S646　菌类(食用菌)
S647　野生蔬菜
S649　其他蔬菜
S65　瓜果园艺
S651　西瓜
S652　甜瓜
S66　果树园艺
S66-3　果树园艺的理论与方法论
S661　仁果类
S662　核果类
S663　浆果类
S664　坚果类(壳果类)
S665　杂果类
S666　柑橘类
S667　热带及亚热带果类
S668　多年生草本果类
S68　观赏园艺(花卉和观赏树木)
S681　一、二年生花卉类
S682　多年生花卉类
S685　观花树木类
S686　观果树木类
S687　观叶树木类
S688　园林植物栽培及应用技术
T　工业技术
U　交通运输
V　航空、航天
X　环境科学、安全科学
Z　综合性图书

(三)科技资料的来源

1. 科技图书

科技图书是对科学研究成果、生产技术知识和经验的概括论述。它的内容主要是经过重新选择和组织的二次文献或三次文献,如教科书、百科全书、字典、专著、论文集、会议录、年鉴、书目、目录等。

2. 科技期刊

科技期刊是一种有固定名称、统一开本、连续出版、标有刊序号或时序号的刊物。它主要刊登科学研究成果,报道科学研究信息。科技期刊主要有学报、文摘、评论、杂志、通报、公报、快报、会讯、记录、索引等。

3. 特种文献

特种文献是指图书、期刊以外的其他出版物,不定期出版。特种文献主要有学位论文、专利文献、科技报告、会议论文集、会议摘要集、政府出版物、技术标准、产品样本、科技档案等。

4. 网络资料

网络资料指通过互联网信息资源获得的大量文献资料。

(四)几种常见的科技资料

1. 教科书

教科书(Textbook)又叫教材,是按照教学大纲编写的,专门为学生学习该门学科或课程而编写的书籍。教科书的内容是最基本的,论点是比较成熟且为大多数人所承认的,论据是在实践中反复验证而且可靠的,叙述方法多为综合总结式,是经过编者选择、核对、鉴别、融会贯通而写成的。教科书具有严格的科学性、系统性和逻辑性。如果想对范围较广的问题或对某一问题获得初步了解,教科书是首选的资料。

2. 期刊

期刊(Periodical)也称为定期刊物,具有固定的刊名和统一的出版形式,按年或出版次序分期编号,是连续出版物的一种。

园艺植物的中文期刊主要有:《园艺学报》《北方园艺》《西北园艺(综合)》《西南园艺》《园艺与种苗》《中国花卉园艺》《中国园艺文摘》《农业工程技术》等。

有关果树的中文期刊主要有:《果树学报》《北方果树》《果树实用技术与信息》《果树资源学报》《河北果树》《落叶果树》《烟台果树》《中国果树》《中国南方果树》《西北园艺(果树)》等。

有关蔬菜的中文期刊主要有:《中国蔬菜》《长江蔬菜》《上海蔬菜》《蔬菜》《中国果菜》《中国瓜菜》《食用菌学报》《中国食用菌》《食用菌》《菌物学报》《菌物研究》《食药用菌》等。

有关观赏园艺植物的中文期刊主要有:《花木盆景(花卉园艺)》《中国花卉园艺》《中国园林》《园林》《广东园林》《浙江园林》等。

此外,一些学报类和科技类期刊也发表园艺植物的文章,如《中国农业科学》《植物生理学报》《西北植物学报》《应用生态学报》《分子植物育种》《广西植物》《热带亚热带植物学报》《亚热带植物科学》《植物科学学报》《植物学报》《植物生理与分子生物学》及各高校的学报等。

园艺植物的英文期刊主要有:*Horticulture Research*,*Theoretical and Applied Genetics*,*Postharvest Biology and Technology*,*Australian Journal of Grape and Wine Research*,*Scientia Horticulturae*,*Molecular Breeding*,*Horticulture Environment and Biotechnology*,*Horticultural Plant Journal*,*Horticulture Journal*,*Hortscience*,*New Zealand Journal of Crop and Horticultural Science*,*Journal of the American Society for Horticultural Science*,*Journal of Horticultural Science and Biotechnology*,*Molecular Horticulture*,*Technology in Horticulture*,*Vegetable Research*,*Ornamental Plant Research*,*Fruit Research*,*Horticulturae*,*Foliar Horticulturae* 等。

另外,一些植物科学类的英文期刊也发表园艺植物研究的论文,如 *Nature Plants*,*Molecular Plant*,*The Plant Cell*,*New Phytologist*,*Plant Biotechnology Journal*,*Plant Physiology*,*Plant Cell and Environment*,*Journal of Integrative Plant Biology*,*Journal of Experimental Botany*,*The Plant Journal*,*Frontiers in Plant Science*,*Environmental and Experimental Botany*,*Plant Cell and Physiology*,*Plant Science*,*Plant Cell Reports*,*Physiologia Plantarum*,*Plant Physiology and Biochemistry*,*BMC Plant Biology*,*Plant and Soil*,*Journal of Plant Growth and Regulation*,*Planta* 等。

3. 会议文献

会议文献(Conference Paper)指在会议上提交、宣读、交流的论文、报告、会议纪要等相关文献。学术会议往往围绕某一学科或专业领域的最新课题进行探讨,因此会议文献具有很强的学术性,展现了某一学科或专业领域最新的研究成果和发展趋势。

4. 科技报告

科技报告(Scientific Report)一般是研究机构对某项科研项目研究成果总结或进展情况的报告。其内容可分为基础理论和生产实践两类,具有专精、深入、内容具体翔实、数据完整可靠等特点,且发表速度比其他类型文献快。

5. 专利文献

专利文献(Patent Documentation)包括专利说明书、专利公报、专利分类表,也包括专利从申请到结束期间全部的文件材料,由专利局公布或归档。专利文献具有新颖性、创造性和实用性。

6. 学位论文

学位论文(Dissertation)主要是博士或硕士研究生为获得学位所撰写的学术性研究论文,对某一个问题进行了系统的研究总结。

(五)如何搜集资料

1. 查阅文献

查阅期刊、杂志、专著、论文集等以个人科学研究或生产实践中的直接成果写成的原始的一次文献资料。查阅文摘、索引、题录、书目等图书情报人员在大量搜集一次文献后经过加工、组织、编排所得的二次文献资料。查阅综述、述评、总结、进展报告、年鉴、手册、百科全书、教科书等由二次文献提供线索就某一专题选用大量一次文献,分析、综述后出版的三次文献资料。

2. 检索计算机文献

根据文献名称、著者、文献序号、引文、主题等关键词检索相关资料。常用检索工具有中国知网(CNKI)数据库(https://www.cnki.net/)、万方数据资源系统(https://g.wanfangdata.com.cn/index.html)、Web of Science 数据库(https://www.webofscience.com/wos/alldb/basic-search)、ScienceDirect 数据库(https://www.sciencedirect.com/)、Springerlink 数据库(https://link.springer.com/)等。

3. 其他方式

通过调研、参观访问、会议交流、邮件等方式搜集资料,或进行专题收集、整理资料等。

三、撰写项目申报书

科研项目申请书一般为固定的文本格式,不同类别、性质的科研和不同的主管部门、下达单位、不同年份,其所包含的项目和要求存在差异,一般包括以下主要内容:

(1)封面　一般包含以下内容:项目名称、申请人及其联系方式(电话和电子邮箱)、申报单位、起止年月、通信地址、邮政编码、申请日期等。

(2)研究内容摘要及关键词　摘要是研究内容的高度概括,包括研究背景、研究内容、研究方法、预期结果、研究意义等内容。关键词应选取恰当,能反映主要研究内容,一般 3～5 个。

(3)国内外研究现状及发展动态分析　申请者对申请项目所涉及的国内外研究现状应有充分了解,客观、全面地阐述研究现状、存在的问题、发展趋势,要特别指出研究领域亟须解决的问题,提出解决方法及要取得的目的意义，同时应附最新的、权威的参考文献。

(4) 研究内容、研究目标和拟解决的关键问题　研究内容是申请书的重中之重，是研究题目的细化与阐释，撰写时要层次清晰，通过研究内容的实施能够解决提出的关键问题。研究目标是通过本项目的研究最终期望达到的目的，应具体、明确。拟解决的关键问题是研究内容中所涉及的科学问题的关键点，即问题的核心，一般 2～3 个。

(5) 研究方案、技术路线和可行性分析　研究方案是为了完成研究内容而设计的具体方法、技术、实验手段等。技术路线是指具体实验的程序和操作步骤，一般用流程图和示意图表示。可行性分析应从立项依据是否可行、试验设计是否合理、实验技术是否掌握并能完成研究内容，研究方法是否正确、研究条件能否满足实验需要等方面进行。

(6) 项目的特色与创新之处　该项是申报书的精华，是本项目研究领域申请人所特有的、与国内外同行不同的地方。应从立项依据、研究内容、研究方法、实验方案等方面进行凝练和概况，注意用词准确、恰当，避免盲目使用“国际领先”“世界首创”等表述方式。

(7) 年度研究计划和预期研究结果　年度研究计划根据研究内容以年为单位合理安排，各年度之间不能交叉，能够全部完成项目的研究内容。预期研究成果要实事求是，不能虚高。基础研究主要是解决什么问题，形成什么理论，申请发明专利和发表论文多少篇，人才培养上取得什么成果等。应用研究应侧重取得什么技术、产品、工艺、推广应用前景及取得的经济效益等。

(8) 研究基础与工作条件　研究基础是指与本项目相关的研究工作积累和已经取得的研究工作成果，掌握的实验方法和技术等。工作条件包括已具备的实验条件，尚缺少的实验条件和拟解决的途径等。

(9) 经费预算　要合理、具体及可信，包括设备费、材料费、测试化验加工费、燃料动力费、差旅 / 会议 / 国际合作与交流费、出版 / 文献 / 信息传播 / 知识产权事务费、劳务费、专家咨询费及其他支出等。

(10) 申请者和主要参与人的简历　包括申请人和主要参与人的姓名、职称、工作单位、教育经历、工作经历、主持或参加科研项目情况、代表性的研究成果和学术奖励情况等。

(11) 签字和盖章页　包括申请人和项目组成员签字，项目依托单位和合作单位的科研管理部门意见、领导签章、单位公章等。

四、观察与试验

将项目申请书上的内容落实到田间和整个试验的过程，进行具体的观察、调查、试验和分析等工作(详见本章第三节“园艺植物科学试验研究方法”)，在这个过程中要注意五个方面：

①代表性。调查对象、试验材料、方法、条件要具有代表性，取样和测定要标准化。

②实事求是，反映客观。科学研究工作要严谨、细心、准确、客观反映实际，切忌主观臆断。

③详细记录观察现象、结果与试验数据。用文字、数据、图像、影像、实物、标本等方式记录，并妥善整理、保存。

④随时查阅文献资料、参考他人经验，不断改进研究方法，提高研究水平。

⑤要经得起失败的考验。

五、材料收集与整理

材料是指与科研项目有关的文字记录、数据、图表、实物、标本、文献资料等，可分为直接材料和间接材料。直接材料是现场实地观察、实测的数据、图形、素描、照片、影像、文字记载及描述、实验室分析与鉴定所得到的资料。间接资料指收集整理的有关的情报文献资料。

（一）材料收集

材料收集要尽可能多，择优选用。收集材料时要依据所学的基础知识和专业知识，采用科学的方法和思维，去观察、分析、综合所得到的资料信息，并对现象和事物的内外联系进行规律性的认识，得出新的结论或发现。

（二）材料整理

1. 必要性

首先要认识到材料整理的必要性。若不对收集所得的大量材料进行有目的、有计划的整理、分类、筛选，就会使得各类材料包括重要的和不重要的、主要的和次要的、确信的和存疑的材料处于同等重要的地位。这将妨碍后续的理论分析，最终对科研结论的正确性造成影响。

2. 整理方法

(1) 粗线条整理　通过收集得到的材料与研究内容之间的关联性存在四种可能，即不相关、相关但不主要、相关且主要、有疑问或不可靠。粗线条整理就是指对材料按这四种可能进行简单的分类归档。

(2) 细致整理　包括以下几点：

①找出不相关材料。筛选出所有不符合研究内容的材料并加以保存，供作他用。

②根据研究主题选用典型、真实、准确、新颖的材料。

③查漏补缺。通过整理后，如果发现有些材料是必需的，但是在已有的材料中不存在或不可靠，要通过其他方法来弥补。

3. 注意事项

材料整理应注意以下六个问题：

①对于获取的材料要保持其原样和原始状态，不得篡改，保证其客观性和真实性。

②对材料的可靠性、准确性、代表性的判断要严肃、认真对待，要由学术水平较高的人对其加以评判。发现有误的材料，引用时须将其改正过来，并加以注释，防止以误传误(但资料原件不得修改)。记载有矛盾的资料都要收集起来，使用前进一步考证，未考证、核实前忌主观臆断，凭空任意选择或改动。

③引用间接资料时，不论资料以哪种方式收集和积累，都要详细注明其来源，便于日后自己或他人对研究成果审查时进行核实。同时也表示不是自己的研究材料，而是他人的劳动成果。

④转引的资料在传播过程中有时会出现差错，因此在引用前要尽量找到原文进行对照核实，避免误传。

⑤在试验过程中如果同时采用两个或两个以上的方案，在材料整理与分析时充分比较，最后选定一个最好的方案。

⑥抄录极为重要的资料时，要当即校对，并注明“已核实”。否则临时找原文核实不仅浪费时间，还耽误研究工作和撰写报告。

六、理论分析

理论分析是指根据观察、调查和试验所得结果，参阅所得的文献资料，经过具体与抽象、分析与综合、归纳与演绎等思维方法，揭示事物的内在联系和规律，找出事物现象和本质的关系。

进行理论分析应注意以下四点：

①要以事实为依据，围绕材料进行分析，有理有据。

②应用正确的思想方法，抓住事物的内在联系，用全面发展的观点看待试验结果。

③既要用旧的理论作为指导，又不受旧权威的约束。

④要有创新精神，敢于探索未知。

七、课题总结与验收

(1)文字总结材料　包括科学研究论文或技术试验报告等。

(2)验收　请有关专家及上级部门验收，察看现场、听取汇报、审阅材料、进行质询、得出结论。

八、成果鉴定

在项目主管部门主持的公开的鉴定程序下，由具有一定学术威望的同行专家对研究工作完成情况及研究水平进行评价，或在有本专业的专家和生产部门代表参加的学术会上宣读论文，经过讨论、质疑、答辩，以不同指标加以评价，最后出具正式的鉴定材料。为保证公正性，科研成果的利益相关者不可作为成果鉴定者。成果鉴定主要考虑学术价值、经济效益和社会影响三大方面，其中基础研究成果鉴定以学术价值为主，实用型成果鉴定侧重于经济效益和社会影响。评价指标包括成果的成熟程度、创新性、实用性以及是否达到国际(或国内)同类研究的领先(或先进)水平等。

九、推广与报奖

1. 成果推广

成果推广就是将具有实用价值的研究成果进行生产条件适应性的鉴定，即生产试验鉴定。只有通过生产试验鉴定的成果才能进行大面积推广。

2. 成果报奖

一些在科研领域有所建树，能推动国民经济发展，取得重大理论成果或做出重大技术发明，创造一定社会、经济效益的科研项目可以报奖，获得有关部门的精神和物质奖励。主要有最高科学技术奖、自然科学奖、技术发明奖、科技进步奖等。

思考题

1. 简述园艺植物科学试验研究的特点。
2. 通过查阅文献资料，简述园艺植物科学试验研究的方法。
3. 根据所学知识及研究兴趣，自选一个题目，通过查阅、收集文献资料，撰写项目申请书。

第二章

园艺植物试验设计技术

第一节　试验设计基础

一、试验设计的内容与意义

在园艺植物科学研究中，常须进行各种试验。通常一次试验要经过试验设计、试验的实施、试验结果的获取(收集试验资料)及试验资料的整理分析等步骤才能完成。试验设计是按照预定目标运用统计分析的数学原理，结合园艺植物的特点和试验条件制订适当的试验计划。试验设计的内容主要包括试验方案的拟订，试验条件与供试材料的设定与准备，试验小区和重复的安排，以及试验结果的观察记载项目标准和取样方法与数量的确定等。

试验设计的好坏，对试验的成败至关重要。一个科学的试验设计，对试验各方面都做了周密细致的安排，不仅可有效地控制试验误差的干扰，保证获得更多正确可靠的数据和信息，而且对所得数据用相应的统计方法进行分析，从中得出科学的结论。

二、试验设计中常见的基本概念

1. 试验指标

试验指标(Experimental Index)指衡量试验效果的指标。园艺植物试验中，常用园艺植物的各种性状作指标，如产量、单果重、株高、叶面积、果实含糖量等。不同的试验，考察的指标不一样。通常一个试验，评价各处理效果时，往往不能只用一个指标，而应使用多个指标。如某果树品种比较试验，在选择优良品种时，不仅需要看产量、单果重等指标，还须注重果品质量，观测反映果品品质风味的一些理化指标，如糖、酸、维生素等的含量。只有在多个指标上来比较各品种的优劣，才可能选出高产优质的优良品种。

2. 试验因素

试验因素(Experimental Factor)指在科学试验中，变动的并有待比较的一组处理的因子。如园艺植物生产中受到品种、种植密度、肥水条件、修剪措施、采摘方法以及自然环境条件等诸方面的影响，这些方面就是影响园艺植物生产的因素。按试验指标影响大小分类，影响较大的为重要因素，影响较小的为次要因素。由于客观条件的限制，一次试验中不可能将每一个因素都进行考察研究，通常是选取某个或某几个对试验指标影响较大的重要因素来进行试验。

3. 水平

水平(Level)指试验因素的不同级别或质的不同状态。试验因素取了几种状态或划为几个数量等级,其就有几个水平,每个因素都有至少2个水平。

4. 水平组合

在多因素试验中,每个因素都有若干个水平,为了全面比较,常须将各因素的每一水平都相互搭配一次来进行试验,这种同一试验中各因素不同水平组合在一起而构成的技术措施(或条件)就叫水平组合(Level Combination)。一个试验中所有可能的不同水平组合数是各因素水平数之积。例如,一个同时考察丛枝菌根真菌(AMF)和水分的双因素试验,其因素水平见表2-1。为了找出接种与不接种AMF适宜的水分,接种和不接种AMF分别用80%田间持水量(W80)、60%田间持水量(W60)、40%田间持水量(W40)三种水分各处理一次。本试验的所有不同的水平组合有2×3=6个。即接种AMF-W80、不接种AMF-W80、接种AMF-W60、不接种AMF-W60、接种AMF-W40、不接种AMF-W40。

表2-1　AMF×水分试验因素水平

因素	水平	水平数
AMF	接种AMF、不接种AMF	2
水分	W80、W60、W40	3

5. 处理

处理(Treatment)指试验中进行比较的试验技术措施。处理概念与因素、水平、水平组合等概念有关,在不同试验中含义不同。在单因素试验中,一个处理指该因素的一个水平;在多因素试验中,一个处理指一个水平组合。

6. 试验单元

试验单元(Experimental Unit)指试验中安排一个处理的最基本的试验单位,也叫试验单位。在园艺植物试验中,它的形式可以多种多样,如一个试验小区(Experimental Plot)、一株树或几株树,以及一株树上的一枝大分枝、一盆植物、一个插床等。在试验结果的统计分析中,通常一个试验单元要有一个数据参与统计计算。

三、园艺植物试验种类

园艺植物种类很多,试验研究内容也各不相同,故园艺植物试验种类繁多,不便进行统一分类。为了便于了解和掌握各种试验的性质、特点,通常按以下几个方面进行分类。

(一)按试验场所分类

1. 田间试验

田间试验是指在田间条件下以作物为研究对象的各种试验的总称。田间试验是在田间自然的土壤、气候条件下进行的,与大田生产条件最为相似,因此其试验结果可直接在类似生产条件下的大田中示范推广。在园艺科研中,品种选育试验、栽培试验、植保试验等,所要研究的主要内容或提出的理论假说都必须通过田间试验来判别其优劣或鉴定其实用价值。即使是一些通过室内试验或在人工控制的设施条件下做的试验结果,也必须经过田间试验的验证后,才能确定其是否能在生产中推广应用。所以,田间试验是园艺植物科研中最主要的方法,它是联系园艺科学研究与园艺生产实践的桥梁,其重要的地位是其他试验种类不可替代的。因此，本章介绍的试验设计内容和试验分类主要是针对田间试验而言的。

2. 室内试验

室内试验指在室内人工控制的环境条件下进行的试验。包括实验室试验、设施试验以及盆栽试验等。这类试验的主要优点是能够较严格地控制一些在田间试验条件下难以控制的环境条件，如温度、湿度、光照、土壤条件等，特别是利用人工气候室进行的试验，可以对气温、湿度、光强、日照长度等几个因素同时调节，模拟某种自然气候条件，因而有助于深入研究园艺植物的生长发育规律，以及其与各种生态因素的关系，这对于阐明园艺生产上的一些理论问题是极为有用的。但是，这种试验毕竟对试验的物质、经济条件要求较高，加之试验的环境条件与生产实际相差较大，因而限制了它的应用，一般只能作为有效的辅助性试验。

（二）按试验内容分类

1. 品种试验

品种试验是品种选育过程的重要环节，主要研究园艺植物选育种和良种繁育过程中的各种问题。

2. 栽培试验

栽培试验是顺应植物的生长特性、尊重其生长规律，利用植物可以生长繁殖的部位，进行繁殖的试验。主要研究各种栽培措施及环境条件对园艺植物生长发育的作用。

3. 植保试验

植保试验主要研究园艺植物病虫害的发生规律、防治方法及各种新农药的防治效果等。

（三）按试验阶段分类

在科学研究活动中常按科研工作自然发展顺序，人为地划分几个性质不同的阶段，并对不同阶段试验设计、试验方法及提供的科研信息都有不同的要求。

1. 预备试验

预备试验（简称预试验）是在科研工作开始阶段或正式开展科研工作之前，进行的一种规模小、设计简单、用时短、对试验结果的准确性要求较低的小型科研活动。可以为进一步试验摸索条件，也可以检验试验设计的科学性和可行性，以免由设计不周，盲目开展试验而造成人力、物力、财力的浪费。

2. 正式试验

正式试验也叫主要试验或基本试验，是在预备试验的基础上，按照严格的试验设计和试验技术要求进行的试验。一般都要设置重复和对照，试验所获得的数据资料，都要经过方差分析。在主要试验中所获得的科研成果，应尽快地应用到生产上去，为此，要尽可能提高试验的准确性和代表性。

3. 生产试验

生产试验指在主要试验完成之后，把选育出的品种或筛选出的某项技术措施用于生产中的鉴定试验。它的试验面积较大，有时涉及多个地区。田间栽培管理技术水平和当地一般栽培管理技术水平应一致。此试验是在生产条件下验证主要试验的结果，并具有示范作用。

（四）按因素多少分类

1. 单因素试验

单因素试验是指整个试验中只变更、比较一个试验因素的不同水平，其他作为试验条件的因素均严格控制一致的试验。例如，为了明确某一品种的耐肥程度，施肥量是试验的唯一因素，试验中的处理水平就是几种不同的施肥量，品种及其他栽培管理措施都相同。这种试验目的明确，能迅速得到明确的试验结果，是研究某一个因素具体规律的有效手段，应用比较广泛。但是，由于单因素试验一次只研究一个因素，只能获得有关这一个因素的简单效应，得到的信息少，试验效率相对较低。尤其是园艺植物的生长发育，往往受到很多因素同时影响，而这些因素间常有相互联系、相互制约的关系，单因素试验根本无法得到有关这些因素间的互作信息，这就限制了对园艺植物生长发育规律的全面认识。

2. 多因素试验

在同一个试验中同时研究两个或两个以上因素效应的试验，称为多因素试验。例如，进行品种、栽培密度、施肥量等对产量的影响试验。采用多因素试验，有利于探究并表明对园艺植物生长有关的几个因素的效应及其相互作用，能够较全面地说明问题。

3. 综合试验

综合试验是一种多因素试验，但与上述多因素试验不同。综合试验中的各个因素的各水平不构成平衡的水平组合，而是将这几个因素结合在一起，由它们的某些水平组合构成几个成套的综合技术措施（即处理措施）来进行试验。综合试验的目的在于比较这几套处理措施的综合效果，而不在于检测因素的单独效应和相互作用。综合试验是在对起主导作用的那些因素及其交互作用已基本清楚的基础上设置的试验。它的一个处理措施就是供试因素经过实践初步证明了的优良水平的配套。

（五）按试验小区面积分类

1. 小区试验

在田间试验中，一般把小区面积小于 100 m^2 的试验称为小区试验。小区试验是园艺科学研究中应用较广泛的试验方法。其优点是试验过程易控制，消耗少，精度高。其缺点是系统误差大，容易失败。

2. 大区试验

通常将小区面积大于或等于 100 m^2 的试验称为大区试验。它是试验后期常采用的方法，是科学研究成果用到生产上去的必要环节。其优点是试验完全，准确度高，随机误差易控制。其缺点是试验过程难控制，消耗大，精度差。

四、园艺植物试验的基本要求

进行园艺植物科学试验，目的在于认识和掌握园艺植物的生长发育规律，以便用这些规律指导园艺生产和科学研究从而推动它们的发展。因此，在园艺植物试验中，尽管试验的内容十分广泛，试验的方法和具体目的也多种多样，但不论进行何种试验，也不论试验采用何种方法，为保证试验质量，使试验结果正确可靠，能在园艺生产和科研中发挥应有的作用，试验时都必须满足以下几项基本要求。

1. 试验条件的代表性

试验条件是指除试验处理以外的其他一切可能影响试验结果的条件，它包括试验对象、试验的自然环境条件、生产措施及经济状况。试验条件应能代表拟推广试验结果地区的自然条件与农业条件。这样，新品种或新技术在试验中的表现才能真正反映今后拟推广地区实际生产中的表现。在试验进行时，既要考虑代表目前的条件，又要注意到将来可能被广泛采用的条件，使试验结果既能符合当前需要，又不落后于生产发展的要求。

2. 试验的正确性

试验的正确性指试验结果正确可靠，即试验结果尽可能地反映客观真实。试验的正确性可从试验的准确度和精确度两个方面来反映。准确度（Accuracy）是指试验中某一处理的观察值与其真值的接近程度，越接近，试验的准确度越高。但在一般试验中，处理真值往往未知，故准确度不易测定。精确度（Precision）指试验中同一处理的重复观察值彼此接近的程度，它是可以估计的。准确度和精确度两者既有联系，又有区别。它们都受试验误差的影响，准确度受系统误差的影响较大，试验系统误差大，准确度就低；精确度主要受偶然误差的影响。当试验没有系统误差时，准确度与精确度一致。试验的误差越小，试验处理间的比较就越精确，试验结果的正确性越高。因此在进行试验的全过程中，特别要注意试验的唯一差异原则，即除了将所研究的因素有意识的分成不同处理，其他条件及一切管理措施都应尽可能一致。必须准确地执行各项试验技术（包括抽样技术），避免发生人为的差错和减少系统误差的产生。

3. 试验结果的重演性

试验结果的重演性是指在相同或类似的条件下，重复进行相同设计的试验，可以获得与原试验相类似的结果。重演性对于在生产实践中推广科研成果极为重要。一个试验结果若不能重演，它再先进也无任何实际价值。要使试验结果能够重复，试验首先应满足代表性和正确性的基本要求，保证获得的试验结果正确可靠。在此基础上，还应该分析和掌握得到这种试验结果的原因和条件，这就要求在试验中应正确详细地观测记载试验过程中影响试验作物生长发育的各项环境条件、所采取的各项措施，以及出现的种种现象，做好试验档案，并且分析研究其间的关系。此外，在田间进行的试验，由于受复杂的自然环境条件的影响，不同地区或同一地区不同年份中进行相同设计的试验，往往结果不同，有时即使在所用供试材料和操作技术相同的条件下，试验结果仍有出入。因此这类试验一般都要连续多年和在多个地区重复进行多次，这样才能了解和掌握所研究的技术或品种在不同年份和不同地区的一般气候等自然环境条件下的反应，使试验的最后结果重演性增加，推广价值提高。

第二节　试验方案

一、试验方案及其种类

试验方案（Experiment Plan）是指根据试验目的与要求而拟定的进行相互比较的一组试验处理的总称。它是整个试验工作的核心部分，关系着试验的成败。因此，必须周密考虑，慎重拟定。在效应比较性试验中，试验方案按供试因素的多少可分为单因素试验方案和多因素试验方案两类。

（一）单因素试验方案

单因素试验中进行比较的是该因素的不同水平，故单因素试验方案是由该试验因素的所有水平构成的。这是一种最简单的试验方案。例如，在不同规格穴盘育苗对菜心幼苗生长的影响研究中，为考察不同穴盘对菜心幼苗生长的影响，采用四种穴盘（32 穴、50 穴、72 穴、128 穴）做比较试验。

（二）多因素试验方案

在多因素试验中，进行比较的是试验中各因素的各水平组成的不同水平组合，所以，多因素试验方案是由试验的所有水平组合构成的。多因素试验方案又可分为完全实施方案和不完全实施方案两种。

1. 完全实施方案

完全实施方案是指在多因素试验中将各试验因素的不同水平分别均衡搭配而构成的所有不同水

平组合都予以实施的多因素试验方案。例如，光质[红光(R)、蓝光(B)、白光(W)、红蓝组合光(R：B=7：3,R：B=8：2和R：B=9：1)]×补光时间[4 h(16：00—20：00)、6 h(16：00—22：00)、8 h(16：00—24：00)]的双因素试验，其因素水平见表2-2。本试验方案是由双因素各水平均衡搭配而组成的18个水平组合构成，即由R-4 h、B-4 h、W-4 h、R：B=7：3-4 h、R：B=8：2-4 h、R：B=9：1-4 h、R-6 h、B-6 h、W-6 h、R：B=7：3-6 h、R：B=8：2-6 h、R：B=9：1-6 h、R-8 h、B-8 h、W-8 h、R：B=7：3-8 h、R：B=8：2-8 h、R：B=9：1-8 h这18个水平组合构成。

表2-2 光质×补光时间试验因素水平

因素	水平
光质	红光(R)、蓝光(B)、白光(W)、红蓝组合光(R：B=7：3,R：B=8：2和R：B=9：1)
补光时间	4 h(16：00—20：00)、6 h(16：00—22：00)、8 h(16：00—24：00)

2. 不完全实施方案

不完全实施方案指由一个多因素试验的所有可能的不同水平组合中的部分水平组合构成的试验方案，也叫部分实施方案。不完全实施方案有哪些水平组合组成，由试验设计方法来确定(如正交试验，在本章第四节中介绍)。

二、试验方案的拟订

一个周密而完善的试验方案可使试验尽快尽好地完成，并获得正确的试验结论。如果方案拟订不合理，如试验因素、水平选择不当，或者部分实施试验方案所包含的水平组合针对性或代表性差，或者因素、水平数定得过多，使方案过于复杂庞大，以至于试验难以实施或试验结果不便分析解释，则即使试验的其他方面都执行良好，也会使试验结果不能完满解答试验所提出的问题，从而不能很好地完成试验任务。因此，试验方案的拟订在整个试验工作中占有极其重要的位置。

拟订试验方案的主要工作内容就是对试验因素及其水平的选择确定。为了拟订一个正确的、切实可行的试验方案，应从以下几个方面考虑。

(一)根据试验的目的、任务和条件选择确定试验因素

试验因素是试验中要研究解决的问题，它必须符合试验目的和任务要求。要把试验因素选准，试验者首先应在掌握生产或以往研究中存在的问题基础上，对本次试验目的、任务进行仔细深入的分析，找出重点，抓住关键，明确试验的具体目的。所选择的试验因素应该是对试验指标影响较大的关键因素和未曾考察过或尚未完全掌握其规律的因素。一般一个试验的因素不宜过多，过多则使试验庞大复杂。因为在水平数一定的情况下，试验处理数目随因素数递增而呈几何级数递增。比如，在各因素均2水平的情况下，2个因素时，处理数为$2^2=4$；3个因素时，处理数为$2^3=8$；4个因素时，处理数为$2^4=16$；其余类推。如果各因素水平数再多一点，这种递增速度更快。试验处理数多，不仅增加了试验的人力、财力和物力消耗，而且增加了试验控制的难度，因而会影响试验的正确性。有时试验处理数太多，还会使试验无法实施，所定的试验方案失去实用价值。所以，为不使试验规模过大而失控，试验方案原则上力求简单，单因素试验能解决的问题，就不用多因素试验。在园艺植物的科研实践中，一般在研究的初始阶段，通常是抓住关键因素做单因素试验，随着研究的深入，需要了解因素之间的相互作用，才采用多因素试验。

(二)各因素的水平确定要适当

试验对因素的研究是通过水平的比较来实现的。通常试验的最后结果是要选出最佳水平或最佳水平组合。因此,正确恰当地确定各因素的水平就十分重要。要确定好各因素的水平,应注意以下几个问题。

1. 水平要有先进性和针对性

首先,因素的水平应具有先进性,即应从实际出发,选择较优秀的技术作因素的水平,这样才能保证通过各水平的比较优中选优。否则,试验选出的最优水平可能不是真正的最优。

其次,因素的水平还应具有针对性,即选择确定的不同水平,应是针对试验的目的要求和当时、当地的具体条件而提出来的。因为只有这样,才能使试验结果符合生产实际,可直接为当地生产服务。

2. 水平的数目要合适

水平数目过少,容易漏掉一些好的信息,使结果分析不全面;水平数目太多,又会使试验规模过于庞大,所以水平数目一定要确定适当。要做到这一点,应从因素本身的性质、试验中因素的个数,以及试验条件等方面综合考虑。若所研究的因素本身变异范围较大,则其水平数可适当多几个,反之则可少一点。

3. 水平的范围及间隔大小要合理

一般试验因素按其变异的性质可分为“质量性差异”因素和“数量性差异”因素两种。前者如品种、肥料或农药种类、修剪方式、操作方法等;后者如施肥量、株行距、药剂浓度、时间、温度等。不同性质的因素,在水平确定方法上有所不同。对于“质量性差异”因素,因其水平不可分割,一般是根据实际情况,有多少种就取多少水平,不存在水平间隔大小的问题。如品种比较试验,就是根据试验的目的要求和条件选取几个具体品种作为品种因素的几个水平。对于“数量性差异”因素,因其变异是连续的,在水平的确定时就应考虑其数量范围及其间隔。

“数量性差异”因素的水平值一般要尽可能取在最佳区域或接近最佳区域,以保证通过试验能选出真正最佳的水平。同时,在水平间隔大小上也要适当,过大过小都不行。因为水平间差距过大,两水平间未被选中的优良水平就可能从大筛孔中漏掉;水平差距过小,常常会发生水平间差异不明显而无法区别其效果的情况。而水平间隔的确定,主要从因素对试验指标影响的灵敏程度和试验所处的阶段期等方面来考虑。对于试验指标对其反应灵敏的因素,水平间隔应小些,如某种微量元素肥料的施用量等;对于试验指标对其反应不灵敏的因素,水平间隔应大些,如常规肥料(如氮肥)的施用量等。另外,水平的间隔大小也可随试验时期不同而不同。在试验的初期,对该项因素不十分了解的情况下,可以先采用较大的水平差距进行试验,在有了初步结果基础上,再逐渐缩小水平差距进行试验,以求取得精细结果。

对水平间隔的确定常有以下几种方法:

(1)等差法　在一定数量范围内,按照等差的差距来设置各水平的方法。此法特点是相邻两水平的数量之差相等。

(2)等比法　在一定的数量范围内,按照等比的差距来设置各水平的方法。此法的特点是相邻两水平的数量比值相同。

(3)随机法　指确定出的水平在数量上无一定规律的方法。

（三）试验方案中必须设立作为比较标准的对照

园艺植物试验中常采用的方法是差异对比法，即通过试验中各处理间差异的对比来判别各处理的优与劣，这就需要有一个作为比较标准的对照处理（Check Experiment）。品种比较试验中常统一规定同一生态区域内使用的标准（对照）品种，以便作为各试验单位共同的比较标准。

（四）试验处理间应遵循唯一差原则

试验方案中应注意比较间的唯一差异原则，以便正确地解析出试验因素的效应。例如，叶面喷肥试验方案中，如果设置喷肥（P）与不喷肥（B）两个处理，则两者间的差异含有肥的作用，也有水的作用，这时肥与水的作用混杂在一起解析不出来，若加进喷水（S）的处理，则肥与水的作用可分别从 P 与 S 以及 B 与 S 的比较中解析出来，因而可进一步明确肥与水的相对重要性。

（五）拟订试验方案时必须正确处理试验因素和试验条件之间的关系

一个试验中只有试验因素的水平在变动，而其他条件都将保持一致，固定在某一水平上。根据交互作用的概念，在一定条件下某试验因素的最优水平，换一种条件可能不再是最优水平。因此，在拟定试验方案时，必须做好试验条件的安排，要使试验条件具有代表性和典型性。

第三节　试验误差及其控制

一、误差的概念

在园艺植物试验中，每个试验处理都有其真实效应（即真值）。试验中的条件和各种操作技术不可能完全一致，因而试验总是受到许多非处理因素的干扰和影响，使得试验的处理效应不能真实地反映出来。这样，由试验中得到并代表各处理的观察值，就既包含处理的真实效应，也包含许多不能完全一致的非处理因素的偶然影响。这种由不能完全一致的非处理因素影响而造成的各处理实际观察值与其真值的偏差称为试验误差（Experiment Error），简称误差。

试验误差由于来源和性质特点的不同，可分为系统误差和偶然误差两种。系统误差（Systematic Error）又称片面误差。它是由试验处理以外的其他条件明显不一致而造成的处理观察值与其真值之间呈现的有一定方向的偏差。它具有重复性、单向性、可测性。即在相同的条件下，重复测定时会重复出现，使测定结果系统偏高或者系统偏低，其数值大小也有一定的规律。系统误差对试验的准确性影响很大，这就要求在试验设计、试验实施，以及试验结果的观察记载中应尽量将其控制并消除掉。偶然误差（Random Error）又叫随机误差。它是指在严格控制试验的非处理条件相对一致后，仍不能消除的由偶然因素引起的处理观察值与其真值的偏差。它是偶然因素引起的，具有明显的随机性，在试验中很难对其进行控制，所以试验中的偶然误差是客观存在，无法完全消除，只能尽量降低。偶然误差服从正态分布，可以用概率统计方法处理。

二、误差的来源

在园艺植物试验中，为了有效地控制和减少试验误差，首先应弄清楚试验误差的来源。引起试验误差的原因多而复杂，归纳起来，主要有以下三个方面：

1. 试验材料本身固有的差异

试验材料本身固有的差异是指试验中各处理的供试材料在遗传和生长发育状况上存在的差异，如试验用的材料基因型不一致、种子生活能力的差异和试验用的秧苗素质的差异等，均能造成试验结果的偏差。

2. 试验操作上的不一致

试验操作上的不一致是指试验过程中除试验处理以外的栽培管理和结果观测时操作上存在的差异。例如，对整地、施肥、中耕、除草、防病、治虫等完成时间及操作标准的不一致性；观察测定时间、人员、仪器和鉴别标准等的不一致。

3. 外界环境条件的差异

外界环境条件的差异是指试验所处自然环境条件上的差异，主要指土壤肥力不均匀所导致的条件差异，这是试验误差中最有影响，也是最难以控制的。其他还有病虫害侵袭、人畜践踏、风雨的影响等，它们常具有随机性，各个处理遭受的影响不完全相同。

三、误差的控制途径

针对试验误差的来源，可从以下三条途径对其加以控制。

1. 选择相对一致的试验材料

园艺植物试验中必须严格要求试验材料的基因型一致。生长发育上的一致性，如秧苗大小、壮弱不一致时，则可按大小、壮弱分级，而后将同一规格的安排在同一区组的各个处理小区，或将各档秧苗按比例混合分配于各个处理中，从而减少试验的差异。

2. 试验的管理操作技术应尽量一致

试验过程中，除试验处理外，各项操作管理都应合乎试验要求，尽可能做到在时间、质量、数量和方式方法上完全相同。除操作要仔细、一丝不苟，把各种操作尽可能做到完全一样外，一切管理操作、观察测量和数据收集都应以区组为单位进行，减少可能发生的差异。例如，整个试验的某种操作若不能在一天内完成，则至少要完成一个区组内所有小区的工作。这样，各天之间若有差异，由于区组的划分，差异可以得到控制。操作人员不同常常会使相同技术发生差异。例如，施肥、施用杀虫剂等，若有数人同时进行操作，最好一人完成一个或若干个区组，不宜分配二人到同一区组。

3. 控制外界环境的主要因素

引起试验误差的外界环境因素中，土壤差异既是最主要的又是最难控制的。若能控制土壤差异，减少土壤差异对试验的影响，就能降低试验误差，提高试验精度。近代试验技术对控制土壤差异采取的措施有：①正确选择试验地；②坚持试验设计的基本原则；③控制小区的环境因素。

四、误差控制的主要措施

(一)正确选择试验地

正确选择试验地是减少土壤差异的一个重要措施，对提高试验精度有很大作用。选地时应从以下几个方面考虑。

1. 试验地要有代表性

要使试验具有代表性，首先试验地要有代表性。试验地的土质、土壤肥力、气候条件和栽培管理水平能代表本地区的基本特点,以便于试验成果的推广应用。

2. 试验地的肥力要均匀一致

试验地的肥力可以通过测定作物生长的均匀整齐度来判断。有些试验处理可能对土壤条件有不同的影响,例如,凡是牵涉肥料、生长期不同的品种或不同种植密度等处理,可能就有这样的后效应。因而以前曾做过这类试验的田块,就不宜选做试验田。若有必要用这种田块时,应进行一次或多次匀田种植。匀田种植的做法与空白试验相同。

3. 选作试验地的地块最好要有土地利用的历史记录

因为土地利用的不同对土壤肥力的分布及均匀性有很大影响,所以要选用近年来在土地利用上是相同或相近的地块。若不能选得全部符合要求的土地,只要有历史记录,就能掌握地块的栽培历史,区分清楚过去栽培过不同作物和用过不同技术措施的地块,通过试验小区的要素设置和排列进行适当的补救。

4. 选择的试验地位置要适当

试验地应该选择在阳光充足和较空旷的地块,而不宜安排在离道路、高大建筑物、树林、畜舍、住宅、水塘等较近的地方,以免各小区受这些条件引起边际效应。但是,也不能离住宅太远,造成管理、观察记载和看护的不便。

5. 试验地的地势要平坦

菜田、果园和花圃大多是水浇地,灌水量大,如果地势不平,必然引起土壤水分不均,随之而来的是土壤肥力不均。因此,应尽量选择地势平坦的地块进行试验,在坡地上进行试验时,应该选择局部肥力均匀的若干地块,以便田间试验设计时进行局部控制。

6. 做好空白试验

对拟选作试验用的田块,特别是在建立固定的试验地时,除掌握整个试验地的土壤一般情况及土地利用历史外,若有可能,最好要进行空白试验。因为一致的种植不仅有助于降低土壤差异,更重要的是能更深入具体地了解土壤差异程度及其分布情况,为进行试验时小区和区组的正确定位以及小区面积、形状、重复次数等的决定提供可靠依据,从而做出切合土壤实际、将试验误差尽可能降低的试验设计。

(二)坚持试验设计的基本原则

试验设计的主要任务之一是减少、控制试验误差,从而提高试验结果分析的精确性和推断的准确性。因此,进行试验设计时必须遵循设置重复、随机化和局部控制三项基本原则。

1. 设置重复

设置重复(Replication)是指试验中每个处理至少安排两个以上的试验单元。在园艺植物田间试验中,重复次数是指同一处理小区出现的次数。若每个处理有两个小区,称为两次重复。

设置重复的主要作用有两点:

(1)估计误差　试验误差是客观存在的,但只能由同一处理的几个重复小区间的差异来估计。同一处理有两次以上重复就可以从这些重复小区之间的产量(或其他性状指标)差异估计误差。

(2)降低误差　数理统计学证明,平均数误差的大小与重复次数的平方根成反比。重复多,则平均数的误差就小。有四次重复的试验,其平均数误差将只有两次重复同类试验的一半。误差减小,可提高试验检测差异的灵敏度。

2. 随机排列

随机排列(Random Assortment)是指一个区组中的每一个处理都有同等的机会设置在任何一个试验小区上,避免任何主观成见所引起的偏差。进行随机排列,可用抽签法或计算机产生随机数字法。随机排列与重复相结合,就能提供无偏的试验误差估计值。

3. 局部控制

局部控制(Local Control)是将整个试验环境分成若干个较为一致的小环境,再在小环境内设置成套处理,即在田间分范围、分地段地控制土壤差异等非处理因素,使之对各试验处理小区的影响达到最大限度的一致。因为在较小地段内,试验环境条件容易控制一致。这是降低误差的重要手段之一。园艺植物田间试验设置重复目的在于降低误差,但是增加了重复,也就相应地增加了试验田的总面积,必然还会增大土壤差异。为了克服这个问题,可将试验田按重复次数划分为相同数目的区组。若有较为明确的土壤差异,最好能按肥力划分区组,使区组内肥力相对均匀一致,每一区组再按供试处理数目划分小区,安排全套处理。这样,试验误差的来源只限于区组内较小块地段的微小土壤差异,而与因增加重复而扩大试验田所增大的土壤差异无关。这种布置就是田间试验的局部控制原则。

4. 三项原则的关系

试验设计的三项基本原则的关系如图 2-1 所示。

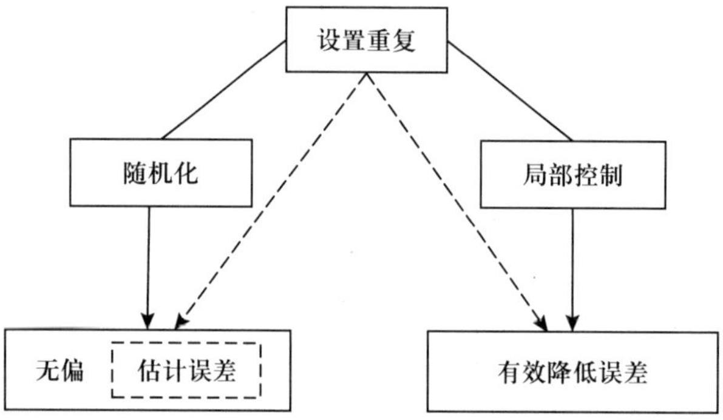

图 2-1 试验设计三项基本原则的关系

如前所述,设置重复有估计误差和降低误差两个作用。但设置重复若不与随机排列和局部控制两原则结合起来运用,这两个作用不能得到很好发挥。因为仅仅设置重复,而不随机排列,虽可以估计误差,但估计出的误差是有偏的。只有设置重复的同时又随机排列,才能保证获得无偏的误差估计。同样,只设置重复而不局部控制,设置重复降低误差的作用将被抵消。只有将设置重复与局部控制结合起来运用,才能有效降低误差。因此,在试验设计中,三项原则同等重要,必须同时遵循,缺一不可。

(三)控制小区的环境因素

在园艺植物的田间试验中,外界环境因素,尤其是土壤差异是带来试验误差的一个主要因素。要将环境因素控制好,尽可能减小因外界环境条件的差异对试验结果造成的影响,降低试验误差,除了正确选择试验地,采取一些有效减少环境不均匀性的方法(如局部控制),以及选用良好的设计方法进行试验设计外,采用适当的小区技术也是十分必要的。小区技术是根据田间试验设计的基本原则,对试验小区进行科学的设计和布置,其主要内容如下。

1. 小区面积

试验小区是田间试验中安排一个处理的基本试验单元,通常为一小块地段。它的面积大小与土壤差异对试验影响的大小及试验精度的高低有很大关系。在一定范围内,小区面积增加,试验误差减小,但减少不是同比例的。试验小区太小也有可能恰巧占有较瘦或较肥的斑块状地段,从而使小区误差增大。但小区增大到一定程度后,误差的降低就不再明显。对于一块一定面积的试验田,增大小区面积,重复次数必然减少。因而,精确度随小区面积的增大而提高,但又随重复次数的减小而降低。总之,增加重复次数比增大小区面积更能有效地降低试验误差,从而提高精准度。

2. 小区形状和划分方向

小区的形状是指小区的长度与宽度的比例。适当的小区形状在控制土壤差异、提高试验精确度方面也有相当作用。在通常情形下,长方形尤其是狭长形小区,容易调匀土壤差异,使小区肥力接近于试验地的平均肥力水平,也便于观察记载及农事操作。不论是呈梯度还是呈斑块状的土壤肥力差异,采用狭长小区均能较全面地包括不同肥力的土壤,相应减少小区之间的土壤差异,提高精确度。例如,已知试验田呈肥力梯度时,小区的方向应使边长与肥力变化最大的方向平行,使区组方向与肥力梯度方向垂直(图 2-2),这样可提供较高的小区性和试验的精确度。

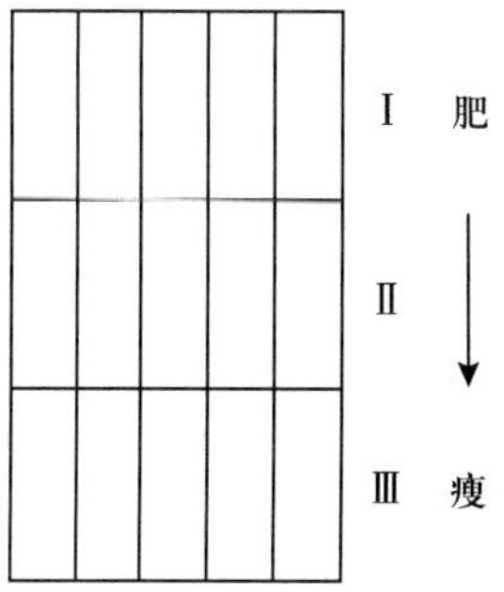

图 2-2 小区划分方向示意图

小区的长宽比一般为(3～10)∶1,甚至可达 20∶1,其根据试验地形状和面积以及小区多少和大小等确定。

在边际效应值得重视的试验中,方形小区是有利的。方形小区具有最小周长,记产面积占小区面积的比例最大。进行肥料试验时,若采用狭长形小区,处理效应往往会扩及邻区,因此采用方形或近方形的小区较好。当土壤差异表现的形式确实不知时,用方形小区较妥,因为虽不如狭长小区那样获得较高的精准度,但也不会产生最大的误差。

3. 重复次数

重复次数指成套试验处理在试验地上种植的次数。试验设置的重复次数越多,试验误差越小,但重复次数多于一定的值后,误差下降(精确度增进)变缓,而人力物力的花费大大增加,所以要权衡增益后确定最适重复次数。

重复次数的多少,一般应根据试验所要求的精确度、处理数目、试验地土壤差异大小、试验材料(如种子的数量)、试验地面积、小区大小等具体确定。对精确度要求高的试验,重复次数应多些;试验处理数目少时,重复次数应多些;试验田土壤差异较大的重复次数应多些,土壤差异较为一致的可少些。在育种工作的初期阶段,由于试验材料的种子数量较少,重复次数可少些;但在后期产量试验,种子数量较多,精确度要求较高,重复次数应多些。小区面积较小的试验,通常可用 3～6 次重复;小区面积较大的,一般可重复 3～4 次。进行面积大的对比试验时,2 次重复即可,最好能由几个地点联合试验,对产量进行综合计算和分析。

4. 设置保护行

在试验地周围设置保护行(Guarding Row)的作用是:①保护试验材料不受外来因素(如人畜等的践踏和损害)的影响;②防止靠近试验田四周的小区受到空旷地的特殊环境影响即边际效应,使处理间能有正确的比较。

保护行的设置方式常有:在试验地四周设置,在区组四周设置,在小区四周设置。实际中可根据试验地边际影响情况、试验地形状和面积,以及试材的多少等方面考虑决定。当区组分散布置时,可在区组四周设置保护行;当小区之间有能引起边际效应的因素存在时,可在小区周围设置保护行。保护行设置的行数并无统一规定。一般情况下,试验地四周设的保护行不能太少,其宽度不应小于小区内植株的根可能伸展的范围;小区间、区组间可以根据情况设置,一般蔬菜至少种植两行,果树至少设置一行。总之,保护行的种植数应本着经济有效的原则,既能减少占地面积,又能起到保护作用。

第四节　常用试验设计及结果分析

本节介绍的试验设计方法指试验小区排列设计方法,即决定在各区组内各处理被安排在哪个小区的方法。小区排列设计是否合理是试验成败的关键之一。小区排列设计方法不同,不仅决定了各处理在区组中各小区的排列方式不同,使试验操作在简繁程度上各异,而且还决定了试验结果的精确度高低的不同。实际中采用何种方法来进行小区排列设计,应根据试验目的要求、所具备的试验条件,并结合设计方法本身的特点综合考虑选定。

常用的田间试验小区排列方式有顺序排列和随机排列两类。根据试验设计的三项基本原则,小区排列必须随机,才能做出无偏的误差估计,为正确的统计推断提供可靠依据。故凡是要对试验数据进行显著性检验的试验设计必须是随机排列的。另外,不同的试验设计,其结果分析方法不同,学习试验设计方法的同时,必须了解其结果分析方法。本节主要介绍几种园艺植物试验中常用的随机排列设计方法及其结果分析方法。

一、完全随机设计及结果分析

(一)设计方法

完全随机设计(Complete Randomized Design)是根据试验处理数将全部供试材料随机地分成若干组,然后再按组实施不同处理的设计。这种设计保证每份供试材料都有相同机会接受任何一种处理,而不受试验人员主观倾向的影响。下面举例说明此设计的具体方法。

【例 2-1】 考察在硝酸盐胁迫下黄腐酸对小白菜生长影响的试验。NO_3^-浓度与黄腐酸(FA)分为 5 种:正常对照[处理 A(CK)]、120 mmol/L NO_3^-(处理 B)、0.08% FA+120 mmol/L NO_3^-(处理 C)、0.15% FA+120 mmol/L NO_3^-(处理 D)、0.25% FA+120 mmol/L NO_3^-(处理 E)。3 次重复,试验共 15 个水培箱。对此试验采用完全随机设计如下:

先对 15 颗小白菜分别标号 1、2、…、15,再按处理数将它们随机分为 5 组,本例每组刚好 3 个编号。随机的方法可用抽签法,或查随机数字表法(此处省略)。本例随机分组结果见表 2-3。

表 2-3　完全随机设计各处理排列

g

组别	各组小白菜编号及单株鲜质量数据			处理
一	1 (27.30)	6 (26.00)	9 (26.50)	B
二	3 (50.23)	11 (51.03)	15 (51.23)	A(CK)
三	2 (42.10)	8 (43.18)	14 (42.52)	D
四	5 (34.22)	13 (34.34)	10 (33.08)	C
五	4 (35.95)	7 (35.05)	12 (35.65)	E

(二)设计的优缺点

1. 优点

①设计遵循重复和随机排列两个原则,能真实反映试验的处理效应;②设计容易,处理数与重复数都不受限制,适用于试验条件、环境、试验材料差异较小的试验。

2. 缺点

①由于未应用试验设计三原则中的局部控制原则,非试验因素的影响被纳入试验误差,试验误差较大,试验精确性较低;②在试验条件、环境、试验材料差异较大时,不宜采用此种设计方法。

(三)结果的方差分析

(1)建立数据文件,在变量视图里设置变量名,见图 2-3。在数据视图中输入数据,见图 2-4。1 代表处理 A(CK)、2 代表处理 B、3 代表处理 C、4 代表处理 D、5 代表处理 E。

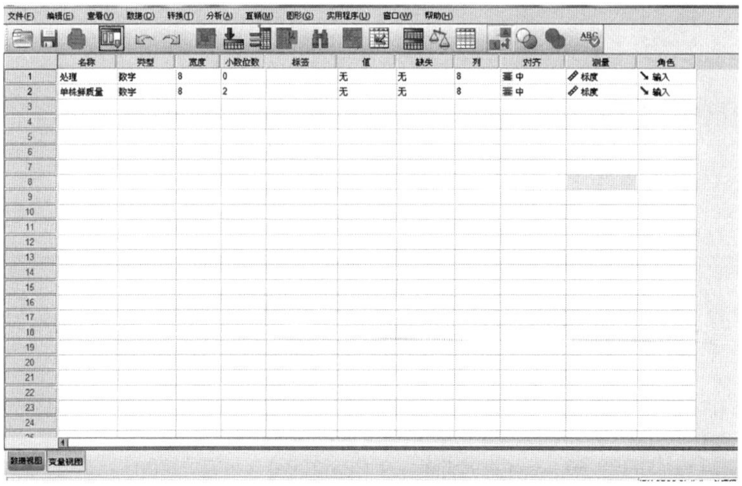

图 2-3　变量视图

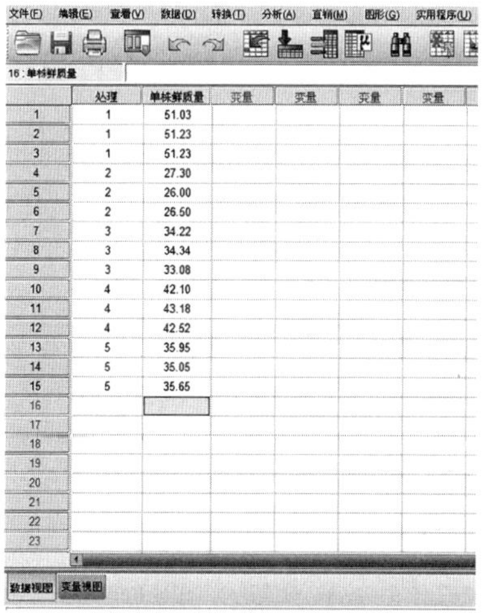

图 2-4　数据视图

(2)选择分析→比较均值→单因素,因变量为单株鲜质量,因子为处理,见图 2-5。

(3)单击对比按钮,选择多项式,见图 2-6,单击继续。

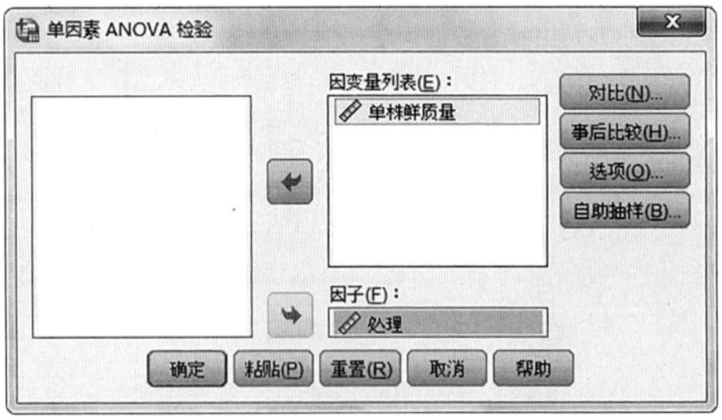

图 2-5　单因素方差分析主对话框

图 2-6　对比对话框

(4)单击事后比较按钮,本例选择 LSD 和邓肯(D),见图 2-7,显著水平默认值为 0.05(可根据需要自行设置),单击继续。

(5)单击选项按钮,本例选择描述(D)和方差齐性检验(H),见图 2-8,单击继续。

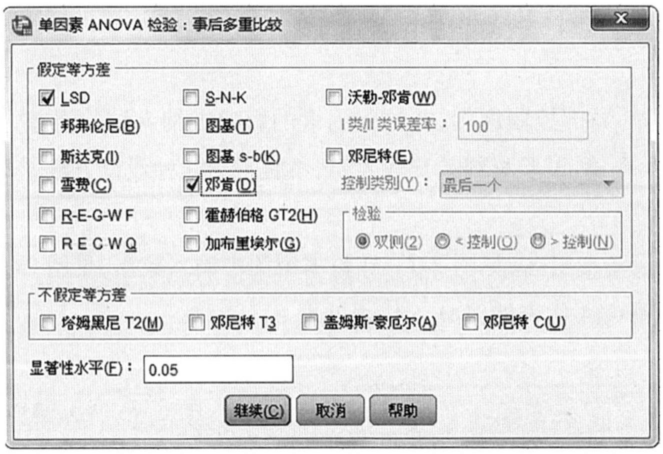

图 2-7　事后比较对话框

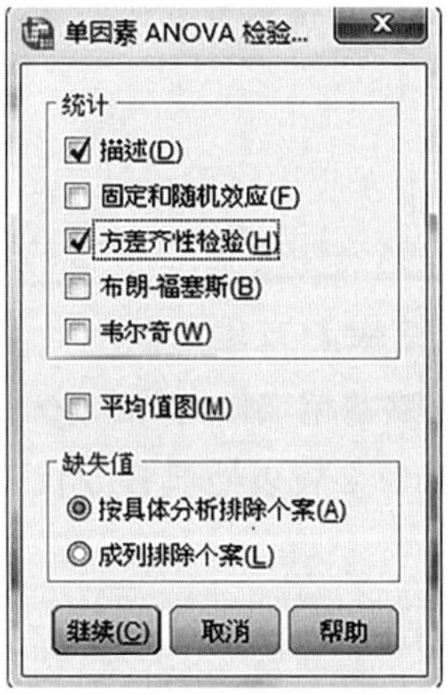

图 2-8　选项对话框

(6)单击确定按钮,得到主要结果(表 2-4 至表 2-7)。

表 2-4　单株鲜质量描述

处理	个案数	平均值	标准差	标准误差	平均值的 95% 置信区间		最小值	最大值
					下限	上限		
1	3	51.163 3	0.115 47	0.066 67	50.876 5	51.450 2	51.03	51.23
2	3	26.600 0	0.655 74	0.378 59	24.971 0	28.229 0	26.00	27.30
3	3	33.880 0	0.695 41	0.401 50	32.152 5	35.607 5	33.08	34.34

续表 2-4

处理	个案数	平均值	标准差	标准误差	平均值的 95% 置信区间		最小值	最大值
					下限	上限		
4	3	42.600 0	0.544 43	0.314 32	41.247 6	43.952 4	42.10	43.18
5	3	35.550 0	0.458 26	0.264 58	34.411 6	36.688 4	35.05	35.95
总计	15	37.958 7	8.639 41	2.230 69	33.174 3	42.743 0	26.00	51.23

表 2-5　单株鲜质量方差齐性检验

莱文统计	自由度 1	自由度 2	显著性
1.574	4	10	0.255

表 2-6　单株鲜质量方差分析 ANOVA

变异来源			平方和	自由度	均方	*F*	显著性
组间	（组合）		1 042.085	4	260.521	908.795	0.000
	线性项	对比	69.555	1	69.555	242.635	0.000
		偏差	972.530	3	324.177	1 130.848	0.000
组内			2.867	10	0.287		
总计			1 044.952	14			

表 2-7　单株鲜质量多重比较

处理（I）	处理（J）	平均值差值（I-J）	标准误差	显著性	95% 置信区间	
					下限	上限
1	2	24.563 33*	0.437 16	0.000	23.589 3	25.537 4
	3	17.283 33*	0.437 16	0.000	16.309 3	18.257 4
	4	8.563 33*	0.437 16	0.000	7.589 3	9.537 4
	5	15.613 33*	0.437 16	0.000	14.639 3	16.587 4
2	1	−24.563 33*	0.437 16	0.000	−25.537 4	−23.589 3
	3	−7.280 00*	0.437 16	0.000	−8.254 1	−6.305 9
	4	−16.000 00*	0.437 16	0.000	−16.974 1	−15.025 9
	5	−8.950 00*	0.437 16	0.000	−9.924 1	−7.975 9
3	1	−17.283 33*	0.437 16	0.000	−18.257 4	−16.309 3
	2	7.280 00*	0.437 16	0.000	6.305 9	8.254 1
	4	−8.720 00*	0.437 16	0.000	−9.694 1	−7.745 9
	5	−1.670 00*	0.437 16	0.003	−2.644 1	−0.695 9

续表 2-7

处理(I)	处理(J)	平均值差值(I-J)	标准误差	显著性	95% 置信区间	
					下限	上限
4	1	−8.563 33*	0.437 16	0.000	−9.537 4	−7.589 3
	2	16.000 00*	0.437 16	0.000	15.025 9	16.974 1
	3	8.720 00*	0.437 16	0.000	7.745 9	9.694 1
	5	7.050 00*	0.437 16	0.000	6.075 9	8.024 1
5	1	−15.613 33*	0.437 16	0.000	−16.587 4	−14.639 3
	2	8.950 00*	0.437 16	0.000	7.975 9	9.924 1
	3	1.670 00*	0.437 16	0.003	0.695 9	2.644 1
	4	−7.050 00*	0.437 16	0.000	−8.024 1	−6.075 9

(7)结果分析。

①描述表，A(CK)、B、C、D、E 处理的均值分别为 51.163 3、26.600 0、33.880 0、42.600 0、35.550 0，标准误差分别为 0.066 67、0.378 59、0.401 50、0.314 32、0.264 58，见表 2-4。

②方差齐性检验表，莱文统计为 1.574，P=0.255>0.10，按 α=0.10 水准，可认为各处理单株鲜质量的总体方差相等，见表 2-5。

③方差分析表，组间平方和为 1 042.085，均方为 260.521，F=4.517，P<0.05，按 α=0.05 水准，可认为各处理单株鲜质量的总体均值不全相等，各组方差齐时，应采用 F 检验的结果，见表 2-6。

④多重比较表，最小显著差异法(LSD)，按 α=0.05 水准，可认为各处理单株鲜质量总体均值不等(P<0.05)，见表 2-7。

二、随机区组设计及结果分析

(一)设计方法

随机区组设计(Randomized Block Design)也称完全随机区组设计、配伍组设计，是指利用分组技术实现局部控制，分组误差仅来自组内，而组间的差别与误差无关。设计将整个试验区分成若干个区组，要求各区组内环境变异尽可能小，而各区组间的变异可以较大，可通过方差分析将误差从组间变异中分离出来。区组数与重复数相同，区组内小区数与试验处理数相同，试验处理在区组内随机排列。

双因素随机区组设计使用了区组技术，在估计两个因素的处理效应及其交互作用的同时，还可以分离出一个无关变量的影响。

下面以单因素试验的例子来说明本设计的基本方法。

【例 2-2】 不同营养液配方对辣椒生长发育影响试验，选用 4 种配方营养液(A、B、C、D)来作比较，即处理数 k=4，设置 3 次重复(r=3)。作随机区组设计如下：

先在选定的试验地上按土壤差异情况划分出 3 个区组，在每个区组内分别再划分出 4 个小区；最后分别在各区组内用随机方法将 4 个处理逐个安排于各小区中即可。其田间排列图见图 2-9。照此田间排列图即可在田间实施试验。

B 8.24	D 7.93	A 7.90	C 6.81	Ⅰ 肥
C 6.95	A 7.62	D 7.92	B 8.40	Ⅱ
D 7.76	B 802	A 7.94	C 7.00	Ⅲ 瘦

图 2-9 不同营养液配方对辣椒生长发育影响试验田间排列图

（二）设计的优缺点

1. 优点

①设计简单，容易掌握；②富于伸缩性，单因素、多因素以及综合性试验都可应用；③能提供无偏的误差估计，并有效地减少单向的肥力差异，降低误差；④对试验地的地形要求不严，必要时，不同区组也可分散设置在不同地段上。

2. 缺点

不允许处理数太多，一般不超过 20 个。因为处理多，区组必然增大，局部控制的效率降低，而且只能控制一个方向的土壤差异。

（三）结果的方差分析

随机区组试验结果的方差分析，在单因素和多因素试验上有所不同，下面分别介绍。

1. 单因素随机区组试验结果的方差分析

(1) 建立数据文件，变量名为处理、可溶性固形物，1 代表处理 A，2 代表处理 B，3 代表处理 C，4 代表处理 D。

(2) 选择分析→比较均值→单因素，因变量为可溶性固形物，因子为处理。

(3) 单击对比按钮，选择多项式，单击继续。

(4) 单击事后比较按钮，选择 LSD 和邓肯 (D)，显著水平默认值为 0.05（可根据需要自行设置），单击继续。

(5) 单击选项按钮，选择描述 (D) 和方差齐性检验 (H)，单击继续。

(6) 单击确定按钮，得到主要结果（表 2-8 至表 2-11）。

表 2-8　可溶性固形物描述

处理	个案数	平均值	标准差	标准误差	平均值的 95% 置信区间		最小值	最大值
					下限	上限		
1	3	7.820 0	0.174 36	0.100 66	7.386 9	8.253 1	7.62	7.94
2	3	8.220 0	0.190 79	0.110 15	7.746 1	8.693 9	8.02	8.40
3	3	6.920 0	0.098 49	0.056 86	6.675 3	7.164 7	6.81	7.00
4	3	7.870 0	0.095 39	0.055 08	7.633 0	8.107 0	7.76	7.93
总计	12	7.707 5	0.516 71	0.149 16	7.379 2	8.035 8	6.81	8.40

表 2-9　可溶性固形物方差齐性检验

莱文统计	自由度 1	自由度 2	显著性
0.893	3	8	0.486

表 2-10　可溶性固形物方差分析 ANOVA

变异来源			平方和	自由度	均方	*F*	显著性
组间	（组合）		2.766	3	0.922	43.078	0.000
	线性项	对比	0.198	1	0.198	9.270	0.016
		偏差	2.567	2	1.284	59.982	0.000
组内			0.171	8	0.021		
总计			2.937	11			

表 2-11　可溶性固形物多重比较

处理（I）	处理（J）	平均值差值（I-J）	标准误差	显著性	95% 置信区间	
					下限	上限
1	2	−0.400 00*	0.119 44	0.010	−0.675 4	−0.124 6
	3	0.900 00*	0.119 44	0.000	0.624 6	1.175 4
	4	−0.050 00	0.119 44	0.687	−0.325 4	0.225 4
2	1	0.400 00*	0.119 44	0.010	0.124 6	0.675 4
	3	1.300 00*	0.119 44	0.000	1.024 6	1.575 4
	4	0.350 00*	0.119 44	0.019	0.074 6	0.625 4
3	1	−0.900 00*	0.119 44	0.000	−1.175 4	−0.624 6
	2	−1.300 00*	0.119 44	0.000	−1.575 4	−1.024 6
	4	−0.950 00*	0.119 44	0.000	−1.225 4	−0.674 6

续表 2-11

处理(I)	处理(J)	平均值差值(I-J)	标准误差	显著性	95% 置信区间	
					下限	上限
4	1	0.050 00	0.119 44	0.687	−0.225 4	0.325 4
	2	−0.350 00*	0.119 44	0.019	−0.625 4	−0.074 6
	3	0.950 00*	0.119 44	0.000	0.674 6	1.225 4

(7)结果分析。

①描述表，A、B、C、D 处理的均值分别为 7.82、8.22、6.92、7.87，标准误差分别为 0.100 66、0.110 15、0.056 86、0.550 8，见表 2-8。

②方差齐性检验表，莱文统计为 0.893，P=0.486>0.10，按 α=0.10 水准，可认为各处理可溶性固形物的总体方差相等，见表 2-9。

③方差分析表，组间平方和为 2.766，均方为 0.922，F=43.078，P<0.05，按 α=0.05 水准，可认为各处理可溶性固形物的总体均值不全相等，各组方差齐时，应采用 F 检验的结果，见表 2-10。

④多重比较表，最小显著差异法(LSD)，按 α=0.05 水准，可认为各处理可溶性固形物总体均值不等(P<0.05)，见表 2-11。

2. 双因素随机区组试验结果的方差分析

【例 2-3】 2 种基质袋摆放高度(a_1、a_2)和 3 基质供应量(b_1、b_2、b_3)的双因素试验，基质袋摆放高度为因素 A，水平数 a=2，基质供应量为因素 B，水平数 b=3，全试验共 6 个处理(ab=6)。采用单株小区，设置 3 次重复(r=3)，随机区组设计，其田间排列图及游离氨基酸记录见图 2-10，试做方差分析。

a_1b_1 1 568.10	a_1b_2 1 289.96	a_1b_3 1 829.06	a_2b_3 1 480.57	a_2b_1 1 191.70	a_2b_2 1 368.49	Ⅰ
a_2b_1 1 180.70	a_1b_1 1 560.10	a_1b_2 1 292.96	a_2b_2 1 370.49	a_1b_3 1 840.06	a_2b_3 1 490.57	Ⅱ
a_2b_3 1 491.57	a_2b_1 1 193.70	a_2b_2 1 360.49	a_1b_1 1 570.10	a_1b_2 1 280.96	a_1b_3 1 839.06	Ⅲ

图 2-10　基质袋摆放高度 × 基质供应量试验田间排列图

(1)建立数据文件，变量名为游离氨基酸、A、B。

(2)选择分析→一般线性模型→单因素，因变量为游离氨基酸，固定因子为 A、B，见图 2-11。

(3)单击模型按钮，选择定制，见图 2-12，单击继续。

(4)单击对比按钮，见图 2-13，单击继续。

(5)单击图按钮，打开轮廓图对话框，可将 A 或 B 引入水平轴、单图或多图，单击添加到图列表中，见图 2-14，单击继续。本例未选择图形。

(6)单击事后比较，见图 2-15，单击继续。

(7)单击选项，见图 2-16，单击继续。

图 2-11　变量主对话框

图 2-12　模型对话框

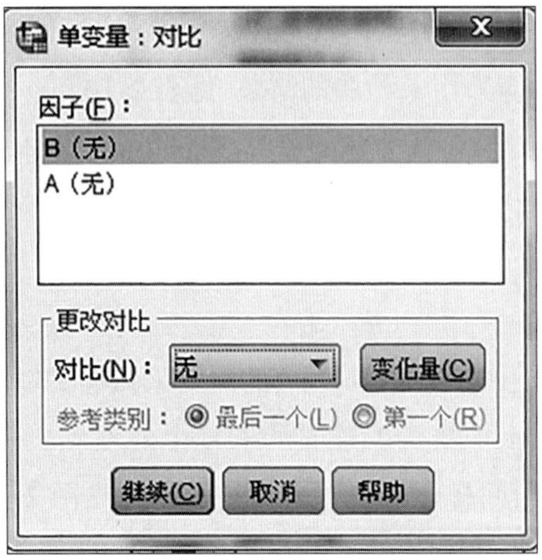

图 2-13　对比对话框

图 2-14　轮廓图对话框

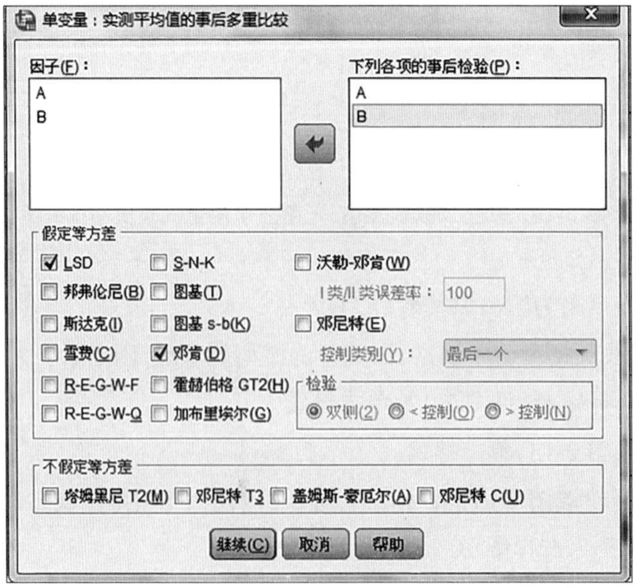

图 2-15　事后比较对话框

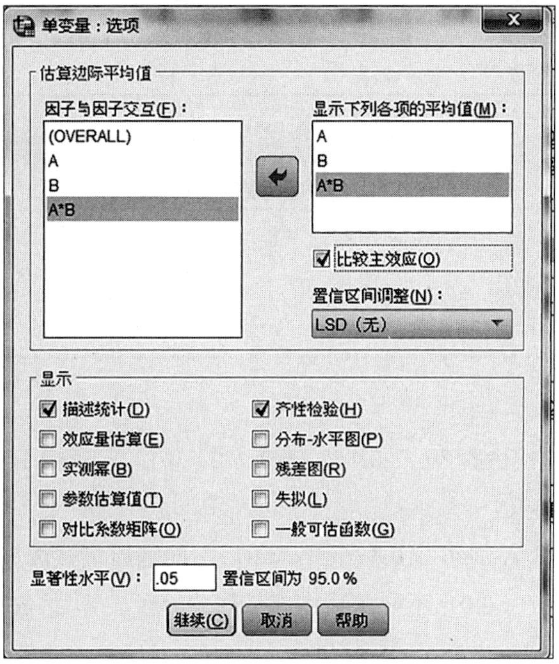

图 2-16　选项对话框

(8)单击确定按钮,得到主要结果(表 2-12 至表 2-15)。

表 2-12　游离氨基酸误差方差的莱文等同性检验

F	自由度 1	自由度 2	显著性
0.167	5	12	0.970

表 2-13　游离氨基酸主体间效应检验

源	Ⅲ类平方和	自由度	均方	*F*	显著性
修正模型	795 170.261	5	159 034.052	4 515.162	0.000
截距	38 102 492.503	1	38 102 492.503	1 081 774.235	0.000
A	211 700.907	1	211 700.907	6 010.436	0.000
B	386 604.193	2	193 302.097	5 488.072	0.000
A * B	196 865.161	2	98 432.581	2 794.616	0.000
误差	422.667	12	35.222		
总计	38 898 085.431	18			
修正后总计	795 592.928	17			

表 2-14 游离氨基酸单变量检验(A)

变异来源	平方和	自由度	均方	F	显著性
对比	211 700.907	1	211 700.907	6 010.436	0.000
误差	422.667	12	35.222		

注:此检验基于估算边际平均值之间的线性无关成对比较。

表 2-15 游离氨基酸单变量检验(B)

变异来源	平方和	自由度	均方	F	显著性
对比	386 604.193	2	193 302.097	5 488.072	0.000
误差	422.667	12	35.222		

(9)主要结果分析。

①误差方差的莱文等同性检验表,F=0.167,P=0.970>0.10,按 α=0.10 水准,可认为各处理游离氨基酸的总体方差相等,见表 2-10。

②组间效应检验表,因素 A,F=6 010.436,P<0.01,不同基质袋摆放高度间差异极显著,有统计学意义。因素 B,F=5 488 072,P<0.01,不同基质供应量间差异极显著,见表 2-11。

三、拉丁方设计及结果分析

拉丁方设计(Latin Square Design)也称正交拉丁方设计。是指由拉丁字母所组成的正方形排列,这种排列的条件是在同一列与同一行的字母只出现一次。拉丁方设计的优点是可以得到比随机区组设计更多一个项目的均衡,因而误差更小,效率更高。但灵活性较差,只能安排 3 个因素,而且要求各因素的水平相等。

【例 2-4】 有 A、B、C、D、E 5 种促进兴安落叶松高枝嫁接成活部分树体矮化技术方法(处理)做比较试验,采用 5 阶拉丁方设计,其田间排列和侧方生长角度极值百分率结果见表 2-16,试做分析。

表 2-16 处理 5×5 拉丁方试验的侧方生长角度极值百分率结果

处理时期	试验区组				
	1	2	3	4	5
1	D(78)	E(69)	A(81)	B(70)	C(61)
2	A(74)	C(63)	E(64)	D(69)	B(75)
3	E(65)	A(85)	B(88)	C(74)	D(78)
4	B(85)	D(74)	C(84)	E(70)	A(79)
5	C(60)	B(65)	D(82)	A(73)	E(62)

拉丁方试验结果的方差分析：

(1)建立数据文件，变量名为处理、处理时期、区组、侧方生长角度极值百分率。1代表处理A，2代表处理B，3代表处理C，4代表处理D，5代表处理E。

(2)选择分析→一般线性模型→单因素，因变量为侧方生长角度极值百分率，固定因子为处理、处理时期、区组，见图2-17。

(3)单击模型按钮，选择定制，模型列选择处理、处理时期、区组，构建项类型选择主效应，见图2-18，单击继续。

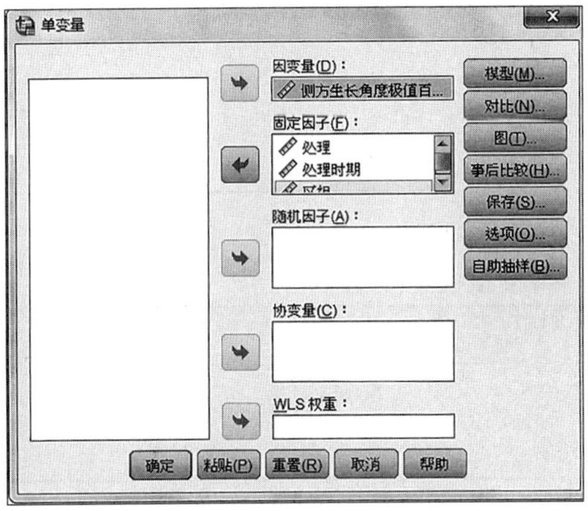

图2-17 变量主对话框

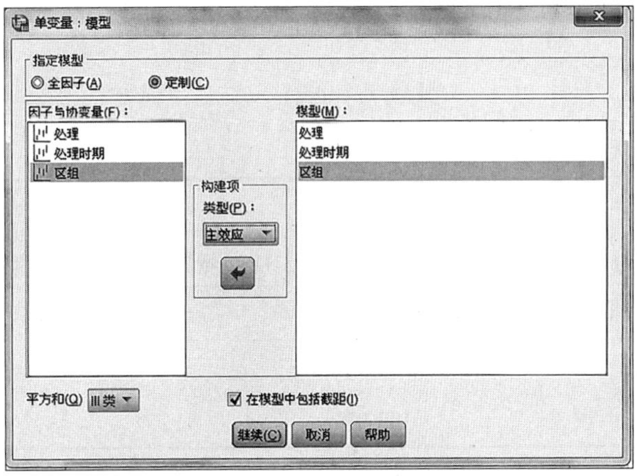

图2-18 模型对话框

(4)单击选项按钮，见图2-19，单击继续。

(5)单击事后比较，见图2-20，单击继续。

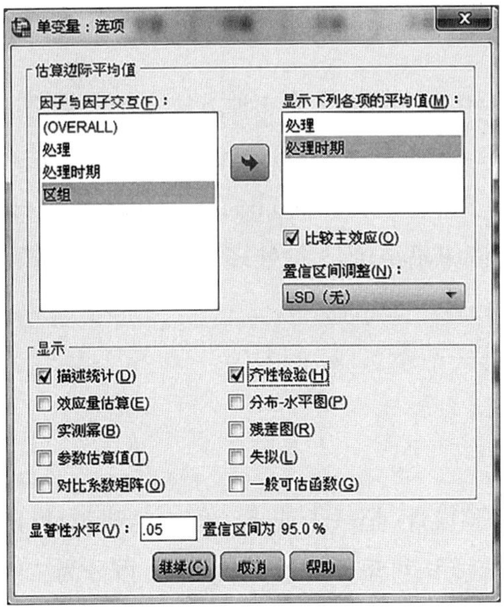

图2-19 选项对话框

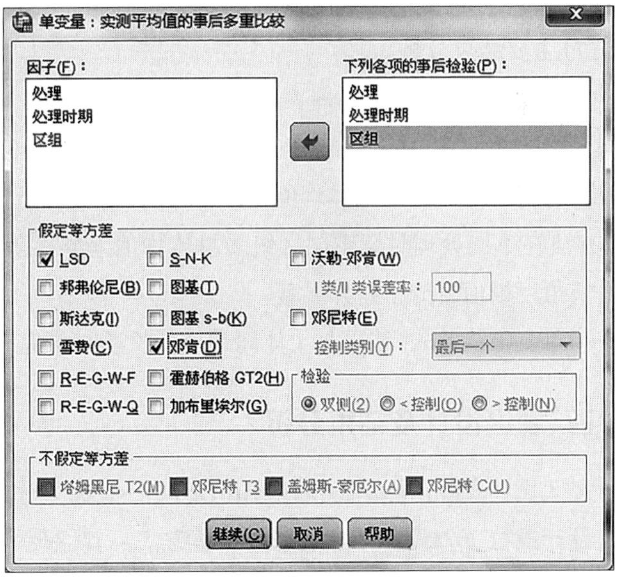

图2-20 事后比较对话框

(6)单击确定按钮，得到主要结果(表2-17至表2-19)。

表 2-17　侧方生长角度极值百分率主体间效应检验

源	Ⅲ类平方和	自由度	均方	F	显著性
修正模型	1 360.720[a]	12	113.393	4.477	0.007
截距	133 663.360	1	133 663.360	5 277.574	0.000
处理	612.240	4	153.060	6.043	0.007
处理时期	285.040	4	71.260	2.814	0.074
区组	463.440	4	115.860	4.575	0.018
误差	303.920	12	25.327		
总计	135 328.000	25			
修正后总计	1 664.640	24			

a. $R^2 = 0.817$（调整后 $R^2 = 0.635$）

表 2-18　侧方生长角度极值百分率单变量检验（处理）

变异来源	平方和	自由度	均方	F	显著性
对比	612.240	4	153.060	6.043	0.007
误差	303.920	12	25.327		

表 2-19　侧方生长角度极值百分率单变量检验（处理时期）

变异来源	平方和	自由度	均方	F	显著性
对比	285.040	4	71.260	2.814	0.074
误差	303.920	12	25.327		

（7）主要结果分析。

①组间效应检验表，处理 F=6.043，P=0.007<0.01，按 α=0.05 水准，认为 5 种方法在不同处理时期不同区组的总体均值差异显著；处理时期，F=2.814，P=0.074>0.05，按 α=0.05 水准，认为 5 种方法在不同处理时期不同区组的总体均值差异不显著；试验区组，F=4.575，P=0.018<0.05，按 α=0.05 水准，认为 5 种方法在不同处理时期不同区组的总体均值差异显著；可以得出结论：5 种处理方法在不同区组的侧方生长角度极值百分率差异显著。

②单变量检验表，结果与主体间效应的检验结果完全一样，见表 2-18、表 2-19。

四、裂区设计及结果分析

裂区设计（Split-plot Experiment Design）又称为分割试验设计，把一个或多个完全随机设计、随机区组设计或拉丁方设计结合起来的试验方法。其原理为先将受试对象作一级试验单位，再分为二级试验单位，分别施以不同的处理。试验单位分级是指当试验单位具有隶属关系时，高级试验单位包含低级试验单位。当试验单位不存在明显的隶属关系时，试验单位分级可按因素的主次确定。在裂区试验中一级处理与一级单位混杂，而二级处理与二级单位不混杂。因此，设计时将最感兴趣或最主要的因素，以及差异较小、要求精度较高、试验条件较少、工序较易改变的因素作为二级因素。

【例 2-5】 黄瓜不同灌溉水(A)和根区土壤改良(B)试验,主处理为 A,分 A_1(淡水灌溉)、A_2(咸淡水混合灌溉)、A_3(微咸水灌溉)3 个水平,副处理为 B,分 B_1(未处理对照土壤)、B_2(根层土壤增施蚯蚓堆肥)、B_3(根层土壤增施脱硫石膏)、B_4(根层土壤增施蚯蚓堆肥 + 脱硫石膏)4 个水平,裂区设计,重复 3 次,副区计产面积 1.2 m^2,其田间排列和产量见图 2-21,试做分析。

重复Ⅰ						重复Ⅱ						重复Ⅲ					
A_1		A_3		A_2		A_3		A_2		A_1		A_2		A_1		A_3	
B_2	B_1	B_3	B_2	B_4	B_3	B_1	B_3	B_4	B_3	B_2	B_3	B_4	B_3	B_2	B_4	B_1	B_2
9.88	9.30	9.04	9.54	6.70	6.76	8.35	8.98	8.65	6.81	9.96	9.63	8.60	6.86	10.04	9.44	8.37	9.58
B_3	B_4	B_4	B_1	B_1	B_2	B_4	B_2	B_2	B_1	B_4	B_1	B_2	B_1	B_1	B_3	B_3	B_4
9.66	9.30	9.30	8.33	7.98	8.85	9.36	9.56	8.87	7.94	9.37	9.32	8.89	7.90	9.34	9.60	8.92	9.42

图 2-21 黄瓜不同灌溉水和根区土壤改良裂区试验田间排列和产量(kg/1.2 m^2)

裂区试验结果的方差分析:

(1)建立数据文件,变量名为 A(不同灌溉水)、B(根区土壤改良)、R(区组)、产量。

(2)选择分析→一般线性模型→单因素,因变量为产量,固定因子为 A、B,随机因子为 R,见图 2-22。

(3)单击模型按钮,选择定制,见图 2-23,单击继续。

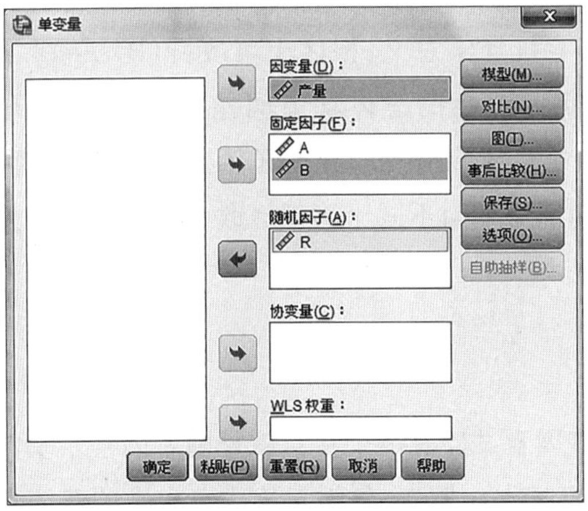

图 2-22 单变量主对话框

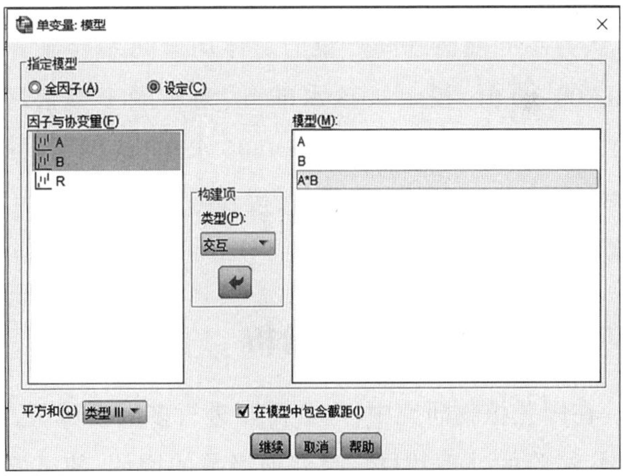

图 2-23 模型对话框

(4)单击粘贴按钮,可产生如下命令。

```
DATASET ACTIVATE 数据集 0.
UNIANOVA 产量 BY A B R
  /RANDOM=R
```

```
/METHOD=SSTYPE(3)
/INTERCEPT=INCLUDE
/CRITERIA=ALPHA(0.05)
/DESIGN=A B R A*B.
```

(5)选择菜单分析→全部，得到主要结果(表 2-20)。

表 2-20 产量主体间效应检验

源		Ⅲ类平方和	自由度	均方	F	显著性
截距	假设	2 816.071	1	2 816.071	20 127.573	0.000
	误差	0.280	2	0.140[a]		
A	假设	17.573	2	8.786	86.215	0.000
	误差	2.242	22	0.102[b]		
B	假设	5.572	3	1.857	18.224	0.000
	误差	2.242	22	0.102[b]		
R	假设	0.280	2	0.140	1.373	0.274
	误差	2.242	22	0.102[b]		
A * B	假设	4.167	6	0.694	6.815	0.000
	误差	2.242	22	0.102[b]		

注:a. MS(R);b. MS(误差)。

(6)主要结果分析。组间效应检验表，不同灌溉水(A)，F=86.215，P=0.000<0.01，按 α=0.05 水准，认为不同灌溉水间产量的总体均值间差异显著，具有统计学意义；根区土壤改良(B)，F=18.224，P=0.000<0.01，按 α=0.05 水准，认为不同土壤根区改良间产量的总体均值间差异显著；区组(R)，F=1.373，P=0.274>0.05，按 α=0.05 水准，认为不同产量的总体均值间差异不显著，没有统计学意义；A*B，F=6.815，P=0.000<0.01，按 α=0.05 水准，认为不同灌溉水与不同土壤根区改良的交互效应差异显著，见表 2-20。

五、正交设计及结果分析

在园艺植物研究中，经常需要进行多因素试验，而多因素试验有一个特点就是随着因素水平数的递增，试验的处理数目将呈几何级数的增加，使试验规模扩大。例如，各因素均为三水平的双因素试验，其处理数为 3^2=9；三因素试验，则有 3^3=27 个处理；当试验的处理数较多时，如果对所有处理进行全面实施试验，不仅占地面积大，人力、物力、财力花费多，而且也难以实施局部控制，统计分析也很烦琐，有时甚至根本做不出来。对这样的问题，常可采用部分实施试验方法，即从完全试验方案的全部不同处理中选出一部分有代表性的处理来实施的试验方法加以解决。正交设计(Orthogonal Design)就是一种部分实施试验的设计方法。它是利用正交表(Orthogonal Table)来确定部分实施的处理方案，既保证了所选的部分处理有很强的代表性，能够较全面反映完全实施试验的基本情况，同时也大大缩小了试验规模，减少了试验工作量和花费。

正交试验设计及其结果分析都是根据正交表进行的，故有必要先对正交表做介绍。

(一)正交表简介

1. 正交表的构成

正交表(表 2-21)主要由三部分构成，通常用 $L_k(t^m)$ 表示。其中 L 代表正交表；k 表示该正交表规定的处理(水平组合)数；m 表示该表最多可以安排的因素数目，或者最多可以考察的效应数目(包括主效和互作)，实际上也就是该表的列数；t 表示因素(列)的水平数。例如，正交表 $L_8(2^7)$(表 2-3)表示用这张表安排的试验有 8 个处理，最多可以安排 7 个因素，各因素的水平数均为 2(每列中"1"代表 1 号水平，"2"代表 2 号水平)。

表 2-21 $L_8(2^7)$ 正交表

处理号	列号						
	1	2	3	4	5	6	7
1	1	1	1	1	1	1	1
2	1	1	1	2	2	2	2
3	1	2	2	1	1	2	2
4	1	2	2	2	2	1	1
5	2	1	2	1	2	1	2
6	2	1	2	2	1	2	1
7	2	2	1	1	2	2	1
8	2	2	1	2	1	1	2

2. 正交表的种类

正交表是根据数学原理推导制定出来的。涉及的因素、水平数目不同的正交表各不一样。正交设计时应根据试验因素水平数来选用。常用正交表的种类有两类：

①相同水平的正交表。各因素的水平数都相同的正交表。如 $L_4(2^3)$、$L_8(2^7)$、$L_{16}(2^{15})$，都是各列均为二水平的正交表，简称二水平表；$L_9(3^4)$、$L_{27}(3^{13})$ 等都是各列均为三水平的正交表。其他如 $L_{16}(4^5)$、$L_{25}(5^6)$ 等都是属于这一类表。

②混合水平的正交表。各因素的水平数不完全相同的正交表。如 $L_8(4\times2^4)$ 表示有一列为四水平，有 4 列均为二水平的混合水平正交表。其他如 $L_{12}(3\times2^4)$、$L_{12}(6\times2^2)$、$L_{18}(2\times3^7)$ 等都属这一类表。

3. 正交表的特性

任何一张正交表都有如下两个特性：

①任一列中，不同水平数字出现的次数相同。例如，$L_9(3^4)$ 正交表中，各列的 1、2、3 三个数字都各出现了 3 次。这说明每个因素的各水平在所有处理中出现的次数相等，是均匀出现的。

②任两列中，同一横行所组成的数字对出现的次数相同。例如，正交表 $L_8(2^7)$ 中，第一、第二列同

一横行所组成的数对有(1,1)、(1,2)、(2,1)、(2,2) 4 种,它们各都出现了 2 次;第三、五两列同行数对也有同样的 4 种,也都各出现了 2 次。这说明每个因素的各个水平与另一个因素的各个水平互碰次数相等,即表明任意两列各个数字的搭配是均匀的。

由于以上两个特性,用正交表安排的试验具有“均衡分散,整齐可比”的特点。所谓均衡分散,是指用正交表挑选出来的各处理在完全方案的全部处理中的分布是均衡的。因此,这些处理有很强的代表性,能较好地反映全面试验的基本情况。整齐可比是指每一个因素的各水平间具有可比性。因为正交表中每一因素的任一水平下都均衡地包含着其他因素的各个水平,当比较某因素的不同水平时,其他因素的效应都彼此抵消。如正交表 $L_9(3^4)$ 中,第一列因素的每个水平对应的处理(都占有 3 个处理)中都均衡地包含有其他 3 列因素的 3 个水平,因而第一列因素的 3 个水平具有可比性。

(二)设计步骤

1. 确定试验因素和每个试验因素的变化水平

一般对研究的问题了解较少时应多取一些试验因素,而对研究的问题比较了解时可少取一些试验因素。各个试验因素的水平数可以相等或不相等。如果事先对各试验因素的重要程度并无了解,面对另一些试验因素的了解可相对粗放一些,则前者应有较多个水平,后者可用较少个水平。

2. 根据试验因素和水平数的多少以及是否需要估计互作等,选择合适的正交表

一般说试验因素较多或试验因素虽不太多但需估计互作的,宜选较大的(即处理数 k 较大的)正交表;试验因素较少或试验因素虽较多但仅需估计主效的,可选较小的正交表;各因素水平相同选相同水平正交表;各因素水平不同选混合水平正交表。一般设计田间试验时,还必须考虑每一区组的处理数目,不宜超过 20 个。

3. 在所选正交表上进行表头设计,写出试验的各个处理组合,形成试验方案

表头设计就是将试验因素和需要估计的互作,排入正交表的表头各列;必须注意,各列下的水平数必须和该列试验因素的水平数相同;然后,根据各试验因素列下的水平,写出该试验的各个处理组合,即形成试验方案。

表头上未写试验因素或互作的列叫作空列。空列的变异一般都是许多交互作用的混杂,在方差分析时可归入试验误差中。

【例 2-6】 设计品种、密度、施肥三因素试验,探寻影响花生产量的主效因子。因素 A 为品种,3 个水平:A_1(天府 11 号)、A_2(冀优 4 号)、A_3(永川地方品种 1 号);因素 B 为施肥(kg/hm^2),3 个水平:B_1(不施肥)、B_2(尿素 75 + 过磷酸钙 675 + 氯化钾 225)、B_3(尿素 75 + 过磷酸钙 675 + 氯化钾 225 + B、Mo、Zn 复合微肥);因素 C 为密度(万株 /hm^2),3 个水平:C_1(28.5)、C_2(22.5)、C_3(16.5)。设置 3 次重复,试验结果见表 2-22,不考察互作。

表 2-22　正交设计与试验结果

试验序号	A(品种)	B(施肥)	C(密度)	产量 /(kg/hm^2)		
				Ⅰ	Ⅱ	Ⅲ
1	1　A_1	1　B_1	1　C_1	3 400	3 300	2 850
2	1　A_1	2　B_2	2　C_2	3 650	3 750	3 100
3	1　A_1	3　B_3	3　C_3	3 650	3 850	3 800
4	2　A_2	1　B_1	2　C_2	3 600	3 150	3 500
5	2　A_2	2　B_2	3　C_3	4 400	3 250	3 550
6	2　A_2	3　B_3	1　C_1	4 550	4 050	4 050
7	3　A_3	1　B_1	3　C_3	2 450	2 500	2 750
8	3　A_3	2　B_3	1　C_1	2 950	2 750	3 100
9	3　A_3	3　B_3	2　C_2	3 050	3 000	3 150

(三)试验结果的方差分析

(1)建立数据文件,变量名为 A、B、C、产量。

(2)选择分析→一般线性模型→单因素,因变量为产量,固定因子为 A、B、C,见图 2-24。

(3)单击模型按钮,选择定制,模型列选择 A、B、C,选择构建项中的主效应,其他为默认选项,见图 2-25,单击继续。

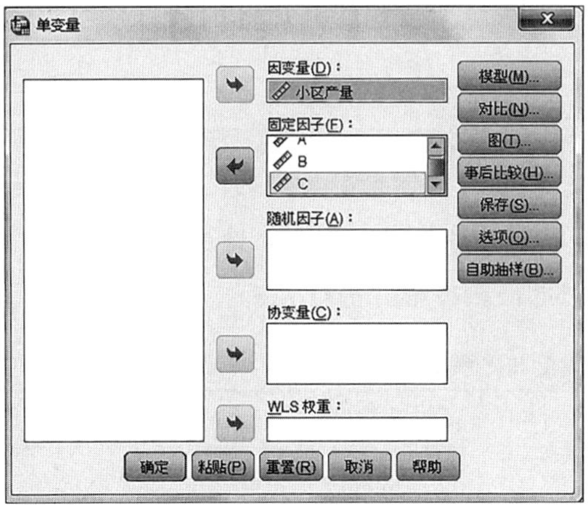

图 2-24　单变量主对话框

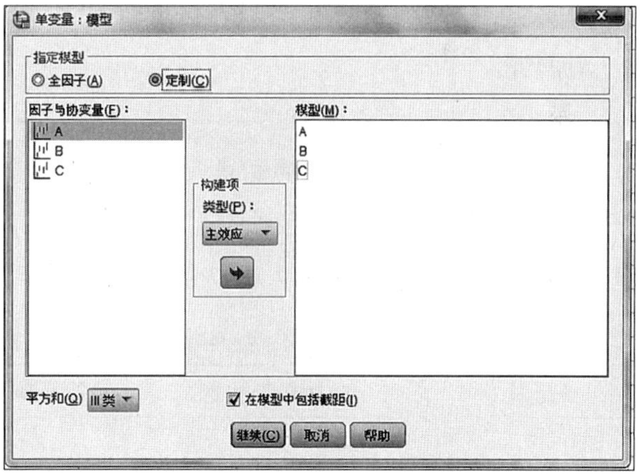

图 2-25　模型对话框

(4)主要结果见表 2-23。

表 2-23　产量主体间效应检验

源	Ⅲ类平方和	自由度	均方	F	显著性
修正模型	5 918 333.333[a]	6	986 388.889	12.341	0.000
截距	307 715 648.148	1	307 715 648.148	3 850.010	0.000

续表 2-23

源	Ⅲ类平方和	自由度	均方	F	显著性
A	4 075 740.741	2	2 037 870.370	25.497	0.000
B	1 775 740.741	2	887 870.370	11.109	0.001
C	66 851.852	2	33 425.926	0.418	0.664
误差	159 8518.519	20	79 925.926		
总计	315 232 500.000	27			
修正后总计	7 516 851.852	26			

注：a. R^2=0.787（调整后 R^2=0.724）。

(5)结果分析。组间效应检验表，A（品种）、B（施肥）对产量有影响（$P<0.01$），C（密度）对产量没有影响（$P>0.05$），可见花生的产量主要受品种、施肥的影响，见表 2-21。

六、回归设计及结果分析

回归设计（Regression Design）始于 20 世纪 50 年代，是由正交设计与回归分析相结合而发展起来的一种试验设计方法。它既具有正交设计的特点，利用正交表来安排较少的试验处理数，以提高试验效率；同时，又具有回归分析的特点，运用最小二乘法原理，通过实测数据求出各因素与试验指标间的回归方程（Regression Equation），以便利用该方程预测和控制生产。因此，回归设计克服了古典回归分析中只能被动地处理已有试验数据，而对试验的安排几乎不提任何要求，对所求得的回归方程的精度也很少研究的不足。另外，这种设计方法具有正交性的特点，所以回归方程中的各偏回归系数相互独立，使在对回归方程进行显著性检验，剔除自变量和建立最优回归方程时大大地减少了计算量。

【例 2-7】 香菇废弃菌棒和猪粪按一定比例进行混合，研究产气量与接种物比例、碳氮比、料液浓度间的关系，测量不同接种物比例、碳氮比、料液浓度下的产气量。实测值见表 2-24，试建立 x1（接种物比例）、x2（碳氮比）、x3（料液浓度）、y（产气量）的回归方程并进行分析。

表 2-24　接种物比例、碳氮比、料液浓度与产气量的实测值

试验号	x1（接种物比例）	x2（碳氮比）	x3（料液浓度）	y（产气量）
1	18	18.5	7	7.18
2	42	18.5	7	22.12
3	18	34.5	7	6.32
4	42	34.5	7	23.66
5	18	18.5	11	12.5
6	42	18.5	11	30.55
7	18	34.5	11	16.65

续表 2-24

试验号	x1(接种物比例)	x2(碳氮比)	x3(料液浓度)	y(产气量)
8	42	34.5	11	26.77
9	10	26.5	9	5.653
10	50	26.5	9	28.12
11	30	13.0	9	25.45
12	30	40.0	9	24.55
13	30	26.5	6	22.83
14	30	26.5	12	28.38
15	30	26.5	9	41.57
16	30	26.5	9	44.09
17	30	26.5	9	44.38
18	30	26.5	9	43.98
19	30	26.5	9	43.93
20	30	26.5	9	43.85
21	30	26.5	9	45.83
22	30	26.5	9	44.38
23	30	26.5	9	45.91

试验结果分析：

(1)建立数据文件，变量名为试验号、x1(接种物比例)、x2(碳氮比)、x3(料液浓度)、y(产气量)。

(2)选择分析→回归→线性，因变量为 y，自变量为 x1、x2、x3，见图 2-26。

(3)单击统计按钮，打开统计对话框，见图 2-27，单击继续。

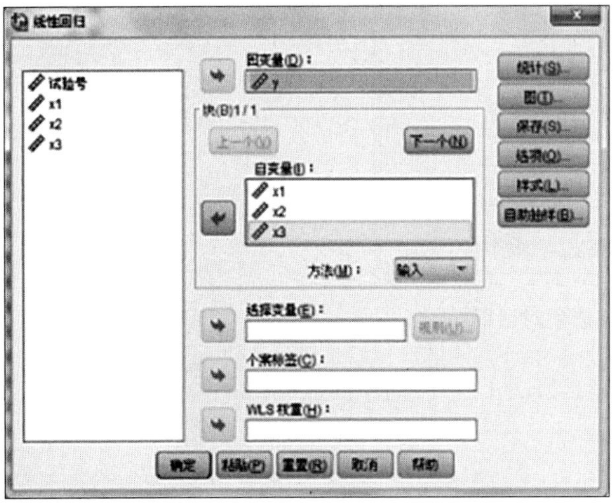

图 2-26　线性回归主对话框

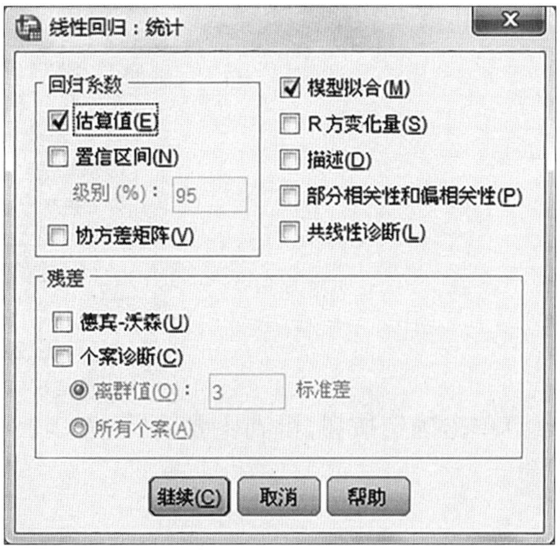

图 2-27　统计对话框

(4)单击图按钮,打开图对话框,见图 2-28,单击继续。

(5)单击保存按钮,打开保存对话框,见图 2-29,单击继续。

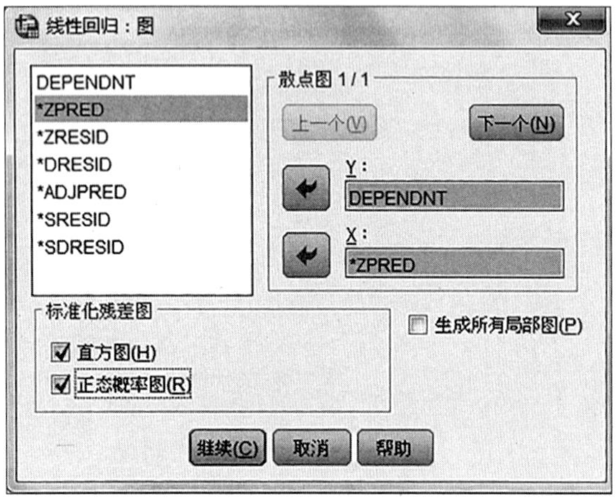

图 2-28 图对话框

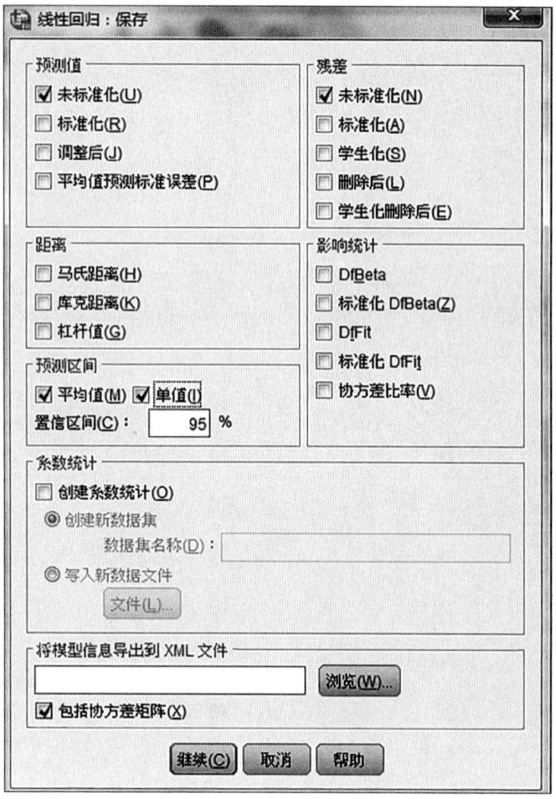

图 2-29 保存对话框

(6)单击选项按钮,打开选项对话框,见图 2-30,单击继续。

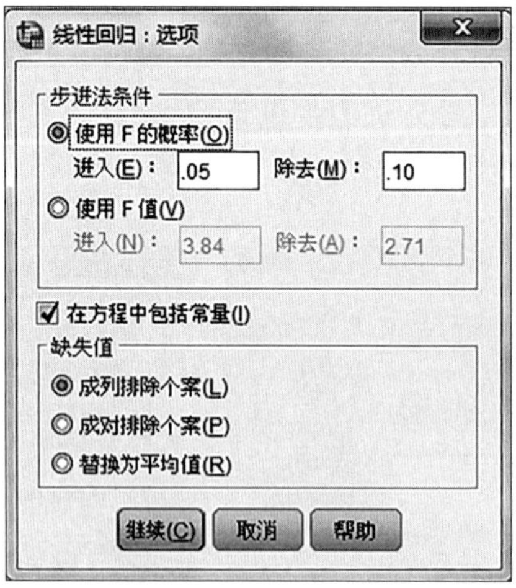

图 2-30 选项对话框

(7)单击确定按钮,得到主要结果(表 2-25 至表 2-28,图 2-31 至图 2-33)。

表 2-25　模型摘要[b]

R	R^2	调整后 R^2	标准估算的误差
0.438[a]	0.192	0.065	13.371 68

注:a. 预测变量:(常量)、x3、x2、x1 ;b. 因变量:y。

表 2-26　方差分析 ANOVA[a]

模型	平方和	自由度	均方	F	显著性
回归	807.896	3	269.299	1.506	0.245[b]
残差	3 397.235	19	178.802		
总计	4 205.130	22			

注:a. 因变量:y;b. 预测变量:(常量)、x3、x2、x1。

表 2-27　系数[a]

模型 B	未标准化系数		标准化系数	t	显著性
	标准误差	Beta			
(常量)	−1.220	22.872		−0.053	0.958
x1	0.602	0.303	0.410	1.988	0.061
x2	−0.004	0.452	−0.002	−0.009	0.993
x3	1.421	1.891	0.155	0.751	0.462

注:a. 因变量:y。

表 2-28　残差统计[a]

项目	最小值	最大值	平均值	标准偏差	个案数
预测值	17.470 4	41.542 9	29.506 7	6.059 91	23
标准预测值	−1.986	1.986	0	1.000	23
预测值的标准误差	2.788	6.952	5.221	2.002	23
调整后预测值	21.375 9	45.979 0	31.291 1	6.468 35	23
残差	−13.422 92	16.403 35	0	12.426 57	23
标准残差	−1.004	1.227	0	0.929	23
学生化残差	−1.158	1.254	−0.061	1.007	23
剔除残差	−17.937 32	17.148 95	−1.784 48	14.651 28	23
学生化剔除残差	−1.169	1.275	−0.057	1.012	23
马氏距离(D)	0	4.989	2.870	2.370	23
库克距离	0.003	0.122	0.048	0.044	23
居中杠杆值	0	0.227	0.130	0.108	23

注:a. 因变量:y。

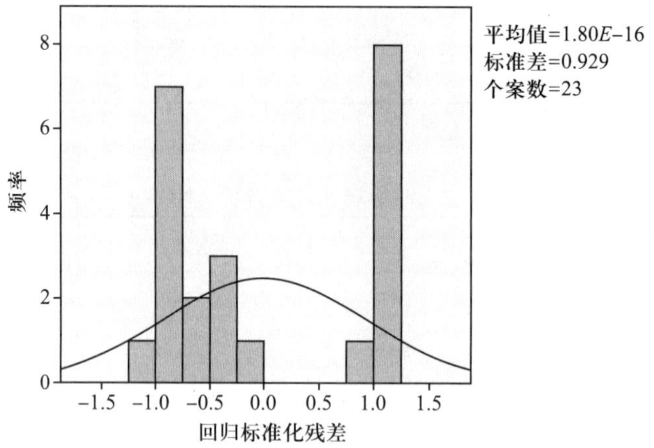

图 2-31 回归标准化残差的直方图

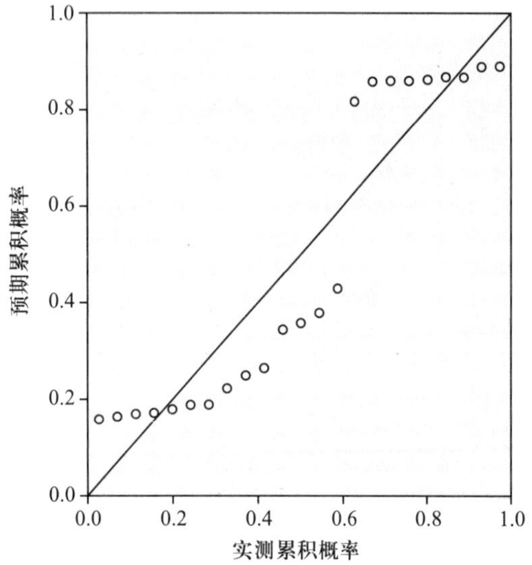

图 2-32 回归标准化残差的正态 P-P 图

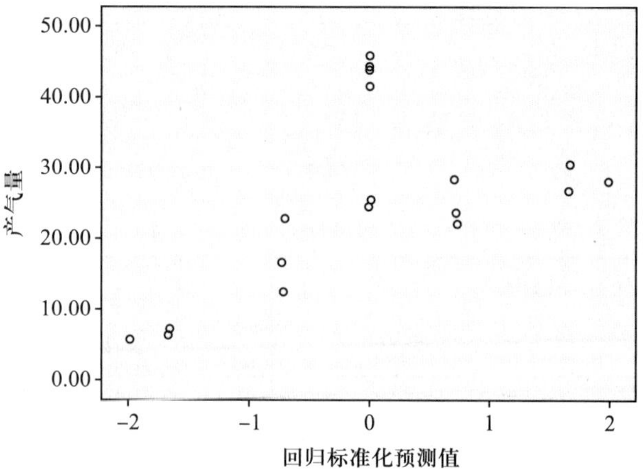

图 2-33 因变量与回归标准化预测值的散点图

(8)主要结果分析。

①模型汇总表。显示模型的拟合情况,复相关系数 R 为 0.483,决定系数 R^2 为 0.192,$0 \leqslant R^2 \leqslant 1$,说明自变量 x1、x2、x3 能够解释 y 的百分比,其值越接近 1,说明模型对数据的拟合度越好,本例为 19.2%,表明产气量的 19.2% 可由接种物比例、碳氮比、料液浓度的变化来解释,见表 2-25。

②方差分析表。给出回归模型拟合过程中每一步的方差分析结果,回归平方和为 87.896,残差平方和为 3 397.235,回归平方和远小于残差平方和,说明线性模型只解释了总平方和的一小部分,拟合效果较差,见表 2-26。

③系数表。接种物比例、碳氮比、料液浓度回归系数的 t 检验中其 t 值分别为 1.988、-0.009、0.751,接种物比例、料液浓度的回归系数均大于 0,说明随着接种物比例、料液浓度的增大,产气量越大。标准系数的绝对值越大,说明相应的自变量对因变量的作用越大,本例接种物比例对产气量的影响最大,见表 2-27。其回归方程为:$y=-1.220+0.602x1-0.004x2+1.421x3$。

④回归过程绘制了标准化残差的直方图、正态分布曲线,见图 2-31、图 2-32。

思考题

1. 园艺植物试验的基本要求是什么？
2. 试验误差的来源是什么？如何控制试验误差的干扰？
3. 设计一个施肥三因素试验，因素和水平见表 2-29，写出上述试验全面实施的方案设计。

表 2-29 施肥三因素试验 kg/亩

因素	水平
施氮量	30、40、50
施磷量	10、20
施钾量	20、40

4. 用 3 个番茄品种作肥料试验。品种为 A_1、A_2、A_3，肥料为 B_1（单施化学配方肥）、B_2（单施蚯蚓液体肥）、B_3（化学配方肥和蚯蚓液体肥配合施用）。以品种为主区因素，肥料为副区因素，作裂区设计，画出田间排列图。
5. 有黄瓜品种 A、B、C、D、E 等 5 个。做一个拉丁方设计。写出整个设计和随机的过程，以及最后的设计结果。

第三章

园艺植物生物学特性调查

园艺植物的生物学特性是栽培和育种工作必须了解的最基本内容，其调查方法是园艺植物科学研究和生产实践以及确定某些调查指标的基础，园艺植物的种质资源、砧木、土肥水管理、生长发育研究等都离不开园艺植物的生物学特性调查。

生物学特性调查的主要内容包括园艺植物自身的植物学特征、生长发育规律及其对环境条件的要求等，即园艺植物各个器官的形态特征、特性，包括其解剖结构、功能和形态建成的规律；园艺植物各个器官在生活周期或年周期内的发生、发展动态变化；园艺植物的生长与发育；园艺植物生长发育与外界环境因子及栽培技术的关系；园艺植物产量形成规律和园艺植物的群体结构等。

进行园艺植物的生物学特性调查研究，要重视所调查圃地和供试植株的选择，调查材料应具有典型性和代表性，一般应选生长健壮、发育正常的植株进行调查。也可以根据调查研究的目的和要求选择特定植株，如调查研究园艺植物的生物学特性，除了要选取生长发育正常的植株外，还要注意取样技术和取样方法。例如，研究果树树体结构与丰产、稳产的关系，可以选取树姿、树势、结果量不同的植株类型进行调查。

生物学特性调查还应根据研究目的定时、定点进行观察。观察的时期要适当，取样要典型，标准要一致，调查部位要有标记，并抓住关键项目，尽量少而精。记载后，必须及时统计整理，并与现场核对，以便及时调整试验方案。

为了提高调查质量，要根据具体条件和试验要求，通过适当增加重复次数、调查株数等来减少试验误差。园艺植物的生物学特性调查方法，不应仅限于田间调查，可与室内分析、测定相结合，如产品器官中营养成分的含量、叶片的光合特性测定等。除此之外，还应该与数理统计方法相结合，如应用多元统计原理，借助计算机等手段对园艺植物的生物学特性调查的一些参数进行多元统计分析、聚类分析、灰色关联度分析等，建立优化的数学模型。

第一节　蔬菜生物学特性调查

一、蔬菜作物的物候期调查

物候期的观察或调查是在一定条件下，随着季节气候的变化，观察记载园艺植物各器官的生长发育进程。在蔬菜作物科学研究或生产上，均要进行物候期的观察，积累资料，进行比较分析，作为制订栽培技术措施的依据。蔬菜作物的物候期可以划分为发芽期、幼苗期、养分积累期、现蕾期、抽薹期、开花期、结果期等。蔬菜种类不同,其生长习性和食用器官也不同,所以每一种蔬菜又有其各自的特点,物候期的划分标准和观察记载的项目也不尽相同,如结球白菜等叶菜明显存在着营养生长时期和生殖生长时期的划分;而产品器官形成时期的特点也不一样,如白菜、甘蓝的莲座期和结球期,根菜类的肉质根膨大期等。应该特别注意与产品器官形成有关项目的物候期观察记载,如马铃薯的现蕾、开花期正是块茎开始膨大期,洋葱等地上部的倒伏期正是鳞茎(葱头)充分膨大时期等。

物候期的观察一般通过目测进行,例如发芽期的确定,一般以 50%~70% 的幼苗出土为发芽期结束的标志;又如,以 10% 植株出苗时作为出苗始期,75% 出苗时作为出苗盛期。应特别注意在关键性物候期和物候时期转变的前后,增加观察次数。当气温高、物候进程加快时,应该每天进行观察,有时每天观察两次;当生长变得缓慢时,可以间隔一定时间观察。

如果各重复的植株生长发育比较一致,物候期的观察只需要在一个小区内进行;如果各重复的植株生长发育不一致,物候期的观察就需在两个或者全部重复的小区中进行。

物候期可以用个体达到某一生育时期的日期来表示,如乙烯利处理黄瓜诱导雌花试验,处理一的开花期为 3 月 5 日,处理二的开花期为 3 月 15 日,这种表示方法就某个试验、在某个地区可以明确对比处理效果的好坏。但在不同地区、不同年份对比就比较困难,参考意义不大,更不利于进一步比较分析。如果改用绝对数字表示则可克服这一不足,例如,在不同育苗温度对茄子秧苗质量影响的育苗试验中,处理一从出苗到现蕾(5 月 10 日)需要 65 d,处理二从出苗到现蕾(5 月 20 日)需要 75 d,采用从出苗到现蕾所需的天数来表示可明显地比较出观察数据之间的差距,说明处理效果。

蔬菜作物的种类多,不同种类蔬菜的物候期观察项目和标准不尽相同,主要蔬菜作物的物候期观察项目和标准如下:

1. 茄果类蔬菜

(1)出苗期　70% 幼苗子叶出土直脖。

(2)三叶期　50% 幼苗第三片真叶展开达到 2/3 以上。

(3)现蕾期　50% 植株第一个花蕾达到明显可见程度。

(4)开花期　50% 植株第一朵花开放。

(5)始收期　30% 植株第一个果实达到商品成熟度。

(6)盛收期　采收最多的 1 次采收日期。

2. 黄瓜

(1)播种期　播种当日。

(2)定植期　定植当日。

(3)采收始期　以 10% 植株可采收之日为采收始期。

(4)采收盛期　以出现产量高峰之日为采收盛期。

(5)采收终期　以最后 1 次采收之日计。

3. 结球白菜

(1)发芽期　有 70% 植株子叶出土。

(2)团棵期　形成第一个叶环(早熟品种 5 片叶,中晚熟品种 8 片叶),俯视呈盘状。

(3)莲座期　植株第二、三叶环的叶片形成莲花状长相。

(4)结球期　60%的植株心叶向内相互抱合或卷合。

(5)结球紧实期　60%的植株结球已经紧实。

(6)收获期　指收获当日。

(7)现蕾期　主轴肉眼可见花蕾。

(8)抽薹期　主轴伸长,并出现侧枝。

(9)始花期　主轴第一朵花开放。

(10)盛花期　主、侧轴及小分枝上均开花。

(11)结荚期　谢花至种荚生长。

(12)种子成熟期　种荚黄熟,但未开裂,是采收种子的适宜时期。

4. 根菜类蔬菜

(1)播种期　播种当日。

(2)定苗期　最后一次间苗的日期。

(3)肉质直根膨大期　子叶下胚轴的周皮开始开裂,直根开始膨大。此期因生长情况不同又分为莲座期(叶部生长盛期)和肉质根生长盛期。莲座期为"大破肚"到"露肩",一般20～30 d,肉质根生长盛期为"露肩"到"圆腚"。

(4)采收期　直根充分膨大,开始采收之日。

5. 马铃薯

(1)播种期　指播种时的日期。

(2)发芽期　从芽萌动至幼芽出土。

(3)幼苗期　从出苗到第6叶或第8叶展平时,即完成1个叶序的生长,称为"团棵"。

(4)发棵期　从团棵到第12叶或第16叶展开,以开花封顶为结束标志(早熟品种以第一花序开花封顶,晚熟品种以第二花序开花封顶)。发棵期为时1个月左右。

(5)结薯期　即块茎的形成期,一般为30～50 d。

(6)收获期　收获时的日期。

(7)休眠期　始于匍匐枝尖端停止极性生长,块茎开始膨大的时期。

6. 甘蓝

(1)播种期　指播种当天。

(2)间苗期　指间苗的日期,一般分3次进行。

(3)移植次数　间苗的次数(注明间苗的场所)。

(4)定植期　指将秧苗栽植到大田的日期。一般在播种后40 d左右,当幼苗具有7～8片真叶时进行定植。

(5)莲座期　甘蓝第2叶环到第3叶环形成有16～24片真叶,开始结球为莲座期。

(6)结球期　60%的植株心叶向内相互抱合或卷合。

(7)采收期　指采收当日。

(8)生育日数　其公式如下:

$$\mathrm{AR} = \frac{\sum TX}{N}$$

式中：AR 为生育日数；T 为播种至每次收获的天数；X 为每次收获的株数；N 为收获总株数。

播种时期相同的试验，调查时应注明具体的日期；播种时期不同的试验，应增加一项播种时期以便计算生育期。

二、蔬菜作物的植物学特征调查

蔬菜作物的植物学特征是试验中各个处理对植物体本身各器官生长发育影响的结果，有些试验指标的确定也是以植物学特征为基础的。由于蔬菜作物种类较多，不同科、属、种间的蔬菜作物，其生长习性差异较大，进而其观察项目和标准也不相同，现介绍几种主要蔬菜作物的植物学特征调查标准。

1. 茄果类蔬菜

(1)生长类型　如番茄（有限生长类型、无限生长类型），茄子、辣椒（直立型、开张型、中间型）。

(2)叶型　如番茄（普通叶、薯型叶）、辣椒（大叶、小叶）。

(3)第一花节位　第一朵花出现的叶节数。

(4)花序　如番茄（聚伞花序）、辣椒（单生、簇生）。

(5)果形　如番茄（球形、扇圆形、梨形、桃形）、茄子（圆形、灯泡形、羊角形、鹰嘴形、牛腿形、线茄形）、辣椒（灯笼形、柿子形、短羊角形、长羊角形、短角锥形、长角锥形）。

(6)果色　如番茄（大红、粉红、橘红、大黄、浅黄）、茄子（紫、深紫、霞红、绿、白）、辣椒（深绿、混绿）、小辣椒（大红、橘红、黄）。

(7)果重　盛果期典型商品果的平均重量。

(8)心室　番茄和辣椒的心室数量。

2. 黄瓜

(1)株高　主枝从子叶起到生长点茎的高度，一般取 5 株的平均值。

(2)第一雌花节位　第一雌花着生的叶节数，取 5 株的平均值。

(3)分枝性　一般分为强、中、弱，其分枝数量可以取 5 株具有代表性的植株调查统计。

(4)单株结瓜数　总结瓜数与株数之比，或者定点取 5～10 株调查统计。

3. 结球白菜

(1)植株　主要指标为株高和株幅。

①株高。指植株基部与地面接触处至植株叶片最高处的高度。

②株幅。指植株外叶展开最大的幅度。

(2)叶片　主要指标包括叶片色泽、叶柄及中肋色泽以及外叶叶面状况等。

①色泽。绿、深绿、浅绿、黄绿。

②叶柄及中肋色泽。绿、浅绿、白绿。

③外叶叶面状况。较平、稍皱、皱缩、有褶。

(3)叶球　主要指标包括叶球形状、球心形状及球紧实度等。

①叶球形状。

长筒形：叶球最大横径与高度比在 1∶3 以上。

高桩形：叶球最大横径与高度比在(1∶3)～(1∶2)之间。

矮桩形：叶球最大横径与高度比在(1∶2)～(1∶1)之间。

扁球形：叶球最大横径与高度比在1∶1以下。

②球心形状。

包心：叶球心部不露出、叶片包过球中心。

抱心：叶球心部不露出、叶片不包过球中心，正好到球中心。

翻心：叶球心部向外翻。

舒心：介于包心和翻心之间。

拧心：叶片顶部拧转。

③球紧实度。分为紧、中、松。

4. 甘蓝

(1)开张度　叶片展开的最大幅度。

(2)外叶数　包括枯黄叶在内的第一、第二叶环及部分莲座叶的数量。

(3)叶球形状　如圆、扁圆、牛心等。

(4)紧密度　分为紧、中、松。

(5)叶球纵横直径　对称剖开后球的纵横径，取5株的平均值。

(6)叶球重　去除外叶及外叶短缩茎的叶球重量，取5株的平均值。

(7)心柱长度　叶球内短缩茎的长度。

5. 马铃薯

(1)株高　指地面至植株主茎生长点的高度。

(2)茎粗　指根蹱处植株茎的粗度。

(3)生长势　分为强、中、弱。

(4)薯块形状　包括圆形、扁圆形、椭圆形、长扁圆形、长筒形。

(5)皮色　包括白、浅黄、黄、红、紫。

(6)肉色　包括白、浅黄、黄、红、紫。

(7)芽眼　分为浅、中、深。

(8)田间腐烂率　指小区收回时块茎腐烂的百分率。

(9)块茎分级　指大、中、小薯各占的百分率(大薯150 g以上，中薯75～150 g，小薯75 g以下)。

(10)缺株分析　指小区内如果缺株达20%以上，必须进行缺株换算，缺株区不应该超过两区，否则试验无效。

三、蔬菜作物各器官的调查

蔬菜作物各器官、各部分的生长具有密切的相互依赖、相互制约的关系，即生长的相关性，如地上部分与地下部分的相关、营养生长与生殖生长的相关等。研究蔬菜作物各器官的调查方法，包括动态和静态的调查方法，是进行蔬菜作物科学试验的基础。通过对蔬菜作物各器官的调查，尤其是对蔬菜作物产品器官的科学调查，找出试验处理的真正效果，试验结果会更加准确和具有代表性。

(一)根系调查

根系是蔬菜作物的重要组成部分，其生长活动、分布情况、吸收与合成能力直接影响地上部分的生长和发育，有些蔬菜的根系(如胡萝卜、萝卜、根用芥菜等)变异之后直接成为蔬菜的产品器官，因此，对根系特性的观察和研究是蔬菜作物研究的重要组成部分，是正确进行肥、水管理的基础。蔬菜作物种类繁多，根系发育的形态各不相同，有须根系、直根系等，一般都深入地下，不易直接观察，只有通过挖根方法或在根窖（箱）内才能够观察到它们的分布和活动情况。

1. 根系调查的内容

一般根据试验目的和要求进行，主要有以下几个方面：

(1) 根系的分布　观测根系在土层中分布的深度和广度。如根的水平扩展范围（简称根展）、生长方向、根系入土深度、根系集中分布深度、各类根系特别是吸收根的集中分布区等。

(2) 根系的形态、结构和生理机能　观察（测）各类根的形态特征和比例，根系构造，根分级数，根系吸收、输导、合成、呼吸等生理功能及其对蔬菜植物生长的关系。

(3) 根系对土壤和栽培条件的反应　如不同土壤条件和土壤管理方法对根系的影响，地上部促控措施、负载量对根系生长的影响等。

(4) 根系的化感作用　化感作用是指一些植物可以通过释放某些化学物质抑制自身及下茬同类植物的生长。随着连作年限的延长，土壤中含有大量的植株残体和根系分泌物，有毒物质不断积累，化感作用也越来越明显，尤其是茄果类和瓜类蔬菜，减产可达 20%～30%。调查根系的化感作用，控制蔬菜连作障碍。

根系调查需要一定的劳动力和设备，对于大型蔬菜植物调查时重复次数不宜太多。因此，在调查前要做好准备工作，明晰根系分布概况，以根系主要分布区作为调查部位。对于小型蔬菜植物的根系调查还应适当增加调查重复株数以提高试验的准确性。

2. 根系观察的方法

随着技术的进步，对根系的研究方法也随之改善，从破坏性挖掘切割，到微侵入观察，到无损伤监测。经典的根系研究方法主要包括壕沟法（挖掘法）、单块法、钻孔法、剖面墙法等，这些方法均为侵入式、破坏性的方法。非破坏性或者微创研究方法包括玻璃墙法、内窥管法（微根管）、容器法等。较新的无创方法主要是传感器法。以下是几种常见的根系观察方法。

(1) 壕沟法（挖掘法）　能提供植物在自然状态下整个根系的清晰情况，可用于研究根长、根系大小、颜色、状态、根系分布等各种特征，以及根嫁接现象（图 3-1）。适用于研究草本和一年生蔬菜作物，也较适用于研究树木。挖掘法的改良方法是水压法、空压法、水平面法和扇面法。

(2) 挖根冲洗法　把整个植株按稍大于该植株所占有的营养面积大小，从四周挖取土块置于冲洗台上冲洗，或者从四周挖沟冲洗，此方法可以看到根系的全貌及分布，也可以称其鲜重和干重。

(3) 钻孔法　使用土钻（根钻）从土壤中取出相同体积的土柱。虽然取样速度快，适用于大样本试验，且在处理中对其他植物影响不大，但其缺点是在研究根系不均匀分布时，取样点的误差较大。

(4) 内窥管法　通常借助土钻打孔，将玻璃管塞入土壤内部进行观察（图 3-2）。特制的玻璃管管口封闭或由橡胶塞塞紧，玻璃管外壁刻有方格坐标系统，高出地上部的管壁通过金属箔片包裹遮光。管道内部安装有固定在金属棒上的袖珍反射镜及小灯泡，该组件可随金属棒的移动改变观测方向、角度及位置。

(5) 容器法　容器生根系统主要用以研究根的形态特性、生理特性、生化特性及某些生态特性。容器法（图 3-3 至图 3-5）可以用于研究单个环境因素。容器内生长的植株易于掌握，生长条件可以重复。其特点是非自然条件，如使用失去自然剖面土壤、人工扎根基质、缺少根伸展空间、缺少其他植物根的竞争等，因此只作为田间研究的补充。

图 3-1 挖掘法示意图

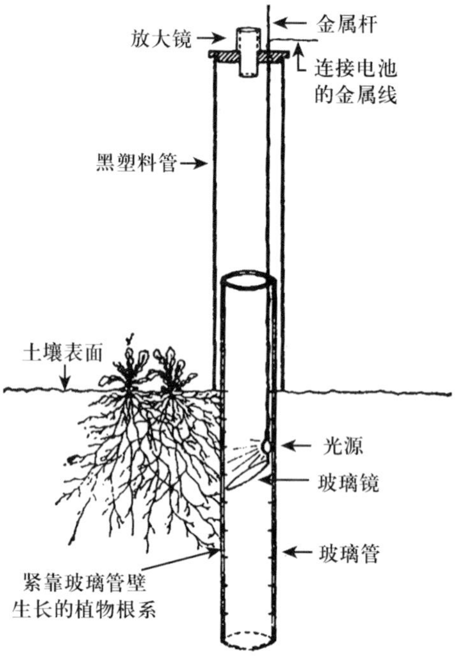

图 3-2 内窥管法检测植物根系生长状况

图 3-3 玻璃面容器观察根系方法(玻姆,1974)

注:左图为玻璃面盒子倾斜放置,前面的玻璃板上覆盖着铝箔,观察根系时将其移走即可;右图为除去玻璃面板并冲洗掉一薄层土壤后,在玻璃面盒中生长的大麦植株的根系,中间的两个白点是磷肥料

图 3-4 Nilsson 圆筒培养装置

注:圆筒内装入珍珠岩等人造基质,自动化提供营养液

图 3-5　聚乙烯软管根系培养装置(玻姆,1972)

注:左图为用木架支撑的聚乙烯软管,为防止根系受光,使用铝箔包裹软管;
右图为用刀切铝箔包裹的聚乙烯管得到的土壤根段

(6)传感器法　可以用于根系表型的无创检测,不干扰根的生长,不影响土体结构,不改变土壤环境,可以在整个生育期内连续进行。这类方法目前尚在研究中,并已在实验室条件下成功应用。

(7)仪器法　是现代农业生产中一种非常普遍的植物根系分析方法,借助植物根系分析仪和根扫描技术,可以克服人工测量的缺点,避免人工误差,在很短的时间内完成植物根系的分析。

(8)核素示踪法　为了研究蔬菜等园艺植物的生育过程中各个阶段根系分布的深度、广度及其吸收活力等功能,采用放射性核素 ^{32}P 示踪的方法,根据地上部叶片和结实器官中积累的放射性 ^{32}P 强度来判断地下根系的生长和吸收功能,既不破坏根系的正常生理过程,又能比较客观地探明各个生育时期根系在土壤中伸展的深度和广度,确定不同土层中根的吸收能力。

(9)根量观察　仔细冲洗根系后调查各级根的数量、长度和重量(干、鲜重)。如果要调查根的体积或者根系表面积可用容积测定器测定。

(10)间接方法及其他性状　通过观察根以外的指标推断根系的数量、密度或生长状态。例如,通过土壤根量与烘干后失水重量的相关性推断不同土层根含量;通过中子散射法推断植物根系情况或含水情况;通过土壤注射或植株注入曙红兰、曙红红等染色液或放射性、非放射性物质示踪观察植株体内运输情况及自然根嫁接现象等。

其他性状如测定根拉力、根块重、根张力、根深度、根密度、根表面积、根尖系数、根径、根毛、根瘤、菌根、根际微生物、根龄、根生长轮、根活性等。

3. 根系活力的测定方法

蔬菜植物根系的生长常用分级、重量、体积、吸收表面积测定等方法来观测,而根系活力测定常用以下方法:

(1)根系吸收面积和活跃吸收面积的测定　测定原理是根系在吸收矿物盐离子最初时具有吸附的特性,根系表面均匀地被吸附物的单分子或离子所饱和,因此,可以根据根系对某种物质的吸附量来测定根系的吸收面积。常用方法为亚甲蓝(次甲基蓝)法。

当根系在亚甲蓝溶液中吸收离子达到饱和后仍然停留在溶液中时,其活跃部分的活细胞可以继续吸附,使亚甲蓝溶液浓度进一步发生变化,因而可以测定根系活跃吸收面积的大小,从而说明根系活力的大小。

(2)TTC 法测定蔬菜根系活力　氯化三苯基四氮唑(TTC)溶于水中成为无色溶液,但还原后生成的红色不溶于水的三苯基甲臜(TTF)比较稳定,不会被空气中的氧自动氧化,所以 TTC 被广泛地用作酶试验的氢受体,植物根引起的 TTC 还原,可因加入琥珀酸、延胡索酸、苹果酸得到增强,而被丙二酸、碘乙酸所抑制。因此,TTC 还原量能表示脱氢酶活性,并作为根系活力的指标。

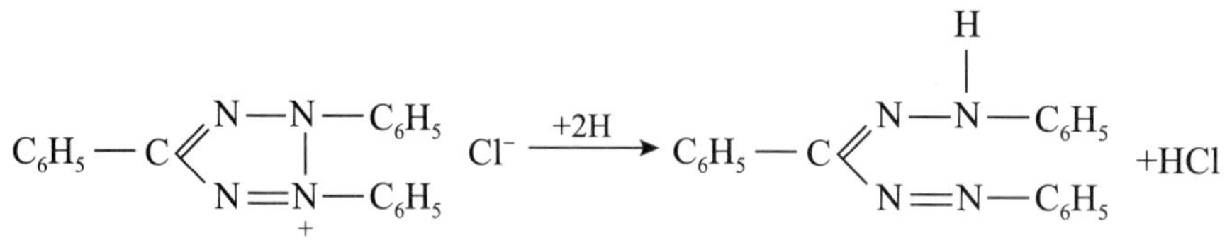

TTC(无色)　　　　TTF(红色)

(3)伤流法测定根系吸收活力　植物的地上器官被切去一部分后伤口流出液体的现象称为伤流。把伤流液收集起来,根据收集量的多少,可以作为根系活动能力强弱的指标。这种方法简单易行,而且准确可靠。

(4)Evans Blue 染色法　Evans Blue 是一种检测活细胞的染料,质膜完整性可以通过对 Evans Blue 的吸收情况来衡量,其原理在于 Evans Blue 只能透过被破坏后透性增加的质膜进入细胞从而实现染色过程,而正常细胞的质膜则可以阻止 Evans Blue 的进入。

(5)*α*- 萘胺法　吸附在根表面的 *α*- 萘胺会被植物根所氧化,在具有氧化力的根表生成红色的 2- 羟基 -1- 萘胺沉淀,该沉淀使这部分根染成红色。所以,可以根据染色深浅定性地判断根的活力。

(6)FDA 法　FDA(Fluorescein Diacetate)即荧光素双醋酸酯,是一种非极性的酯类物质,它可以自由进出原生质体膜从而进入根系细胞的细胞质内。在有生活力的原生质体细胞中酯酶的活性很高,在酯酶的作用下,FDA 迅速被水解脱去酯基团后放出荧光素(Fluorescein)。荧光素是一种极性化合物,它很难穿透细胞膜,便积聚在细胞质内,在 490～500 nm 蓝色激发光下,荧光素发出黄绿色的荧光。然而,在没有生活力的原生质体中,酯酶活性很低,虽然 FDA 能自由进出原生质体,但不会发出荧光。

(7)碘化丙啶分子荧光法　用于蔬菜根尖质膜完整性测定。碘化丙啶(PI)是一种溴化乙啶的类似物,能够与核苷酸相结合,嵌入双链 DNA 后释放红色荧光,PI 不能通过活细胞膜,但却能穿过破损的细胞膜而对核染色,常用于细胞凋亡检测。

对于某些蔬菜的直根和块根的生长发育,包括根重、数目以及形态变化的测定,一般要定期取样进行观察。而根系的生长动态观察可以采取上述方法,以时间(天、周、月)为变量因素,也可以按照所研究的蔬菜植物的物候期分别测定根系的一些指标,分析这些指标的动态情况。

(二)茎的调查

蔬菜植物的茎可以分为以下几类:蔓性茎(如瓜类、豆类);直立茎(如茄果类、豆类);营养生长阶段的短缩茎(白菜、甘蓝、萝卜、胡萝卜、葱蒜类等);具有贮藏功能的变态茎,如嫩茎(莴笋、茎用芥菜等)、马铃薯的块茎等,这些都是产品器官。不同生长状态的茎,其观察记载项目和方法有所不同。

黄瓜、豇豆、番茄(无限生长类型)等蔓性蔬菜一般测定其植株的高度、叶节数、分枝数、节间长度、分枝节位、开花节位等。爬地生长的西瓜、冬瓜、南瓜等的观察项目与黄瓜相同。

茄子、辣椒、番茄(有限生长类型)等直立生长的茎则需要测定其自然高度、主茎长度、分枝数、分枝长度、开花节位等。

白菜、甘蓝、花椰菜等在营养生长时期茎短缩呈圆锥状时(即产品收获期)可以测定植株的自然高度和莲座叶的开展度及叶数,也可以测定其茎长、茎粗度和重量的变化;莴笋、球茎甘蓝等贮藏器官可以测定其茎长、茎粗度和重量的变化；大葱则可以测定假茎的粗度、长度及重量；对于洋葱的鳞茎（葱头）可以测定球形指数、重量，观察茎盘的生长状况等。

研究茎的生长动态可根据栽培的蔬菜作物不同选择有代表性的植株，从茎生长开始，定期（5～7 d）观察主茎（或侧蔓）的生长量，如节数、节间长度、株高、茎的重量变化等，直至试验结束。

（三）叶的调查

叶片是蔬菜植物的重要光合器官，蔬菜植物单株或群体叶面积的发展、分布，对产量的影响较大。蔬菜的叶形复杂，有的叶片较大而叶形整齐，如白菜、甘蓝、部分瓜类蔬菜；有的叶形较小而叶数较多，如豆类；有的叶形裂刻多而细碎，如胡萝卜、芥菜等，其叶脉分布不均匀，给测定工作带来困难。叶形成的早晚，有效叶面积的大小、色泽、密度等对蔬菜植物生长发育有直接影响。因此，测定各生育时期的叶面积，可以进一步研究不同密度、施肥、灌溉等栽培措施下的光合生产率、光能利用率，从而为制订栽培技术措施提供生理学依据。在一般试验中常以叶的生长量作为主要观测指标，其中叶面积等指标测定是主要的调查内容，包括单叶面积、单株叶面积、群体叶面积的测定，不同指标要求的精确度不同，所以选择的方法也不相同。

1. 单叶面积的测定

（1）透明方格法　在刻有 1 cm^2 方格的透明板（图 3-6）上将待测叶片压在方格板下，计算叶片占有的方格数，可以直接读出叶面积。叶的边缘占有方格的 1/2 以上按 1 格计，不足的则不计算。为了提高读数的效率，事先根据观测叶的形状和平均大小，将方格板中央部分方格染上不同的颜色，比如将 4 横行、5 直行，4 × 5=20 个格划为一个框，观测叶面积时，只需查数这个框以外的方格数，再加上 20 即所测叶片的叶面积。

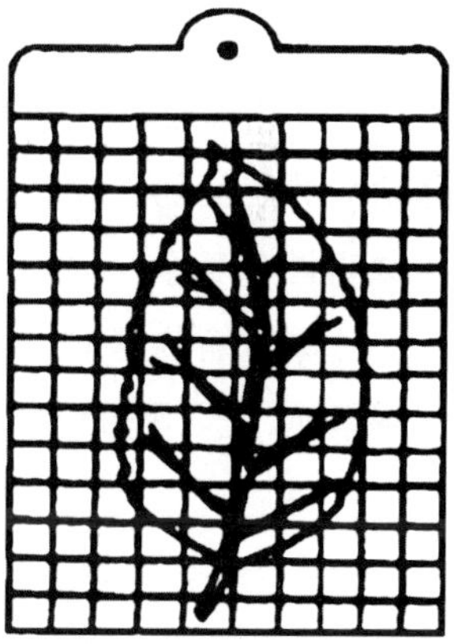

图 3-6　透明方格法

（2）纸样称重法　用质地均匀的标准纸剪取一定面积，精确称重，求得重量和面积比。测量时把样品正确地覆盖在标准纸上，剪下称重，根据所测纸张的重量面积比得到样品叶的叶面积。

（3）求积仪法　先把待测叶片平铺在纸面上，描绘轮廓，然后用求积仪测定，读取数值即得到所测叶片的叶面积。

（4）直接重量法　取若干样品叶片，称重并用求积仪测量其面积，计算每克叶的叶面积。实际测量时只需要直接称取叶片重量，按照以上换算值计算叶面积。

对于叶形较小、叶片平整、叶脉分布均匀的豆类，直接称重法测定的误差较小，是提高工效的一种方法，无论测定单株叶面积还是群体叶面积都适宜；而对于叶脉分布不均的种类，测定的误差较大。

（5）相关法　有些蔬菜的叶面积分别与叶长、叶宽或与叶长和叶宽的乘积间存在相关关系。所以应预先用叶面积仪测量一定数量代表叶的叶面积，同时测量相对应的叶长、叶宽及叶长与叶宽的乘积，分别建立回归方程式，计算与叶面积的相关系数，将所得资料制成散点图。利用各点绘制标准曲线，再根据标准曲线制成叶宽、叶长或叶宽与叶长乘积的对应表，以便查对。也可利用显著性检验的回归方程式，由叶长、叶宽或叶长与叶宽的乘积来计算叶面积。

用相关法测定叶面积不受叶龄、叶位和叶脉不匀的影响，可以一次测量和绘制标准曲线供全期测量用，在大量测量时工效较高，而且不必离体测量，节省材料，且在研究叶面积发展动态时可以减少取样误差，比较适用于叶龄较大而叶片整齐的蔬菜作物。

(6) 叶面积仪法　利用光射和透射原理，采用特定的发光器件和光敏器件，使光源发出的光信号照射到待测叶片上，然后判断叶片反射或透射到光敏传感器件上光能量，最后通过比较光信号经过被测叶片的衰减量来确定叶片的大小。使用叶面积仪测量叶面积精度高，误差小，操作简单，速度快。也可使用叶面积仪直接测定叶面积指数。

(7) 图像法　利用计算机、扫描仪或数码照相机进行叶面积测定的方法。用图像处理软件，例如 ImageJ 等，切割叶面积图像，并进行面积大小分析计算。使用图像处理软件操作简单，省时省工，对图片像素的要求不高，适用于叶菜类等叶片形状不规则的蔬菜作物，可在田间试验中大量操作，同时对于叶片松散型作物不需要摘除叶片即可进行准确测定，对植株伤害较小，参见二维码 3-1。

2. 叶片干物重的测定

不同处理的蔬菜产量变异的生理基础常表现为叶片干物重的不同（叶菜类蔬菜等）。干物重的测定通常用烘干法。所取样品应迅速称鲜重，然后粉碎，在干燥箱内用 105 ℃ 杀酶（也称杀青）15 min，再用 60 ℃ 恒温烘至恒重。切忌样品放置过久，以免呼吸消耗影响测定的准确性。注意烘干温度不能过高，防止叶片碳化。烘干后样本应该保持其绿色。

3. 叶球的测量

叶球由短缩茎和球叶组成，是结球白菜、甘蓝和结球莴苣等在营养生长时期所形成的具有贮藏养分功能的产品器官。叶球的观察项目主要包括叶球总重、纵径、横径、球形指数，短缩茎的长度、重量，叶球的紧实度等。

叶球短缩茎越重，则可食部分的比率越低；叶层的厚度（纵径－短缩茎）越小，球叶数量越多，则叶球越紧实，反之则较松散。这种关系可以用以判断叶球的经济价值。分别用下列公式计算：

$$\text{短缩茎占叶球重} = \frac{\text{短缩茎重量}}{\text{叶球重量}} \times 100\%$$

$$\text{叶球紧实度}(D) = \frac{H-h}{n}$$

式中：H 为叶球纵径长度；h 为短缩茎长度；n 为叶层数；$H-h$ 为叶层厚度。

当 D 大于 1 时，叶球松；接近于 1 时，叶球中度紧实；小于 1 时，叶球紧实。该法只适用于甘蓝及结球白菜类中一些叠抱类型的品种，其他抱合方式的品种可以通过测定其比重来表示。

二维码 3-1　叶面积和叶面积指数的测定方法

4. 总叶面积及叶面积指数的测定

累计全部叶片的叶面积即全株的总叶面积。叶面积指数（LAI）是指单位土地面积上植物的叶面积，其计算公式为

$$\text{叶面积指数} = \frac{\text{叶面积总和}}{\text{单位土地面积}}$$

叶面积指数是蔬菜作物群体结构好坏的衡量指标之一，在一定程度上说明了光能利用的情况。叶面积指数与产量间存在抛物线的回归关系，合理的叶面积指数对提高蔬菜的产量和品质具有重要意义。

5. 叶片质量的评价

叶面积的大小可以反映叶片质量的优劣，单叶面积较大是蔬菜植物生长旺盛的主要标志之一，但单叶面积过大，质量并不一定好，光合能力也并不一定强，还应结合其他指标进行评价。

(1)叶片厚度　厚的叶片在单位面积内含较多的叶绿素、氮素和水分,其蒸腾面积缩小,维管束面积与叶面积的比例增大,输导系统比较发达,有利于提高光合能力和保持水分平衡。叶片越薄,光饱和点越低,在强光下的光合强度也越小。大多数植物的比叶面积(SLA)与其最大光合能力(A_{max})以及叶片氮含量存在一定的正相关关系。叶片厚度可通过测定叶面积重量比(比叶面积,SLA)来确定。

$$SLA = \frac{LA}{LW}$$

式中:LA为叶面积;LW为叶干重。

如求T_1至T_2时间内叶面积重量比的平均值,可采用的公式如下:

$$SLA = \frac{1}{2}\left(\frac{LA_1}{LW_1} + \frac{LA_2}{LW_2}\right)$$

一般在生育初期SLA值大,随着生育的进展,叶片变厚,SLA值逐渐变小。一般SLA值越小,叶片越厚,光合强度越高。

比叶重(Specific Leaf Weight,SLW),又称为LMA(Leaf Mass per Area),是指单位叶面积的叶片重量(干重或鲜重),通常用干重来表示。比叶重与比叶面积(SLA)互为倒数。

(2)叶色　是叶片质量的重要评价指标。叶色的深浅与叶绿素含量呈线性正相关。

(3)叶绿素含量　叶绿素是植物进行光合作用的主要色素,它在光合作用的光吸收中起核心作用。叶绿素含量的测定方法主要有紫外分光光度法、荧光分析法、活体叶绿素仪法、光声光谱法和高效液相色谱法。目前应用最为广泛的是分光光度法和高效液相色谱法。

(4)叶片养分组成　叶片养分主要测定叶片中的氮、磷、钾、钙、镁以及微量元素的含量。

(5)叶重　指单叶重或百叶重,单位叶面积的重量也是衡量叶片质量的重要评价指标,可以直接测量得出。

(6)解剖结构　叶片栅栏组织的发育状况是评价叶片质量的又一指标,在一定程度上它也可作为蔬菜营养状况的衡量指标。通过徒手切片或石蜡切片在显微镜下观察栅栏组织的长度、细胞的大小等。

(7)叶片的扩散阻力　CO_2由大气经叶片表面进入叶绿体被同化的过程中所受到的阻力称为叶片扩散阻力,单位为s/cm,参见二维码3-2。

二维码3-2
叶片的扩散阻力

叶片扩散阻力,也可用叶片导度表示。叶片导度是指叶片表面透过水蒸气和CO_2雾气的能力,单位为cm/s。叶片导度是叶片扩散阻力的倒数。叶片扩散阻力小的叶片,其质量较好。

(四)花的调查

花是形成果实的基础,也是花菜类蔬菜(如花椰菜、青花菜、黄花菜等)的产品器官,开花期的早晚除了受本身的遗传因素影响外,还受气候条件、花芽分化的早晚和分化质量以及花芽发育时植株营养状况、栽培管理技术等的影响。

1. 花期的调查

观察和记载开花物候期各个进程的日期、持续时间及与外界环境条件的关系。开花期是某些果菜类蔬菜重要的物候期,一些栽培技术如化学疏花疏果与保花保果的实施与花期有关(如番茄)。

2. 花质的调查

花冠的大小、形状、色泽都是某些蔬菜品种的特征表现，若有变化则需要探索其影响因素。对于花菜类蔬菜，应该研究其花器官的组成、生长和发育速度以及环境条件对花菜产品器官品质和产量的影响等。

（五）果实的调查

瓜类、豆类、茄果类蔬菜都以果实为食用器官。有的食用嫩果，如青椒、茄子、黄瓜等；有的则食用生物学上达到成熟的果实，如西瓜、南瓜和番茄等。在栽培或贮藏过程中，提高这些蔬菜产品器官的质量具有重要意义。对果实质量的评价主要有外观、口感、营养价值、贮藏和加工性能等。其调查的主要内容和方法如下：

1. 果实质量

(1)果实外观品质　主要包括果实的大小、重量、形状、色泽、表面状况、整齐度等。于采收初期、盛期、末期在田间调查具有商品价值的果实的数量和重量、畸形果、裂果的数量和重量，分别计算商品果数或重量百分率，单果的平均重则以在采收盛期抽取一个随机样本计算，不必在每次采收时测定。若进行某种蔬菜果实的发育研究，则应排除植株的营养状况、开花坐果的部位、坐果数目及开花时间等方面的影响，选择生长相对一致、坐果位置相近、开花时间相同的雌花，挂牌标志，以后间隔一定时间测定一次。

①果实大小。用游标卡尺测量果实的纵、横径或者周径，用天平等称重。可以定点定株多次测定果实大小和重量的变化。

②形状。观察果实的形状是否符合本品种的特性，详见蔬菜植物学特性调查。

③表面状况。主要观察果实表面锈斑大小、分布，皮孔大小是否明显，果皮细腻或粗糙，表面的裂纹、裂口，蜡粉的多少，有无光泽、茸毛和表面农药的残留等。

④色泽。果实颜色按照标准色谱规定记载。

⑤整齐度。描述果实个体间外观品质的差异。质量性状按整齐度评分。在进行外观鉴定或者评比时，评价外观品质综合情况，用评分法记载。

(2)果实内在品质　主要包括肉质、汁液、风味、营养物质含量等。

①果肉。指标包括可食部分占果实总量的比例，肉质、果肉颜色、风味、香味、心室数等。

②汁液。指标包括颜色、汁量等。

③营养物质的含量。指标包括可溶性固形物含量(手持测糖仪测定法)、可溶性糖含量及总糖含量(蒽酮比色法)、还原糖含量(斐林试剂比色法)、有机酸含量(碱滴定法)和糖酸比、淀粉、脂肪、可溶性蛋白质含量测定(考马斯亮蓝染色法)、维生素 C 含量(2,6- 二氯酚靛酚法)、粗纤维含量(酸碱洗涤法)等。

数量性状的调查以测定为主，质量性状常由专业人员或者专家评议，将以上外观和内在品质分成若干项，各项按重要性不同分别给以评分，总分为 100 分。

2. 果实重量

定期采样测定其重量(果重)，要求每次测定不少于 10 个果实。为便于取样应该在开花时一次选足测定的果数，挂牌标志供全期测定用。如研究网纹甜瓜的果实发育，果实在开花后大约 50 d 成熟，每周测定一次，每次 10 个果实，则在开花时至少要选 70 个以上的雄花，由于并不是每一个雌花都能坐稳果实，应增加选果数。果实重量也可利用间接方法，根据直径或纵径估算。

3. 果实体积

采用果重测定的取样方法，用排水法测定果实体积的生长动态。

4. 果实比重

果实比重是评价果实品质和成熟度的指标之一，如南瓜比重大则其淀粉含量较高，食用或饲用品质较好；西瓜比重大于1，一般成熟度不够，含糖量较低。比重测定方法是先称果实的重量，然后测定果实的体积，按如下公式计算：

$$比重 = \frac{果实重量}{果实体积}$$

5. 果实硬度

果实硬度是判别其贮藏运输性能和品质的指标，很多试验都要测定果实（果皮和果肉）的硬度，可用硬度计测定，以每平方厘米承受的压力来表示，每个样品测5个数据，以平均数表示。

6. 果实表面积

在有些试验中需要测定果实的比面积，即果实体积和表面积的关系。表面积的测定方法有剥皮法和贴纸法。

7. 可溶性固形物

果实汁液中可溶性固形物含量的高低是影响品质的重要指标。果实不同部位的固形物含量不同，应选择适宜部位，或者选取一定部位的果肉做成匀浆后测定。

（六）产量调查

1. 产量和产量计算方法

蔬菜产量是指田间所收获产品的鲜物重量。但就某一种蔬菜来讲，在它的生活周期中，由光合作用所合成的物质并不都有经济价值，即在整个植物体中一部分产物可食用，有经济价值称为经济产量；另一部分无经济价值或经济价值很小，称为非经济产量，但这些非经济产量也是经过光合作用而形成的。因此，把蔬菜作物的经济产量和非经济产量（一年中植物所合成的有机物）合称为生物产量。经济产量和生物产量的比值，称为相对生产率或经济系数（K）。

$$经济系数 = \frac{经济产量}{生物产量}$$

一般来讲，生物产量高，经济产量亦高。

蔬菜的产量可由单果重、单株重或单体鳞茎、块茎、叶球来计算，但最常用的是以单位面积产量来计算，即每公顷产量。各种蔬菜的产量构成如下：

果菜类：

$$每公顷产量 = 每公顷株数 \times 单株果数 \times 平均单果重 \times 采收率$$

结球叶菜类：

$$每公顷产量 = 每公顷株数 \times 平均单叶球重 \times 结球率$$

根菜类：

$$每公顷产量 = 每公顷株数 \times 平均单株根重$$

果菜类单株果数的多少由开花数、坐果率及无效果数所决定，即

$$单株果数 = 开花数 \times 坐果率 - 无效果数$$

2. 产量形成因素调查

(1) 光能利用率　是指植物对太阳辐射能的利用率。增加蔬菜的产量最根本的措施是提高蔬菜的光能利用率。目前一般丰产田的光能利用率不超过光合有效辐射能的 2%～3%，一般田块只有 1% 左右。

(2) 叶面积指数　在一定范围内，叶面积与产量形成呈正相关，增加叶面积是提高产量的基本保证。低产量往往是由叶面积不足和叶片同化作用时间短造成的。不论是单叶的生长过程及群体叶的生长过程都呈 S 形变化。

$$叶面积指数(\mathrm{LAI}) = \frac{叶面积(\mathrm{m}^2)}{单位土地面积(\mathrm{m}^2)}$$

在一定范围内叶面积指数(LAI)越大，光合产物越多，产量越高。干物质生产率最高时的叶面积指数称为最适叶面积指数。

(3) 同化率　群体光合作用的效率和叶的净同化率(NAR)有重要关系，净同化率也称净同化生产率，指一定时间内单位叶面积由光合作用形成的有机物质的量减去呼吸作用消耗的物质的量(即积累量)。这个量并不是碳素同化产物的全部，而是除去呼吸作用消耗的量。

一般蔬菜晚熟品种的产量比早熟品种的产量高，是因为晚熟品种具有较长的同化时间。

(4) 群体结构　蔬菜作物的产量以单位土地面积来衡量。在一个园地上有许多植株，这就构成一个“群体”。因为群体的结构不只是个体结构的相加，光能利用的方式及利用率也并非个体简单的相加，所以要获得高的群体产量还必须有良好的群体结构。

二维码 3-3 影响产量的主要因素

首先，对群体结构好坏的评价，要研究个体组成群体之后对光照强度的影响。由个体组成群体之后，最大的特点是对光强度的改变，个体成为群体发展后，叶层相互遮阴，使群体下面的光强逐渐减弱。因而一个群体的产量因不同层次的叶片所接受的光强不同而不同，叶面积越大，遮阴的程度就越大，参见二维码 3-3。

当密植度较小时，适当增加密植度，对于个体的生长没有明显的影响，因此可以显著增加群体的产量。但如果进一步增加密植度，群体的遮光随之增大，群体基层的光照不足，空气流通性变差，基层叶片的光合效率大大降低，反而导致群体产量下降，因此密植度的作用是有限度的。

其次，需要研究个体构成群体后水汽状况的变化。一般来讲，水汽(湿度)在叶层越接近地表时越大，随着叶层往上会逐渐减少，而到达群体叶层及以上则变动不大。

再次，需要研究构成群体后 CO_2 的变化规律。在作物叶层以内的空气中，由于光合作用不同，叶层不同部位的 CO_2 含量也不同。叶层的近上部往往相当于最大 LAI 层的地方，由于光合作用的需要，CO_2 含量在整个群体中最低，近地面处略高些，而在叶层最上部又逐渐增高。在夜间 CO_2 浓度则以近土表面的高些，群体上部低些。

最后，需要研究群体叶层内热的分布状况。叶层内热的分布与 CO_2 的分布相反，叶层内的温度比叶层外高。但在夜间，群体内部温度的梯度较为平缓，群体内比周围温度稍低。

就群体而言，植株间光、叶面积和二氧化碳的分布等对光合作用及产量形成影响较大，可以作为研究群体结构的指标。可利用田间切片的方法测定光合面积的分布。

四、蔬菜产品器官形成的研究方法

（一）叶菜产品器官的形成

叶菜的产品器官可分为普通叶和具有贮藏功能的叶球，前者为散叶类型，后者为结球类型。

1. 散叶类型

散叶类型如大白菜、菠菜、芫荽、芹菜等。产品以叶计，单株产量为单株的叶数和平均单叶重量的乘积。研究叶菜个体产量形成及其与叶生长关系的方法如下：

（1）个体产量的增长过程　间隔一定时间取样测定单株重量与叶面积。

（2）单株叶数与叶重的关系　定期取样测定不同叶位的单叶重量。

（3）构成产量的叶柄与叶片的关系　测定不同叶位的叶面积与重量及不同叶位的叶形指数。分叶位测定时应在植株一定的叶位做好标记。测定时由外及里剥叶，分别测量单叶、叶柄和叶片的重量，以平均数表示。

2. 结球类型

结球类型如甘蓝、结球莴苣、大白菜等以叶球为产品。大白菜结球以前为外叶生长的莲座期，叶球形成以后的一段时期为结球期。结球的方式是心叶的尖端向内卷曲，叶柄缩短，叶身基部加厚，初步形成部分饱满叶球，以后内部叶片逐渐长大，成为充实的叶球。叶球形成的研究内容和方法如下：

（1）外叶面积大小与球重　探讨外叶与叶球形成的关系。

（2）不同品种的球叶数及球重　探讨球叶数量与叶球重的关系。选择生长正常、叶球大小不同的单株 30～50 个，计算叶数与球重的相关系数。相关密切则表现为叶数型品种。

（3）不同品种类型的成熟叶球不同叶位重量的变化　叶数越多叶球越大的品种，单叶的重量大体相似，为叶数型品种；而保持一定数量叶片就可获得较大叶球的品种，其叶球外层的叶片大而重，内部叶片小而轻，为叶重型品种。

（4）叶球形成早晚　可根据外叶的数目和出苗至开始结球的天数以及叶片的形状来确定。大白菜由外及里各叶叶形指数形成曲线，这条曲线的斜率随生育期由急斜线转为缓斜线时便开始形成叶球，这在早熟品种中更为显著。

（5）生长锥的花芽分化　是阻碍叶数增加和叶球膨大的一个生理因素，因此在每次测定时应注意观察。叶位的确定及测定方法与散叶类型的普通白菜相同，应该注意的是决定外叶或球叶的界限时，一般以第 1～3 叶环的叶片作为外叶来观察。

（二）根和鳞茎的形成

萝卜和胡萝卜由下胚轴及根膨大而成，洋葱、大蒜则由叶鞘的基部和鳞芽肥大而成。其共性是均为营养贮藏器官，在地上部良好的生长基础上肥大而成，对其进行研究的内容和方法如下：

1. 直根

直根形成过程的研究可用不同的类型品种在正常的播种期播种，确定不同生育期的形态特征如“破肚”“定橛”等，并以此研究不同品种各生育期的长短、生长特点，还可取样切片研究根膨大过程解剖学的变化。

研究地上部与直根形成的关系，可在采收时随机选取50～100个植株，分别计算地上部茎叶重和地下部根重，然后计算其相关系数并建立回归方程式，在不同时期测定地上部与地下部的重量，进一步明确两者之间的关系。

环境因子对直根发育影响的研究，应着重研究土壤条件，如土壤质地、施肥的种类和方法，土壤温度和湿度等对根的发育、叉根、空心、开裂及其品质的影响。直根形成过程中生化成分的变化，包括不同时期、不同部位干物质的量以及糖分、维生素、胡萝卜素等含量的变化。

2. 鳞茎

在形态上洋葱和大蒜不同，洋葱是由叶鞘基部肥大，在发育后期形成若干鳞芽而组成的，大蒜则是由茎盘所生侧芽和叶鞘肥大为蒜瓣而成的。

鳞茎形成过程的研究包括不同类型鳞茎叶片的发生，地上部(叶身和叶鞘)生长，不同叶位叶面积及叶鞘肥大的关系，鳞片数量与葱头大小的关系，鳞芽发生与叶鞘肥大的过程，花芽分化与蒜瓣形成的关系。蒜薹与蒜头的相互影响等。

确定鳞茎膨大有两个指标：一是植株的高度不再增加时鳞茎开始迅速膨大；二是叶形比(叶身长/叶鞘长)显著下降时则鳞茎开始膨大，这是判断鳞茎膨大最可靠的方法。

(三)果实的形成

雌花授粉受精后，由子房发育成果实的为真果(如茄果类、豆类等)，由子房和花托等形成的果实为假果(如瓜类等)。果实的发育需要良好的授粉受精，同时需要足够的养分供应。果实形成的研究内容和方法如下：

1. 果实的生长与膨大

开花以后定期测定果实的横径、纵径、周径、体积和重量，长果形的品种以果长为主，而圆果形的种类和品种则以横径和周径为主。可以定点、定株、定果、定时测定，而果重则需要每次取样称重，因而需要较多的果实。

果实的大小和生长速度与坐果的位置和开花时的营养及气候条件有关，为了避免误差，测定的个体应选择同一天开放的雌花，而且雌花着生部位比较接近，因此，要求种植株数较多，生长坐果一致，以增加选择机会，并在开花时做好标志。

2. 果实形成过程中解剖学的观察

为了说明果实内部生长是由细胞的分裂还是由细胞膨大引起的，可观察可食部分薄壁细胞大小的变化。例如，观察黄金瓜果实发育时，外果皮(靠近表皮的5～7层细胞)细胞直径几乎没有增加，而内果皮细胞的直径迅速增加，与果实直径的增长曲线平行，说明黄金瓜果实的迅速生长主要是由于细胞膨大的结果。

3. 果实形成过程中物理、化学性质的变化

果实形成过程中物理、化学性质(如硬度、比重、含糖量、维生素、干物量)的变化，可结合果重测定取样分析。

4. 果实的生长与营养条件

植株的营养状况与坐果及果实的生长关系密切，可调查不同营养条件下的坐果率；调查不同坐果部位功能叶的数目、大小与果实大小的关系；人为控制一定的坐果部位，研究果实大小与叶面积的关系；为了能在一定节位坐果，可利用生长调节剂处理所有调查的果实；利用摘叶的方法控制叶面积，研

究与果实膨大的关系。

果实较小、结果较多的种类，其单株结果数与果实大小呈负相关，疏果可以增加保留果的养分，可以研究疏果对单果大小及营养生长的影响。

5. 种子与果实的形成

受精以后种子的多少与果实形成大小具有一定的相关性，如番茄果实大小与种子数量呈正相关，因此，在果实形成时应调查种子的形成和发育。

第二节　果树生物学特性调查

一、果树生物学特性调查的依据和意义

果树生物学特性调查是指根据调查的目的和任务，对果树一年或一生中生长发育所表现出的特性、特征进行静态和动态的观察。

1. 果树生物学特性调查的依据

果树的表型性状是由遗传特性和环境因素共同决定的，即果树与环境统一的原则。

环境因素是指果树生长空间一切因素的总和，包括地势条件、土壤条件、气候条件和生物因子。果树和环境条件是一个紧密联系的统一体。任何一个栽培种或品种，一方面要保持其最初生存时所要求的条件，同时又要适应变化的新环境。果树与环境条件的相互作用中，环境条件起重要作用。根据果树的特性，改变和创造适合的环境条件来满足果树的要求，达到优质高产的目的。

果树性状具有累积和传递作用（连续作用）的特点。果树大部分为多年生，其部分生物学性状可以逐年积累，如树高、干粗这样的性状，随着果树树龄的不同，呈现连续作用的特点。

2. 果树生物学特性调查的意义

果树生物学特性调查是科研的基本方法之一，可以掌握果树多年的发育情况，揭示果树生物学性状的表现规律和生物学指标，为科学研究提供数据资料，为新的农业技术的应用提供依据和指标，为果树发展提质增效提供科学依据。

二、果树生物学特性调查的内容与方法

1. 果树生物学特性调查内容

（1）果树植株个体和器官的基本特性调查　如树高、干径、干高、冠径、冠高、根、茎、叶、花、果基本性状调查（图 3-7）。

（2）果树的生命周期调查　生长—结果—衰老—更新。

（3）果树的年生长周期调查　如物候期，包括萌芽、展叶、枝的生长、开花、结果、落叶等。

（4）果树群体调查　包括栽植密度、光能利用、产量形成因素、产量。

（5）果树栽培、育种、贮藏、加工特性调查　包括品种特性、施肥、修剪、调节剂施用、病虫防治等。

（6）果树与环境关系调查　包括光照、温度、水分、土壤。

2. 果树生物学特性调查方法

果树生物学特性调查方法包括：①生长动态和生长图形调查法；②整体生物学性状调查法；③阶层

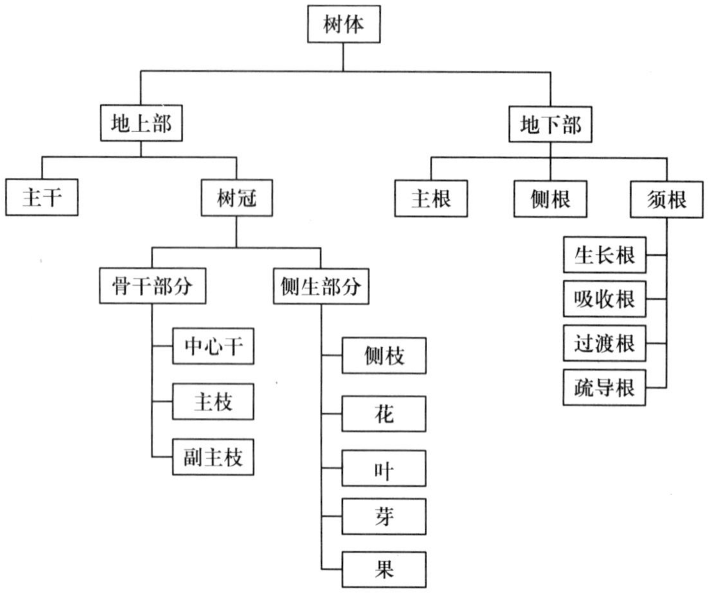

图 3-7　果树植株及器官基本性状调查内容

分析法；④室内分析与田间调查结合法。

3. 果树生物学特性调查注意事项

①代表性。抽样的基本要求是样本与母体的相似程度要高。两者在主要特征上越相似，样本对母体越具代表性，由样本推论母体的结果便越可靠。

②典型性。指个别的、特殊的果树生物学性状所具有的体现某些普遍意义的特性。

③标准化。指按照统一的调查标准对不同种类果树进行生物学特性调查，以获得最佳结果。

④调查部位恰当，有标记。

⑤调查项目适当，抓关键、少而精。

⑥调查时间适时，如开花物候期的观察、光合作用的测定需要特定的时间。

三、果树根系生物学特性调查

根系是植物的重要器官，行使固定、输导、贮藏、吸收、合成及分配等功能，植物地上部分生长依赖于根系的水分、矿质营养和生长活性物质，大约 50% 的地上部光合产物运往根系，地上部技术措施的有效性和整形修剪、养叶保叶、花果管理等都要建立在根系良好、树体健壮的基础上，任何影响根系生长的环境因子和栽培措施都会影响整个植株的生长发育，丰产优质必须以养根壮树为前提。根系没有地上部枝、芽等的自然休眠现象，在满足其所需条件时可周年生长。但由于果树本身、自然条件和栽培技术等差异，一年中根系生长表现出周期性变化。根据根系生长量的大小，可划分出不同的生长高峰。进行根系生物学调查，掌握根系生长动态变化，为有效地制订地下管理措施，保证果树长期持续生长提供基本依据。

（一）根系调查的主要内容

1. 根系分布调查

调查根系的深度、广度、集中分布层。

2. 根系形态结构及生理指标调查

了解各类型根的形态、比例、根系构造、根系吸收、菌根种类、数量、根皮率、输导、合成、呼吸等生理功能。

在根系中，依据次生结构的有无和生长势的强弱，将初生根分为生长根和吸收根两类。生长根主要用于发生各级侧根和扩展根系分布范围，同时具有吸收、合成能力，长度在 5 mm 以上，这类根可以发生次生结构，并进行不同程度的加粗生长。吸收根长势较弱，根细而短，根系直径在 0.3～0.5 mm 之间，长度 5 mm 以下，只具有初生结构。一般条件下，吸收根 15～20 d 后其皮层变褐，20～30 d 后自疏死亡。与生长根不同，其功能主要是吸收、同化、合成物质。吸收根发生量大，树体根系的总长度和总表面积主要由吸收根决定。

3. 土壤和栽培条件调查

(1) 土壤温度　其对果树根系的生长作用至关重要。有资料显示土壤温度(土温)与根系生长高峰呈正相关。以葡萄为例，当土温低于 10 ℃时，葡萄根系会停止生长，在 −4 ℃以下时发生冻害；当土温超过 25 ℃后，葡萄的根系生长受到抑制，超过 28 ℃即停止生长，并随着温度的持续不断升高迅速木栓化或死亡。

土壤温度除影响根系生长外，还会对微生物的繁殖活动和土壤的性状结构产生一定的影响。当土壤温度较低时，微生物的活动减弱，土壤中有机物的分解受影响，使养分释放能力减弱，果树根部对营养的吸收减缓。土壤温度较高，微生物的繁殖能力增强，进一步促进果树根部的营养吸收。

(2) 土壤水分　土壤中的水分类型较多，如毛细管水、束缚水和重力水等。果树根部能够有效吸收的水分就是毛细管水。土壤含水量对果树在生长发育阶段也有一定的影响，一般情况下土壤含水量要求控制在 60%～80% 之间。

土壤的含水量过低，果树的根系吸水困难，导致果树缺水，当土壤中的水分持续下降时，果树植株就会出现萎蔫现象，这个阶段如果不能及时补水，果树的生长就会受到严重影响，严重时果树死亡。土壤中的水分过多，果树根部透气困难，导致微生物的活动受限，营养供应不足，严重时果树根部因长期缺氧而生长不良。

(3) 土壤气体　果树根系生长需要吸收土壤里的氧气进行呼吸作用。当土壤含氧量在 15% 以上时，果树根系才能正常生长。

土壤含氧量和土壤含水量与土壤孔隙度有密切关系。若土壤孔隙度小，空气流通阻力增加，土壤含氧量自然就少；水分过多时，土壤孔隙被水分占据，土壤含氧量也会下降，如涝害后就是这样的情况。

土壤含氧量也会影响果树根系生长，当土壤含氧量过低时果树根毛变少，土壤酸度增加，微生物的活动能力降低，阻碍养分吸收。土壤缺氧处于严重状态时，果树根系不能呼吸，容易出现烂根现象。

(4) 土层深度　一般来说，土层越深，果树根系吸收的土壤中水分和营养越多，果树生长旺盛，果实个大饱满。所以深施基肥，一方面能改良土壤，另一方面则能更新根系，并引根下扎。当土层较浅时，果树常表现出成活率低，生长缓慢，根系对不良外界环境的抵抗能力减弱，产量降低。

(5) 土壤结构　土壤团聚体间的大孔隙和团聚体内的小孔隙相互补充，土壤团聚性好，使土壤具有较好的导水性、持水性和通气性，果树根系代谢能力强，其吸收养分的能力增强及范围扩大。相反，土壤团聚性差、结构差、容重大，则容易带来结皮、固结、滞水等问题，进而导致果树根系发育不良，养分传输受限。

(6) 土壤酸碱度　其对土壤的性状结构及土壤溶液、营养物质等会产生不同程度的影响，使果树根系营养物质吸收受到一定的限制，土壤中的酸碱度成分会导致酶的活性和原生质胶体发生改变。土壤 pH 过酸、过碱均会导致微生物减少，降低养分有效性，并引起土壤退化。不同果树种类对土壤酸碱度的适宜范围不同，土壤酸碱度会影响果树的生长发育，轻者表现枝叶发黄，严重者造成果树死亡。

(7) 土壤养分　土壤类型不同，所含营养元素比例是有差别的。例如，黄壤、红壤、紫色土等土壤类型，钙、镁、锌、硼缺乏较为普遍；石灰性土壤铁、锌、锰缺乏严重。此外，生草、施肥等对养分含量也有影响。

(8) 土壤有机质　有机质是存在于土壤中的所有含碳的物质，包括各种微生物、动植物残体及分解和合成的各种有机质。土壤有机质含量的高低，标志着土壤肥力的高低。此外，它还能改善土壤的理化性质，改良土壤结构，促进微生物活动及促进果树的生长发育等，最终提升果树的产量与品质。

(9) 土壤微生物　许多土壤微生物的作用是改善土壤质量或者帮助根系更好地吸收养分，如柑橘的丛枝菌根等。但是也有一些微生物，如根结线虫、疫霉、腐霉、镰刀菌等，降低果树的生产力，危害果树正常生长。生产上，常通过增施生物菌肥来扩大土壤中的有益菌群，这样可帮助改善土壤状况，同时起到以菌治菌的作用。

（二）根系形态调查方法

(1) 方块取根法　果树根系静态调查的一种方法。对全株根系采用分层分块取根法。以树干为中心，将树冠下的地面分割成 20 cm × 30 cm 的小方块，在树冠外缘挖一环沟，以此沟开始沿沟壁每隔 10～20 cm 深挖起方块，或用切根器沿沟壁切取；将土块编号，分别装袋，带回室内按块冲洗、拣根，记录各类根数、根长和根重。依次同法向下层取根，下层根少时层距可加大，直到不见根系分布为止。可精确了解全株根系情况，但工作量大，有时与邻树交叉根不易区别。

(2) 全根挖根法（骨骼法）　从树冠外缘向内挖土，小心将全根挖出进行观察。为了顺利挖出树根，需要借助一些工具，如铁镐、大斧子、铁锹等。在挖之前先用铁镐把土刨开，动作不要太急促，先将周边的土质松动一下，露出植株底下的细根，然后用斧子将这些小细根砍断。之后就借助于铁锹，将地面下的碎土和碎根挖出来，在挖树根的过程中，一定要小心，不要误伤到主根。

(3) 根系分析系统　将全株根系带土挖起，放在铁筛内，用水冲洗去泥土，尽量避免损伤根系，再用吸水纸吸干根系表面水分，观测根系分布的深度、广度及集中分布情况，还可测定根系的重量和体积。根系分析系统还可以用于分析根系长度、直径、体积、面积、根尖记数等（图 3-8）。

（三）根系生长特性调查方法

果树根系比地上部开始活动早，停止晚。在北方果树栽培区域，成龄树根系一年内有三次生长高峰期。①当春季土温达 3～4 ℃及以上时，果树根系开始生长。一般从萌芽前至 4 月下旬为第一次生长高峰，这次高峰发根较多，但生长时间较短，主要受土温和贮藏养分制约。②从新梢接近停长开始，到果实加速生长和花芽分化以前（6 月底到 7 月初），根系出现第二次生长高峰。这时由于叶片多，同化能力强，营养物质多，根系生长所需的水、肥、气、热条件较好，能促进根系生长，并且生长时间长，是全年发根最多的时期。③ 9 月上旬至 11 月下旬，由于花芽分化已奠定基础，果实已经采收，叶片制造的

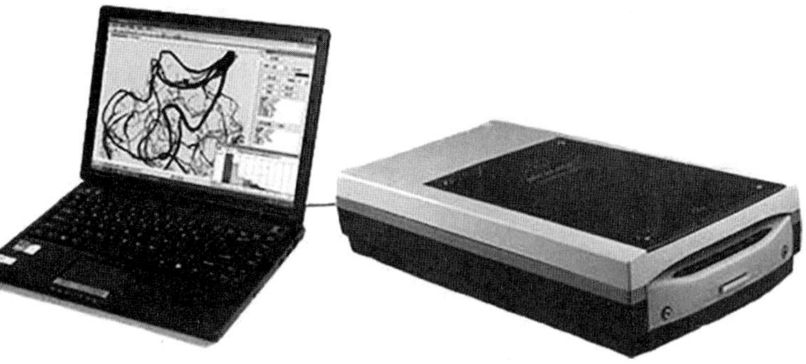

图 3-8 根系分析系统

养分还是回流，根系分配的养分增多，出现第三次生长高峰。这次高峰持续时间长，但生长较弱。这个时期是追施基肥的最佳时期，一般越早吸收效果越好。因此，秋季管理的重点措施是深耕、施有机肥，促进生长根的发生。

根系动态调查方法包括根窖法、玻璃壁法、定期取根法。

(1) 根窖法　传统的根系动态调查方法是根窖法。在树冠外缘开沟挖根，选根系生长较多处，用厚玻璃等制作侧壁，修建根系观察窖。在地上部栽植果树后，果树根系逐渐向四周扩展，从而可在透明的剖面上观察到根系发生的位置时间，根系的类型及其变化等。采用透明的方格坐标纸覆盖在透明剖面上，用不同色彩的线条对根系特征进行标记，可获得果树在特定时间段根系发生的状况，并可制图永久保存。根窖是一种永久性建筑，施工量大，制造成本高，在设计时应充分考虑根系观察所包括的树种、土壤、体积、深度等参数，一般建成后能在较长时间内发挥作用。根窖地下观察窗见图 3-9。

(2) 玻璃壁法　是根窖法的发展和衍生，是一种可连续观察和记录某剖面根系生长的方法(图 3-10)。小型根室和现代化的根实验室都属于玻璃壁法。根实验室的建设是很昂贵的，而且应用范围也有局限性。因此，农学家们开始使用插入地下的玻璃管观察根系。观察技术也由原来的光镜系统发展到现在的应用内窥镜、电视摄像技术等。

图 3-9 根窖地下观察窗

图 3-10 玻璃壁根箱

(3) 定期取根法　设定一定时期取土样，选出根系，进行观察。因为果树的地上部分和地下部分是一个有机的整体，果树根系的生长状况直接影响到树冠的形状及结果性能。由于长年立于一地，生长在黑暗条件下，果树根系对土壤条件的变化反应相当敏感。通过调节水、肥、气、热和土壤强度等因素，可直接影响根系的生长、发育、吸收、代谢等生理机能，间接达到调控地上部的发育进程。对设施果树根系进行修剪后，发现对树体产生的系列反应均为良性：不但能使树体营养生长削弱，树体矮化，短枝比例大大增加，而且花芽分化多而整齐，树体中碳氮比增加，成花率提高。树苗生长期很有必要对其进行一次切根处理，也就是切除苗木四周的侧主根和侧根。这些老根被切除之后，能够刺激不定芽的萌发，长出更多的新根来满足果树生长过程中对营养的吸收，以促进苗木生长。

图 3-11　植物根系生长监测系统

(4)植物根系生长监测系统　是一种原位监测方法，可以动态监测根系的生长动态(图 3-11)。通过专业根系分析软件动态长期分析果树根系的根长、根面积、体积、根尖数等根系形态参数，并进行不同时空多幅图片的拼接，具备强大的根系形态分析功能，快速获得不同深度的根系分布或土壤剖面图像，定点、连续观测根系在整个生长季中的动态变化，是研究监测根系生长，根系生理生态、根系抗逆性研究和土壤颗粒变化等的专业工具。

四、果树枝干生物学特性调查

(一)枝干形态调查

对果树树体进行形态学调查，是果树研究的重要基础性工作，它能反映树种、品种特征特性、农艺措施效应和树体营养状况等(表 3-1)。果树种类很多，因此调查的结果也不尽相同，以苹果为例，果树枝干调查涉及的指标主要如下：

(1)主干　即地面到第一主枝间的树体骨干部分。地面到第一主枝间的间距叫干高。

(2)干周　即树干(一般指地上部 20 cm 高处)的周长，是果树生长的一个重要综合指标。

(3)冠径　即树冠直径，通常由东西径和南北径(或最大径和最小径)的平均值表示。

(4)冠高　即树冠最下层梢至树冠顶部的垂直高度。冠高 = 树高 − 枝梢最下层的离地高度。

(5)树体结构　包括主干、骨干枝(树冠内较粗大、起骨干作用的枝，通常包括中心干、主枝、副主枝等)、枝组(着生在各级骨干枝和辅养枝上的结果单位，由结果枝和营养枝组成)。枝组根据大小可分为小型枝组(枝轴长度 15 cm 以下，2～4 个分枝)、中型枝组(枝轴长度为 15～50 cm，5～11 个分枝)、大型枝组(枝轴长度为 50～100 cm，12 个以上分枝)。因树种和整形方式不同，树体结构也不相同(图 3-12)。

(6)枝类组成　枝类按功能分为营养枝和结果枝。营养枝分为短枝、中枝、长枝、叶丛枝。结果枝分为短果枝群、短果枝、中果枝、长果枝和超长果枝。不同长、短枝数量的比例和枝梢种类，称为枝类组成。枝类组成是反映生长结果的重要指标，调整枝类组成可以实现早果、丰产和稳产。表 3-2 是金冠苹果全树的各枝类比及其生长量。

(7)综合指标　包括萌芽率、生长势和成枝力。生长势是衡量树势强弱的标志，通常以新梢长度表示。

表 3-1　果树树势划分及其特点

cm

种类	新梢长度	长枝	中枝	短枝	花芽	产量	备注
旺树	40～50	多、旺	较多	少	少或无	低	
壮树	30～40	中	中	中	中、好	高、稳	坐果率高
中庸树	20～30	少	中	多	多、较差	中	
弱树	<20	少	多	多	少或多	低	坐果率低、果小

表 3-2 金冠苹果全树的各枝类比及其生长量(山东省果树研究所,1963 年)

枝类	叶丛枝	短枝	中枝	长枝	营养枝	总计
总枝数 / 个	2 325	136	1 847	1 895	281	6 484
占比 /%	35.9	2.1	28.5	29.2	4.3	100
枝梢总长 /cm	1 126	2 820	18 045	41 031	10 425	73 447
占比 /%	1.5	3.8	24.6	55.9	14.2	100

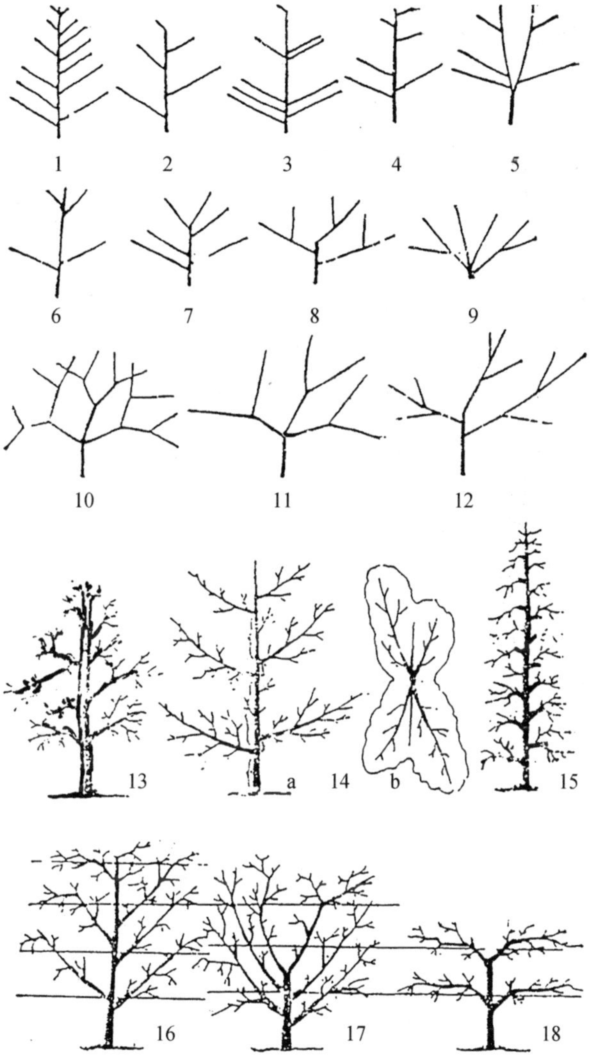

图 3-12 果树主要树形示意图

1. 主干形;2. 变则主干形;3. 层形;4. 疏散分层形;5. 多领导干形;6. 十字形;7. 自然圆头形;8. 主枝开心圆头形;9. 丛状形;10. 杯状形;11. 自然杯状形;12. 自然开心形;13. 纺锤灌木形;14. 自然扇形:a 侧视图,b. 顶视图;15. 圆柱形;16. 斜脉形;17. 棕榈叶形;18. 双层栅篱形

(二)枝干生长调查(物候期调查)

1. 萌芽期

萌芽是果树由越冬休眠状态过渡到开始营养生长的一个显著标志。此期由芽苞开始膨大至幼叶分离或花蕾伸出为止。果树每年萌芽的次数因树种品种和外界环境条件不同而异。原产于北方的一些落叶果树多为一次萌芽;而生长在热带、亚热带的常绿果树以及具有早熟性芽的树种,如柑橘、枇杷、

桃、葡萄、猕猴桃等，则可多次萌发，但以春季萌芽最为整齐。

2. 新梢生长期

叶芽萌发以后，顶端分生组织细胞不断分裂，雏梢开始伸长，自基部向上各节叶片依次展开，逐渐形成新梢并不断增粗。在新梢生长过程中，可分为加长生长期和加粗生长期。

（1）加长生长期　新梢的加长通过枝条顶端分生组织的活动即分生细胞群的细胞分裂伸长而实现。细胞分裂只发生在新梢顶端，细胞伸长则延续至新梢顶端以下几个节。其生长经历三个阶段，即新梢开始生长期、旺盛生长期和缓慢生长期。新梢开始生长期是叶芽开始的发后，生长点幼叶伸出芽外，随之节间伸长，幼叶分离为止。此期的生长主要靠树体头年积累的贮藏营养进行。旺盛生长期茎组织明显延伸，幼叶迅速分离，叶片增多，叶面积加大，光合作用增强。缓慢生长期枝顶端分生组织细胞分裂和增大变慢，逐渐停止，形成枝条顶芽，生长停止，转入成熟阶段。

（2）加粗生长期　是形成层细胞分裂、分化和增大的结果。加粗生长期比加长生长期稍晚，其停止也较晚，主要是因为萌动的芽和加长生长时所发生的幼叶能产生生长素类物质，以激发形成层细胞分裂。同时，随着加长生长，叶面积增大，光合产物增多，促进细胞旺盛生长，使加粗生长变快。因此，枝干的加粗生长与叶面积大小、树体积累物质的多少密切相关。叶面积大，积累养分多，则加粗生长明显，所以加粗生长程度常作为鉴定树体营养物质状况的指标。栽培上为促进枝干的加粗生长，需注意在枝上保留较多的梢叶，对于需要利用的长枝和旺枝及时摘心，促进分枝，增加叶面积。

（三）活性调查

果树枝干是水分供应的主要渠道，同时又是产量负载的主要结构，调查枝干水分供应的无损耗测量手段十分重要。根据热平衡原理设计的茎流计，可直接测量植物茎流量来确定植物的水分消耗（蒸腾）。如加接其他传感器则可测量环境因子（空气温度、湿度、PAR、土壤温度、湿度等）下植物的茎流。茎流计有包裹式和插针式两种类型。包裹式茎流计把外接探头直接覆着在枝干表面，对其完全无损伤，但要求测定枝干直径较小，多为 2～125 mm。插针式茎流计针对大型树干设计，一般要求枝干直径大于 70 mm，但安装时要打一个几毫米的小孔，可根据测定植株选用。茎流计需要给茎流探头供电，通过采集、分析软件进行数据采集、处理。

五、果树叶片生物学特性调查

叶片是果树的光合器官，同时兼有光合、蒸腾、吸收、贮存等功能。

（一）叶片形态调查

1. 叶的生物学形状

叶的形态和叶序、保护组织特征是描述果树品种特性的重要特征。

2. 叶幕

叶幕即叶在树冠区的集中分布，可用叶面积或叶的厚度表示。叶幕厚度以主枝中部着叶层的水平和（或）垂直平均厚度为准。叶幕间距为以主枝中部上下相邻两层叶幕间的平均垂直距离为准。

3. 叶面积

叶面积是指单叶几何面积，叶面积反映果树的树体营养和光合能力，是经常进行计量的一个指标。以前的测量多采用方格板计量、剪样称重以及利用叶片长度和宽度进行回归方程推算等方法，这些方法简便，但精确度差，效率低。现多应用光电扫描技术的叶面积仪进行测量。随着科技发展生产的便携式叶面积仪(图 3-13),由控制单元和传感器组成,可简单、快速、准确地测定各种植物叶片的面积、长度和宽度(平均宽度和最大宽度)。可以利用矩形逼近的电子学方法非破坏性测量植物叶面积,分辨率可达 1 mm^2,同时测定并记录叶片的面积、长度、平均宽度和最大宽度。文件可以在显示屏幕上查看,或通过数据接口传输到计算机或打印机上。对大量离体叶片,还可连接透明传输装置提高测量效率。

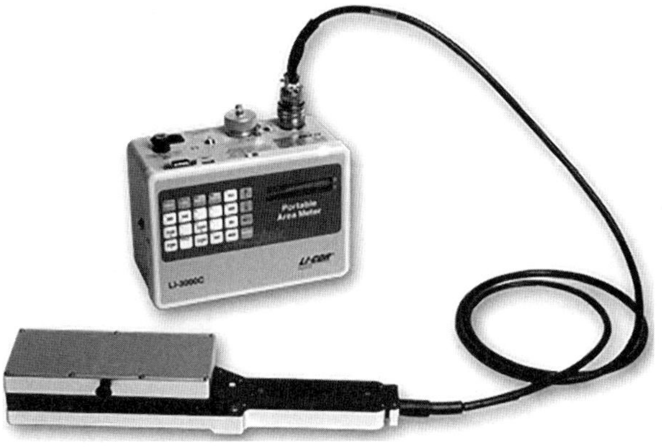

图 3-13 便携式叶面积仪

4. 叶质

(1)叶色 一般来讲,正常叶片中叶绿素与类胡萝卜素的分子比例约为 3∶1,而使叶片呈现绿色,但在落叶时由于这种比例发生改变,或者是由于花青素的存在等,叶片的颜色发生改变,呈现红紫、黄等色,这对丰富观赏植物的色彩、提高观赏价值显得尤为重要。

(2)叶重 通常包括叶片鲜重、叶片干重和叶片饱和重等。

(3)解剖结构 树叶叶片由表皮、叶肉、叶脉等组成。在表皮上分布有气孔,气孔一般由两个肾形的保卫细胞组成。叶肉是叶片最发达、最重要的组织,由含有许多叶绿体的薄壁细胞组成,在有背腹之分的两面叶中,叶肉组织分为栅栏组织和海绵组织。叶脉由维管束和机械组织组成(图 3-14)。

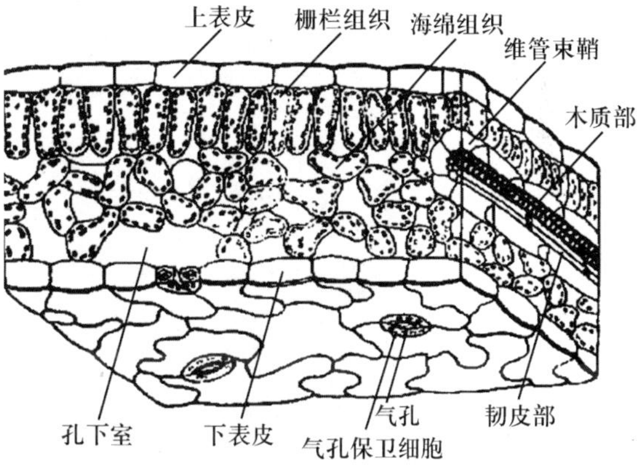

图 3-14 叶片解剖结构

(二)叶片动态调查

叶片动态变化的生物学特性指标主要通过叶面积系数调查反映。叶面积系数是指树冠总叶面积与其地面投影面积之比。现在有许多仪器可以迅速测定叶面积系数。一般通过测定树冠的上、下冠层 PAR 的比率来进行计算。现代植物冠层分析仪(图 3-15)利用光学传感器测量树冠上、下 5 个角度的透射光线,利用植被树冠的辐射转移模型计算叶面积指数、空隙比、平均叶倾角、表观聚集度指数等树冠结构参数,并可对数据进行深入处理分析,为果树群体叶片生物学调查提供了新的方法。

(三)叶片活性调查

叶片是果树的光合器官,它的活性与光合作用密切相关。

1. 叶绿素含量测定

传统的叶绿素含量测定方法如下:先将定量叶片研磨,再用有机溶剂如乙醇、丙酮浸提,然后稀释比色。这种方法虽然精确,但操作不便,特别不适合野外和大规模调查。利用叶绿素在红光和蓝光两个波段激发光源时的光学吸收率原理,研发了手持式叶绿素测定仪(图 3-16)。手持式叶绿素测定仪可以测量叶子在红色区域和近红外区域的吸收率。通过这两部分区域的吸收率,来计算出一种 SPAD 值,它用数字来表示目前与叶子中叶绿素含量相对应的参数。

近年来,又开发出非接触叶绿素速测仪(图 3-17),通过检测植物叶片的红外反射,不需要接触植

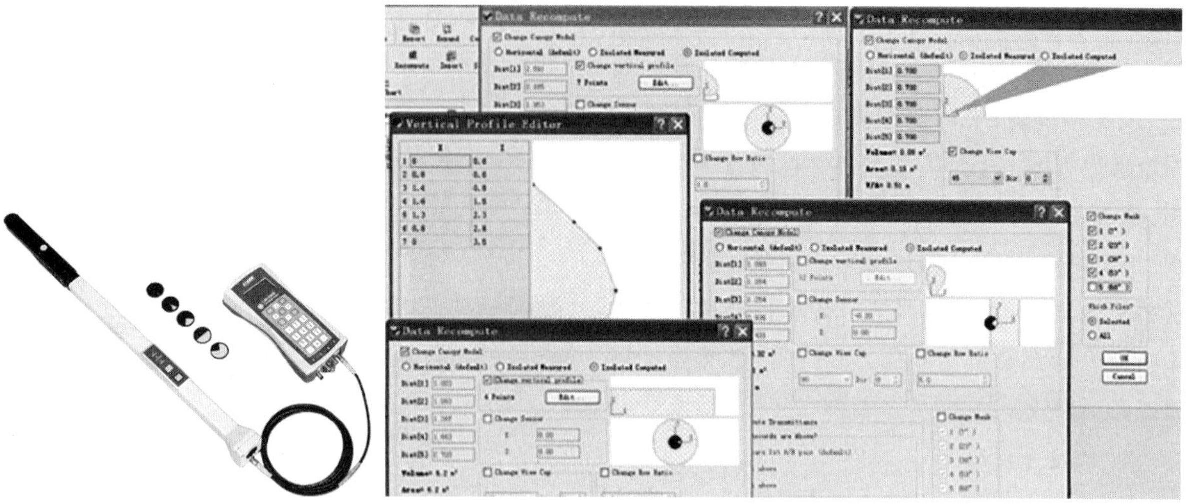

图 3-15　植物冠层分析仪及分析软件

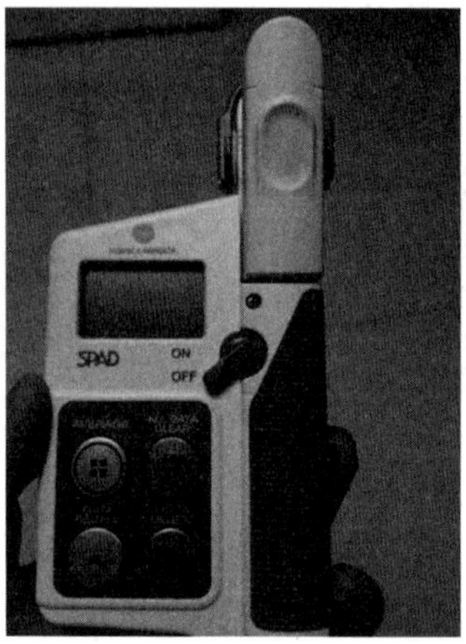

图 3-16　手持式叶绿素测定仪

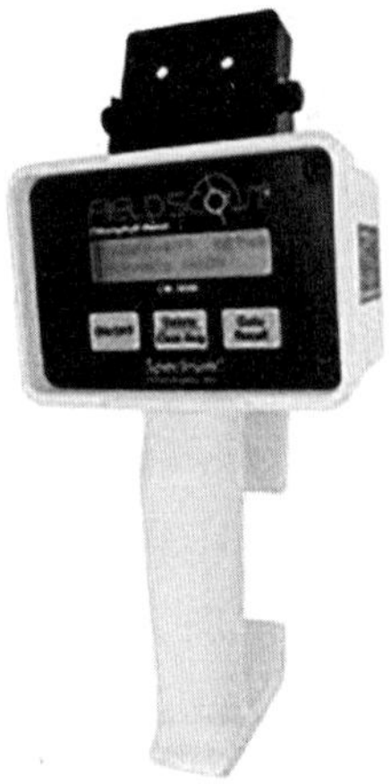

图 3-17　非接触叶绿素速测仪

物，也能精确测量植物叶片的相对叶绿素含量，还可以与 GPS 互联，记录精确的测量地点，周期性地进行连续观测。

2. 光合相关参数测定

现在的光合测定系统主要采用红外线技术测定气体中 CO_2 和 H_2O 的浓度。红外线经过 CO_2 和 H_2O 气体分子时与气体分子振动频率相等产生共振，被气体分子吸收，因而透过的红外线能量减少。被吸收的红外光能量的多少与该气体的吸收系数（K）、气层的厚度（L）和气体浓度（C）有关，并符合朗伯 - 比尔定律。通过测得透过红外光能量的大小，即可知 CO_2 和 H_2O 的浓度，然后计算出光合速率。

目前应用的光合测定系统很多，CID 公司生产的 CI-310、CI-340；ACD 公司生产的 LCA-4；LI-COR 公司生产的 LI-6400；PP Systems 公司生产的 CIRAS-3 便携式光合荧光测定系统（图 3-18）在研究中应用较多。这些设备配备开放式气路以及多种气体供应、吸收、转换等系统，能在控制光合有效辐射、CO_2 浓度、湿度及温度的条件下进行光合速率、蒸腾速率、细胞间隙 CO_2 浓度和气孔导度及光合有效辐射等指标的测定。除了进行上述参数测定外，还可通过内置程序，进行光 - 光合响应曲线、CO_2- 光合响应曲线、温度 - 光合响应曲线、湿度 - 光合响应曲线等各种响应曲线的计算，并且可以通过这些响应曲线计算出 CO_2 补偿点、CO_2 饱和点、光补偿点、光饱和点、表观量子产量、温度补偿点、1,5-

二磷酸核酮糖（RuBP）羧化效率、RuBP 最大再生速率以及光合作用气孔限制值等一些相关的生理生态参数。

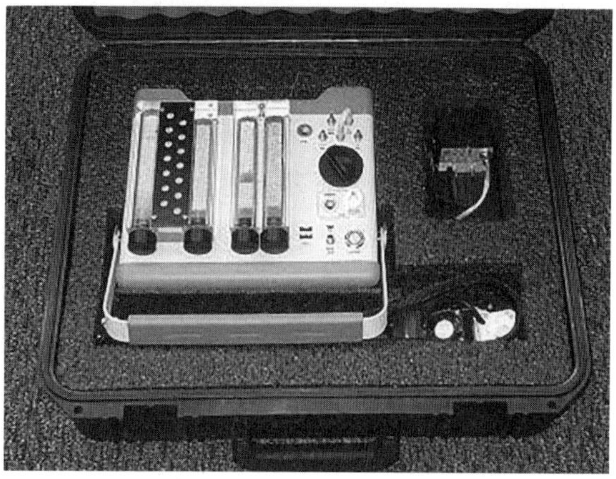

图 3-18 便携式光合荧光测定系统

六、果树花器官生物学特性调查

（一）花器官形态调查

1. 开花时期调查

开花期是指一个植株上从有极少数的花开放至全株的花完全谢落为止。一般全树 5%～25% 的花开放称为初花期，全树 25%～75% 的花开放称为盛花期，全树 75% 以上的花开放称为末花期，全树花冠全部凋谢称为终花期，共四个时期。果树开花的迟早因树种、品种和树体营养条件的不同而异，纯花芽的核果类果树开花期最早，混合花芽的仁果类、柑橘类、坚果类、浆果类果树较迟。同一树种不同品种，同一品种不同植株，或者同一植株上结果枝类型及其着生部位不同，其花期也有先后。树体营养良好，养分积累多，花期可提前，短果枝的花期比长果枝早，顶花芽的花期比腋花芽早，树冠外围枝比内膛枝开花早。

2. 花期检查

在开花期对花器官进行观察，以鉴定其开花特性。不同品种或不同环境条件下的果树，其开花时期不同，甚至开花习性也不同（图 3-19）。有的品种白天开花，有的夜间开花，如荔枝花昼夜均能开放，但以清晨为开放高峰时期。有的植株在同株上副梢花或腋花芽开花的早晚相差也较大（如仁果类的苹果、梨等）。同株雌雄异花的果树（如核桃、板栗）雌、雄花的开花期也不相同，有的雌花先开，有的雄花先开，有的品种在同一花内雄蕊比雌蕊早熟 2～3 d，有的雌蕊比雄蕊早成熟，即雌雄异熟花。有的雌雄异株果树（如猕猴桃），雌、雄花期也不一致。因此应进行花期观察，掌握各品种的开花规律。对开花期

图 3-19 不同树种花器官

注：左上为苹果花，右上为梨花；左下为杏花，右下为桃花

的观察一般结合物候期观察进行，按开花物候期的观察标准，分期记载。

3. 花粉形态观察

花粉数量的多少和花粉质量的好坏直接影响主栽品种的坐果率和产量，也是进行亲缘关系研究的良好试材。采集花粉时要根据花序发育的形态及其色泽的变化特点，及时将采摘到的花药放在筛状容器中通风干燥，待花药开裂后筛出散落的花粉。对产粉量较少的植物，可直接采摘未开放的花朵晾干后摘取其花药，置于塑料容器中摇晃或过筛，使花粉粒因静电吸附作用而附着在容器壁上，然后将吸附的花粉刮拨下来保存。另外，可直接剪取花枝培养于室内，在人工控制的条件下（提高室温、增强或延长光照等）加速花粉成熟，提早采粉时间。

把自然干燥的花粉撒播在双面胶纸上，在离子溅射仪下喷镀金膜，于扫描电镜下观察拍照。选择具有代表性视野的极面观和赤道面观进行显微照相，在照片上测量花粉的横、纵径，计算平均数和标准差，进行品种间的显著性检验。如果要了解花粉内部结构，可将花粉经醋酸酐分解后，用 2% 琼脂进行预包埋，制作超薄切片，用透射电镜进行观察。

（二）花器官动态调查

（1）授粉　是花粉通过昆虫、风、人工等媒介传授到柱头上的过程。

（2）受精　是花粉在柱头上发芽，花粉管由花柱进入胚囊后，雄性生殖细胞与卵细胞和极核结合的过程。

（3）花序坐果率　是坐果花序数占总花序数的百分率。

（4）花朵坐果率　是坐果花朵数占花朵总数的百分率。

（5）花芽分化　是芽内花原基形成和性器官发育的全过程。花芽分化是果树开花结果的基础，是一种由量变到质变、由营养生长转向生殖生长的过程。充足、优质的花芽是果树丰产优质的保障。

（三）花器官活性调查

在杂交育种、结实机理和花粉生理的研究中常涉及花粉活力的鉴定。掌握花粉活力快速测定的方法是进行雄性不育株的选育、杂交技术的改良以及揭示内外因素对花粉育性和结实率影响的基础。花粉生活力的测定方法包括形态观察法、花粉萌发测定法、田间授粉检测法、碘 - 碘化钾染色法、氯化三苯基四氮唑（TTC）法、醋酸洋红染色法、荧光染色法等。

$$花粉萌芽率 = \frac{萌发花粉总数}{花粉总数} \times 100\%$$

（四）花器官抗性调查

（1）抗霜冻能力调查　于盛花期前一周在待测株东、西、南、北各个方向据地面 1.5 m 左右悬挂温度计记录最低气温。在试验地田间树立百叶箱以记录低温持续时间及湿度。若有霜冻发生，在第二天正午调查冻害指数。冻害指数的计算：依照花瓣受冻部分面积占整个花瓣总面积的比例大小，分为 5 级。① 0 级，花朵正常；② 1 级，花瓣受冻面积占全花瓣面积的 1/4；③ 2 级，花瓣受冻面积占全花瓣面积的 1/4～1/2；④ 3 级，花瓣受冻面积占全花瓣面积的 1/2～3/4；⑤ 4 级，花瓣受冻面积占全花瓣面积的 3/4 以上。

$$冻害指数 = \sum \frac{冻害级花数 \times 该级代表数值}{总花数 \times 冻害最高级的代表数值} \times 100\%$$

七、果树果实生物学特性调查

(一)果树产量的构成

从栽培角度上看,产量主要由栽植密度、单株花芽数、坐果率及单果重构成;从生理角度上看,果树的产量取决于生物产量和经济系数。

(1)栽植密度　果树单位面积产量的高低取决于栽植密度。在一定范围内,栽植密度越大,单位面积产量越高。一般果树前期生长慢,树冠小,空闲地多,因此适当增加栽植密度可迅速提高树体叶面积指数与树冠覆盖率,增加光能利用率,从而提高单位面积产量。

(2)单株花芽数　是构成果树产量的基础。在栽培上常采取促进花芽分化的综合技术措施,包括加强花芽分化临界期的肥水管理,控制和调节树体外部条件,采果后注意保叶和后期营养,平衡果树各器官间的生长发育关系等。

(3)坐果率　是果树产量的保证。可以通过创造良好的授粉受精条件、增加树体营养、应用生长调节剂、防止自然灾害等措施进行保花保果,以提高坐果率。

(4)单果重　果树单株产量除与结果量有关外,还与果实大小(单果重)直接相关。在结果数一定的情况下,果实重量越大,产量越高。果实的大小取决于果实细胞数目的多少、细胞体积和间隙的增大。果实细胞数目的多少与细胞分裂期的长短和分裂速度呈正相关,细胞分裂开始于花原始体形成以后,到开花时停止,有的花后继续分裂、增殖,最后细胞体积不断增大。因此,加强上一年夏秋季管理,促进花芽饱满,提高贮藏养分水平和加强当年花期管理,对果实大小影响都同样重要。根据果树产量的构成因素,通过栽培技术可调控产量的高低,也是制订丰产栽培方案的研究依据。

(二)果实品质的形成

果实品质是一个综合指标,包括外观品质和内部品质。外观品质主要分为形状与色泽、果实大小、果面特征等。内部品质主要包括质地、糖、酸、香气、硬度、果汁、风味等。另外,还要考虑果实的贮运性能和加工性能。

(1)色泽　叶绿素、类胡萝卜素及花青素等色素决定果实的色泽发育。果实成熟过程中叶绿素发生分解,类胡萝卜素等其他色素增加,果实再现品种固有色泽。果实可溶性糖含量高,有利于果实花青素形成。控制氮肥施用、改善光照和营养条件、喷布增色剂等措施有利于果实着色。

(2)果实硬度与果肉质地　果实的耐贮性与果实硬度有关。一般果实硬度低,耐藏性差。决定果实硬度的内因是细胞间结合力、细胞构成物质的机械强度及细胞膨压。细胞间的结合力主要受果胶影响,原果胶具有黏结作用,使果实成熟;原果胶分解成可溶性胶,则果实变软。纤维素等物质是细胞壁的主要构成物质,原果胶对纤维素又具有保护作用。因此,凡含纤维素高的品种,果实硬度较大,但肉质粗、多渣,如沙梨的石细胞由木质纤维素组成。细胞膨压决定果肉脆度,凡是细胞组织疏松,细胞体积和细胞间隙大,则果肉脆度小。施钙可增加细胞壁机械强度,从而增加果实硬度,氮与钾则降低果实硬度。采收前后温度高,果实硬度降低快。采前喷乙烯利,促进果实软化,喷维生素 B_9 可增加仁果类果实硬度。

(3)果实风味　糖酸比即果实中含糖量与含酸量之比,或固酸比,即可溶性固形物含量与含酸量之比。糖酸比或固酸比常作为衡量果实品质好坏的标志,果实糖酸比大,则风味浓郁。果实干物质中能够溶于水的物质称为可溶性固形物,包括糖、酸、水溶性果胶、蛋白质、单宁、部分色素和维生素等,以糖含量最多。故根据果实含糖量可粗略估计可溶性固形物含量。糖主要有葡萄糖、蔗糖和果糖。以果糖最甜，葡萄糖风味最好。葡萄以含葡萄糖为主。柑橘类果实的酸类主要有苹果酸、酒石酸和柠檬酸，而柠檬酸分解要求的温度最高，故柑橘成熟时还有酸。果实中的酸大多为呼吸产物，可逐渐被分解消失。

（三）果实内含物检测

果实中含有丰富的内含物，一般分为糖类、酸类、矿质元素、蛋白质、维生素、芳香物质和其他成分。

糖、酸类是影响果实风味最重要的组分之一。细胞汁液浓度可用来表示果实中糖、酸等溶质的含量，即可溶性固形物，通常采用折射仪或手持糖量计（也称手持折光仪）的方法测定（图 3-20）。因为果实不同部位所含可溶性固形物不同，所以对于大型果实需要固定取样部位，也可将整个果实榨汁混匀测定。如果含水量较低的器官直接榨汁较困难，可包在薄膜中置 –30 ℃ 以下的低温冰箱中冷冻 3 h 后，取出解冻，榨出汁液。

果实中糖类、酸类等溶质的不同组分含量精确测定采用高效液相色谱法（图 3-21），芳香物质成分采用气相色谱法或 GC-MS 联机法分析测定（图 3-22）。

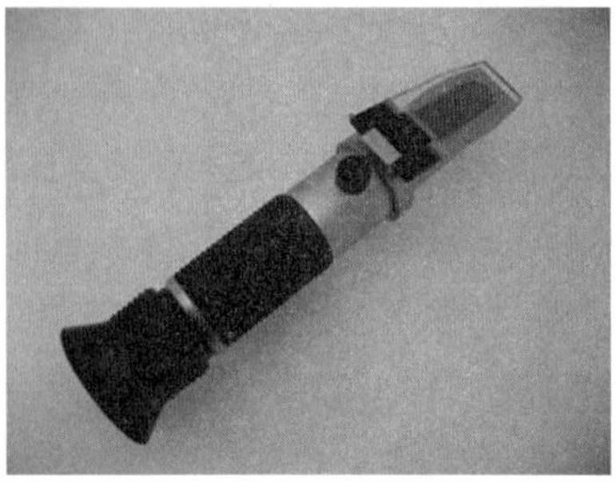

图 3-20　手持折光仪

图 3-21　高效液相色谱

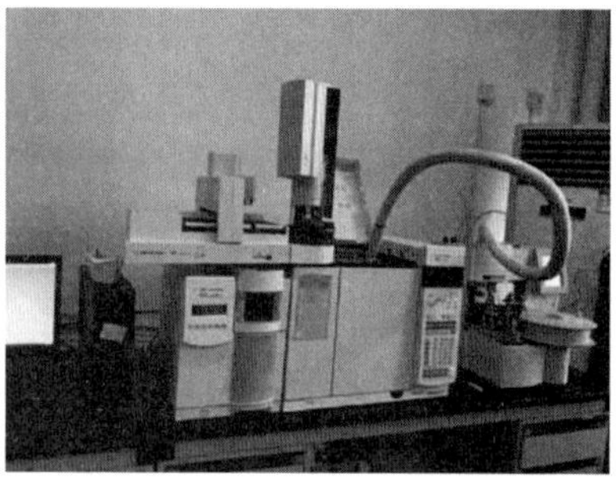

图 3-22　GC-MS 分析系统

第三节　观赏植物生物学特性调查

果树、蔬菜生物学特性调查的大部分方法都可以作为观赏植物调查方法的借鉴。但观赏植物生物学特性调查的目的、意义及方法仍有些不同，在此做简单介绍。

一、观赏植物的物候期调查

植物为适应外界环境条件的变化影响，相应产生发育、形态和生理机能的变化，并呈现一定的生长规律。由于气候分布的地带性和非地带性，植物的物候现象随经度、纬度和海拔高度的变化呈现推移性。1918 年霍普金斯提出了生物气候定律：在其他因素相同的条件下，北美温带地区每向北移纬度 1°，向东移经度 5°，或上升约 122 m，植物的阶段发育在春天和初夏将各延期 4 d；在晚夏和秋天则各提前 4 d。

物候期的基本研究方法是平行观测法，即同时观测生物物候现象和气候因子的变化，以研究其相互关系。主要是定点观测生物物候现象的周年变化；按照统一的观测方法组织物候观测网，对物候现象同时进行观测；通过试验来研究物候期受气候等因子影响时的生理机制。

各种生物物候现象的出现日期，虽然每年随气候条件的变化而变化，但在同一气候区内，如果不受局部小气候的影响，其先后顺序每年保持不变。在不同的气候区域内，由于生物品种和气候条件的组合发生变化，物候现象的顺序也会改变。除对物候现象作宏观研究外，已经开始对植物器官内部形态的变化进行观察研究。在研究气象条件对生物物候影响方面，已经开始利用人工气候室进行实验研究，及建立气象条件和生物物候变化的数学模式等研究。

（一）物候期观测的意义、注意事项和方法

1. 意义

①掌握观赏植物的季相变化，为其种植设计，选配适宜的树种，为形成四季景观提供实践依据。

②为树木栽培（包括繁殖、栽植、养护和育种）提供生物学依据。例如，确定繁殖时期、栽植季节与先后顺序、树木周年养护管理、花卉的促成与抑制栽培等；根据开花生物学特性进行亲本选择与处理，以利于杂交育种；进行不同品种特性的比较试验等。

2. 注意事项

①物候期观测记载项目标准和程度，应根据具体要求确定。

②根据物候期的进程速度和记载项目标准和程度，确定观察时间的间隔。萌芽至开花期一般每隔2～3 d观察一次，开花期进程较快，在有些地区须每天观察。

③在详细的物候期观察中，有些项目的完成，必须配合定期测量。如枝条的加长、加粗生长、果实体积的增加。

④物候期观测取样要注意地点、树龄、生长状况等方面代表性。无其他要求的情况下，可选择长势良好的结果树，挂牌标记。

3. 观测方法

(1) 目测法　即定期进行宏观观测。对于草坪草来说，在不同草坪段中分别选择有代表性的1 m^2大小的样方，对其内的草坪植物进行目测估计，了解其生长势。

(2) 定点定株法　即在某一特定植物试验田内选择有代表性的植株，挂牌标记，进行物候期进程的连续观察。例如，对多个梅花品种分别进行开花物候期的观察时，选代表植株1～2株，每株选定树冠东南、西南和正北三个方位的中型健康枝组进行调查记录。

（二）观赏树木的物候期观察

由于植物种类、生长周期不同，物候期的记载也需要按类进行。但观赏树木的记载较简单，分为以下八个时期。

1. 萌动期

萌动期即指萌芽前，当日平均气温稳定在3 ℃以上起，到芽膨大待萌动时止。这一时期，树液开始流动，有些树种会出现明显的“伤流”，以从新伤口出现水滴状分泌液为准。

2. 新梢生长期

生长期是从树木萌芽生长到秋后落叶止为树木的生长期，包括整个生长季。不同树木通过各个物候的顺序不同，有的先开花后展叶，有的则先抽枝后开花。具体观察标准如下：

(1) 芽膨大期　具芽鳞者，当芽鳞开始分离，侧面显露出浅色的线形或角形时为芽膨大始期（具裸芽者，如枫杨等，不记芽膨大期）。由于不同树种开花类型不同，芽萌动有先后，有的是花芽，有的是叶芽，应分别记载其日期。为便于观察，可预先在较大的芽上涂上薄薄的红漆，芽膨大后漆膜分开，露出其他颜色即可辨别。

(2) 新梢生长周期　由叶芽萌动开始至枝条停止生长。为其生长分一次梢（春梢）、二次梢（习称夏

梢,或秋梢,或副梢)、三次梢(习称秋梢)。

①新梢开始生长期。选定的主次一年生延长枝(或增加中、短枝)上顶部营养芽(叶芽)开放为一次(春)梢开始生长期,一次梢顶部腋芽开放为二次梢开始生长期,其余类推。

②枝条生长周期。对选定枝上顶部梢定期观测其长度和粗度,以便确定延长生长与加粗生长的周期和生长快慢时期及特点。二次以上梢以同样方法观测。

③新梢停止生长期。以所观察的营养枝形成顶芽或梢端枯萎不再生长为止。二次以上梢以同样方法记录。

(3)芽开放(绽)期或显蕾期(花蕾或花序出现期) 鳞芽的鳞片裂开,芽顶部出现新鲜颜色的幼叶或花蕾时,为芽开放(绽)期。如榆树以形成的新苞片伸长时,枫杨以锈色裸芽出现黄棕色线缝时,为芽开放期。

具纯花芽且早春开花的树木如山桃、玉兰等,当外鳞层裂开,见到花蕾顶端时为花芽开放期或显蕾期。具混合芽且早春开花的树木如海棠等,由于先长枝叶后开花,其物候期可细分为芽开放(绽)期和花序露出期。

3. 展叶期

(1)展叶开始期 当芽孢中有卷曲或者按叶脉折叠的小叶时,第一批 1～2 片叶开始出现叶片平展时。针叶树以幼针叶从叶鞘中开始出现时为准;而具复叶的树木,以其中 1～2 片小叶平展时为准。此时是开始记录春色叶的最佳观赏期,有的常绿树开始大规模的新老叶更替。

(2)展叶盛期 阔叶树以其半数枝条上的小叶完全平展时为准,针叶树类以新针叶长度达老针叶长度 1/2 时为准。外观呈现碧绿的春季景象,落叶树由贮藏营养到光合自生产。有些树种开始展叶后,很快完全展开,因此可以不记展叶盛期。

(3)完全展叶期 树体上新叶全部展开,叶片面积达最大。

4. 开花期

(1)开花始期 选定观测的植株有 5% 的花瓣完全展开时为开花始期。

(2)开花盛期(盛花期) 观测树上有 50% 以上的花蕾展开或柔荑花序松散下垂或散粉时为开花盛期。如柳属一半以上散出花粉,杨树一半以上花絮下垂。针叶树类可以不记开花盛期。

(3)开花末期 观测树上 95% 的花开时为开花末期。针叶树类和其他风媒树以散粉终止或柔荑花序脱落时为准。

(4)多次开花期 有些一年一次于春季开花的树木,在有些年份于夏秋间或初冬再度开花,即使未选定为观测对象,也应另行记录。内容包括:树种名称,是个别植株还是多数植株,所占比例;再度开花日期,繁茂和花期完善程度,花期长短;原因调查,记录与未再次开花的同种树比较树龄、树势情况,生态环境有何不同,当年四季温度和干旱或水涝的具体情况,树体枝叶是否(因冰雹、病虫害等)损伤,养护管理情况;再度开花树能否再度结实,结实数量,能否成熟等。

5. 果实生长发育和落果期

自坐果到果实或种子成熟脱落为止,可以分为以下六个时期。

(1)幼果出现期 子房开始膨大为幼果出现期。

(2)果实生长期 选定幼果,每周测量其纵、横径或体积,直到采收或成熟脱落为止。

(3)生理落果期 坐果后,树下出现一定数量脱落之幼果。有多次落果的,应分别记录落果次数、每次落果数量、果实大小等。

(4)果实或种子成熟期 当观测树上有一半的果实或种子变为成熟色时为果实和种子成熟期。细分为初熟期和成熟期。

(5)开始脱落期 成熟种子开始散布或连同果实脱落。如松属植物的种子散布、柏属植物的果脱落、柳属植物的飞絮等。

(6)脱落末期 成熟种子或连同果实基本脱完。但有些树木的果实和种子在当年年终以前仍保留树上不落,应在“果实脱落末期”栏中写“宿存”,并应在第二年记录表中记下脱落日期。

6. 花芽分化期

按树种的开花习性以主要花枝上花芽分化期为准。取芽 3～5 个,如夏秋分化型的仁果类取中、短枝上的顶芽,核果类取中、长花枝上的中部侧芽。一年内多次发梢多次分化的植物,应于不同季节梢上取芽,如月季于春梢、夏梢和早期秋梢顶部取芽。

7. 叶秋季变色期

由于正常的季节变化,植物出现变色叶,其颜色不再消失,并且新变色叶不断增多至全部变色的时期称为叶秋季变色期。不包括因夏季干旱或其他原因引起的叶色变化。常绿树多无叶变色期,除少数外可不做记录。

(1)秋叶开始变色期 当观测树木的全株叶片约有 5% 开始呈现为秋色叶时为开始变色期。针叶树的叶子在秋季多逐渐变为黄褐色,不易觉察,因此以能明显看出变色时为准。

(2)秋叶全部变色期 全株所有的叶片完全变色时为秋叶全部变色期。

(3)可供观赏秋色叶期 以部分(30%～50%)叶片所呈现的秋色叶有一定观赏效果时为准,记录时应注明变色方位、部位、比例、颜色并以图示标出该树秋叶变色过程。例如,元宝枫在秋季的叶色由绿色逐渐变成黄、橙、红三色。

8. 落叶期

落叶期以秋季叶片自然脱落为重要标志,到树上的叶片全部落尽时止。不包括因夏季干旱、暴风雨及水涝和病虫害引起的落叶;针叶树不易分辨落叶期,一般不记录。

(1)落叶始期 秋末约有 5% 的叶片正常脱落。

(2)落叶盛期 全株有 30%～50% 的叶片脱落。

(3)落叶末期 叶片几乎全部脱落。如果秋季突然降温至 0 ℃ 或以下时叶片还未脱落,有些叶片冻干于树上,则应注明。

二、观赏植物各器官的调查

落叶期研究观赏植物各器官的调查方法是进行观赏植物科学试验的基础。观赏植物重在其观赏特性,现实生活中观赏植物有其特殊用途,因此,对它的研究更有针对性,并能突出其优势。以下介绍几种常用方法:

(一)根系观察(根箱观察法)

把需要观察根系的材料播种或用幼苗栽植在观察箱里,观察箱的一面或者两面是玻璃的,使植株的根系沿着玻璃面生长。平时玻璃面遮以黑布,观察时将黑布取下,用这种办法可以随时观察到根的生长动态,适用于观察较小的植株或幼苗根系生长的状态。根系观察箱的大小、深度可根据观赏植物的种类而自行设计。

(1)随机取样法　定期在根系密集处随机取出一块土样，冲洗后挑出根系，统计其中吸收根与输导根的数量和长度。按照此方法定期连续观察记录，可以得出新根的生长量。此法是通过部分根系的活动来反映整个根系的生长情况，无须固定设备，方便简单，便于了解农业技术措施对根系的影响，但是此方法周期较长，工作量较大，需要每两周取样一次。

取根方法是在冠幅外缘的内侧 30～40 cm 处，划出一定的取根范围，在根系分布密集的土层中，取出定量的土块(20 cm×20 cm×10 cm)，放在水桶中带回实验室，在筛网上用水冲洗去除泥土，最后进行调查统计，单株需要重复 3～5 次。

(2)方块取根法　按照不同深度，从整个(或部分)根系所占的土层中取出一定容积的整体土块，去掉土壤，观测土块内的各类根重(干重和鲜重)，从而推算根的分布情况，这种方法可以精确地了解全株或部分根系的情况，并利用特制的切根器取出带根土块。但对植株的伤害较大，用工较多，且不易区别邻树交叉根。

观察时，可根据试验目的采用不同的取根法。测定前，应对地上部植株记载树体大小、干周、枝数，按年轮计算端面生长量及各部分重量。如观察全株根系，可采用分层分块取根法，即以树干为中心将树冠下的地面划成若干方块(每块 20 cm×30 cm 或 30 cm×50 cm)，在树冠外缘挖一条长沟，从此沟开始沿沟壁每隔 10～20 cm 深度，挖起方块，或用切根器(20 cm×30 cm×10 cm)沿沟壁切取。将土块编号、装袋，带回实验室内按块拣根、冲洗，记录各类根数量和重量。

为减少对树体的损伤，也可采用部分取根法。即以树干为中心，将树冠分为 4 个象限(或划成 8 个等分块)。然后在每个象限内分层分块取根，计算每层每块的根量和长度，然后推算出全树的根系情况，一般将此法称为扇状挖根法，这种方法只能观测到树体局部的根系。

(3)定期取根法　根据部分根系能充分地反映整个根系生长发育的规律，通过调查不同时期根系生长的新生根与输导根的比例来研究树根系的活动。

在树冠边缘靠内 30～40 cm 的地方，划分出一定的位置，在根系密集的地方按时随机进行土样的采集，然后将其带回实验室进行进一步的统计测定，明确吸收根及疏导根的长度及其数目。并重复 3～5 次。如上按时进行观察和测定，可以得到其新根的生长量。取样的时间间隔约为两周一次，该方法较简单可行，不需要固定的设备和仪器，但缺点是工作量较大。

(4)放射性核素 ^{32}P 示踪法　为了衡量地下根系的生长状况及其吸收功能的强弱程度通常用其地上部的叶片及器官中所储存的放射性的强弱来判断，这样既不会破坏根系正常的生长，又可以客观判断根系在土壤中各个生育期的生长伸展的深度及广度。

(二)枝芽观察

1. 枝的动态分析

选择特定植株的枝，自新梢开始生长起每隔一定时间测定一次新梢的长度和粗度，也可结合修剪措施加以调查。画出新梢生长动态分析图，从而了解其生长高峰期。

例如，对天女花植物枝的调查，首先选择 4 株 15 年生天然生长的标准植株。标准植株位于海拔 850 m 的北坡中部。在新梢生长后，每 5 d 测量一次植株枝的长度和粗度。同时选根部萌生枝及花枝，以同样方法测其长度和粗度。

2. 芽的观察

(1)环剥摘叶法　多用于观察花芽分化。以元宝枫为例,具体方法是自 5 月上旬起,选择元宝枫树冠外围二年生结果母枝若干,均于大枝基部进行环剥,宽度为 0.5 cm 左右。每隔 7 d,对一个新梢摘叶,仅留一张小叶片,同时保留一个不摘叶的新梢作为对照,各重复 3 次,然后均挂牌标记日期。第二年根据不同时间摘叶的枝条是否产生花芽以确定其花芽分化的临界期。

(2)镜检分析　对观察材料每隔一定时间取芽进行解剖、镜检并摄影,可以了解芽结构及其变化进程。

(三)叶的观察

1. 叶生长动态

以枝为单位,观测不同节位的叶片长度、宽度(最宽处)。每五天进行一次。单叶调查,单叶面积的测定可以采用以下几种方法。

(1)透明格法　用刻有 1 cm^2 方格的透明板,将待测叶片压在方格板下,计算叶片占有的方格数,可以直接读出叶面积。叶的边缘占据方格 1/2 以上的按 1 格计,不足 1/2 的则不计。

(2)叶模法　在叶形较有规律时可用此法。根据所准备好的植物的大小、叶片形状和分类,制作大小不一的叶模,并在叶模上标记测得的各叶模的面积。田间观测时,将叶模与观测叶进行核对,便可读取树叶面积。此方法操作简易,但不适用于叶形有较大变化的植物。

(3)求积仪法　求积仪是测定图形面积的仪器,常用的为极点求积仪。求积仪法首先将待测叶片放在纸表面,画出轮廓线,然后用求积仪进行测量,通过读取测量值,得到被测叶片的叶片面积。测量过程中应注意固定壁和测量壁的夹角不能过大或者过小,圆盘在同一张纸上旋转,以免超出改变摩擦力而影响测定数值。测定若干叶片时,把所测叶片连接在一起,用求积仪求得总叶面积,以此可以提高工作效率,减少读数,减少误差。

(4)重量法　包括直接称重法和画纸称重法。

①直接称重法。采集若干样品叶片,称其鲜叶重量,通过求积仪测量出面积,以及每克叶的重量所占的面积。当进行实际测量时,只需要直接称重,以上述换算值,来计算此组叶片的面积。该方法工作效率高,但测量值受到叶的厚度影响。

②画纸称重法。使用质感均匀的标准纸,剪下所需要的面积,精准称重,计算叶面比,测量时,叶片描于标准纸上,将其剪下并称重,然后折算出叶面积。用这个方法测量的结果准确度高,可进行精确度要求较高的试验,不足之处在于操作复杂,需要离体以及一定的设备来测量。

(5)相关回归法　首先测量叶长、叶度,并计算叶长与叶宽的乘积,同时精确测定叶面积,然后计算叶面积与叶片特征值的相关关系,建立叶的特征值与叶面积之间的回归方程,并进行显著检验。在达到显著性后,该方程可用于测定叶面积。只要在田间测量叶片的长度和宽度,即可使用回归方程。

(6)仪器测量法　用叶面积测量仪测定。有电子扫描类型的叶面积测定仪和光电叶面积测定仪。该方法操作简便,快捷,叶片不离体便可进行测量。

2. 叶质量调查

(1)叶色　叶片的质量可通过叶片的颜色和叶片的深浅程度来判断。叶色深浅与叶的含氮量呈线性相关。常用比色卡来评价叶色,以此作为树相诊断的重要指标。

首先把叶色划分为黄绿、浅绿、绿、深绿等8个等级(标准色),并将其放在一张卡片上以形成标准比色卡。在田间将叶片与比色卡进行比较,将不同级别叶片数用加权法统计可得单株叶色等级,用以判断树势。如果在一定时间内观测,其叶色为5～6级者,则树势健壮;若级次过高,则说明树势过旺,须控制氮肥供应,或夏季进行修剪。此种方法简便实用。

(2)叶重　单叶重(或百叶重)及单位面积叶的重量都是叶片质量的评价指标,可以直接测量得出。

(3)解剖结构　叶片质量可以通过叶片的栅栏组织的发育状况来衡量。在一定范围内解剖结构可以作为树势及树体营养状况的判定标准。其测定方法是做徒手切片或石蜡切片,然后在显微镜下观测栅栏组织的长度、细胞大小等。

(4)叶效值测定　树冠内不同部位叶片的大小、厚度、光合能力及发育状况有很大差异,用叶效值可以综合评价单株叶片的质量。

根据每一叶片的面积大小、发育状况、着生部位和光合性能等将其进行分类,具体可分为七类:

①无效叶。指枝条基部的小叶,一般面积在3～7 cm^2,计为0分。

②低能叶。指发育不良,营养较差,面积10 cm^2左右的叶片。这些叶片的净光合较低,计为2分。

③过头叶。生长在内膛,或长势过旺,或发育不完全,叶面积过大而质地薄,虽然这些叶片的光合效能高,但消耗大,计为4分。

④高能叶。指发育完善、保护组织与栅栏组织发育较好、叶面积中等以上大小的叶片,这些叶片的实际生产效能高,计为6分。

⑤初展叶。指植株顶部初展开的叶片,这些叶片的消耗大,计为–3分。

⑥扩大叶。指已展开而且继续扩大的叶片,它们的光合效能高,但是用于生长消耗较多,计为–2分。

⑦转色叶。指已停止扩大的叶片,其叶色处于转变期,虽然光合效能高,但其积累能力较低,计为–1分。

按上述分类分别统计各类叶片的数量,然后再乘以该类叶的分值,其加权平均数即为全树的叶效值。

(四)花的调查

观花植物质量的重要指标就是花,花期受气候条件、花芽质量、早春树体营养供应状况和栽培管理的影响。一般来说,某一观赏植物品种的花期受遗传因素控制,而不同植株、枝间的花期也会有差异。由于枝的类型或着生部位不同,往往出现一株树分批开花的现象。

1. 花期调查

花期调查的目的是观察和记载开花物候期中各个进程的日期、持续时间及与外界环境条件的关系。应该选择生长发育正常、健壮的植株,观测从花蕾期开始,记录其当天的花朵开放的数目,来计算占花朵总观测数目的百分比,来判断当天花朵开放的进程。其进程主要分为以下几个时期:初花期、盛花始期、盛花期、盛花末期、落花始期和终花期。观察开花期的气象因素还可以研究影响开花期早晚、持续时间长短等因子。

2. 花质调查

花的品种特征表现及其重要的观赏价值包括花冠的大小,花瓣的形状、大小、色泽及特异性和新奇性,这些因素都要进行重点观察和调查。

3. 花习性调查

随机抽取几株植株(如 6 株),分别标记几个花序,在其开花时选定一段时间每天进行开花及花粉特性的观察记载。

4. 花粉活力鉴定

(1)形态观察法　花药开裂后 1～3 d,分别选定观察几朵花或花序,每朵花或花序选择 3 个花粉分布均匀的视野进行统计。同时,对花粉萌发的适宜 pH 进行试验,一般方法是设置几个不同的 pH 处理,每个 pH 设置几个重复进行观察。

(2)染色试验法　主要采用配制好的混合液染色剂与过氧化氢各一滴处理放置于载玻片上的花粉。此染色法的原理为过氧化酶能利用过氧化物在各种多酚及芳香族胺中发生氧化而产生颜色,因此有活力的花粉会被染色。

(3)离体萌发试验法　将植物花朵的花药开裂并自然释放的花粉每隔 6～8 h 接种到含蔗糖 15%、硼酸 0.01% 的琼脂培养基上,在 25 ℃ 下培养 1 d 后检测花粉活力,重复 4 次。

(五)结实调查

结实调查一般用于观果类植物,主要是对果实发育动态进行观测。定期对果实进行测量,并在不同时期对果实数量进行统计,并根据实验数据绘成曲线图,便于直观分析。例如,对横径达到 0.5 cm 的果实,每五天测一次纵、横径;对火棘果实的研究可以 1% 的天平称千果重、单果重、果肉重、种子重等,并测定果实的纵、横径,计算果形指数。

除了定期对果实进行测量外,还可用称重法分别测定不同生长发育时期和采收后果实的比重。果实的外部形态、色泽、重量和特异性等也是评价果实优质与否的一个重要标准,需要定期观察记载。

对于比较小的果实,观测目的主要是判断种子的成熟时期,以确定采收的最佳时期。例如,在元宝枫坐果后,固定若干植株的某些枝组,每隔 10 d 采集 10 粒,共 50 粒翅果,称其重量,从而得出元宝枫种子的干物质及油脂累积量,在 11 月上、中旬达到最大,此时元宝枫树体已完全落叶,种子依然挂在树上,自然风干,纯净度高,是采收的最佳时期。

授粉方式不同影响观赏植物的结实,例如,一些自花授粉率较低的植物品种,其自然结实率很低,因此需要人工授粉。实验研究表明,高于 35 ℃ 高温或低于 16 ℃ 低温的天气均不利于鹤望兰的花、果和种子的发育。

思考题

1. 蔬菜植物学特征调查时应观察哪些指标?
2. 根系调查有哪些方法?
3. 如何评价叶的质量?
4. 观赏植物、果树、蔬菜生物学特性调查主要有哪些方法?

第四章

园艺植物种质资源研究

种质(Germplasm)是指从亲本传递给子代的决定生物遗传性状的遗传物质。携带种质的载体表现形式包括群体、个体、器官、组织、细胞、部分染色体及 DNA 片段,体现在群体、个体、组织、细胞及分子等不同水平。种质资源(Germplasm Resource)则是指在遗传、育种和生产中具有可利用价值的所有植物材料,含野生种、半野生种、栽培品种和人工创造的种质。种质资源是研究作物起源、进化以及培育新品种的物质基础,更是种族繁衍的保证。作为园艺应用基础研究的热点之一,园艺植物种质资源研究的主要内容有种质资源的收集、保存、鉴定和利用等。本章系统介绍园艺植物种质资源收集与保存、描述与评价、分类、创新与利用等各环节中研究的内容与方法。

第一节 园艺植物种质资源的收集与保存

为了对自然界生物多样性更好地保存及利用,对育种工作和生物学研究的物质基础进一步丰富和充实,广泛挖掘和收集种质资源并更好地加以保存是种质资源工作的首要任务。

一、园艺植物种质资源的收集

种质资源收集是种质资源研究工作的首要环节,事先须进行初步的调查摸底,制订明确的计划,包括目标、要求、方法和步骤。目前,我国主要园艺植物种质资源被各级资源机构或育种单位不同程度地收集和保存,所以种质资源收集工作可以从这些单位征集,而育成品种则向育种单位征集更加可靠,以便于了解清楚其系谱来源和收集系统资料。

(一)收集地点的选择

1. 栽培植物的初生起源中心及次生起源中心

栽培植物的初生起源中心及次生起源中心是考察园艺植物野生种、近缘野生种的主要地区。1975年苏联的茹可夫斯基在瓦维洛夫 1935 年确立的 8 个起源中心的基础上,把世界栽培植物起源扩大到 12 个起源中心。

2. 园艺植物栽培中心地区

园艺植物栽培中心地区具有十分适宜某种或几种作物生长发育的自然条件和相宜的栽培管理措施,有利于种质向人类所需变异,形成新的种质。

3. 育种中心地区

育种中心地区收集并保存了较为丰富的园艺植物种质资源，也是创制园艺植物新种质、培育新品种的地区。

4. 其他老农业区及尚未开发的地区

老农业区栽培历史悠久，又经过多年的栽培与驯化，仍保存着许多宝贵的种质资源。从自然保护区、未开发地区、边远地区、山区、少数民族或多民族集居区、植物园、树木园、种植园、原始材料圃、种子圃等处也可进行收集。

（二）收集层次

收集范围与重点因收集者或收集单位承担的任务与目的不同而异。根据我国现状，园艺植物种质资源收集的资源工作机构可分为三个层次：

1. 国家级资源工作机构

国家级资源工作机构从我国国内农业资源战略高度、农业应用或基础研究需求出发，全面征集国内外重要的农作物种质资源，包括一些具有特殊种质的农作物原生种、近缘野生种和半野生种，并对其进行长期保存。而一些隶属于中国科学院系统的植物研究所、自然保护区和植物园则以收集野生近缘种为主。该类机构除了征集、研究与保存任务以外，还负责向全国的省级、育种单位级资源工作机构提供外地和外国的农作物种质资源。

2. 省级资源工作机构

省级资源工作机构主要为省级农业科学院或研究所。目前我国大部分省级农科院、研究所都逐步建立了农作物品种资源室，主要负责各自省内的种质资源征集与保存工作，并向省内外提供资源服务。与此同时，还负责向国家级资源工作机构提供各自省内收集到的重要种质资源。

3. 育种单位级资源工作机构

育种单位级资源工作机构主要是承担育种任务的高校或企业。但由于人力与物力短缺，仅征集与育种对象、目标有关的种质资源，为本单位育种提供资源服务；且因不同时期承担育种任务的变化，征集工作重点也常常发生改变，资源保存的时间也比较短。一方面，育种单位可根据各自育种任务需要，向国家级、省级资源工作机构查询和征集必要的种质材料；另一方面也有责任向国家级、省级资源工作机构提供各自收集或创新的种质，以便进行长期保存，不断丰富和充实国家种质资源库。

虽然各层次的种质资源工作机构在对种质资源征集的范围、对象与侧重点方面存在差别，但相互之间应取长补短，密切配合。

（三）收集方法

收集种质资源时，常选用的种质材料一般为种子、枝条、苗木，也可以是植株的其他器官或繁殖体，应根据物种的种类和品种、收集地点、收集时间、材料保存、储运难易度等综合而定。当收集材料为种子时，要求种子成熟度好，粒大、饱满，具有较高的生活力；若收集材料为枝条，要选用优质的枝条，要求枝条长势中等，基部强壮，顶部芽饱满，并且枝条健康不携带病原；若收集材料为苗木时，要求具有良好的种苗品质并且纯度要高，从而保证收集的成功。

种质资源收集主要有以下五种方法：

1. 直接考察收集

直接考察收集指在野外实地进行考察与收集，主要用于收集野生近缘种、原始栽培类型以及地方品种。这是获取种质资源最基本的途径。常用的方法是有计划地在全国各地组织调查和收集。除了在各种作物的起源中心和野生近缘种多的区域进行考察和收集外,还可以在国内不同的生态区域进行考察和收集。根据收集工作开展情况,直接考察收集分为野生种质资源收集、本地种质资源收集与外地种质资源收集。种质资源收集应力求样本的遗传多样性,因此在选择考察路线时应争取途径不同的生态地区、种植方式及管理技术差别大的不同地区进行考察。

考察地区应该优先考虑栽培植物的起源中心和多样性丰富的地区,尤其是那些还没有深入考察收集的地区,或是因生态环境破坏快、品种更替快而导致资源流失威胁大的地区。

2. 征集

种质征集指以通信方式从个人或单位获取种质资源。征集是获得种质资源效率最高、成本最低的方式。育种单位的资源征集工作除了与国家级、省级机构经常交流资源和信息外,应争取参加和本单位育种任务有关的资源考察征集工作。征集时应优先考虑:①栽培植物的近缘野生种,尤其是起源自中国,并在育种工作中开展得比较好的种类;②在中国特有的一些农作物,或某些农作物品种在中国的特有类型;③新驯化与开发的植物种质资源。

3. 交换或购买

可通过交换或购买来交流分享彼此所需的种质资源,既方便又快捷,而缺点是很难完全掌握所需的资源情况。

4. 转引

转引即通过第三方获取种质资源。由于国情和育种工作具体情况不同,各国收集种质资源的方式和重点也不同。资源丰富的国家比较重视国内种质资源的收集,而资源匮乏的国家则更重视征集、交换和转引他国种质资源。

5. 引种

引种指将园艺植物种质从原分布区转移到新栽培区,或作为育种的原始材料。从园艺史来看,世界各地栽培的大多数园艺植物都是相互引种,且不断改良和衍生渐渐发展起来的。通过不断对各地种质资源的引入,可以日益丰富国内园艺植物的多样性,为促进本国园艺的发展提供重要物质基础。

(四)收集取样技术和样本容量

在实施收集过程中,首先做好调查和观察记载。重点掌握当地园艺植物的种类、品种和近缘野生种,栽培历史、食用偏好和利用方法,以及分布地区与主产区的气候、地理等生态条件和政策、人文背景。然后观察与调查植株、主要产品器官、生殖器官在产地的生长习性、形态特征、主要特性、栽培要点,并进行摄影、收集种子等繁殖材料和制作实物标本。由于有些作物商品成熟期和生理成熟期不一致,需要多次收集完成,在田间收集过程应注意采用适合的取样技术和样本容量。

1. 取样技术

通常自然条件下新种质出现频率远远低于 0.1%,田间对种质材料的调查与收集若采取随机取样,会导致珍贵材料被遗漏,所以取样时,要注意样品的代表性和样本的完整性,应在生长发育正常的植株中,选取能够代表种、变种和品种类型典型形态特征的器官作为标本。

2. 样本容量

资源征集务必注意多样性,在尽可能包括基因多样性的前提下,减少群体内样本容量及繁殖成株系的筛选,具体因收集的要求而异。例如,供保存圃种植,原则上乔木 10～15 株,灌木和藤本 20～30

株，草本20～50株，收集到的种子直接进行中期或长期储藏也需要较大量的标本，通常一份种子收集品，种子数量应在200～2 500粒不等。若以采集地种质资源性状鉴定为目的，每个种、变种和品种类型要选用生长健壮的植株，无性系取样3～10株，有性系取样30～60株，并统计不同类型的频率、平均值和标准差。在树冠外围中、上部随机选取发育正常的枝梢、花、果实及种子，叶片取标准代表叶。一般情况下，花取样20朵，枝梢和果实取20～30个，叶片取30片作为鉴定材料。

（五）收集种质资源的注意事项

1. 正确取样

根据收集任务的要求，在收集品种资源时，注意采取正确的取样策略，要有目的性、有针对性地收集种质资源，切忌盲目、不切实际地收集大量不重要的资源，要遵循以下原则：

①全面性。采样时，要由近及远、由本地到外地，采集较少的样本但尽可能获得丰富的遗传变异。对于取样地点，要尽可能多，且能够充分代表该作物或野生种分布地区的环境条件。

②完整性。收集的种质资源标本应完整，尤其是生殖器官如花和果实要完整。对于果树、木本观赏植物这些不能采集完整的植株作为标本样品的，则可采集带有完整的花和果实的枝条。对于雌雄异株的植物，要分别采集其雌株和雄株；而对于先开花后展叶再结果的植物，则需要进行两次采集。

③代表性。采集的标本、种子和无性繁殖材料，应尽量从群体植株中收集，并能充分地表现其遗传性变异丰富程度。采集的种子或无性繁殖材料应该发育正常且完全成熟。

④无疫性。收集国外种质资源时，一定要进行检疫，切不可让检疫对象随种质资源引入。

2. 及时记载

对于收集的种质资源，应及时并且准确地进行记载。记载的主要内容有资源名称、原产地、收集地点、收集时间、收集人，原产地自然特点、生产条件和栽培要点及其主要特征等。

3. 归类整理

归类整理指对收集来的材料进行整理和归类，并进行登记、编号与建档。

二、园艺植物种质保存

种质保存（Germplasm Conservation）指的是利用天然或创造的适宜环境对种质资源进行保存。而对种质资源进行保存的目的就是保持样本数量、生活力和遗传性。其主要作用是防止资源流失，便于对其进行有效的研究与利用。

（一）种质保存法

种质保存方法主要有两大类：一类叫原生境保存（in Situ Conservation），是指在原生态环境中对种质资源进行就地繁殖和保存；另一类保存方法叫非原生境保存（ex Situ Conservation），是指在植物原生态环境以外的其他地方保存种质资源。具体方法如下：

1. 就地保存

就地保存属于原生境保存，通过保护种质资源植物原本的自然生态环境，以达到保存种质资源的目的。就地保存有利于保持种质的稳定和延续，使其在已长期适应的自然条件下生存进化；有利于研究其起源、演化和生态条件等，保护种质资源植物赖以生存的生态系统和丰富的遗传多样性，使种群发挥其进化的潜力。通常要求保存几千株具有自体更新能力的群体，要注意对极端环境及远缘群体的保存，它们可能产生具有特殊潜在价值的类型。这种方法所用成本较低且保护的个体相对较多。缺点在于种质资源植物所处环境往往较为偏僻，为管理和研究工作带来不便，且受自然灾害的影响较大，如果遇到火灾、水灾和火山爆发等自然灾害，植物资源易遭到毁灭或流失。就地保存的主要方法有：①建立各级自然保护区；②人为圈护栽培资源的珍贵古木和稀有良株。

2. 迁地保存

迁地保存是指人类将种质资源植物从原产地或次生地整株移栽到种质资源圃进行保护和保存。针对资源植物原生态环境变化很大，难以正常生长、繁殖和更新的情况，应选择生态环境较为接近的区域，建立迁地保护区，可有效保存种质资源。

各地建立的植物园、原种场、种质资源圃等都是迁地保存的场所。保护策略包括：

①选择生态环境相对多样复杂的生境；

②以受威胁程度及经济意义的大小来确定种质资源优先保护的顺序；

③尽可能保持资源植物遗传的多样性、稳定性，减少变异性，避免人工驯化；

④种子来源的种质多采用多区多点收集法，便于获得尽可能丰富的多样性；

⑤建立完整的记录系统，包括生境条件、在自然生境中生长发育状况、种群动态、迁地保护时间、保护地点、成活率、生长量、物候期等。

作为资源植物的“避难所”，迁地保护区一般需要尽快回归到自然生态系统之中，这叫再引种（Reintroduction），建立珍稀濒危植物数据库可为再引种的成功提供科学依据。

3. 种子保存

种子是最重要的种质贮藏材料。种子保存是以种子为繁殖材料的最简单、经济、应用最广泛的资源保存方法。种子易于收集，数量大，体积小，方便储存、包装、运输和分发。种子贮藏的目的是延长种子寿命，保护种子活力，保存植物固有种质（基因）。种子贮藏寿命与贮藏温度、种子的含水量密切相关。一般来说，降低贮藏温度和种子含水量可明显延长贮藏时间的种子称为正常型（Orthodox Type）种子，绝大多数种子属于这一类；而在干燥和低温条件下很快失去活力的种子称为顽拗型（Recalcitrant Type）种子（如荔枝、龙眼等）。通常顽拗型种子需要保存在潮湿的环境中，以达到延长寿命的目的；而正常型种子可以保存在干燥低温的贮藏库里，种子含水量一般在 4%～14% 之间。

（1）用于保存种子的种质库　一般有三种类型：

①短期库。又叫“工作收集库”，其任务是临时储存应用材料，并且分发种子以供研究、鉴定和利用。在短期库中，温度为 10～15 ℃，空气相对湿度为 50%～60%，一般利用纸袋或布袋储存种子，通常可以保存 5 年左右。

②中期库。又叫“活跃库”，任务是定期繁殖更新，对种质进行描述鉴定和记录存档，给育种者提供种子。中期库温度为 0～10 ℃，空气相对湿度为 50% 以下，种子含水量在 8% 左右，通常利用防潮布袋、装有硅胶的聚乙烯瓶或螺旋口的铁罐来储存种子，要求能够安全贮存达 10～20 年。一般需配“双十五”干燥间（15 ℃、15% 相对湿度，可保证一次几百斤种子干燥至 5%～7% 的含水量）。

③长期库。又叫“基础收集库”，作为中期库的后盾，防止中期库中的种质丢失，通常不分发种子，只储备种质；为了确保遗传的完整性，只在必要时才会进行繁殖更新。长期库温度周年维持在 −10 ℃、−18 ℃ 或 −20 ℃，空气相对湿度在 35% 以下，种子含水量 5%～8%，种子须存入盒口密封的种子盒内，每 5～10 年检测一次种子发芽力，要求能够安全贮存达 50～100 年。

（2）超干种子贮藏　对于可以达到超干（种子含水量 2%～5%）并且无损害的种子，可采用超干后密封包装，置于常温中保存，能够很大程度地节省能源且延长种子贮藏寿命。淀粉类种子很难干燥到含水量5%以下，而含油量高的种子，如白菜、萝卜等易于干燥至含水量5%以下。

4. 种植保存

田间基因库的一种特殊形式叫作演化圃（Evolution Garden），是把某一特定植物的各种遗传多样性类型种植在一起，任其自然杂交，通过基因重组产生新的变异类型，是在半自然条件下保存遗传多样性的一种方式，该方法已被用于油棕等多年生的植物。这样做不仅能保存种质的基本特性，还能适应环境的变化进行自我更新。

种植保存田即种质资源圃通常用于多年生的无性繁殖植物、水生植物以及顽拗型种子植物等，不似一、二年生草本植物可随时进行迁移。因此在选择种质资源圃的地点时，须慎重考虑。可以根据以下几点来进行规划：

①根据资源保护的紧迫性和育种需要，一般应分批次地以属为单位建立各类园艺植物种质资源圃。

②资源圃地点应接近多样性的中心（主要为栽培种的多样性中心）和主产区，对这一类所有或绝大多数种质资源植物进行种植保存时，不需要特殊的人工保护措施。

③交通相对便利，有利于对外交流。有足够宽广且土壤、地势和小气候均比较一致的圃地，有利于各种资源的比较研究。

④采用双圃制，每份资源应该至少有两个或以上的资源圃同时进行种质保存，以防止意外造成损失；在生态条件方面，圃间应该具有代表性差异，从而可以对资源的评价信息进行比较和补充。

⑤每个营养系品种只能在资源圃中种植少量植株。根据土地和人力的不同，原则上乔木每份需种植2～5株，灌木和藤本5～20株，草本15～25株。建议在资源圃中保存的野生资源也栽植营养系，每个野生种栽植若干个有代表性的株系。必要时，应该分出实生群体区，以供群体遗传方面研究的利用。

5. 离体试管保存

离体培养基因库（in Vitro Culture Gene Bank），也叫试管苗基因库。以试管苗离体保存为主的离体试管保存技术适用于水生植物、无性繁殖植物和顽拗型种子类的植物种质资源的保存。目前已经建立了两个种质资源离体试管保存的系统。

(1)缓慢生长系统　利用离体培养方法使植物缓慢生长，从而延长植物生长发育的周期。在培养基中加入甘露醇等化学抑制剂或脱落酸等激素类物质，可以增加延缓的效果。缓慢生长系统有时需要继代培养，费时费力，并且由于细胞仍不断分裂，很难排除遗传变异的可能性，适合短期和中期的保存。

(2)超低温长期保存系统　根据是否利用程控降温仪可分为程控降温仪法和简化替代法两类。程控降温仪法保存程序包括：①建立标准的预生长体系；②保存材料的冷冻前脱水处理；③保存材料的程序控制降温；④液氮保存；⑤解冻和恢复生长；⑥生活力和冷冻伤害的测定。简化替代法包括简化控速法、预培养法、干燥法、包埋干燥法、玻璃化保存法等。简化控速法的程序如下：将保存材料放入二甲基亚砜和甘油等冷冻保护剂，然后用非持续性降温的电控冷冻室，或利用不能精准控制降温速度的超低温冰箱，将试材降温到 −40～−30 ℃，最后置于液氮中保存。

6. 利用保存

在发现种质资源的利用价值后，应及时将其用于中间育种材料或育成品种，这是一种切实有效的保存方式。例如，将从野生资源中发现的有利基因保存于栽培品种中，便于随时用于育种工作。

7. 超低温保存

超低温保存是将种质置于 -80 ℃ 及以下长期保存的方法。一般利用温度为 -196 ℃ 液氮，在这种低温下，原生质、细胞、组织、器官或种子的代谢基本是停止的，处于“生机暂停”，这就为“无限期”保存创造了保存条件。该方法具有贮存期长、遗传性稳定等优点。

8. 基因文库保存

针对大量遗传资源的流失、部分资源面临灭绝的情况，建立并发展基因文库技术（Gene Library Technology）成为挽救濒危种质资源的一种有效方式。该技术关键是从种质中提取 DNA，再用限制性内切酶酶切成 DNA 片段后，将其连到载体上，并将其转化至大肠杆菌中，增殖成大量能保存在生物体内的单拷贝基因，即基因组文库，其可在 -80 ℃ 的低温条件下长期保存。这种方法不仅可以长期保存遗传资源，还可以通过反复的培养增殖、筛选各种所需的基因。

除了通过以上 8 种方法保存种质资源本身以外，还需要对应保存每份种质资源的档案资料，便于随时检索和查阅。档案资料包括：

①资源历史信息。包括名称、编号、系谱、来源和分布范围等，还包括原保存单位给予的编号、捐赠者的姓名、有关对该资源评价的一系列资料等。

②资源入库信息。含入库时给予的编号、入库日期、入库材料（种子、枝条、植株、组培材料等）及数量、保存方式、地点等内容。

③入库后鉴定评价信息。含鉴定评价的方法、结果及评价年度等，按永久编号顺序存放档案，方便及时补充新信息，并且将档案资料输入计算机，及时建立种质资源数据库，可随时向育种者和资源研究者以及社会提供需要的资源和信息。

④其他相关信息。考察者的相关资料及其所属单位、影像资料等。

（二）蔬菜种质资源安全保存技术研究

1. 蔬菜种子超低含水量安全保存技术研究

采用超干燥的方式对多种主要蔬菜作物种子含水量降至 5% 以下，并且分别保存于 -18 ℃、4 ℃、常温和 40 ℃ 四个不同的温度条件下。保存 3 年后，在不经过任何老化处理的条件下，对处理后的超低含水量种子的发芽率、发芽势、出苗率及生长量等指标进行检测。结果显示，各作物超干种子在前三个温度条件下保存 3 年后的生活力无显著改变，而大部分在 40 ℃ 保存的超干种子的生活力则不同程度地降低。

2. 无性繁殖蔬菜种质资源安全保存技术研究

大蒜和百合组培苗不经继代，在 2 ℃ 条件下分别保存了 18 个月和 20 个月，其存活率可维持在 100%。在 20 ℃ 条件下，生姜组培苗可以保存 6 个月不继代。大蒜和百合种质资源的超低温保存技术已获得了成功。

上述几种无性繁殖蔬菜种质资源离体保存技术体系已经初步建成，并且用于实践，这为无性繁殖蔬菜种质资源的安全保存技术研究奠定了一定的基础。

第二节　园艺植物种质资源描述与评价

一、园艺植物种质资源描述与评价的主要内容

园艺植物种质资源描述和评价主要包括生物学特性、形态特性、观赏与经济性状等。生物学特性包括物候期、生长开花习性、抗逆性、抗病性等；形态特征包括植株、茎、叶、花、果实、种子的特征特性等；观赏与经济性状主要是产量、品质、用途等。

我国园艺植物种质资源种类多样、数量庞大、性状丰富、变异广泛，导致各地植物性状描述和评价的方式和标准不一。

（一）种质资源描述与评价的任务与原则

调查、收集与保存种质资源，为鉴定、评价与研究提供材料，是收集与保存种质资源的前期目标，评价是种质资源研究工作的中心环节，是种质资源有效利用的基础。面对种类繁多、性状复杂、变异广泛、数量巨大的种质资源，如何开展系统的、规范化的评价成为一个重要且迫切的任务。资源评价工作在共同的任务和指导思想下，提出下列原则：

①评价资料能够准确反映种质资源间的遗传差异，而非表现型差异。因此，在评价内容和项目中应主要评价农艺性状和经济性状，同时兼顾形态解剖学、细胞学、分子标记等方面用于资源分类鉴定的项目，主要的非遗传因素调查项目以及用于资源管理方面的记载项目。

②贯彻《中华人民共和国标准化法》(2017 年修订)关于鼓励采用国际标准等有关规定精神，充分理解国际植物遗传资源委员会(International Board for Plant Genetic Resources，IBPGR)编制的描述符，资源评价系统的框架和特点，并在此基础上逐步改进、完善，并建立统一标准。

③在评价内容方面，项目除了不同区域、单位之间的共同内容外，可结合具体情况调整。如苹果描述符中列出的评价项目：根蘖发生趋势、易繁性、固地性等是评价砧木资源的项目，对作为接穗品种的资源无须评价，可略去；抗病性评价中，可用在我国较为常见的褐斑病和轮纹病替代鲜少发生的茎腐病和火疫病。

④评价方法和标准要不断改进，做到量化、分级、编码、简化和标准化。现有不少评价项目在评价方法和标准方面比较落后，评价时只凭主观印象，缺乏客观标准，或者有量化的方法和标准但方法过于烦琐，面对数以百计甚至更多的资源难以执行，应寻求改进。

（二）种质资源描述与评价的方法与标准

1974 年，国际植物遗传资源委员会成立，一直以来致力于植物种质资源描述与评价的标准化、规范化与编码化，编制出版了 80 多个栽培植物种质资源描述符，其中有 30 多个园艺植物种质资源描述符。中国农业出版社出版的《农作物种质资源技术规范丛书》中，对 36 种蔬菜、20 种果树等作物种质资源规定了描述规范、数据标准和数据质量控制规范。重要园艺植物的新品种测试(即 DUS 测试)指南已公布，皆可作为种质资源描述规范和数据标准的主要参考文献。

IBPGR 编制的描述符对不同植物种质资源描述与评价的大多数项目都规定了具体的方法与标准，在此选取具有代表性的项目来介绍描述与评价的方法与标准，也包括一些描述符中未明确规定，但行之有效的方法。

1. 植物学性状描述

种质资源的植物学性状包括与经济价值直接相关的性状(如果实外观、品质)或与经济价值不直接相关的性状(如叶片类型、株高等),对其描述的主要目的是分类。但在植物学性状描述时,应注意重点描述与经济价值直接相关的性状。

(1)质量性状的描述与评价　质量性状是指属性性状,能观察但不能测的性状,是指同一种性状的不同表现型之间不存在连续变异,而呈现质的中断性变化,属于能对群体内的个体进行明确分类的性状。在遗传控制上,质量性状受一个或少数几个效应大的基因(即主基因)决定,受环境影响较小,所以相对性状间呈现非连续变异。

①二型编码法。该法用于主基因控制的两种表型的质量性状,以"+"和"–"分别表示显性和隐性两种类型,如豌豆的花色有白花(+)和红花(–),番茄的下胚轴颜色分为紫色(+)和绿色(–),果皮颜色分为黄色(+)和无色透明(–)。

②三型编码法。该法以"+"、"M"和"–"分别表示显性、中间和隐性类型。如紫茉莉的花色分为白色(+)、粉红色(M)和红色(–)。

③级次编码法。用于极端类型之间有若干质态的质量性状。如番茄的成熟前果色分为绿白、浅绿、绿、深绿;黄瓜的性别分为强雌株、雌株、雌全株、雌雄全株、雌雄株、完全株、雄全株、纯雄株。

(2)数量性状的描述与评价　数量性状是指个体之间的差异难以描述,只能用数量来区分,且变异是连续的性状。定量特征描述与评价有两个主要特点,即变异是连续的,变异易受环境条件的影响。对数量性状的描述与评价,方法如下:

①级差评价法。这种描述评价方法主要用在容易计数和测量的性状以及比值性状上,如株高、果实纵径、单果重、叶长、节间长、果形指数、叶形指数、根冠比等,常根据具体数值范围分成 1～9 级或 0～9 级或 1、3、5、7、9 五级等。

②参考品种典型评价法。一些连续变异的性状,难以计算或测量或用文字准确描述,可以配合使用示意图,并列出各类常见典型品种以供参照。

③选择归类评价法。一些复杂性状无法按单一因素排列成有序级次,而是根据表型可分为若干类型。如番茄的果型,可分为扁平形、扁圆形、圆形、高圆形、长圆形、卵圆形、桃形、梨形、长梨形等。

④状态归类评价法。因构成因素比较复杂,可按表现的状态作为归类评价的依据。如番茄花柱长度分为花柱短于雄蕊、与雄蕊近等长、长于雄蕊。

⑤模糊三级评价法。适用于评价连续变异且难以测量的性状。如番茄果肩形状分为 1 平、2 微凹、3 深凹。植物叶表面茸毛分为 1 疏、2 中、3 密。

2. 生物学特性评价

生物学特性的评价包括测定种质在自然环境或人工控制环境下一系列与经济性状和农艺性状相关的生物学特性,一般采用极差评价法和参照品种典型评价法,具体内容如下。

(1)级差评价法　用于制订比较明确的分级标准的性状,如番茄的熟性分为 1 极早,＜100 d;2 早,100～105 d;3 中,106～120 d;4 晚,121～125 d;5 极晚,＞125 d。

(2)参照品种典型评价法　用于难以制订明确分级标准的性状,将评价资源和参照品种对比从而确定其分级编码。如番茄果肉厚度分为薄、中、厚,分别以美味樱桃、中蔬 4 号、Ferline 为参照品种。

3. 非生物胁迫敏感性评价

非生物胁迫敏感性评价指不利于植物生存和生长发育，甚至导致伤害、破坏和死亡的非生物的环境条件。包括高温、低温、盐渍、干旱、水淹、紫外线辐射、过量光照、矿质营养亏缺、氧气缺乏、大风、伤害，以及空气、土壤或水体污染等。描述符通常只介绍种质资源在自然条件或简单人工环境下的性能敏感性评价，一般采用反应程度分级和参照品种相结合的评价方法。

4. 生物胁迫敏感性评价

生物胁迫是指由病害感染、病虫侵害、杂草危害等对植物引起的胁迫，园艺植物对病虫害敏感性的评价方法与标准差异很大，通常可采用以下三种评价方法：

(1)定性分级评价法　定性分级评价结果比较稳定可靠，受环境影响不大，但同一器官间感染情况不同，所以要鉴定感染程度最重的部位。

(2)百分率调查评价法　调查感染植株或果穗、果实、叶片占调查总数的百分数，即以感病率大小来评价种质间的敏感性。此法比较粗放，通常适用于植株、器官间受害程度差别不大的，或局部发病对经济价值影响较大的病害，如病毒病害、根部病害及某些果实病害。同时，适用于田间自然发病调查和人工接种情况下的敏感性评价。

(3)病情指数评价法　是一种将普遍率和严重度综合成一个指标的评价方法，应用较普遍。

$$\text{病情指数}=\sum\frac{\text{各病级数值}\times\text{该病级叶数}}{\text{病级最高值}\times\text{调查总叶数}}\times 100\%。$$

非生物胁迫和生物胁迫敏感性评价这里仅介绍在自然情况或简单人工环境下由资源工作人员承担的比较简单的评价方法，较为深入细致的评价需要安排专门的试验项目，需要与从事气象、土壤、植物保护等学科的科技人员协同开展。其他有关生化标记、细胞学性状、分子标记及基因鉴定等方面的评价研究工作需要与从事生化、细胞遗传学、分子生物学等学科的科技人员协同开展，方法、标准方面应参考专门的试验技术文献，这里不一一介绍。

5. 经济性状评价

栽培植物的目的主要是提供一定的产品或功能。因此，产量和质量等指标也是植物种质资源的重要评价目标。

(1)产量评价　产量性状是园艺植物种质主要经济性状之一，评价指标包括产量构成各要素、早期产量、总产量、丰产性和稳产性等。

(2)品质评价　品质也是园艺植物种质的另一个重要经济性状。园艺产品品质包括外观品质、商品品质、加工品质、风味品质和营养品质等。外观品质涵盖颜色、光泽、大小、形状和整齐度等，关系到商品品质和加工品质。质地与风味涵盖硬度、弹性、紧实度、汁液多少与黏稠性、脆度、糖酸比等，与风味品质和加工品质有关。营养品质包括水分、热量、碳水化合物、蛋白质、氨基酸、膳食纤维、脂肪、花青苷、灰分、胡萝卜素、抗坏血酸、硫胺素、核黄素、钾、钠、钙、镁、铁、锰、锌、铜、硒、磷等。

6. 综合性状评价

种质资源评价体系既包括单一性状评价，又包括多个单一性状构成的综合性状评价。例如，果品品质评价包括果实大小、形状、颜色、光泽，果肉质地、风味、汁液等许多单一性状。评价方法往往以感官为主，根据不同性状的相对重要性给予不同权重进行的百分制评价，或利用主成分分析、隶属函数分析的方法通过 D 值排序来综合评价。

二、园艺植物种质资源描述与评价的注意事项

(1)种质资源描述与评价对象范围　一般应限于同属或亚属的种、品种、代表植株的类型及其近缘种。由于果树基因型杂合度高，评价对象必须为营养系品种，或是来自有性分离群体自交分离筛选的株系。

(2)描述评价项目与分级评价标准　要数量化、分级编码化、简便化和规范化，并根据需要进行适当的改进。对于个别作物现有项目在评价方法或标准上已经落后，或不符合客观标准，或标准过于烦琐，可改进。

(3)描述评价项目应根据研究目的有所侧重　种质资源描述评价项目一方面要与IBPGR的种质资源评价系统接轨，另一方面要与我国具体需要吻合。种质分类主要依据植物学形态特性和有关生物学特性，尤其是果实性状和利用特性，根据各种作物的实际变异情况酌定。若鉴定品种，应观测品种内稳定而品种间差异显著的性状，剔除对种质分类鉴别意义不大的项目。从资源利用价值角度来说，应精确细致地描述与果实产量、果实品质、贮运性、抗逆性等有关的经济性状。所以除了必需的系统描述外，可根据需要与可能，将待观测项目分为必记和选记两类。

(4)取样方法与样本容量　为了使描述评价符合规范化，要确定合理的样本容量，一般观测5～10株，并按性状类别不同而有所增减。质量性状或定性的性状及理化性状的测定，如种核的有无，果实的可溶性固形物、糖、酸、维生素C等含量，取样量在10个左右；数量性状，如果实的纵横径，果重，枝梢的长短、粗细，叶片大小等，样本容量在20～30个之间；比率性状，如自花结实率、商品果率、病叶率、坐果率等，样本容量应在300～500个，最低不少于100个。

根据性状类别、取样时期和部位不同，在描述符中规定了科学合理的取样要求。取样的基本原则能够最大限度地反映出资源间的差异，应是品种内变异最小，而品种间差异最显著的时期和部位。

(5)重视资源背景记载　遗传因素受亲缘系谱原产地的生态环境及选择等因素影响，因而需要注意考察保存及评价场所的生境条件、砧木种类、生长发育状况等环境因素。

第三节　园艺植物种质资源的分类

分类是鉴别种质资源的一种基本方法，正确的分类可以反映种质资源彼此之间的亲缘关系，从而为资源的调查、保存、研究和利用提供依据。

园艺植物种质资源的分类方法研究通常都是性状描述记载与鉴定评价相结合的，不仅包括其表现性状特性，还涉及遗传学、孢粉学、细胞分类学(染色体核型分析、染色体倍数、染色体显带)、生化分析(同工酶、蛋白质等)、分子生物学(RAPD、SSR等分析)以及血清学分析等方面，已将宏观与微观的进化和种群的遗传变异相结合，用于鉴别作物的属、种、品种间的亲缘关系和起源进化，以及有性杂种、体细胞融合杂种的嵌合体等。随着科技的不断进步，研究遗传多样性的方法在不断更新，当前主要有形态标记(Morphological Markers)、细胞标记(Cytological Markers)、生化标记(Biochemical Markers)和分子标记(Molecular Markers)四种类型。

（一）形态学鉴定与分类

1. 形态学鉴定

形态学鉴定即表型鉴定，也叫形态标记鉴定，须选择生态条件有代表性的典型农业地区多点栽培鉴定，或模拟条件对种质资源描述与评价项目中的植物学性状、植株器官的形态特征、生长习性、适应性、抗逆性及产品的品质和产量等进行鉴定。

2. 基于表型性状的种质资源遗传多样性分析与聚类分析

表型性状能够充分地表征植物基因型和环境影响的最终结果，所以表型性状鉴定是最直观便利的资源鉴定与分类的首选方式。变异分析、主成分分析及聚类分析等是一种广泛应用于多种作物对表型数据进行遗传多样性评价的方法，可根据资源的来源和群体数量的不同，选择不同运算方式进行系统划分，能够更清晰地了解资源的群体组成筛选目标种质，有助于了解不同种质资源分类与亲缘关系，为挖掘利用优良种质资源、创制新种质、提高新品种培育效率提供依据和基础。

具体步骤是利用 Excel 进行表型原始数据整理，计算各质量性状分布频率及遗传多样性指数，各数量性状的最小值、最大值、平均值、标准差、变异系数和遗传多样性指数；再利用 SPSS 20.0 进行相关性分析和主成分分析；采用系统聚类利用组间聚合的方法对种质资源进行聚类，用平方欧式距离得到近似矩阵，用 MEGA 7 软件绘制聚类结果图，即可基于表型性状对种质资源进行分类。

该方法操作简便易行，研究历史最长，是对种质材料进行科学评价的主要研究手段。但形态性状易受到环境与栽培技术影响而发生变异，加上品种水平上的形态差别本就很少，在品种鉴定，特别是亲缘关系鉴定上形态学标记有很大的局限性，仅仅靠形态学标记早已不能满足品种鉴定的需求。

（二）园艺植物种质资源染色体水平的鉴定

染色体是生物细胞中最重要的组成部分，每个物种的染色体都有其特定的形态特征，即细胞标记。通过观察染色体数目、长度、臂比、着丝点位置、核型分析、染色体分带、组型分析，以及染色体原位杂交、流式细胞技术等，鉴定种、杂交种与亲本的关系及物种形成与进化的亲缘关系。其中染色体核型分析是植物种质资源遗传性研究的重要内容。

1. 染色体数目的鉴定

生物的染色体数目均是固定的。在系统发育过程中，染色体数目的鉴定对确定物种间的亲缘关系和植物近缘类型的分类均具有重要意义。植物染色体数目在鉴定时应注意：①鉴定染色体数目一般是以体细胞染色体数目为准，这是因为在体细胞有丝分裂时染色单体均等分裂，使得同一个体中染色体数目保持相对的稳定性；②在统计染色体数目时，细胞个数通常在 30 个以上，其中 85% 以上细胞具有稳定一致的染色体数，才可作为该物种的染色体数目；③在计数观察中还可能出现非整倍体、混倍体、B 染色体和雌雄异株作物的性染色体，要时刻注意判断和区分。

2. 染色体的形态与结构的鉴定

在系统发育过程中，染色体形态与结构的鉴定也对确定物种间的亲缘关系和植物近缘类型的分类均具有重要意义。植物染色体形态与结构在鉴定时应关注供核型分析的染色体长度、臂比、着丝点位置、次缢痕、核仁组成区和随体等。

3. 核型分析的方法

染色体核型是指某一物种特有的一组（一套）染色体的形态特征。核型分析是对染色体核型的各种特征进行定量和定性的表述。主要有以下三种核型分析的方法。

(1)手工核型分析法　一般选5个以上染色体分散较好的中期细胞进行显微照相,将照片放大一定倍数后,用游标卡尺测量染色体长臂与短臂的长度,根据放大的倍数求出染色体绝对长度;也可以用测微尺测量染色体的绝对长度(随体一般不记长度)然后求出每条染色体绝对长度、相对长度和臂比的平均值。此法用手工进行,费工、费时,测量的误差较大,染色体核型分析的准确性也不高。

(2)图像分析系统法　染色体图像分析系统可以将染色体的特征(如长度、带型等)用数字描述后进行定量分析。日本学者Fukui在1986年首先建立适用于植物染色体的图像分析系统Chromosome Image Analyzing System(CHIAS),可快速获得染色体的大量数字化资料,减少人为测量与分析导致的误差,植物染色体分析的效率与精确度得以提高,但目前这种分析系统价格昂贵,在生产中使用不够普遍。随着技术更新,这种分析系统将会更加完善,必能广泛应用于生产实践中。

(3)利用Adobe Photoshop软件进行核型分析　利用Adobe Photoshop软件可以较容易地进行染色体的配对排列,还能精确地测量染色体长臂长度、短臂长度及全长,快速建立核型模式图,且还可对交叉重叠的染色体臂进行修整,调整亮度与对比度,除去原照片里的斑点与划痕等,使分析结果更加完美。利用Microsoft Office Excel将Adobe Photoshop软件测量的染色体长度数据绘制出更加直观和精确的核型模式图,相对于染色体图像分析系统的费用大大降低,操作也更加方便,因此已广泛应用在染色体核型分析研究中。

4. 染色体分带

染色体分带或显带(Chromosome Banding)是20世纪60年代末期发展起来的一项细胞学技术,它是借助特殊理化及染色的处理程序,使染色体呈现特定的带纹从而进行分析的方法。染色体分带显示了染色体纵向的内部结构分化,这种分化为在更微观的水平上鉴别染色体及其变异,揭示染色体在成分、结构、行为、功能等方面的奥秘,提供了更精细的信息。植物染色体分带,常用的主要有荧光分带和Giemsa分带。前者包括Q带、H带、AO带等,目前应用较少;后者包括C带、N带和G带等,目前应用最为广泛。

5. 植物染色体原位杂交技术

植物染色体原位杂交技术(in Situ Hybridization)是通过将标记探针与染色体DNA进行杂交,对被测核酸进行定位、定性或相对定量分析。它是基因定位的主要方法之一,将人们在基因组分子水平和染色体水平的研究有机地结合起来,已成为分子细胞遗传学的重要研究手段。近年来,植物染色体原位杂交技术因其准确、直观的特点被广泛应用,随着染色体显带技术、荧光标记技术、检测技术及电镜技术的发展,原位杂交技术将进一步完善,并在基因定位、染色体结构变异、物种遗传变异、鉴定转基因植物等多个领域发挥更为重要的作用。

6. 流式细胞技术在染色体中的应用

流式细胞技术(Flow Cytometry,FCM)是利用流式细胞仪对单细胞或其他生物粒子进行研究的一项技术,具有分析和分选细胞功能,其速度快、精度高和准确性好,成为当代最先进的细胞定量分析技术。采用流式细胞仪可进行染色体数目的鉴定、染色体分析和纯化,并能得到克隆实验所要求的染色体。染色体数目鉴定及由此反应的染色体倍性鉴定对于植物分类及育种具有重要意义。

(三)同工酶在园艺植物种质资源研究中的应用

同工酶是能够催化相同的生化反应,而分子结构和理化性质各异的一类酶,几乎存在于所有生物组织中,具有很强的种属和组织差异性。同工酶技术是通过电泳与组织化学的方法将酶蛋白分子分离并对其进行特异性染色，在染色区直接标记其位置和活性。该技术逐渐成为生化水平上研究生命现象的一种重要手段。

(1)同工酶酶系统选择　目前可以进行同工酶分析的酶系已有100多种，国内大部分研究工作集中在过氧化物酶、酯酶、苹果酸转氨酶、儿茶酚氧化酶、酸性磷酸酶、淀粉酶、多酚氧化酶等同工酶系。应选出遗传稳定性好、基因特异性强、分辨率高的酶系进行研究，以提高同工酶分析的准确性和可靠性。

(2)同工酶分析的取样　同工酶分析取样的试材要广泛，为提高取样代表性，准确地反映种质遗传特性，应选择在植物的同一器官或组织生长发育过程中同工酶谱相对稳定期和合适的取样部位，避免以极少株系的酶谱代表某个属或种的酶谱进行分类，造成不确切或错误的结论。

(3)同工酶酶谱的分析方法　主要包括绘制同工酶酶谱以及酶谱特征的直观描述和分析。

①绘制同工酶酶谱。酶谱图包括谱带的数目、位置(以酶带迁移率Rf值表示)及表示谱带活性强弱的深浅、宽窄等。目前在发表论文时都需要酶谱照片以确定实验的真实性。

②酶谱特征的直观描述和分析。采用聚类分析等方法，把众多的供试材料中相同的谱型合并、分类，再根据酶谱谱带的类型、数目、Rf值、浓度等方面进行对比，找出供试材料间的区别。

(4)同工酶分析在园艺植物研究中的利用与不足　在园艺植物研究中利用同工酶这一生化遗传标记主要应用在研究种内的遗传多样性、亲子鉴定、品种间杂交后的种质鉴定与选择、寻找与园艺性状或抗性连锁的等位基因、测定多倍体植物的起源等方面，对指导种质资源的收集、保存、遗传育种以及生产实践都有着十分重要的作用。目前常用的酶只有20～30种可溶性酶，只能反映很少一部分结构基因，不能代表全部蛋白质的基因位点。所以同工酶作为遗传标记目前有以下缺陷：有限种类的酶分析本来就有偏差；所选酶的所有基因未必都能表达在酶谱上；酶变异未必都与形态变异或生态适应性相关；同一个体的不同器官或不同发育时期酶位点的表达有时可能不同；酶技术本身具有敏感性等。鉴于以上缺陷，目前的研究热点已转向DNA水平的研究。

(四)分子标记技术在园艺植物种质资源分类中的应用

分子标记广义上是指可遗传的且可检测的生物间具有遗传信息差异的DNA序列或蛋白质，狭义上是指能反映生物个体或种群间基因组中某种差异的DNA特异性片段，分子标记可揭示不同生物体内在基因的排列规律及表型性状的表现规律。该技术具有高通量、灵敏度高、更精准等特点，且不会受到环境等外在因素的影响，已广泛运用到生物体的基因组、遗传育种、起源进化等多个领域。分子标记可以分为四类：一是基于Southern杂交检测的RFLP标记；二是基于PCR的分子标记，如RAPD、SSR和ISSR、SRAP等；三是基于PCR与限制性酶切技术结合的分子标记，如AFLP、CAPS等；四是InDel、SNP等新型分子标记。

1. 分子标记的类型

(1)RFLP标记　限制性片段长度多态性(Restriction Fragment Length Polymorphisms，RFLP)是最早应用于作物育种的第一代分子标记技术。RFLP利用提取的基因组DNA进行克隆、电泳、限制性内切酶酶切、Southern印迹转移、DNA探针制备以及分子杂交等一系列步骤。RFLP是一种共显性分子标记，能区分纯合体和杂合体，且非等位基因间无相互作用；该标记源于DNA水平上的自然变异，数目可以是无限的，检测中需使用放射性同位素所以结果稳定，但RFLP分子标记的实施步骤比较复杂，耗费时间长且成本较高。

(2)RAPD标记　随机扩增多态性DNA标记(Random Amplified Polymorphic DNA，RAPD)是利

用 1 个或 1 对人工合成的 8～10 bp 的随机引物，以不同材料的基因组 DNA 为模板进行随机扩增后，经凝胶电泳检测 PCR 扩增产物的多态性，进而分析不同个体间差异的分子标记技术。RAPD 具有对 DNA 数量和质量要求不高、操作容易、成本低、灵敏度强、不受物种所处环境和基因组结构的限制等优点。该标记的不足之处在于：一般表现为显性遗传，不能鉴别品种的杂合程度；扩增结果的稳定性和重复性较低；单个引物提供的信息量有限，需要很多引物配合使用；存在共迁移现象，无法判别长度相同而序列不同的 DNA 扩增产物的片段。将 RAPD 标记转化为特异序列扩增区（Sequence Characteristic Amplified Region，SCAR）标记，有效增加 RAPD 标记的稳定性与其提供的信息量。在园艺植物中，RAPD 是国内应用较早的分子标记，被广泛应用于园艺植物种质资源遗传多样性分析、纯度鉴定、重要性状的遗传定位等方面。

（3）SSR 标记　简单重复序列（Simple Sequence Repeat，SSR）指的是在基因组中 1～6 个核苷酸为基本单位经过重复串联多次构成的一段 DNA 重复序列，如（AC）n、（GA）n、（ATT）n 等，其中 n 代表重复次数。由于其两端序列一般保守性较强，可设计特异性引物进行 PCR 扩增，通过电泳检测分析基因位点的多态性。SSR 分子标记具有不受环境条件限制，遗传多态性丰富、基因组覆盖面广、稳定性好、共显性等优点，是一种被广泛使用的分子标记技术。传统开发的 SSR 标记主要借助于结构基因组学和比较基因组学的相关技术，不仅操作复杂，耗时还长，资金投入也大。目前以转录组测序为基础的新一代高通量测序技术为低廉、高效、大规模开发 SSR 标记提供了一条新的途径。

（4）ISSR 标记　简单重复序列区间（Inter-simple Sequence Repeat，ISSR），它是基于 SSR 标记和 PCR 的分子标记技术。该分子标记的主要特点是无须知道靶标序列背景的情况下，能够直接扩增出 2 个方向相反、序列相同的基因片段。与其他分子标记技术相比，ISSR 分子标记技术具有丰富的多态性、稳定性好、重复性好、易操作、成本相对较低、产物特异性强等优点，已被广泛应用于植物遗传多样性分析和种质资源鉴定等研究。

（5）SRAP 标记　相关序列扩增多态性（Sequence-related Amplified Polymorphism，SRAP），是基于 PCR 扩增反应的一种分子标记技术。SRAP 标记的正向引物包含 17 个碱基，从 5′ 端开始，前 10 个碱基是一段无特异性的填充序列，随后紧接着是 CCGG 和 3 个选择性碱基；反向引物包含 18 个碱基，从 5′ 端开始，前 10 个碱基是一段无特异性的填充序列，随后紧接着是 AATT 和 3 个选择性碱基，能对内含子和启动子区域进行特异性扩增。SRAP 标记类似 RAPD，操作简便，但 SRAP 标记使用引物长度为 17～18 bp，同时使用较高的退火温度，因此比 RAPD 具有更高的稳定性和重复性。

（6）AFLP 标记　选择性限制片段扩增（Amplified Fragment Length Polymorphism，AFLP），该标记的基本原理是用一种具有稀有酶切位点的限制性内切酶与一种具有丰富酶切位点的限制性内切酶将基因组 DNA 进行双酶切，之后在酶切获得大小不一的且带有黏性末端的 DNA 片段两端分别连接上双链的人工接头（Artificial Adapter），再通过 PCR 反应对限制性片段进行有选择地扩增，最后利用聚丙烯酰胺凝胶电泳分离并检测不同长度的 PCR 扩增片段。AFLP 引物设计非常巧妙还可以灵活搭配产生比较多的标记数目，已被广泛应用于遗传多样性分析、遗传连锁作图与 DNA 指纹图谱鉴定等领域。但是 AFLP 标记还存在很多不足：大多数为显性标记类型，只有少部分为共显性类型；对 DNA 质量和内切酶质量要求相对较高；技术难度大，对操作人员的技能和实验条件要求高等。

（7）InDel 标记　插入缺失（Insertion Deletion，InDel）标记，是指在等位基因位点上发生的具有一定的数量的核苷酸插入或缺失而产生的长度多态性变异。InDel 突变多发生在内含子和 DNA 的折叠区等非编码区内，而在外显子等编码区中存在的相对较少，这是因为在外显子中核苷酸的插入和缺失一般都会改变阅读框的结构而使它们受到选择的作用。该分子标记具有带型简单、准确性高、变异稳定、多态性丰富、容易检测等特点。在植物基因组中分布非常广泛且遗传变异占比较大。

(8) SNP 标记　单核苷酸多态性(Single Nucleotide Polymorphism，SNP)是一种新型的分子标记，是单核苷酸水平上的变异而引起的等位基因间的 DNA 序列多态性，该标记是目前为止在基因组水平上分布最广泛、数量最多并且标记密度最高的一种分子标记类型。单个碱基的变异，可由单个碱基的转换或颠换所致，也可由碱基的插入或缺失所致，但通常所说的 SNP 并不包括后两种情况。该分子标记位点多、分布广，易实现分析的自动化，具有稳定性好、突变频率低、代表性强等特点，在马铃薯、番茄、辣椒等蔬菜作物中均有应用。

2. 基于分子标记的种质资源遗传多样性分析与群体结构分析

随着遗传多样性研究的深入发展，遗传多样性研究已从传统的以表型性状为基础的形态标记、以染色体的结构和数目为特征的细胞学标记以及具有组织、发育和物种特异性的同工酶为特征的生化标记拓展到了以多态性为基础的分子标记。分子标记是以生物体中的遗传物质(核酸或蛋白质)的多态性为基础的遗传标记，通过生物体基因组中某些 DNA 差异片段，来反映生物的遗传变异情况，快速有效地鉴定和评价作物种质资源。与形态标记相比，DNA 分子标记是在 DNA 水平揭示的遗传变异，可对各发育时期的个体、组织、器官甚至细胞做检测，既不受环境的影响，又不受基因表达与否的限制，数量丰富，遗传稳定。例如，SNP 分子标记检测可采用 KASP 技术，SNP 标记 PCR 扩增后，利用 SNP 分型检测仪上机分型检测，最后利用 PowerMarker V 3.25 软件估算标记检测到的遗传多样性等统计量参数，用 MEGA 软件进行聚类分析，用 Structure 软件进行群体结构分析。

(五)血清学分析

血清学分析是指用蛋白质的血清鉴别法测定植物种质资源的亲缘关系。该方法最早用于 20 世纪初，运用抗原与抗体在琼脂凝胶中借助电泳力相对扩散，形成沉淀带，对蛋白质结构进行定性鉴定。该技术较为复杂，受多方面因素限制，未得到很好的发展。

血清学分析具体步骤如下：从某一种植物中提取蛋白质，注射到兔子体内，兔子血清中会形成抗体，将含有这个抗体的血清(抗血清)与要试验的蛋白质悬浊液(抗原)相结合，抗原与抗体反应形成沉淀(沉淀反应)，再测定沉淀量的强度。沉淀反应对用以形成原始抗体的抗原具有特异性(同源反应)，这是标准反应和参考反应；抗体血清与其他植物的抗原产生的反应(异源反应)，其反应的强度可以作为供试样品中蛋白质的相似程度，比较所研究植物的相似性。

第四节　园艺植物种质资源的利用与创新

种质资源的收集与保存、描述与评价和分类工作的进行，最终是为了能够更好地利用这些种质资源，为园艺植物育种和生产提供可利用的种质，同时保护种质资源的多样性，以防种质资源流失。

一、园艺植物种质资源的利用

1. 园艺植物种质资源的直接利用

通过调查，发现一批优良种质资源，如许多从国外引进的品种或原产的野生植物(刺梨、猕猴桃、沙棘以及许多观赏植物等),从中可筛选出具有优良性状的种质,直接用于生产或观赏。

2. 园艺植物种质资源的间接利用

有一些园艺植物,虽然没有直接的栽培价值和经济价值,但是它们的形态、叶、花、果等具有明显的观赏价值。在对其进行鉴定研究、评价工作之后,筛选出具有优良观赏性状的植株,可用于园林建设、行道树种植和家庭园艺栽培等,既可供人观赏,又可使空气清新。当然,这些品种所占比重很小,大多数资源,尤其是近缘种和野生种,总体特性较差或非常差,不能直接用于生产,但在某一性状或某些方面可间接利用。在野生资源中选择优良株系可以作为培育新品种的主要基因资源,通过一定选育工作获得优良新品种。

二、园艺植物种质资源的创新

有些种质资源虽不能直接用于生产,但其具有某些优良性状,可将其作为杂交育种中的亲本,或作为基因工程中的目的基因加以利用,对其进行创新,从而可为生产提供优良品种。种质资源创新泛指人们利用各种变异,通过人工选择的方法,根据不同育种目标而创造新作物、新品种、新类型、新材料。园艺植物种质资源创新有以下八个途径:

1. 从野生资源中筛选符合育种目标的株系

以番茄为例,栽培番茄一直以高产和高品质等为目的,造成其抵抗逆境的能力大大降低,深受病虫害和逆境的影响。番茄属的野生种存在着丰富的遗传多样性,对于栽培种番茄来说是非常宝贵的遗传改良资源。野生种番茄抗多种病害,如醋栗番茄、秘鲁番茄和多毛番茄分别对引起番茄烂果的寄生疫霉、番茄卷叶病毒和细菌性斑点病病原菌具有抗性,除此之外还具有较高的抗寒性和耐旱性、干物质及维生素含量等。这些特殊的优良性状都是目前栽培番茄所不具备或远不及的。因此,它们对筛选符合番茄育种目标的株系具有不可估量的价值,可在育种过程中从抗逆性较强的番茄野生种质中筛选符合育种目标的株系。

2. 杂交

杂交是生物遗传变异的重要来源。基因型不同的生物个体之间的交配,或者雌、雄配子之间的结合产生后代的过程称为杂交。杂交的遗传学基础是基因重组,将两个或多个品种的优良性状通过交配集中在一起,再经过选择和培养,获得新品种的方法叫杂交育种。根据不同作物的育种习性、育种程序和品种类型,杂交育种可分为常规杂交育种、优势杂交育种、远缘杂交育种和营养系杂交育种。常规杂交育种是传统的重要的育种方式,通过基因重组产生新性状,经选择培育获得新品种。优势杂交育种是将物种内的两个或两个以上的优良性状综合到一个新的品种内。远缘杂交育种是不同种间、属间甚至亲缘关系更远的物种之间的杂交。营养系杂交育种是利用有性杂交技术获得杂种,对杂种进行培育、鉴定、选择,再利用无性繁殖技术来保持品种遗传特性的育种方式,适用于绝大多数果树、花木和球根花卉,以及无性繁殖的蔬菜。

3. 利用芽变

芽变选种是对由芽变发生的变异进行选择,从而培育出新品种的一种育种方法。其优点是可对优良品种的个别缺点进行修缮,同时又能基本上保持其原有的综合性状。如在柑橘的芽变选种中,同样是选育适用于加工糖水橘瓣罐头的品种,现有品种‘本地早’其加工成品的色、香、味、形均极好,选种的主要目标性状应着重选出无核或少核型;而对现有的无籽品种‘温州蜜柑’,芽变选种的性状就应着重于果形、瓣形、汁胞囊等的加工适应性。除由遗传物质变异而发生芽变外，在植物的营养系品种内还普遍存在由种种环境因素造成的不能遗传的饰变。正确的区分芽变和饰变，筛选出优良的芽变也是芽变选种的重要内容之一。

4. 采用染色体加倍和媒介植物等方法

将某些资源从难以使用的资源变为新的、易于使用的种质资源。例如，野生森林草莓具有优良的性状，如耐逆、抗病、香气浓郁、维生素 C 含量高。但由于倍性低（$2n=2x=14$）和栽培种凤梨草莓（$2n=8x=56$）很难杂交，提高野生草莓的倍性可显著改进其与栽培草莓的不易交配性和杂种的育性。克服远缘杂交不亲和性或杂种不育，一般利用第三种植物作为媒介植物，通过与媒介植物杂交也是种质资源创新的途径，如石竹品种‘Mary’、常夏石竹的品种‘Night’都不能和康乃馨杂交，但两者杂交的 F_1 和康乃馨杂交能正常地获得杂种，‘Mary’和‘Night’的 F_1，就是一种和康乃馨亲和性良好的创新资源。

5. 原生质体融合

原生质体融合是指在原生质体分离之后，双亲原生质体在特定作用下发生融合，形成一个遗传物质重组的杂种细胞，杂种细胞经培养并发育形成植株。在原生质体融合技术未出现时，有性杂交是种质资源创新的唯一途径，但有性杂交存在远缘杂交不亲和的问题，而原生质体融合就很好地克服了亲本亲缘关系的限制，这对品种创新和远缘杂种创制就有重要意义。现原生质体融合已获得成功的有马铃薯 + 番茄、马铃薯 + 龙葵、马铃薯 + 醋栗番茄、马铃薯 + 烟草、拟南芥 + 白菜型油菜、甘蓝 + 大白菜、白菜型油菜 + 椰菜、脐橙 + 温州蜜橘、脐橙 + 葡萄柚等。

6. 诱变（物理、化学和复合诱变）

诱变育种的特点在于利用物理因素或化学因素处理生物，使生物发生基因突变，从而培育新的品种。其中物理诱变主要包括紫外线、X 射线、激光等。主要指利用辐射诱发基因突变和染色体突变，进而选出植物新品种或新种质的育种方法。化学诱变是指应用特殊的化学物质诱发基因突变和染色体变异，筛选出植物新品种或新种质的育种方法。使生物产生遗传性变异的化学药剂主要有烷化剂类、碱基类似物等。还有物理和化学因素的复合处理，这种复合处理普遍被认为是具有协同效应的，可以发挥它们的特异性和相互配合的作用。例如，通过射线、中子、激光等物理因素处理改变生物膜的完整性和渗透性，从而增加化学诱变剂的吸收。

7. 太空育种

太空育种或称航天诱变育种、空间诱变育种，是指利用太空运载工具，如飞船、返回式卫星等，将农作物带到太空环境中，利用太空特殊环境诱变农作物产生变异后再返回地面进行选育新品种的育种技术。该技术具有变异幅度大、变异多、频率高、作物生育期缩短、抗病性增强和产量提高等特点。传统的农业育种一般需要 8～10 年，而太空育种大约需要 4 年，是传统的农业育种的 1/2 倍左右。我国太空育种的研究已取得了一些初步成果，但这一育种途径的诱变机制尚不清楚，仍需要加强理论方法及相关基础研究，明确太空育种的作用机理。

8. 基因转导和基因编辑

基因转导是将已知基因转移到真核细胞中并将其整合到基因组中得以稳定表达的技术，是改变物种遗传特征的最基本方法。根据发生位置分为两类，分别是细胞内基因转移和细胞间基因转移。细胞内基因转移是指在转座酶的作用下，一段 DNA 序列由基因组的一个位置被切离下来，然后插入到基因组的另一个位置的过程。细胞间基因转移是指通过不同来源的DNA体外重组，借助一定的方法，将外源DNA转移并稳定整合到植物基因组。根据发生性质基因转导的方法分为物理、化学和生物学方法。物理方法：包括直接DNA注射法和基因枪法；化学方法：用于构建非病毒载体系统以完成基因转移；生物学方法：主要通过构建病毒载体。

基因组编辑(Genome Editing)是一种新的、相对准确的基因工程技术，可通过一些人工内切酶，对DNA的特定位点进行修剪，使特定位点被插入、删除、修饰或替换等，造成靶标基因发生突变。目前基因编辑系统主要有锌指核酸酶、转录激活物样效应器核酸酶和CRISPR/Cas 9系统。基因编辑技术还被应用于改良农产品质量，包括香味、营养成分、储藏品质等。研究人员通过CRISPR/Cas 9系统敲除与产量有关的负调控因子，使其功能缺失，造成突变体产量增加。

三、电子计算机在种质资料管理中的应用

随着种质资源信息的快速增多和计算机技术的迅速发展，许多国家、地区和国际农业研究机构开始研究利用计算机建立种质资源管理系统，加强种质资源的规范化管理和鉴定评价，提高种质资源及相关信息的有效性，确保种质资源的安全性。建立和完善种质资源数据库，可提供有关优质、丰产、抗病、抗逆以及其他特异需求的种质资源信息，为新品种选育与遗传研究服务。建立种质资源数据库一般要求：适用于不同种类的作物，有广泛的通用性；对品种的描述规范化，要求具有完整性、准确性、稳定性和先进性；具有定量或定性分析的功能；使用方便，易于操作。20世纪70年代以来，欧美国家相继实现了品种资源数据库计算机管理系统。我国作物种质资源库系统的建立始于1986年。于2006年建立了国家作物种质资源数据库系统，现有种质资源已达400 000余种，在全球范围内处于领先地位。该系统将会是全球第三大的作物种质资源库系统。其中包括国家基因库数据库管理子系统、国家作物种质资源评价数据库子系统以及国家与国际作物种质资源交换数据库子系统。世界上多数国家都不同程度地建立了作物种质资源的计算机管理系统和网络系统，这为作物种质资源信息的交流和交换提供了良好的共享服务平台。

第五节　园艺植物种质资源的其他研究

一、图谱的建立

1. DNA指纹图谱构建和品种鉴定

我国园艺植物种与品种数量繁多，由于非主要农作物不审定，存在同名异物或同物异名的现象，又加上国外引进品种音译名不规范，给种质资源的分类、收集、保存和利用造成极大的困难。不同物种、不同品种之间存在着大量的DNA多态性标记，如果某品种具有区别于其他品种的一些特异性DNA片段的组合，那就是该品种的特异性“指纹”。每个物种独特的指纹片段构成了物种DNA指纹库，与人类指纹一样具有高度的个体特异性和稳定性。DNA指纹库在植物育种中起着重要作用。品种间DNA指纹图谱的差异可直接提供与目标性状相关DNA水平的信息，可避免环境的干扰，大大提高杂交育种中对亲本及后代理想单株的选择效率。此外，利用品种DNA指纹库，通过检测待测品种是否具有某品种特有的指纹片段，可以有效地鉴定品种的纯度与真伪，也可以作为新品种登记和品种知识产权保护

的重要依据。

2. 遗传图谱的建立

遗传图谱(Genetic Map)是指以染色体的重组交换为基础,以染色体的重组交换率为相对长度单位“厘摩”(Centimorgan,cM),采用遗传学方法将各种分子标记标定在染色体上构建的线状连锁图谱。与经典遗传作图相比,分子标记技术是构建植物遗传图谱的一种较为简便快捷的方法。绘制连锁图时,结合使用不同类型的分子标记技术可以建立完整的高密度分子图谱。目前,已在蔬菜、果树以及花卉多种园艺植物上构建了遗传图谱。

构建分子遗传连锁图谱一般通过两点测验和多点测验的方法来计算重组值。其中,两点测验法是最简单、最常用得一种连锁分析法,即对两个基因位点间的连锁关系进行检测。依据两个连锁位点间不同基因型出现的频率对重组值进行估算,同时采用最大似然估计法对重组率进行估计。两点测验法在分子遗传连锁图谱的构建过程中主要用于连锁群的划分和确认标记间连锁关系的存在与否。多点测验法指对多个基因位点间进行联合分析,根据它们的共分离信息来确定多个基因位点的分布位置和排列顺序。在事先不知道各基因位点分布在哪条染色体上的情况时,可先利用两点测验法将基因位点分配在不同的连锁群中,之后再对每一条染色体上的基因位点利用多点测验法进行连锁分析。

二、核心种质研究

1. 核心种质研究的重要性

种质资源的收集和保存是遗传育种工作的基础。植物种质资源丰富多样,但其遗传资源的长期保存需要巨大的人力、物力和财力,育种工作的负担十分重。核心种质的构建用数量有限的群体保存最完整的遗传信息,是提高种质资源管理质量和效率的重要手段。构建核心种质可以促进种质资源的深层次研究,加快种质创新进程,大大提高大量遗传种质资源材料的保存、鉴定、评价和利用效率。

核心种质(Core Collection)是 1984 年澳大利亚科学家 Frankel 为了在庞大的种质资源中高效、准确挖掘优异的新基因资源,提高育种学家对优异种质资源的利用率而提出的概念。1989 年他与 Brown 对这一概念进一步做了补充和完善。所谓核心种质,是指用最小的种质资源样品量、最大限度地代表种质资源的遗传多样性。国际植物遗传资源委员会认为,核心种质库是以冗余程度最小的资源群体,最大范围地代表该种及其野生近缘种的地理分布、形态特征、基因型与基因的遗传多样性。核心种质可作为优先研究的样品集,核心种质的构建能提高种质资源的利用率。核心种质有以下四个特点:

①代表性。核心种质并不是全部原始资源的简单压缩,是在最大限度上包括现有种质资源中的遗传组成和生态类型多样性的资源群体。

②异质性。核心种质不仅减少入选的原始群体数量,而且还要在最大限度上避免生态类型和遗传的重复,即彼此之间的生态和遗传的相似程度要尽可能小。

③实用性。核心种质与原始的种质资源相比,规模急剧缩小,核心种质资源得到优先鉴定、筛选和利用,可使筛选所需性状的工作量减少,提高育种效率。

④动态性。核心种质是动态的,并非一成不变。随着研究的进一步开展,在保留种质中新发现的一些优良性状种质或稀有种质,要转到核心种质当中去,核心种质需要进行调整,从中去除重复的材料,转至保留种质之中。

分子标记由于具有准确性，不易受基因与环境互作的影响，被广泛应用于核心种质的研究中。

2. 核心种质构建方法

前人对核心种质的构建原理及构建方法、基本特征、操作步骤等方面进行了一系列的研究。从提出核心种质的概念以来，现在已经发展形成了多种构建核心种质的方法，这些方法主要以不同的分层方法、聚类方法和主成分分析方法为基础，已广泛地应用于各类植物的核心种质构建研究中。构建核心种质的主要步骤如下：①数据的收集：主要依靠性状数据，如农艺、形态、抗性和分子标记信息数据，如 AFLP、SRAP、RAPD、SSR 等分子标记。②数据的分组：将要进行研究的试验材料按照一定的特征和特点进行分组，如来源地、生态类型、栽培区划、品种类群等，分成的各组之间不能互相重叠。③核心样品的选择：在各分组数据中挑选出具有代表性的个体来构建核心种质，一般取样比例范围为5%～30%。主要采用分层取样法和逐步聚类的方法来构建核心种质。取样策略又可分为比例法、对数法、平方根法、遗传多样性法等。④核心种质的管理：为了确保核心种质的有效利用，需要对构建得到的核心种质建立更加完善的繁种、供种以及相应的管理体制。由于核心种质具有动态性，并不是一成不变的，随着对核心种质的深层次研究，还需要不断地对核心种质进行调整。

3. 核心种质的应用

检验核心种质的代表性（构建的核心种质能否以最小的资源数量和遗传重复最大限度地代表整个遗传资源的多样性）主要从表型和分子水平两方面来进行评价。首先，构建核心种质有助于了解现有种质资源的组成特点和分布状况及潜在的利用价值，进而对于今后种质资源的引种、收集工作，包括引种方向、类型、数量等的确定具有重要的指导作用。其次，利用构建的核心种质可以实现对重点材料的保护与管理，避免优异种质和基因的丢失。核心种质是植物遗传资源的一个新方向，随着科学技术的高速发展，今后可以将生物学领域中最前沿的技术成果应用到核心种质的研究中，如可以通过高通量测序的方法对构建的核心种质进行 GWAS（全基因组关联分析）或转录组分析。核心种质为种质资源的评价与利用提供了捷径，而且利用核心种质开展的深入研究已取得众多成果。

思考题

1. 种质资源的收集方法有哪些？收集种质资源的工作要点是什么？
2. 种质资源的保存方法有哪些？
3. 种质资源描述与评价应注意哪些问题？
4. 种质资源的分类方法有哪些？分子标记技术的特点和类型是什么？
5. 如何利用种质资源？种质创新的途径有哪些？

第五章

园艺植物砧木选择与嫁接的应用

第一节　砧木与接穗的组合

园艺植物在栽培的过程中，为了保持品种优良特性，减少不利环境造成的产量和品质损失，更好地适应栽培地的气候和土壤环境，会采取多种农艺措施。其中，选择合适的砧木进行嫁接是一种广泛应用于果树、蔬菜和花卉生产领域的重要方法。

在组合砧木和接穗之前，首先要进行调查研究和比较试验。选择砧木时，要考虑嫁接组合的亲和性，即保证较高的嫁接成活率，这是应用优良砧木和接穗组合的基础。在保证成活率的同时，应选择有较强生长势的砧木，并考虑砧木在当地特殊环境或气候条件下的抗逆性和抗病性。此外，园艺植物产品的获得必须要求砧木和接穗的组合能够达到更高的产量和品质性状。

第二节　砧木比较试验

具备优良特性的果树品种培育出之后，如果以有性生殖方法进行繁育，后代可能会发生性状分离，导致后代的产量和品质（包括果实大小、形状、颜色、风味甚至成熟期等）与母本会有差异。因此，选择适应能力、抗性与亲和性均强的砧木后，将其与有优良特性的接穗嫁接，会大幅度提高繁殖系数，从而有助于优良果树品种在生产实践中快速推广。

一、砧木生产特性比较试验

所有的砧木在大面积生产应用前，都需要进行砧木比较试验。一般而言，根据砧木自身的特性，将其与不同接穗品种嫁接之后，通过比较试验就能够确定适宜当地高产高抗的果树砧木。中国农业大学、中国农业科学院郑州果树研究所、西北农林科技大学及山西、河北等省份都先后选育了不同的苹果矮化砧木。例如，中国农业大学选育出的中砧1号，属于半矮化砧木，不仅自身根系发达，抗寒能力强，而且具有较强的耐涝性，非常适合芽接。中国农业科学院郑州果树研究所用M9×山定子育成的CX3，作为中间砧，以山定子为基砧，嫁接国光、金冠并定植于辽宁兴城地区。虽然当地少雪干旱，绝对最低温 –24.6 ℃，嫁接树存活率仍高达80%，远高于M26作为中间砧金冠的13.3%，M26中间砧国光的6.7%。中国农业科学院郑州果树研究所用M8作母本、八棱海棠作父本培育的U8，作为中间砧嫁接富士、国光、新乔纳金、北斗、美国八号等品种，成活率都在90%以上，不仅固地性良好，萌蘖还少。此外，

U8 作为中间砧同样具有良好的丰产性。学者通过枝条接种实验结果显示，在抵抗枝干轮纹病方面，U8 作为中间砧受害程度显著低于 M26。

早在 1999 年，中国农业科学院柑橘研究所郑永强等研究了七种不同砧木对八年生哈姆林甜橙植株生长发育（表 5-1）、果实产量和外观品质等的影响。在植株长势上，以卡里佐枳橙为砧木的植株冠体最大，而以光皮酸橘、枸头橙和李齐 16-6 枳为砧木的植株冠体较小；在单位产量上，以光皮酸橘为砧木的植株最高，而以李齐 16-6 枳和卡里佐枳橙为砧木的植株挂果数最多。此外，不同砧木对果实品质也有显著影响，主要体现在单果重、果汁含量以及可溶性固形物、可滴定酸、维生素 C 含量等方面。例如，在果实品质和单果重方面，以光皮酸橘为砧表现最好；在可溶性固形物含量上，以李齐 16-6 枳和卡里佐枳橙为砧木的果实含量最高；在维生素 C 含量上，以李齐 16-6 枳和兰普来檬为砧木的果实含量最高。

表 5-1　不同砧木对哈姆林甜橙植株长势的影响

砧木	株高 /m	冠幅 /m	植株体积 /m^3	茎粗 /mm		接穗砧木茎粗比
				接穗	砧木	
李齐 16-6 枳	2.61 c	2.86 b	5.34 c	38.00 b	51.00 a	0.79 be
孙楚沙橘	2.95 b	3.00 b	6.64 c	48.00 a	52.33 a	0.92 a
枸头橙	2.78 be	2.55 c	4.53 d	35.67 be	51.33 a	0.69 c
光皮酸橘	2.01 d	2.25 c	2.54 e	33.33 c	40.67 b	0.82 b
卡里佐枳橙	3.63 a	3.68 a	12.31 a	43.33 ab	52.67 a	0.82 b
沃尔卡姆柠檬	3.27 ab	3.21 ab	8.42 b	39.67 b	48.00 a	0.83 b
兰普来檬	3.92 a	3.05 b	9.08 b	38.33 b	41.33 b	0.93 a

注：数字后不同小写字母表示在 $P<0.05$ 水平显著差异显著。下同。

黄瓜（*Cucumis sativus* L.）是一种重要的设施蔬菜，土传性病害严重影响黄瓜对营养元素的利用和吸收，使植株抗逆境性减弱，导致品质和产量降低，而嫁接是有效解决这一问题的重要技术手段。相较于自根黄瓜，采用抗性砧木嫁接的黄瓜根系深，吸收水肥的能力强，从而更多地表现为抗逆性强、耐低温高湿、结果期延长、产量增加等优点。然而，不同砧木种类对黄瓜生育、产量和品质影响较大。例如，谭占明等（2021）研究了 4 种不同砧木（鑫力三号、升力砧木、神力砧木和圣砧一号）对嫁接黄瓜产量和品质的影响，发现神力砧木嫁接黄瓜成活率最高，而圣砧一号嫁接黄瓜生长相对最强（表 5-2）。

表 5-2　不同砧木品种嫁接对黄瓜开花坐果和产量的影响

砧木品种	第一雌花节位	第一雌花始花期	根瓜采收期	小区平均产量 / kg	单果重 / g	平均单株产量 / kg
圣砧一号	3.5	10 月 18 日	10 月 28 日	18.10a	252.20a	1.98
神力砧木	4.6	10 月 19 日	10 月 29 日	15.27b	251.57a	1.59
升力砧木	4.7	10 月 21 日	11 月 1 日	13.77c	218.47b	1.45
鑫力三号	4.7	10 月 22 日	11 月 2 日	12.60cd	247.67a	1.13
自根苗	4.8	10 月 23 日	11 月 6 日	10.87d	206.38c	1.22

砧木比较试验的供试砧木应经初步筛选，选择适应当地气候、土壤条件和适合试验目的要求的砧木。选择数量不宜过多，一般选择最有价值的 5～10 个为宜。若以选择营养系砧木为目的，应首先进行营养系繁殖试验，淘汰那些营养繁殖不易生根成活的种类；若以选择矮化砧为目的，应先进行矮化预选测定，选择根皮率高、枝条电阻值低、叶气孔密度小和导管面积小的单株，并且进行嫁接亲和力的测定。经过初步选择合格的砧木参加砧木比较试验，可以减少供试种类，缩小试验地的面积，减少由土壤造成的试验误差，节约人力、物力，得出正确的结论。

砧木比较试验的苗木应用同一种方法嫁接。接穗应采自同一株母树，接穗取样的部位、粗度差异尽可能小，嫁接时采用中部相近节位的芽体，砧木苗的年龄应一致，生长状况大致相同，以减少苗木差异造成的试验误差。为了提高苗木的一致性，培育供试苗木的数量要多于试验用苗木的 2～3 倍，以便充分选择。试验应以当地生产上应用的优良砧木为对照，接穗可采用当地主栽品种。

试验地的选择及田间排列参考田间试验方法的要求进行。试验应调查品种与砧木的嫁接亲和性、物候期、生长量、乔化或矮化性、早结果性、丰产性、果实品质、成熟期和抗逆性等。试验至少有结果以后 5 年的观察记载，各项性状的完整的观测期限应持续到盛果期之后，结果要求进行统计分析。例如，四川江津园艺试验站的柑橘砧木试验已经在田间持续了 30 余年，其比较试验结果具有很高的可靠性。

二、砧木繁殖特性比较试验

下面以苹果矮化砧木为例，介绍砧木繁殖特性比较试验。苹果的矮化砧木栽培已经成为全世界范围内苹果种植的必然趋势。因此，需要建立一套快速且准确的不同矮化砧木的预选方式，以便在早期筛选出适合某一地区或特定环境的矮化砧木品种，缩短育种周期，提高工作效率，增加收益。事实上，苹果的矮化砧木的研究已经由来已久，因此其他园艺植物矮化砧木的预选方式通常可借鉴苹果矮化砧木研究。苹果矮化砧木的标准测定方法主要包括以下七种。

1. 根皮率法

砧木根的皮层厚度与其生长势呈负相关，即砧木根皮率越大则树势越弱，通常用根皮率来表示。具体方法是如图 5-1 所示：在树冠下挖一定深度（一般 20～40 cm），取粗度为 0.7～1.0 cm 的根段，用卡尺测其直径（标记为 A），在所测同一部位的垂直方向，再测一次横径（标记为 B）；然后，在测根直径的同一部位，进行环状剥皮，测出去皮木质部分的直径（与 A 和 B 同一方向，分别标记为 a 和 b）；最后，用下述公式计算根皮率。

$$根皮率 = (1 - ab/AB) \times 100\%$$

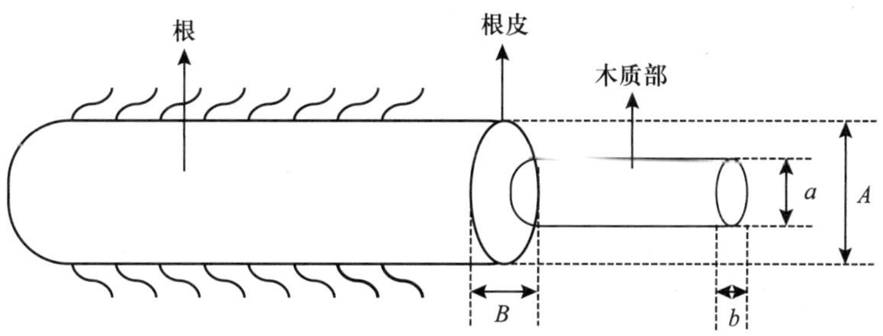

图 5-1　根皮率测定示意图

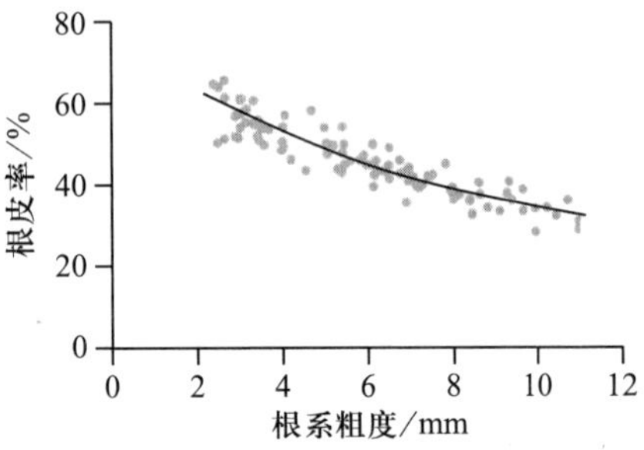

图 5-2　根皮率与根系粗度的关系
（赵国栋等，2020）

在实际生产中，可以通过根皮率来预测苹果砧木的矮化程度。例如，河北省农林科学院昌黎果树研究所赵国栋等通过试验证明，M9、B9、SH6 等 12 种砧木品种的根皮率与砧木的根系粗度呈显著线性负相关关系（图 5-2）。然而，根皮率与嫁接树生长势的相关性受砧木根粗的影响。例如，当砧木根粗介于 2～9 mm 时，根皮率与树高的相关性达到极显著水平，但随着根系粗度增加，根皮率与嫁接树生长势的相关性呈降低趋势（表 5-3、表 5-4）。

随着苹果矮化砧木需求的增大，通过根皮率预测砧木的矮化程度能够提供相对稳定的鉴定结果，但也受砧根粗度的限制，只有在苗木出圃时应用才比较方便。

表 5-3　不同砧木根皮率与根系粗度的回归分析

砧木	根皮率（y）与根系粗度（x）之间的回归方程		砧木	根皮率（y）与根系粗度（x）之间的回归方程	
	回归方程 $y=ax+b$	相关系数		回归方程 $y=ax+b$	相关系数
M9	$y=-2.978x+79.534$	-0.930^{**}	Spy227	$y=-3.480x+73.077$	-0.794^{**}
B9	$y=-3.944x+82.841$	-0.790^{**}	山定子 1 号	$y=-3.945x+79.290$	-0.836^{**}
SH6	$y=-4.190x+75.665$	-0.878^{**}	山定子 2 号	$y=-2.355x+67.563$	-0.865^{**}
SH40	$y=-2.879x+75.738$	-0.893^{**}	五峰山海棠 4 号	$y=-3.885x+73.679$	-0.896^{**}
围矮 2 号	$y=-3.978x+74.781$	-0.916^{**}	串铃海棠	$y=-3.021x+66.804$	-0.912^{**}
围矮 3 号	$y=-2.346x+73.439$	-0.880^{**}	八棱海棠	$y=-3.092x+65.343$	-0.883^{**}

注：** 表示在 $P<0.01$ 水平显著。

表 5-4　不同根系粗度下根皮率与嫁接树树高（H）和树干横截面面积（S）之间的相关性

指标	根系粗度 /mm							
	2	3	4	5	6	7	8	9
H	-0.813^{**}	-0.822^{**}	-0.812^{**}	-0.865^{**}	-0.855^{**}	-0.799^{**}	-0.782^{**}	-0.747^{**}
S	-0.865^{**}	-0.879^{**}	-0.873^{**}	-0.865^{**}	-0.831^{**}	-0.694^{*}	-0.685^{*}	-0.662^{*}

注：* 表示在 $P<0.05$ 水平显著；** 表示在 $P<0.01$ 水平显著。

2. 枝条材皮比法

虽然根皮率与砧木矮化程度呈负相关，但因根系采集较难，一些实生砧苗不适合用根皮率进行预选。因此，许多学者对苹果、柑橘、核桃、山楂等果树品种及砧木枝条进行了解剖研究，发现枝条的材皮比同根皮率一样，可以预测树体生长势。材皮比为砧木材部（木质部和髓部）和皮部（皮层和韧皮部）面积的比值。一般而言，枝条的材皮比越大，则砧木的矮化程度越高。因此，砧木枝条的材皮比可以作为预测砧木矮化性的主要解剖结构指标。基于此，一些学者逐渐采用材皮比代替根皮率进行苹果矮化砧木的预选。例如，王中英研究了苹果砧木枝条解剖构造与生长势关系，发现一年生枝的材皮比介于 2～3 时趋于矮化，大于 3 则趋于乔化；史宝胜等研究了不同苹果矮化砧木枝条与叶片的解剖结构，发现材皮比和果树长势存在相关关系，即随着砧木矮化程度的升高则材皮比减小。这些实例说明，可以利用砧木枝条的材皮比来预测砧木的矮化性。

3. 枝条电阻值和电阻率法

枝条的电阻值大小与枝条粗细密切相关，因此通常采用枝条电阻值法来进行果树矮化砧木的预选。一般而言，生长势旺砧木的电阻值高，而生长势弱的砧木电阻值低。电阻值多采用数显万用电表进行测量，直观读数，测定简便。但是，为了得到比较准确的结果，枝条电阻值法要求被比较的不同砧木的枝条粗细必须一致，这使得该法的应用受到一定限制。

为了克服枝条电阻值法的局限性，有研究者提出采用枝条电阻率法来进行果树矮化砧木的预选。基于苹果砧木解剖学研究证实，矮化砧木的木质部活性细胞和贮藏物质比乔化砧多。此外，矮化砧的枝条电阻值较小的原因是矮化砧的木质部电解质比乔化砧多。据此来看，与砧木矮化效应直接相关的应该是枝条电阻率而非电阻值。李耀维等通过研究枝条电阻率与苹果砧木矮化效应之间的关系发现，对同种砧木而言，虽然其枝条电阻值随枝条直径的不同而差异显著，但是其电阻率基本不变。此外，不同砧木的枝条电阻率差异显著，具体表现为矮化砧＜半矮化砧＜半乔化砧＜乔化砧。这说明，相较于电阻值，电阻率能更可靠地表征砧木的矮化效应。枝条的电阻率(ρ)可通过下述公式计算获得，即

$$\rho=(R/\Delta l)\times S$$

式中：ρ 为枝条的电阻率，$k\Omega\cdot mm$；R 为电阻值，$k\Omega$；Δl 为枝条长度，mm；S 为枝条横截面面积，mm^2。

4. 叶片气孔密度法

气孔是植物表皮的特有结构，其孔径大小和密度分布直接决定光合作用的效率和作物产量。叶片的气孔密度与砧木的矮化程度密切相关。叶片气孔密度在苹果属内不同种间，甚至同一品种发生的不同芽变之间，存在显著或极显著差异。一般而言，短枝型小于普通型。

叶片气孔密度可采用涂抹胶膜法或叶表皮离解法进行测定。涂抹胶膜法的具体流程如下：采集需要测定地叶片，在其背部涂抹指甲油，待指甲油风干之后用小镊子轻轻撕下叶片，并保留完整的油膜置于载玻片上，用树胶封片之后盖好盖玻片，在光学显微镜下观察叶片气孔；在低倍显微镜下找出气孔密度最大的地方，然后在电镜下观察记载气孔的密度；每一样本观察气孔密度最大的 10 个视野，即每一砧木观察 50 个视野，计算叶片气孔的平均数。涂抹胶膜法比较简单，但由于气孔不够清晰，观察有一定难度。此外，涂抹胶膜法的样本并不能长期保存。为了克服涂抹胶膜法的缺陷，有研究者提出采用叶表皮离解法进行叶片气孔密度测定。该法不仅可以观察到清晰的气孔，而且可将样本制成固定标本长期保存。叶表皮离解法的具体流程参见二维码 5-1。

二维码 5-1
叶表皮离解法的具体流程

5. 导管面积和密度法

木质部的输水能力由导管分子结构决定。有研究表明，大管径导管分子输水能力较小管径导管分子输水能力强，而小导管可能是树体表现矮小的重要原因。因此，导管面积可作为矮化砧木预选指标之一。管腔直径测量方法较简单，利用徒手切片法、石蜡切片法、滑走切片法均可获得茎组织切片并在显微镜下观察其结构，从而测得导管管腔直径及导管面积。

除导管面积外，导管密度也可作为苹果矮化砧木预选指标之一。代永欣等对苹果砧木八棱海棠和 M9T337 的根系分布及水分输导组织特征的研究表明，八棱海棠根和茎的导管直径和导水率均显著

大于M9T337,但其根和茎的导管密度显著低于M9T337。罗静等对生产上常用的M9和M26中间砧矮化苗的生长与解剖结构进行了研究,发现相较于对照(富士/八棱海棠乔化苗和海棠实生苗),M9和M26矮化中间砧苹果苗接穗的一年生枝条顶部嫩梢的导管密度显著降低,且M9和M26中间砧矮化苗基砧茎段的导管密度大于接穗和中间砧茎段。这说明,M9和M26作为矮化中间砧,使树体矮化(生长势下降)的机制与导管密度相关。

6. 苹果砧木内源激素水平分析法

砧木矮化受内源激素调控。已有研究证实,生长素和脱落酸的水平是影响矮化性的关键因素。树体矮化性,与韧皮部生长素呈显著负相关,而与脱落酸呈显著正相关。曹敏格等试验发现,相较于半矮化和乔化砧木,秋梢韧皮部的生长素含量和生长素/脱落酸比值显著降低,与砧木的矮化性呈显著负相关。程瑞平和李文光以2～3年生山定子和M9作砧木,发现砧木内源激素水平年变化规律与树体生长规律的变化基本一致;矮化砧M9和山定子相比,在被迫休眠期赤霉素A_3(GA_3)含量高,萌动期生长素(IAA)增加速度快,但在新梢旺长期间,CA_3和IAA含量逐减。这是矮砧和乔砧激素代谢的根本区别所在。因此,指定器官、指定时间内砧木内源激素的含量差异可作为矮化预测指标。

7. 利用分子生物学筛选矮化基因和标记

目前常用的分子标记有RFLP、RAPD、AFLP、SSR、ISSR等DNA指纹技术,在果树种质资源的鉴定评价、作物品种鉴定等方面有广泛的应用前景。随着分子技术的进步,苹果砧木矮化性状的标记也被开发出来。Pilcher等以M9和Robusta 5为群体,首次将矮化基因*Dw1*定位于M9的第5条染色体上,开启了苹果砧木矮化标记研究的先河。此后,Fazio等以Ottawa 3和Robusta 5为群体,明确了另一个矮化基因*Dw2*,将其定位于第11条染色体上。与*Dw2*相比,*Dw1*矮化能力较弱。Foster等以早花性、树高和节间长度等为指标,研究了*Dw1*和*Dw2*在M系、CG系、B系及JM系砧木中的作用,发现大部分矮化砧木或者半矮化砧木中都含有*Dw1*基因,M9、M8和CG41等矮化砧木中同时含有*Dw1*和*Dw2*基因。利用分子标记在苗期对目标性状进行筛选,可剔除大量非潜在目标单株,极大地提高苹果矮化砧木的育种效率。

张恒涛等利用不同亲本杂交组合后代对*Dw1*和*Dw2*矮化基因型进行鉴定(表5-5),发现新疆野苹果(李2-3)×M9组合的杂种后代中携带*Dw1*主效矮化基因的比例均高于山荆子(野1-2)×M9的杂交组合,而山荆子(野1-2)×M9组合杂交后代大部分表现为山荆子的非矮化性状,树体高大,且携带*Dw1*基因的比例较低。

表5-5 不同亲本杂交组合后代*Dw1*和*Dw2*基因型鉴定

年份	杂交亲本	检测数量	含有*Dw1*单株数量	*Dw1*比例	含*Dw1*和*Dw2*单株数量	*Dw1*和*Dw2*比例
2016	山荆子(野1-2)×M9	154	6	3.90	0	0
	新疆野榷果(李2-3)×M9	104	25	24.04	5	20
2017	山荆子(野1-2)×M9	191	5	2.62	0	0
	新疆野榷果(李2-3)×M9	43	23	53.48	14	60.9

目前，我国各地均有一些性状优良的苹果矮化砧木。例如，山西省常见的苹果矮化砧木 SH 系可嫁接不同的苹果品种，表现出良好的嫁接特性和矮化效果(表 5-6)。

表 5-6　山西省常见苹果砧木、嫁接品种及其性状表现

系列	砧木名称	嫁接苹果品种	性状表现
SH 系	SH1	红富士、红星	具有较强的抗旱、抗旱能力，在山西晋中地区无抽条现象
	SH3、6、9、18	羽红、金冠	属于极矮化砧易成花、早结果、能丰产；具有抗旱、抗骤寒、抗抽条、抗倒伏等优良性状
	SH28	羽红、金冠、红富士	中间砧嫁接树体表现出抗抽条、早花早果；自根砧嫁接树体抗逆性较强
	SH29、38、40	金冠、羽红	属于半矮化砧木，易成花，早结果，能丰产；具有抗旱、抗骤寒、抗抽条、抗倒伏等优良性状
	SH19、20、63	金冠、红星、国光	嫁接树体果实着色好，糖酸比高，品质好，耐储性强
J 系		羽红、富士	可控制树体的矮化、半矮化和半乔化；开花结果早、花量大、坐果率高、早期丰产；抗性强、抗旱抗抽条
Y 系	Y1、2、3	八棱海棠、山定子基砧、丹霞、嘎拉等	嫁接成活率高，接合口结合牢固；抗旱，抗寒，抗腐烂病
SDC 系		红星、富士	抗旱性、抗寒性强，能够安全越冬，适宜在黄土高原苹果产区干旱、多风、越冬抽条频发的地区发展

第三节　砧木与接穗相互关系研究

针对嫁接口的愈合过程，研究者从组织学、细胞学、生理学和生物化学等不同角度和层次进行了解析。嫁接口愈合过程主要包括愈伤组织的增殖(从砧木和接穗)、愈伤组织桥的形成、愈伤组织细胞分化出新的维管组织以及次生木质部和韧皮部的产生。砧木与接穗间愈伤组织形成不足或不正确会导致接穗脱落、生长减慢和嫁接植株成活率降低。因此，研究嫁接愈合的相关基础理论，提高嫁接成活率，对充分发挥嫁接的优势及其生产应用价值极为重要。

一、嫁接体的形成与亲和性检测

1. 嫁接体的形成

嫁接体的形成不是接穗与砧木的机械结合，也不是无性杂交，而是接穗与砧木相互作用、相互影响的过程(表 5-7)。嫁接时，用嫁接刀处理后，砧木和接穗的嫁接口面紧紧地贴合在一起，由于两者细胞壁物质的沉积和随后的聚合作用而产生粘连。在砧木和接穗接触的界面，因嫁接时机械损伤致死的细胞紧密接触，进而形成隔离层。隔离层是嫁接体形成初期一个动态的组织形态，随着嫁接结合处的发育，隔离层会随砧木和接穗的相容而逐渐消失。但是，若砧木和接穗的相容性较差，则嫁接时隔离层往往因附近的细胞壁木质化、细胞壁分离以及细胞器与细胞质膜系统的瓦解而逐步扩大。

表 5-7　嫁接体形成的时间进程

嫁接后天数 /d	次序	进程
1～2	1	接穗和砧木的黏合；分泌包括果胶在内的细胞壁物质
	2	形成一层坏死的死细胞
	3	细胞分裂在接穗和砧木的形成层、内皮层、皮层以及韧皮部和木质部周围的细胞中开始；愈伤组织开始形成
	4	断裂重量强度的增加非常缓慢（断裂移植物所需的重量）
3～7	5	隔离层开始碎裂
	6	愈伤组织连接接穗和砧木
	7	由新沉积的细胞壁材料（包括果胶）在接穗和砧木之间形成共同的细胞壁
	8	常见的细胞壁变薄，在接穗和砧木之间形成胞间连丝
	9	发生断裂重量强度的显著（通常是线性）增加
>7	10	愈伤组织继续增殖并分化为形成层，木质部和韧皮部分化
	11	切口周围的细胞也分化为血管组织
	12	维管组织连接重新建立
	13	隔离层消失
	14	断裂重量强度趋于平稳，以在接枝处提供类似于未接枝材料的强度

嫁接 2～3 d 后，砧木和接穗嫁接口的细胞恢复分裂，逐渐形成愈伤组织。愈伤组织的形成是嫁接成活的基础，也是能否形成连接砧木和接穗的维管系统的重要前提。随着嫁接面两侧愈伤组织的形成，隔离层开始在某些变薄的区域形成胞间连丝。对于相容性好的砧木和接穗而言，其嫁接面两侧的愈伤组织在不断增加的同时，会突破隔离层直接接触，形成次生胞间连丝。此时，连接砧木和接穗的水分和养分的输送以及各种发育信号的信息交流通道已经初步建立，下一步则愈伤组织进行分化，开始逐步建立砧木和接穗间的维管系统。

砧木和接穗愈伤组织的分化之后，建立连通的维管系统的关键在于形成层的作用。但是，在草本植物和木本植物嫁接的过程中，形成层的作用尤其是维管系统的连通过程有所不同。木本植物嫁接成活多要求砧木和接穗的形成层紧密接触，而草本植物嫁接体的发育成功关键在于砧木和接穗之间维管束的连通。但是砧木和接穗相容性的不同，会导致维管组织的不同分化状态，最终影响嫁接体的成活。从嫁接体形成的细胞层面来说，各种细胞器首先响应砧木和接穗遭受机械损伤，随后在愈伤组织的分化中，为形成维管组织起到重要的作用。

2. 嫁接亲和与不亲和性

嫁接通常发生在不同栽培品种或者物种之间，而相同遗传背景的嫁接可能并不会对生产实践产生积极作用。嫁接的成活率对于实际生产来说是十分重要的，其主要取决于砧木和接穗的相容性，也就是亲和性的高低。

研究接穗和砧木的亲和性是嫁接应用于生产实践的基础。对于嫁接亲和性与不亲和性的定义有多种解释。造成嫁接体不亲和的原因多种多样。表面来看，无法发育成正常的维管组织，导致砧木和接穗形成层和维管束断裂不连续，从而水分和养分无法供给复合作物的生长，则体现为不亲和性。一般来说，嫁接成活率与接穗、砧木之间的亲缘关系有关，两个物种间嫁接的亲和性取决于嫁接结合体的建立以及嫁接体形成后复合植物的生长。

3. 嫁接亲和性的预测方法

嫁接是农业生产中能够提高作物产量和品质以及抵御病虫害的重要农艺措施。因此,保证嫁接后作物的正常生长是重中之重,在广泛推广应用某一嫁接组合前,需经过亲和力鉴定,保证嫁接组合的成活率和应用前景。嫁接不亲和往往给生产带来巨大损失。鉴于此,采用有效的方法预测嫁接亲和与否,可以避免嫁接后出现不亲和的现象,这对于不亲和症状出现晚的组合尤为必要。

为了避免嫁接不亲和给生产带来的损失,人们往往希望在嫁接前通过快速有效、简便易行的方法预测嫁接亲和与否。然而,嫁接体的发育因砧木和接穗的不同而差异较大,且不同嫁接组合亲和与不亲和原因与症状不一,因此一种预测方法不可能适用于所有嫁接组合。不同嫁接体的发育阶段大致相同,因此可以通过不同的发育阶段以及参照其生理与分子机制,选择相应的方法作为鉴定标准(表5-8)。

需要注意的是,不同的预测方法有各自的优缺点。例如,断裂试验法主要检测嫁接结合部的抗张强度,而抗张强度的变化与嫁接结合部的组织学、细胞学变化密切相关,因此该法能准确预测嫁接亲和性;但是,这种方法需要将包括嫁接结合部在内的茎枝切下进行离体测定,并且不能在同一植株上进行持续的测定。与断裂试验法相比,电阻值法通过检测嫁接结合部电阻值的动态变化预测嫁接亲和程度,具有可靠、操作简便、省时、不损坏植株和可连续测定等优点,但不能直观反映嫁接亲和程度。因此,在实际生产中,可根据嫁接材料和测定条件选择相应的嫁接亲和性预测方法(表5-8)。

表 5-8　嫁接亲和性的预测方法及其局限性

方法	流程	局限性
外部症状观察法	肉眼观察嫁接体结合部外部是否有不正常形态,如肿痛“小脚”“大脚”现象	等待时间长,甚至需要好几年
解剖结构观察法	在显微镜下观察嫁接体结合部组织是否异常	需将结合部切下制备切片,毁坏嫁接植株;症状出现慢的组合需连续取材
根水导性测定法	通过测定根的水导性(L_0),反映嫁接组合亲和性(亲和性强则 L_0 高,反之则低)	需要根系导水率测定仪
断裂试验法	通过测定嫁接结合部的抗张强度与嫁接后时间的关系,预测嫁接亲和性;抗张强度以断裂重量表示,即在单位嫁接面面积上使接穗与砧木结合处断裂所需加的重量	不能在同一植株上进行持续测定;需要将包括嫁接结合部在内的茎枝切下进行离体测定
电阻值法	通过检测嫁接结合部电阻值的动态变化,预测嫁接亲和性	不能直观反映亲和程度
同工酶电泳分析法	运用电泳分析不同植物的同工酶谱,以某些特定条带的有无或数量差异反映砧木和接穗间的亲缘关系和代谢相似度	只能在嫁接后酶发生变化后进行,不能在嫁接前预测亲和性
组织培养法	利用愈伤组织培养法测定不同植物愈伤组织对毒素耐受性,以预测嫁接亲和程度	依赖人工培养,成本较高,容易染菌
离体嫁接法	离体嫁接与整体嫁接表现出的亲和程度一致;包括离体茎段嫁接、愈伤组织嫁接和显微嫁接	依赖人工培养,成本较高

二、嫁接砧穗互作在实际生产中的应用

接穗和砧木的来源不同，使得根冠之间的相互作用必然不同于原本的整体，进而产生不同于砧木和接穗本身的性状。但是，这种新的性状并不是确定的，亲和性较差的砧木和接穗无法产生具有生产价值的复合植株，进而无法产生超越砧木或者接穗的性状。反之，若砧木和接穗双方的互作，既能够利用砧木的某些特征，如强大的水肥吸收能力、抗逆能力等，又能够延续接穗优良品质的特征时，便能够产生利于农业生产实践的优异性状。

1. 利用嫁接提高植物抵御非生物胁迫的能力

园艺植物栽培过程中所面临的非生物逆境较多。例如，在设施栽培中，瞬时高温、高湿以及遮阴等都会影响园艺植物的生长。此外，随着栽培年限的增加，水肥的不合理施用，土壤盐分也可能成为园艺植物的胁迫因子之一。

生产上常用的栽培品种，其产量和品质特性一般较好，但对于非生物逆境（如冷害、盐胁迫）的抗性和适应性较差。与之相反，在自然界中，园艺植物的野生种或者半野生种往往具备较强的适应性和抗逆性。因此，采用野生种或者半野生种作为嫁接砧木，往往能够提高栽培品种抗非生物胁迫的能力。例如，果树采用半野生矮化砧木嫁接，能够减轻冬季的冻害；黄瓜采用半野生砧木嫁接，能够提高植株抵御盐害的能力。

2. 利用嫁接提高植物应对生物胁迫的能力

制约园艺植物产量和品质的另一个重要因素是生物胁迫，如细菌和真菌病害、地上部以及根系的虫害等。瓜菜类在生产中经常遭受各种土传病害的影响，如黄萎病、枯萎病和根腐病。通过嫁接抗性品种或者野生种和半野生种，可以促进其生长以及抵抗土传病害。在蔬菜栽培中，常选择抗病性较好的砧木进行嫁接，减少农药的使用，稳产增质。例如，黄瓜 / 黑籽南瓜嫁接组合能够有效防治黄瓜的枯萎病，并且由于黑籽南瓜具有较强的生长势，能够显著提高黄瓜的产量和品质。

3. 利用嫁接改善园艺植物生长与产品品质

在实际生产中，接穗往往具有较好的外观和内在品质，而砧木一般具有强大的根系，其对水分和养分的吸收能力强于接穗。此外，在园艺植物栽培中，为了应对多种多样的非生物和生物逆境，砧木的选择也一般需要具有抗逆性和抗病性，从而对接穗的优良性状提供营养生长和生殖生长提供基础。

嫁接对于复合植物生长的影响源于砧木强大的根系吸收水分和养分的能力。与自根植物相比，嫁接植物通常具有更强的水分和养分吸收能力，这也是选择砧木进行嫁接的原因。优良的接穗虽然有较好的商品品质，但是抗逆性和产量较差。通过嫁接改变自根苗根系原本的生物学功能，从而使接穗的品质性状得以增强。同时，由于接穗在具有强大生长势的砧木作用下，能够提高同化物的合成，与自根苗相比产生更多的地上部生物量，从而影响产量和品质。嫁接改善园艺植物生长与产品品质的机制参见二维码 5-2。

二维码 5-2 嫁接改善园艺植物生长与产品品质的机制

综上，嫁接是一项栽培生产中的实用技术，通过合理选择砧木与接穗的组合，可以增强园艺植物的抗逆能力，提高产量和品质，给农业生产带来巨大的经济效益。

三、嫁接砧穗互作在植物基础理论研究中的应用

砧木与接穗来源于不同个体，因此砧穗之间存在强烈的互相作用，不仅影响嫁接体的愈合，而且影

响嫁接复合植物的生长发育，进而影响植物的抗逆耐性以及产量和品质。嫁接的目的是提高植物产品产量与品质，而砧穗间的物质交流和信息传递是嫁接目的实现的基础。

1. 砧穗间的物质交流

水分和养分从砧木向接穗转移是接穗生长的基础。认识和研究嫁接复合植物砧穗之间水分和养分的运输，要从砧木的根系开始。由于砧木根系代替了接穗根系，养分的吸收与利用能力必然产生不同。在果树方面，有关砧木和接穗之间的矿质养分运输的研究报道较多，但是影响模式上并没有普遍的规律。例如，在矿质元素的相关研究中，存在能够提高叶片矿质养分的砧木，但有些砧木对于矿质养分在叶片中的积累并无促进作用。在蔬菜方面，葫芦科和茄科作物通常使用嫁接手段来提高植株抗逆性、产量和品质。例如，葫芦砧木能够显著提高西瓜生殖生长期叶片中的中微量元素的含量，从而有助于提高西瓜的产量和品质。

与水分和养分的运输相反，在嫁接植株形成以后，同化物从接穗向砧木转移。不同嫁接组合的同化物运输并不相同。嫁接组合的亲和性越好，同化物向砧木转移的数量越多。反之，若嫁接结合部运输受限或受阻，可导致结合部淀粉沉淀和氮素累积。研究砧木和接穗之间的同化物交流，有助于揭示嫁接植株的发育过程。有研究表明，同化物在矮化中间砧内累积，导致向下运输受阻是嫁接植株矮化的原因。

2. 砧穗间的信号传递

作为一个独特的研究系统，嫁接技术已广泛地应用于植物生命科学研究之中，解决了信号传递方面的一些基本理论问题，具体包括以下两方面：

（1）RNA 通过韧皮部在植物体中的长距离运输　某些 RNA 分子作为非细胞自生的信号分子进行细胞间或植物体内长距离的转运，控制相关器官的发育或参与防御反应。例如，有研究者将黄瓜（接穗）嫁接至笋瓜（砧木）上，采集嫁接后接穗中的筛管液并分析其分子组成，发现砧木中 *CmPP*16 mRNA 可以通过嫁接面转运至接穗部。近年来，越来越多的研究者发现小分子 RNA 参与基因调控体系。植物小分子 RNA 包括 MicroRNAs（miRNAs）和由 21～24 个核苷酸长度组成的 siRNA 两类。

（2）信号蛋白在植物体中的长距离运输　当遭受昆虫攻击或食草动物噬食等机械损伤时，高等植物体内特定的信号蛋白可以从受损部位传递至未受伤部位，引起受伤诱导的蛋白酶抑制物的表达。信号蛋白由 18 个氨基酸组成的多肽（称为系统素），来自其 200 个氨基酸组成的前体前系统素。将非转基因植株（接穗）嫁接至表达前系统素的转基因植株（砧木），可引起接穗和砧木的叶中持续表达蛋白酶抑制物，说明信号蛋白系统素在植物体中的长距离运输对植物抵御逆境至关重要。

综上，嫁接可作为一个独特的研究系统探究水分和养分的运输、地下信号物质的传递和细胞间识别等机制。此外，在植物生命科学领域中，嫁接体的愈合机制以及接穗和砧木相互作用产生的一系列分子生理生化现象，均具有重要的理论研究价值。

第四节　砧木试验实例

一、八县（市、区）苹果自根砧冻害调查分析

1. 试验目的

国内大多数学者认为自根砧根系浅，抗性差，尤其是不耐抗寒性，在冬季温度低于 −20 ℃ 时有冻害

现象发生。在2016年1月下旬，我国北方遭遇多年不遇的低温冻害。西北农林科技大学园艺学院李丙智等通过调查海升自根砧苹果基地冻害，探究了自根砧苹果在极端低温下是否具有抵抗能力。

2. 材料与方法

试验调查于2016年3月至4月下旬进行，对洛川、黄龙、宜川、延川、吴中、延庆六县（区）的自根砧苹果基地进行受害统计，以及新疆和辽宁两基地进行电话调查。调查过程参见李丙智等(2016)的研究。

3. 结果与分析

八县(市、区)2016年春季最低温度如表5-9所示。从陕西四县调查结果来看，即使2016年出现接近历史极端温度的低温危害，在采用防冻措施的情况下，自根砧M9-T339富士、嘎拉、乔纳金等品种可以安全越冬。宁夏吴忠最低温度达到了 –27 ℃，在采用普通的防冻措施就能安全越冬。在北京延庆，虽然低温为 –26.5 ℃，但低于 –19 ℃低温长达半个多月，低温持续时间长，除富士之外，其他品种均能够安全越冬。并且，延庆过去栽培乔砧富士也不能安全过冬，根砧富士不能安全越冬也属于正常。新疆阿拉尔、辽宁新民在低温冷害条件下，富士等品种均能安国越冬，没有冻害发生。

表5-9　八县(市、区)2016年春季最低温度

县(市、区)	最低气温出现日期	最低气温 /℃	低于 –19 ℃天数 /d	极端最低温度
北京延庆	1月22日	–26.5	16	2016年为极端低温
宁夏吴忠	1月23日	–27.0	7	2016年为极端低温
陕西延川	1月23日	–23.0	3	1997年为 –22.5 ℃
陕西黄龙	1月23日	–23.0	2	极端低温2002年为 –23.7 ℃
陕西宜川	1月23日	–20.3	1	极端低温2002年为 –23.3 ℃
陕西洛川	1月23日	–20.0	3	极端低温2002年为 – 23.0 ℃
新疆阿拉尔	1月23日	–22.0	5	历史极端低温为 –28.0 ℃
辽宁沈阳新民	1月24日	–25.0	12	历史极端低温为 –33.1 ℃

通过分析发现，M9-T337在 –20 ℃以下不能越冬的指标改为 –25 ℃左右比较合理。

二、不同砧木对嫁接黄瓜果实外观特征的影响

1. 试验目的

黄瓜是设施栽培的主要蔬菜作物之一。使用不同砧木嫁接不仅能提高黄瓜对枯萎病等土传病害的抗性，而且对黄瓜果实的品质及商品性（果实口感、风味、蜡粉量等）有一定影响。华中农业大学园艺林学学院郑秀等比较分析了不同砧木嫁接黄瓜和自嫁接黄瓜果实外观特征和果面蜡粉方面的差异，为黄瓜嫁接砧木的选育和利用提供了依据。

2. 材料与方法

黄瓜接穗品种为‘津绿21-10’（简称Z）；供试南瓜砧木品种共5种，包括4种‘中国南瓜’（简称T2、T3、T12、T13）和1种‘黑籽南瓜’（简称HZ）。以上述砧木为材料，分别构建嫁接组合Z/T2、Z/T3、Z/T12、Z/T13和Z/HZ，以自嫁接黄瓜‘津绿21-10’/‘津绿21-10’（简称ZJ）为对照。

3. 结果与分析

不同南瓜砧木对嫁接黄瓜果实外观特征的影响如表 5-10 所示。与自嫁接黄瓜 ZJ 相比,除 Z/T13 嫁接组合外,其余 4 个嫁接组合均显著增加了黄瓜果实横径,其中以 Z/T12 嫁接组合的黄瓜果实横径最大。但是,5 种南瓜砧木嫁接均对黄瓜果实纵径无显著影响。此外,Z/T3 和 Z/T12 显著降低了果形指数;Z/T2 和 Z/T12 对瓜把长与瓜把长 / 果实纵径影响趋势相反。

表 5-10　不同南瓜砧木对嫁接黄瓜果实外观特征的影响

嫁接组合	果实横径 /cm	果实纵径 /cm	果形指数	瓜把长 /cm	瓜把长 / 果实纵径
Z/T2	3.90 ± 0.03 ab	33.00 ± 0.84 a	8.46 ± 0.23 ab	3.52 ± 0.38 c	0.106 ± 0.009 c
Z/T3	3.84 ± 0.06 abc	31.60 ± 0.98 a	8.24 ± 0.31 b	3.70 ± 0.15 bc	0.118 ± 0.007 bc
Z/T12	4.12 ± 0.04 a	32.80 ± 0.58 a	7.96 ± 0.14 b	5.32 ± 0.29 a	0.162 ± 0.009 a
Z/T13	3.54 ± 0.14 cd	31.20 ± 1.02 a	8.85 ± 0.32 ab	4.22 ± 0.17 bc	0.135 ± 0.002 b
Z/HZ	3.78 ± 0.14 bc	32.20 ± 1.07 a	8.55 ± 0.32 ab	3.94 ± 0.24 bc	0.123 ± 0.008 bc
ZJ	3.34 ± 0.15 d	31.00 ± 0.45 a	9.33 ± 0.29 a	4.32 ± 0.17 b	0.140 ± 0.007 b

不同南瓜砧木对嫁接黄瓜果实果面明亮度的影响如图 5-3 所示。南瓜砧木种类显著影响了嫁接后黄瓜果实果皮明亮度差值。其中,Z/T2 和 Z/T3 嫁接组合的黄瓜果实果皮明亮度差值(ΔL)显著低于其他嫁接组合,因此砧木 T2 和 T3 嫁接黄瓜果实的果皮蜡粉层薄、量少,色泽明亮,而砧木 T12、T13、黑籽南瓜和自嫁黄瓜果实果皮蜡粉层厚、量多,色泽灰暗。

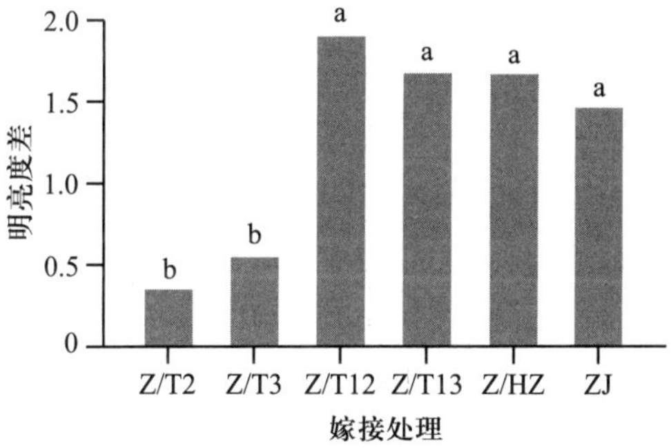

图 5-3　不同南瓜砧木对嫁接黄瓜果实果面明亮度的影响(郑秀等,2019)

注:柱上不同小写字母表示在 $P<0.05$ 水平显著差异显著

三、月季抗根癌病和根腐病复合砧木的预选

1. 试验目的

月季的根癌病和根腐病对花卉生产造成了极大的危害。辽宁省经济作物研究所庄得凤等将两个具有不同抗性品种的砧木进行正、反杂交得到杂交后代,然后对获得的杂交后代进行根癌病、根腐病抗性评价,通过无性繁殖及嫁接亲和性试验,筛选抗根癌病、根腐病的后代。

2. 材料与方法

以对根癌病具有抗性的砧木 *R. hybrida* cv. PEKcouge 1 和对根腐病有高抗性的砧木 *R. multiflora* cv. Matsushima No.3 分别为母本和父本。通过人工杂交授粉,利用胚挽救技术成功获得杂种后代,

并利用 *R. multiflora* 特异引 SCAK16 进行杂种鉴定，最终确认获得了 3 株杂交后代，即 *R. hybrida* × *multiflora* F_1 No.1、*R. hybrida* × *multiflora* F_1 No.5 和 *R. hybrida* × *multiflora* F_1 No.6。供试菌株为月季肿瘤分离得到的根癌土壤杆菌 *R. radiobacter* 菌株 GOU1，原菌活化采用 YEB 培养基，活化后菌液浓度为 1.0×10^{10} 个 /mL。抗病性的评价、根腐病抗性鉴定和扦插成活试验参照庄得风等的研究。

3. 结果与分析

由图 5-4 可知，*R. hybrida* cv. PEKcougel 的肿瘤形成率为 0，而 3 株杂交后代（*R. hybrida* × *multiflora* F_1 No.1、No.5、No.6）的肿瘤形成率介于 20.5%～26.4%，显著低于 *R. hybrida* cv. Dukat（77.2%）。

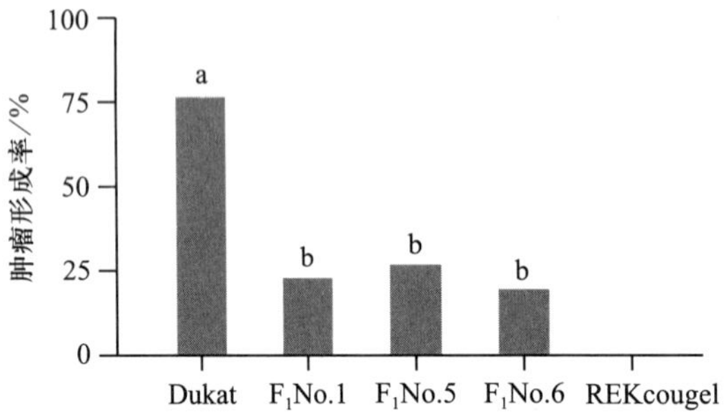

图 5-4　月季根癌病鉴定成活茎段肿瘤形成率（庄得风等，2016）

供试植株接种一周后，月季根腐病鉴定插穗褐变度如图 5-5 所示。感病品种 *R. hybrida* cv. Nakashima 91 的褐变度（55.5%）显著高于抗性品种 *R. multiflora* cv. Matsushima No.3（8.8%）。3 株杂交后代（*R. hybrida* × *multiflora* F_1 No.1、No.5、No.6）褐变度介于 12.9%～25.8%，显著低于感病品种 *R. hybrida* cv. Nakashima 91，且 *R. hybrida* × *multiflora* F_1 No.1 和 No.5 的褐变度显著高于抗性品种 *R. multiflora* cv. Matsushima No.3。

扦插成活率是作为砧木的重要指标之一。由图 5-6 可知，3 株杂交后代（*R. hybrida* × *multiflora* F_1 No.1、No.5、No.6）的扦插成活率介于 68.5%～73.6%，显著低于对照砧木香水月季和蔷薇 *R. multiflora* cv. Matsushima No.3（二者的扦插成活率均达到 100%），这说明杂交后代的扦插成活率低于常用砧木品种。

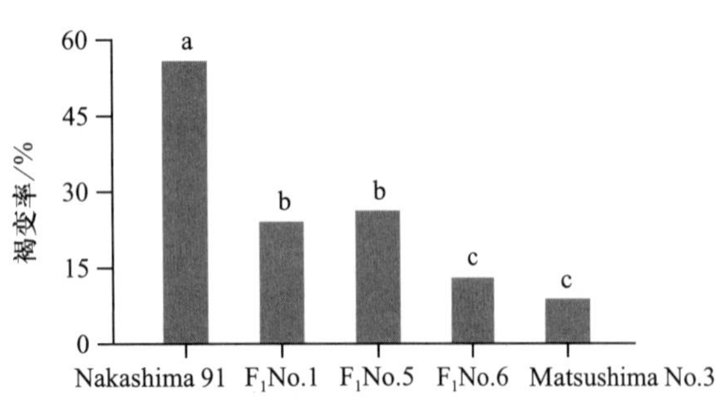

图 5-5　月季根腐病鉴定插穗褐变度（庄得风等，2016）

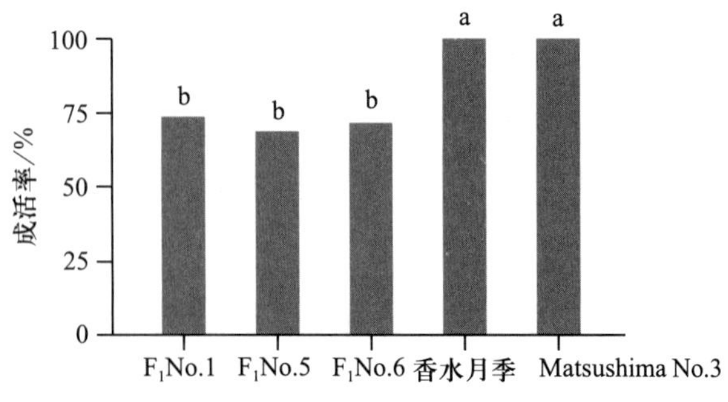

图 5-6　月季扦插成活率（庄得风等，2016）

思考题

1. 在实际生产中，为什么要进行嫁接？
2. 选择砧木的原则是什么？
3. 砧木对接穗的影响主要包括哪些方面？
4. 苹果矮化砧木标准的测定方法包括哪些？各自有何优缺点？
5. 嫁接体形成的时间进程主要包括哪些？
6. 嫁接亲和性的预测有何意义？
7. 预测嫁接亲和性方法包括哪些？各自有何局限性？
8. 嫁接砧穗互作在实际生产中的应用主要包括哪些方面？
9. 在植物基础理论研究中，嫁接砧穗互作有何价值？

第六章

园艺植物土肥水管理试验

第一节　土壤管理试验

土壤是植物根系生长、吸取养分和水分的主要场所，土壤的酸碱性、养分含量、水分含量直接影响植物的生长状态，因此园艺植物种植园的土壤管理是提高产品质量、增产增效较明显和迅速的措施之一。土壤管理是为了了解土壤的基本情况，提高土壤肥力，使土壤更加肥沃，土性变得更好，持续有效地提高肥力水平，使水、肥、气、热相互协调，以保证植物持续稳定地优质高产，并满足无公害产品生产对特定土壤条件的要求。

一、园艺植物对土壤的生物学表现及适应性

研究种植园土壤需根据土壤种类，制定适宜的管理措施，考察标准为园艺植物的生物学表现和对土壤的适应特征，以园艺植物生产的持续发展为目标，合理地对种植园土壤进行改良。

（一）园艺植物对土壤的生物学表现

园艺植物对不同类型土壤的适应性和土壤管理措施产生的效果，表现为园艺植物地上部及地下部的生长发育状况和产品的质量、产量等方面。

（1）地上部　包括产量、质量水平、整齐度、植株发育状况等，如干周、茎、枝、叶的生长量、枝类比、节间长度、叶面积、叶质量和叶幕形成状况、短枝质量、花芽分化的数量和质量、果实产量及质量等。

（2）地下部　包括根系生长类型、根系适应的环境及其分布层次、根密度（单位体积土壤内不同类型根的重量或数量，单位长度根上的侧根数等）、根质（根粗度、色泽、光泽等）、根系生理生化特性（吸收、合成、分泌、代谢过程的变化等）、生长根和吸收根的数量和比例等。

土壤研究需要考察根系分布的表层、集中分布层以及内、中、外三区的密度和比例。土壤偏黏，通气不良，根系呈线型分布，骨干根发达，侧根分生级次少；通气良好，肥力水平较高，根系则均匀分散成网状；沙地土根系密度较大，细根、新根呈集中或边缘分布特征。另外，如植株整齐度、植株类型、产量和植株趋向性分布等种植园的群体状况也作为反应土壤状况的重要标志。

（二）园艺植物对土壤的适应性

原始土壤经过人类的耕作熟化以及与栽培植物的相互作用，而表现出一定的适应特征，能够为植物根系提供不同的生存环境和活动条件，但是各地不同的成土条件和土壤母质，形成各种特殊的土壤结构、土壤功能和营养基质环境，从而造就出不同类型、不同功能的根系和根系功能环境（根分泌特征、

根际微生物种类以及离子交换、营养平衡等)。研究土壤管理,进行土壤改良,要从具体的土壤条件和当地环境出发,为根系生长和吸收、合成、分泌等功能发挥创造最佳条件,重点考虑土壤影响根系功能的主要因素,注重根土关系。

1. 土壤和根系的层次性

(1)表层　一般为熟化,肥力高,质地均匀,有助于根系的发育生长,为浅根性植物根系分布层,该层土壤环境较不稳定,容易受外界影响,如干湿交替、低温变化等气候变化容易影响植物根系生长发育、吸收等功能。研究该层主要考虑土壤的保护性改良,如采用地面覆膜覆草、深耕、增施有机肥等措施。

(2)中层　相对稳定层,不与外界大气直接接触,受外界变化影响较小,为深根性植物根系的集中分布层。该层的肥力水平影响植物地下部根系的生长发育、功能表达以及地上部生长发育的稳定性。研究该层需要克服土壤的不良结构以提高土壤肥力,扩大植物根系生长范围等。

(3)下层　地下水位的活动层,受上、中层的渗透影响,也受土基岩的影响。该层植物根系的分布形成不同边界结构。这类土壤的主要研究内容是改造黏板层,若土壤下层为沙砾层则需要深耕取沙掺入有机质;若地下水位过高,则需要降低地下水位,减轻盐碱危害。因此降低地下水位、改良盐碱土也是该土壤重要的研究课题。上、中层土壤对肥水的吸附、渗透特征可在该层研究。

2. 土壤结构性指标

土境结构性指标包括结构体的形状、稳定程度、排列方式及相应的孔隙状况。土壤结构性影响土壤的水、肥、气、热状况,也影响土壤的耕性和根系活动。稳定的土壤结构、良好的土壤通透性,有利于协调水、肥、气、热形成良好的根系活动环境,既保水又保肥,稳恒供应。土壤中的有机质含量、土壤孔隙度、黏粒等是评价土壤肥力与结构的重要指标。优良种植园有机质含量通常为2%以上,砾石度一般要求20%左右,粒比为30%左右。研究土壤管理除考察植物生物学表现外,还必须考察土壤的结构性,这样才能全面真实地评价管理措施的优劣,也是探求根土关系必不可少的内容。

3. 影响根系功能和土壤供养特性的其他因素

土壤pH、氧化还原电位、土壤微生物群落的结构、线虫发生的低限值等都是创造良好根域环境、合理发挥肥效的重要因素,也是维持根系正常功能表达和调节自身的重要条件。

土壤具有吸收保持肥料养分的能力,可用盐基置换容量、盐基饱和度来反映;盐基淋溶、成土母质及化肥使用影响土壤pH,pH影响土壤和植物的生产性能,改变营养元素的可给态,破坏元素平衡,引起盐碱和缺素。土壤氧化还原电位与有机质含量、微生物群落和植物根系的呼吸代谢有密切关系。不同植物有一个适宜的氧化还原电位范围,一般300 mV以下即有危害。土壤微生物群落如硝酸还原菌、固氮菌及与果树等共生的菌根菌,其代谢生长活动都会影响根系的功能和功能环境。土壤线虫和其他有害小生物的发生数量对植物生长发育有影响,探索产生危害的界限值也是种植园土壤研究的重要内容。

二、土壤改良研究

园艺产业生产可持续发展的关键之一是土壤环境和土壤肥力能否得到保护和维持。改良土壤从长远来讲,目标就是使植物生长生产的可持续发展,即因土制宜,为根系创造适宜生长环境,为根系生长、类型组成、密度分布以及吸收、合成、再生功能等方面的合理有效性创造最佳条件,其主要研究内容如下：

(1)土壤供水供肥和环境条件稳定性研究　主要考虑土壤有机质含量，土壤黏粒、石砾的合理比例等，这些直接与土壤的结构有关。

(2)层次分布合理性研究　这是土壤改良的另一目标，主要通过保护表层，均匀中层，打破底层，增加有机质含量以改良土壤原始结构，这些直接关系到根系密度和分布的合理性。

(3)肥力水平及肥水保持研究　即通过改良，使土壤水、肥、气、热四大因素协调，并且具有较大的容量和适宜的肥力强度以及良好的吸附交换特性，这些与土壤中营养含量和平衡及土壤的胶体特性有关。

(4)界面效应利用研究　土壤中存在的固、液、气三相结构复杂，功能多变，形成众多的大小界面，而根是在界面上生长发育的，所以土壤管理需增加界面，并加以利用。对于界面的性质、结构特性及与根系的关系仍需要更深入的研究。

(5)重茬问题研究　瓜果、蔬菜等植物的栽种会影响土壤养分、元素平衡、根系分泌、微生物群落等，从而抑制后茬植物的生长发育，因此忌地系数常作为地力水平的衡量标准。克服重茬障碍，使土壤恢复原有生产力，是种植园土壤改良的重要内容。采取的措施主要有土壤消毒、换土、补充缺失元素、利用有益微生物、合理轮作、调控土壤生态环境等。

(6)特殊土壤改良研究　在园艺植物的栽培和生长过程中，土壤的酸碱性、含盐量、微量元素含量等诸多因素对植物的生长都具有重要影响。因此，如何通过改良种植园土壤来改良盐碱地、涝洼地、风沙土、瘠薄山地以及被污染受侵蚀的土壤等需要进行更加细致深入的研究。

(7)园艺植物生产可持续发展研究　1992年联合国粮食及农业组织（FAO）和国际农业贸易政策理事会在农业与环境国际会议上提出了“持续农业”的概念，要求必须采取有力措施，保护农业资源，改善生态环境，走农业与环境保护协调发展的道路。园艺产业面临水土流失、土壤肥力退化、生产环境污染严重等亟待解决的问题，因此有必要加强土壤管理，建立最适农业生态环境，促进产业高产优质高效的同时，维持产业的可持续发展。

三、根际微域环境研究

根际是围绕于植物活根周围很小的土壤微域，受根系生理活动的影响，在物理、化学和生物特性上不同于原土体的特殊土区；是土壤、植物根系和微生物三者相互作用的场所，也是土壤水分、养分进入植物根系的门户，其范围与植物种类、土壤类型、土壤含水量、根系的特定分布及其产物等因子有关。土壤养分的迁移、吸收、利用率受根际微域环境的影响，植物的生长发育、产量、抗逆性及根系病害防治也受根际微域的环境的影响。因此，根际微域环境成为土壤研究的重要内容。其研究内容主要有以下几个方面：

(1)根际范围大小及其结构的研究　指根系生命活动所能影响的土壤微域范围大小及其分布变化。

(2)根际理化性质的研究　包括pH、氧化还原电位、离子平衡等。

(3)养分状况的研究　可用放射自显影技术研究营养元素的盈亏，用电子探针测知营养元素的分布，也可用特定的电极探测某种元素的盈亏和分布等。

(4)根际分泌物的研究　包括分泌物的成分、影响分泌的因素、分泌物对根系和土壤的影响及特种分泌物的诱导等。

(5)根际微生物的研究　包括微生物的种类、数量、活性，微生物对根系生长发育和营养吸收合成的影响，微生物对根际土壤环境及养分变化的影响等。

(6)根际微域酶类及其活性的研究　包括酶的种类、数量、活性等。

种植园土壤管理研究的内容丰富多样，所以研究时不仅需要注意土壤的特点，还要考虑植物的生物学反应，要将土壤和植物结合起来进行研究。

四、试验设计

国内外对种植园土壤管理中许多单项因子影响做过不少试验，例如，不同土壤管理制度对土壤水分、土壤温度单项理化性质的影响等。虽然甲地的试验只能供乙地参考，但对趋势明显的试验效果，在时间不允许的情况下，可以不再重复单项因子的试验，即可进行复因子试验。复因子试验可以在较短的时间内取得较好的试验效果，及早推广，早做贡献。

现以果园土壤管理试验为例简述其试验设计。

小区面积：山地一般 8～160 m^2，设多次重复次数来减小误差。滩地类似平地，小区面积可以大些，重复可以少些。

处理项目：需将当前实际情况与长远目标结合。对各地果园土壤管理制定试验方案，应因地制宜，考虑实际因素。除主处理外，关于果园间种作物种类、绿肥种类、蔬菜种类，可设副处理，采用裂区排列设计。

试验树的施肥种类、用量、次数及时间等各处理应当相同。当地生产上的果园土壤管理作为对照。现将幼年果园、成年果园和密植园的果园土壤管理试验方案，处理项目简列如下：

(1)幼年果园行间、株间土壤管理　处理如下：

①下半年浅耕，上半年间作，茎秆还园。②全年间作，基秆还园。③旱季喷布除草剂，雨季种绿肥，开花时压青。④全年绿肥，开花时压青。⑤对照，一般管理。

冬春为旱季，可改为下半年绿肥，上半年浅耕休闲。

(2)幼年果园树盘土壤管理　处理如下：

①树盘清耕。②树盘盖草。③树盘用塑料薄膜覆盖。④树盘喷布除草剂。⑤对照，一般管理。

(3)成年果园土壤管理　处理如下：

①树盘清耕，盘外种蔬菜。②树盘清耕，盘外种绿肥，并压青。③全园免耕、覆草、施化肥。④全园旱季喷布除草剂，雨季种绿肥，并压青。⑤对照，一般管理。

(4)密植果园土壤管理　处理如下：

①旱季浅耕，雨季种绿肥，并压青加化肥。②一年四季种绿肥，并压青加化肥。③全园免耕、覆草加化肥。④对照，一般管理。

(5)果园地膜覆盖试验设计　处理如下：

①全园(或树盘)覆盖无色透明地膜。②全园(或树盘)覆盖银灰色地膜。③全园(或树盘)覆盖乳白色地膜。④对照，不覆盖。

以上各项试验处理可以重复 3～4 次。

五、试验结果调查

土壤管理试验效果的调查测定内容可按不同植物(如果树、蔬菜等)的生长发育、土壤肥力的变化(表 6-2),以及间作物的生长发育(表 6-3)等项分别记载。表 6-1 是果树生长发育调查表,以供参考。

表 6-1　土壤管理试验果树生长发育调查表

砧木:　　品种:　　区号:　　定植时间:　　调查时间:

试验处理	株号	干周断面 /cm^2	冠高 /cm	冠径 /cm	单叶面积 /cm^2	叶总面积 / cm^2	新梢生长量 / cm

断面根系数量			果实产量 / (kg/hm^2)	果实品质			
0～30 cm	30～60 cm	60～90 cm		可溶性固形物 /%	糖	酸	耐贮性

表 6-2　土壤管理试验前后肥力变化调查表

砧木:　　品种:　　区号:　　定植时间:　　调查时间:

试验处理	土壤营养成分变化						有机质变化 /%		土壤水分变化 /%	
	N		P		K					
	前	后	前	后	前	后	前	后	前	后

土壤温度变化 /℃		土壤根际微生物变化		土壤孔隙度变化		土壤 pH 变化	
前	后	前	后	前	后	前	后

表 6-3　间作物生长发育调查表

砧木:　　品种:　　区号:　　定植时间:　　调查时间:

间作品种	播种日期	播种量 / (kg/hm^2)	播种方法	出苗日期	开花日期	植株高度 / cm	植株产量 / (kg/hm^2)	第一次收割期	第二次收割期	间作物抗逆性	备注

第二节　肥料试验

肥料试验主要用于研究肥料对园艺植物的生长、产量、品质及土壤肥力等作用。肥料试验通过合理的试验设计、施肥技术与统计方法,争取做到投资少、时间短,同时在人为控制条件下研究各种农业化学规律,提出最优施肥措施,以达到优质高产高效以及培肥土壤、减少环境污染的目的。

一、肥料试验的主要任务

随着园艺生产的发展,在施肥上做了大量研究工作,取得了许多成就,对增加产量和提高品质具有积极作用。针对园艺植物生产的特点,为大幅度提高产量和改进品质,肥料试验研究的主要内容有以下几个方面：

1. 主要园艺植物不同种类品种需肥规律的研究

研究各种园艺植物在不同季节、不同栽培制度下的吸肥变化特点，为合理施肥、制定配方施肥提供理论依据。

2. 园艺植物早开花早结实、优质高产稳产施肥制度的研究

研究在一定栽培技术措施的配合下，通过水肥调节，达到提早开花、提早结果、优质、丰产、稳产的目的。应着重研究植物种类、品种、不同年龄阶段植株的施肥量、施肥时期、三要素肥料的配合比例，达到经济有效利用肥料的目的。

3. 不同土壤类型的施肥量、施肥时期、肥料配比、施肥方法及肥效试验研究

施肥量的研究适用于各类土壤。若施肥不足，植物的生长发育受影响；若施肥过多，植物无法全部利用，则会污染环境，也影响植物的生长发育。不同土壤其盐基的代换量不同，保肥力也不同。

4. 根外追肥种类、浓度、次数、时期的研究

不同植物种类、品种根外追肥的最佳时期也不尽相同，为发挥根外追肥的最大效应，需探讨植物的最佳根外追肥时期。

5. 盆栽试验研究

盆栽试验研究包括：研究植物、土壤和肥料间的互作；探讨各种营养元素对植物器官生长发育的影响；研究各种营养元素的配比对植物生长发育及光合作用的影响，寻求最优的比例；研究土壤的不同湿度对肥料的利用率；探讨矿质肥料对土壤和植物的影响。

二、肥料试验的方法

肥料试验常用的方法有田间试验法、培养试验法、调查研究法和示踪原子法，下面进行详细介绍：

1. 田间试验法

田间试验是研究土壤肥力和肥料效果最具体的方法，是在田间条件下进行的肥料试验。田间试验与生产条件最为接近，研究结果可以立即用于生产。但其影响因子复杂，为减少误差，必须根据各种植物的特点慎重设计。

田间试验法以对比法为基础，在人工处理和控制条件下进行试验，比较不同处理效应。通常田间试验的年限较长，一般可分为：

(1) 田间小区试验　试验处理和重复次数较多，占地面积较小，要求有较高的准确性。

(2) 生产试验(中间试验)　接近生产条件的试验，具有示范作用。试验处理和重复次数宜少，占地面积宜大，试验准确性要高。

(3) 区域试验　在一定区域范围内进行多点生产性试验，证实大面积推广的可行性，以便扩大推广范围。

2. 培养试验法

培养试验即在人工控制条件，植物将生长介质，如土壤、水、沙等置于特殊容器中进行的肥料试验，其主要用于研究农业化学理论问题。培养试验按其基质的不同分为土培、沙培和水培三种。现以果树植物为例具体阐述这三种方法，供参考。

(1) 土培试验　土培试验中植物的栽培介质为土壤，它在培养试验中应用广泛。土培方法可用于预

备试验或检验沙培试验及水培试验结果。土壤是土培试验成败的关键之一，盆土可根据试验要求将沙土、壤土、有机肥按一定比例混合均匀，不要有杂物，需经 3 mm 孔筛过滤，盆土也可直接取自耕作层。土培要求参见二维码 6-1。

二维码 6-1
土培及沙培要求

(2) 沙培试验　沙培试验中植物的栽培介质为沙子或砾石等固体介质，植物的养分来源于应用营养液。沙培与土培相比，营养成分的分布更均匀一致，且可以避免土壤因素对试验的影响，但不如水培的养分、湿度分布均匀，因此沙培试验是一种介于土培与水培之间的研究方法。但沙培无须打气，也无须定期施铁和微量元素，一般装盆时一次施入即可。为使 pH 在整个生长期中保持不变，可在盆中施入不少于沙重 2% 的经盐酸洗过的泥炭。沙培要求参见二维码 6-1。

二维码 6-2
水培容器要求

(3) 水培试验　水培试验的植物生长介质为含有营养成分的水培液。水培试验中营养液（Hoagland 培养液见表 6-4）可以随时变更成分与配比，并且可以随时观察根系的活动情况，对植物营养生理和肥料研究具有独特意义。水培容器要求参见二维码 6-2。

表 6-4　Hoagland 培养液

成分	主要元素原液 /(g/L)		成分	微量元素原液 /(g/L)
	(1)	(2)		
$Ga(NO_3)_2 \cdot 4H_2O$	1.18	0.95		
KNO_3	0.51	0.61	H_3BO_3	2.86
$MgSO_4$	0.49	0.49	$MnCl_2 \cdot 4H_2O$	1.81
KH_2PO_4	0.14	—	$ZnSO_4 \cdot 7H_2O$	0.22
$NH_4H_2PO_4$	—	0.12	$CuSO_4 \cdot 7H_2O$	0.08
$Fe(C_4H_4O_6)_3 \cdot 2H_2O$	0.005	0.05	H_2MoO_4	0.02
蔗糖	0.5%			

3. 调查研究法

对在一定自然条件下就已发生（存在）的事物和情况，进行较系统的调查、观测、分析、探索，总结其规律和先进技术经验，从感性认识上升为理性认识，以进一步指导生产实践。此外，还可发现生产上需解决的新问题，为田间试验提出新课题提供参考。

4. 示踪原子法

利用示踪原子制备"示踪肥料"，研究肥料在土壤中的分布、转移和变化，探明营养元素进入植株及其参与新陈代谢的过程，揭示土壤、植株、肥料三者之间的关系，为合理施肥提供依据。

三、肥料试验调查项目

肥料试验调查项目应根据试验目的、植物种类品种、植株年龄等来确定。

1. 基本生长指标的调查

试验前应调查基础指标，试验过程中也应进行调查，见表 6-5 至表 6-8。

表 6-5　果树生长指标调查

品种：　　　　　　　　　　　　　　　　　树龄：

处理	小区号 / 株号	树高 /m	干周 /cm	新梢生长量 /cm	春梢大叶面积 /m^2	秋梢大叶面积 /cm^2

注：春梢大叶指营养枝上芽内分化的大叶，在草果成年树上，由基部向上数 7～10 片叶或由上向下测第 6 片叶。柑橘树由上向下测顶芽自剪后的第 4～5 片叶。其大小代表叶芽分化时的营养水平与贮藏营养水平的高低。秋梢大叶指营养枝上芽外分化的大叶，大叶出现的节位随生长势而异，其大小代表当年营养水平的高低。

表 6-6　不同肥料处理对苹果植株枝类组成的影响

处理	枝粗 /cm	发育枝							果枝类型			
		总数	春秋梢枝条占比 /%	封顶枝条占比 /%	总数	短枝			总数	长枝占比 /%	中枝占比 /%	短枝占比 /%
						一类占比 /%	二类占比 /%	三类占比 /%				

品种：　　　　　　　树龄：

注：苹果成年树可选单位枝调查，幼树需整株调查。苹果的短枝可分为一类、二类、三类，一类短枝芽饱满而大，有 3～6 片大叶，大部分可分化成花芽；二类短枝、三类短枝芽瘦小，仅 3～5 片小叶，一般不具大叶，大部分不能分化成花芽，即使能成花也不能坐果。

表 6-7　不同肥料处理对芹菜生长发育的影响

处理	株高 /cm	茎重 /g	叶数 / 片			备注
			全叶数	外叶	心叶	

表 6-8　不同肥料处理对莴笋生长发育的影响

处理	茎高 /cm	茎粗 /cm	开展度 /cm	叶数 / 片	重量 /g	备注

2. 产量与品质调查

表 6-9 至表 6-12 为产量与品质调查常用表格，可供果树、蔬菜调查记载参考。

表 6-9　不同施肥时期与果树产量的关系

品种：　　　　　　　树龄：

处理	花芽数 / 个	坐果率 /%	产量 /(kg/ 株)

表 6-10　不同施肥量与果树产量的关系

每株施肥量 /(kg 株)	产量 /(kg/ 株)	比对照增产 /%	每千克肥料增加产量 /kg

表 6-11 不同肥料种类对红色品种果实大小与着色的影响

品种： 树龄：

处理	产量 /（kg/ 株）	调查果树 / 个	一级果占比 / %	二级果占比 / %	三级果占比 / %	病虫果占比 / %	畸形果占比 / %	全面红果占比 / %	2/3 以上果面红色占比 / %	1/3 以上果面红色占比 / %	1/3 以下果面红色占比 / %

注：分级与着色的调查，调查 200 个果。果实品质鉴定，包括果汁量、口味、果实硬度、果型指数、可溶性固形物、含糖量、含酸量、耐贮性等。

表 6-12 不同施肥量与白菜产量的关系

处理	连座叶数	最大叶面积 /cm^2	单球重 /（g/ 株）	小区产量 /（t/hm^2）	比对照增产 /%

3. 根系调查

采用追迹法、容量法调查根系生长状况、根系颜色变化、分枝特性、各类根占总根的比例、根系阴离子吸收交换能力等。

4. 营养分析

（1）土壤 分析施肥前后土壤 pH，代替性盐基量，水溶性氮、磷、钾含量，全氮含量，有机质含量，土壤容重，土壤孔隙度及土壤微生物数量等。

（2）植株 分析叶、枝、果实、根中淀粉及可溶性氮、磷、钾、糖、酸的含量与种类变化，测定叶绿素含量、叶片重量与叶面积大小等。

第三节 营养诊断试验

营养诊断中“诊”是诊察，即检查植物营养失调的情况；“断”是判断症状的发展情况，提出调节植物营养的方法。近几十年来，营养诊断主要探讨各种营养元素在土壤、植物体内的数量和形态及元素之间、土壤与植物之间的关系，以及营养元素对生长发育、结实的作用。植物的生长发育与某种元素之间的关系见图 6-1。目前已建立了较系统而完备的“叶分析”方法（不仅是叶片，有的指叶柄和叶鞘）、水培技术、沙培技术等。从中找出营养诊断的代表部位、稳定时间及植物生长发育所需各元素适量、过量和不足的界限，并研究元素间的拮抗与协和作用（图 6-2）以及土壤和植物的测定指标。在分析手段上已经发展为分析方法快速自动化。根据分析数据，借助电子计算机提出整理和管理方案，建立分析诊断中心。

一、营养诊断任务

营养诊断任务包括以下七个方面：

①研究主要植物种类在各种条件下，不同植株类型、年龄特点及年周期变化规律与产量形成的关系，并探明各营养元素的数量限度及相关指标等。

②研究各种营养元素的作用和相互关系，以及通过栽培措施改变营养水平的途径等。

③研究各营养元素在器官发生过程中的作用，以各转折时期物质分配的矛盾为重点，探索不同器

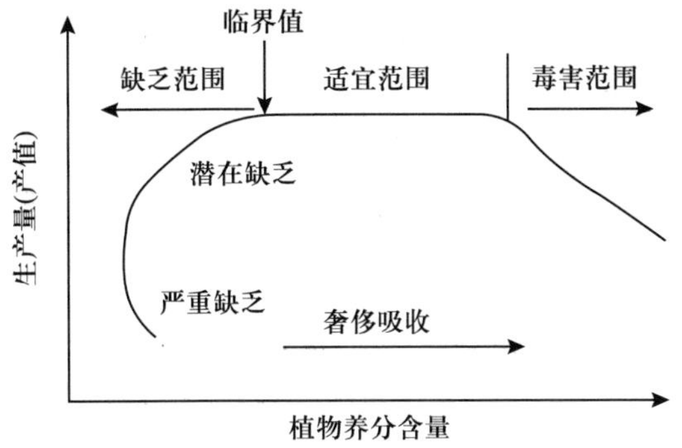

图 6-1　养分含量与植物生长量或产量的关系

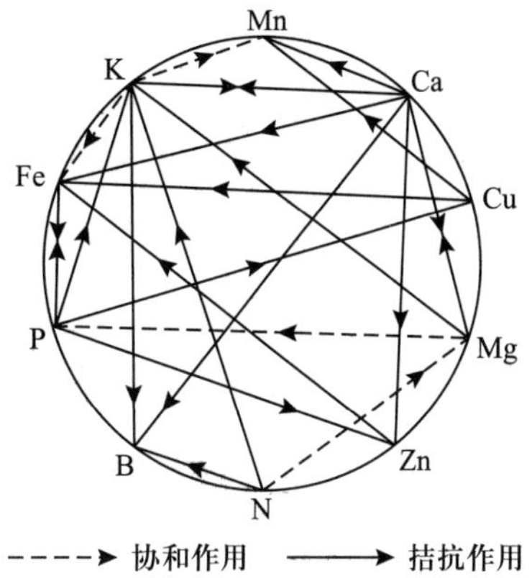

图 6-2　元素的拮抗与协和

官在不同时期，各元素功能的最大值与正常值。

④研究植物整体营养水平与局部器官营养状况的关系。

⑤研究由营养原因所引起的不正常生长发育、病症的诊断及解决方法。

⑥研究营养诊断手段、物质分析与形态指标相结合的方法，以及各种生理生化诊断指标。

⑦研究计算机在营养诊断与施肥中的应用及相应专家系统的建立。

二、营养诊断方法

1. 器官分析

通过测定植物根、茎、叶、花、果实等中的元素含量及其变化来进行营养诊断。其依据是营养元素含量的遗传稳定性，如苹果叶片元素含量的正常值 N 为 1.8%～2.6%，P 为 0.15%～0.23%，K 为 0.8%～20.0%。器官分析的关键是正确取样，取样注意以下几点：

(1) 取样时期　在植株生长相对稳定、器官中营养元素变动最小的时期取样，如苹果在春梢停长后，秋梢始长前比较适宜。

(2) 注意寻找“靶子器官”　靶子器官是指某种元素含量高而且稳定，并对缺素敏感的器官或部位，如钙的靶子器官为果实，氮的靶子器官是细根。

(3) 取样标准　果树应以长期高产、稳产、优质树的元素含量为标准。

(4) 样品数量　果树样品采自 25～50 株树，分东南西北四个方位采样，叶分析时共需 100～200 片叶；若分析微量元素时，则需 200～400 片叶(表 6-13)。蔬菜取有代表性的植株 50～100 株。

2. 形态诊断

植物营养失调在植株地上部分的症状主要有以下几种：

①植物生长受严重抑制。

②在不同生育期的叶片上出现特殊的颜色变化，如缺氮的褪黄，缺磷叶片变蓝紫色。

③组织坏死，如缺钾的叶缘枯焦。

④生长畸形。

⑤品质的变化，如缺硼柑橘出现“石头果”。

因此，植物缺乏某种元素时，可以直接通过肉眼观察判断植物缺素的种类。形态诊断只是初步诊断，常需借助其他诊断方法进一步验证。

表 6-13　主要果树叶分析的取样方法

果树种类	取样部位	取样时间
苹果、梨、杏、栗、樱桃	树冠外围中部新梢的中位叶	盛花后 8～12 周
桃	树冠外围中部新梢的中位叶	盛花后 12～14 周
葡萄	果穗上面第 1 节成熟叶的叶柄	盛花后 4～8 周
草莓	新近成熟的叶片	花期高峰后 5 周
中华猕猴桃	有 6 片叶的短果枝，果枝上方刚成熟的叶	果实灌浆期
核桃	新梢中部有 9 或 13 个小叶的叶片，中部的一对小叶	盛花后 6～8 周
柑橘	春梢从顶往下数第 3、第 4 片叶	4～7 月龄春梢

3. 土壤分析

土壤分析通常是测定土壤中的有效养分。主要测定项目包括有效土层厚度、机械组分比例、土壤腐殖质含量、土壤 pH、代换性盐基量、土壤持水量、可吸收态营养元素含量、微生物含量等。

4. 复原诊断

植株表现缺素症，可喷施、注射、浸泡、涂抹该元素，观察植株是否恢复正常或病症有所减轻。例如，苹果叶片呈现失绿时，可将病叶分别浸泡在 0.1% 的 $FeSO_4$、尿素、$MgSO_4$、$ZnSO_4$ 等的葡萄糖水溶液内 1～2 h，几天后观察，若在某溶液中减轻则表明植株缺少该元素。

三、营养诊断指标与施肥量的确定

（一）营养诊断指标的确定

关于营养诊断指标曾有“临界值”“丰富水平”“亏缺范围”“亏缺”“标准值”等多种提法，但都缺乏明确的定义。Kenworthy（1937）建议用几个没有病症的叶片元素含量的平均值作为诊断指标，把它称作“标准值”。在应用标准值作指标时，还要求研究各种因子对标准值的影响，算出变异系数，用标准值加上平均变异系数，即为该区域的诊断指标。国内曾用以下方法和途径确定诊断指标：

1. 通过田间试验确定

①对生长正常的植株进行施肥试验，找出产量最高、品质最优的处理，该处理此时的植株营养水平即为最适含量。

②有缺素症的植株进行田间试验时，需以健康植株作为对照，缺素的植株经处理后恢复正常，也可以找到营养诊断指标。

2. 通过调查研究确定

①在各地区广泛进行丰产植株、低产植株与不同类型植株的营养含量比较，找出适宜的指标。

②调查各地区、各种植物缺素生理失调植株，并与其邻近地块无症状植株进行比较，确定其适宜指标。例如，梨叶出现发红，采取同一地块的正常叶和病叶比较，测得正常叶磷含量为 0.124%，而病叶含磷量为 0.097%，正常叶的含磷量即为该地块的临界含磷量。

（二）施肥量的确定

确定施肥量时要考虑植株带走元素的量、植株对该元素的吸收系数、该元素在植株的各器官间的分配系数以及土壤中原有元素含量和肥料利用系数等；同时，还要考虑植株营养类型和长相分析结果。

下面提供两个果树的施肥公式，以供参考。

① G.Hudska 提出在叶分析基础上结合果实产量的果树施肥公式：

$$W=K \cdot U \cdot N/S$$

式中：W 为需施入某种元素的量，kg/hm^2；K 为系数；U 为预计产量；N 为叶分析时该元素的标准值；S 为叶分析时该元素的实际值。

② B.Plisek 提出根据土壤分析结果果树 P、K、Ca、Mg 的施肥公式：

$$W=K \cdot L \cdot \mathrm{CEC}(X_{目标}-X_{实际})$$

式中：W 为需施入量，kg/hm^2；K 为系数；L 为耕作层厚度，cm；CEC 为阳离子代换量；$X_{实际}$为土壤中该元素的实际含量；$X_{目标}$为土壤中该元素的目标含量。

第四节　水分管理试验

水分是植物体的重要组成部分，能够维持细胞和组织的紧张度，保持植物体的固有姿态，且参与植物营养物质的吸收运输和一系列生理生化反应。

园艺植物主要通过根群从土壤中吸收水分，如多种果树生长季节土壤水分为田间持水量的60%～80%时，最适于果树的生长发育，当土壤水分低于60%时，就需灌水；高于80%时，就应停灌或晾墒。不同种类的土壤，最适含水量也可能不同。需水量是植物利用水分的重要标志，不同的产品其含水量不同，如蔬菜含水量为80%～98%，果品含水量为75%～95%，鲜切花含水量在5%～10%时出现枯萎现象，因此要适时进行灌溉，确保土壤的含水量与植物苗株生长所需水分相符合，从而促进植物健康生长。国内外对这项研究十分重视，近年来除沟灌外，喷灌、滴灌、微量喷灌已经从试验研究应用到生产中。如何结合各地区、各植物种类、各个生长季节开展水分试验，对制订合理的植物用水方案是十分重要的。

一、研究任务

1. 不同土壤管理制度下土壤含水量对园艺植物生长结果影响的研究

间作、生草或绿肥覆盖、稿秆入土等土壤管理都可以分散种植园的地表径流，减缓流速，或在一定程度上化径流为潜流，增加土壤含水量。采用何种管理措施可以提高和保持土壤含水量的稳、匀、足、适，保证植物生长发育和开花结实的需要，是值得研究的课题。

2. 不同园艺植物生育期需水的研究

植物生育期间所蒸发的水量与生育期间所生成的干物质量之比称为需水量，通常用生产 1 g 干物质所需水量表示。果树的需水量可根据一年内的生长量（鲜重），换算为干物重，再推算出单位面积的需水量。果树每公顷需水量可按下列公式计算：

每公顷需水量 =（果实产量 × 干物质百分率 + 枝、叶、茎、根生长量 × 干物质百分率）× 需水量

3. 各种园艺植物不同生育期灌水量的研究

当地季节的变化、降水量以及植株类别会影响灌水量，在制订果园灌水量时，可把立地条件相似的果园，对同一树种、品种、树龄等的灌水量试验成果，作为果园灌水量的参考依据。灌水量的计算有以

下两个公式：

$$灌水量(mm)=\frac{灌溉面积\times土壤容量\times根系分布深度(mm)\times(田间容水量-灌前土壤湿度)}{100}$$

$$灌水量(t/hm^2)=蒸发量+蒸腾量+径流量+渗透量-降水量$$

4. 不同灌溉方式和各种测试仪器效应的研究

对土壤灌溉既要研究如何才能适时、适量，又要研究适合的灌溉方式，做到节约用水、节省劳力、保土、保肥。通常根据根系活动层的土壤水分状况来确定灌水日期和灌水量。测定土壤水分有土壤水分张力计、电阻法和中子法，这些测试仪器可根据各地情况加以试验研究。

5. 抗旱栽培研究

抗旱栽培的核心问题是提高水分利用效率，水分利用效率的研究既包括区域水平衡、种植园水分再分配、植物本身用水等方面，又包括植物群体、个体、单叶、细胞等不同层次，以及自然降水、灌溉水等不同范畴。就自然降水而言，提高其利用率的一般目标是最大限度地提高耗水量与降水量、蒸腾量与耗水量、生物量与蒸腾量以及经济产量与生物量的比率。为提高灌溉水利用率，还应当考虑水的调配、引水工程建设、渠道防渗、灌溉技术改进以及建立合理灌溉制度等方面的问题。但不论是自然降水还是灌溉水，提高其利用效率的最大潜力和最终难点，在于提高植物本身对水分的利用率（Water Utizing Eficiency），主要指标是光合强度 / 蒸腾强度，即蒸腾掉单位质量的水时同化的 CO_2 的量。光合强度的测定可利用专门的光合测定仪，也可采用改良半叶法；蒸腾强度常用称重法测定，也可以用精度高的红外线分析仪测定；水分生理指标的测定方法参见二维码 6-3。

二维码 6-3
水分生理指标的测定方法

二、试验设计与结果调查

1. 增加灌溉对植物产量及品质的影响

这里以果树为例，说明灌溉的试验设计，以供参考。处理如下：

①不灌溉。②在土表 150 cm 以内 2/3 有效水用尽时灌溉。③在 1—8 月 1/3 有效水用尽，9—12 月 2/3 有效水用尽时灌溉。④在 1/3 有效水用尽时灌溉。

2. 不同灌溉方式的效应试验

进行不同灌溉方式的效应试验比较复杂，需要考虑灌水量、土壤一致性等因子的要求。处理如下：①管道灌溉（对照）。②树上微喷灌。③树下微喷灌。④树上微滴灌。⑤树下微滴灌。

3. 灌溉时间、灌溉制度的确立

为探索各地各种园艺植物的最适灌水期，要按照多年降水量情况，制定灌溉制度并开展试验。

果树试验结果的调查可按表 6-14 进行。

表 6-14　灌溉对生长发育的影响

品种	处理	冠高 / cm	冠宽 / cm	干周 / cm	果实产量 / (kg/hm^2)	单果平均重 / g	可溶性固形物占比 / %	游离酸占比 / %

思考题

1. 为了使园艺植物生产可持续发展，土壤改良研究成为园艺植物生产的重要任务，请简述其主要研究内容。
2. 进行肥料试验时，通常采用哪些方法研究土壤肥力和肥料效果?
3. 在进行营养诊断时，国内用哪些方法和途径确定诊断指标?
4. 如何考虑把土壤 - 植物 - 大气作为一个整体来进行种植园的灌溉研究？
5. 简述园艺植物土壤管理、肥料试验、营养诊断和水分管理试验研究的主要任务和方法。

第七章

园艺植物整形修剪试验

整形修剪是园艺植物栽培过程中重要的树体管理环节，是保证优质丰产的关键措施。通过树体整形修剪，可以疏除弱枝、病枝、密叶，使株型整齐，高低适中，层次分明，提高观赏价值；及时修剪过密的枝条，可以节约营养，调整树势，改善通风透光条件，促使生长健壮，减少病虫害。尤其对多年生木本果树，整形修剪是一种长期连续有序的高难度技术作业，是根据树形的建造需要和群体结构的发展变化，在复杂多变的环境中调节树体生长发育、保障树体正常结果的系统性农业工程。生产实践证明，自然生长的果树存在着树势不均、高矮不齐、枝条密乱、病虫繁多、内膛空虚、结果外移、产低质劣、寿命短暂等严重问题，若没有整形修剪技术措施的保证，在生产上很难实现早果丰产、优质稳产、高抗健产、重载长寿和低耗高效的管理目标。

然而，整形修剪技术在园艺生产上的应用方式和效力并非千篇一律、一成不变，而是受植物特性、自然环境、管理水平和栽培制度等多种内外因素综合影响。所以，只要园艺生产在复杂多变的市场推动下不断发展，栽培方式和整形修剪技术就不可能在一个模式和水平上停滞不前。因此，根据生产形势发展和栽培制度转变的要求，不断研究和改进整形修剪技术是非常必要的。

第一节　整形修剪的研究目标和任务

一、整形修剪的研究目标

园艺植物整形修剪的研究目标，就是根据园艺生产的发展趋势与修剪学的研究方向，最终在生产上所要实现的目的和结果。整形修剪要达到美化树形、协调比例、调整树势、增加开花结果量、改善透光条件等的目的。概括起来，至少应包括以下六大方面：

1. 完善整形修剪的理论体系

修剪学是园艺学的一个重要分支，是园艺植物在树体管理方面实现科学化的主要技术理论。我国的园艺植物种植历史悠久，管理经验十分丰富，但在新中国成立以前的数千年的栽培过程中，整形修剪技术一直是处于一种经验管理阶段，其传统上的技术继承主要依靠言传手教的落后传授方式。真正具有理论指导的科学修剪技术只不过是近 50 年以来的事情。我国园艺修剪学的理论建设可以说是刚刚起步，还谈不上完善和成熟，尤其在修剪生理方面的研究落后于国外。因此，整形修剪作为一种重要的树体管理技术，要面向世界、面向未来和面向现代化农业方向发展，还有很长的路要走以及很多工作要做。面对新挑战及新问题，不仅要开展先进的科学研究，还要进一步完善整形修剪理论体系的建设。

2. 增强整形修剪的技术效力

整形修剪作为园艺植物树体管理的一项重要技术措施(图 7-1)，最终必须在生产上充分体现出技术效力。影响整形修剪技术效力的因素较多，但最根本的还是人的技术水平。由于整形修剪技术是一种高难度的技术手段，并不容易在短时间内很快全面掌握。初学修剪的人只能是在老师的指点下，按照修剪学理论认真细心地进行实践操作。学中干，干中学。从书本上找知识，在实践中做验证。从观察中找问题，在分析中求真理，从操作中练功夫，在交流中求提高。要学会对修剪反应进行观察和对新问题进行分析，经常总结教训，逐步积累经验，从而把深学问变成硬技术，在树体的科学管理中发挥最大的技术效力。

图 7-1　果树整形修剪技术

3. 提高整形修剪的作业手段

过去传统上整形修剪的作业手段多为手工性管理，但现在很多发达国家采用了劳动效率极高的机械化、化学化和设施化等现代作业方式，甚至有些领域还采用了智能自动化的先进管理手段。我国虽然近年来也有少数地方正在某些方面试验机械化和化学化的辅助性管理，但应用程度和范围很有限。因此，随着社会经济实力的逐渐增强，在果树修剪中应用自动化机械技术，提高果树的修剪效率，在一定程度上保障果园的种植效果，减轻人力成本，是一个重要的研究方向和目标。在果树修剪中，可以运用相关的工具对果树的整体枝丫进行修剪。例如，VS-8R 型修剪工具，在使用中农民可以操控手柄控制方向进行自动修剪。该修剪工具具有一体化、安全度高的特点，且极为便捷。车载式绿篱机见图 7-2。

图 7-2　车载式绿篱机

4. 推动整形修剪的制度变革

整形修剪技术是在一定历史条件下与作物的栽培方式相适应，并受其生产管理水平所制约，在一定时期内形成一套相对稳定的标准性作业规程与模式的技术制度。所以，只要园艺生产随人类社会经济不断向前发展，就必然会推动整形修剪制度的变革。但这种变革必须在先进科学研究的保驾护航下主动进行才能取得成功，否则就会因被动盲目的变革而造成生产翻车。例如，我国在 20 世纪 70 年代盲目实施被歪曲的"简化修剪"制度是有沉痛教训的。总之,修剪制度的变革必须是科研在先,生产试验在前,千万不得本末倒置。

5. 扩大整形修剪的应用范围

园艺植物的种类千差万别,即使多年生木本果树也并没有全部实现整形修剪的科学管理,目前还有很多需要修剪的植物在生产上仍然处于一种自然式粗放管理。所以,探讨和推广所有需修剪的园艺植物的整形修剪技术,因树而异、因势而异,仍是今后进一步全面立体开发园艺生产潜力,继续用科学技术提高效益的重要研究目标。

6. 预测整形修剪的发展趋势

整形修剪技术是为生产服务的,随生产发展和管理提高而不断完善。只要园艺生产在产品市场动力的作用下不断发展,整形修剪技术就会随栽培方式的转变而实行现代化革新。因此,修剪学领域为了在发展中争取主动,在变革中取得成功,就必须及时收集国内外最新信息资料,掌握最新变化动态,准确预测未来的发展趋势。目前果树修剪技术正在向简化修剪和机械修剪方向转变。

二、整形修剪的研究任务

根据以上研究目标,园艺植物整形修剪技术的研究内容与任务,应包括以下八大方面:

1. 群体结构布局的研究

随着矮化密植栽培制度的出现,园艺植物的群体结构通过影响植物的整形修剪技术对生产的作用越来越重要。其主要研究内容与任务包括不同园艺植物的种植方式、合理密度、最佳行向、植株大小、间作管理等。

2. 树体结构模式的研究

果树修剪实践证明,"只有不丰产的树体结构,没有不丰产的树形",这充分揭示了果树冠形与结构的主次关系。树体结构的实质就是各种骨干枝和结果枝组的分布状况,具体的研究任务应包括各种枝干和枝组的数量、大小、距离、姿势、延伸方式、从属关系、叶幕结构等。在设施整枝条件下,还应包括架式的材料要求和搭建结构等相关技术要素。

3. 整形方式方法的研究

树冠整形主要是多年生木本果树和园林观赏树木的幼树培养技术,成功的树冠整形是树体管理便利化的重要保证。树冠整形是根据果树生长发育规律,培养果树形成一定的骨架和树冠,使树体充分利用光能,调节生长和结果的平衡关系及营养物质的分配与运输,以达到稳产、高产的目的。整形方式方法的研究任务包括探讨不同生产条件下各种果树的树形模式、整枝手段、控冠方法、调整措施等技术方案。

4. 老树更新改造的研究

不论果树生产还是园林资源保护,老树更新改造技术一直是研究者关注的重要研究课题。老树结构修剪改造是旧园快速实现更新生产的有效技术措施,但在很多地区并未引起足够的重视,因而成了目前老果园挖潜改造和园林名木古树保护的主要盲点。其主要研究任务应包括树形结构改造、落后品种更新、树势强化复壮、衰老根系修剪、土壤改良培肥、灾后修复治理、病虫综合控制等。

5. 新型修剪技术的研究

整形修剪被认为是一种比较复杂的高难度技术工作,其中重要的原因就是方法措施多,研讨空间大，技术更新快。例如，套袋铺膜、转果摘叶、长枝垂果、树干大扒皮等是现代生产条件下新型修剪技术。其中，树干大扒皮是辽宁本溪张家沟村一位农民发明的，并得到了中国果树研究所、辽宁本溪农林局、河北昌黎果树研究所等科研单位的试验验证，还引来了国外研究机构的参观考察，被世界公认为是果树栽培历史上的一个重大技术革新。所以，在整形修剪研究领域，只要有新问题和新实践，就会有新理论和新技术的研究方向。其研究内容主要包括树冠矮化控制、生长结果调节、果品优质高产、树体健壮长寿等。

6. 修剪效果反应的研究

多年生木本树体对外界刺激具有“记录器”的特性，它可以自动地通过相应的生长发育变化把修剪效果准确地反映出来。所以，通过及时观察各种器官的数量与形态变化，有利于正确判断修剪技术的应用效果。其研究任务主要包括树体生长势、枝叶生长量、枝类比、芽类比、叶类比、坐果率、果实质量、连续结果能力等指标。树体以不修剪的生长量最大，任何对枝条的剪疏都会减少生长量，这就是整体削弱。修剪后的显著效应指树体具有恢复原来生长状态的趋势(复原)，能够提高生长势，这就是局部刺激。

7. 修剪作业手段的研究

传统的果树修剪多采用人工的方式，不仅费时费力，效益还较低。随着园艺生产管理技术的进步，修剪作业的手段也在不断提高，以此保障较高的劳动生产力水平。其研究任务主要包括简化修剪、机械修剪、化学修剪和设施修剪等各种高效率作业手段。

8. 修剪管理成本的研究

修剪管理是为生产服务的，必须考虑低耗高效的盈利性生产经营目标。从提高生产效益的途径上说，作为重要树体管理的整形修剪技术也必须走低成本技术道路。因此，研究修剪作业的投工数、用物量、耗资金额、劳动效率、成本核算等内容，是今后整形修剪研究任务中的重要课题。

三、整形修剪的重要性

1. 确保果实产量

在果树生长期间，通过对其进行合理修剪，可使果树更好地生长与结果，从而促进种植效益的提升。在幼苗期间，通过修剪作业可促进树冠生长，在短时间内增加树枝数量，为果树提前结果、多产丰收创造有利条件。此外，通过修剪作业，果树接受更多的光照，果实产量及品质从而得到显著提升。盛果期，运用修剪技术可以保持良好的树体结构，使结果与树冠生长达到平衡状态，从而盛果期得以延长。

2. 强化光合作用

对果树进行合理修剪，可使骨干枝数量、树体高度以及树叶厚度得到合理控制，同时使干枝的开张角度变得更加合理，从而增大果树的光照面积，最终显著提升光合作用效果，甚至实现光合作用效率最大化。另外，果树修剪后，配以肥水、浇灌等作业，可以更好地提高叶片光和效能，在延长光合作用时间的同时，积累更多的光合产物，从而使果肉变得更加丰满多汁，果实质量得到显著提升。

3. 提高代谢能力

果树合理修剪后，可呈现更强的新陈代谢能力，从而使树木中的营养分布结构变得更加合理。以盛果期为例，这一时期是果树结果的关键阶段，因此对光合作用、树木营养分布以及光合产物运输速度等方面均具有较高的要求。通过对果树进行合理修剪,不仅可一定程度上满足上述要求,还可有效提高酶活性,保障果实品质。例如,修剪作用可有效降低甚至消除树体新陈代谢过程中所产生的过氧化氢,从而降低过氧化氢对树体本身的影响,促进树体新陈代谢水平的提升。果树修剪技术的合理应用,能维持整体果园的生态平衡,为果树创造一个良好的生长环境,使每棵果树的生产潜力得到最大限度的开发。

第二节　整形修剪效因的分析

整形修剪技术的效因是指影响修剪效果效力的因素。这些因素有整形修剪技术本身的,也有其他综合栽培措施的。不管它们多么复杂和以什么方式作用,在修剪操作时都必须事先作为技术措施的理论依据,予以慎重考虑和认真分析。

一、整形修剪的技术效因分析

影响整形修剪效果的技术因素分析是一个十分复杂的理论和实践问题,需要经常补充知识和积累经验才能判断准确,并得到可靠可信的检验。一般说来,可从以下几方面进行分析:

(一)群体与树体结构的分析

从园艺植物的栽培管理上说,株体结构与群体结构是密不可分的。即使个体高大的果树,随着矮化密植制度的推广,同样强调个体与群体的协调性。这一问题事关生产成败,必须事先设计好技术方案。如果处理不好,当矛盾激化到严重影响生产的时候,即使采取重大的结构改造措施也未必能获得理想效果。下面以果树为例,主要从两种类型的群体结构上,分析与树体结构的密切联系和相互作用。

1. 固定群体结构对树体结构的要求

固定群体结构一般在果园采用终生不变的栽植方式、密度和行向。栽植方式有带状栽植、双行栽植和单行栽植三种,除国外还处于研究阶段的草地果园采用带状栽植外,普遍采用的是单行栽植和双行栽植。栽植密度相对而言有乔化稀植和矮化密植两种,间作园以乔化稀植为主,专作园多采用矮化密植。栽植行向普遍采用南北行,但也有专家研究指出东西行向栽植更好。一般来说,单行乔化稀植园的树形以自然式的立体形为宜,同时为了尽可能减少树冠内膛和下部的弱光无效区,树体结构要求除严格控制树冠大小外,还比较强调主、侧骨干枝应实行下大上小和成层分布的配置形式。单行和双行矮化密植园的树形则以人工式的篱壁形为宜,在树体结构方面主要强调冠高控制,对主、侧骨干枝的具体分布形式并不严格要求。日本、新西兰等国家以平棚式树形结构为主,为考虑树下小型机械化作业的便利,果园群体结构多数采用株行距较大的正方形栽植方式。固定群体结构的核心技术是合理密度,对树体结构的要求是终生基本不变。

果树树形模式分为自然形(自由形)和人工形(束缚形)2 类。自然形是模拟树体自然生长的形状,根据栽培的需要,适当控制其树高、大小、干高、主枝层次等,如圆柱形、疏散分层形等。人工形是按照栽培人的意识进行强制性整形而成的树形。这类树形在一定程度上违反了树体自然生长的规律,整形存在一定的困难,因此整形修剪技术要求更高。生产上常用的人工果树树形有以下几种:

(1) 中心干形　只有一个中心干。苹果、梨、核桃、柿、枣、柑橘、枇杷等果树多用此类树形。苹果树的圆头形、圆柱形（图 7-3）、疏散分层形、纺锤形（图 7-4）等树形，都属于有中心干树形。

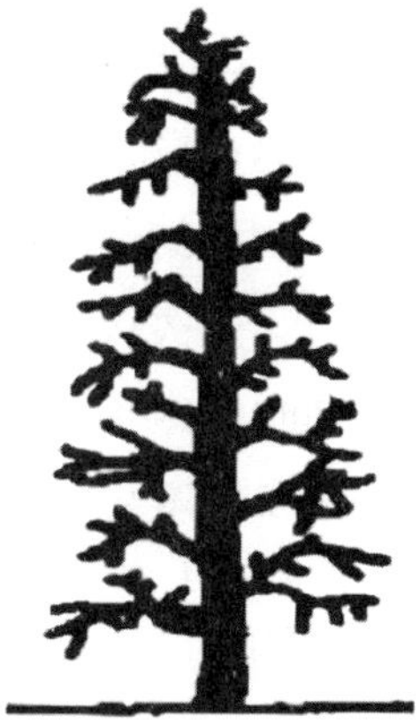

图 7-3　圆柱形树形

图 7-4　纺锤形树形

（2）开心形　主干上有三四个主枝向外延伸，适宜喜光性植物，桃多用此树形。包括自然杯状形、自然开心形（图 7-5）、Y 字形（图 7-6）、延迟开心形。

图 7-5　自然开心形树形

图 7-6　Y 字形树形

（3）篱壁形（图 7-7）　主要用于藤蔓性果树，如猕猴桃、葡萄等。包括棕榈叶形、自然扇形、单篱架形、双篱架形。

（4）篱棚形或者棚架形（图 7-8）　主要用于藤蔓性果树，但也可用于苹果、梨、柿等干性果树。

（5）丛状形（图 7-9）　主要用于灌性果树，如无花果、石榴等。

图 7-7　篱壁形树形

图 7-8　棚架形树形

图 7-9　丛状形树形

2. 变化群体结构对树体结构的要求

变化群体结构指同一个果园在不同的年龄时期采取不同的栽植密度和方式，实际上是一种先密后稀的种植制度。一般在幼树期实行较高的栽植密度和双行栽植方式。随着树龄增长和树冠扩大，可通过逐步间伐的调整制度，最后达到密度较小的单行式群体结构，甚至行向也可以随之改变。在这种以密度调整为主的群体结构变化过程中，不同年龄阶段采取不同的树体结构模式。幼树阶段在高密度下应采取永久株和临时株两种株型，分别采取两种不同的修剪方式。永久株要有明确目标树形的规则树体结构，强调以培养骨干枝为主的整形修剪方式，在此前提下同时培养结果枝组。临时株则采取以早果丰产为主的整枝修剪方式，并不要求培养任何类型的骨干枝，在树体发展上必须给永久株让路。经过临时株间伐后形成的成年树群体结构，对树体结构的要求相对稳定，或者只进行小幅度的调整。有的高水平管理果园，对成年树的盛果期和衰老期也采用不同修剪方式下的变化性树体结构，其总的调整规律是对中心干逐步落头和树冠整体回缩，使各种骨干枝减少和变小。

（二）树种与品种特性的分析

园艺植物的树种、品种特性不同，对同一种修剪技术的反应会有明显差异。不同品种的果树在树体结构上具有不同的要求，修剪人员要根据果树品种选用适合的修剪方法。另外，即使同一品种的果树，修剪时也要依据树体形状采用适当技术对其进行修剪，以确保果树修剪作用的有效发挥。例如，核桃树只能在生长期修剪，若在休眠期修剪则会引起大量伤流而致使树势很快衰弱，甚至死亡。苹果树中，富士品种比较耐伤，环剥后不良反应很少，而红星等品种在同样程度的环剥后伤口愈合能力差，且易感染病虫害，轻则引起枝条衰弱，重则导致枝条死亡。

（三）树龄与枝龄大小的分析

实践经验证明，同一种修剪技术会对不同年龄阶段的树体和枝条表现出不同的反应。应用得当的不同修剪技术则会在相近年龄的树体和枝条上表现出相同的效果。例如，在树龄技术决策上，幼树应采用轻剪缓放的办法，而老树则应以回缩更新为主。在枝龄选择技术上，应特别注意结果枝的最佳结果年龄。多数果树结果枝的最佳年龄段是3～6年生，超过7年后坐果率明显下降，10年后则普遍表现出开花而不结果的现象。所以，研究不同年龄阶段树体和枝条的修剪技术及其反应特性，对提高生产效率非常重要。一般情况下，对于幼树来说，为了尽快形成好的树体结构，采取对各级骨干枝适度短截的办法，促进营养生长；为促进幼树提早开花，则要促进骨干枝以外的其他枝条形成花芽。对成年期树木整形修剪的目的在于调节生长与开花结果的矛盾，保持健壮完美的树形，稳定丰花硕果的状态，延缓衰老阶段的到来。衰老期树木以重短截为主，促更新，恢复长势。

（四）整枝与修剪方式的分析

整枝与修剪方式是树体修剪管理的技术模式。整枝方式是指对树冠主要枝条生长方向的整体调整方针，主要根据树形和管理要求而定，如篱壁整枝与平棚整枝、直立整枝与水平整枝等。修剪方式是指修剪采取的技术路线，主要根据整枝和枝组模式而定，如缓势修剪与强整修剪、长梢修剪与短梢修剪等。实际上，这二者都需要与品种特性相配套。因此，研究符合品种特性的整枝和修剪方式，是充分发挥整形修剪技术效力的重要课题。

（五）生长与结果关系的分析

很多园艺植物都同时具有营养生长和生殖生长两个过程，这两个过程是一种相互联系和相互制约的对立统一关系。一般来说，开花结果需要一定的生长基础，但长势过强也会影响开花结果。反之，结果负载量也影响生长过程，结果过多时会严重削弱植株长势。也就是说，植株长势和结果都必须有一个合理的度，任何一方过强过弱时都不利于树体的生长发育和生产。所以，生长和结果关系的平衡协调是树体长期优质丰产和稳产的基础，如果二者发生失衡和失调必然会引起变产形成"大小年"现象。正确修剪可使树体养分集中供给留下的枝条，新梢生长充实，大部分短枝和辅养枝成为花果枝，形成较多的花芽，从而达到花开满树、果实满膛的目的。因此，只要修剪强度适当，除留有适当长枝扩大树冠外，应当尽量使果树多生中庸短枝，以期从整个树冠来看，满树是花，且均集中分布于树冠内膛，外围生长健壮的长枝。

（六）树形与修剪基础的分析

多年生果树的整形修剪是一个长期连续的技术作业，其修剪效果是在多年修剪作用的积累过程中表现出来的。所以，自建园以来树体整形修剪的基础非常重要，没有一定的合理骨架结构和枝组培养基础，则很难得到理想的修剪效果。每个人对树形的分析和修剪判断会有所差异，最好在一个果园里按照一种树形修剪，一以贯之，才能在多年后表现出修剪的累积作用，获得好的树形和产量。

（七）修剪方法与时期的分析

园艺植物的修剪方法很多，不同修剪方法对树体具有不同的影响。有些方法还需掌握最适合时期，如果时期不当不仅效果不好，而且还会危害树体。

成年期树木处于旺盛生长的开花结实阶段。整剪以平衡树势为主，要掌握壮枝轻剪，缓和树势；弱枝重剪，增强树势；稳定丰花硕果状态，延缓衰老阶段到来。衰老期，树冠衰老，通过修剪促进更新，以重短截为主，激发更新复壮活力，恢复生长势，修剪强度应控制得当。此期对萌蘖枝、徒长枝的合理有效利用具有重要意义。有些果树适合冬剪，冬剪一般在落叶后至萌芽前进行。在对果树进行冬剪前，要根据果树的品种、树龄、密度、形体结构、生长势及结果量等，确定合理的修剪方案。

（八）操作依据与标准的分析

科学的整形修剪必须有可靠的理论依据与标准作为指导，从而使操作有的放矢。例如，果树整形时必须分析各种骨干枝所要求的数量和距离是否合理，疏花疏果时必须选择准确有效和简易可行的方法。如果在实际操作时缺乏这些具体的依据指标，就会使整形修剪工作偏离科学轨道而走向盲目粗放的作业，难以达到希望的效果。因此，选择合理和可行的操作依据与标准，对发挥整形修剪的作用很重要。

（九）作业速度与质量的分析

修剪作业的劳动速度与质量也影响修剪效果，如果修剪速度过快而作业质量较差，明显会使修剪效果大打折扣。细致作业与粗放作业的效果显然不同。但是作业速度过慢，会加大生产成本，从而影响经济效益。因此，整形修剪的作业必须处理好速度与质量的关系。

二、整形修剪的外部效因分析

除整形修剪技术因素以外，许多外部因素也明显影响整形修剪技术的使用与效果，这是修剪操作时必须考虑的问题。这些外部因素主要包括自然环境和农业措施两个方面。

1. 自然环境的分析

气候条件是园艺植物整形修剪首先应考虑的相关因素，这关系到生产的成败和效益。例如，日本的果园因经常受到台风袭击而造成大量落果现象非常普遍，成为果树生产的主要限制因素，所以，几乎所有果园的整形方式都采用了平棚式树形结构，从而可以有效防止大量落果对生产造成的经济损失。同时，这种树形由于树冠高度降低，整形修剪的作业变得十分便利，而且棚架树冠下还有利于小型机械化作业，从而降低栽培管理成本，经济效益明显提高。在高海拔冷凉干旱地区，气候凉，昼夜温差大，杏树可选择的树形有自然圆头形、疏散分层性、纺锤形等，设施红地球葡萄栽培采用单干双臂整形，通过修剪技术做到延后栽培。

2. 农业措施的分析

整形修剪技术的效果还受其他综合农业措施的影响。“果树要高产，必须常修剪，肥水基础好，剪刀胜神仙”，这是实践证明的事实。所以，土、肥、水、营养基础管理对修剪效果的影响十分明显。除此之外，病虫害防治状况、机械化作业条件等都会影响和制约整形修剪技术在生产上的实际效力。采用营养施肥采果后施厩肥 + 复合微生肥 + 灌水和除草 + 修剪 + 疏花疏果等综合栽培技术比单一采用同样修剪技术更能提高福泽柚的产量与品质，福泽柚的生长发育、花期、单果重量、果形、果肉颜色、可溶性固形物含量、种子数、可食率、坐果率等相关指标均有不同程度提高。

总之，要充分发挥整形修剪措施的技术效力，就应该经常调查和观察树体对修剪措施的反应，在实践中不断总结和积累修剪效因分析的经验，并认真研究这些影响因素对修剪技术效力的主导作用与综合作用、直接作用与间接作用、目前作用与长期作用。

第三节　整形修剪技术的研究方法

一、整形修剪的资料收集分析

随着农业的飞速发展，整形修剪技术在园艺植物上的运用也越来越广泛，对园艺植物进行整形修剪，不仅便于采摘，更重要的是采用这种技术可以提高果实品质、增加产量和避免大小年的出现，应用到实际生产中还可以增加农民收益，提高农民生产的积极性。开展先进的整形修剪技术研究工作，及时准确地掌握国内外在本领域的最新研究进展与发展趋势是非常重要的。科学研究在制订计划前应首先进行资料收集，为确定研究内容和做好试验提供理论依据。

1. 资料收集与整理方法

整形修剪研究有理论性和技术性两大类。其中，理论研究多以树体结构的光生态和修剪生理等内容为主，技术研究多以修剪方法措施和操作制度的实际效果内容为主。收集资料的技术途径有社会调查、文献获得、现场书刊实物查阅、计算机网络信息搜集、学术活动成果交流和知名学者面教指导等，方法一般是采用卡片摘录的形式。所获得的资料要注意时效性，使用资料时要确定其准确性，要全面地考虑问题，考虑到所使用的整形修剪技术在当地是否适宜，是否需要改进及如何改进。收集资料时要收集有用的，尽可能收集代表各种各样的观点，得出不同结论甚至相矛盾结论的文献要加以分析，做到及时了解、及时收集，提高研究的时效性和实用价值。所获得的资料还要及时进行分类整理和研究分析。分类整理时，按研究内容分为理论研究、技术研究、方法研究等；按文章类型分为试验论文、综述论文、调查报告、文摘简报等；按使用目的分为试验方案参考、论文写作参考、学术交流参考等。有些修剪整形研究收集的资料较多，面对成堆的资料，首先要做初步的分析，去掉表层和错误的内容，留下可靠、正确、真实、典型、浓缩型的内容，筛选出有参考价值的内容。

2. 资料分析与利用方法

对整理好的资料要进行认真的学术分析与研究。分析时，应根据资料在整形修剪研究方面所提供的信息量和可靠性，判断其研究层次、理论价值和实际意义等学术信息指标。判断分析的主要依据是试验设计和研究方法的正确性。资料分析的作用和目的主要是去伪存真、去粗取精，准确掌握园艺生产的发展趋势、栽培方式的方向转变和整形修剪技术的最新研究成果等科学信息，从而为课题研究提供理论依据。

二、整形修剪的生产经验调查

我国幅员辽阔，资源丰富，园艺植物栽培历史悠久，很多地方在整形修剪方面都有流传已久的民间技术经验。这些经验正是先人通过逐代言传身教的方式留给后人的宝贵财富。我们有责任进行调查整理，也有必要进行研究总结，从而为科研、生产和教学服务。

（一）整形修剪经验的调查方法

1. 上门访问调查

在老果区，往往有些"土专家"具有很丰富的整形修剪技术经验，所以，应经常利用下乡的机会，通过各种途径主动收集这些技术经验的发生地和发明人。然后，再继续顺藤摸瓜上门访问请教，详细了解这些实践经验的历史背景、技术方法和形成过程。山西农业大学王跃进教授撰写的《北方果树整形修剪与异常树改造》中，将整形修剪技术总结为口诀式的"三字经"，这些口诀是通过对山西各地老果农实践经验进行全面总结和系统整理而成的。这些经验尤其在农村修剪技术培训中获得了极为良好的效果，非常适合我国农情。

2. 开会交流调查

有些技术性较强的经验需要进行专题讨论。通过交流，取得新的信息；经过讨论，集思广益，取长补短，形成正确的意见；通过表决，多数或一致做出决定或决议；通过听取别人的报告或发言，受到启发或教育等。所以，在下乡时可借生产技术培训等机会，组织有实践经验的技术员召开专门会议，讨论和交流园艺植物整形修剪技术的实践经验。这种开会交流调查的形式可以充分发挥广大群众的智慧，有利于经验的技术分析和推广。例如，1974 年，辽南地区得利寺生产组通过主要技术骨干的多次专门讨论会，最终确定在国光苹果上按果台副梢情况决定每个花序留果数，这是科学、可靠和简单易行的最好方法。即一个副梢留单果，长势强者留双果；两个副梢留双果，长势强者留三果；没有副梢不留果。

3. 现场考察调查

调查通过上门访问和开会交流调查整形修剪技术经验，有些技术难度较高的还需要进行实地考察树体的反应和表现，从现场直接感受这些经验的技术性能和效果，从而使经验调查者做到心中有数。例如，辽宁省本溪张家沟村农民发明的果树大扒皮经验在 1981 年发表后，有很多国内外专家和学者纷纷前往。辽宁本溪农业局、河北昌黎果树所和中国果树试验站等研究单位，对扒皮试验园进行了现场考察，并在详细了解其具体操作技术要求和注意事项的基础上，共同讨论了这一创新技术的科学理论和学术价值。谢金明发明的砂糖橘果树弯枝经验在推广后，有很多国内外专家和学者纷纷前对该技术进行了现场考察，并在详细了解其具体操作技术要注意事项的基础上，共同讨论了这一创新技术的科学理论和学术价值。

4. 驻地观测调查

有些技术效应较慢且生物学反应较复杂的修剪经验，仅仅通过现场考察的形式还难以确定实际效果，即使观察到实际效果也难以了解其技术作用和生物学反应过程。所以，这些经验还常常需要驻地进行长期的观察和测量等调查工作。例如，山西农业大学果树组在调查运城地区富士苹果疏花疏果的技术经验时，从冬剪开始先后进行了近10个月的试验与调查，基本确定了丰产树主要物候期在营养生长与生殖生长方面平衡协调的健壮树势指标。其结果认为，7～10年生树的骨干枝延长头生长量应达70～100 cm，长枝、短枝比应为1∶5，花枝、叶枝比应为1∶(3～4)，果实、叶片比应为1∶(50～60)，最大叶幕厚度1.5～1.8 m。甘肃省秦安县农业技术推广中心开展绿色桃生产及栽培技术试验研究时，从修剪开始到果实采收期间的试验与调查，基本确定了温室中桃树的修剪形状及大田中桃枝修剪技术。其结果认为，温室中采用Y形阶梯状修剪形状，使棚体内的受光范围更大，果实的受光率增加，中、长果枝比例增加，果树的营养生长和生殖生长更加平衡；大田中采用长枝修剪技术，增强桃树的透光空间，使桃树的通风效果更好，挂果率提高，果实色泽饱满。

（二）整形修剪经验的研究分析

来自生产实践的修剪经验往往具有丰富朴实和简单实用的优点。但也应注意，越是具有地方特色的经验，越是在地方特定条件下形成的，并不一定都具备普遍意义，在应用上有一定的局限性。所以，对待这些实践经验应抱两种态度，一是主动请教，虚心学习；二是批判接受，去伪存真。也就是说，对来自实践的技术经验应进行认真的理论分析，把感性认识上升到理性认识水平，使其成为具有普遍意义的科学技术知识。然后，再通过各种形式进行传授和传播，从而为现代园艺事业服务。例如，在山西临汾地区调查富士草果果形管理的技术经验时，霍州不少果农都认为“远距、单果、下垂”是主要的技术指标。但经过更广泛的调查研究和情况分析后发现，单靠达成“远距、单果、下垂”这三种技术指标并不能保证较高的果形指数，还必须重视春季水分的供应。因为在相同果实管理的条件下，果形指数在1左右的果园都在干旱气候的幼果期灌溉了2次，而同期未灌溉果园的果形指数均在0.8～0.85。所以，果实发育前期的水分保证是生产高果形指数果品的重要基础。

（三）整形修剪经验的验证推广

现阶段，试验和示范成为农业科技成果向社会生产力转化的两个必要环节，是科研成果从试验田、试验室走向实际生产的必由之路，也是减少农民投资风险的最有效方法。经过理论分析后的技术经验，为了使其实际效果在推广时具有重演性和把握性，还有必要在其他地区进行较广泛的验证性试验观察和研究。在某一地区或者范围内验证技术的实用性及先进性，并及时对技术进行修正，避免盲目推广。试验时，有些可适当加大技术力度和扩大应用对象。例如，果树上的环剥技术在山东等沿海地区可采用多环剥和宽环剥的方法，但在黄土高原地区使用时，常常会因干旱、多风、冻伤等灾害气候引起树势严重衰弱甚至死亡现象。所以，绝不能简单地把山东地区的重型环剥经验在山西、陕西、甘肃、宁夏等地进行推广。通过很多试验证明，在自然灾害频发地区安全使用的技术标准是环剥宽度不宜超过0.5 cm，在同一个枝条上不宜采取多环剥，而且实施环剥后应及时将伤口包扎好，以免引起大量失水和病虫为害对果树造成不利。

三、整形修剪的田间试验研究

(一)田间试验设计的方法要求

整形修剪技术的田间试验设计要遵循“随机、重复和局部控制”三大基本原则进行，其内容、方法和规模应根据园艺植物的种类而定。小区面积的大小，一年生草本的蔬菜、花卉作物可小些，一般 3～5 m^2 即可；多年生木本果树要大一些，一般按株数来定，多数为 3～4 株树，灌木或浆果 3～8 株，苗圃苗木 15～20 株，种苗 20～40 株。果树上还可根据试验条件和研究内容采取比较灵活的特殊试验设计方式。在山地果园进行试验时，为了尽量克服土壤差异对整形修剪试验结果的影响，可通过适当减少试验树株数来缩小处理小区面积，小区的形状选择狭长形，狭长形包含试验地土壤的复杂性更多。树形比较试验可采用双株区，甚至单株小区。修剪方法比较试验通常采用单枝小区的单株区组设计形式。采用单株小区时，每株树就可以安排一个处理；采用单枝小区单株区组时，每个主枝就可安排一个处理，一株树就可安排一个重复区组。所有处理在田间小区的安排上应是随机的，不能参与主观因素，减少系统误差的发生，提高试验精密度。试验要设置重复，重复次数多少一般要根据试验材料多少、试验地土壤差异大小、试验地大小、试验所要求的精确度等具体确定。精确度要求高、试验地土壤差异大、试验材料少的情况重复应该多些，重复次数一般要在 3 次以上。有条件时，应尽可能设置保护行，减少外来因素和边际效应的影响。整个试验应尽量安排在土壤条件相近的同一块地中，确实安排不下时可采用随机区组的设计方式，但要保证每个重复区组安排在同一块地中。在选择试验因素和确定试验处理时，可先同时进行几个单因素的不同处理试验，当筛选出比较好的试验因素和处理后再进行复因素试验和多因素综合试验。

(二)田间试验设计的技术方案

田间试验设计前要有明确的目的，选取具有代表性的植株和地块，合理规划试验。田间试验设计要遵循适当重复、随机排列、局部控制、唯一差异这四个原则，尽可能地保障试验结果真实可靠。试验因素要根据试验目的来制定，总的原则是：能用单因素试验解决的问题不要用多因素试验解决；必须采用多因素的试验，要尽量减少处理数量，抓住关键因素进行预备试验，得到初步结论后，再进行复杂试验，由浅入深得到结论。田间试验的技术方案主要是指试验因素与处理的确定。在此，以果树控冠修剪技术试验为例，来说明试验因素和处理的设计形式。

1. 单因素控冠修剪试验设计

单因素是整形修剪推广中最简单的试验。某地引进一种新整形修剪技术，测定该技术增产效果，就属于单因素试验。试验设计中一般只有两个处理，其中一个为对照。单因素试验是指把某一种控冠技术作为一个试验因素，而把这种控冠技术的每种具体措施作为处理分别安排在不同小区内。田间排列可采用随机区组试验的形式，具体设计方案见表 7-1。

表 7-1　单因素控冠整形修剪试验因素与处理的技术设计方案

试验因素	处理项目
根系控制	Ⅰ. 定植时去主根，盘其侧根(常用于南方地区)；Ⅱ. 夏末距干周 30 cm 深翻 50 cm 覆土；Ⅲ. 秋末距干周 30 cm 深翻 50 cm 覆土；CK. 采取以上措施外的普通管理
矮化整形	Ⅰ. 小冠疏层形；Ⅱ. 细长纺锤形；Ⅲ. 中式火锅形；Ⅳ. 棚架 Y 字形；CK. 自然树形
矮化修剪	Ⅰ. 常规水平拉枝；Ⅱ. 主干环剥倒贴皮；Ⅲ. 冬夏连续超重短截；Ⅳ. 喷用化学抑制剂；CK. 一般剪法

2. 复因素控冠修剪试验设计

复因素试验是把两种以上不同控冠技术的不同具体措施分别组合在一起作为一个试验处理的设计形式。这种设计形式最大的优点是:既可以了解每个控冠技术试验因素的主效应,又可以了解不同控冠技术因素之间的互作效应。试验中,如果处理的组合数较多而又有一些特殊要求时使用裂区设计,田间排列可根据试验因素的主次地位,采用有主区和副区设置差别的裂区试验设计形式。在这里引用山西农业大学1982级一位果树学研究生论文的试验设计,以说明复因素裂区试验的设计方法,论文题目为《树冠大小与光分布及其效应的研究》,具体设计方案见表7-2。

表7-2 裂区复因素控冠整形修剪试验因素与处理的技术设计方案

试验因素	处理措施
树冠大小(主区)	Ⅰ.大冠(冠高4 m,冠径4.5 m);Ⅱ.中冠(冠高3 m,冠径3 m);Ⅲ.小冠(冠高2.5 m,冠径2.5 m)
树冠部位(副区)	Ⅰ.上部;Ⅱ.中部;Ⅲ.下部;Ⅳ.外部;Ⅴ.中部;Ⅵ.内部

3. 多因素综合控冠修剪试验设计

多因素综合试验是指把多种控冠技术措施组合起来作为一个试验处理的试验设计形式。这种试验设计虽然不能比较各种技术措施的主效应和互作效应,但实用性强,较接近生产实际,适合整形修剪生产技术试验研究。田间排列可采用随机区组试验形式,具体设计方案见表7-3。

表7-3 多因素综合控冠整形修剪试验因素与处理的技术设计方案

试验处理	处理
Ⅰ	定时剪除主根(南方地区主要措施)
Ⅱ	Ⅰ+5月下旬主干环剥倒贴皮
Ⅲ	Ⅱ+花后45 d及75 d喷维生素B_9 2 000 mg/L
CK	一般栽植管理

四、整形修剪方法的研究

(一)整形修剪方法

整形修剪要掌握“因树修剪,随枝作形”“统筹兼顾,长短结合”“以轻为主,轻重结合”三个原则。通过整形修剪可以改善树体结构,提高果实品质,实现连年高产。果树整形修剪具有重要意义,从管理方面来讲,要想实现果树的有序化管理,就需要对果树进行科学的整形修剪,把管理与栽培技术进行结合。因为果树整体的枝干结构对于果实生长发育具有很大的影响,如果树枝能够更加均匀且合理化的分布,就可以利用有限的空间创造出最多的果实,达到稳产多产的目的,使经济效益达到最大化。从果树自身生长需求来讲,如果在生长的过程中,任其发展而不管不顾,会造成树体结构乱、通气透光性差、枝条纤细、果形不正、果实品质差、果实产量低、易发生病虫害等问题,生长变得缓慢。

(二)整形修剪时期

1. 冬季修剪

冬季修剪是指果树从秋季落叶后到第二年春天萌芽期间的修剪。但是每个类别的果树自身特性不同,修剪时期也不同。例如,核桃若冬季修剪,则会因其枝条髓部较大而不易愈合,所以在秋季采收后落叶前带叶修剪为宜；葡萄春季修剪会出现严重伤流现象，因此，必须在进入休眠到翌年 2 月以前修剪。在严寒地区，葡萄可在秋冬下架防寒前修剪。

2. 夏季修剪

夏季修剪是指落叶果树从春季萌芽至秋冬落叶前或常绿果树晚秋梢停止生长前期间的修剪，主要内容包括摘心、抹芽、拉枝、扭梢、环剥、除萌等。根据修剪内容和目的，可按果树年周期内不同物候期进行修剪。

五、整形修剪的观测记载方法

(一) 试验效应的观测记载方法

整形修剪试验效应的观测调查主要包括田间抽样测量、材料取样制备处理、实验室仪器化学分析等。多年生果树树体高大，调查取样部位要有代表性，取样方法要科学，符合随机、重复和局部控制基本原理。同时，还要注意分析树体修剪反应的最短时效性和贮藏营养水平对修剪的影响。观察方式分为动态和静态观察两种：动态观察在于了解整形修剪后植株不同阶段的反应，便于追踪，有助于后续结果分析；静态观察在于了解整形修剪的最终结果。所有处理小区和取样部位的标准应一致，调查项目内容要全面。观察项目一般是通过大量调查才能确定的，观察项目要与现场的反应相结合，选重要的项目来观察，根、芽、叶、花、果各种器官的片段取样要充分考虑修剪反应的敏感性与稳定性，取样后应立刻对材料进行固定处理，并尽快制备样品完成测试。光照、温度、湿度、二氧化碳等生态因素的测定要及时、适位、快速、准确，要用最科学的方法尽量减小时间差和测点差的影响，从而提高处理小区间试验结果的可比性。关于细胞组织及其细胞器微观结构的观察，要及时拍摄照片，并注意突出其关键部位和重点部位。

(二) 观测结果的记载方法

无论田间调查还是实验室观测分析结果，都必须及时记载在事先根据观测内容项目制作好的专用调查表格中，并附注品种、树龄、树号、日期、地点、采样方法、测试程序、仪器名称及性能指标等相关信息，从而为以后的资料整理与分析提供便利条件。表 7-4 至表 7-8 是几种常用的调查表，可供参考。

表 7-4　树冠结构基本情况调查表

品种：　　树龄：　　树号：　　时间：　　地点：

处理	重复	主干高 /cm	中心干长 /cm	主枝					侧枝				
				下层数	上层数	下层粗 /cm	上层粗 /cm	层间距 /cm	下层数	上层数	下层粗 /cm	上层粗 /cm	第一侧枝距 /cm

处理	重复	主干高 /cm	中心干长 /cm	枝组								
				下层主枝分布			上层主枝分布			层间分布		
				大型数	中型数	小型数	大型数	中型数	小型数	大型数	中型数	小型数

表 7-5　叶幕结构与结果体积调查表

品种：　　树龄：　　树号：　　时间：　　地点：

处理	重复	树冠体积 /m^3	叶幕体积 /m^3	叶幕层数	最大叶幕厚度 /m	叶幕形成时间 /d	叶片功能期 /d	光秃体积 /m^3	结果体积 /m^3	有效体积比率 /%	结果体积比率 /%	备注

表 7-6　树体修剪反应调查表

品种：　　树龄：　　树号：　　时间：　　地点：

处理	重复	发枝量							坐果情况		长势		单位叶面积 / cm^2	定位叶面积 / cm^2	百叶重 /g	单位叶面积重 /(mg/dm^2)	叶面积系数	备注
		枝条数	长枝		短枝		果枝		成花数	坐果率 /%	延长枝平均生长量 /cm	长枝平均生长量 /cm						
			数目	占比 /%	数目	占比 /%	数目	占比 /%										

表 7-7　树体更新修剪反应调查表

品种：　　树龄：　　树号：　　时间：　　地点：

处理	重复	部位	营养枝长 /cm	潜伏芽		成长情况			结果情况			枝类比			备注
				萌芽率 /%	均生长量 /cm	花芽数	花芽率 /%	短果枝数	果实数	坐果率 /%	单果重 /g	长枝数	中短枝数	长短枝比	

表 7-8　叶片微观结构观测和生态生理测定表

品种：　　树龄：　　树号：　　时间：　　地点：

处理	重复	部位	叶片微观结构观测							
			叶片总厚 /mm	栅栏组织厚 /μm	海绵组织厚 /μm	栅栏细胞层次	叶绿体纵横径	叶绿体基粒数	叶绿体基粒层数	叶绿体淀粉粒数

处理	重复	部位	生态因子测定				生理生化测定				
			叶际光照 /lx	叶际温度 /℃	叶际湿度 /%	二氧化碳浓度 /(μmol/mol)	叶片干重 /g	叶绿素含量 /(μg/mL)	叶片含氮量 /(mg/g)	叶片光合速率 /[μmol/(m^2·s)]	叶片呼吸强度 /[mg/(h·g)]

第四节　整形修剪制度的革新研究

整形修剪技术的进步往往是与先进生产的发展相联系的，是在其管理制度的革新过程中完成的。也就是说，整形修剪只有紧跟时代步伐抓住生产发展的机遇，推动与栽培方式转变相适应的制度变革，找到一种新的技术规程与模式，才能达到现代化园艺生产的管理水平。

一、国外整形修剪制度的革新研究

国外的园艺业和园艺学的发展起步较晚，但由于受社会经济和科学技术进步的推动，发达国家近代的园艺生产的发展速度较快，整形修剪制度的研究与革新开始较早。在发达国家当中，各个国家由于围绕国情建设的农业现代化路径不同，其园艺植物整形修剪制度的研究方向与革新目标也有所不同。概括起来有以下几种模式：

1. 矮密化与简易化整形修剪制度的研究

20 世纪 50—60 年代，发达国家在集约化园艺生产发展的背景下，通过长期的试验和推广兴起了矮密化整形修剪制度，从而形成了以早果丰产为中心的技术规程与模式。目前，这一制度在发达国家基本上代替了过去乔化稀植的整形修剪技术制度，其核心技术是严格控制树冠大小，为各种树体管理创造便利条件。

简易化是伴随矮密化修剪趋势所兴起的另一新型技术制度，要求在树体结构上减少骨干枝的数量和体积，在修剪作业上简化复杂的技术方法。简易化矮砧密植栽培技术在树形管理方面更加注重群体，弱化个体，注重整株，弱化单枝，注重普适性，弱化个性。简易化矮砧密植栽培技术在发展过程中，为了达到机械化和省力化的要求，在不断改进和完善的过程中，不论是高纺锤形还是 Y 字形，其共同特点都是树体冠幅减小，结果墙变薄，结果枝轴变短，结果部位靠近中干，使树体结果变的平面化。树体结构简单，生产者管理起来也越来越方便。简易化矮砧密植栽培技术对树形和树势的管理上更加注重综合调控。简化修剪是一种有质量要求的技术作业，不能看成是只求速度而不顾质量的粗放修剪方法。

2. 机械化与设施化整形修剪制度的研究

在工业发达的欧美及日本、新西兰等国家，研究推广了以提高劳动生产率为中心的机械化整形修剪制度。尤其是在果园树体管理上，从小型的修剪器具到中大型的修剪机车，机械化作业到处可见。应用机械对果树进行修剪，不仅可以利用机械的高判断性对果树多余枝叶进行筛选，减轻工作人员的工作量，还可以轻松有效地完成相关工作，对某一领域进行集中修理。同时，机械储存空间可以设有相关的数据库，通过数据库比对，分析出果树的最佳修剪方案。因其耗时较短，且修剪后的果树整体极为简洁、美观，可以在一定程度上全面提升水果产量，减少修剪失误率，使果树健康生长。

伴随机械化修剪作业的另一种新型整形修剪形式是设施化技术制度。很多发达国家的瓜菜、花卉和果树的栽培都采用了多种设施手段。设施的主要类型是利用搭架形式实施立体栽培，而且架材及其相关设施都是专产专用的。例如，西瓜和甜瓜的垂直栽培、花卉和果树的整形修剪等，都广泛采用由专用支柱和铁丝建立而成的篱架和棚架。特别是各种乔木果树的棚架，最大限度地克服了幼树整形过程中规则整枝与早果丰产之间的修剪手法与矛盾，同时也为以后的简化省工管理创造了有利条件。

3. 化学化与安全化整形修剪制度的研究

在经济发达的国家，化学化管理成为园艺生产管的另一技术亮点。园艺植物化学管理研究的总方向主要是利用植物生长调节剂控制植株大小、平衡生长结果关系、调节花果上市时期和改善产品经济性状等方面的高效化和规模化技术手段。

然而，化学管理所带来的污染性副作用给园艺产品的生产和消费安全带来了严重挑战。因此，绿色食品的无公害安全生产要求则成为伴随化学化管理的另一种新型技术制度。其研究方向主要是各种园艺植物的病虫害生物防治、高残留化学农药控制、土壤有机化肥和果实产品套袋等无公害管理技术制度。绿色食品消费已被广大消费者接受，并推出了一个全新的饮食文化、全新的消费观念、全新的生活方式、全新的与环境共处的依存方式。

4. 细致化与综合化整形修剪制度的研究

在人少地多国家研究推广机械化、化学化等提高作业效率手段的同时，人多地少的国家则研究推广以提高单位土地面积产量和质量为中心的人工细致化技术密集型管理制度。根据树种、品种特性和立地条件制定具体的修剪方案；在修剪前认真调查树体以前的修剪反应，随时调整修剪手法；操作时有次序地逐枝修剪，无论树冠任何部位都要剪到，及早控制和改造不规则枝条，保证作业质量；顺从物候期的进展，适时调节枝、芽、叶、花、果合理的生长发育节奏，维持树冠平衡平展；根据消费要求标准严格管理果实，重视品质提高。例如，日本的果园主要采用人工修剪，但要求非常细致，特别是对疏花疏果、果实套袋等果品质量管理技术环节十分认真，操作时有严格的标准要求。这种以人工为主的细致化管理作业质量，是机械化和化学化管理所无法比拟的。

伴随细致化管理的另一种新型整形修剪制度是综合化技术体系。很多采用机械化、化学化管理的国家，均存在着不同程度的作业质量问题。然而，在另一些采用人工细致化管理方式的国家，也普遍存在着作业效率低的问题。所以，有些发达国家为了在整形修剪管理上同时兼顾作业效率和质量，采用矮密化、简易化、机械化、化学化、人工化等综合性的管理技术制度，从而发挥各种管理制度相互取长补短的优点。

二、我国整形修剪制度的革新研究

我国是世界上最早兴起园艺农业的国家，园艺业和园艺学的发展要比国外早600～800年，当时的总体水平均在其他园艺大国之上。但由于受后来工业技术和社会经济发展缓慢的制约，我国近代园艺生产的发展速度相对比较落后，整形修剪制度的革新研究也较晚。我国果树修剪的历史虽然比较悠久，但新中国成立前的果树修剪多是一些操作相对初级、缺乏科学研究的实践经验，只是一种初级的感性认识，缺少理论分析与指导，没有形成科学操作的制度。新中国成立后，果树整形修剪技术才开始了实质性的方法与理论探讨。从修剪生理到形态反应，从同种果树的共性修剪到不同品种的个性修剪，从一种剪法单独使用到多种剪法综合应用，从休眠期修剪到生长期修剪，从幼树整形到老树更新，均进行了比较全面系统而深入的研究与总结，使人们过去对果树修剪的感性认识提高到理性认识，并形成了比较完善的科学管理制度。然而，这些修剪的制度并不是直线前进的，而是经过几次曲折后逐步完善的，这些曲折都是发生在修剪量制度变革的时期。纵观我国园艺植物的整形修剪历史，由于作物类型的特殊性需要，这种技术制度的革新主要体现在果树生产上。同时，考虑到我国在此方面的专业化革新程度还较低，在此仅按趋势性评价方式进行归纳和总结。

（一）科学性整形修剪制度的形成

我国果树栽培历史悠久，果树等园艺植物的修剪意识也较早，从事果树栽培的先人在数千年栽培过程中为后人积累了极其丰富的实践经验。然而在这漫长的传统历史长河中，由于受社会经济和科学技术发展水平的制约，作为重要树体管理手段的整形修剪技术一直处于一种经验性管理状态，言传手教是唯一的技术传授形式。新中国成立后，农村集体经营体制和文化教育大发展形势为果树生产发展和修剪技术提高创造了有利条件。从20世纪50年代开始，我国农村出现了前所未有的百亩和千亩果园；同时，在农村重教办学和农民扫盲运动的推动下，产果区农村通过择优选拔成立了果树生产专业队，并通过定期到外地参观进修学习和请专家下乡培训指导的制度，通过专业培训和读书学习培养了大量的修剪技术人才。从此，农村在我国历史上真正有了规模化果品生产基地，有了专业化果树修剪技术队伍，才使得我国果树的整形修剪技术真正步入由理论指导的技术性作业阶段，从而完成了由过去经验修剪向现代科学修剪的转变过程。这一技术革命对我国现代果蔬生产发展的推动作用是不可低估的。苹果树整形修剪是果树综合管理中一项技术性较强的作业。几十年来，整形修剪技术具有复杂、多变、难以掌握等特性，常被神秘化、夸大化，摆不正其位置，苹果树整形修剪的发展也曾走过一段弯路。总结历史经验与教训，应正视整形修剪的作用，用科学的方法分析整形修剪技术，改革整形修剪制度，使其朝着简易、省工、优质的方向发展，让广大果农从难学、费力的修剪中解放出来。

（二）矮密性整形修剪制度的研究

20世纪70年代，苹果矮砧密植集约化栽培是当今世界发达国家普遍应用的栽培模式，在国外园艺生产技术革新大浪潮的推动下，我国在完成经验修剪向科学修剪转变的基础上，围绕矮化密植栽培方式，开始了新型整形修剪技术制度的研究和推广。这次技术革新的重点研究内容是树冠矮化控制技术。苹果现代矮砧密植栽培系统引进我国以来，以其极大的先进性，迅速在全国苹果产区掀起一股热潮，成为引领我国苹果转型升级的核心。从苹果品种选育和评价、苗木培育和认证、果园种植和管理到苹果生产主体和形态，现代矮砧密植栽培技术作为一套完整的体系，对传统苹果产业方方面面都产生着巨大的影响，成为苹果产业的一场轰轰烈烈的革命。想要实现密植以及早产早丰，可以采用矮化密植栽培，其原理是利用矮化砧木的致矮原理，使得树冠矮小实现密植。简单且省力省时的苹果密植栽培管理技术已越来越被种植者们广泛运用。虽然近些年我国才开始兴起矮化砧密植栽培，但其发展趋势迅猛，矮化密植栽培面积在不断扩大。在人工修剪控制的技术途径上，南方地区以控制地下部根系为先，地上部主要是控制夏梢旺长，方法是以轻剪缓放和主干环剥等技术为主。北方地区的部分果园，由于一些过多和过重使用环剥方法，在干旱多风和冻害地区造成树势严重衰弱，甚至出现死亡的现象。矮化密植栽培果园的前期管理重点是树形构建，在生产方面，关于构建矮密丰产树形还存在一些较为突出的问题，所以矮密性控冠技术制度还有待进一步研究和完善。

（三）省工性整形修剪制度的研究

进入21世纪以来，我国城镇化进程明显加快，城镇化的过程促使了农村劳动力的大量转移，青壮年劳动力外出务工，造成从业人员逐年减少和年龄结构老化。但随着人民生活水平的提高，我国园艺植物需求和种植面积在不断增加，形成了生产中的突出矛盾。从21世纪初开始，苹果生产中各种管理措施逐渐向简化省工方向发展，在品种组成、种植方式、管理程序等方面发生了很大的变化，简化省工栽培已是苹果生产的主要趋势。省工性修剪的主要形式是伴随矮密性管理的简化修剪。同国外一样，简化修剪包括树体结构简化和修剪方法简化两个方面。实践证明，复杂的树体结构需要较长的培养时期和较复杂的修剪技术，这不仅影响树体早期的结果能力，而且影响作业效率。因此，在树体结构上力求减少骨干枝的数量和体积、在修剪技术上力求简便易行的大方向是对的。苹果生产管理的一个重要环节是整形修剪，随着对苹果生长规律的认识进一步加深，修剪苹果树的方式已经开始向简化方向过渡。简化修剪的总原则是：强中干、少级次、枝单轴、密留枝、枝条下垂，使苹果生产发展向着早产、优质、丰产的方向，从而使生产效益得到大幅度提升。在我国很多地方、简化修剪走上了“歧路”。不少地方在片面强调“随枝作形”过程中，果园干脆不讲目标树形，结构乱七八糟。不少人还把简化修剪看成了粗放修剪，作业时只求速度而不顾质量。其结果占了些省工管理上的“小便宜”，却吃了产量和质量明显下降的“大亏”，从而付出了得不偿失的巨大代价，给生产造成了无法挽救的损失。所以，粗放修剪是园艺生产管理的“大敌”和“大忌”，是绝对没有出路的。尤其在我国经常受干旱、冻害和风折等自然灾害威胁的黄土高原地区，培养规则、牢固的骨架结构是树体安全条件下省工管理的重要前提和基础。因而，我国果树简化修剪的技术制度还需要进一步研究和完善，在技术手段上应借鉴日本、新西兰等国家平棚式树形设施化整技术的先进经验，并结合我国实际情况建立和发展科学的简化修剪技术。

近年来，随着我国经济和科技不断发展，我国在科研人员的不断探索下，可以自主生产农机设备，但在整形修剪方面还比较欠缺。当前，我国果树整形修剪还主要是以人工为主的单枝选择修剪和以机械修剪装置为主的整株几何修剪。前者主要依据不同果树品种的修剪技术要求和所在地的气候条件，进行单枝修剪，是以人工为主、机械协助的修剪方式，该方式对修剪人员技术要求高，修剪效率低；后者主要通过把修剪装置固定在牵引机具上，依靠机器运转，把树冠修剪成一定的几何形状，其切割装置多采用液压驱动，作业效率高，适合规模化种植的果园。我国的果树修剪机械化及自动化发展还处于初级阶段，而且机械化及自动化的修剪普及不够完善，随着果树行业修剪机械化程度不断深入，当前的修枝技术仍面临操作性不强、成本投入高及破坏果树性大等困境，果业效益无法最大化。目前，我国树木整形修剪机械有手持式、背负式、车载式和自动式等多种形式，目前自动式立木整枝机已实现了遥控整枝修剪作业。

（四）化学性整形修剪制度的研究

近年来，我国园艺植物的化学管理技术推广速度较快，能得到如此青睐的原因主要是简单省工。果农常说“果来宝，就是好”“多效唑，也不错”。化学修剪应用研究的总方向包括利用植物生长调节剂控制植株大小、平衡生长结果关系、调节花果上市时期和改善产品经济性状等。化学调控除具有修剪措施的作用外，还具有促进插条生根、提高嫁接成活、诱导单性结实、提早果实成熟、防止采前落果和辅助采收作业等作用，从而便于果树栽培管理。然而，园艺植物化学管理所带来的污染问题，给产品生产和消费的安全性带来了较大挑战。目前，果树疏花疏果的主要药剂仍是过去作为杀虫剂使用的西维因、敌百虫、石硫合剂等。多效唑等生长抑制剂在高浓度使用后，在果实中的残留物极有可能危害人类幼儿的生长发育，且至今仍没有较好的解决对策。因此，我国的化学修剪手段应重视研究无公害生产的保障制度。

（五）抗逆性整形修剪制度的研究

我国北方黄土高原，海拔高，光照好，昼夜温差大，空气湿度低，是世界上符合落叶果树生长发育七项气象指标要求的最佳生态区。然而，在多数地区也存在着干旱、冷冻、风蚀、病虫等各种自然灾害，严重威胁着果树生产。根据这些产区的实际情况，研究抵抗这些自然灾害的整形修剪技术制度是非常必要的。我国落叶果树抗逆性整形修剪制度的研究内容主要包括以下三个方面：

1. 高抗骨架结构整形制度的研究

强大的根系和骨干枝系统，可以为树体在干旱、寒冷等自然灾害环境中提供较多的水分和营养物质，可以为树体求全保安强化机械应力和支持力，从而显著提高树体的抗逆能力。根据这一原理，山西农业大学王跃进经过20多年的整形修剪经验调查，研究总结出了以基部三大主枝为主体基础的"短腿、矮个、小头、细腰、大屁股"模式的高抗性树体结构，较好地解决了我国黄土高原果树的抗旱、抗寒、抗风等生产实际问题。

2. 树体保护修复修剪制度的研究

果树树皮是树体营养运输的通道，若树皮受到伤害，则会影响树体营养运输，轻则导致叶片、果实发黄，重则前端枯死，结果能力差，俗语中常说"人要脸，树要皮"，因此果树生产中要高度重视树体的保护。在果树修剪作业中及时整修和涂料保护伤口，可免水分蒸发和阻挡病虫侵入，从而有效防止各种自然灾害的发生。在树体受灾后，提倡对其受害部位及早进行治疗修复工作，以便提高树势恢复的速度和质量。这种以防为主、标本兼治的保护性修剪技术制度，其措施主要包括修剪伤口的保护、枯枝死根的剪除、局部病症的刮治、灾害创面的包扎、肥水特殊补充等，并逐步形成具有我国特色的综合管理体系。发生冻害后，避免冬季修剪，在翌年春天果树发芽后根据果树受冻害情况进行修剪，轻剪长放，少留花芽，减少负载量。

3. 园地清理技术制度的研究

果园修剪作业完成后所留下的枯枝落叶和杂草垃圾，是秋后各种病虫害越冬的主要藏身之地。因此，很多果园在各阶段修剪作业过程中和秋季落叶后入冬前，要抓住时机，认真、细致、全面、彻底地清扫病枝、落叶、残留病果，并清除园地路边的所有杂草，然后集中焚烧或高温堆沤，这样能及时清理并烧毁窝藏寄生各种病虫源的植物残体。这一管理技术制度是我国北方落叶果树管理的优良传统，是果园从根本上减少病虫害发生源的有效措施，也符合无公害管理的发展方向，在今后应继续进行完善研究和推广应用。我国北方梨区果农早有"要吃梨，刮树皮，刮完树皮早清理，不刮不清吃不上梨"的修剪经验。

第五节　我国现代矮化树形结构与控冠技术的研究

一、我国现代果树冠形结构应具备的条件

随着集约化密植栽培方式的兴起和推广，果树整形修剪技术的研究主要集中在树体矮化控冠、结构简化实用等方面。其中，最核心的问题是如何确定符合这一时代背景的现代丰产树形结构的表现特点与合理指标。

（一）现代丰产树形结构的表现特点

根据现代果树集约化密植生产的管理要求与发展趋势，多数丰产树形的结构应具备以下特点：

1. 树形规则，群体协调

现代化果园中，每个树种品种都应有一个与群体结构相适应的明确的目标树形，要因地制宜。每株树从小就应根据其目标树形结构的要求连续进行整形修剪，最终培养成比较规则的树形结构，从而

使整个果园在群体上显得整齐协调。千万不可盲目追随“隔年修剪，随枝作形”的粗放式管理模式，要及时根据现有情况进行调整，避免造成“一园百姓，各唱各调”的混乱局面。

2. 符合树性，长势中庸

不同种类与品种的果树，其生长结果习性和枝芽特性有明显的差异，在符合果树生长发育规律的情况下，每年视情况对果树进行修剪整形。一个果园要在符合树性的基础上决定树形，根据树形进行整枝。这样修剪成的树冠，在生长方面既不偏旺又不偏弱，处于中庸的状态，为以后生长与结果的平衡调节打下良好的树体基础。

3. 低干矮冠，便于管理

随着现代栽培技术的发展和研究，果树栽培的树形结构趋向于小型化，向低主干小树冠趋势发展。树冠过于高大，不仅管理不便，而且具有枝叶多、病虫多、好果少而人工多等弊病，影响枝果质量，加大生产成本。果树低干矮冠，不仅能避免这些缺点，还能缩短根冠距离，主枝易开张、成形快，有效结果面积大，有利于果树地下部与地上部的营养、水分流动，使树体能够健壮生长和延长结果寿命。

4. 分层开张，通风透光

果树丰产优质的生态基础是树冠通风透光。从树形结构上说，各种骨干枝适当分层排布和有一定开张角度，有利于树冠内外光照射入和空气交流，为树冠下部和内膛的成花创造条件。

5. 少干多枝，早果丰产

矮化密植的果树，要求骨干枝少而精，结果枝多而壮，这样符合幼树的树性和少截多放的原则。骨干枝过多，影响树冠各部的光照，同时会减少和削弱辅养枝和结果枝组；少干多枝有助于早期缓和树势，形成中短枝组成花结果。所以，“官”少“民”多，结果容积大，有利于果树取得高产。

6. 结构合理，枝叶均衡

各种骨干枝、结果枝组和辅养枝在树冠中的配置要从属分明，结构合理。这样可使树冠平衡发展，枝叶花果均匀分布，不会长成偏势生长、偏位结果和歪头斜身的乱形树。

7. 骨架牢固，重载长寿

树体的骨架结构要培养得牢固而粗壮，这样各种骨干枝在结果载重后不会发生明显的变形和生长势衰弱，也不会发生折断和劈裂等现象。这就要求主侧枝角度合适，不可角度过小，会导致树冠小、易抱合、光照差、结果迟且主枝易劈裂等问题；也不可角度近于水平，虽然可提早结果，但会出现树弱、骨干纤弱、负载力低且背上枝不易控制等问题。骨架牢固、主侧枝角度适宜是果树优质高产、健壮长寿的基础和保证。

8. 上小下大，树体平稳

在树形建构过程中，一定注意培养好树冠下部的主、侧枝和结果枝组，而对树冠上部的主、侧枝和结果枝组应适当控制。一般来说，骨干枝在树冠中应采取分层配置，从而形成分层的树形结构。上层主、侧枝的枝轴长度不能超过下层主、侧枝的2/3。同一个骨干枝上的结果枝组，大、中型枝组的培养在下部，小型枝组的培养在上部。以基部三大主枝为主的树形结构模式，三大主枝的产量比重应占到全树的70%～75%。这样，形成上小下大的树冠造型，可降低重心，使整个树体健壮有力和踏实平稳，有利于提高果树的抗风和载重能力。

（二）现代丰产树形结构的合理指标

研究树形结构的重要目的是要建立一个比较科学的符合现代生产要求的丰产树形结构指标体系。

目前，尽管这个指标体系还不完善，但多数专家的观点大体一致，共识的标准框架基本形成。概括起来，有以下几个方面：

1. 群体结构与树冠大小的指标

果树树冠的体积一般被称作树冠大小，对果树产量和果实品质有一定的影响，树冠的有效容积对果树的产量起决定性作用。从群体结构与树冠大小的关系来说，果园株行距的设计应充分考虑树冠控制的技术能力，树冠的大小要根据已定的栽植株行距进行严格控制，通常会控制合适的果树树冠高度，在此基础上加大冠幅以增加树冠体积，提高产量。一般来说，冠径控制以株距为准，比行距应至少小 1 m，树高应控制在行距的 80% 以内。这样才能从果园整体上保障基本的作业便利和通风透光条件。所以，果园永久株的株行距和树冠大小，在乔化稀植条件下，专作园的株行距应为 4 m×5 m 左右，树高和冠径均应控制在 4 m 左右；间作园的株行距应为(6～7) m ×(10～12) m，树高和冠径应分别为 5～6 m。矮化密植条件下，株行距应为 3 m×4 m 左右，树高和冠径均应控制在 3 m 左右。藤本果树在篱架整枝条件下，株行距应为(1～2) m×(2～2. 5) m，树高应控制在 2 m 以下；在我国的传统棚架龙干式整枝条件下，株行距应为(1～2) m×(4～10) m，树高随架面应控制在 1.8～2 m。大棚和温室栽培情况下，应根据其空间大小和通风透光条件严格控制树冠发展，一般高度应在 2 m 以下，行间作业道至少 1 m，株间的枝条只能接触而不宜交叉。临时株是提高果园早期产量的暂时性短期加密树，可根据永久树的具体密度情况在株行间灵活安排，在修剪管理上重点是促其尽快成花结果，并不要求树形。在发展空间上，要对临时株严加控制，不能干扰永久株的树形培养，一般 4～5 年即可全部间伐掉。

2. 树体骨架结构的主要指标

树体结构主要是指骨干枝的配置情况，完整的骨干枝系统应包括主干、中心干、主枝、侧枝等。主干高度主要根据种植结构和耕作制度而定，果树专作的矮化密植园应为 40～50 cm，果粮间作的乔化稀植园应为 1.2～1.5 m。中心干的上端应实行落头开心的形式，间作园乔化稀植树的中心干轴长应为 2～3 m。专作园矮化密植树的轴长应为 1.2～1.5 m，主枝在中心干上最好成层分布，自然立体树形可分上下两层，每层 3 个均衡分布，共 6 个，专作园的主枝层间距 80～100 cm，间作园可适当扩大。常有干旱、冻害和风折的高原地区应培养好基部的三大主枝，上层主枝的轴长应控制在下层主枝的 2/3 左右。人工篱壁树形的主枝可分上、中、下三层，每层 2 个对称分布，共 6 个，层间距 50～60 cm。主枝与中心干的基角为 50°～60°，腰角为 70°～80°，梢角为 40°～50°。侧枝在主枝的左右两侧偏背向上下错落培养，与中心干的角度应大于主枝，每侧 2 个，每主枝共 4 个，下大上小，延长头应明显低于主枝头向外发展，第一侧枝距中心干的距离 40～50 cm，间作园的大冠树可扩大到 60～70 cm。侧枝在主枝上也可按左右两个成层分布，层间距 50～60 cm。所以，树体结构总体可归纳为后面所阐述的“短腿、矮个、小头、细腰、大屁股”体形特征。

树体结构整形修剪时的要点：①主干高矮。高干成形慢，树冠小，产量低；矮干则成形快，主枝易开张，有效结果面积大，结果也早。②中心干有无。有中心干的树容易维持树势，寿命长，结果面积大，但中心干太强也会抑制第一层主枝的生长势和结果量，造成结果部位外移、上移。无中心干的果树主枝强，光照好，果实质量高，但产量较低。③骨干枝数量。骨干枝过多，势必减少和削弱结果枝组和辅养枝，同时影响树冠各部的光照；过少则空间不能充分利用，树势也难持久。④注意主、侧枝角度。角度小，树冠小，易抱合，光照差，结果迟，且主枝易劈裂；角度近于水平，可提早结果，但树弱，骨干纤弱，负载力低，且背上枝不易控制。

3. 健壮稳定树势的主要指标

树势的强弱可反映在骨干枝延长头生长量、春秋梢情况和长短枝比例上。一般认为健壮稳定树势的指标是，骨干枝延长头的年生长量应达到70～100 cm。春梢生长健壮，秋梢很少，即使有也能在秋末及时形成顶芽停止生长。从长短枝比例上看，长枝应占20%左右，中短枝应占80%左右，其中高质量的一类短枝应占60%以上；整体表现为叶片大且绿，具有光泽；枝条粗壮，芽质饱满；树势整体平稳，有小量冒条；花芽饱满，开花整齐，坐果率较高。

4. 生长结果平衡的主要指标

树体生长与结果的平衡是丰产树体结构的重要因素。一般认为生长结果平衡的指标是，花枝、叶枝比应为1∶(2～4)；果实、叶片比根据树种不同应分别是：柑橘1∶(50～55)，苹果1∶(30～60)，梨1∶(15～30)，桃1∶(30～60)，柿子1∶(15～20)，枣1∶(10～20)，葡萄(穗)1∶(15～20)等。日本果树专家在大果型苹果品种上提出的20～25 cm按距留果简易方法，实际上就是以叶果比为依据的。

5. 树体花芽留量的参考指标

果树冬季修剪时，准确的花芽留量是保证树体优质产和健壮长寿的重要基础。科学地计算花芽留量以及疏留花芽是冬季修剪的重要任务。花芽留量的依据指标常常是按“以树定产”的方法进行计算的。具体计算方法是，先按每亩(1亩≈667 m^2)目标产量和树冠大小算出单株产量，再按单株产量算出需要的花芽数，接着按生长结果平衡的花枝、叶枝比计算出所需要的一年生枝数，然后再按树体结构的特点算出每个主枝所需要的健壮花芽枝留量，并加上适当的保险系数。例如，一株冠径4 m的红富士苹果树，年产预定为150 kg左右，以平均4个果1 kg计，至少应结600个果。如果实行单果管理的办法，至少需要600个花芽。按花枝、叶枝比1∶3计算，全树须留健壮的一年生枝2 400个。如果树形采用中冠疏层形树体结构，基部三大主枝的产量应占70%左右，则每个主枝至少需要560个健壮枝，其中花芽枝至少应为140个左右，再加上1倍的保险系数，每个主枝在冬季修剪时应留280个花芽枝。

葡萄冬剪时，结果母枝的留量常有“1-4-8”短梢剪法和“1-3-6”中长梢剪法两种。在主、侧枝平行间隔距离50 cm左右的情况下，前者的方法是，1 m长的骨干枝轴上培养4个分双杈的枝组，共8个短梢结果母枝。后者是1 m长的骨干枝轴上培养3个分双杈的枝组，共6个结果母枝，其中每个枝组内留的中长梢为下年开花结果的结果母枝，留的短梢则为下年不让开花结果但必须保证形成优质花芽的预备结果母枝。

二、几种主要矮化树形结构的性能评价

(一)南方柑橘矮化丰产树形结构研究

1. 矮化丰产树形结构特点

华南农业大学果树组于1973—1975年，对连续4年获得亩产万斤(相当于每667 m^2产5 000 kg)的广州市郊萝岗大郎大队等甜橙园树形结构进行了调查研究。结果表明，下大上小的“谷堆形”树体结构比下小上大的“伞形”树体结构要好，有效体积大26.4%，绿叶层厚64.6%，叶面积指数和果实产量高1倍左右，叶果比率小于18，而且叶片质地厚，叶绿素含量高，光合作用强。由此认为，丰产树形结构的特点是：①矮干多枝，结构紧凑，疏密适度；②树冠下大上小，外围凹凸疏松，下部和内膛有一定的光照；③枝组短壮，梢叶均匀，绿叶层厚，叶绿素含量高，光合作用强；④树冠骨干枝少，结果枝多，而且上下内外都能均匀结果，有效体积大，具有立体生产性能，叶果比约50∶1。

2. 矮化丰产树形培养技术

广东澄海区对连年亩产万斤的永心大队蕉柑园进行了整形修剪技术调查，认为结果体积的扩大不能依靠树体的宽度和高度，更重要的是枝梢合理分布的结构。因此，在树形培养中提出齐、密、匀、实的枝梢分布结构模式。主要培养技术：从幼年树开始，按照去零留整、去早留迟、控制夏梢、压强扶弱、适当短截的控梢原则，并与肥水调节密切结合。抹芽控梢时间连续保持 30 d 以上，让枝条芽眼普遍萌发，力图培养枝梢整齐、密集、节短且有大量预备结果枝的矮化树冠。叶果比指标为 52∶1。

（二）北方苹果矮化丰产树形结构的研究

1. 主要矮化树形结构的性能评价

(1) 小冠疏层形的结构与性能　小冠疏层形是我国北方地区苹果树上普遍采用的丰产树形。这个树形是以基部三大主枝为主体，并要求培养上部第二层主枝，在上、下层主枝的层间培养较小的辅养枝。此形的优点是可利用三大主枝的邻接和邻近两种不同的排列方式，调节中心干和上层主枝的生长平衡，同时也有助于强大根系的培养。此形树势健壮，结果稳定，抗旱、抗寒、抗风，是黄土高原春旱冬寒气候条件下的优良树形。但美中不足的是，因为要求培养上层主枝和侧枝，所以树体成形较慢，进入盛果期较晚。

(2) 外来纺锤形的结构与性能　纺锤形是国外应用较广泛的一类简易树形，包括自由纺锤形、细长纺锤形、纺锤灌木形等，近十几年来在我国已普遍采用。其共同结构特点是：在中心干上四周螺旋式培养 13～17 个短于 1.5 m 的水平型长放小主枝。这种树形修剪轻，结果早，适合密植，但在整形期间需要设立支柱和架线进行缚枝，建园成本较高。然而我国北方多数地区，只引用了这种树形结构，而没掌握其整枝技术，结果造成"水土不服"现象。主要问题是整枝时没有架材辅助固定，只靠绳子拉枝和重型环剥强行控制，导致主枝生长姿势不规范，发展不平衡，前期旺长，后期衰弱。虽然前 5 年能实现早果丰产，但进入盛果期年龄后，树冠下部很快衰弱，上部枝条由于难剪无法控制而直立旺长，形成严重失衡的上强下弱和结果部位外移现象。因此，表现出前期丰产而中后期减产，树势先旺后弱，树体寿命明显缩短。

(3) 中国火锅形的结构与性能　火锅形是我国小冠疏层形和国外纺锤形结合而成的小冠形，由于外观像火锅而得其名。此形类似于有些地方提出的复合形，但中心干上枝组配置的方式有所不同。下部的基本骨架结构是按三大主枝及侧枝的模式培养，产量占全树 70%～75%，中心干上的结果枝组采用大、中、小型间隔配置的方式。其中，大型枝组用先截后放法培养，具有小型骨干枝的作用。这种树形吸收了疏层形骨架牢固、结果稳定、抗旱抗寒、管理方便以及纺锤形修剪轻、结果早、成形快等优点，克服了疏层形修剪重、成形慢、结果晚以及纺锤形整形时需要设施引缚、树势不稳、上强下弱、结果外移等缺点。因此，被认为是"中西结合"且最适合黄土高原春旱冬寒不良气候环境的优良树形。

2. 矮化丰产树形结构的模式要素

综上所述，山西农业大学王跃进经过 20 多年对我国果树整形修剪技术经验的调查总结认为，适合我国黄土高原春旱冬寒等灾害气候条件的高抗性树体结构，应该是以基部三大主枝为主体骨架基础的"大脚、短腿、矮个、小头、细腰、大屁股"的结构模式。"大脚"指具有完整而强大的根系结构，使树体在灾害环境中获得较多的水分和营养物质，以供在逆境中保持较正常的生理生长，并具较大的机械支持力。"短腿"指主干要低，应为 40～50 cm，缩短地上树冠与地下根系之间营养交流的距离，从而加强整个树体的协调统一性。“矮个”指树体高度要低矮，一般应控制在3～4 m及以下，为树体管理创造便利的作业条件。“小头”指上层主枝要小，一般应控制在下层主枝的2/3左右，保障上方光照的射入，避免树冠内部出现荫蔽。“细腰”指上下层主枝之间的辅养枝要短，一般应控制在上层小主枝的2/3左右，保障侧面光照的进入，保障有效光照。“大屁股”指下层的基部三主枝要大，一般应占到全树产量的70%～75%，保障树体的生产中心和负载重心在下，表现出踏实平稳和健壮有力的势态，有利于树冠管理作业和强化根系功能，从而可增强树体的抗逆性和支持力。这是一种抗逆性较强的树体结构，符合我国黄土高原果树生产环境的实际情况。

(三)梨矮化丰产树形结构的研究

1. 梨矮化丰产的常见树形结构

(1)双层疏散分层形　有明显的中心干，共分两层，第一层留有3～4个主枝，第二层留2～3个主枝，第一层主枝长度控制在2.0～2.2 m，第二层主枝长度控制在1.0～1.4 m，两层的间距控制在1.0～1.2 m间。各主枝配有侧枝，一层若有3个主枝，每主枝配3个一级侧枝，若有4个主枝，则每主枝配有2个一级侧枝；二层主枝留一个侧枝。中心干不设大型结果枝，仅留几个小结果枝和短果枝群。有效叶幕距要大于70 cm。

(2)疏散开心形　结构和双层疏散形结构的第一层相当，缺少中心干和第二层结构。树形结构有3～4个主枝，每一主枝保留2.0～2.2 m的长度，其基角、腰角和梢角把握在50°，60°～70°和40°，整体树高要控制在2.5 m内，主枝间的着生距离大约在30 cm。

(3)双层开心形　整体树高控制在2.0～2.5 m间，冠幅在3.0～3.5 m内，有中心干。设有两层主枝，第一层配置3～4个主枝，每主枝设1～2个侧枝，基角60°～70°。第二层设2～3个亚主枝，每一枝配2～3个大型结果枝组，基角设50°～60°。两层间距在100～120 cm间，整体形似草帽状。

(4)斜式倒人字形　干高70 cm，共有2个主枝，向东南方向和西北方向伸展，整体呈现倒人字形。两主枝腰角达70°，结果时期大量主枝腰角能到80°，整体树高约3 m。

(5)纺锤形　设有中央干，中央干干高50～60 cm，有10～15个小主枝着生在中央干上，相互交错并向四周伸展，各小主枝腰角在70°～90°，并在各小主枝上配有小枝组。树高约3 m，因树冠形似纺锤而得名。

2. 梨矮化丰产树形结构特点

对树形整体高度控制严格，基本控制在2.0～3.0 m，可以有效提高光合效能，还能降低田间作业的难度。应及时更新衰落的枝组，采取去弱留强的方法，及时更新，培养健壮的枝组，以保持壮枝结果，提高产量品质。为避免树势郁蔽，要严格控制主枝和侧枝的生长，避免生长得过大过旺，遮挡树冠内部阳光照射，造成荫蔽，叶片密集而受红蜘蛛、食心虫的危害，导致光合效能下降，对果实的品质、产量产生不良影响。

三、改善树冠光照条件的修剪技术研究

果树植株调整指在果树栽培过程中，为改善果树群体通风透光条件，截获更多的太阳光能，提高果树光合性能，平衡营养生长和生殖生长的关系，保护果树良好的生长状态，实现优质高产的目的。果树植株调整的生理基础在于控制光合产物的分配中心，调节光合产物的运转关系，即“库-源”关系。在栽培上的意义在于避免枝叶徒长，减少营养消耗，调整生长平衡；加强通风透光，提高光合效率；减少病

虫害发生及机械损伤；增加单位面积株数，提高结实率，促进早熟，获得优质高产。多年生木本果树随着年龄增长和树冠扩大，光叶矛盾越来越突出，严重影响树体的结果产量和品质。因此，改善树冠的通风透光条件是结果大树的主要修剪任务之一。

1. 落头开心，引进上光

果树进入盛果期以后，树冠开始大量结果导致树冠内部缺乏足够的光照，为改善树冠上部的光照条件往往需要对中心干的顶端实行落头开心，使冠内可以接收到上部的光照，这叫“打开天窗，引进上光”。有的专家称此为“摘帽子”。

中心干顶端落头的注意事项：①回缩修剪操作要缓慢多次进行，不可一次就修剪太多太狠，否则极易导致冒条且会造成较大伤口不易愈合；②在落头回缩修剪前的第一、二年，通过环缢技术提前削弱上部准备落头部分的枝干，以便形成“蜂腰”易于回缩时修剪；③应在顶端带头主枝处培养好“跟枝”，以便后续可以通过其梢叶遮挡强光保护伤口，防止遭受日灼，并能及时调送养分至伤口处加速愈合。

2. 回缩清层，增加侧光

树冠随年龄增长扩大到一定程度后，中心干上的辅养枝和上、下层主枝就会发生竞争，甚至出现强于主枝的“大肚子”现象，从而严重影响树冠内膛和下部的光照。所以需要对主枝和侧枝的层次进行清理梳顺，尤其是对一些发生交叉的辅养枝及时地进行回缩控制，以形成“细腰”式树形结构增加光照从四周向冠内的透入，这叫“打开四门，增加侧光”。有的专家称此为“解领子”和“紧腰子”。

回缩清层的注意事项：①要区分骨干枝与辅养结果枝的区别，继续维持两者间的从属关系与排列顺序；②对上层较大和外部生长较密的枝条组也应进行合适的剪除和回缩，保持先前上小下大，内密外稀的树冠结构。

3. 疏除乱枝，减少遮光

果树修剪时，如果采取长期缓放和连续轻剪则容易造成较多的交叉密乱枝，严重影响树冠内的光照状况，从而出现较大的光照无效区。所以，必须及早疏除密乱枝，回缩交叉枝，减轻冠内枝条间的相互遮光现象。有的专家称此为“清乱子”。

疏除乱枝的注意事项：不可只清理层间交错穿插的乱枝，也要重视层内交叉枝的清除，否则就在深层的叶幕层内仍然有缺乏光照的问题，长远下去会导致枝芽衰弱从而影响成花结果。

4. 抬冠铺膜，利用下光

树冠早期在主干和主枝上保留的下垂形裙枝，在树体进入盛果期以后会明显影响地面作业和下部光照条件，使树冠下部的果实难以着色，品质严重下降。所以，及时回缩并清除这些裙枝，使树冠抬高，从而改善下部光照条件及降低地面作业难度；还可以采取地面铺设反光膜的措施，也利于改善树冠下部光照状况，进而显著提高树冠下部果实品质。有的专家称此为“脱裙子”和“挽裤子”。

第六节 老树结构改造与更新复壮修剪技术的研究

老树结构改造和更新复壮修剪技术的研究，一直是老果园挖潜管理和园林古树名木保护的重要课题。这一技术工作的理论依据是：多数树木都具有相当多的寿命很长的潜伏芽，当受到外界特殊刺激后它们随时可萌发新枝，衰弱的老树可借此形成新的树冠，重新继续新一轮的结果生产过程。其实践依据是：许多老龄野生果树在自然生长的条件下，树冠枝干和根系在第一衰弱时期后都有自然更新的能力，主要表现为向心生长。这种自然更新的过程在树体一生当中可以进行几次，可以使树体寿命少则延长几十年，多则延长上百年。

一、老树结构改造修剪技术的研究

(一)国外老树结构改造技术的研究

国外老树结构改造的研究中，日本处于比较领先的位置。日本老树结构改造的主要技术方法和特征是：对中心干分阶段实施下落措施。果树在整形初期，一般采用具有8个以上主枝的主干形。在进入盛果期以后，通过中心干落头调整为具有5～6个主枝的变则主干形。当果树进入衰老期以后，最终改造为只有3～4个主枝组成单层叶幕结构的迟延开心形。这种方法概括起来，实际上是一个中心干由长到短和从有到无的叶幕结构简化过程，其目的主要是从根本上改善树冠通风透光的生态环境和地上、地下部营养交流的生理条件。

(二)我国老树结构改造技术的研究

在20世纪70年代后期，我国北方地区在新中国成立初期大面积发展的落叶果树已成为20年生以上的老龄树，其树冠大小和结构已不再适应矮化密植新型栽培制度的要求，逐步表现出枝叶多、病虫多、费工多、好果少"三多一少"的明显缺点。因此，我国在很多地区开始了20年生以上大老树结构改造的研究工作。总体上可分为三个阶段的技术特征：

1. 重缩快改技术方式的研究

1977年，规模化的老树结构改造项目首先从河南黄泛区园艺场郭庄大队苹果园开始。树龄20年生，株行距8 m×8 m。具体做法是：对中心干和主、侧枝总体骨架结构按所设计的目标树形进行一次性的重缩快改技术措施。中心干在第二层主枝的上位实行落头，把树高由原来的5～6 m压低到3.5 m左右。第一层主枝的轴长由原来的4 m多回缩到3 m。第二层主枝回缩更重，轴长不足第一层主枝的1/3，平均只有0.8 m左右。第一层间距仍保留了原来的0.8～1 m。层间的辅养枝在密度上疏除不多，在长度上回缩也较轻。在压缩树冠的同时，群体结构上实行了株间加密，行间保持2 m作业道。从修剪改造后五年内的树体反应上看，第四年以后产量有所增加，但前三年由于改造时回缩过重过急，树体生长过旺，影响产量恢复。从生长季的新梢密度与叶片受光情况来看，树冠整体的光照已明显得到改善。但美中不足的是，层间辅养枝与第一层主枝上的大型枝组仍然较多较乱，叶幕很密很厚，在新形成的凸字形树冠当中，基部第一层主枝的层内光照情况仍然较差。

由此看来，这种改造技术方案的缺陷是没有考虑到树体原来地上部与地下部的平衡关系，改造技术策略太急，大型骨干枝一次回缩得太重，从而造成大量冒条现象。另外，局部的问题处理得不够好，保留原来的层间距、辅养枝、枝组密度，在满树冒条的情况下显然不能有效解决层间和层内的通风透光问题。但这一改造项目的最大意义在于由此拉开了我国北方地区大规模开展老龄果树冠体结构改造工程的序幕。

2. 轻缩渐改技术方式的研究

在河南黄泛区园艺场的带动下，1978年以后，我国北方地区的老龄落叶果树先后展开了大规模的改造工程。着手较早的是安徽砀山地区的省果树场和县园艺场。改造工程于1978—1979年开始，技术措施主要是压低树高、收缩外围和减层扩距。但与河南黄泛区园艺场不同的是，树高和冠径压缩得较轻，树高在改造前5～7 m，改造后保持4 m左右。主枝改造不仅缩控枝展，而且扩大了层间距。方法是:把原来的第二层主枝按辅养枝进行重缩控制,把原来的第三层主枝作为改造目标树形的第二层主枝来进行轻缩修剪,轴长保持 1 m 以上。这样,层间距由原来的 0.8～1 m 扩大到 1.5 m 左右,辅养枝和主枝层内枝组都有一定的疏除和回缩。从改造后 5 年内的树体反应来看,这种轻缩渐改的方法效果较好。1980 年以后,河北、辽宁、山东等地均用相似的技术方案对生产上的老果园进行了大规模的结构改造工作。多数果园在压缩树冠的同时,还在群体结构上实行株间加密措施。辽宁前所果树场还引进了日本的老树改造技术经验,把树姿开张的品种改造成两层主枝开心形,把树姿直立的品种改造成单层开心形。目的是从根本上改善树冠的通风透光条件,缩短地上、地下部营养交流的距离,从而提高树体改造后的发育质量。

这种改造技术方案的特征是对各种骨干枝的改造均采取了逐步渐进的方式,每次修剪量较轻。改造后树势相对较稳定,徒长现象较少,树冠的通风透光条件从整体到局部都得到了明显的改善。加之,群体结构上也实行了合理加密,仍然保持了较高的叶幕覆盖率与结果体积,产量恢复较快。但不足之处是,改造初期仍有相当的枝条徒长。如果在技术上能进一步有效地控制徒长现象而更大限度地缓和树势,仍有更快恢复产量的潜力。

3. 冠根同缩技术方式的研究

20 世纪 90 年代初,山西农业大学果树组在总结全国经验的基础上,先后在晋中、晋南、晋东南地区进行了乔化稀植老果园结构的修剪改造工作。开始较早、规模较大的是核桃树和枣树。苹果树、梨树等结构改造,虽然面积不大,但在方法、技术上有所创新。创新之处是采取地上部树冠与地下部根系同时缩剪,且在操作时期上按照设计时间差逐步改进的技术方案。具体操作方法如下:先在秋季果实丰收后到落叶前,结合土壤深翻改良和补施有机肥工作,在株行间开沟缩剪根系,并剪除病根、死根,最后灌足水。冬剪时按照上述的轻缩渐改技术方法缩剪树冠,但当年只处理骨干枝和层间辅养枝,枝组调整推迟到第二年进行。春季发芽前,对中、下部发生“光腿”的骨干枝和枝组进行多环刻伤,以增发新枝,缓和树势,培养健壮的更新预备枝。在生长期通过连续摘心和拿枝扭梢的方法及时控制改造徒长枝,并对下一步进行回缩的骨干枝在拟回缩部位进行环剥或环缢,以促发新枝和形成“蜂腰”,为下年第二批回缩做好准备。回缩修剪后留下的伤口,均应及时进行消毒保护。第二年以后,按目标树形结构继续回缩改造骨干枝和更新复壮结果枝组,并围绕缓稳树势的管理目标,继续巩固改造效果。同时,在群体结构上实施株间加密矮化树的措施,以保障改造后仍有足够的叶幕覆盖和结果体积,行间保持 2 m 的作业道。

这种技术方案的优点是充分考虑地上部树冠与地下部根系之间的平衡统一关系,并利用在操作时期上的时间差和回缩前一年的环伤准备,最大限度地分散修剪量,从而减轻树体在改造后的惯性徒长现象。这样,改造渐进、树势缓稳,为尽快提高树体质量和恢复产量创造有利条件。特别是根系更新后,树体复壮速度快,树体质量好,更能延长结果寿命。

二、老树更新复壮修剪技术的研究

果树随着树龄的增大,主枝级数和根系分枝次数逐渐增高,树干和根系的生长机能渐趋退化,叶片细小,枝条短缩,结果部位外移,内膛空秃,产量、品质下降,最后失去经济栽培价值。生产上若能对树冠和根系进行及时更新,则可促使果树抽生新根和新梢,重新恢复健壮的树势,继续丰产,提高经济效益。所以,老树除树体结构需要根据新的生产要求进行修剪调整外,树势的复壮对老果园挖潜改造和古树名木保护管理至关重要。树冠更新的时期宜在严寒过后春季萌芽前进行，过早处理易使枝干枯死，过晚则生长衰弱。果园成片更新时，为避免产量突然下降和防止日灼，可先采用隔行或隔株更新、第二年再全部更新的方法。生产上应依据果树衰退的程度，进行枝组更新、露骨更新或主枝更新。对刚进入结果衰退期的果树及隐芽不易抽生的桃树，多采用枝组更新。对柑橘、杨梅、李、梅及仁果类等隐芽或不定芽容易抽生的衰老期果树，可采用露骨更新、主枝更新。树势复壮的技术措施研究主要有以下三个方面：

1. 更新枝龄修剪技术的研究

老果树结果枝组的衰弱主要因为枝龄老化。对于各种果树来说，保持最佳的结果枝年龄是保障老树优质稳产的重要基础，这一目标可以通过枝条的更新修剪来实现。根据调查研究结果，结果枝最有利的结果年龄阶段是：苹果树 3～5 年，梨树 2～6 年，枣树 3～7 年，桃树 2～3 年，葡萄 1～3 年。多数果树的短果枝群，在 6 年生以下可连续结果 2～3 年，多数集中在 3～5 年，超过 6 年后结果能力明显下降。衰老树之所以有"满树都是花，果子稀不拉"的说法就是这个原因。所以，对老树的结果枝组必须经常通过回缩进行更新复壮，从而延缓自然衰老的过程。对树势严重衰退的老树及枝干受病虫为害而主要骨干枝下部尚健壮的衰退树，可采用主枝更新。即在 3～5 级骨干枝上回缩锯断，使之重新抽生新梢，形成新树冠。这种方法要经过 2 年以上才可恢复树冠，开始结果。对很少结果或不结果、骨干枝仍然完好的衰老树，可采用露骨更新。结合整形，在 5～8 级分枝（主干为 0 级）上回缩修剪或将 5～8 级分枝锯除，全树仅保留主枝和副主枝，这种更新方法当年就能恢复树冠，第二年便可获得一定产量。对部分枝群衰退、部分枝群还能结果的老树，可采用枝组更新。即在 3 年内，逐年将衰老的骨干枝回缩到 3～6 年生有分枝的部位，以促发新的侧枝健壮生长，更新树冠。这种方法在更新期间仍能保持一定产量，且更新后产量能迅速提高。

2. 改善营养修剪技术的研究

老树树冠高大，根系深广，疏导组织老化，使得地上部和地下部营养交换能力逐渐下降，树体营养水平明显降低，进而影响树冠生长结果。"满树花，半树果；半树花，满树果"的说法就是这个道理。所以，通过修剪措施回缩骨干枝和骨干根的长度，可明显缩短树体地上和地下部的营养交换距离，使日趋衰弱的老树逐步焕发青春，提高树体生长发育质量，为优质稳定结果提供营养保证。在骨干枝和骨干根回缩的技术方法上，应注意提前 2～3 年通过环割、环剥、环缢等环伤措施促发其新枝和新根，从而为培养更新枝和更新根创造有利条件，最终保障树势枝势在修剪改造前后的平稳过渡。

3. 灾后修复修剪技术的研究

老树遇到干旱、冻伤、风折、雪害、兽害、病虫害等自然灾害后，更容易使树体生长发育受到严重影响，从而加速树体、枝干和根系的衰弱过程。所以，当老树遇灾受害后，应及时剪除死掉的枝条和根系，并对所有的受害伤口及时进行修复和保护。枝干上的剪（锯）伤口要及时用刀削平，并用薄膜包扎，或涂以凡士林 250 g + 多菌灵 5 g、黄油 100 g + 硫菌灵 2 g 等保护剂，以防水分蒸发，加快伤口愈合。树干大枝要用石灰水刷白，以防止日灼和冻伤。新梢抽生后，要注意病虫害防治和调整生长势，过密的宜疏除，并及时摘心，促使分枝生长，勤施薄施腐熟有机液肥，对树盘覆草，保持土壤疏松，以加速新树冠的形成。因此，"修剪防灾，有灾无害"和"无伤防伤，有伤治伤，伤则能愈，残而不废"，是老树安全生存、健康生长和优质稳产的重要管理目标。

思考题

1. 园艺植物整形修剪的研究目标和任务是什么？
2. 如何分析影响园艺植物整形修剪措施的技术因素？
3. 研究整形修剪的方法有哪些？应如何进行田间试验的技术方案设计？
4. 整形修剪技术制度的革新表现在哪些方面？
5. 现代矮化果树的树体结构特征是什么？主要控冠技术措施有哪些？
6. 老树改造的修剪技术包括哪些？老树更新复壮的修剪技术包括哪些？

第八章

园艺植物花芽分化研究

园艺植物栽培大多以获取果实或花为主要目的,对花芽分化的研究有着特殊意义,历来都是园艺科学研究的热点。园艺植物种类繁多,其花芽分化的特性也千变万化,加之栽培目的各异,所以园艺植物的花芽分化研究各有不同。

开花是植物生长发育的重要组成阶段,直接决定植物生长的世代长短,并对其品质和产量产生重要影响。植物的成花过程是一个复杂的生理过程,受激素、营养等内部代谢条件及外部环境因子的共同作用和影响,并启动相关基因表达从而调控成花转变。花芽分化是植物从营养生长向生殖生长转化的开端,花芽分化正常与否决定植物能否健康成花并发育成正常果实,是植物成花过程中的关键阶段。对植物花芽分化过程一般采用实体解剖镜、石蜡切片、超薄切片、扫描电子显微镜等进行研究。在生产应用中研究并调控植物花芽分化直至整个成花过程,对于合理栽培管理措施的制定和获得优质高产的作物产品具有积极意义。

第一节　花芽分化的形态基础研究

花芽分化的形态基础研究是花芽分化中起步最早的研究内容,主要集中在花芽的分化时期和分化过程上。植物的开花过程是植物生殖发育中极其重要的标志。植物开花进程历经开花决定或成花诱导、花的发端和花器官的形成等过程。唤醒、诱导以及发端三个过程组合成花芽转化,若对这三个过程中的一个或几个过程产生影响,都会对花芽转化产生促进或抑制的影响。

花芽分化是植物生活史上的一个重要转折点,即成花诱导之后植物茎尖分生组织不再产生叶原基和腋芽原基,转而分化形成花或花序原基的过程。一般情况下,可将植物的花芽分化过程分为分化初期、萼片分化期、花瓣分化期、雄蕊分化期、雌蕊分化期和性细胞形成期等阶段。花芽分化时期的划分随植物不同也不同。

1. 花芽生理分化期的研究

芽内生长点在生理状态上向花芽转化的过程,称为生理分化。花芽生理分化完成的状态,称作花发端。花芽的生理分化时期是决定芽性质转变的关键时期,此时生长点对内外因素高度敏感,易于改变代谢方向,各种对花芽分化调控的措施应在花芽生理分化期进行,才能取得预期效果,因而确定果树生理分化的时期是十分必要的。

目前,探索花芽生理分化期的常用方法有环剥、摘叶、疏除花果、喷施赤霉素和化学分析的方法。

环剥、环切中断光合产物的向下运输，暂时增加环剥、环切以上部位碳水化合物的积累，并使其生长受阻，枝梢内碳氮比提高，乙烯、脱落酸和细胞分裂素增多，而赤霉素减少。叶是接受环境信号的器官，它还影响着碳水化合物供应和激素平衡，在一定时期内去叶可抑制花芽形成。果实是抑制花芽分化的重要因子，用疏除花果的方法增加叶果比，能促进花芽形成。

自 1959 年 Hun 和 Lewis 报道喷施赤霉素能阻止桃花芽形成以来，很多人进行了研究，认为夏季喷施赤霉素能干预花芽生理分化和形态分化的过程，并且喷施适当低浓度的赤霉素（50～100 mg/L）仅在花芽处于生理分化阶段时才能起到抑制花芽形成的作用。进行多刻芽、转枝和扭枝，可抑制枝条旺长，显著促进花芽的形成。Goldschmidt 等发现在主枝上环割可以促进花芽分化。适度的水分亏缺也有利于花芽形成。因此，在花芽形态分化之前每隔一定时间进行一次上述抑花或促花生长调节剂处理，能大致推测出花芽生理分化时期。

2. 花芽形态分化的研究

花芽发育的形态变化过程，称为形态分化。花芽分化是开花结实的基础，其状况直接影响果实的产量和质量。为了更准确地描述花芽分化的特征，花芽分化又会被细分为不同时期。通过观察花芽外部特征来判断花芽形态分化的过程。

短柄樱桃的花芽分化过程包括花蕾分化期、花萼分化期、花瓣分化期以及雄蕊分化期和雌蕊分化期等。山核桃的花芽分化过程分为未分化期、分化初期、花序分化期、总苞形成期和雌蕊形成期。阳丰甜柿的花芽分化过程为苞叶原基、萼片原基、花瓣原基、雄蕊原基和雌蕊原基等原基分化期组成。人参的花芽分化过程为未分化期和花序原基、苞片原基、萼片原基、花瓣原基、雄蕊原基、心皮原基等原基分化期共同组成。樱桃的花芽分化过程为始分化期，花蕾、花萼、花瓣、雄蕊和原基分化期。香港四照花的花芽分化过程为未分化期，花序、小花、花萼、花瓣、雄蕊、雌蕊分化期，雌蕊、雄蕊形成期。另外，在花芽分化过程中部分植物存在性态转变现象，如黄瓜雌雄同株异花，花芽分化雌花和雄花。

3. 特殊性器官发育研究

果树在花芽形成过程中，有一些特殊的花器官发生规律值得重视。果树在开花时出现性器官败育的现象受遗传因子和生理条件（包括环境条件）的影响。

在果树上，雄性不育的主要类型是花粉败育。花粉败育可发生在从花粉母细胞减数分裂到四分体以后小孢子发育的各个时期。该时期对环境条件的变化极为敏感，常造成雄性器官退化，如桃在春季遇到冻害引起的败育现象。如果花粉败育的比率很低，则不会影响产量。有一些果树种类或品种，即使花粉败育率很高，只要雌蕊正常，也能获得正常的产量。果树雌性器官发育不全也是一种常见现象，分为雌蕊败育及胚珠、胚囊等发育不全等。雌蕊败育在多种果树中发生，尤以杏为严重。杏的花器退化主要表现为雌蕊花柱缩短或缺失。

还有一种类型是雌雄异花的园艺植物，如板栗、核桃、银杏等。板栗是雌雄同株异花植物，结果枝和雄花枝的分化主要由芽的状态和树体营养水平决定。板栗混合芽具有可塑性，在一定条件下可以转化。雌花分化比雄花分化的时期晚，翌年的结果枝于头年大部分在母枝大芽中奠定，这种芽内已分化好大部分雄花序原基，而雌花序要在翌年春发育形成。即雄花的分化期是 6 月上旬至 8 月中旬，新梢生长停止后，雄花芽原基出现于当年春梢芽内雏梢有 5～7 芽时，即开始雄花的形态分化，以后可持续到翌年春季开花前的 4～5 个月，分化期长达 10 个月以上。而雌花的分化是在翌年的 3 月，始于雌花序的基部分化，与新梢抽生期迅速并进。雌雄花序比例一般为 1∶(1.7～12)，严重影响产量。对这一类树种，应分别对不同的花类进行研究，根据生产需要，确定适当的调整措施。

第二节　花芽分化的机理研究

一、花芽分化中的光周期和春化研究

昼夜周期中白天和黑夜的相对长度称为光周期。许多植物在发育的某一时期，要求每天有一定的昼夜长度，才能开花结实，叫光周期现象。植物开花有明显的季节性，紫罗兰、油菜花等在春天开花，而菊花在秋天开花，开花主要受光周期所控制。

植物在一定外界条件诱导下，如温度、光照等，由营养生长转入生殖生长。其中，温度对植物发育特别是对植物的成花转变有不同的作用。一些植物，如芹菜、胡萝卜、小麦、黑麦等，成花主要受低温影响，低温成为这些植物成花诱导所必需的条件。在这些植物生长初期，若给予一定时期的低温处理，可大大加快其开花进程，在当年正常结实并得到成熟的种子。植物春化既是其对自然界的一种适应，又是繁衍后代所必需的一种生物学现象。植物通过春化，才能进行花芽分化，并在适宜的外界温度和光周期条件下开花结实，繁殖后代，使物种得以延续。根据低温对植物成花诱导的时期不同，人们一般将其分为两类：一类是种子春化型，即在种子萌发时期就能感受低温诱导而通过春化，如白菜、萝卜、芥菜、菠菜等；另一类是绿体春化型，即只有在幼苗长到一定大小的植株时才能感受低温诱导通过春化，如甘蓝、青花菜、大葱、胡萝卜、芹菜等。

在实际生产过程中，不同的栽培条件也会对植物感受低温的时期有很大的影响。研究碳、氮、核酸代谢与青花菜春化作用的关系得出，具有较高水平的可溶性糖、还原糖、蔗糖含量，较高水平的可溶性蛋白质、游离氨基酸含量，较高水平的氮和较低水平的全氮含量的青花菜植株较容易感受低温完成春化。通过研究不同栽培环境下青花菜幼苗体内的生理代谢状况及感受低温完成春化的时间，有力地对青花菜的绿体春化感受态进行了验证。

二、花芽分化中的营养研究

1. 矿质营养元素和植物花芽分化

矿质营养元素在植物花芽分化过程中有重大作用。氮元素对植物花和花序发育产生影响，在一定范围内增加氮素含量可增加花量。生育早期缺氮的番茄植株花芽数减少，花芽分化期推迟。土壤氮素缺乏，植物不能吸收足够的氮元素，则不能形成花芽；氮肥施用过量造成植物生长繁茂，反而抑制生殖生长。在油茶花芽分化过程中，氮、磷、钾肥均对花芽分化具有促进作用，适度增施氮肥可增加花芽宽度，增施磷、钾肥则促进花芽伸长，增施氮、钾肥可提高花芽分化率，并影响花芽内源激素的含量。磷是花芽形成过程中所必需的元素，有助于植物花芽形态分化，如银杏雄花芽叶内高水平磷可诱导早期雄花雄株成花，促进蜡梅科植物花芽形成。钾可以促进光合作用、碳水化合物和蛋白质的合成，促进成花，Ca^{2+} 可以激活靶酶和非酶蛋白，触发细胞反应，从而调控花芽分化。

Cu、Ca、K、Fe 和 Mn 等元素也与植物的花芽分化密切相关。并且，在植物的花芽分化过程中，特别的矿质元素在特别时期所起作用也不相同，如柑橘在生理分化前期喷施 B、Zn、Mg、Ca 等矿质元素，可促进其成花。

2. 碳水化合物和植物花芽分化

碳水化合物与植物花芽分化有紧密联系，对植物花芽分化有重要作用。花芽分化中，植株叶片内的可溶性糖、蔗糖、果糖及淀粉的含量变化与花芽分化进度呈正相关，且不同碳水化合物对不同植株的花芽分化均有积极作用。例如，香荚兰叶片中蔗糖含量对花芽分化起十分重要的作用；而银杏花芽分化时期，当碳水化合物含量积累达到一定值，对雄花原基的分化较有利。此外，研究表明碳水化合物有利于植物花芽分化及成花，但植物碳水化合物的含量经 GA_3 处理后则降低，抑制植物开花。

3. 蛋白质和植物花芽分化

可溶性蛋白质含量升高对植物成花有促进作用，是植物花芽分化的物质基础。大量研究表明，可溶性蛋白在植物花芽分化中会大量累积并被大量消耗。例如，苹果、梨花芽生理分化期时，可成花短枝的蛋白质大量积累，花芽蛋白质含量在形态分化期持续增加，而枝条的蛋白质则反之；并且花芽分化过程中，可溶性蛋白质含量变化波动较大，如桃花叶片中可溶性蛋白质含量在花芽分化不同阶段时变化较大，且整个过程中需要大量的蛋白质。

4. 酶活性和植物花芽分化

酶活性与植物花芽分化存在紧密关系。黄瓜的性别表现与吲哚乙酸氧化酶和过氧化物酶均有关，并且，黄瓜中过氧化物酶（Peroxidase，POD）的活性与雌 / 雄的值呈正相关。

三、花芽分化中的激素研究

植物激素是痕量信号分子，其独特的作用规律和方式，对植物生命代谢过程起重要调控作用。植物激素间可产生相互作用，并共同作用于一种生理现象。已有研究表明，内源激素可提早或延缓其花芽分化进程，从而对植物花芽分化产生重要影响。比如，喷施外源赤霉素（GA）可以使番茄花芽分化时期提前 2～4 d，而喷施外源乙烯利使花芽分化时期延后 3～4 d。生长素（IAA）可调控罗汉果花性型分化，生长素含量在雌花分化过程中下降，在雄花和两性花分化过程中则基本保持不变。真核生物 Pre-m RNA 剪接因子 At U2AF65b 通过参与 FLC 和 ABI5 的剪接在脱落酸（ABA）调控的开花过程中起作用，脱落酸通过影响剪接因子的表达来调控开花关键基因的剪接进而调控开花转变。研究发现，ABA 能促进三角梅花芽分化，并使其提前开花。喷施外源 ABA 可使苹果各砧穗组合叶片和芽内 *PPC1* 上调表达，成花抑制基因 *TFL1* 下调表达，从而提高了苹果的成花率。

四、花芽分化中的环境研究

光照、温度、水分和矿物质营养等环境因子对园艺植物花芽分化也有影响，其中以光照对花器官的影响最为显著。

1. 光照对花芽分化的影响

光是花芽形成的必需条件，过度遮光会导致花芽分化率降低。绿色植物通过光合作用同化 CO_2 和 H_2O，制造有机物质释放氧气，将太阳光能转化为化学能。光强、光质和光周期均会对植物花芽分化产生影响。不同植物对光照需求不同，研究发现，FTL9 在短日照条件可促进二穗短柄草开花，长日照条件则抑制其开花。增加光照可以增强荔枝叶片光合作用，提供淀粉等能量物质，从而促进其花芽分化。切花菊 14 片叶子时开始花芽分化，并对光照敏感，此期用红光处理可延迟开花，短日照诱导则促其提前开花。

2. 温度对花芽分化的影响

植物生长发育要求适温条件，温度过高和过低均会对植物花芽分化产生不良影响。对大多数植物而言，高温有利于其花芽分化，低温则会抑制花芽分化。研究结果表明，蓝花丹在20 ℃条件下该植物花芽分化速度慢，所需时间长，而在30 ℃条件下花芽分化速度明显加快。对于耐寒、半耐寒性植物而言，均需通过低温春化作用才能诱导花芽分化，从而开花结果。温度对植物花芽分化的影响除了低温、高温外，昼夜温差也影响植物花芽分化。研究发现，番茄在8 ℃昼夜温差处理条件下现蕾期和开花期提前，比昼夜温差6 ℃处理提前2 d现蕾，开花期提前7 d。

3. 水分对花芽分化的影响

水分对植物花芽分化影响显著，适度干旱有利于园艺植物花芽分化，水分过多导致营养生长过旺，则抑制花芽分化。水分胁迫显著影响葡萄的成花过程，轻度水分胁迫有助于花芽形成，中度水分胁迫使花芽分化受抑，严重水分胁迫则不能形成花芽。轻度干旱可使草莓提早开始花芽分化，花芽分化速度加快，从而提高后期产量和品质。对于黄瓜而言，土壤含水量高则有利于雌花的形成，表现为花芽分化数多，分化的雌花比例高。

五、人工调控花芽分化条件的研究

调控花芽分化的方法主要有整形修剪、临界期追肥或适当水分胁迫、应用生长调节剂等。

果树修剪的目的是促进花芽分化。开张枝条角度（包括拉枝、弯枝等）可以明显缓和顶端优势，使枝条内蒸腾速度减慢，同时枝内含氮量降低，碳水化合物自留量增加，顶芽中IAA和GA水平降低，而乙烯量增加。这些变化使枝条生长趋于缓和，有利于成花。环剥、环割能促进花芽分化。摘心、剪梢除去茎尖和幼叶，暂时降低枝梢内IAA和GA的含量，相对提高ABA和CTK水平，同时，能短期增加新梢中、下部碳水化合物的积累，生产上常用以促进花芽分化和提高坐果率。

树体的营养状况及其分配情况对花芽分化和形成有重要影响，因此，临界期施肥可以影响花芽分化。在一定范围内，施用氮肥可促进花芽形成，但氮素过量却常抑制幼树花芽形成，使幼树开花推迟。

植物生长调节剂因其在植物生长发育中具有显著、高效的调节效应，在植物的花期调控中扮演着重要的角色。研究表明，赤霉素（GA_3）能促进蝴蝶兰花序抽生和开花，并增加花梗抽生速度和高度。喷施6-苄氨基嘌呤（6-BA）能加快花芽分化，影响开花品质和花期，其中使用25 mg/L的6-BA能显著提高蝴蝶兰花芽分化率和花朵数，而200 mg/L的6-BA能促进秋石斛开花，并抑制花序长度。研究表明，6-BA能促进蝴蝶兰的花芽提前分化，并增加花朵数量，但随浓度的提高，会产生畸形花序。

营养是花芽分化及花器官形成与生长的物质基础。研究表明，四季蜜芒的游离氨基酸含量为其花芽分化提供了充足氮源。氨基酸是构成蛋白质的基本单位，也是植物体内重要的生物活性物质，其合成与代谢是植物体内重要的生化过程。研究表明，仅依靠不同激素间的平衡不能诱导花原基形成，花原基形成需要大量氨基酸参与。木薯生长发育受到内源激素影响和外施氨基酸能诱导木薯开花和早开花。研究显示，花芽生理分化可能同样需要大量氨基酸，提高植物体内氨基酸含量有利于花芽形成。例如，在苹果梨生理分化期加强肥水管理，可为氨基酸积累提供物质基础，有利于花芽分化。

六、花芽分化的相关生理过程研究

随着科学的发展，借助先进的分析仪器可以测定果树花芽生理分化期的内部变化规律。花芽分化内在因素的研究目前国内外都在进行，特别是近年来对营养、激素、酶及细胞学、生物化学上的研究较多。

1. *碳水化合物、蛋白质和矿质营养*

碳水化合物和矿质元素的积累与花芽分化密切相关。花芽分化期植物内部新陈代谢活跃，营养物质是花芽分化的基础。淀粉是植物体主要的贮藏性碳水化合物，能够转化为可溶性糖为花芽分化供能。可溶性糖在花芽分化过程中既是重要的能量物质，又是启动花芽分化的成花信号。花芽分化临界期芽内中可溶性糖含量迅速升高有利于花芽分化，在水仙、百合、郁金香和锥栗等植物上都证明了该结论。高水平的可溶性蛋白质含量是植物花芽和花器官形态分化的重要因素。

淀粉是成花的有利因素。用 $KClO_3$ 诱导龙眼树开花，结果母枝叶片淀粉含量在生理分化期呈缓慢下降的趋势，形态分化期呈逐渐上升的趋势。草莓花芽分化期淀粉含量在分化期前变大。在不同温度下，淀粉水平与杧果花芽分化没有联系。淀粉贮存水平在柑橘和其他果树成花作用中起显著的调节作用。但碳水化合物不是花芽分化的唯一决定因子，因为杧果和宽皮桔叶片和枝条内高含量的碳水化合物并不导致花芽分化。有研究认为，碳水化合物在成花中不是独立起作用的，而是与矿质营养、植物生长调节物质同时作用的。

氮元素被称为生命的元素，是构成蛋白质、核酸、核蛋白、叶绿素及许多酶的组成成分，也是生长素和细胞分裂素等植物激素及维生素 B_1、维生素 B_2、维生素 B_6 等的成分。银杏生理分化初期雄花芽叶氮含量处于高水平，随后迅速下降。椪柑高产树叶氮含量 2.40%～3.20%，在生理分化前达到最高，随后急剧下降。氮肥的施用对草原樱桃营养生长有利，不利于花芽的形成。香蕉花芽分化植株各部位生长量和养分含量变化具有一定的规律性，花孕育始期，叶片养分氮含量达到高峰，花孕育期至花序分化期迅速下降。

磷是核酸、核蛋白、磷脂等的组成成分，对碳水化合物的代谢和运输、氮代谢有重要作用。研究发现，生理分化期和形态分化期中丰富的磷对银杏的花芽分化具有重要作用，生理分化早期施磷肥对于促进细胞分裂素的合成以及花芽分化具有重要意义。香蕉花孕育始期，叶片养分磷含量达到高峰，花孕育期至花序分化期迅速下降。温室葡萄花芽分化开始时磷素水平下降明显。

一定的含钾量，特别是生理分化期钾的积累为银杏雌花芽分化所必需的。但也有研究表明，复合氯酸钾对龙眼叶片营养元素含量及成花的影响不显著，认为钾的水平与花芽分化关系不大。

2. *内源激素*

植物激素在营养生长、花芽分化、阶段转变等生长发育中发挥着重要作用。

IAA 在植物营养生长向生殖生长转换中具有重要作用，它的主要作用是调节细胞伸长。植株中 IAA 含量较高的部位，获得的营养物质相应较多。IAA 通常在快速分裂和生长的组织中合成，并通过极性运输等方式分配到各器官中。IAA 的合成前体有色氨酸和吲哚 -3- 甘油磷酸。在整个营养生长阶段垂直生长过程中 IAA 会大量增加，这种激素含量的增加主要是在顶芽中，而顶芽是合成 IAA 的重要场所。花芽分化需要保持低浓度 IAA，反之则会抑制花芽孕育，也有研究认为 IAA 间接对花芽分化有作用。在紫苏中花芽诱导需要较低的 IAA，而花芽形态建成则需要较高的 IAA。

细胞分裂素在芽的发育过程中起着关键作用。有研究发现，玉米素核苷(Zeatih Nucleoside，ZT)促进苹果花芽分化，在苹果花芽生理分化阶段，花芽中 ZT 虽然有所下降但总体仍然较高，叶中的 ZT 下降到极低水平。在针叶树种中，众多研究发现细胞分裂素参与调节芽的分化和发育。

赤霉素(GA)在植物营养生长和生殖生长过程发挥着重要的作用。GA_s 对成花的影响也具有争议。在被子植物中人们认为 GA_s 对花芽分化有抑制作用。在对荔枝、枣树的研究中发现 GA_s 是一种抑花激素。GA_s 在针对树生殖生长过程中发挥着重要作用，主要体现在促进早熟、提早开花等方面。因此在针叶树中目前利用极性较小的 GA_4 和 GA_7 促进雌球花。有研究分析了板栗内源激素的动态变化，发现 GA_3 有利于花序原基的分化。也有研究表明，低质量浓度的 GA_3(30 mg/L、50 mg/L)促进银杏雌株花芽分化，但 GA_3 能显著抑制苹果、枣、荔枝等树种的花芽分化。外施 GA_3 能显著抑制大年苹果的花芽分化，且随着外源 GA_3 浓度的增加，抑制效果更为明显。

细胞分裂素(CTKS)能促进花芽分化。在板栗花芽分化期喷施 100 mg/L 6-BA，可显著提高雌花分化率，并且 6-BA 可增强青霉素对板栗的抑雄作用。混合喷施 50 mg/L 的 6-BA 和 1 000 mg/L 的 PP333 可显著提高板栗雌花簇数。研究外源 6-BA 对大红三角梅生长、开花及生理的影响得出，随着外源 6-BA 浓度的增加，大红三角梅花序数量和花朵数量显著减少。

3. 花芽分化的分子机理研究

研究证明，在拟南芥中至少有 6 条信号途径参与调控开花，包括光周期途径、春化途径、赤霉素途径、自主途径、温度途径以及年龄依赖性途径，这些途径共同影响了园艺植物的花芽分化。植物开花位点 Flowering Locus T(FT)调控成花，是光周期途径关键整合因子。植物通过光敏色素基因 *PHYB*、隐花色素基因 *CRY1*、*CRY2* 及向光素基因 *PHOT* 感受光信号，调节重要基因 *CO* 启动光周期途径。春化相关基因 *VRN1*、*VRN2* 受低温环境诱导，开花压制因子 Flowering Locus C(*FLC*)表达被阻抑，开花相关基因进行表达，植物成花。GA 通过与其受体蛋白 GID1 结合发挥作用，而 DELLA 蛋白则抑制 GA 的作用。自主途径通过抑制 *FLC* 的表达来调控成花转变。*FLM* 基因是 *FLC* 的同源基因，可以感知温度变化情况，高温条件下 *FLM* 选择性剪接，相对减弱对 FT 转录的抑制。Micro RNA156(mi R156)是年龄分子标记，高水平 mi R156 情况下可以抑制植物开花。柳枝稷 SPL7 和 SPL8 可以通过直接调控 SEP3 和 MADS32 来调控开花。当 SPL7 或 SPL8 表达时，植株提前开花，而下调 SPL7 或 SPL8 时，植株延迟开花。同时下调 SPL7 和 SPL8 时，植株开花更为延迟，并且存在生殖生长向营养生长逆转的现象。光周期、春化、GA 等途径的基因效应共同决定植物是否开花。

第三节　蔬菜植物花芽分化的研究方法

蔬菜植物由营养生长过渡到生殖生长的形态标志是花芽分化、现蕾、抽薹、开花和结实，而转折点则是花芽分化。蔬菜植物花芽分化的研究内容包括以下几个方面：各种蔬菜花芽分化的时期、进程和特点，环境条件对花芽分化的影响，栽培技术与花芽分化的关系，花芽分化的机理，花芽分化的激素控制等。这些研究对于指导蔬菜的优质栽培、控制未熟抽薹和良种繁育等具有重要意义。

一、花芽分化的类型

1. 顶芽分化为花芽

番茄、茄子、辣椒、大蒜、韭菜、大葱、洋葱等属于顶芽分化为花芽类型。在观察这些蔬菜花芽分化时，应注意幼茎端的变化。

2. 腋芽分化为花芽

豇豆、菜豆、瓜类、菠菜、甜菜、蕹菜等属于腋芽分化为花芽类型。在观察这些蔬菜的花芽分化时，应注意腋芽的变化。

3. 顶芽和腋芽均可以分化为花芽

按两者花芽分化顺序不同可分两种情况：①腋芽先分化为侧花茎原基，然后顶芽分化为花芽，如结球白菜、小白菜、芥菜、甘蓝、芜菁、莴苣、萝卜等；②顶芽首先分化为花芽，其下方腋芽相继分化为侧花序原基或侧花茎原基，如芹菜、芫荽、茼蒿、茴香、苦苣等。

二、花芽分化过程

花芽分化是有一个生理过程，从生长锥开始膨大到分化完成，需要经过若干阶段。不同蔬菜花芽分化过程尚无统一标准。

1. 番茄花芽分化过程

番茄子叶期开始为花芽分化 0 级特征(图 8-1)，之后出现 1 级特征(图 8-2)，而在两片真叶时期出现 2 级特征(图 8-3)，在达到肉眼可见的小花蕾的时候达到 3 级(图 8-4)，大花蕾则彰显的番茄花芽进入发育的 4 级状态(图 8-5)，详细分布见表 8-1。

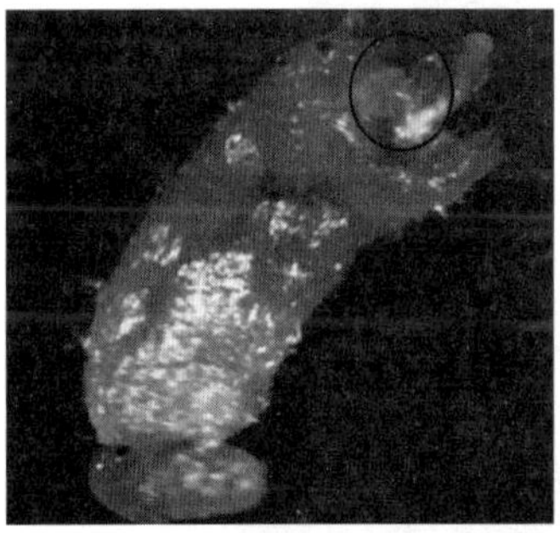

图 8-1 番茄花芽 0 级

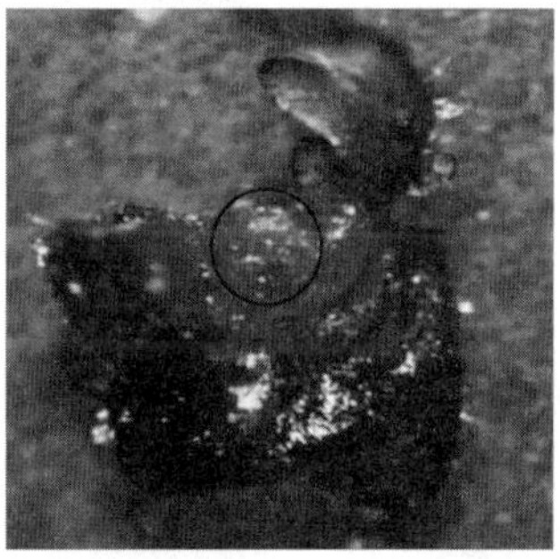

图 8-2 番茄花芽 1 级

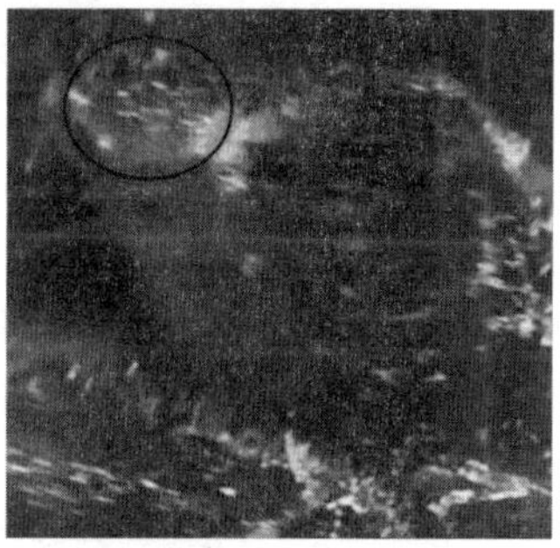

图 8-3 番茄花芽 2 级

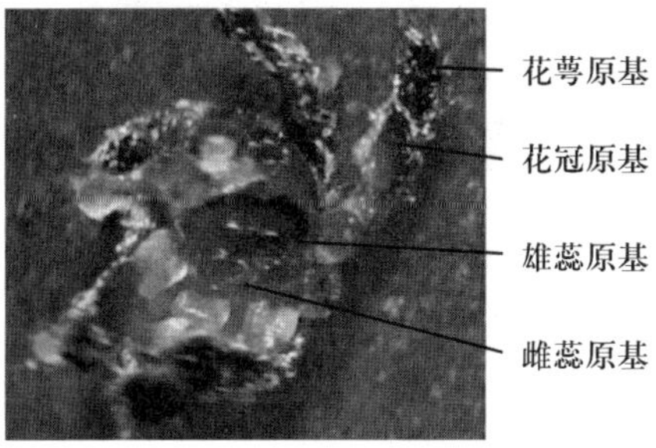

图 8-4 番茄花芽 3 级

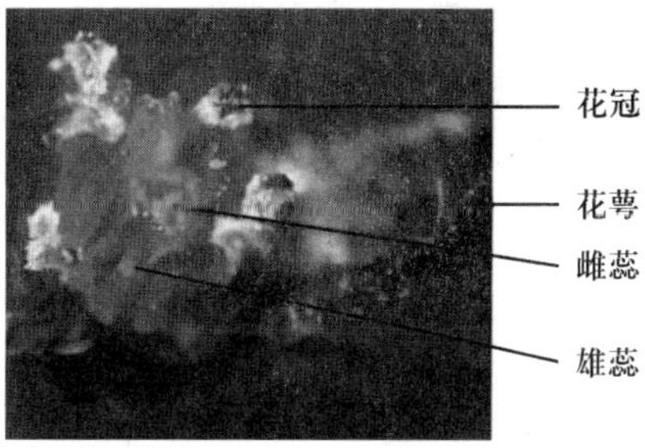

图 8-5 番茄花芽 4 级

2. 黄瓜花芽分化过程

黄瓜子叶期出现花芽 0 级特征(图 8-6),出现一片真叶时出现 1 级特征(图 8-7),两片真叶时出现 2 级特征(图 8-8),肉眼可见小花蕾时即出现 3 级特征(图 8-9),而黄瓜花为雌雄异花,在 3 级特征出现的同时雌雄花的特征也显现,大花蕾期为 4 级特征显现(图 8-10),雌雄异花现象更加明显,详细分布见表 8-1。观察得知,黄瓜为单性花雌雄同株体,花多为雄花簇生,雌花单生。

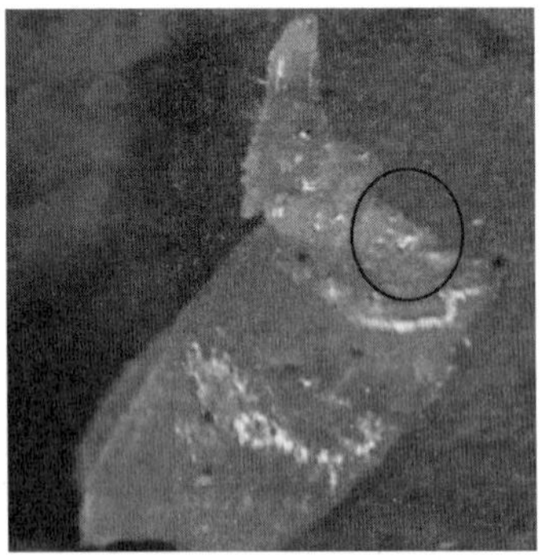

图 8-6　黄瓜花芽 0 级

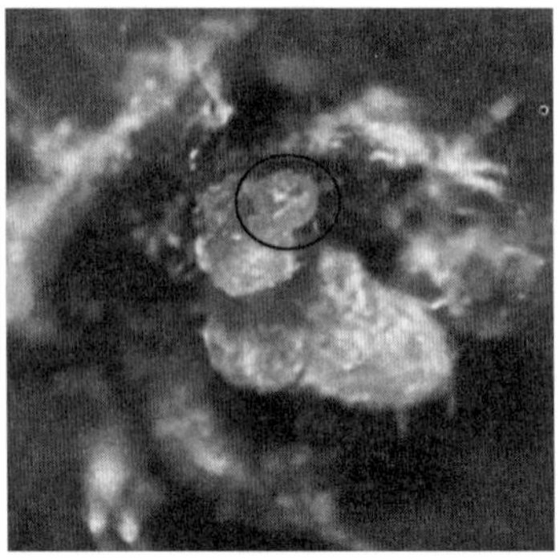

图 8-7　黄瓜花芽 1 级

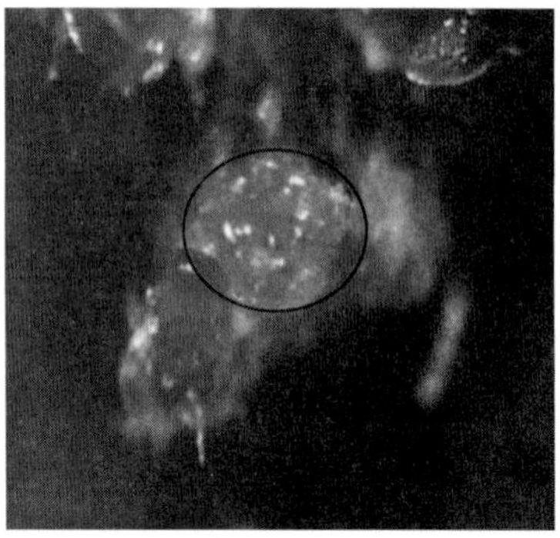

图 8-8　黄瓜花芽 2 级

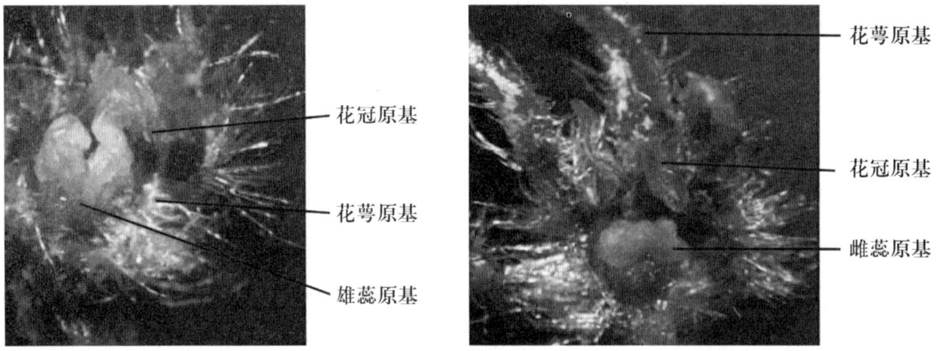

图 8-9　黄瓜花芽 3 级

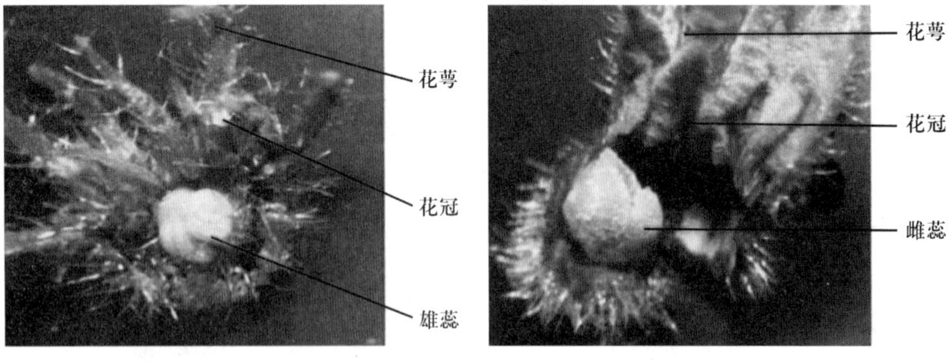

图 8-10　黄瓜花芽 4 级

3. 辣椒花芽分化过程

辣椒子叶期展现花芽 0 级(图 8-11),之后在子叶期末出现真叶时出现 1 级特征(图 8-12),当出现四片真叶时达到 2 级特征(图 8-13),出现肉眼可见小花蕾程度时出现 3 级特征(图 8-14),而成长到大花蕾时即为出现 4 级特征(图 8-15),详细分布见表 8-1。

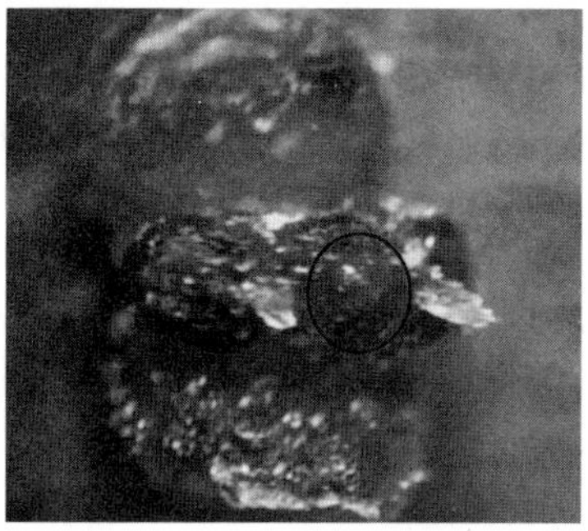

图 8-11　辣椒花芽 0 级

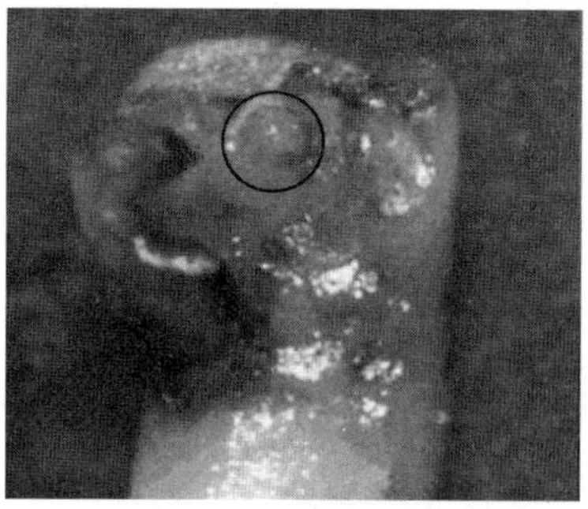

图 8-12　辣椒花芽 1 级

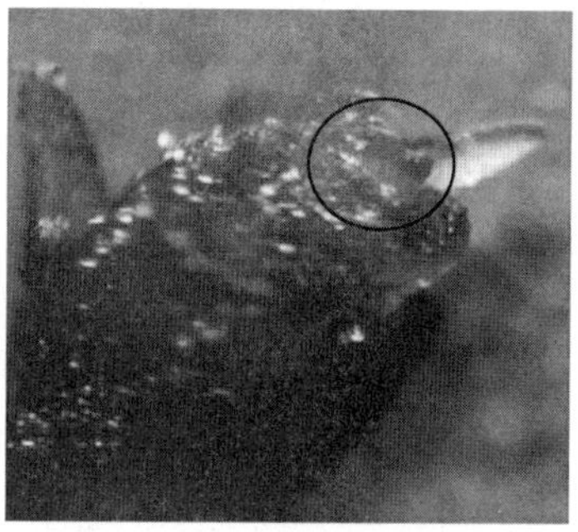

图 8-13　辣椒花芽 2 级

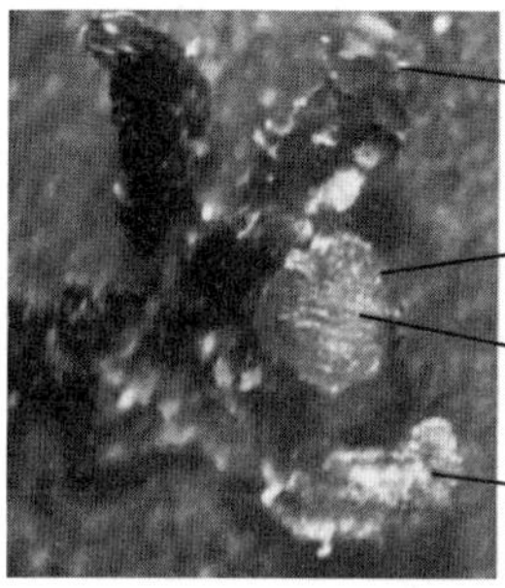

图 8-14　辣椒花芽 3 级

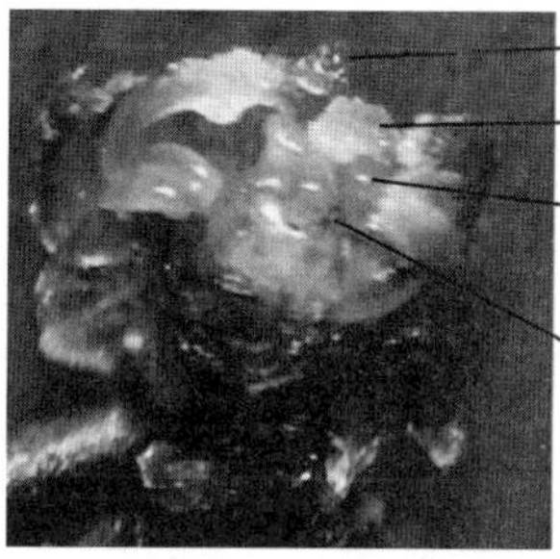

图 8-15　辣椒花芽 4 级

4. 茄子花芽分化过程

茄子子叶期有花芽 0 级特征(图 8-16),出现一片真叶时出现 1 级特征(图 8-17),之后部分出现 2 级特征(图 8-18),而出现肉眼可见小花蕾时即为出现 3 级特征(图 8-19),大花蕾即有明显的 4 级特征(图 8-20),详细分布见表 8-1。

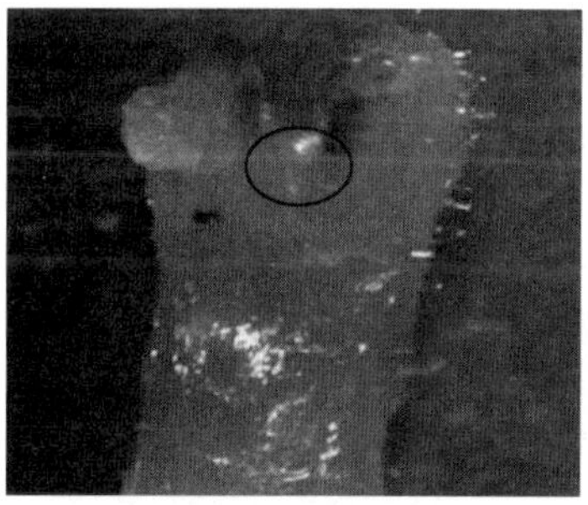

图 8-16　茄子花芽 0 级

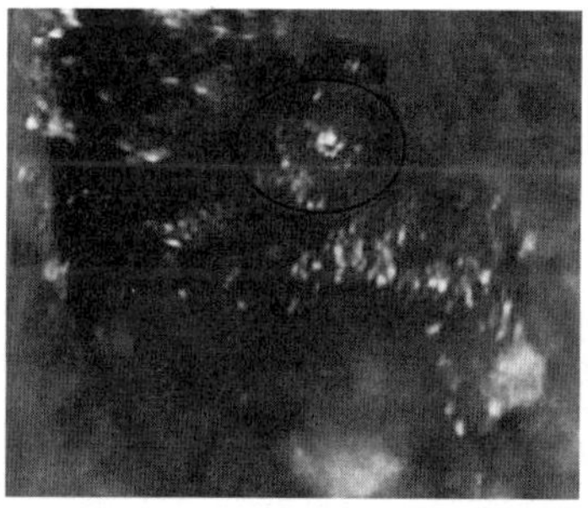

图 8-17　茄子花芽 1 级

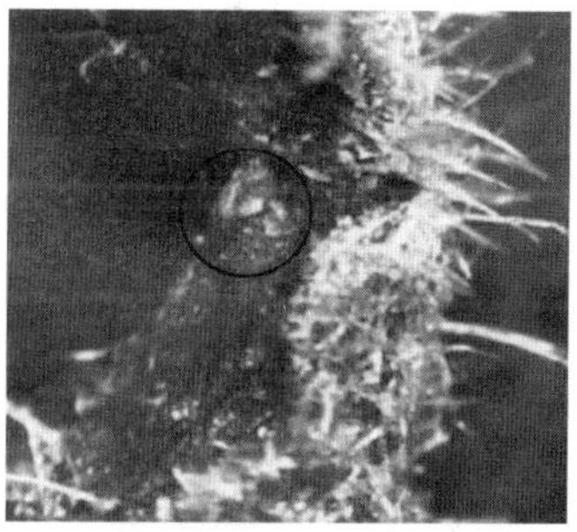

图 8-18　茄子花芽 2 级

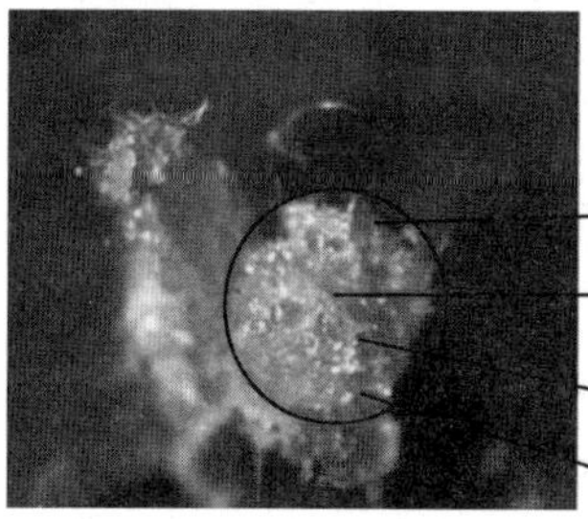

图 8-19　茄子花芽 3 级

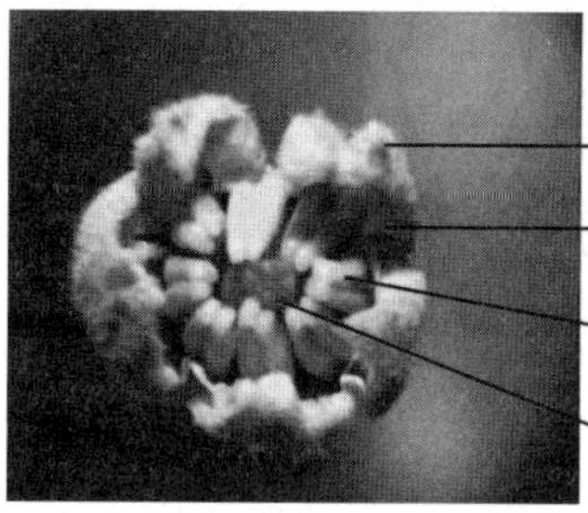

图 8-20　茄子花芽 4 级

表 8-1　不同植物花芽分化出现级别的不同时期分布表

品种	子叶期	一片真叶	两片真叶	四片真叶	小花蕾期	大花蕾期
番茄	0 级、1 级	0 级、1 级	2 级	2 级	3 级	4 级
黄瓜	0 级	1 级	2 级	2 级	3 级	4 级
辣椒	0 级、1 级	0 级、1 级	0 级、1 级	2 级	3 级	4 级
茄子	0 级	1 级	1 级	2 级	3 级	4 级

三、花芽分化观察方法

观察蔬菜植物花芽分化的方法主要有剥芽法和切片法。

1. 剥芽法

剥芽法能够观察到芽外貌的立体形态。方法简单，不需要很多设备和药品。剥芽时，先用镊子把外叶层剥除，然后在 10～20 倍的解剖镜下用解剖针继续剥，使芽的生长点完全无损地显露出来为止。记录剥除的幼叶和叶原始体的数目，然后观察生长点的形状，按花芽分化各期的特征进行鉴别，必要时用显微照相技术、数码技术拍成照片。剥芽法适合临时观察，缺点是容易损伤芽体，观察的材料不宜制片长期保存。

2. 切片法

切片法能够清晰地从切片看到芽的内部状态。徒手切片是用刀片或剃刀从芽的基部向先端纵切，切片要薄而完整，切下后用毛笔蘸水将切片移至装有蒸馏水的培养皿中，再移至载玻片上，经过番红染色之后，立即用水冲洗，即可以在显微镜下镜检，并可以选择典型切片，用 50% 甘油封片，暂时保存。

四、花芽的解剖结构

对园艺植物花芽进行解剖，可以发现，花芽可分两种类型：纯花芽（图 8-21）和混合花芽（图 8-22）。

1. 纯花芽

纯花芽指芽内仅有花器官，绝大多数的蔬菜、花卉及果树中的桃、李、杏、樱桃及扁桃均属此类。

图 8-21　纯花芽

2. 混合花芽

在芽内除有花器官外，混合花芽还存在枝叶或叶的原始体。多数果树的花芽为混合芽，如苹果、梨、山楂、葡萄、柿、枣、石榴、荔枝、枇杷等。

图 8-22　混合花芽

五、蔬菜植物性别的研究方法

蔬菜的性别研究方法主要有以下四点：

1. 性型的研究

雌雄异花同株是瓜类蔬菜性表现的基本形式。雄花形成以后，雌花和雄花间的发生表现为混性型；部分品种雌花着生率高，能够连续着生，表现为混性雌性型；全部为雕花的为雌性型；两性花的发生表现为雌雄两性同株型。性型的研究应该着重调查不同品种与变种雌花着生的能力、连续出现的情况，观察花器官的构造、两性花的比率等。

2. 性比的研究

雌雄异株作物调查雌株与雄株的比例，而雌雄异花同株作物则调查雌花与雄花的比例。应分别调查主蔓、侧蔓、孙蔓各级枝上的比例，有些试验则调查一定节位以前如 20 节以内雌花和雄花的比例，以主蔓结果的品种采用支架栽培的调查比较容易，而侧蔓结果的品种或爬地栽培时则较困难。由于植株个体间的雌花出现有差异，可以调查不同节位的雌花率。计数雌花的标准以肉眼可以见到雌花蕾为准，幼蕾容易凋落，调查记录工作应及时进行。

3. 环境条件与性表现的关系

在控制温度（昼温和夜温）、光照时间和强度、水分和营养以及不同气体（二氧化碳和乙烯）的条件下，研究其与植株性表现的关系。

4. 性型的化学控制

部分化学物质如硝酸银诱雄有利于雌性系的保持，生长抑制剂如乙烯利诱雌有利于降低雌花着生节位以及增加雌花数量以达到早熟增产。

思考题

1. 花芽分化过程主要有哪几个阶段？各有什么特点？
2. 春化和光周期是如何影响花芽分化的？
3. 不同的植物激素在花芽分化中各起什么作用？
4. 哪些蔬菜属于顶芽分化类型？哪些属于腋芽分化类型？哪些属于顶芽和腋芽均可以分化类型？请举例说明。
5. 蔬菜植物性别研究方法有哪些？
6. 花芽分化的主要观察方法有哪些？

第九章

园艺植物抗性研究

适宜的环境条件是保证和促进园艺植物正常生长发育的必要条件。在自然条件下，由于地理位置的不同、气候条件的变化和人类活动的影响等多方面因素，造成了如干旱、低温、高温、盐碱、病虫为害及工业污染等各种不良环境。这些不良环境影响植物生长发育，甚至死亡。对于园艺生产来说，各种不良环境是影响产量和品质的最直接和最重要的因素，因此，进行园艺植物抗逆性研究，探明其在不良环境下的生命活动规律，对于了解园艺植物与逆境的关系，调控和改善栽培技术及环境，避免或削弱逆境的不良影响，获得优质高效的园艺产品具有重要意义。研究园艺植物的抗逆性，还有助于及时鉴定种质资源的抗性，为保存、选择和利用这些种质资源提供依据，进而加快抗性育种步伐。本章介绍园艺植物对某些逆境抗性研究的主要内容和相应的研究方法。

第一节　逆境种类和植物的抗逆性

一、逆境种类和逆境伤害

（一）逆境概念和种类

对植物生长发育不利的环境条件统称为逆境，又称胁迫。通常将逆境分为生物逆境和非生物逆境，生物逆境主要包括病害、虫害和杂草危害等，而非生物逆境主要有高温、低温、干旱和盐碱等（图9-1）。这些胁迫即可单独对植物造成伤害，又常相互关联，同时或伴随出现。如果两种胁迫因子存在因果关系，即一种胁迫因子出现后可以引发另一种胁迫因子的产生，则前者称为原初胁迫，后者称为次生胁迫。盐胁迫可以造成盐分本身对植物细胞的伤害是原初胁迫，而盐分的积累造成的土壤水分下降引起的水分胁迫是次生胁迫。

（二）胁变和逆境伤害

植物体在受到环境胁迫后会产生相应的变化称为胁变，分为弹性胁变和塑性胁变。弹性胁变指胁变症状能够在解除胁迫后消失，植物恢复正常状况；塑性胁变指植物恢复最适环境条件后，植物的胁变症状不消失，植物仍不能恢复正常状况。在一定范围内，胁迫程度越大，持续时间越长，其胁变越大。胁迫超过一定的强度，会对植物的生长发育造成伤害，严重时会导致死亡。

逆境伤害分为原初直接伤害和原初间接伤害。胁迫首先直接使生物膜系统破坏，导致透性改变的伤害称为原初直接伤害；质膜受伤后，进一步导致植物代谢失调，影响正常的生长发育的伤害称为原初

- 逆境种类
  - 生物逆境
    - 病害
    - 虫害
    - 杂草
  - 非生物胁迫
    - 物理的
      - 雪、雹、冰
      - 风、雷、电、磁等
    - 辐射性的
      - 离子辐射(α、β、γ、X射线)
      - 可见光照射(过强或过弱)
      - 红外、紫外光伤害
    - 化学的
      - 除草剂、化肥的副作用
      - 盐碱土危害
      - 大气、水体、土壤污染等
    - 温度的
      - 低温
        - 冷害
        - 冻害
      - 高温热害
    - 水分的
      - 淹涝灾害
      - 干旱（土壤、大气及生理干旱）

图 9-1　逆境种类(王宝山,2007)

间接伤害。一些胁迫因子还可以产生次生胁迫伤害。

逆境条件下,植物形态通常有明显的变化,并且植物形态结构的变化与其代谢和功能的变化是一致的。例如,干旱会导致叶片和嫩茎萎蔫,气孔开度减小甚至关闭,植物叶片叶脉变粗,叶毛变多,角质层加厚,栅栏组织增多,海绵组织更加致密等;淹水使叶片黄化、枯干,根系褐变甚至腐烂;高温下叶片变褐,出现死斑,树皮开裂;病原菌侵染叶片会出现病斑。逆境还会诱导合成酶活性下降,水解酶活性增强,使植物体内的物质分解大于物质合成,淀粉和蛋白质等大分子水解加强,可溶性氮增加。

二、园艺植物的抗逆方式

抗逆性简称抗性,是指植物对逆境的抵抗和忍耐能力,是植物在长期的系统发育过程中形成对不良环境的适应性反应。通过抗性锻炼,即对某种逆境逐步适应的过程,可以提高植物的抵抗能力。

园艺植物抗逆性的表现方式主要有避逆性、御逆性和耐逆性。避逆性指植物通过在时间或空间上避开逆境完成整个生育期。例如,温带果树为迎接冬季低温来临而停止生长,进入休眠以逃避低温逆境等;沙漠中植物在雨季会迅速发芽,在几小时到几天的时间里完成发芽、生长、发育到开花结实的生命全过程。御逆性指在逆境条件下植物体通过自身的防御能力,营造适宜逆境的生存条件,从而减少逆境的影响。例如,仙人掌类植物叶片退化成刺,降低蒸腾,茎内贮存大量水分以避免干旱的不利影响。耐逆性指植物受到环境胁迫时,通过代谢反应来阻止、降低或修复由逆境造成的损伤,使其仍保持正常的生理活动。例如,植物遭遇干旱或低温胁迫时,细胞内渗透调节物质(如脯氨酸、甜菜碱和海藻糖等)含量增加,从而提高植物细胞的抗性。耐逆性又包括避(御)胁变性和耐胁变性。避(御)胁变性指植物在逆境下能减少单位胁迫所造成的胁变,起分散胁迫的作用,如蛋白质合成加强,蛋白质分子间的键结合力加强和保护物质增多等,使植物对逆境的敏感性减弱。耐胁变性指植物忍受和恢复胁变的能力和途径,它又可分为胁变可逆性和胁变修复。胁变可逆性指植物受环境胁迫作用后产生一系列生理变化,解除胁迫后各种生理功能迅速恢复正常。胁变修复指植物在逆境下通过自身代谢过程迅速修复被破坏的结构和功能。

不同抗逆方式可在植物体上同时出现或在不同部位同时发生,植物抗逆性方式随着其所处的生长发育阶段、生理状态及胁迫因子的性质和强度的变化而变化。因此,抗性研究的实际工作中必须注意园艺植物自身和各种生态环境的复杂影响。

三、园艺植物抗逆机制

植物在自然条件下所遭受的逆境往往不是单一的胁迫,各种因子对植物的影响常常是相互关联的,因而植物的抗逆性也不一定是单一机制起作用的结果。需要从细胞、生理代谢及分子水平等不同层次对植物抗性机理进行广泛研究,其中,细胞水平的研究对植物抗性生理学的发展有重要作用,生理代谢水平的研究是多年来植物抗逆性机理研究的核心,分子水平的研究目前十分活跃。目前,对植物抗逆性的了解还缺乏全面性,要全面揭示植物抗逆性机理尚有待进一步深入的研究。对园艺植物在逆境下的适应性通常从以下几个方面开展研究:

(一)细胞和组织的形态结构与抗逆性

园艺植物的组织解剖结构在一定程度上反映了它的遗传特性,某些特征有助于其在逆境条件下起一定的抵御作用。例如,叶片角质层和蜡质层的厚度、表皮和果肉细胞的大小和排列、栅栏组织与海绵组织的结构、气孔的密度与形态、茸毛等都认为可以提高植物的御旱性。干旱胁迫下菊芋叶片和角质膜厚度均较大,长期干旱导致根系细胞间隙加大,根横切面整体形态及中柱细胞出现变小、收缩、变形的现象。甘蓝叶片维管束鞘外围薄壁细胞的细胞壁厚度与抗寒性呈正相关,且栅海比、组织结构紧密度、组织疏松度可以作为评价甘蓝耐寒能力的指标。总之,对园艺植物抗逆性的研究应着重在细胞和组织的形态结构上。

(二)生物膜与抗逆性

植物细胞膜透性对逆境比较敏感,逆境会导致细胞膜透性的变化。逆境下植物体内自由基对生物膜进行攻击,导致膜脂过氧化,产生丙二醛。脂肪酸组分与含量、磷脂的种类与含量等是植物抗逆研究中重要的指标。膜脂中脂肪酸碳链相对较短、不饱和双键较多时,植物的抗寒性较强。柑橘叶片中磷脂酰胆碱、磷脂酰丝氨酸和磷脂酰甘油的含量与抗寒性呈显著正相关,而溶血磷脂酰胆碱、磷脂酰乙醇胺和磷脂酸的含量与抗寒性呈显著负相关。膜脂中饱和脂肪酸含量与植物抗旱和耐热性有关,饱和脂肪酸含量高植株的叶片,抗脱水能力和根系吸水能力较强,其抗逆能力也比较强。

(三)渗透调节与抗逆性

干旱、高温、低温、盐碱等逆境都会直接或间接地对植物产生水分胁迫。水分胁迫主要改变细胞的渗透势,使植物水分亏缺。在这种情况下,一些植物通过在细胞内积累各种有机和无机物质来提高细胞内溶质浓度,降低渗透势,保持体内水分,从而适应水分胁迫环境。这种在水分胁迫时植物主动形成和积累调节物质来提高细胞液浓度以降低渗透势的调节作用称为渗透调节。渗透调节物质主要包括外界进入细胞内的无机离子和细胞内合成的有机溶质两大类。

1. 无机离子

逆境下植物体通过主动吸收无机离子(如 K^+、Na^+、Ca^{2+}、Mg^{2+}、Cl^-、NO_3^- 等)来降低渗透势,特别是盐生植物常依靠这种方式来调节渗透势。无机离子的积累量和种类与植物的品种和器官及环境中离子的种类和浓度有关,野生番茄比栽培种能积累更多的 Na^+ 和 Cl^-;洋葱不能靠积累 Cl^- 进行渗透调节,而菜豆和棉花则可以。无机离子进入细胞后,主要在液泡中累积,成为液泡的重要渗透调节物质,而高浓度的无机离子往往会引起植物代谢紊乱。

2. *有机溶质*

有机渗透调节物质分子量比较小,易溶于水,全部含有亲水基团;在生理 pH 范围内不带电荷;对细胞膜结构有保护作用;对酶的结构和活性无影响或影响很小;合成迅速且积累量大。脯氨酸、甜菜碱、可溶性糖和游离氨基酸等是常见的渗透调节物质。

植物体内脯氨酸的积累在逆境下是普遍存在的,尤其在干旱胁迫下。脯氨酸的累积是由脯氨酸合成酶的活化、生物降解的抑制及参与合成蛋白的减少而产生的。脯氨酸存在于细胞质中,除了在抗逆中作为渗透调节物质外,还可增加蛋白质的可溶性和减少可溶性蛋白质的沉淀,保护这些大分子结构和功能的稳定。脯氨酸还可以清除超氧阴离子自由基、羟自由基等活性氧,通过与植物抗氧化系统协同作用,调控细胞内活性氧的代谢。

甜菜碱是植物体内另一类理想的亲和性渗透物质,主要分布于细胞质中,具有渗透调节和稳定生物大分子的作用。植物体内甜菜碱主要分为 12 种,甘氨酸甜菜碱是其中结构最简单,也是目前发现最早、研究最多的一类。植物在干旱、盐碱条件下会产生甜菜碱的积累,抗性品种尤为显著。逆境下,甜菜碱不仅参与渗透调节,还能影响离子的吸收和转移,从而可以维持细胞内渗透平衡和离子平衡,稳定细胞膜的完整性和蛋白复合物的四级结构。甜菜碱可以保护抗氧化酶系统的活性,稳定细胞内抗氧化系统,保护植物光合系统,从而有效参与植物抗性的形成。

可溶性糖主要有棉籽糖族寡糖、蔗糖、葡萄糖、果糖、半乳糖、海藻糖等。番茄、苹果和柑橘等多种园艺植物都会在逆境情况下积累可溶性糖,且可溶性糖含量变化与其抗性成正比。游离氨基酸包括脯氨酸和其他氨基酸及酰胺类物质。水分胁迫下葡萄叶片中游离氨基酸和可溶性糖等含量明显增加。

渗透调节是植物对逆境的一种应激反应,不同植物在不同逆境下的反应不同,因而对渗透调节物质的需求和积累程度也有所差异。在园艺生产中,可利用外源施加渗透调节物的方法来提高作物的抗性。例如,通过外源添加甜菜碱、海藻糖和脯氨酸等都可以提高园艺植物对逆境环境的抵抗能力。

(四)植物激素与抗逆性

逆境下,植物通过调节体内激素的含量和活性,从而影响植物生理过程。虽然植物激素受到逆境胁迫时含量变化关系十分复杂,但总体而言,在逆境条件下植物激素脱落酸(ABA)、茉莉酸(JA)和乙烯(Eth)的含量上升,而赤霉素(GA)、吲哚乙酸(IAA)和细胞分裂素(CTK)含量下降,其中以 ABA 的变化最为显著。

ABA 是一种重要的调节和信号转导物质,它在各种环境胁迫下对植物基因表达的调控作用十分明显,能增强植物对逆境胁迫的适应性,被称为应激激素或胁迫激素。在逆境胁迫下(低温、高温、干旱和盐碱等),植物体内的 ABA 含量大幅度上升,同时抗性增强。ABA 的积累一方面可以调节气孔导度,减少蒸腾失水;另一方面可以启动抗逆性基因表达,依赖 ABA 的信号途径,导致代谢途径发生变化,增强植株抗逆性。多种植物增加的内源 ABA 含量与其抗逆性能力呈正相关,如荔枝在水分胁迫时,叶片 ABA 含量上升,而且抗旱品种上升幅度较大。

植物经历了某种逆境后,能提高对另一些逆境的抵抗能力,这种对不良环境间的相互适应作用称为交叉适应。如低温、高温等逆境的刺激能提高植物对水分胁迫的抗性；缺水、缺素和盐碱等预处理可增加植物对低温和缺氧的抵抗能力。这些交叉适应现象表明植物对不同逆境的适应存在着某些共同的生理基础。这些生理基础与ABA密切相关，有人认为交叉适应的作用物质就是ABA。植物在逆境条件下会导致ABA含量增加，ABA作为逆境的信号激素诱导植物抗逆相关基因表达和物质的合成，进而增强植物的抗逆性，因此就可以抵抗其他逆境，即形成交叉适应性。通过外源施加ABA可以提高盐碱、低温胁迫下植物幼苗的适应能力。综上，ABA在植物的抗逆性研究中具有重要意义。

除ABA外，其他激素对抗性基因的表达调控也具有一定的作用。在逆境下，植物体内Eth含量上升，当胁迫解除时则恢复正常水平。Eth的产生可使植物克服或减轻因环境胁迫所带来的伤害，促进器官衰老，引起枝叶脱落，减少蒸腾面积，有利于保持水分平衡；而Eth的过量积累会对植物体产生负面影响。此外，Eth还可提高与酚类代谢有关的酶类如苯丙氨酸解氨酶的活性，并影响植物呼吸代谢，从而直接或间接地参与植物对伤害的修复或对逆境的抵抗过程。另一些植物激素的合成和活性则会受到逆境胁迫的抑制，如GA和IAA。逆境胁迫下，植物体内GA含量和活性发生明显变化。如水分胁迫下内源GA会迅速下降，且其含量下降先于ABA含量上升；抗冷性强的植物体内GA的含量一般低于抗冷性弱的植物，外源100 mg/L GA能显著降低某些植物的抗冷性。IAA也能参与植物抗逆性的形成。如在番茄叶片中，水分胁迫会引起IAA含量下降，当水势小于 −1.0 MPa时，更会抑制IAA向基部的运输。水杨酸（SA）也是常见的参与逆境胁迫的激素。SA不仅能够诱导病原相关蛋白产生，使植物获得系统抗性，而且还能够增强植物抵抗干旱、盐渍、高温、冻害、紫外辐射等逆境的能力。

在研究激素与园艺植物抗逆性的关系时，不仅要注意研究某种激素的含量，还要重视激素间的平衡，因为植物生长发育的方向往往是由各种激素的相对水平来决定的。低温胁迫下，不同品种的油菜IAA、GA的合成减少，ABA含量上升，且变化越明显的品种其抗性越强。在同一品种中，随着ABA/GA的比值升高，抗冷性逐渐增强，反之，抗冷性逐渐减弱。

（五）活性氧（ROS）与抗逆性

正常情况下，植物体内活性氧产生途径受到严格的控制，细胞内活性氧产生量较小，同时植物体内存在活性氧清除系统，因此细胞内活性氧的产生和清除处于动态平衡状态，活性氧水平/含量很低，不会伤害细胞。在植物体正常代谢过程中，活性氧可通过多种途径产生，特别是细胞内具有高度氧化活性或强烈电子传递作用的细胞器，如细胞膜、叶绿体、线粒体、过氧化物体等。研究发现，植物体叶片中Mehler反应产生$O_2^{\cdot-}$和H_2O_2，光敏反应产生单线态氧。在干旱、高温和强光共同作用下，叶绿体内会产生大量活性氧。但当植物受到胁迫时，ROS过多，活性氧产生与清除之间的平衡被破坏，导致细胞受到明显伤害。活性氧伤害细胞的机理在于活性氧导致膜脂过氧化，超氧化物歧化酶（SOD）和其他保护酶活性下降，同时还产生较多的膜脂过氧化产物，膜的完整性被破坏。接着，ROS积累过多，也会使膜脂产生脱脂化作用，磷脂游离，膜结构破坏。膜系统的破坏会引起一系列的生理生化紊乱，再加上活性氧对一些生物功能分子的直接破坏，这样植物就会受到伤害，如果胁迫强度增大，或胁迫时间延长，植物就有可能死亡。在植物体内，活性氧清除系统可以有效消除植物体内自由基，将活性氧严格控制在一定范围内。这个过程既有保护酶系统，如超氧化物歧化酶（SOD）、过氧化物酶（POD）、过氧化氢酶（CAT）和抗坏血酸氧化物酶（APX）等，又有非酶促系统，如抗坏血酸、还原性谷胱甘肽、维生素E、类胡萝卜素等。此外，一些植物生长调节剂和人工合成的活性氧清除剂在胁迫下也有提高保护酶活性、对膜系统起保护作用的效果。多种逆境如干旱、大气污染、低温胁迫等都有可能降低SOD等酶的活性，从而使活性氧平衡被打破。抗性强的类型或品种则能在逆境下升高或维持较高的保护酶活性的能力，如高温胁迫下，抗性强的番茄品种的 SOD、POD 和 CAT 活性远远超过抗性弱的品种。

6. 逆境蛋白与抗逆性

环境胁迫（高温、低温、干旱、病原菌、化学物质、缺氧、紫外线等）能诱导形成新的蛋白质被称为逆境蛋白。它们往往是受各种不良环境胁迫所诱导形成的一些新的蛋白质或加强产生一些已经存在但含量不多的蛋白质。由于胁迫因子的多样性，相应的逆境蛋白也多种多样，如热激蛋白、低温诱导蛋白、干旱逆境蛋白、盐逆境蛋白、病原相关蛋白、厌氧蛋白及重金属结合蛋白等。

逆境蛋白的产生往往需要特定的环境条件，通常是为了增强植物对相应逆境的适应性。如热预处理后植物的耐热性提高，低温诱导蛋白与植物抗寒性提高相联系，病原相关蛋白的合成可增加植物的抗病能力，植物耐盐性细胞的获得也与盐逆境蛋白的产生相一致。逆境蛋白的产生是基因表达的结果，逆境条件使一些正常表达的基因被关闭，而一些与适应性有关的基因被启动，故逆境蛋白的产生也是植物对多变外界环境的主动适应和自卫。

7. 转录因子与抗逆性

转录因子在植物抗逆过程中表现出至关重要的作用。多种转录因子都参与植物抗逆过程的调控，主要包括 bZIP 类、DREB/CBF 类、WRKY 类和 MYB 类等，这些转录因子特异性地激活或抑制特定基因的转录，从而提高植物抗逆性。

（1）bZIP 类　bZIP 类转录因子是普遍存在于动植物和微生物中的一类转录因子，含有碱性结构域，能与特异的 DNA 序列相结合；与碱性区紧密相连的是参与寡聚化作用的亮氨酸拉链区，每隔 6 个氨基酸就含有一个亮氨酸，参与 bZIP 类蛋白在结合前形成二聚体；N- 末端含有酸性激活区；肽链 N- 末端的碱性区域与核酸直接结合，结合时以二聚体呈现；识别的核心序列为 ACGT 的顺式作用元件，如 CACGTG（G-box）、GACGTC（C-box）、TACGTA（A-box）等，这些元件在受脱落酸或光诱导基因的启动子区普遍存在。此类转录因子在应答盐胁迫时种子萌发和幼苗发育早期、光形态的发生、器官建成的控制、种子储藏基因表达等方面起不同的作用。此外，在逆境胁迫下，bZIP 转录因子可以与 ABA 应答元件 ABRE 结合位点 ABF（ABA-Responsive Element Binding Factor）结合，参与 ABA 信号传导通路，调节下游基因表达。

（2）DREB/CBF 类　DREB/CBF 转录因子即干旱应答元件结合蛋白质 /C- 重复序列结合转录因子（Dehydration Responsive Element Binding Protein/C-repeat Binding Factor），能特异性结合 DRF/CRT（Dehydration Responsive Element/C-repeat）顺式作用元件，激活一系列依赖 DFE/CRT 顺式作用元件的抗逆功能基因表达，从而增强植物对干旱、低温及高温等逆境的抗性。

（3）WRKY 类　WRKY 类转录因子是高等植物中特有的一类转录因子，存在于植物生长发育的各个过程中，基因家族成员都具有 1 个或 2 个保守结构域 WRKYGQK 序列，其参与植物的许多生命过程的调控，如参与植物的代谢调控、种子萌发及发育衰老调控、植物防御应答、形态学建成等。

（4）MYB 类　MYB 类转录因子是真核生物中分布最广泛的转录因子家族之一。MYB 转录因子的 N 端存在高度保守的结构域，该结构域包含 1～4 个串联且不完全重复序列（Imperfect Amino Acid Sequence Repeats，R），每个序列由 50～53 个氨基酸组成。根据重复片段 R 的个数，植物 MYB 类转录因子可以分为一个结构域蛋白的 1R-MYB/MYB-related（R1/R2）、2 个结构域蛋白的 R2R3-MYB 和 3 个结构域蛋白的 3R-MYB/R1R2R3-MYB。MYB 转录因子参与植物的很多生命过程的基因表达，如次级代谢物质的调控、细胞形态的建成及分化、环境胁迫应答、植物激素应答、花色素的合成、抗病反应以及细胞周期调控等过程。

8. DNA 甲基化与抗逆性

DNA 甲基化是真核细胞中一种重要的表观遗传修饰形式，其作用主要是 DNA 复制后，在 DNA 甲基转移酶作用下，将 S- 腺苷酰甲硫氨酸（SAM）分子上的甲基转移到 DNA 分子中胞嘧啶残基的 5 位碳原子上。DNA 甲基化通过与转录因子相互作用或通过改变染色质结构来影响基因表达，在生长发育过程中起重要作用。近年来的研究表明，逆境（如高温、干旱）对 DNA 的甲基化水平会造成影响，且许多受甲基化变化诱导的基因同胁迫反应有关，这说明 DNA 甲基化参与环境胁迫下的基因表达调控过程，在植物抗性过程中具有重要作用。

第二节　园艺植物抗寒性研究

低温是限制园艺植物生长的主要环境因子之一，我国每年发生的寒害给生产造成巨大损失，据国家统计局数据显示，2020 年我国因低温冷害造成的直接经济损失为 154 亿元。温度是植物生长的必需条件，植物受到的低温伤害可以分为冷害和冻害，冷害指的是 0 ℃以上低温对植物所造成的危害，冻害是 0 ℃以下低温引起植物组织内水分结冰而造成的伤害。

一、抗冷性

1. 冷害

在世界上分布很广，纬度和海拔越高，越易发生。我国的冷害以东北地区较为严重，长江流域主要发生在春秋季，云贵高原主要发生在 8—9 月。我国发生冷害的主要时期是在作物的籽粒、苗期和果实的成熟期。例如，露地春播蔬菜的幼苗常遇到冰点以上低温的危害，造成烂籽死苗或僵苗。花果期的园艺植物遇到冷害时会出现大量落花落果现象，进而影响作物产量。在气温骤降时耐寒性较弱的植物最易受害，果蔬在贮藏期、花卉在陈列时易受到低温伤害。

按发生时的天气特点，可分湿冷型、干冷型和霜冷型三种类型。湿冷型是低温伴随阴雨，日照少，相对湿度大而气温日较差小。干冷型是冷空气入侵后，天气晴朗，相对湿度小而气温日较差大。霜冷型是前期低温与来得特早的秋霜冻相结合所致的。

按对作物危害的特点，则可分为延迟型、障碍型和混合型。延迟型是较长时期的低温削弱植株生理活性，引起作物生育期显著延迟，在生长季节内不能正常成熟，导致减产。障碍型是作物在生殖生长阶段，主要是孕穗期和抽穗开花期遇短时间低温，生殖器官的生理机能被破坏，造成空壳减产。混合型是由上述两类冷害相结合而成的，比单一型的危害更加严重。

根据园艺植物受到冷害反应的方式，可将冷害分为直接伤害和间接伤害。直接伤害是指园艺植物在受到低温胁迫后在最多一天就出现明显伤害表现或直接坏死的现象。间接伤害主要是指由低温造成的间接伤害，伤害几天后植物才出现组织柔软、萎蔫，而这些变化是由植物代谢失常后造成的，并不是低温造成的直接伤害。

2. 冷害导致植物生理生化的变化

园艺植物发生冷害的症状通常表现为叶片和花朵变褐、干枯，果皮变色，易落花落果等外部形态，在体内细胞的生理生化也发生诸多变化。

(1)膜透性的变化　在冷害下，细胞质膜发生收缩和裂痕，细胞膜系统受损，丙二醛等物质含量上升，透性加大，导致溶质渗漏出细胞外，继而使植物代谢失调；同时，流动镶嵌模型破坏，构成细胞膜的类脂由原本的液相转变为固相。

(2)根系活力下降　低温胁迫严重影响植物根系的生命活动，低温使根生长减慢，呼吸减弱，供能不足，细胞原生质流动性降低，导致植物体内矿质元素的吸收受限制；同时水分平衡被破坏，致使植株萎蔫与器官脱落。

(3)光合作用减弱　低温使叶绿素生物合成受阻，叶片发生缺绿或黄化；各种光合酶活性受到抑制，因而光合作用明显减弱；如果伴有光照不足，则光合速率下降更多。

(4)呼吸代谢失调　植物在刚受到冷害时或者受到轻微冷害时呼吸作用增强，这有利于植物抵抗寒冷；但低温胁迫较长时间或低温胁迫严重时，原生质流动变慢，氧供应不足，并且无氧呼吸比重增大，导致呼吸代谢失调。

(5)物质代谢失调　植物受冷害后，分解酶类活性通常会高于合成酶类的活性，使得体内物质分解加速；活性氧清除系统活性下降，活性氧大量积累，引发膜脂过氧化伤害。

(6)内源激素含量发生变化　植物内源激素对植物生长发育和代谢活动起明显的调控作用，大量的研究表明，植物激素参与植物对低温的响应。番茄、黄瓜等植物在受到冷害时，体内的 ABA 和乙烯等内源激素的含量会大量增加，增加植物的耐冷性。

(7)活性氧代谢失衡　在植物正常生长过程中，活性氧产生于清除处于动态平衡的状态，同时活性氧是非常重要的信号分子，它参与植物细胞的分子、生理和生化反应。然而低温胁迫可以打破上述动态平衡，使活性氧大量积累，进而导致细胞膜被氧化，细胞膜通透性变大，细胞内溶质外渗。低温冷害时，植株体内抗氧化酶活性明显上升，其中耐低温性强的品种抗氧化酶上升幅度和活性显著高于低温敏感品种。

3. 冷害的机理

冷害的发生，通常认为是由膜相改变、蛋白质解链和变性及活性氧的破坏作用等原因所致的。在常温下生物膜呈液晶相，保持一定的流动性。在低温植物细胞膜收缩或者出现破裂痕。这样一方面使膜透性增大，细胞内溶质外渗；另一方面使膜结合酶系统受到破坏，酶活性下降，膜结合酶系统与非膜结合酶(游离酶)系统的平衡丧失，蛋白质变性或解链，于是细胞代谢紊乱，导致有毒的中间产物(如乙醛和乙醇等)大量积累；膜收缩还降低根系透性使得吸水不足，派生干旱损害。胁迫时间过长时，上述原因导致细胞和组织死亡(图 9-2)。

植物对 0 ℃ 以上低温的适应能力叫作抗冷性。既然冷害主要是由膜相改变引发的，那么在一定程度上抗冷性可以用膜脂相变温度来衡量。膜脂相变温度与膜脂成分密切相关，不饱和脂肪酸(如油酸、亚油酸、亚麻酸等)越多，越耐低温。一般来说，温带植物不饱和脂肪酸含量高于热带植物，抗冷性较强。通常来讲，抗寒性强的品种其不饱和脂肪酸的含量也高于抗寒性弱的品种。经过抗冷锻炼后，植物体内不饱和脂肪酸的含量能够明显的提高。因此，不饱和脂肪酸指数是不饱和脂肪酸在总脂肪酸中的相对比值，常作为衡量植物抗冷性的重要生理指标之一。

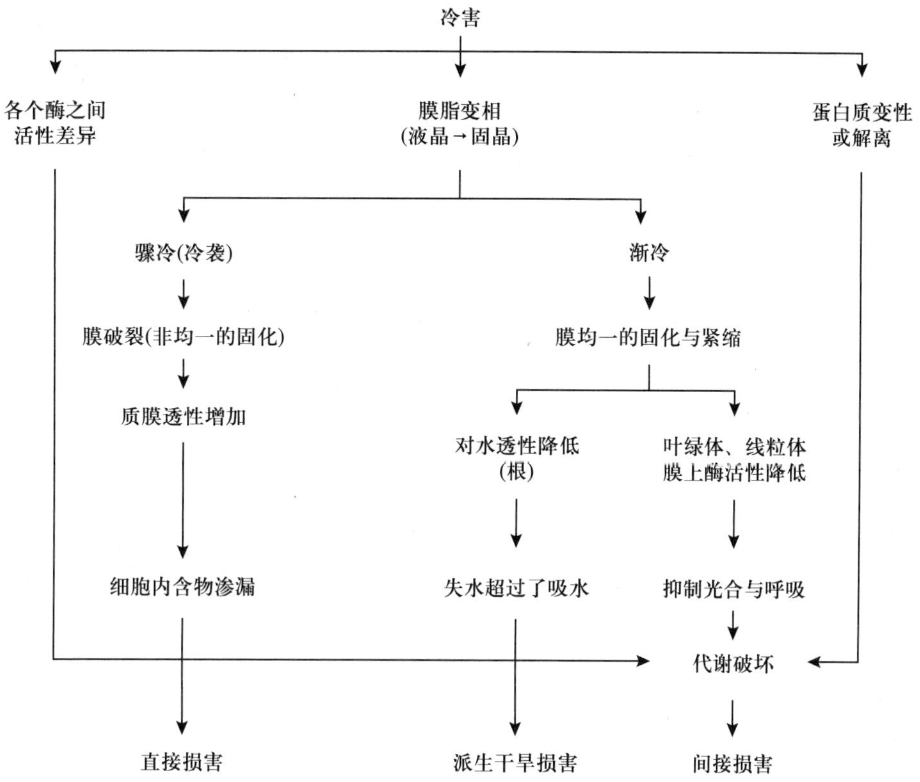

图 9-2　冷害的机制图解（Levitt，1980）

二、抗冻性

1. 冻害

冻害是一种严重的自然灾害，常造成园艺植物的严重减产和大量植株死亡。发生冻害现象会因植物种类、生育时期、组织器官及其低温胁迫时间而出现较大差异。如越冬期的苹果和梨可忍受 –40～–25 ℃ 的低温，柑橘能忍受 –10～–5 ℃ 的低温，而龙眼和荔枝只能忍受 0～1 ℃ 的低温；苹果在开花期和幼果期分别只能忍受 0 ℃ 左右的低温。植物受冻害的一般表现出叶片出现烫伤状，组织变软，叶色变为褐色，最终干枯死亡，参见二维码 9-1。

二维码 9-1
果树冻害表型

2. 冻害的机理

冻害对植物的危害主要是由结冰引起的，温度下降的程度和速度不同，植物体内结冰的方式不同，受害情况也有所不同，因此冻害可分为胞间结冰和胞内结冰两种类型。

(1) 胞间结冰　当温度缓慢降低，植物组织内温度降到冰点以下时，细胞间隙的水分开始结冰，即胞间结冰。胞间结冰造成植物原生质过度脱水，进而蛋白质变性和原生质的凝固变性；接着，胞间的冰晶体积随着低温的持续不断增大，对周围细胞产生机械性损伤；但温度骤然回升时，细胞内冰晶迅速融化，细胞壁迅速吸水恢复原状，原生质会因来不及吸水膨胀，而被撕裂损伤。胞间结冰不一定使植物死亡，大多数植物细胞间结冰后经缓慢解冻仍能恢复正常生长。某些抗寒性强的植物（如白菜、大葱）有时虽然被冻得透明，但解冻后仍然不死。

(2) 胞内结冰　对细胞的危害更为直接。因为冰晶形成时对质膜、细胞器及整个细胞质产生破坏作用,使得细胞亚显微结构的隔离层被破坏,导致代谢紊乱和细胞死亡。一旦胞内结冰,植物细胞就难以成活。结冰伤害的原因主要是受细胞过度脱水胁迫、结冰和化冻引起膜和细胞质破损的机械胁迫以及K^+和糖类大量外渗伤害的渗透胁迫,这些胁迫使得膜蛋白变性或改变膜中蛋白与磷脂的排列,导致K^+泵失活,氧化磷酸化解偶联,引起代谢失调,最后细胞死亡。

3. 植物对冻害的适应性变化

植物对 0 ℃以下低温的适应能力叫抗冻性。植物对低温冷冻的抗性是逐步形成的。在冬季来临之前,随着气温的逐渐降低,体内发生一系列适应低温的形态和生理生化变化,其抗寒逐步得到提高,这种逐渐提高抗寒能力的过程称为抗寒锻炼。

(1)自由水与束缚水的比值减小　随着温度的下降,植物细胞体内自由水与束缚水的比值减小。束缚水不易结冰,也不易流失,同时可防止细胞间结冰引起的原生质过度脱水。此外,自由水的比例下降会增加植物体内可溶性糖与可溶性蛋白的比例,进而提高植物体的抗逆性。

(2)呼吸作用减弱　植株的呼吸作用随着温度的下降而逐渐减弱,有利于糖分积累等有机物的积累,从而增加对低温的抵抗能力。

(3)脱落酸含增高,生长停止进入休眠　随着气温降低,植物叶片逐渐形成更多的脱落酸,相反生长素与赤霉素则减少,从而抑制植物的生长,促进植物体进入休眠。

(4)保护物质积累　在温度下降过程中,一些物质的分解和自由水含量的下降,使细胞内可溶性糖含量增加,细胞液浓度上升,冰点降低,从而提高原生质保护能力。脂类物质集中在细胞质表层,水分不易透过,能防止过度脱水。细胞内大量积累蛋白质等原生质,原生质贮藏物质增多可提高植物抗寒性。

(5)冷调节蛋白形成　植物经低温诱导,激活某些特定基因的表达,经转录翻译合成一组新蛋白,这些新蛋白称为冷调节蛋白,能降低细胞液的冰点,防止细胞质的过度脱水。此外,低温诱导下植物还能表达多种胚胎发育晚期丰富蛋白,它们多数为高度亲水的可溶性蛋白,有利于植物在冰冻时忍受脱水胁迫,减少细胞冰冻失水。

(6)环境信号的传递　植物接收到严冬来临的主要是光信号(日照变矩)和温信号(气温下降),就会在生理上产生一系列适应性反应,如生长基本停滞,代谢减弱,含水量降低,保护物质增多,原生质胶体性质改变等,以适应低温条件安全越冬。

(7)过冷却能力增加　苹果、梨和桃等木本果树的枝和芽在冬季低温条件下,植物体内有一部分水在 −30 ℃以下时仍不结冰的现象称之为过冷水,这对于提高组织抗寒性具有较大意义。植物在降温过程中水分结冰状况可用差热分析法测定。

三、提高抗冷性措施的研究

(1)抗冷锻炼　植物对低温的抵抗是一个适应性锻炼的过程,抗冷锻炼是一种有效的途径,许多植物在预先给予一段时间适当的低温处理后,即可忍受更低温度,从而减少低温对植物体的损害。

(2)施用外源化学诱导剂　施用外源精胺、硅、氨基乙酰丙酸、油菜素内酯等化学诱导试剂可有效提高园艺植物的抗冷性。

(3)合理施肥　增加磷、钾肥比重,能明显提高抗冷性。如营养液中Mg^{2+}浓度为 6 mmol/L 时,可有效缓解低温对黄瓜幼苗的伤害。NO_3^--N/NH_4^+-N 比例为 50/50 时,番茄幼苗地上部和根系生物量和根系活力最大，同时根冠比也处于较佳状态。

(4) 农业措施　在寒流霜冻来临前实行熏烟、遮盖、增温块、使用加温设施等，可以有效抵御低温的胁迫。

(5) 基因工程　现过表达或者基因编辑等基因工程手段可实现园艺植物适应低温的能力。研究表明，转入 CFB 转录因子后番茄的耐冷性显著提升；过表达 *MYB88* 和 *MYB124* 苹果树的抗寒性显著增加；*CsWRKY46* 通过以 ABA 依赖的方式调节一组冷胁迫响应基因来赋予转基因植物抗寒性，转 *CsWRKY46* 的黄瓜抗低温能力大幅度增强。

第三节　园艺植物抗旱性研究

干旱是影响全球农作物产量最为严重的非生物胁迫，也是盐碱胁迫引发的次生胁迫因子之一。全球 15 亿 hm^2 耕地面积中约 43% 的土地处于干旱、半干旱地区，我国的干旱和半干旱地区分别占 30.8% 和 21.7%，因干旱造成的产量减少超过其他自然灾害的总和，严重限制了全球和我国的农业生产。联合国气候变化专门委员会指出，全球升温幅度需控制在 1.5 ℃，否则地球在 2040 年会面临气候大危机，全球的农业也会因高温导致的干旱问题而难以持续发展，因此，干旱将会是未来几十年全球性农业健康可持续发展的重要问题，其中对园艺植物抗旱性的研究是未来农业研究极为重要的方向之一。

一、干旱对植物的伤害

干旱是一种使植物产生水分亏缺的环境状况，可分为大气干旱和土壤干旱两种类型。大气干旱（二维码 9-2）是指空气中水分含量低，气温高，光照强度大，且会伴有一定的风力，虽然土壤不缺水，但强烈的蒸腾使植株供水不足而形成的危害。土壤干旱是指因土壤缺水造成植物根系无法吸收足够的水分去补偿蒸腾的消耗所造成的危害。若土壤水分充足时，由土壤温度较低、离子浓度高、缺氧、有毒有害物质积累等原因造成的植物根系吸水的正常生理过程遭到破坏而致缺水受害的干旱称为生理干旱。

二维码 9-2
气象干旱等级

1. 旱害的症状

旱害是指土壤水分缺乏或大气相对湿度过低对植物的危害。植物受到旱害后，细胞因膨压下降而失去紧张度，叶片和幼茎下垂的现象称为萎蔫，其可分为暂时萎蔫和永久萎蔫两种类型。当植物体不能满足自身吸收和蒸腾作用消耗的水分时，就会出现萎蔫现象，对植物造成干旱胁迫。干旱造成植物细胞分裂和生长受阻，气孔运动失衡，植株水分利用率降低，最终导致产量受损。在夏季炎热的白天，蒸腾强烈，水分暂时供应不上，叶片和嫩茎萎蔫，到夜间蒸腾减弱，根系继续吸水，萎蔫现象消失，这种类型称为暂时萎蔫。当土壤缺乏可供植物利用的水分，降低蒸腾仍不能消除水分亏缺恢复原状的萎蔫称为永久萎蔫。若暂时萎蔫的时间过久，就会变成永久萎蔫致使植株死亡。

除了萎蔫，有些园艺植物在受到干旱伤害的时候还有其他外观症状，如果树叶片面临着因失水而出现下垂、卷曲、枯萎、脱落、落花落果、坐果率低、花期缩短、枝梢生长弱、果实发育不良或落果严重等现象。

2. 对细胞膜结构的破坏

植物的物质和离子的正常运输，主要依赖于生物膜结构和功能的完整性，当植物受到干旱胁迫时，植物的生物膜系统会受到冲击和伤害，植物细胞脱水后，细胞膜的有序结构被破坏，细胞膜失去半透性，引起胞内氨基酸、可溶性糖等物质的外渗。

3. 对生理过程的影响

（1）光合作用　植物的光合作用对干旱异常敏感，干旱胁迫会降低叶片中光合色素的含量，从而影响光合能力。叶面积（叶片大小、数目）的减少、气孔关闭、脱羧酶与ATP合成的减少以及光合机构受损均是干旱下园艺植物碳固定能力下降的原因。对CO_2同化的气孔性限制和非气孔性限制是干旱条件下植物光合作用受抑制的主要原因，且前者是短期胁迫造成危害的主要原因。随着胁迫的加剧，气孔会从半关闭状态变成完全关闭，导致净光合速率降低，影响光合产物输出，造成植株供能不足。因此，学者们认为气孔是限制光合作用的主要因素。

（2）呼吸作用　水分胁迫往往导致植物呼吸减弱，水分亏缺时气孔趋于关闭，CO_2的吸收减少，光合作用减弱，同时O_2的供应也减少，从而抑制呼吸作用。植物干旱胁迫初期有可能也会出现呼吸速率短暂上升的变化，随后会显著下降，主要是干旱导致植物水解酶活性的增强，植物细胞内产生大量呼吸底物使植物呼吸作用增强，但随着干旱胁迫的增加，呼吸底物逐步消耗殆尽，呼吸作用又显著下降。

（3）氮代谢　干旱加剧植物蛋白质的分解，同时抑制TCA循环、糖酵解循环等氨基酸合成的途径，导致氮代谢显著下降，从而导致植株的死亡。

（4）核酸代谢　核酸代谢的抑制可能是植物干旱胁迫造成植物死亡的主要原因，干旱导致RNA和DNA含量的减少，合成速率下降，从而导致核酸代谢显著下降。

（5）内源激素　干旱对植物内源激素的改变最为明显，尤其是ABA含量的增加最为显著，同时IAA、Eth、GA、JA等植物激素均会发生协同性变化。

（6）渗透调节物质　干旱胁迫下，植物体内积累可溶性糖、脯氨酸、甜菜碱及一些离子等溶质，使细胞渗透势下降，这样植物可以从外界继续吸水，保持细胞膨压，使体内各种代谢过程正常进行。

（7）水分重新分配　植物在干旱胁迫时，不同组织和不同器官水分重新分配，蒸腾强烈的功能叶与分生组织和其他幼嫩组织夺水，导致幼嫩组织缺水死亡；地上部与地下部夺水，造成根系缺水死亡；叶片与果实夺水，造成落花落果，果实发育不良。

4. 对细胞原生质的机械损伤

干旱时细胞脱水，细胞原生质向内收缩，损伤原生质体的结构，如骤然复水，引起细胞质与细胞壁的不协调膨胀，原生质膜被撕破，导致细胞、组织、器官甚至植株的死亡。

5. 对生长发育的影响

遭受干旱时，植物分生组织受到影响导致细胞分裂受到抑制，植株矮化，生长缓慢，产量显著下降。干旱胁迫还会影响根系生长，导致根系导管的直径减小，皮层厚度变薄，内皮层厚度增大，出现根系木质化加快，自疏现象加重等，以适应水分不同程度的缺乏。植物叶片对干旱的抵抗能力强于根系，根系生长受干旱的影响先于叶片。根系对干旱的抵抗能力要比叶片弱得多，在叶片出现萎蔫前根系的生长已经受到影响。干旱显著影响园艺植物的花芽分化，在果树花芽分化期临生长在60%田间持水量时，果树营养生长受到抑制，促进光合产物的积累和花芽分化，但干旱程度过重，对生长产生不利影响。

二、园艺植物对干旱的适应性

植物对干旱的适应和抵抗能力叫抗旱性。植物对干旱的适应和抵抗方式可分为避旱性、御旱性、耐旱性三种。

1. 植物避旱性

所谓避旱，指土壤和植物本身发生严重的水分亏缺之前，植物就已完成其生活史。较典型的如沙漠短命植物，它们在营养结构很小的情况下仍具有开花结实的能力，在发育上具有较大的可塑性。避旱对于一些栽培作物适应干旱环境具有一定意义。对于许多栽培作物来说，较短的生长期是一种重要的避旱方式。

2. 植物御旱性

御旱是指植物在干旱逆境下保持植株体内部组织高水势的能力，也有人把御旱性称为组织具有高水势的耐旱性。但事实上，能保持体内高水势植物的细胞耐旱性不一定很强。植物御旱的方式分为节水型和耗水型两类，节水型植物主要是通过减少蒸腾来避免植株体的失水；而耗水型则通过减少其他失水的方式避免失水，且它的蒸腾量并不减少。长期进化过程中，在极端水分条件下生长的旱生植物通过自然选择，形成有效的节水机制，包括形态特征、解剖构造、气孔反应、生长速率、生活习性和代谢过程等。

3. 植物耐旱性

耐旱性是指植物在受旱时能在低的组织水势和代谢活性下维持其一定程度的生长发育和忍耐脱水的能力，如果植物组织的御旱机制不足以保护自己而出现脱水，则细胞将失去膨压。

园艺植物的抗旱性主要表现在形态、生理及分子特征等三个方面的变化。

(1)形态结构特征　抗旱性强的植物往往根系发达，分布深而广，根冠比大；有些抗旱植物叶片体积小，如仙人掌的针的变态叶结构；有些则茸毛多，角质化程度高或蜡质层厚；有的在干旱时叶片卷曲，或向平行于太阳辐射的方向运动等，均可减少蒸腾损失。

(2)生理生化特征　植物抗旱性的基础是保持细胞有较高的亲水能力，防止细胞严重脱水。干旱胁迫下，植物体内会积累一些具有渗透保护作用的渗透调节物质，如脯氨酸、甜菜碱、胆碱、肌醇、甘露醇和多胺等。干旱发生时 SOD 等酶类活性的变化也可作为探讨植物抗旱性的生化指标。

(3)分子机理特征　植物在干旱胁迫下会启动自身的一些基因表达，缓解或消除对自身造成的危害。

①渗透调节物质合成途径相关基因。脯氨酸、可溶性糖、甜菜碱和多元醇等渗透调节物质的合成关键基因在干旱胁迫中被诱导表达，多数表达产物以可溶性化合物的形式存在于植物细胞中，增强植物对干旱引起渗透胁迫的抵抗能力，同时，这类物质也参与干旱条件下植物对酶、蛋白质和生物膜的保护。例如，转 *BADH* 基因的烟草自身可合成甜菜碱，且叶片的类囊体片层结构受到一定保护，而减轻干旱胁迫对叶绿体超微结构的破坏；转 *P5CS* 基因的烟草脯氨酸含量显著增加，增强植株的抗旱力。

②直接保护细胞免受干旱危害的功能蛋白基因。渗透调节蛋白相关基因、水通道蛋白基因、胚胎发育晚期丰富蛋白基因等，这类基因的产物参与干旱条件下植物水分代谢的调节，并可以保护功能蛋白，进而缓解干旱危害。例如，番茄和马铃薯等园艺植物的渗透调节蛋白在干旱胁迫下从无到有逐渐增加，并不断积累用以抵抗渗透胁迫；水通道蛋白通过改变膜对水分的通透性，实现渗透调节，以增强植物的抗旱能力。相关的功能蛋白有脱水蛋白、F-box 蛋白、热休克蛋白、脂质转移蛋白等。

③酶促与非酶促活性氧清除系统相关基因。干旱条件下活性氧的大量累积会对植物细胞膜的结

构和功能造成严重损伤，植物体内存在酶促和非酶促两类活性氧清除系统。SOD、CAT、APX酶相关基因的表达增强可以清除植物体内的活性氧胁迫，进而提高植物抵抗外界环境胁迫的能力。谷胱甘肽S转移酶等非酶促活性氧清除系统相关基因也受到干旱胁迫而诱导增强表达。有研究将从抗旱、耐盐植物金发草（*Pogonatherum paniceum*）中克隆的编码GDP-D-甘露糖焦磷酸化酶（GDP-Dmannose pyrophosphorylase，GMPase）基因*PpGMP*导入烟草后，烟草种子发芽率、AsA含量提高，MDA和H_2O_2含量降低，过表达*PpGMP*基因的烟草可通过增加AsA含量来提高对盐和干旱胁迫的耐受性，增强植株对活性氧的解毒功能。

④转录因子。植物应对干旱胁迫的基因数量种类繁多，转录因子能与下游抗旱相关功能基因或调节基因结合，调控一组抗寒基因的表达，从而达到增强植物抗旱能力的目的。与植物抗旱关系密切的转录因子包括CBF、DREB、NAC、WRKY、ABF、bHLH、MYB、ERF和bZIP等。其中DREB类转录因子普遍存在于各种植物的干旱应答过程中，对干旱相关基因的调控表达有重要作用。DREB作为AP2/ERF类转录因子家族中的一员，可激活下游基因的表达，并与C-重复脱水反应（DRE/CRT）基因启动子中的顺式作用元件相结合，是植物抗逆境研究领域中的重点研究内容。

三、提高园艺植物抗旱性的途径

不同基因型植物的抗旱能力差异很大，因此选育抗旱品种是提高抗旱性最根本的途径。目前一般采用导入渗透调节物质合成酶基因、解毒基因、抗旱直接相关基因或调节基因等改良园艺植物的抗旱性。除基因工程外，在生产和研究工作中也有多种方式提高植物的抗旱性。

1. 抗旱锻炼

在种子萌发期或幼苗期进行适度的干旱处理能增强幼苗对干旱的适应力。通过抗旱措施处理后，植株根系发达，保水能力强，叶绿素含量高，干物质积累多，抗逆能力强。例如，用0.1% $CaCl_2$溶液浸种，能增加植物细胞的吸水力和保水力，从而提高植物的抗旱性。经过反复吸水、风干、吸水的种子具有更强抗旱性。

2. 合理施肥

合理施用磷、钾肥，适当控制氮肥，可提高植物的抗旱性。磷可促进有机磷化合物的合成，提高原生质的水合度，增强抗旱能力。钾肥能改善作物的糖类代谢，降低细胞的渗透势，促进气孔开放，有利于光合作用。钙能稳定生物膜的结构，提高原生质的黏度和弹性，在干旱条件下能维持原生质膜的选择透性。因此，营养元素间配合施用有利于提高作物的抗旱能力。

3. 生长延缓剂及抗蒸腾剂的施用

矮壮素能增加细胞的保水能力。施用外源ABA可促进气孔关闭，减少蒸腾。塑料乳剂、高岭土、脂肪醇等蒸腾剂可以降低植物蒸腾失水。人工合成的生长延缓剂及抗蒸腾剂在生产上均对园艺植物有显著的抗旱性，应用广泛。

4. 抗旱育种

选育抗旱品种是提高抗旱性最根本的途径。通过驯化野生耐旱植物，利用形态、生理和现代分子标记技术发掘新的抗旱基因，筛选耐旱突变体等方法均可以获得抗旱能力增强的园艺植物。目前一般采取导入渗透调节物质合成酶基因、解毒基因、抗旱直接相关基因或调节基因等改良园艺植物的抗旱性。

第四节 园艺植物抗盐性研究

据联合国粮食及农业组织（FAO）统计，全球盐渍土壤面积超过 9 亿 hm^2，我国盐渍土壤面积约 3 600 万 hm^2，盐碱化的耕地约 760 万 hm^2，占全国可用土地总面积的 4.88%，主要分布在我国西北、华北、东北和滨海地区。加强作物耐盐性研究，培育耐盐品种，提高作物耐盐性对于扩大园艺植物栽培范围以及提高产量和品质具有重要意义。

一、盐害

土壤中盐分过多对植物生长发育产生的危害叫作盐害。植物生长量减少、叶片异常、花萎蔫、根坏死、枯梢甚至死亡等是盐害的典型症状。钠盐是造成盐分过高的主要阳离子。钠盐的种类不同，可分为碱土（含 Na_2CO_3 和 $NaHCO_3$）和盐土（含 NaCl 和 Na_2SO_4）两类，但二者往往同时存在，习惯上统称为盐碱土。一般土壤含盐量在 0.2%～0.5% 就不利于植物的生长，而盐碱土的含盐量却高达 0.6%～10%，因此会对植物产生严重伤害。盐碱胁迫下在生理上的表现有以下几个方面：

1. 渗透胁迫

盐碱胁迫会造成土壤中可溶性盐分的积累，导致土壤水势降低，影响植物对水分吸收，较高浓度的土壤盐含量甚至会造成植物组织内水分的外渗，进而植物失水，产生生理干旱，影响植物正常的生长、发育、光合和呼吸作用等。在大气相对湿度较低的情况下，随蒸腾的加强，盐害更加严重。

2. 离子胁迫

土壤含盐量高，植物被迫吸收某些离子并在体内大量积累，导致另一些离子吸收受到抑制，造成营养失调或盐胁迫。如 NaCl 胁迫下，植物吸收大量 Na^+，而 Na^+ 的离子半径和 K^+ 和 Ca^{2+} 十分相近，会导致根系对 K^+、Ca^{2+} 吸收的困难，造成离子胁迫。

3. 光合作用和呼吸作用能力降低

盐胁迫能通过渗透胁迫、盐离子毒害及光合产物积累的反馈抑制等途径影响光合作用，同时盐胁迫会影响植物对光能的吸收、电子传递以及碳同化等过程。一般认为，气孔和非气孔限制及二者的相互作用都会导致盐胁迫下植物光合速率的下降。盐胁迫下植物的光合色素含量也是影响植物光合速率的原因之一。当叶绿体中积累高浓度的 Na^+ 或 Cl^- 时，光合作用就会受到抑制，直接影响到植物的健康。盐胁迫下，PS Ⅱ、电子传递链等的效率以及 CO_2 同化率都会显著下降。盐胁迫下柑橘净光合速率、气孔导度、叶绿素荧光参数和光合效率的减少会影响柑橘的生长。盐胁迫通过影响芥菜的光合作用、电子传递率及 D1 蛋白含量，从而影响芥菜生长发育。低盐条件下植物呼吸受到促进，而高盐时则受到抑制，氧化磷酸化解偶联。

4. 蛋白质和核酸代谢紊乱

盐胁迫使核酸分解大于合成，从而抑制蛋白质合成，高盐下氨基酸生物合成受阻。盐胁迫破坏植物体活性氧清除系统致使活性氧积累，导致 DNA、酶和生物膜等的损伤。这是盐胁迫下许多植物蛋白质合成受阻的原因。

5. 有毒物质累积、内源激素变化

盐胁迫会造成许多次生代谢物质的积累，其中一部分对植物细胞有毒害作用，如大量氮代谢中间产物，包括 NH_3 和某些游离氨基酸（如异亮氨酸、鸟氨酸和精氨酸）转化成具有一定毒性的腐胺与尸胺；盐碱胁迫破坏植物体活性氧清除系统致使活性氧积累，导致 DNA、酶和生物膜等损伤。在盐胁迫下，植物体内多种植物激素均发生响应的变化，其中 ABA 和 CTK 的变化最为复杂，不同激素间也存在相互促进或拮抗关系。例如，盐胁迫下 ABA 和 Eth 合成受到促进，而 CTK 和 GA 合成则受到抑制。其中，ABA 含量的增加可以诱导抗逆基因的表达，从转录水平上对植物抗逆性进行调控。

二、园艺植物的抗盐性

植物对盐害适应性或抵抗能力叫作抗盐性。根据植物的抗盐性可以分为盐生植物和淡土（甜土）植物。栽培的园艺植物基本上属于淡土植物，但它们对盐碱也有多种适应方式。

1. 避盐

有些植物生长在盐碱环境中，通过拒盐、排盐和稀盐三种途径控制体内盐分含量处于较低水平，避免盐分过多对植物的伤害，这种适应方式称为避盐性。拒盐是指植物细胞原生质对某些盐分的透性很小，在一定浓度的盐分范围内，原生质能稳定保持对离子的选择性，不吸收或很少吸收盐分，从而避免盐分的胁迫，也有些植物拒盐只发生在局部组织，如根吸收的盐类只积累在根细胞的液泡内，而不向地上部分运转。排盐是植物吸收盐分后并不存留在体内，而是主动通过茎叶表面上的盐腺排出体外。还有些植物将吸收的盐分转移到老叶中积累，最后叶片脱落，来阻止盐分在体内的过量积累。然而，有些不具有拒盐和排盐能力的盐生植物主要通过大量吸水或增加肉质化程度，提高组织含水量，将吸收到体内的盐分进行稀释，使盐分不致发生毒害。

2. 耐盐

植物通过生理代谢变化来适应或抵抗细胞内过多盐分的方式称为耐盐。植物耐盐的生理机制一般包括以下几个方面：

（1）分隔作用（区隔 / 室化） 通常盐生植物从外界吸收和积累大量盐离子，离子隔离作用是指某些植物将过量盐分隔离于对生命活动影响最小的器官中的现象。钠盐植物聚集盐离子并把它们区隔 / 室化在液泡，而在此条件下细胞质中聚集有机物不抑制酶活性。双子叶盐生植物的渗透剂主要是 Na^+ 和 Cl^-，这两种离子通过区域化作用运输及储存在液泡中。在这些植物细胞的细胞质中，只累积有机渗透物质（如脯氨酸、甘氨酸、甜菜碱等）和一些毒性较弱的无机离子（如 K^+），而一些毒性较强的无机离子则在液泡内累积。这样，整个细胞既可以维持一定的渗透压，又可避免某些无机离子对生理生化活性部位的毒害作用，从而使植物能在盐渍环境中较好地生存。Na^+ 在液泡内的区域化，指利用液泡膜上的 Na^+/H^+ 反向运输蛋白，将 H^+ 从液泡送出时，细胞质的 Na^+ 就进入液泡，区域化并贮藏在液泡中，从而降低细胞质 Na^+ 浓度。

（2）耐渗透胁迫 通过细胞的渗透调节物质的变化，实现细胞内外的渗透压，以适应由盐碱而产生的生理失水。研究表明，无机离子和小分子有机物质（如脯氨酸、甜菜碱、海藻糖、可溶性糖和多元醇等）的积累可降低渗透势。

（3）耐营养缺乏 盐碱胁迫下植物体内离子吸收和转运受到促进或改变，导致植物体对部分营养元素吸收有影响，如有些植物在盐碱时能增加 K^+ 的吸收，某些蓝绿藻能在吸收 Na^+ 的同时增加对 N 的吸收。

（4）代谢稳定性 某些植物在较高的盐浓度中仍能保持酶的稳定性，维持正常的代谢过程；而一些盐生植物则能够通过改变其自身的代谢途径来适应高盐分的环境。

(5)与盐结合　通过代谢产物与盐类结合,减少游离离子对原生质的破坏作用。细胞中的清蛋白可提高亲水胶体对盐类凝固作用的抵抗力,从而避免原生质受电解质影响而凝固。

(6)大分子蛋白的积累　盐胁迫会导致植物内大分子蛋白的形成和积累,如渗调蛋白、水通道蛋白等,它们参与植物的渗透调节、膜结构保护和信号传导等抗盐反应。

三、提高园艺植物抗盐性的途径

1. 抗盐锻炼

植物的抗盐性是在个体发育中形成的,因此利用植物幼龄期可塑性高、适应力强的特点,用一定浓度的盐溶液处理种子,可明显提高抗盐性。具体方法是播前先让种子吸水膨胀,然后放在适宜浓度的盐溶液中浸泡一段时间。

2. 应用生长调节剂

一些生长调节剂可提高植物抗盐性,抵消盐分胁迫,促进植物生长。植物激素在响应逆境胁迫中起着至关重要的作用,如 GA_3 可促进盐渍条件下植物生长,抵消盐分对菜豆光合及运输的抑制作用;CTK 处理植物种子可增强幼苗抗盐性;通过喷施 IAA 或用 IAA 浸种,可促进作物生长和吸水,提高抗盐性;ABA 能诱导气孔关闭,减少蒸腾作用和盐的被动吸收,提高作物的抗盐能力。

3. 合理灌溉,改造和合理利用盐碱土

通过合理灌溉、泡田洗盐、增施有机肥、种植耐盐绿肥、耐盐树种(如石榴、银杏、无花果、葡萄、白榆、沙枣等)和耐盐碱植物(如向日葵、甜菜、紫穗槐等),均能逐渐改造和合理利用盐碱土壤。

4. 抗盐育种

培育抗盐品种是提高植物抗盐性的根本手段,可以通过杂交育种、分子育种,并利用组织培养或诱变筛选抗盐突变品种等途径进行园艺植物抗盐品种的选育。近年来,随着植物分子生物学研究的深入、植物基因工程的发展、育种学的进步,培育抗盐品种已经从普通生理生化等研究深入分子领域,通过改造植物内部基因、构建耐盐基因的载体和遗传转化等方法进一步改良植株。例如,超量表达抗盐相关基因可以提高番茄和柑橘等园艺植物的抗盐性。植物抗盐性是受多基因调控的复杂数量性状,各种相关转录因子的应用较单一基因的转化前景更为广阔。

第五节　园艺植物抗病性研究

植物体寄生的一些微生物对寄主造成的危害称为植物病害。根据病原的种类可分为非侵染性病害和侵染性病害两大类。非侵染性病害是由非生物引起的,如营养元素的缺乏,水分的不足或过量,低温的冻害和高温的灼病,肥料和农药使用不合理或废水、废气造成的药害、毒害等;侵染性病害由生物引起的,有传染性,病原体多种多样,如真菌、细菌、病毒、线虫或寄生性种子植物等。

一、病原微生物对植物的伤害

引起植物病害的寄生物称为病原物,主要包括真菌、细菌、病毒和线虫等,若寄生物为菌类,称为病原菌,被寄生的植物称为寄主。植物侵染性病害是寄主植物和病原物的拮抗性共生,其发生和流行是寄主植物和病原物相互作用的结果。

1. 植物对病原物侵染的反应

寄主植物对各种病原物的侵染表现出感病、耐病、抗病和免疫等不同反应。感病指寄主受病原物的侵染而发生病害，生长发育受阻，直至局部或全株死亡，影响产量和质量。耐病指寄主对病原物敏感，受侵染后有发病症状，但对产量和品质没有很大影响。抗病指病原物侵入寄主后被局限或不能继续扩展，寄主发病较轻，对产量、品质影响不大。免疫指寄主排斥或破坏进入机体的病原物，在有利于病害发生的条件下不感染或不发生任何病症，在植物中较少见。

2. 病原物对植物的危害

(1) 水分平衡失调　植物在受病原物感染后，常表现出萎蔫的状态，说明植物体内的水分平衡失调，其原因如下：一是有些病原物侵染根系，使其吸水能力大幅度降低；二是维管束被病菌或病菌引起的寄主代谢产物（胶质、黏液等）堵害，导水性降低，如感染黄矮病的番茄茎秆水流阻力比健康植株大 200 倍；三是原生质结构被病原物破坏，导致其透性加大，失水速率加快。

(2) 呼吸作用加强　感病植物的呼吸作用加强，感病组织的呼吸速率比健康组织高约 10 倍。一方面是病原微生物本身进行着强烈的呼吸作用；另一方面病原物侵染后植物细胞的正常结构受到破坏，酶与底物直接接触，呼吸酶活性提高，呼吸作用增强。

(3) 光合作用受抑制　感病植物的叶绿体受到破坏，叶绿素合成减少，光合速率减慢。随着感染的加重，光合作用减弱，甚至完全失去同化 CO_2 的能力。

(4) 激素含量变化　植物感病后的某些病害症状，如形成肿瘤、矮化、畸形、生长速度激增等都与植物激素的变化有关。在感染的过程当中某些激素的含量会明显升高，其中 IAA 最为显著。

二、植物的抗病性

植物对病原物侵染的抵御能力称为抗病性。抗病的表现有避病、抗侵入、抗扩展和过敏性反应几种类型：

(1) 避病　受到病原物侵染后不发病或发病较轻，这并非由于寄主自身具有抗病性，而是病原物的盛发期和寄主的感病期不一致，植物可避免侵染。例如，雨季葡萄炭疽病孢子大量产生时，早熟葡萄品种已经采收或接近采收，因此避开了危害。

(2) 抗侵入　指由于寄主具有的形态、解剖结构及生理生化的某些特点，可以阻止或削弱某些病原物侵入的抗性类型，如叶表皮的茸毛、刺蜡质、角质层等。气孔数目、结构及开闭规律、表面伤口的愈合能力、分泌可抑制病原物孢子萌发和侵入的化学物质等，均与抗侵入机理有关。

(3) 抗扩展　寄主的某些组织结构或生理生化特征，使侵入寄主的病原物进一步扩展被阻止或限制，如厚壁、木栓及胶质组织等。组织营养成分、pH、渗透势和细胞含有的特殊化学物质（如抗生素、植物碱、酚、单宁及侵染后产生的植保素等），均不利于病原物的继续扩展。

(4) 过敏性反应　又称保卫性坏死反应，病原物侵染后组织很快死亡，使病原物不能进一步扩展。

三、提高植物抗病性的途径

植物抗病形态和生理生化反应表现参见二维码 9-3，植物抗病分子机理参见二维码 9-4。

采用现代分子生物学的技术培育抗病的园艺植物品种，是经济而有效的手段。通过科学有效的施肥技术,控制果蔬作物的负载量,维持植保持营养生长与生殖生长的平,改善植物的营养状况,可以显著提高植物的抗病能力。提高通风透光效率、降低湿度等措施,为植物营造适宜的生存环境,减少病原菌的产生。利用生物、物理、化学的方法处理植物,可以改变植物对病害的反应,产生或增强局部或系统的抗性在诱导因子作用下,抗病基因被激活表达,使有关抗病物质快速形成和大量积累,从而增强植物的抗病性。

二维码 9-3
植物抗病形态和生理生化反应表现

二维码 9-4
植物抗病分子机理

第六节　园艺植物抗光照胁迫研究

一、光照胁迫

光照是影响作物产量和品质的关键因素。当光照强度不足时,植物的光合作用受到限制,进而影响植物正常的生理代谢;当光照强度超出植物可以承受的范围时,便会造成光抑制现象,甚至进一步破坏光合机构。总之,光能不足或过剩都会对植物造成胁迫。

1. 光能不足

光照不足不仅影响植物的生长速度,还对植物形态有巨大改变。弱光处理下,番茄、苹果、辣椒等植物的叶片变大,同时叶片的相对含水量降低;弱光严重制约黄瓜生长,包括株高、茎粗、叶面积等形态指标;弱光会使马铃薯幼苗徒长。但在弱光条件下,植物的光合作用一定会被削弱,同时干物质的积累量也会降低,导致花芽分化不良,坐果率低,果实品质不佳。

在弱光胁迫下,植株的叶绿体数量减少,体积变小,片层数和基粒数均会增加,其次光合机构遭到破坏,光能分配利用率发生变化,CO_2 电子传递受阻,同时会造成活性氧代谢不平衡,膜脂过氧化反应,进一步破坏细胞膜系统和代谢过程。近几年较多研究发现,光照不足的情况下往往还会伴随着低温、高湿、土壤盐碱化等多种胁迫的发生。

2. 光能过剩

当植物叶片所吸收的光能超过本身光合作用所需的能量时,便会造成光抑制的现象,光合效率会明显降低,甚至会造成光反应中心的破坏。强光照是发生光抑制的直接原因,如很多植物冠层表面的叶片和静止水体表面的藻类通常在阳光明媚的中午发生光抑制现象。尽管强的光照是造成植物光抑制的直接原因,但高温、低温等其他环境胁迫也会间接导致植物光抑制的发生。一般情况下,光抑制可以分为两种类型:一种是可以恢复的,即在去除引发光抑制的因素之后,植物的光合机构得以恢复,这种情况主要以靠能量的耗散机制,常常发生在阳生植物当中;另一种则无法恢复,主要是由于 PS Ⅱ受到不可逆破坏的结果,常常发生在阴生植物上。

光合机构的破坏主要发生在 PS Ⅱ反应中心。目前有关 PS Ⅱ光破坏的机理存在两种假说:一种是过剩激发能假说,认为 PS Ⅱ光抑制是由叶绿素吸收的光能而产生的过剩激发能造成的。在逆境条件下,由于 CO_2 同化作用受阻,光化学反应所能利用光能减少,进而增加过剩激发能产量,最终导致三线态 P680(^{3}P680)产生,^{3}P680 与氧结合又生成 $^1O_2$,两种强氧化剂直接破坏光合色素或 D1 蛋白,最终分别造成了受体侧和供体侧的光破坏(图 9-3)。另一种是锰假说,即光合水裂解时,PS Ⅱ吸收 P680 的一个光子，电荷发生分离，得到具强氧化还原电势的 P^{+}_{680} 氧化 Yz 形成 Yz^{OX}，进一步氧化锰簇，推动锰簇由 $S_0 \rightarrow S_1$，$S_1 \rightarrow S_2$，$S_2 \rightarrow S_3$，$S_3 \rightarrow [S_4] \rightarrow S_0$ 的动态周转。从 S_0 开始，当 PSⅡ对 P680 相吸收 4 个光子后，锰簇在积累 4 个氧化还原当量基础上，最终在 $S_3 \rightarrow [S_4] \rightarrow S_0$ 过程中放氧(图 9-4)。这两种理论的区别主要是关于 ROS 是直接还是间接破坏 PSⅡ，过剩激发能的吸收由叶绿素还是锰簇吸收，光破坏是否伴有放氧复合体(OEC)破坏等。近年来利用光抑制发生光谱技术发现，PSⅡ光破坏与叶绿素和锰簇吸收光谱不尽一致，因此普遍认为锰假说和过剩激发能假说共存。

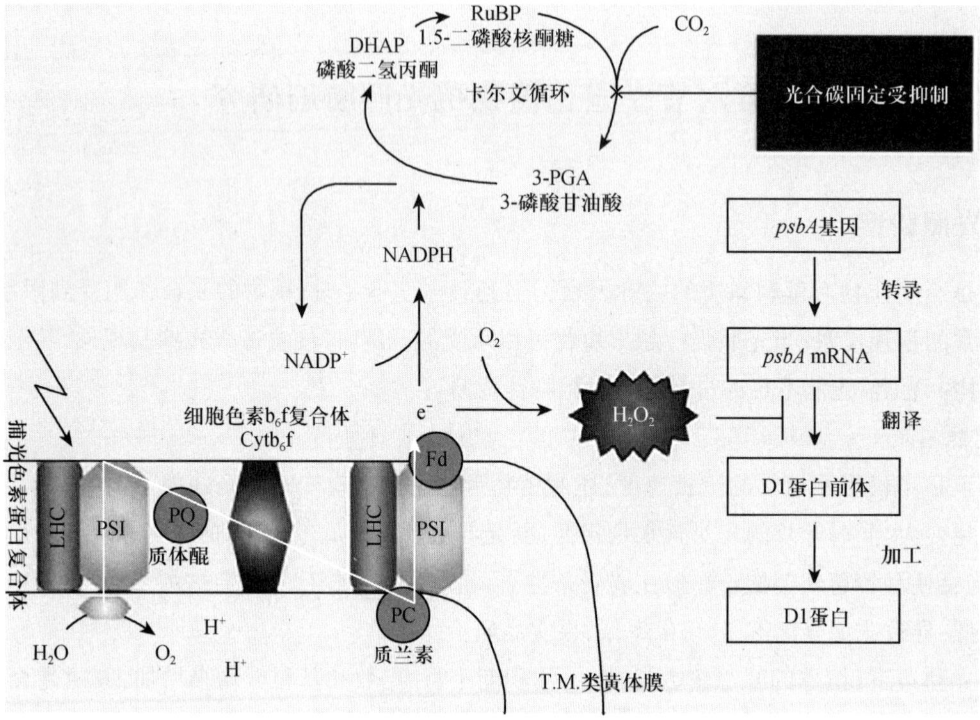

图 9-3　PSⅡ光抑制的过剩激发能假说模型(李天来，2016)

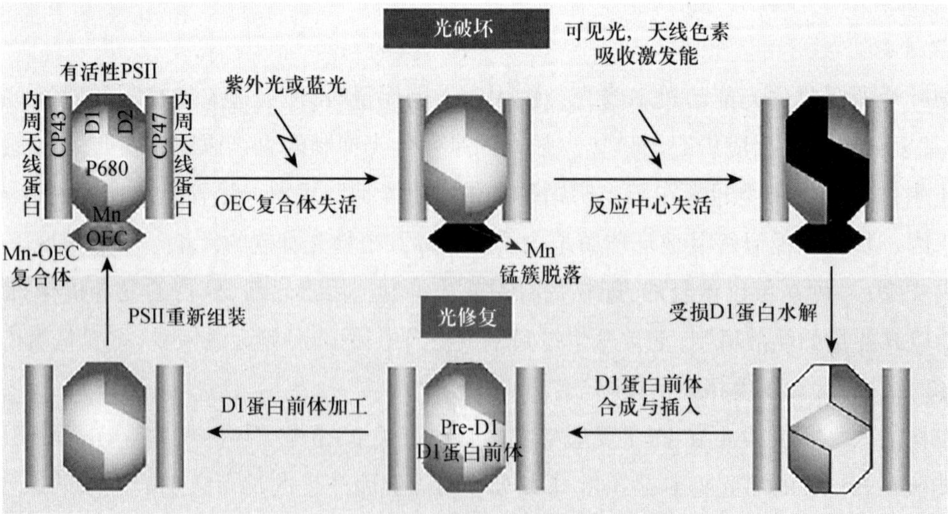

图 9-4　PSⅡ光抑制的锰假说模型(李天来，2016)

二、植物对光照胁迫的防御

植物在长期的进化过程中已形成了多种可以感知光胁迫并可以减轻光胁迫带来伤害的调控机制。

1. 形态和解剖学方面的改变

遭受光照胁迫时，许多植物的叶片通过叶绿体的避光运动来进行防御。例如，紫叶酢浆草的叶子通过快速移动而始终处于阴影位置，以避免强光的伤害。

2. 代谢方面的保护非光化学淬灭

(1) 叶黄素循环　是指在不同光照条件下，紫黄质、环氧玉米黄质、玉米黄质三种组分通过环氧化作用和脱环氧化作用进行相互转化的一种机制。在高等植物中叶黄素循环是热耗散的主要途径。当光能过剩时，紫黄质经过环氧化作用转变成玉米黄质，而玉米黄质的含量与非光化学淬灭系数(Non-photochemical Quenching Coefficient，NPQ)(通过除光化学途径之外的其他途径将光能热耗散)呈正相关，所以玉米黄质在叶黄素循环耗散过剩光能的过程中扮演重要角色。此外，也有人认为玉米黄质含量的增加只是促进了光反应系统Ⅱ(PSⅡ)的补光天线复合体(The Antenna Complex for Supplementary Light，LHCⅡ)热耗散的构象，并且能量最终由LHCⅡ耗散。同时，研究发现玉米黄质的含量与类囊体膜的流动性呈负相关。即在强光下，玉米黄质含量升高的同时，类囊体膜的流动性下降，而类囊体膜的流动性下降促进类囊体膜的稳定性，可减弱强光对其造成的伤害。植物通过何种热耗散途径耗散过剩能量与物种、生长状态等有关。通常情况下，叶黄素循环是植物主要的耗散过剩光能的过程，但通过何种热耗散途径来保护光合机构免遭破坏存在种间差别。

(2) Mehler反应　当光能过剩时，O_2作为氧化剂在光合电子传递的末端形成$O_2^{\cdot-}$，通过维持光和电子流来减轻过剩光能对光系统造成的危害，但Mehler反应过程需要ROS清除酶协同作用，由此来避免$O_2^{\cdot-}$对细胞造成的毒害作用。

(3) 光呼吸　是指绿色植物在光照条件下的呼吸作用，是光合作用过程中的消耗氧气的副反应。该过程长久以来一直被认为是一个毫无作用的耗能过程，直到1988年被证实光呼吸在过剩光能耗散的过程中起重要作用。当光能过剩时，光呼吸通过耗散过剩能量释放CO_2，同时释放出来的CO_2可以重新进入光合碳循环。光呼吸可以减慢Mehler反应的速率，降低$O_2^{\cdot-}$对细胞的毒害作用。

(4) LHCⅡ的磷酸化　LHCⅡ磷酸化可促使部分LHCⅡ向LHCⅠ迁移，进而促使PSⅡ截面积变小，PSⅠ的截面积扩大，从而减少或增加PSⅡ和PSⅠ可捕获的光能。这一变化可防止或减轻因PSⅡ积累过多能量而受破坏，且有利于提高PSⅠ接受和传递电子的能力。磷酸化的LHCⅡ向LHCⅠ迁移还与类囊体膜上的二价阳离子(如Mg^{2+})和单价阳离子(如K^+、Na^+)浓度变化有关。

(5) Cyt-b-559的光保护作用　在1979年Heber等根据Cyt-b-559与PSⅡ结合的特点及其与氧化还原特性和反应动力学提出了叶绿体中存在。通过Cyt-b-559的围绕PSⅡ的电子循环，并认为这一循环可以保护PSⅡ免受过量光伤害，由泛醌提供电子给Cyt-b-559，后经联结天线色素和PSⅡ反应中心的辅助叶绿素将电子传递给P680而完成循环。

第七节　园艺植物抗逆性研究方法

随着园艺植物抗逆性研究的不断深入，其研究途径从田间自然逆境条件向利用先进设备人为模拟逆境条件发展，研究手段从传统的形态观察和生理生化指标测定向利用分子生物学技术不断深入。近年来，随着生物信息学领域的不断发展，基因组学、转录组学、蛋白组学和代谢组学等研究技术已经逐渐成为研究园艺植物抗逆性的重要手段。

一、逆境塑造和处理方法

逆境条件是研究植物抗逆性的前提和基础，既可以利用田间自然胁迫条件，又可以根据试验研究的要求人为模拟塑造逆境环境条件。利用田间自然逆境条件的处理方法较为简单，如经过水涝或干旱后研究植物的耐涝性和抗旱性，在冬季严寒后调查抗寒性等。但有时为了研究植物对不同胁迫程度的逆境的反应，就需要设置或模拟塑造不同胁迫程度的逆境，如设置不同的低温处理来测定植物在各种低温水平时的胁迫，设置不同的土壤湿度以确定适宜植物生长发育的土壤水分等。研究工作中可根据试验要求和条件进行设置，并做认真的预备试验。

在研究植物的抗逆性和设置逆境处理时，一定要注意植物的生长发育状态和相关的生态条件，因为诸如营养状况、结果状况、病虫害的发生等植物自身条件及所处的生态条件对植物抗逆性的发生具有极大的影响。在进行某一逆境因子研究时，要控制单一变量，使非处理因素的其他生态条件尽量一致。

在确定逆境处理的范围和梯度时，一般在试验材料所能忍受的极端值的基础上，再适度扩大范围。逆境处理梯度的选择也很重要，一般在临界值左右的梯度要小，而远离临界点时梯度可大些。处理时间以能够充分反映植物种类或品种的抗性强弱为原则，可以根据试验目的和研究对象而定，必要时可进行预备试验。

1. 低温处理

进行低温处理的方法很多，专用的设备有制冷槽、程序降温仪、温度梯度仪等，借助便携式的低温箱可在田间直接将枝叶降温，还可利用经过改装的电冰箱进行冰冻试验。此外还有冰 - 盐浴法和干冰 - 酒精混合液法等一些简单实用的常规方法。

(1) 冰 - 盐浴法　依据的原理是盐可使冰点下降，在冰里加入不同数量的盐，就可以调控不同的 0 ℃以下低温。具体方法如下：在经过预冷的广口保温瓶中装入 3/4 容积的碎冰，然后加入一定量的盐，搅拌均匀，同时用经过校正的精密温度计（分度值不大于 0.2 ℃）测量瓶内各个部位的温度，当温度达到预定值且各处温度一致后，再经过 10 min 的稳定，即可放入样品进行处理。样品可放入试管内，加塞后放进，各试管用冰分隔开，不宜互相靠近；有些样品可以放在塑料袋中，密封后放入冰中。将样品放置预定的时间后取出。这种方法设置的低温比较稳定，一般在 2 h 内温度变幅不大。

(2) 干冰 - 酒精混合液法　适宜设置比较低的温度。向干冰中加入酒精产生 0 ℃以下低温，干冰加入越多，温度越低，最低可至 −71 ℃，调制方法与冰 - 盐浴法相似。试验操作时一定要戴乳胶手套防护，以免干冰沾到皮肤上引起冻伤。

2. 高温处理

采用超级恒温水浴或恒温培养箱处理可以满足一般体积较小样品试验的要求，大树或盆栽苗作为试验材料时，则可用温室加温或人工气候箱处理。

3. 干旱处理

田间条件下土壤干旱处理可搭建防雨棚，通过长期不浇水，并测定不同阶段的土壤湿度来研究植物对其的反应和适应性。盆栽材料可通过定量供水或测定土壤湿度的方法进行控水处理，使土壤湿度达到预定值。水培试验中通过向营养液内加入惰性溶质如聚乙二醇（PEG）模拟干旱。

此外，可将盆栽苗浸入水中不同天数进行淹水处理；采用不同浓度的 NaCl 溶液定时，定量浇灌植物根系或将幼树定植于盐碱地上进行盐碱处理；通过在健康植株上接种病原微生物鉴定抗病性等。

二、取样

植物抗逆性研究结果的可靠性与精确性，在很大程度上取决于样本的代表性和一致性。除了要遵循取样的一般原则，还要充分考虑抗逆性研究的特点和特定要求。

1. 取样原则

取样最基本的原则是应具有代表性，即所取样品应能反映该品种或处理在逆境胁迫下的伤害程度或抗性。一方面所取植株个体要有代表性，能代表样本所属总体；另一方面所取器官或组织要有代表性，样品能够较准确地反映出植株个体的抗逆特性。前者需要根据研究目的和对象选择运用科学合理的取样方法，后者则需要对植物与逆境的关系有一定了解。例如，测定柑橘的抗寒性，以无果的春梢最能确切反映品种特性；苹果、梨以一年生营养枝第 4～5 片叶能较好反映品种的抗热性；番茄幼苗抗盐性测定测以生长点下第 2～3 叶位的叶片为主取样。研究植物与水分的关系时，多以叶片为样品反映植物的水分状况；若研究目的是了解干旱胁迫对果树生长发育的影响，则果实、新梢和根系都需要进行观测。

2. 取样时间

进行抗逆性研究，一般在逆境发生前、发生时和发生后分别采样，或根据试验目的在逆境伤害发生后的短时间内迅速采样，进行分析对比观测，以判定植物受逆境伤害的程度。并根据试验目的和研究对象等确定具体取样时间。例如，鉴定果树抗寒性的强弱，一般可在冬季 12 月和翌年 1 月进行，此时果树经过抗寒锻炼，抗寒性得以充分表现，能够发挥出品种应有的抗寒力。抗热性的测定可根据具体研究内容灵活安排，如测定柑橘因高温导致的异常落花落果现象，应在花期和幼果期采样。在具体采样日期上，要尽量避免雨水等偶然气候的影响。此外，在使用人工气候箱进行试验材料的处理时，要注意昼夜差异对样品结果的影响。

3. 采样后处理

采样后的处理根据样品特点而定。叶片样品采取后，用湿润纱布包裹后放在小塑料袋内，以免水分蒸发，必要时再置于冰瓶中，迅速带回实验室，用柔软湿布擦净后备用。有时需根据测试目的进行杀青、烘干（或风干）等前处理；有时需用新鲜样品立即测定，或注意保鲜。例如，带叶片的枝条需要根据保存的时间确定是否需要插入营养液中备用；也可以将样品直接液氮速冻后，保存备用。

还要注意取样的一致性，就是指所采集的样品，除了试验因素不同外，所有的条件都要相对一致。所有供试的品种都应按统一标准采样，使样品间保持最大限度的一致，以保证试验具有可比性。

三、抗逆性的鉴定和调查

植物的抗逆性鉴定可分为田间直接鉴定和实验室间接鉴定两种方法。田间直接鉴定就是在逆境胁迫下对受害的田间植株特定器官或组织以一定的标准进行评价和比较，然后根据受害情况评价抗逆

二维码 9-5
组织褐变法对果树冻害鉴定分级

性。实验室间接鉴定则是根据作为某些生理生化指标及物理指标间接推断试验材料的抗逆性。实际上，多数情况下是将两者结合起来进行综合分析鉴定的。例如，自然低温下利用组织褐变程度对果树进行抗寒性鉴定，在冬季气温最低时，把受冻的一年生枝梢采回，由于枝梢的抗寒性自下而上逐渐降低，可将枝梢等分成 4 段，在每段的上部 1/3 处切片。在显微镜或解剖镜下观察木质部、韧皮部及髓部等部位的冻害程度，根据分级标准进行伤害的分级，参见二维码 9-5。

田间逆境伤害调查一般采用分级法，调查后计算出伤害指数，指数越大，伤害程度越大。在调查时，以地形相同或相似、栽培措施基本一致的田块为单位，抽样进行调查，然后进行归纳分析。每一品种或处理至少要调查 10～20 株才有代表性。根据不同的品种、砧木、年龄、生长结果情况，或同一植株上不同部位，不同枝类进行调查，以便对比分析，找出发生胁迫的规律，为制定有效的抗逆措施提供依据。注意确定合理的调查时期，否则会直接影响调查结果的准确性，必要时可以分批次和时间段进行调查研究。

四、形态特征与组织细胞结构特性的观测

1. 形态特征和发育特性

植物的外观形态特征生长发育特性与其抗逆性有一定关系，所以在研究植物抗逆性时常观察比较不同种类和品种间的特征特性。例如，抗寒的树种或品种叶片小，茸毛少，脱落早；枝条较细，分枝多，针状枝多；新梢停止生长早，越冬前枝条木质化程度高，芽较瘦小，树皮薄而光滑，在一年中停止生长早，休眠程度深等。园艺植物的野生类型与栽培品种相比，可以观察到诸如此类的形态特征和发育特性等方面的区别，这些特征特性在杂交后代中经常表现出来，因此可用来简单地判断其抗寒性。

2. 组织细胞结构的观察

组织细胞结构需要制作切片进行显微或者电镜观察。叶片的细胞结构紧密度、栅栏组织与海绵组织、细胞体积等特征都与植物的抗逆性关系密切。一般认为，叶肉细胞小而排列紧密、栅栏组织发达等是抗寒性与抗旱性强的结构特征。在各种细胞器中，一般认为细胞膜系统是植物遭受低温伤害的最初部位，在解除胁迫时，这些变化是可逆的；而当胁迫程度较大，时间过长或植物抗性较低，这些变化就变得不可逆了。当原生质膜和液泡膜一旦受损，植物便丧失了对逆境的适应力。研究时需要注意观察各种细胞器对逆境的敏感程度，细胞器发生结构变化的顺序及相应的生理测定，以从结构与功能两个方面去验证各细胞器对逆境的反应及对抗逆性的意义。例如，研究干旱对植物光合作用的影响时，可以测定不同干旱胁迫下的光合速率，同时观察叶绿体的结构，测定叶绿素的含量等，以了解旱害和抗旱的机制。

五、植物生理生化指标的测定

1. 水分状况与抗逆性

(1) 水势　水势尤其是叶片的水势能较敏感的反映植株的水分状况，可以作为灌溉生理指标应用于生产中，也常应用于植物的抗旱研究。测定水势的方法较多，常用的有植物智能水势测定仪测定法、小液流法、压力平衡法、露点法、热电偶温度计法等。其中，压力平衡法是一种快速测定枝条和叶片水势的方法，在试验中得到广泛应用；露点法可用于测定水势和渗透势，既可测离体组织，又可测植株上的活体，所需样品量少，测量精度高，近年来发展较好。

(2)自由水和束缚水　植物组织中的水分以自由水和束缚水两种不同的状态存在。束缚水被细胞原生质胶体颗粒吸附不易自由移动,因此不易被夺取,也不能作为溶剂;而自由水则不被胶体颗粒所固着,因此可以自由移动、蒸发和结冰,可以作为溶剂。束缚水和自由水的含量及其比例与植物抗逆性有密切的关系,可以作为判断植物组织代谢活动和抗逆性强弱的一个指标。

测定植物组织的束缚水含量,可将其浸入高浓度(低水势)的蔗糖溶液中,一定时间后自由水可全部扩散到蔗糖溶液中,组织中只留下束缚水。根据蔗糖浓度的变化可求出自由水的含量,组织的总含水量减去自由水的含量即为束缚水的含量。也可采用失水法来测量自由水的含量,即在一定的条件下,让离体组织放置一定时间,然后称重得到失水重,再烘干至恒重,这样就可以求出自由水和束缚水的含量,即

$$\text{自由水的含量}=\frac{\text{植株鲜重}-\text{失水重}}{\text{鲜重}}\times 100\%$$

$$\text{束缚水的含量}=\frac{\text{植株失水重}-\text{干重}}{\text{鲜重}}\times 100\%$$

2. 逆境下光合作用的测定

各种逆境胁迫对植物光合作用都有不同程度的抑制。用改良半叶法测定光合产物的积累,用红外线 CO_2 气体分析仪测定 CO_2 浓度的变化,用氧电极测定 O_2 浓度的变化。其中,改良半叶法作为一种传统方法在特定条件下仍有较高的应用价值;近年来,红外线 CO_2 气体分析仪性能不断提高,具有便于携带、迅速准确、能同时测定多个环境和生理指标、可以连续和智能化测定等优点,在逆境生理的研究中得到广泛应用。目前,国内外普遍使用的光合测定系统大多实行微机控制,能自动控制 CO_2 浓度、光强、温度和湿度,通常可以测定植物叶片的净光合速率、呼吸速率和蒸腾速率,还可以测定光补偿点、光饱和点和 CO_2 补偿点等。

3. 利用电导法测定细胞膜透性

植物细胞膜具有选择(渗)透性,对维持细胞的微循环和正常的代谢活动起着重要作用,膜透性增大的程度不仅与环境胁迫的强度有关,还与植物抗逆性的强弱有关。用电导法测定不同作物或同一作物的不同品种在相同胁迫下膜透性的增大程度,即可比较植物种类或品种抗逆性的强弱。

4. 膜脂组分分析

生物膜的主要成分是蛋白质和脂类,脂类包括磷脂、糖脂、硫脂和甾醇等,其中以磷脂含量最高。生物膜磷脂和脂肪酸的含量可以有效地鉴定出植物的抗寒性和抗热性。植物中的各种类脂可以用氯仿 - 甲醇溶液研磨提取,在碱性条件下水解出高级脂肪酸并制成甲酯,即可进行气相色谱分析。

5. 相关酶活性的测定

常用氮蓝四唑(NBT)法测定 SOD 活性,用高锰酸钾滴定法测定 CAT 活性,用愈创木酚法测定 POD 活性。在提取酶液时,要求在冰浴上或低温实验室操作。提取液应为偏离等电点两侧的 pH 缓冲液,离子强度适中,以维持酶结构的稳定性。此外,还应加入适量防氧化剂,如巯基乙醇和 PVP、防止酶失活的 EDTA 和防止酶蛋白降解的蛋白酶抑制剂。

6. 脱落酸含量的测定

利用脱落酸能溶解于丙酮、甲醇等有机溶剂的特性进行提取,将粗提物经过一系列的分离技术(如

萃取、薄层层析等)使之与其他成分分离,再对纯化的脱落酸进行生物鉴定或理化测定。生物鉴定依据的原理是脱落酸能抑制植物器官的生长,在一定浓度范围内,其抑制程度与浓度呈线性关系,利用这一线性关系可以确定组织中的脱落酸含量。理化分析则采用气相色谱法进行测定。

7. 脯氨酸含量的测定

脯氨酸含量采用茚三酮比色法测定。酸性茚三酮溶液极易变性,在 4 ℃条件下,只能在 24 h 内保持稳定,因此一般在测定时随配随用。测定脯氨酸含量要注意样品的正确选择与处理,样品宜选择敏感的组织,一般多选用叶片。样品处理时要尽量快,以防样品在处理前由失水而引起脯氨酸浓度的提高。

8. 组织和细胞活力的测定

2,3,5- 三苯基氯化四氮唑(TTC)法是一种测定植物组织和细胞生活力的方法。TTC 的氧化态是无色的,可被氢还原成不溶性的红色的三苯基甲臜(TTF)。使用 TTC 的水溶液浸泡植物组织,使其渗入组织细胞内,若细胞有生命活力,其中的脱氢酶就可以将渗入的 TTC 作为受氢体,将其还原为 TTF 而呈红色;若组织生命力衰退,则染色较浅;而无生命力的细胞则无此反应。因此,逆境处理后的植物组织经 TTC 处理后,通过比色计测得红色的深浅,便可了解伤害的程度和抗逆性。

六、病害种类鉴定和抗病性的调查

园艺植物病害种类繁多,而不同病原、不同寄主在不同环境条件下会表现出不同的病症;不同病原在某种寄主上和某种环境下,也可能表现出相似的病症。因此,病原种类的鉴别比较复杂,只根据形态性状虽然有时可以鉴别一些病害种类,但对某些病害如病毒病和混合侵染的真菌病害等,往往难于鉴别,要通过病症观察、镜检病原和人工接种鉴定等综合鉴定技术才能确定病害的种类。

1. 病症观察

(1) 细菌病害　园艺植物被细菌侵染后的病症主要表现为萎蔫、软腐、癌肿、枝叶枯死和叶斑等。病原菌不同,引起的症状也不同,如假单胞菌属和黄单胞杆菌属主要引起叶斑和干枯,欧氏杆菌属主要引起软腐和萎蔫,野杆菌属则主要引起癌肿。实际中可根据寄主上病症的表现对照病理学上介绍的病症特点,初步鉴别某些细菌病害种类。

(2) 真菌病害　染病部位往往出现不同的病斑并附着孢子梗和孢子等。观察病症时,首先应观察全株的生长发育状况,如是否有萎凋、萎缩和植株畸形等;然后再观察局部的病斑,注意病斑的大小、形状、色泽、有无轮纹及附着物等;最后根据整株和局部症状进行综合鉴定。

(3) 病毒病　病毒病症比较复杂,一种病毒在不同寄主上症状不同,也可导致相同寄主出现不同症状;而不同病毒可在相同寄主上表现出相同的症状,因此,仅凭病症往往难以鉴别病毒病。病毒侵染后的植株大都表现花叶、明脉、叶部变色(红或黄)、畸形生长(矮缩或丛枝等)和坏死病斑等病症,较容易与细菌和真菌病害区分开,但与某些生理病害及药害易混淆。

2. 显微镜观察

(1) 细菌病害镜检　取刚发病的植物器官用蒸馏水清洗其表面,再切取一小块病组织平放于载玻片上的水滴中,如果是细菌病害就会有细菌从组织中流出来,置于显微镜下认真观察。在做出初步判断之后,将经过镜检的载玻片上的植物组织拿掉,待水滴干后,通过酒精灯火焰固定,再用革兰氏染色法染色,观察细菌的形状、大小及染色反应等,即可以较为准确地鉴别细菌种类。

(2)真菌病害镜检 通常直接用接种针或接种环从样本或培养基上挑取少量菌丝或子实体,放到预先滴在载玻片上的浮载剂(通常用水或乳酚油)中,加盖玻片在显微镜下检查,确定病原的种类。

(3)病毒病害镜检 病毒颗粒很小,在光学显微镜下观察不到,但可通过对病株组织和细胞的结构变化以及细胞内含体的形态观察来进行比较观察。一些作物染病之后,最突出的特点是形成内含体,在光学显微镜下可以看到细胞质和细胞核中的无定形内含体和结晶状内含体。在显微镜下观察内含体,对那些在细胞内形成特殊内含体的病毒是一种有效的诊断方法,但有时难于根据内含体形状区分不同的病毒,因此该方法有较大的局限性。病毒侵染后植株组织会产生相应的变化,也可据此鉴定病毒病。例如,在鉴定马铃薯卷叶病毒病时可采用染色法,从病株顶端取一小节茎段,除去叶片后横切成薄片,放到1%的间苯酚溶液中浸泡1 min,再放到浓盐酸中浸泡至木质部变红为止。在光学显微镜下健康植株只有木质部呈红色,而病株则木质部和韧皮部都变成橙红色。

3. 病毒病的电镜检查、分子检测和血清学鉴定

(1)电镜检查 是鉴别病毒种类的重要手段,利用高倍透射电子显微镜可以观察到病毒颗粒的形状、大小和结构等。植物病毒电镜诊断最常用的是负染色和超薄切片法等。电子显微镜以电磁波为光源,将感病的植物组织制成待检样本,利用短波电子流,在电子显微镜下观察样本,再根据感病组织中病毒粒子形态、大小及病毒内含体等相关细胞病理学来诊断病毒的种类。近年来,随着电子显微镜检测技术的不断发展,又出现许多与之相关的植物病毒检测技术,如免疫吸附电镜技术和胶体金免疫电镜技术。电镜技术的不断改进使病毒检测的直观性和灵敏性大幅度提高。例如,利用胶体金免疫电镜技术检测植物病毒,即使在寄主植物细胞中的病毒含量极低时,也可以有效检测,且鉴定的结果准确、直观。

(2)分子检测 病毒的主要通过DNA或RNA进行遗传,因此通过从分子水平上检测植株组织中是否有病毒核酸存在就可以在一定程度上判断病毒的种类。随着技术的不断发展,分子生物学检测法可以准确检测病毒的含量,检测的灵敏度高、特异性强,但其花费高且仪器成本大,多局限于实验室使用。

(3)血清学鉴定 常用于病毒病的快速诊断、病毒株系鉴别和亲缘关系分析等。该方法简单易操作,可以大规模应用于病毒病检测。植物病毒的遗传物质核酸和蛋白质组成核蛋白,核蛋白可作为抗原来制备抗血清;核蛋白作为抗原与特异性的抗血清结合会发生免疫反应,鉴定结果可以通过颜色来反映病毒的存在与否。在鉴别病毒种类和株系时,常见的方法主要有斑点杂交印迹(DIBA)、酶联免疫吸附测定(ELISA)、蛋白质印迹法(Western Blot)等。其中,DIBA、ELISA操作简便,特异性好,灵敏度高且成本低,更适用于田间大规模样品的检测,并易于在基层及进口检疫中进行推广。ELISA也可以与其他技术相结合,如免疫毛细管区带电泳技术(I-CZE)、免疫PCR技术(I-PCR)、免疫荧光技术等。

4. 指示植物和常侵染植物的人工接种鉴定

(1)对细菌、真菌病害常侵染植物人工接种鉴定 通常是在经过病症诊断和镜检初步确定病原之后,把细菌或孢子悬浮液接种到常发病且病症明显的寄主上,根据寄主上的病症进一步确定病原的种类。

(2)应用指示植物进行人工接种鉴定植物病毒类群 有些病毒种类用血清学鉴定和电镜检查仍难以确定,必须通过指示植物人工接种鉴定。例如,黄瓜花叶病毒和烟草环斑病毒在电镜下观察不能加以区别,但当把这两种病毒同时分别接种到黄瓜幼苗子叶时,烟草环斑病毒会导致褪绿枯死病斑,黄瓜

花叶病毒则发生系统花叶症状，无褪绿枯死病斑发生。

5. 植物抗病性的鉴定

园艺植物的抗病性多通过苗期人工接种、田间人工接种或自然诱发等方法使植物发病，然后观测植物的危害程度，从而对其抗病性进行评价与鉴定。通常用感病的百分比或病情指数来衡量病害的危害程度。

(1)百分比法　对于症状易于分辨、感病株与健康株差异比较明显的病害，如苗期猝倒病等，属于比较简便、适用的方法。通过统计感病株数和总株数即可计算发病的百分比。

(2)病情指数法　黄瓜霜霉病、桃穿孔病、葡萄白粉病等病害和各种病毒病的发病特点为症状是连续并逐渐加重的，感病株之间不易根据感病程度截然分开。对这类病害通常采用病情指数法调查其危害程度，方法是把感病程度分成若干级，分别统计各级株数，计算出病情指数，以衡量植物种类或品种的受害程度和抗病性。该方法适用于人工苗期接种的抗病分级，也较适用于成株期间田间调查分级。

(3)抗病的生理生化指标　植物组织中一些化学成分被认为与抗病性有关。例如，几丁质酶能水解许多病原菌细胞壁的主要成分几丁质，酶能分解病原菌细胞壁葡聚糖，从而可以直接破坏病原菌细胞；苯丙氨酸解氨酶催化的反应产物(如木质素、类黄酮等)有抑制病原菌的作用。因此，这些酶的活性可作为植物抗病性的重要指标。

七、分子生物学技术在抗逆性研究中的应用

园艺植物抗逆性在生理生化方面的表现是基因表达的结果，所以基因水平的研究有利于从根本上分析植物的抗逆性。用基因工程技术可以克隆编码一些抗性基因，通过生物、物理和化学方法，将其导入植物体内，从而获得抗逆性强的转基因品种。国内外大量学者已经分离和鉴定了大量的抗寒、抗病、抗虫、抗除草剂和耐盐等抗性基因，并通过遗传转化手段将这些抗逆基因导入园艺植物中，得到了抗性提高的新品种。

近年来，随着分子生物技术与信息学技术的不断交融与发展，生物信息学科快速发展。其中，基因组学的兴起为植物抗逆性的研究掀起革命性浪潮，研究者大量挖掘全新的抗逆基因，并揭示各抗逆性基因的详细结构及抗逆性遗传进化机理。功能基因组学将会阐明植物逆境中复杂的调控网络，揭示涉及抗逆蛋白的多样性；比较基因学可以把从模式植物上获得的抗逆遗传信息推广到基因组较复杂的植物上，发现和研究大规模全新基因及其在抗逆反应中表达模式。基因组学在抗逆反应中的作用将为利用遗传工程进行植物抗逆育种提供广阔的前景。

园艺植物抗逆性遗传极其复杂，常由多个基因控制，有些基因是冷诱导专性基因，而有些基因除对低温响应外，还能被干旱、盐胁迫等诱导，如脯氨酸的诱导合成基因 *P5CS*。通过转基因技术，尽管在一定程度上可能提高植物抗性，但植物抗性是由一系列相关的直接或间接作用的基因共同构成的一个复杂的调控网络，仅依靠转移一个基因就想获得抗逆的品种具有一定难度，仅依靠转移单基因来提高植株抗性，提高程度也相当有限。另外，许多转基因植株在非胁迫环境下同时伴随着严重的生长受抑制现象。因此，人们希望通过其他技术对植物抗逆性进行研究，近年来蛋白质组学逐渐兴起，作为生命物质的蛋白质也成为研究生物抗性的重要内容，逆境诱导的特异性蛋白是探索抗逆性的重要途径，它集中于动态描述基因调节，可对基因表达的蛋白质水平进行定量的测定。植物在胁迫条件下，会关闭一些正常表达的基因，启动一些与逆境相适应的基因，诱导形成新的蛋白质。例如，植物在抵抗盐碱胁迫

所导致的渗透胁迫过程中，体内将积累大量的脯氨酸和甜菜碱等渗透调节物质，并诱导表达多种调节蛋白。通过研究抗性相关特异蛋白，逆向探讨其基因序列，进一步明晰抗逆基因家族及功能，探讨其调控机制。

转录组是特定组织或细胞在某一功能状态下转录出来的所有 RNA 的总和，包括 mRNA 和非编码 RNA。其包含时间和空间的限制，是连接基因组遗传信息和生物功能的蛋白组的必然纽带，现已广泛应用于植物抗逆性方面的研究中。转录组测序是基因结构和功能研究的基础，目前采用的测序技术是第三代高通量测序技术，这比以往的测序技术更加精准和可靠。

代谢组学是继基因组学、转录组学、蛋白组学之后新兴的一门交叉学科，是系统生物学的一个重要分支，近年来在研究植物抗逆性方面得到了广泛应用。植物对逆境胁迫的响应是一个复杂的生命过程，在整个调控网络中会产生大量的代谢中间产物和代谢终产物，包括代谢调节物质和信号转导因子等。利用代谢组学方法分析代谢物的变化来研究植物在逆境胁迫下的代谢调节越来越受到研究者的重视。

思考题

1. 逆境对园艺植物会造成哪些伤害？
2. 园艺植物对逆境的适应性表现在哪些方面？
3. 提高园艺植物抗逆性有哪些途径？
4. 试设计比较一种园艺植物不同品种抗逆性的试验方案，包括试验材料、试验设计、研究的主要内容和方法。

第十章

园艺植物产品品质研究

第一节　果蔬产品质量鉴定方法

一、果蔬产品质量构成

蔬菜作为人类不可缺少的重要食物，是人体维生素、矿物质、蛋白质和碳水化合物等营养物质的重要来源，而且能刺激食欲，促进肠胃的蠕动帮助消化，对人体的血液循环、消化系统和神经系统都有调节功能，因而在维持人体正常生理活动和增进健康方面具有非常重要的，甚至是不可替代的营养价值。

品质是一个内含复杂而外延广阔的清晰概念。主要包括六大方面：外观指标、营养性、嗜好性、质地、贮运与加工性质、安全性。蔬菜品质则可分为蔬菜内在品质（即营养品质，主要指人体健康具有重要意义的营养成分，如维生素、矿物质、特殊芳香物质、蛋白质、脂肪及有机酸等的含量，以及有害物质残留量的有无和高低等）和外在品质（即商品性，侧重于外观的商品性状，如大小、形状、色泽、质地等，是商品分级的主要依据）。

此外，蔬菜品质也可以分为感官品质、营养品质、卫生品质和贮藏加工品质等。其中感官品质包括蔬菜产品的大小、形状、味道、色泽、口感、质地、风味等，是影响消费者购买欲的直接因素，决定蔬菜的商品价值；营养品质指标包括矿质营养元素、蛋白质、维生素、碳水化合物、脂肪等物质的含量；卫生品质也叫安全品质，主要包括蔬菜中的生物污染（病菌、寄生虫卵）和化学污染（硝酸盐累积、重金属富集、农药残留等）；贮藏加工品质指蔬菜的耐贮性和适用于各种特殊用途的属性。

二、果蔬产品质量标准

农产品质量安全，即在农业活动中获得的植物、动物、微生物及其产品的可靠性、使用性和内在价值，包括在生产、贮存、流通和使用过程中形成、残存的营养、危害及外在特征因子，既有等级、规格、品质等特性要求，又有对人、环境的危害等级水平的要求。

目前，我国采用的农产品质量安全标准包括无公害农产品、绿色食品、有机食品。

(1)无公害农产品　是指产地环境、生产过程、产品质量符合国家有关标准和规范的要求，经认证合格、获得认证证书并允许使用无公害农产品标志的未经加工或初加工的食用农产品。

(2)绿色食品　是指经专门机构认定,许可使用绿色食品标志的无污染的安全、优质、营养食品。绿色食品的原料产地必须具有良好的生态环境,其农业生产环境即农田、水源和大气等,不能有工业废弃物及其他有害物质污染;原料作物和产品生产过程中不能有化学肥料、化学农药、生长激素等有害化学物质的污染;加工时也不能有添加剂(化学色素、防腐剂等)的污染。绿色食品生产必须按照规定的技术规范,并实行全程质量控制。

(3)有机食品　指来自有机农业生产体系,根据有机农业生产要求和相应标准生产加工,并且通过合法、独立的有机食品认证机构认证的农副产品及其加工品。

《中华人民共和国食品安全法》第三章"食品安全标准"第十九条明确规定:食品安全标准是强制执行的标准。除食品安全标准外,不得制定其他的食品强制性标准。2019 年 8 月 30 日,农业农村部对十三届全国人大二次会议第 5352 号关于无公害农产品转型升级的建议做出答复:待新的监管制度成熟时,将适时取消无公害农产品认证制度。一是加快推进无公害农产品认证制度改革,适时停止无公害农产品认证,鼓励无公害农产品生产主体积极发展绿色食品、有机农产品;二是全面推行农产品合格证制度,构建以合格证管理为核心的农产品质量安全监管新模式。

目前已经废止 132 项无公害食品农业行业标准。与蔬菜相关的食品安全标准见表 10-1。与蔬菜相关的绿色食品标准见表 10-2。

表 10-1　与蔬菜相关的食品安全标准列表

标准名称	标准编号	实施时间
食品安全国家标准　水果和蔬菜中 500 种农药及相关化学品残留量的测定　气相色谱 - 质谱法	GB 23200.8—2016	2017 年 6 月 18 日
食品安全国家标准　水果和蔬菜中阿维菌素残留量的测定　液相色谱法	GB 23200.19—2016	2017 年 6 月 18 日
食品安全国家标准　水果和蔬菜中乙烯利残留量的测定　气相色谱法	GB 23200.16—2016	2017 年 6 月 18 日
食品安全国家标准　水果和蔬菜中唑螨酯残留量的测定　液相色谱法	GB 23200.29—2016	2017 年 6 月 18 日
食品安全国家标准　水果、蔬菜及其制品中甲酸的测定	GB 5009.232—2016	2017 年 3 月 1 日
食品安全国家标准　水果和蔬菜中噻菌灵残留量的测定　液相色谱法	GB 23200.17—2016	2017 年 6 月 18 日
食品安全国家标准　蔬菜中非草隆等 15 种取代脲类除草剂残留量的测定　液相色谱法	GB 23200.18—2016	2017 年 6 月 18 日

表 10-2　与蔬菜相关的绿色食品标准列表

标准名称	标准编号	实施时间
绿色食品　笋及笋制品	NYT 1048—2021	2013 年 3 月 1 日
绿色食品　茄果类蔬菜	NYT 655—2020	2021 年 1 月 1 日
绿色食品　藕及其制品	NYT 1044—2020	2021 年 1 月 1 日
绿色食品　绿叶类蔬菜	NYT 743—2020	2021 年 1 月 1 日
绿色食品　豆类蔬菜	NYT 748—2020	2021 年 1 月 1 日
绿色食品　瓜类蔬菜	NYT 747—2020	2021 年 1 月 1 日

续表 10-2

标准名称	标准编号	实施时间
绿色食品　根菜类蔬菜	NYT 745—2020	2021 年 1 月 1 日
绿色食品　甘蓝类蔬菜	NYT 746—2020	2021 年 1 月 1 日
绿色食品　葱蒜类蔬菜	NYT 744—2020	2021 年 1 月 1 日
绿色食品　白菜类蔬菜	NYT 654—2020	2021 年 1 月 1 日
绿色食品　西甜瓜	NYT 427—2016	2017 年 4 月 1 日
绿色食品　山野菜	NYT 1507—2016	2017 年 4 月 1 日
绿色食品　魔芋及其制品	NYT 2981—2016	2017 年 4 月 1 日
绿色食品　水生蔬菜	NYT 1405—2023	2015 年 8 月 1 日
绿色食品　芽苗类蔬菜	NYT 1325—2023	2015 年 8 月 1 日
绿色食品　薯芋类蔬菜	NYT 1049—2023	2015 年 8 月 1 日
绿色食品　芥菜类蔬菜	NYT 1324—2023	2015 年 8 月 1 日
绿色食品　多年生蔬菜	NYT 1326—2023	2015 年 8 月 1 日
绿色食品　食用花卉	NYT 1506—2015	2015 年 8 月 1 日

国际有机农业发展和有机农产品生产还没有一个全世界通行的有机标准。目前，有机市场由一些最重要的有机产品进口国和有机产品生产国进行规范，要求根据有机产品的最终市场选择最合适的有机认证标准。

我国与有机产品认证相关的法规或部门规章，包括《中华人民共和国认证认可条例》《有机产品认证管理办法》《有机产品认证实施规则》。有机产品认证依据的国家标准为《有机产品生产、加工、标识与管理体系要求》(GB/T 19630—2019)。该标准规定有机产品的生产、加工、标识与管理体系的要求，适用于有机植物、动物和微生物产品的生产，有机食品、饲料和纺织品等的加工，有机产品的包装、贮藏、运输、标识和销售。

三、果蔬产品质量鉴定方法

(一)蔬菜品质感官评价方法

蔬菜产品的大小、形状、味道、色泽、口感、质地、风味等感官品质对消费者来说至关重要，在无法快速、准确地了解某种蔬菜营养价值高低和有害物质含量的情况下，蔬菜的外观性状决定着消费者的购买欲望。

感官品质分析依赖于视觉、嗅觉、触觉和听觉来评估和描述食物的颜色、香气、味道、形状和质量。感官评价者对产品进行打分赋值后可获取客观和真实的数据，对该数据进行科学的数学统计分析后，可综合评估产品的感官品质。感官评估直观地反映人的感受以及产品的质量，但具有一定的主观性。测定样品过多时，诸多感官评价人员的主观因素，如身体状况、情绪、健康等，直接影响测试结果的可靠性。

随着传感器技术，模块识别技术，机器视觉、听觉、触觉技术和感官技术等交叉学科的快速发展，模拟人体感官性能的智能感官评价在评价产品方面发挥重要作用。电子鼻检测技术是一种依托仿生技术和传感技术结合精密仪器、新材料的智能仿生技术，可通过模拟动物嗅觉功能对目标物气味组分信息进行检测分析，具有操作简便、高通量、实时无损检测等特点。该技术能够满足果蔬及制品大量、无损检测的要求，被广泛运用到果蔬无损检测中。“电子舌”主要依托智能味觉分析系统，采用同人舌头味觉细胞工作原理相类似的人工脂膜传感器技术，客观数字化地评价样品的苦味、涩味、酸味、咸味、鲜味、甜味等基本味觉感官指标，同时还可以分析苦、涩和鲜的回味等。

因此，相比感官评价，理化检测或机器分析较为客观、准确，但只能说明产品的组成和结构，无法反映产品的整体品质。因此，人体感官分析结合客观的生理生化测定，以及先进的机器视觉技术、电子鼻技术、电子舌技术等对产品进行多元化分析，才能保证评价结果的准确性、客观性及一致性。

以菜薹为例，其感官评价标准如表 10-3 所示，不同品种的品质如表 10-4 所示。

表 10-3　菜薹感官评价标准

项目	特性	分值
色泽	颜色鲜艳，有光泽	21～25
	颜色较鲜艳，无光泽	16～20
	颜色较暗	11～15
质地	口感脆嫩，无纤维感	21～25
	口感较脆	16～20
	口感粗糙，有纤维感	11～15
滋味	甘甜可口	21～25
	稍有甜味	16～20
	无甜味，有苦味	11～15
气味	有浓郁的蔬菜自身的香味	21～25
	香味较淡	16～20
	无香味或者有异味	11～15

表 10-4　不同品种菜薹的品质

品种	感官得分	维生素 C 含量 /（mg/100 gFW）	可溶性蛋白含量 /（mg/gDW）	可溶性糖含量 /（mg/g DW）	总酚含量 /（mg/gDW）	总黄酮含量 /（mg/gDW）
1	75.00 ± 2.26a	70.86 ± 0.50b	58.10 ± 8.53bc	269.50 ± 2.02bc	3.20 ± 0.52d	3.71 ± 0.25d
2	75.30 ± 0.71a	57.83 ± 2.59f	67.19 ± 5.88ab	261.63 ± 5.76bc	4.37 ± 0.55bc	4.60 ± 0.10c
3	75.40 ± 0.14a	67.29 ± 0.88c	67.45 ± 6.62ab	260.02 ± 7.89bc	3.57 ± 0.37cd	4.28 ± 0.12c
4	75.40 ± 3.11a	65.06 ± 1.22cd	75.21 ± 6.18a	242.80 ± 16.73c	4.22 ± 0.19bc	4.53 ± 0.14c
5	76.00 ± 1.70a	63.02 ± 3.39de	61.85 ± 6.72bc	280.76 ± 13.51b	4.61 ± 0.81b	4.48 ± 0.43c
6	73.00 ± 5.66ab	88.44 ± 1.05a	55.66 ± 2.77c	259.71 ± 22.17bc	3.59 ± 0.42cd	4.41 ± 0.43c
7	75.00 ± 0.85a	87.18 ± 2.28a	61.28 ± 2.37bc	275.02 ± 15.54b	3.25 ± 0.35d	3.72 ± 0.19d
8	67.90 ± 0.42b	60.61 ± 2.47ef	58.52 ± 2.90bc	272.56 ± 17.llb	6.90 ± 0.20a	5.77 ± 0.08a
9	60.70 ± 1.27c	64.47 ± 1.39cd	37.44 ± 0.98d	321.25 ± 7.45a	4.17 ± 0.11bc	5.04 ± 0.10b
标准差	5.12	11.07	10.47	21.71	1.13	0.63
平均值	72.63	69.42	60.30	271.47	4.21	4.50
变异系数 /%	7.05	15.95	17.36	8.00	26.74	14.03

续表 10-4

品种	钙含量 / (mg/kg DW)	镁含量 / (mg/kg DW)	铁含量 / (mg/kg DW)	锌含量 / (mg/kg DW)	叶绿素含量 / (mg/g DW)	纤维素含量 / (mg/kg DW)	有机酸含量 / (mg/kg DW)
1	10 806.23 ± 142.59a	1 682.08 ± 50.72ab	15.35 ± 0.40bc	41.19 ± 2.34f	2.09 ± o.o1c	3.52 ± 0.09bc	3.12 ± 0.19d
2	9 619.70 ± 191.63c	1 612.36 ± 28.69c	15.64 ± 0.32bc	54.28 ± 1.18c	2.23 ± 0.02bc	3.74 ± 0.16b	3.20 ± 0.05d
3	10 762.65 ± 146.25a	1 710.89 ± 22.96a	16.27 ± 0.llh	48.13 ± 1.30d	2.65 ± 0.08a	3.31 ± 0.26c	3.60 ± 0.03c
4	6 947.22 ± 112.59f	1 488.71 ± 9.53e	14.06 ± 0.29d	37.77 ± 0.44g	2.35 ± 0.09b	3.28 ± 0.28b	3.02 ± 0.07d
5	7 141.79 ± 19.34e	1 641.04 ± 42.35bc	15.60 ± 0.35bc	50.14 ± 1.74d	2.12 ± 0.10c	3.88 ± 0.29b	3.31 ± 0.13d
6	7 246.74 ± 156.45e	1 337.01 ± 27.77f	14.80 ± 0.46cd	43.80 ± 0.26e	2.63 ± 0.08a	3.33 ± 0.17e	3.24 ± 0.29d
7	8 558.43 ± 90.46d	1 601.62 ± 13.94c	10.86 ± 0.66e	37.01 ± 0.78g	1.69 ± 0.17d	4.46 ± 0.32a	3.79 ± 0.15bc
8	10 178.14 ± 160.29h	1 548.83 ± 26.05d	29.61 ± 0.lla	72.67 ± 0.71b	2.27 ± 0.llbc	3.70 ± 0.13bc	4.06 ± 0.14ab
9	2 208.52 ± 54.95 g	1 461.28 ± 10.83e	16.22 ± 1.32h	84.88 ± 0.78a	0.93 ± 0.18e	4.54 ± 0.16a	4.19 ± 0.12a
标准差	2 713.40	118.94	5.19	16.36	0.53	0.44	0.43
平均值	8 163.27	1 564.87	16.49	52.21	2.11	3.82	3.50
变异系数 /%	33.24	7.60	31.49	31.35	25.10	11.54	12.21

(二)蔬菜品质营养成分评价方法

1. 平均营养价值估算法

1965 年,Rinnc 曾提出了"基本营养值"(Essential Nutritive Value)的概念,后经 Grubben 于 1978 年修改更名为"平均营养值"(Average Nutritive Value,ANV),来计算和评价蔬菜的品质。

根据各类蔬菜每 100 g 可食部分中,所含蛋白质、纤维素、钙、铁、胡萝卜素和维生素 C 等六种主要成分的量,按如下公式计算出分数结果:

$$\text{ANV}=\frac{\text{蛋白质(g)}}{5}+\text{纤维素(g)}+\frac{\text{钙(mg)}}{100}+\frac{\text{铁(mg)}}{2}+\text{胡萝卜素(mg)}+\frac{\text{维生素 C(mg)}}{40}$$

该分值越大,表示蔬菜营养价值越高。

2. 营养质量指数法

营养质量指数(Index of Nutrition Quality,INQ),即食品的营养质量指数,是指一定单位能量的食品中所含营养素的量。INQ=1 时,说明该食品提供营养素能力与提供能量能力相当;INQ>1 时,该食品提供该营养素能力高于提供能量能力;INQ<1 时,该食品提供该营养素能力小于提供能量能力。其计算公式为

$$\text{INQ}=\frac{X\div \text{NRV}}{Y\div Q}$$

式中:X 为一定食物中该营养素含量;NRV 为该营养素推荐摄入量;Y 为一定食物提供的能量,kJ;Q 为能量推荐摄入量。

营养素参考值(NRV)和推荐摄入热量参考《食品安全国家标准预包装食品营养标签通则》(GB 28050—2011),见表 10-5。

营养素是指食物中具有特定生理作用，能维持机体生长、发育、活动、繁殖以及正常代谢所需的物质，包括蛋白质、脂肪、碳水化合物、矿物质及维生素等。营养成分是指食品中的营养素和除营养素以外的具有营养和(或)生理功能的其他食物成分。各营养成分的定义可参照《食品营养成分基本术语》(GB/Z 21922)。

表 10-5　营养素参考值(NRV)

营养成分	NRV	营养成分	NRV
能量[a]	8 400kJ	叶酸	400 μg DFE
蛋白质	60 g	泛酸	5 mg
脂肪	≤60 g	生物素	30 μg
饱和脂肪酸	≤20 g	胆碱	450 mg
胆固醇	≤300 mg	钙	800 mg
碳水化合物	300 g	磷	700 mg
膳食纤维	25 g	钾	2 000 mg
维生素 A	800 μg RE	钠	2 000 mg
维生素 D	5 μg	镁	300 mg
维生素 E	14 mg α-TE	铁	15 mg
维生素 K	80 μg	锌	15 mg
维生素 B_1	1.4 mg	碘	150 μg
维生素 B_2	1.4 mg	硒	50 μg
维生素 B_6	1.4 mg	铜	1.5 mg
维生素 B_{12}	2.4 μg	氟	1 mg
维生素 C	100 mg	锰	3 mg
烟酸	14 mg		

[a] 能量相当于 2 000 kcal；蛋白质、脂肪、碳水化合物供能分别占总能量的 13%、27% 与 60%。

营养素参考值(NRV)用于比较和描述能量或营养成分含量的多少，使用营养声称和零数值的标示时，用作标准参考值。使用方式为营养成分含量占营养素参考值(NRV)的百分数。.

营养成分含量占营养素参考值(NRV)的百分数计算公式如下：

$$\text{NRV}=\frac{X}{\text{NRV}}\times 100\%$$

式中：X 为食品中某营养素的含量；NRV 为该营养素的营养素参考值。

以大白菜为例，如表 10-6 所示，通过计算大白菜不同层次不同部位的 K、Ca、Mg、Fe、Mn、Zn、Cu、维生素 C 八种营养素的营养质量指数(INQ)可知，大白菜叶片外层的 INQ 值均大于 1，说明其在八种营养素上均具有较高营养价值，且 Ca、Mg、Fe、Mn、维生素 C 五种营养素的 INQ 值均表现为外层高于中内层，尤其是维生素 C，说明外层叶片在这五种营养素上的营养价值相较于中内层叶片均较高。大白菜外层叶柄的 K、Ca、Mg、Mn 的 INQ 大于 1，说明在这四种营养素上均呈现较高的营养价值，且这四种营养素的 INQ 值均高于中内层，说明外层叶柄在这四种营养素上的营养价值高于中内层叶柄。

表 10-6　大白菜不同层次不同部位 8 种营养素的营养质量指数(INQ)

大白菜部位	层次	K	Ca	Mg	Fe	Mn	Zn	Cu	维生素 C
叶片	外	4.5	1.8	2.2	1.7	19.1	1.1	1.7	36.6
	中	4.7	0.9	2.0	0.9	9.8	0.9	1.5	21.9
	内	5.5	0.5	1.8	1.6	11.1	1.5	2.3	22.9
叶柄	外	7.4	3.3	2.1	0.3	8.9	0.5	0.4	—
	中	5.8	2.5	1.9	0.3	8.9	0.6	0.6	—
	内	5.1	1.2	1.7	0.5	8.0	1.1	1.4	—

3. 综合营养值及营养供给单位法

蔬菜营养综合评价指标是根据我国的膳食特点及营养供给现状所提出,其包括蔬菜“综合营养值”(Comprehensive Nutritive Value,CNV)及蔬菜“营养供给单位”(Nutritive Provided Unit,NPU)。

$$\text{CNV 或 NPU}=\frac{\text{蛋白质(g)}}{5}+\text{粗纤维(g)}+\frac{\text{钙(mg)}}{100}+\frac{\text{铁(mg)}}{2}+\text{胡萝卜素(mg)}+\text{维生素 B}_2\text{(mg)}+\frac{\text{维生素 C(mg)}}{50}$$

综合营养值是指一定数量蔬菜(食用部分)按上述公式计算出的各种营养素量的综合值。

营养供给单位是指上述公式中各营养素依靠膳食(蔬菜除外)平均每日供给的数量与每日膳食对营养素的理论需求量之间的差额,通过公式计算出的综合值。

根据中国统计年鉴(1990)公布的我国城镇居民家庭平均每人每年购买的主要商品中的食品数量(蔬菜除外)及中国生理科学会第三届全国营养学术会议修订的每日膳食中营养素供给量的标准计算,一个营养供给单位的营养素量定为蛋白质 20 g,钙 400 mg,铁 4 mg,粗纤维 4 g,胡萝卜素 4 mg,维生素 B_2 1 mg,维生素 C 100 mg。

CNV 及 NPU 这 2 个指标都能从整体上表达或比较蔬菜主要营养的产出量。CNV 是比较稳定的蔬菜主要营养产出的表达量,而 NPU 更能直观地表达蔬菜营养产出量在供给上所起的作用,即说明一定的蔬菜产量,在参与市场多品种食品供给中能够补充多少人一天或一个人多少天膳食中其他食品营养不足的需要。

4. 隶属函数法

模糊数学的平均隶属函数值可以表示综合指标的相对优劣,结果平均隶属函数值可以反映综合性状中多个构成性状的综合水平,是评价蔬菜营养品质的有效方法。

利用隶属函数法对营养品质(矿物质、可溶性总糖、蛋白质、维生素 C 和粗纤维)进行综合评价,依以下公式,计算各品种每个营养指标的隶属函数值,再求其平均隶属函数值。平均隶属函数值越高,综合营养品质越佳。

$$X(u)=\frac{X-X_{\min}}{X_{\max}-X_{\min}}$$

5. 蔬菜品质检测指标与测试方法

不同种类蔬菜的营养和卫生品质检测指标见表 10-7。蔬菜中常见营养和卫生品质指标的检测方法见表 10-8。

表 10-7　不同种类蔬菜的营养和卫生品质检测指标

蔬菜种类		营养品质检测指标	卫生品质检测指标
果菜类	番茄	可溶性固形物含量、番茄红素含量、总酸度、维生素 C 含量	硝酸盐含量、重金属含量、农药残留量
	黄瓜	可溶性固形物、维生素 C、可溶性还原糖含量	
	辣椒	辣椒素、辣椒碱、维生素 C、可溶性蛋白含量	
叶菜类	菠菜	叶绿素、维生素 C、粗纤维、可溶性糖含量	
	芹菜	叶绿素、维生素 C、粗纤维、可溶性糖含量	
根菜类	萝卜	维生素 C、可溶性固形物、可溶蛋白、粗纤维含量	

表 10-8　蔬菜中常见营养和卫生品质指标的检测方法

检测指标	检测方法
可溶性固形物含量	手持折光仪、阿贝折光仪萃取比色法
番茄红素含量	高效液相色谱法
总酸度	碱液滴定法
维生素 C 含量	2,6- 二氯靛酚滴定法、钼蓝比色法、邻苯二胺结合的分子荧光法
可溶性还原糖含量	3,5- 二硝基水杨酸比色法、盐酸水解 - 铜还原直接滴定法、蒽酮比色法、斐林试剂法
辣椒素含量	亚硝酸钠比色法、高效液相色谱法
辣椒碱含量	定氮法、高效液相色谱法
可溶性蛋白含量	考马斯亮蓝 G-250 染色法
叶绿素	丙酮试剂提取分光光度法
粗纤维	酸洗涤重量法
硝酸盐含量	还原 - 重氮化偶合分光光度法、水杨酸比色法、紫外分光光度法
重金属含量	国家标准 GB/T 5009 系列
农药残留含量	气相色谱法

6. *果蔬品质的无损检测*

果蔬品质无损检测技术是一种快速、高效、便于操作的检测方法，其基本原理是利用光、声、电、热、磁的物理特性，在不损伤被检测的果蔬产品，保持待测物质原来的物理、化学性质的前提下，通过反馈的相关谱图和信号来判断和分析果蔬的品质，实现果蔬快速、精准分级和营养功能性成分的无破坏性快速检测。

光谱分析技术就是基于果蔬内部结构和成分与光束之间产生的作用变化，通过检测器捕捉光束变化，分析光束所携带信息，进而间接判断果蔬品质。目前应用较为成熟的光谱检测技术有近红外光谱检测技术（NIRS）、拉曼光谱检测技术（RS）以及高光谱成像检测技术（HIS）。

近红外光谱检测技术在果蔬品质检测领域的应用主要集中在果蔬成熟度分析、农药残留检测、表面损伤及机械损伤识别、病虫害果识别等方面。

拉曼光谱和近红外光谱同属于振动光谱，拉曼光谱可以捕捉到近红外光谱捕捉不到的振动信息，通常作为一种检测技术与近红外光谱具有互补作用。目前，将拉曼光谱应用于果蔬品质检测中研究最多的是检测果蔬中类胡萝卜素的含量。

高光谱成像检测技术是一种影像数据技术，同时结合光谱和成像技术，通常是以紫外至近红外波段的光对目标物进行探测，获取光谱信息和图像数据，并获得样品在每一有效波长下的图像信息和每一检测位置的光谱信息，该数据包含 2 个空间维度信息和 1 个波长维度信息，通过对这些信息的分析实现对果蔬的检测和分级。

第二节 影响蔬菜产品品质的因素

蔬菜的产量与品质形成受遗传因素（种类、品种）与栽培环境的影响，主要因素包括：

（1）遗传因素 不同种类的作物，同一作物的不同品种。

（2）环境条件 温度（气温、地温、水温）、光照（光强、光质、光周期）、大气（空气、二氧化碳、有害气体）、水分（水质、水量、湿度）、土壤（理化性质、pH、肥力等）、生物因素（同种作物间、不同作物间、杂草、虫害、病菌、动物等）。

（3）栽培技术 土壤整理与准备、种植密度、植株调整、肥水管理、采收等。

一、遗传因素

蔬菜品质的诸多性状，例如，形状、大小、色泽、厚薄等形态品质，蛋白质、糖类、维生素、矿物质含量及氨基酸组成等理化品质，都受到遗传因素的控制。

遗传因素对品质性状的影响是多基因控制的，很多品质性状都受到环境条件影响，这是通过改善生态因子或改进栽培技术提高植物品质的理论基础。改变蔬菜的生长环境条件，通过调控蔬菜体内营养物质的新陈代谢和库 - 源关系，可有效调节和改善蔬菜品质。

二、栽培方式影响蔬菜品质

蔬菜种植过程中采用不同的栽培方式，如土培、基质栽培（有机基质、无机基质和混合基质）、水培和气雾培等，都会影响所栽培蔬菜的外在品质、营养品质、贮藏品质和卫生品质。基质栽培与土壤栽培对蔬菜品质的影响见表 10-9。不同基质对蔬菜营养品质的影响见表 10-10。

表 10-9 基质栽培与土壤栽培对蔬菜品质的影响

品质特性	栽培方式	影响	文献
鲜重、产量	木屑、炉渣、珍珠岩、泥炭土 + 土壤	基质芹菜株高、鲜重比土培明显提高	冯晓英、刘杰（2007）
	秸秆、珍珠岩、炉渣 + 土壤	基质栽培中番茄和茄子产最显著低于土培产品	瞿红梅（2013）
	秸秆、鸡粪 + 土壤	有机基质的加入显著提高生姜产量	宋小艺（2014）
维生素 C 含量	多功能营养型基质 + 土壤	土培黄瓜中抗坏血酸含量较高	朱世东等（2002）
	基质 + 土壤	基质生菜的维生素 C 含量较高	Selma（2002）

续表 10-9

品质特性	栽培方式	影响	文献
叶绿素	珍珠岩、浮石 + 土壤	土培生菜中叶绿素含量较高	Sionms 等(2001),Fandi(2008)
	珍珠岩、有机质 + 土壤	土培鸡毛菜中叶绿素含量较高	高丽伟(2014)
硝酸盐	多功能营养型基质 + 土壤	基质黄瓜亚硝酸盐含量较低	朱世东等(2002)
	基质 + 土壤	土培生菜可溶性糖含量较高	Selma(2002)
糖类	菌渣、鸡粪、蛭石、珍珠岩 + 土壤	混合基质显著提高了黄瓜中可溶性糖含量	张黎杰(2014)
视觉评价	珍珠岩、浮石 + 土壤	土培生菜视觉质量等级较高	Fandi(2008)
	珍珠岩、浮石 + 土壤	基质生菜有少许可接受的瑕疵,且有烧心现象	Simnos 等(2001)
	基质 + 土壤	基质生菜质构属性更优越	Selnia(2002)

表 10-10　不同基质对蔬菜营养品质的影响

品质特性	基质	影响	文献
鲜重、产量	椰壳粉、蛭石	混合基质培育的黄瓜鲜重明显更高	陈贵林(2000)
	无机基质、玉米	玉米的加入提高了番茄产量	Tzortzakis(2005)
	砂砾、沸石、珍珠岩	番茄在砂砾基质中鲜重更高	Haddad(2007)
	蘑菇堆肥	蘑菇堆肥作为有机基质对番茄产量的提高起到促进作用	PolalE(2009)
	草炭、蚯蚓粪、牛粪、菇渣	蚯蚓粪作为营养基质对提高番茄产最有一定作用	康胜乐(2010)
	泥炭	发酵三个月的泥炭可促进提高番茄果数	Borji(2012)
维生素 C 含量	玉米秸秆、蛭石、珍珠岩不同配比	玉米秸秆、蛭石、珍珠岩以体积比为 1 : 1 : 1 时维生素 C 含量最高	刘振国(2009)
	蛭石、蚯蚓粪、鸡粪	鸡粪、蚯蚓粪和蛭石可提高菠菜中维生素 C 含量	王小波(2014) 郑金伟(2006)
	草炭、蛭石、珍珠岩不同配比	草炭 : 蛭石 : 珍珠岩体积为 2 : 1 : 1 时维生素 C 含量最高	雷喜红(2014)
硝酸盐	蛭石、蚯蚓粪、鸡粪	对照组土培菠菜中硝酸盐含量更低	王小波(2014)
	菇渣、锯木屑、珍珠岩	菇渣的使用显著降低硝酸盐的含量	曾长立(2012)
糖类	蛭石、蚯蚓粪、鸡粪	鸡粪、蚯蚓粪和蛭石可提高菠菜中可溶性糖含量	王小波(2014)
	蚯蚓粪	蚯蚓粪能提高蔬菜中还原糖含量	郑金伟(2006)
	椰糠、木屑、泥炭、珍珠岩	椰糠与珍珠岩混合使用时,黄瓜中总糖含量最高	黄文其(2014)
	玉米秸秆、蛭石、珍珠岩不同配比	玉米秸秆、蛭石、珍珠岩以体积比为 1 : 1 : 1 时可溶性糖含量最高	刘振国(2009)

续表 10-10

品质特性	基质	影响	文献
元素含量	沸石、珍珠岩	沸石基质培育的生菜中 N、K 含量更高	GU1(2005)
	沸石、沙砾、珍珠岩	番茄在沸石基质中 K、Cu、Zn 和 Fe 含量更高	Al-Ajmi A(2009)
蛋白质	椰糠、木屑、泥炭、珍珠岩	泥炭与珍珠岩混合使用时，黄瓜中蛋白质含量最高	董文其(2014)
草酸	菇渣、锯木屑、珍珠岩	锯木屑的使用显著降低菠菜中草酸的含量	曾长立(2012)

三、温度影响蔬菜产品品质

温度是植物正常生长的一个重要环境因子，适宜的温度可促进植物的光合作用和碳水化合物代谢，若温度过高，则会影响一系列生理生化反应的正常进行，阻碍植物的正常生长。蔬菜的内在和外在品质，如成熟度、着色，以及碳水化合物、有机酸、维生素、硝酸盐等的含量，均与温度密切相关。

环境温度的上升严重影响作物生长发育。高温条件下，植物光合系统会受到影响，其中光系统Ⅱ(PS Ⅱ)电子传递被抑制，光化学效率降低，造成大量光能剩余，从而产生大量的活性自由基。这些植物细胞内产生的大量剩余自由基会导致膜脂过氧化，细胞膜透性发生改变，电解质外渗，对植物造成伤害。例如，不结球白菜适宜冷凉环境，当温度大于 25 ℃ 时，生长减慢，品质变差，叶片苦味加重，纤维素含量明显增加。

低温是主要的非生物胁迫因子之一，可分为冷胁迫(0～15 ℃)和冰冻胁迫(<0 ℃)。研究表明，植物在受到低温胁迫后，会引起水分状况、矿质营养、光合作用、呼吸作用和新陈代谢等生理过程的紊乱，导致植株出现冷害症状，甚至死亡现象。

营养液的温度作为水培栽培营养液的一个特性指标，与作物根系生长状况密切相关。营养液的温度对于水培叶菜的设施越夏栽培尤为重要。夏季温室内温度较高时，营养液温度也会随之升高。当营养液温度超出作物生长的适宜温度范围，会对蔬菜生长产生不良影响。目前，利用冷水机降温技术可以显著降低营养液温度。研究发现，将营养液温度精确控制在(20 ± 1)℃ 的范围内(对照营养液日平均温度为 23.9 ℃)，可显著促进设施越夏栽培生菜的鲜重、叶片数、干物质累积量的增加，降低生菜的根冠比，显著提高有效产量。此外，营养液温度调控可以促进生菜可溶性糖和维生素 C 的合成，改善生菜的品质。

青花菜幼苗期的生长适温为 15～20 ℃，适当增加昼夜温差，进行适当的低温锻炼，有利于壮苗的培育。若苗期温度长时间低于 5 ℃，幼苗则生长缓慢，过早通过春化阶段而出现早花，影响产量和品质；若苗期温度长时间高于 25 ℃，则容易引起植株徒长。试验发现，青花菜春化处理最适温度为 15 ℃，在该温度下，花球可溶性糖、维生素 C 含量较高。低温处理能显著加快春化进程，且温度越低青花菜生育期越提前，主花球结球节位越低，但花球品质和产量显著降低；反之，温度越高，青花菜的生育期延后，但花球品质和产量有所提高。

四、光照影响蔬菜产品品质

光是植物生长发育必不可少的重要环境因子，不仅是植物进行物质代谢和能量代谢的基础，同时还作为最重要的环境信号调控植物的生长发育、新陈代谢。光环境主要从光照强度、光质和光周期三方面影响植物的生命活动。合理调控利用光环境，不仅可提高蔬菜的产量，还能改善蔬菜的营养品质。

（一）光质对蔬菜品质的影响

光质可以影响植物的许多生理代谢过程，特别是在光合作用和植物形态建成方面具有重要作用。栽培上合理利用特定的光波有利于提高蔬菜的营养品质。

对于大多数作物来说，红光和蓝光是最基本的生长光谱，远红光对于植株光形态建成非常重要。通常认为，红光有利于碳水化合物的积累，促进可溶性糖的合成，但不利于可溶性蛋白的积累；而蓝光能促进蛋白质形成。与其他光质相比，各品种叶用莴苣的可溶性糖含量在蓝光或红蓝光处理下较高；与白光相比，红光和蓝光处理可显著降低叶用莴苣地上部分硝酸盐的含量。在相同光强和光照时间条件下，与红蓝光相比，红蓝白混合 LED 光照能降低很多水培蔬菜的硝酸盐含量；在白光条件下，补充蓝光或绿光的处理可降低叶用莴苣中硝酸盐含量。

不同光质对植物器官中的次生代谢物质的形成有不同影响。红光、蓝光、红蓝混合光相对于白光对照来说，都能促进彩色甜椒果实中叶绿素的降解速度，提高类胡萝卜素和花青素的合成速度，减缓类黄酮的合成速度。蓝光可以诱导类黄酮和花青素的积累，增大蓝光比例能促进能番茄果实中番茄红素和类黄酮的形成。补充紫外光和蓝光，叶用莴苣叶片中花青素和类胡萝卜素含量显著提高；蓝光处理可提高叶用莴苣叶绿素的含量，若夜间补充蓝光，叶片总酚和类黄酮含量以及抗氧化能力最高；与白光处理相比，红光处理可显著提高叶用莴苣地上部分的花青素含量，蓝光处理下叶用莴苣地上部分花青素含量最低。

大量研究结果显示，红蓝光组合对植物营养品质的提高效果显著高于单色光。在红光中添加一定比例的蓝光（59%、47% 和 35%），绿叶叶用莴苣和红叶叶用莴苣的叶绿素含量、总酚含量、总黄酮含量以及抗氧化能力都得到显著提高。相对于白光处理，红蓝复合光能够促进芹菜可溶性蛋白含量的提高，而降低硝酸盐含量。与白光相比，红蓝组合光（1∶1）提高番茄果实可溶性糖、番茄红素含量；红蓝组合光（3∶1）显著提高游离氨基酸和可溶性蛋白含量。与其他处理相比，70% 红光 +30% 蓝光处理能显著提高叶用莴苣单株鲜重以及叶绿素和类胡萝卜素含量。

紫外光和红外光对蔬菜品质也有一定的影响。豌豆苗补充 UV-C（254 nm）后，其维生素 C 含量并没有变化，而补充 UV-A（365 nm）后，豌豆苗的维生素 C 含量显著降低，黄酮类物质含量提高。补充紫外光能提高莜麦菜酚类物质和 *α*- 胡萝卜素含量。每天照 6 kJ/m^2 的 UV-B 的菠菜，其抗坏血酸含量最低，接受 4 kJ/m^2 UV-B 照射的菠菜其花青素含量较高。紫甘蓝和绿甘蓝在经过 UV-A 和 UV-B 处理后，花青素含量均显著提高，且 UV-B 处理比 UV-A 处理在提高花青素含量方面更为有效。UV-A 照射萝卜芽苗菜显著提高其抗氧化酶活性，并通过提高 *L*- 半乳糖途径相关基因表达量及谷氨酸脱氢酶活性，其抗坏血酸含量也得到显著提高。补充远红外光处理下的叶用莴苣，叶片花青素、类胡萝卜素以及叶绿素含量显著降低，而维生素 C 含量升高。在红蓝光基础上添加远红外光能显著提高叶用莴苣中总酚、绿原酸和咖啡酸含量，抗氧化能力也得到显著提升。

（二）光照强度对蔬菜品质的影响

植物维持正常生长需要有一定的光照强度。叶用莴苣的地上部分和地下部分硝酸盐的累积与光强呈负相关，而叶绿素含量与光强呈正相关。在相同温度环境下，随着钠灯补光强度增加，番茄果实中维生素 C、可溶性糖、可溶性固性物含量和糖酸比升高，有机酸含量降低。与白光相比较，补充 UV-A 从

4.3～20.9 μmol/(m^2·s)并未显著影响叶用莴苣中类胡萝卜素、抗坏血酸和总酚酸含量；但花青素含量随补充 UV-A 强度增加而提高，当补充 UV-A 强度达 15.9 μmol/(m^2·s)时，其差异达到显著水平。光照强度 300 μmol/(m^2·s)的蓝光可以显著提高菠菜中 β- 胡萝卜素和叶黄素的浓度；在 300 μmol/(m^2·s)的光照强度下，叶用莴苣维生素 C 含量最高，硝酸盐和叶绿素含量最低。光强的增加能降低叶用莴苣可溶性蛋白和硝酸盐含量，而可溶性糖含量得到显著提高。高光强处理可增加绿叶叶用莴苣的产量，提高红叶叶用莴苣的抗氧化能力。在 330～440 μmol/(m^2·s)光强范围内，芥菜苗叶面积较大，硝酸盐含量较低，同时花青素、总酚以及 DPPH·自由基清除率最高，而光照强度 545 μmol/(m^2·s)可引起轻微的光胁迫。高光强和高浓度 CO_2 单独作用于菠菜，可提高菠菜的产量和积累维生素 C，而它们的交互作用则会限制菠菜叶片硝酸盐和草酸的积累。番茄果实在 13 d 光照强度 263 μmol/(m^2·s)的白光照射下，其维生素 C 含量比不照光条件下高出 32%。

(三)光照时间对蔬菜品质的影响

适当延长光照时间可增加植物的光合时间，缓解光照强度不够带来的弱光胁迫，有助于光合产物的积累，提高产量，改善品质。随着光照时间的延长，叶用莴苣产量提高，可溶性糖含量显著增加，硝酸盐含量显著减少。随着光照时间的延长，菜心植株鲜重、可溶性糖含量、菜薹粗相应增加，显著提高菜心叶片维生素 C 含量。延长光照时长，紫叶叶用莴苣总酚相对含量显著提高，而紫叶、绿叶和红叶叶用莴苣的抗坏血酸含量显著降低。在红蓝 1∶2 的弱光条件下，延长光照时长使红叶叶用莴苣的花青素含量和可溶性糖含量显著提高；在红蓝 2∶1 的弱光条件下，紫叶叶用莴苣总酚含量也显著提高。

五、水分对蔬菜产品品质的影响

水分是植株生长的必要条件，蔬菜作物的正常生长发育与品质形成需水量较大，水分供应对蔬菜产品品质有明显的影响。一般来说，蔬菜植物含水量降低，体内的纤维素增加，组织硬化，苦味产生；含水量过多时，蔬菜风味变淡，耐贮性、抗病性降低。

有研究表明，灌水后与无灌水处理的花椰菜内的硝酸盐含量降低，而可溶性的食用纤维含量增加。灌水处理的番茄干物质和可溶性固形物含量高，品质较好。当灌水量低于一定限制时，番茄植株内的纤维含量增加，番茄果实组织开始硬化，进而因水分缺少而产生苦味，影响番茄的品质；但番茄含水量过高时，番茄果实内的可溶性糖、维生素 C 等含量会被稀释，品质降低。在适当的亏水灌溉条件下，不仅可以减少水资源的浪费，提高利用效率，还可以提高番茄的可溶性糖、维生素 C 和可溶性固形物含量。黄瓜产量随灌水量的增加而增加，但果实的可溶性糖、粗蛋白含量降低。

水分胁迫下蔬菜作物的光合速率下降，但适度水分胁迫能够提高蔬菜的营养品质。亏缺灌溉通过适度控制土壤水分给作物一个适中的干旱逆境来提高果实的品质。亏缺灌溉可提高番茄叶片中葡萄糖和果糖含量，同时，还可提高果实中的可溶性糖、有机酸含量及糖酸比，增加植株干物质积累；但亏缺灌溉程度过于严重会明显影响植株上部果实的生长和干物质积累。

灌溉方式也会对蔬菜品质产生影响。滴灌、渗灌(地下滴灌)等灌水技术具有节水、省工、操作简便、减轻作物病虫害、提高作物产量及品质等优点。滴灌技术的应用，可使番茄的产量提高，可溶性固形物含量增加。对比分析日光温室黄瓜滴灌、膜下沟灌和畦灌三种灌水方式对温室产量和品质的影响，结果表明，滴灌比畦灌黄瓜增产 33%，粗蛋白含量和可溶性糖增加 4%；滴灌与膜下沟灌相比，增产 17.6%，粗蛋白含量增加 24%，可溶性糖增加 2.8%。因此，采用滴灌等先进的灌水技术，不仅可以提高蔬菜的产量和水分利用效率，还可以提高蔬菜产品的品质。

不同土壤含水量对甜瓜果实品质形成的影响不同。灌水下限相同时，随着灌水上限的增大，果实品质指标表现趋优；灌水上限相同时，灌水下限为田间持水量 65% 的处理整体略优于田间持水量 75% 的处理。土壤含水量为 65%～100% 的处理，则果实各项形态和品质指标表现较佳，产量及灌溉水分利用效率均最高（表 10-11）。

表 10-11　不同水分处理对甜瓜果实形态的影响

土壤含水量（田间持水量）/%	果实纵径 /cm	果实横径 /cm	果肉厚度 /cm	果形指数
65～80	8.61 ± 0.54 a	9.42 ± 0.37 be	2.48 ± 0.12 b	0.92 ± 0.04 a
65～90	8.92 ± 0.48 a	9.68 ± 0.26 ab	2.55 ± 0.25 ab	0.92 ± 0.06 a
65～100	9.16 ± 0.56 a	9.98 ± 0.43 a	2.77 ± 0.29 a	0.92 ± 0.05 a
75～80	8.82 ± 0.49 a	9.19 ± 0.32 c	2.37 ± 0.22 b	0.96 ± 0.06 a
75～90	9.16 ± 0.60 a	9.49 ± 0.23 be	2.53 ± 0.08 ab	0.97 ± 0.06 a
75～100	9.12 ± 0.75 a	9.89 ± 0.36 a	2.55 ± 0.23 ab	0.92 ± 0.10 a

六、营养条件对果蔬产品品质的影响

蔬菜品质的形成是其正常生长的结果，必需养分的充足供应是蔬菜正常生长发育的基本保障之一。蔬菜品质与营养供应状况有密切关系，因而可以通过营养调控的方法加以改善。对于蔬菜感官品质而言，养分的供应状况对其产生直接影响。

（一）施肥方式对蔬菜品质的影响

不同的施肥方式由于养分供应方式不同影响蔬菜吸收养分，从而影响其品质形成。

采用 Meta 分析方法评价不同基质栽培番茄的效果，按照养分供应方式进行分类，可分为四类：使用营养液供应养分（简称营养液）、仅使用有机肥供应养分（简称有机肥）、使用有机肥加化肥来供应养分（简称有机肥 + 无机肥），还有部分未明确说明施肥方式（简称其他）。与土壤栽培相比，基质栽培可以显著提高番茄产量，显著提高果实中糖、可溶性固形物含量以及糖酸比，并能够显著降低果实中硝酸盐含量，进而改善番茄果实的口感和品质。基质的理化性质是影响番茄产量和品质的重要因素，基质有机质含量＞10%、容重在 0.6 g/cm^3 左右、总孔隙度在 70%～80% 所生产的番茄能够获得更高的产量和更优的品质。

（二）氮肥对蔬菜品质的影响

氮是植物需要量最大的矿质元素，对植物生长发育和物质转化起着关键作用，氮肥对蔬菜作物品质的影响也最明显。氮素不足时，蔬菜叶色淡绿，严重者叶发黄，植株矮小，组织老化；氮素过量时，茎长，叶大浓绿，柔软多汁，过于鲜嫩，不耐贮藏；氮素供应适量则蔬菜外观品质好，商品价值高。氮素供应不足除影响蔬菜生长外，还影响果实着色，并常常导致果实畸形。茄子植株缺氮时，花瓣颜色浅淡，花柱短小，夏季容易产生落果，冬季则由于单性结实而形成石茄。黄瓜花芽分化和开花时，氮素供应不足引起子房弯曲，产生弯果。适量施用氮肥可以显著提高蔬菜中可溶性固形物以及氨基酸、蛋白质、有机酸、胡萝卜素含量，过量施氮则降低维生素 C、总糖、可溶性糖含量。

施用氮肥可显著增加辣椒地上部及根系的生物量，120 mg/kg 氮肥处理的辣椒地上部分及根系生物量最高；施用氮肥可促进维生素 C 在辣椒茎、叶片和果实中积累，其中以 60 mg/kg 氮肥处理的维生素 C 含量增加最为明显；施用氮肥可提高辣椒果实中锌含量，120 mg/kg 氮肥处理的果实中锌含量最高，降低果实磷、钾、钙、镁、铜含量，对果实铁、锰含量无明显影响；辣椒中维生素 C 及矿质元素（磷、钾、钙、镁、锌、铁、铜、锰）的 INQ 值远远大于 1 。

施氮还对蔬菜风味品质产生影响。决定辣椒风味品质的主要指标为干物质含量、维生素 C 含量和辣椒素含量，而氮素对辣椒干物质形成起主要作用。这是由于氮参与植物体内主要代谢过程，参与蛋白质等主要成分的合成，从而能提高辣椒果实中干物质含量。挥发油是影响生姜风味的主要成分，适量增施氮肥可提高生姜挥发油及淀粉含量，降低纤维素含量，但过量施氮反而会使挥发油含量下降，风味品质下降。过量施氮还会导致芹菜植株内一种挥发性物质含量降低，从而影响芹菜的风味。总体来看，对于以果实及储藏器官为产品的蔬菜而言，适量增施氮肥可以提高其风味品质，而对于叶菜类增施氮肥则降低其风味品质。

许多学者把硝酸盐含量作为评价蔬菜产品卫生品质的指标之一，而氮肥的施用可以显著增加硝酸盐含量，因而不少人往往把增施氮肥造成蔬菜产品卫生品质下降这一现象简单地加以评价。增施氮肥尽管可以显著提高蔬菜产品中硝酸盐含量，但不同蔬菜种类硝酸盐含量增加幅度却有很大不同。一般叶菜类增幅较大，而对于果菜类和花菜类而言，其含量增幅相对较小。值得注意的是，法国学者 L'Hirondel 等认为，就目前世界各地蔬菜生产的总体状况而言，来自蔬菜产品及饮用水中的硝酸盐尚不足以对人体健康构成危害，且适宜的硝酸盐含量反而有利于人体健康，因而不宜把硝酸盐含量作为强制性评价蔬菜卫生品质的指标。

不同形态氮素对蔬菜品质的影响效果不同。有研究表明，在施氮量为 0.2 g/kg 土壤时，氯化铵可显著降低小白菜茎叶和番茄果实中维生素 C 含量，硝酸铵显著降低小白菜和番茄果实可溶性糖含量，硫酸铵、氯化铵则显著提高小白菜植株体内全氮、非蛋白氮含量。

（三）磷钾肥对蔬菜品质的影响

矿质元素磷、钾在促进植物体内光合及 ATP 合成，促进光合产物运转及其他矿质养分的吸收、代谢等方面起重要作用，因而施用磷、钾肥可以显著改善蔬菜产品品质。磷是核蛋白和磷脂的组成部分，多施磷肥能够加速细胞分裂，促进根系的生长，增强根系的吸肥吸水能力，对于地上部分可以促进叶的分化与发育，加速叶片的生长。钾可以调节气孔开闭，促进叶片与外界物质的交换，提高光合作用，并能促进碳水化合物积累与运转。追施钾肥不仅可促进辣椒个体发育和提高抗逆性，还可显著提高果实维生素 C 含量；施用钾肥在提高水萝卜中蛋白氨基态氮和维生素 C 含量的同时，可以降低硝酸盐含量。缺磷土壤施用一定量的磷可促进大蒜植株对氮、钾的吸收，并可提高植物体内大蒜素、可溶性糖含量，但有降低其维生素 C 和钙、镁含量的趋势。增施钾肥可显著提高生姜淀粉和纤维素含量，但降低维生素 C 含量，且用量越多，维生素 C 含量降低越明显。增施钾肥可提高番茄果实的可溶性固形物和可滴定酸含量，以及果实硬度。增施钾肥可以提高番茄果实的维生素 C、可溶性糖、可溶性蛋白、番茄红素含量，降低果实中硝酸盐的含量，随着 K_2O 的增加果实硬度也随之提高。K_2O 用量在 150～225 kg/hm^2 范围内对番茄果实综合品质的提升效果较好。

磷、钾肥与氮肥配合施用提高蔬菜品质的效果更显著。在施氮量相同的情况下，单一增施磷肥、钾肥或同时增施磷、钾肥均可显著提高番茄果实中总糖、维生素 C、赖氨酸等营养物质的含量，而可滴定酸含量则相应下降;在施氮量相同的情况下,增施钾肥可提高花椰菜花球中维生素 C 含量,且效果显著;与单独施用氮肥相比,配施磷钾肥对于促进保护地番茄产量形成和品质提高效果更为明显。

缺钙会引起白菜、甘蓝、莴苣等结球蔬菜叶球的“干烧心”,影响叶球的外观品质,也会导致茄果类蔬菜(番茄、辣椒)的“脐腐病”。在花球的形成过程中如果缺硼,茎、叶、球都会出现缺素症状,花球出现褐变和坏死,往往还伴随茎的中空。

七、土壤条件对蔬菜产品品质的影响

土壤是目前栽培蔬菜最主要的介质,土壤的营养条件直接影响着蔬菜的生长发育和品质,影响蔬菜生长和品质的土壤元素主要有物理、化学和养分特性。

温室中施用蚯蚓粪可改善土壤环境,显著增加土壤有机质和氮、磷、钾等养分含量,显著提高蔗糖酶和过氧化氢酶活性,增加土壤中细菌、放线菌数量,降低真菌数量。施用蚯蚓粪的番茄果实中可溶性蛋白、可溶性糖、维生素 C 和可滴定酸含量显著提高。

石灰氮消毒及缓释肥配施生物有机肥能促进韭菜生长,提高产量,其原因可能是石灰氮的施用有利于改善土壤结构,缓释肥配施生物有机肥养分释放期长,满足韭菜生长对养分的需求。石灰氮消毒及缓释肥配施生物有机肥处理可显著提高韭菜中维生素 C、可溶性蛋白和可溶性糖含量。

施用微生物菌剂是科学调控土壤、改善植物生长的有效途径,可增加土壤中微生物菌群的丰富性,提高土壤酶活性,改善土壤理化性状,弥补土壤自身微生物不足的缺点,促进作物生长,有效增强作物抗性。施用液态和固态微生物菌剂均能显著提高土壤脲酶活性,增加不结球白菜植株全氮含量,增大叶面积,显著提升叶片 SPAD 值,提高叶片净光合速率,提高总酚和抗坏血酸含量,改善蔬菜品质。

施用甲基营养型芽孢杆菌和植物乳杆菌可改善有机基质袋培黄瓜的根际环境,促进植株对元素的吸收、同化和积累,有效提高黄瓜产量和果实品质,黄瓜果实的游离氨基酸、有机酸、可溶性糖、还原糖和维生素 C 含量显著提高,施用甲基营养型芽孢杆菌增产提质的效果更佳。

八、环境污染对蔬菜产品品质的影响

环境污染是对蔬菜等园艺植物生长发育影响较大的主要因子,如大气、土壤、灌溉水受到污染后,会对蔬菜等园艺产品的品质产生影响。污染物对蔬菜等产品的间接危害是通过有毒物质溶于水或者悬浮在空气中,被植物根系或者叶片气孔、水孔所吸收,这类物质进入植物体内,抑制光合作用和酶的活性,阻碍细胞膜的功能,造成生长受阻,品质变劣,或大量积累,被人兽摄食后,危害健康。

优质蔬菜生产基地必须具备良好的空气、灌溉水、土壤条件,清洁的空气和无污染的土壤,是进行绿色食品蔬菜栽培的基础。无公害农产品　种植业产地环境条件(NY/T 5010—2016)规定了无公害农产品种植业产地环境质量要求、采样方法、检测方法和产地环境评价的技术要求;绿色食品　产地环境质量(NY/T 391—2021)规定了绿色食品产地的术语和定义、生态环境要求、空气质量要求、水质要求、土壤质量要求等。

九、植物生长调节剂对蔬菜产品品质的影响

植物生长调节剂是一类具有植物激素活性的人工合成的化学物质,在调节植物的休眠与萌发,促进植物细胞和组织分裂、生长,调控植株开花结果,防止落花落果,促进果实成熟与着色方面具有重要

的作用。植物生长调节剂的使用是一项重要的农艺措施，能够促进农作物对不良生长环境的逆境胁迫响应，增强植株抗病能力，增加作物产量。植物激素对蔬菜品质也有一定的影响。

使用激素蘸花促进番茄结实的措施非常普遍，正常温度下激素能促进番茄坐果，加快果实的膨大速度。但在最低温度低于 15 ℃，最高温度高于 35 ℃时，番茄不易坐果，需采用激素蘸花促进结实；在环境条件不适宜时，光合产物不够，容易产生空洞果、畸形果，容易发生筋腐果，且品质也会下降。水杨酸（SA）可提高大白菜抗性品种叶片维生素 C 和可溶性蛋白质含量，却会降低可溶性糖含量；而对于大白菜非抗性品种，SA 可提高叶片可溶性糖和可溶性蛋白质含量，却会降低维生素 C 含量。

植物生长调节剂的使用效果与肥水管理关系密切。乙烯利催熟处理会不同程度地影响番茄果实的营养品质，其中乙烯利对番茄红素含量的影响最大，对番茄单果质量、总酸含量和固形物含量的影响次之，对总糖含量和维生素 C 含量的影响最小。乙烯利处理和乙烯利结合追肥处理均会降低番茄红素含量，最大降幅达 62.62%。当乙烯利配合追肥后，番茄红素含量明显回升。乙烯利处理可提高番茄总酸含量，乙烯利浓度与总酸含量呈正相关。乙烯利可提高番茄单果质量以及维生素 C、固形物和总糖含量，但提高效果不明显，而结合追肥管理后提高效果明显。可见，乙烯利催熟处理影响番茄的营养品质，乙烯利配合追肥则可明显促进催熟番茄番茄红素含量的回升，有效保证营养品质。

思考题

1. 果蔬产品质量包括哪些要素？评价方法有哪些？
2. 设计一个利用综合评分方法鉴定园艺产品质量的试验。
3. 影响果蔬产品品质的因子有哪些？如何提高果蔬产品品质？
4. 评定蔬菜产品品质的指标有哪些？
5. 园艺产品品质研究有哪些内容和方法？

第十一章

园艺植物设施栽培研究

影响园艺植物生长发育的因素包括遗传和环境两方面。遗传决定园艺植物生长发育、产量与品质形成等方面的潜在能力，而环境则决定园艺植物的遗传潜力能在多大程度上得以实现。再好的良种壮苗，若没有适宜的环境条件，也不能充分发挥其遗传潜力。因此，采用经济、有效的栽培设施及配套环境调控技术，创造适合园艺植物生长发育的环境条件，避免或减少外界自然环境条件的不利影响，是实现园艺植物高产优质高效的重要途径。园艺植物和设施环境之间相互影响、相互作用，是密不可分的统一整体，只有充分了解园艺植物设施栽培的研发方法，才能更好地进行设施园艺优质高效安全生产。

园艺植物设施栽培研究的内容主要包括：不同地区不同类型园艺设施的结构和性能研究，研制采光、蓄热、保温、降温、节能等性能良好的园艺设施，逐步使结构标准化、设备现代化、管理自动化；培育适用于设施栽培的园艺植物新品种；研究主要园艺植物的设施栽培关键技术，尤其是安全生产、质量控制和品质提升技术；研究连作条件下设施土壤次生盐渍化及病虫害问题的综合防治技术。

第一节　设施栽培试验的设计特点

一、设施栽培试验的特点

在温室、大棚等设施条件下安排的田间试验，受自身结构的限制，不同部位的温度和光分布局部产生的差异很大。例如，一般双屋面温室白天上部气温高于下部，中部高于四周；单屋面温室（改良式、拱圆式等日光温室）夜间北侧气温高于南侧，下部高于上部（图 11-1）。在保温条件下，设施内垂直方向的温差高达 4～6 ℃，水平方向的温差较小；在设施栽培的边行地带，寒冷的早春或冬季，其气温或地温比内部低很多。日光温室的东、西、北墙和后屋面都不透光，在其附近或下部一般会有遮阴，南屋面下的光照环境往往优于北部；在东、西山墙附近，上午或下午有三角形弱光区。塑料大棚内一般是大棚南端光强大于北端，上午东强西弱，午后则相反。此外，由于设施及植物本身的遮阴，设施内的光照往往高处较强，向下逐渐递减，近地面光照最弱。设施内温度和光照分布的不均匀性，使得园艺植物的生长情况不一致，增加了设施试验的复杂性。因此，在园艺设施中进行试验时，应首先了解温度、光照、湿度等变化规律，通过局部控制和正确的试验设计技术，尽可能地排除非处理因素的干扰，避免和消除试验误差，提高试验结果的准确性和代表性。

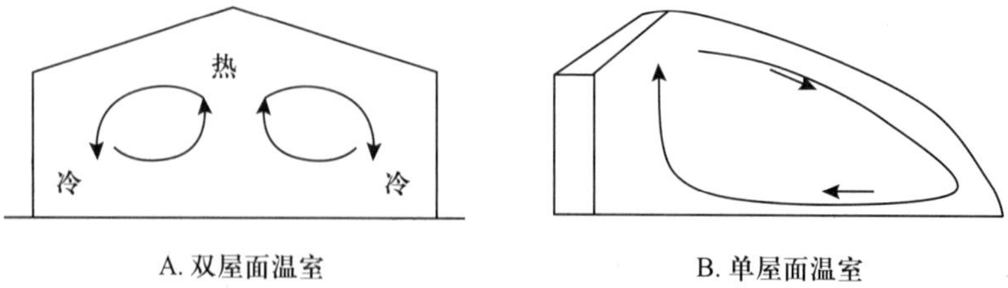

图 11-1　双屋面温室（A）和单屋面温室（B）气温分布（气体流动）模式图

近年来，我国用于园艺植物生产和研究的栽培设施发展迅猛，已经形成了类型多样化、功能齐全化、应用广泛化的态势。简易保护设施包括风障、阳畦、温床等，多为临时性设施，主要用于园艺植物育苗。塑料中小拱棚主要用于蔬菜花卉的春季早熟栽培、早春园艺植物的育苗、秋季蔬菜花卉的延后栽培和蔬菜育苗。塑料大棚主要用于园艺植物冬春季和夏季育苗，蔬菜花卉的春提早、秋延后栽培或从春到秋的长季节栽培（南方地区夏季去掉裙膜，换上防虫网，再覆盖遮阳网），也可用于果树促成、避雨栽培。日光温室主要用于园艺植物的早春、深秋、冬季生产和幼苗培育。现代化温室通常配有自然通风、加热、帘幕、降温、补光、灌溉施肥设备和计算机自动控制系统等，可以实现环境的自动调控，园艺植物几乎可全年生产。虽然园艺设施的结构趋于标准化，但受地域的影响，设施内部的温度、光照、湿度等条件的局部变化仍较大，易受外界条件的干扰和影响。因此，在进行设施环境试验时，对于设施条件下的环境因子季节性变化、日变化、不同位置的变化，进行必要的观测和分析，尤其是充分了解这些类型设施的性能，才能够做到因地制宜、合理地进行试验设计。

二、设施试验设计要点及注意事项

1. 增加边际保护行

园艺设施内，受贯流放热和缝隙放热等因素的影响，光照不足，气温和地温低，尤其是日光温室东、西山墙和南侧部分等边际区域所受的影响较大，与其内部环境明显不同。因此，在园艺设施边际区域一般不宜安排试验区，而应安排保护性栽培区。

2. 科学设计试验小区

在园艺设施内安排试验，小区形状以矩形为好。小区的长边与温度、光照的变化方向相一致，如日光温室内小区的方向应与其屋脊走向垂直。小区长和宽的比例，要依据温室、大棚等设施的跨度而定，一般为 1∶5 或 2∶5，若跨度较小，不必再划成两个小区；跨度较大的大棚，可在中间设置行道，两侧分别设置重复和小区，且在大棚两端仍要留保护行。

3. 合理布设散热器位置

为降低园艺设施运行成本，提高能量利用率和生产效益，必须高度重视供暖系统的设计，其中散热器的布设显得尤为重要。散热器布设的原则是尽量保证温度分布均匀，热损失小，管路短，且不妨碍生产操作。对于一般连栋温室，常常将散热器靠四周的覆盖材料布设，这样可以防止冷气流产生，使流经工作区的空气比较温暖；大型连栋温室的中部常将散热器安在立柱两侧，离地面 20～30 cm，四周的散热器则靠墙水平重叠布置，这样占地面积不大，遮光少，对温室作业影响小；在日光温室中，散热器常布设在后墙内侧。

4. 重复的安排

同一个试验尽可能安排在同一栋园艺设施中进行，安排不下时每栋园艺设施做一次重复安排，不能把同一试验的不同处理安排在不同的设施中。在进行设施结构、不同覆盖材料或覆盖模式试验时，可以采用裂区试验设计，在同一设施内设置不同的副处理。在设施中利用盆栽进行保温、加温、灌水、施肥等试验时，应根据温度、灌溉量、肥力梯度等主要因素的变化，采用拉丁方试验设计。

5. 小区面积和重复次数

试验小区的面积应根据园艺植物的种类和试验性质而定。在条件较一致的田地上，预备试验可以不设重复，每隔 2～3 个小区设 1 个对照，正式试验则设置 3 次以上重复。由于园艺设施的面积与露地相比较小，每个试验的处理数不宜过多，对试验小区面积和重复次数的设计可参考表 11-1。

表 11-1　园艺设施试验小区面积及重复次数设计参考样例

蔬菜名称	育苗（温床、温室）		栽培（温室、大棚）	
	面积 /m²	重复次数	面积 /m²	重复次数
番茄、茄子、辣椒	1.0～2.0	3～4	6.6～13.0	3～4
黄瓜	2.0～3.0	3～4	13.0～20.0	3～4
莴苣	2.0～3.0	3～4	6.6～13.0	3～4
芹菜	1.0～2.0	3～4	6.6～13.0	3～4

6. 提高田间管理的一致性

在试验过程中耕翻深度、施肥方法、灌水量等都应严格掌握，力求均匀一致；特别是试验材料纯度要高，精细播种，使苗圃地能够达到一次全苗、齐苗，试验所用苗木要严格挑选，尽量一致。在进行通风管理时，应注意通风口的位置和通风方式，尽量减少试验误差，提高试验的准确性。

第二节　设施环境的观测

一、设施方位和采光屋面角度的测定

园艺设施的方位和透明屋面的角度对设施的光照性能和温度性能影响很大，不同类型的设施要求不尽相同。例如，风障畦的设置方位应考虑挡风和光照两方面因素，我国北方地区冬春季节的季候风多为西北风，风障设置时应与这一方向垂直，风向和障面夹角 90° 时防风效果最好（图 11-2）。塑料大棚的方位是指大棚棚脊的走向，应结合本地纬度、地形条件及主风向等综合考虑；在我国大部分地区，大棚的方位宜南北延长，使大棚内各部位采光均匀；若限于地形条件，必须东西走向，则要充分考虑大棚骨架遮阴对作物生长发育的影响。

日光温室靠向阳面采光，东西山墙和后墙都不透光，其方位一般是坐北朝南、东西延长。某些地区如果早晨比傍晚寒冷得多或早晨多雾，方位可偏西 5° ～10°，以便更加充分地利用下午的光照，这叫“抢阴”。在冬季并不严寒，且大雾不多的地区，温室方位可以偏东 5° ～10°，既充分利用上午的阳光，又避免西北寒风的袭击，这叫“抢阳”。需要注意的是，这里所说的南北指的是正南正北，也就是真子午线所指的南北，不是磁针所指的南北，两者相差一个磁偏角（图 11-3）；罗盘仪指示的是磁南磁北而不是正南正北，因此用罗盘仪测定后要按不同地区的磁偏角加以修正（表 11-2），一般不超过 10° 。

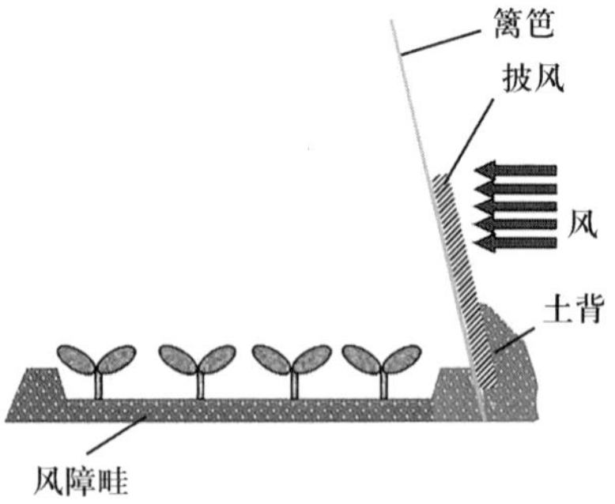

图 11-2　风障畦结构示意图

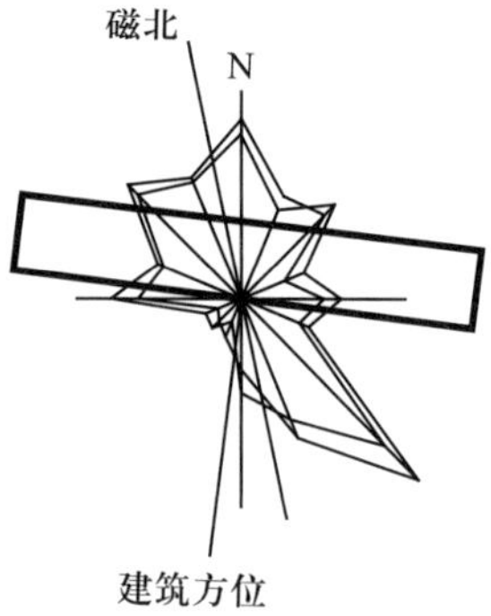

图 11-3　温室方位示意图

表 11-2　我国部分城市的磁偏角

城市	磁偏角	城市	磁偏角
齐齐哈尔	9° 23'(西)	呼和浩特	4° 36'(西)
哈尔滨	9° 23'(西)	西安	2° 11'(西)
长春	8° 42'(西)	太原	3° 51'(西)
沈阳	7° 56'(西)	包头	3° 46'(西)
大连	6° 15'(西)	兰州	1° 44'(西)
北京	5° 57'(西)	玉门	0° 01'(西)
天津	5° 09'(西)	郑州	3° 50'(西)
济南	4° 47'(西)	银州	2° 53'(西)
徐州	4° 12'(西)	保定	4° 43'(西)

连栋温室的方位是指温室屋脊的走向，朝向为南的温室，其建筑方位为东—西(E-W)。一般随着纬度增高，E-W 方位连栋温室的日平均透光率比南—北(N-S)方位温室的日平均透光率将增大。但 E-W 走向连栋温室屋脊、天沟等在设施内会造成阴影弱光带，最大透光率和最小透光率之差可能超过 40%；而 N-S 方位连栋温室，其中央部位透光率高，东西侧墙附近与中央部位相比低 10%，光照均匀性较好。

方位可以用罗盘仪测定，而屋面角度可以用侧斜仪测定。日光温室结构设计应使冬季阳光尽可能得到充分利用，其采光屋面的断面形状主要有圆拱形、椭圆形、两折式(大小双斜面式和一斜一立式)和三折式四种形式。其中，圆拱形屋面倾角分布合理，所截获的太阳辐射也最多，生产上普遍应用，可以通过测定不同部位曲线的切线与地面的夹角来确定采光屋面角度(图 11-4)。在研究园艺设施方位和屋面倾斜角度对设施内透光率的影响时，由于光照强度随时都在变化，应将其他条件尽可能控制一致，在同一时刻进行不同处理，试验结果才具有可比性。

二、温度的测定

温度是园艺植物设施栽培的首要环境条件，在设施生产中温度条件是生产成功与否的关键因素。对于园艺设施内热环境的研究主要包括：不同设施结构、覆盖材料、覆盖模式的蓄热保温或降温效果，设施内温度的水平变化和垂直变化，不同地区、不同季节或不同天气设施内的增温效应，设施内温度的日变化和季节变化，设施内地表和不同深度土体温度的变化等。

测点不多时，可用普通温度计测定温度。测定时感温部位应在测定点上，而且要适当遮挡。一般测点应在冠层位置。实际生产中，由于同一设施内的不同位置、栽培作物状况和天气条件不同都会影

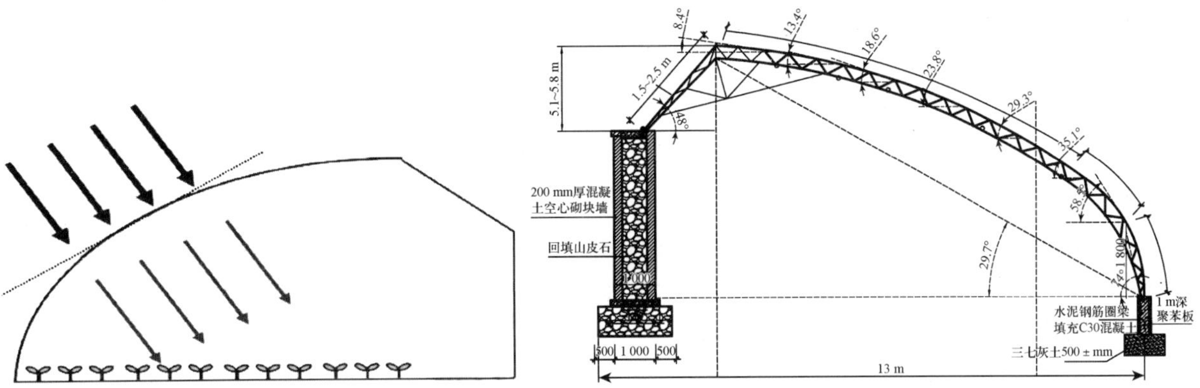

图 11-4　日光温室采光屋面角度的测定

响温度变化，一般应多点测定。如图 11-5 所示，设施内一般布 9 个水平观测点，其中 5 点位于设施中央，其余各点以 5 点为中心在四周均匀分布，设施外的布点则与 5 点相对应；垂直测点按设施高度、作物生长状况等设定。

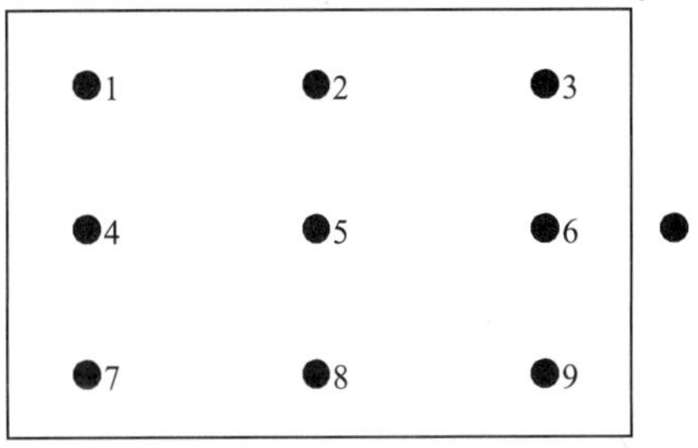

图 11-5　设施内外水平观测点分布

温度的季节变化不必连续测定，可间隔一定时间（如 10 d 或 15 d）测 1 次，如规定的测定时间没有代表性，可以推迟补测。为了解不同季节天气的温度变化，可在每个时段选晴天、阴天分别测定，最好每天在 2：00、8：00、14：00、20：00 分别测定，以掌握较完整的气象资料。研究温度的日变化，选定的观测时间要能够显示出温度的变化，包括最高和最低温度；最好与气候观测的时间一致，以便比较，一般每天在 2：00、8：00、14：00、20：00 测定。有时因特殊需要，如研究塑料薄膜覆盖的增温效应，应增加测定次数。

研究日光温室墙体内的温度变化时，一般将观测点设置在温室中部。墙内水平温度测定：可在后墙内侧距地面 1.0～2.0 m 处，距墙表面 0 m、0.2 m、0.4 m、0.6 m、0.8 m 和 1.0 m 处设点；墙内垂直温度测定：可在墙内 0.2～0.5 m 处的垂直方向，在墙高 0.3 m、0.6 m、0.9 m、1.2 m 和 1.5 m 处设点。

测定等温线时测点较多，要求测定同一时间的温度，但实际上各个测定点读数时有先有后，影响测定结果，这时可以按一定的次序测定一次，然后逆向往返数次，用平均值表示。

三、光照条件的测定

光照在园艺设施中发挥着热效应、光合效应、光形态效应等多种机能。太阳辐射引起的热效应是设施内温度条件的主要来源，通过调节设施内的进光量，可改变设施内的温度条件。在园艺设施内，光照条件受设施方位、骨架结构、采光面的大小和形状、覆盖材料的特性及其洁净程度等多种因素影响。设施内的光环境主要包括：光照强度、光照时数、光谱组成、光的分布均匀性等。

一般采用手持式照度计测定透光率和光照强度的变化，测定时感光的部位应在植株叶层分布最多的地方，有时需在叶层和植株表面测定两次；同时还要测室外的光照，以计算不同结构和覆盖物的透光率；感光器可与植株表面平行，也可与设施的透光面平行。此外，植株光照的季节变化和日变化测定方法可以参考温度测定方法。

四、通风量及二氧化碳的测定

园艺设施具有封闭性，室内外的气体交换受到限制，造成设施内的气体环境与露地不同。一方面，在没有人为补充 CO_2 的情况下，白天易造成设施内 CO_2 匮乏，影响作物的光合作用；另一方面，空气中的有害气体浓度虽然较低，但在设施内容易积累，并对作物造成危害。因此，测定研究园艺设施的通风量及 CO_2 浓度变化对生产实践具有重要的指导意义。

气流速度可用热线微风仪测定，也可用阿斯曼风速仪测定，可以测定 10 m/s 以下的风速，而且对 0.03 m/s 的低风速反应灵敏，使用时要严格按要求操作，以免产生过大误差。

CO_2 是植物进行光合作用的必需原料，在设施栽培条件下有时起限制因子的作用。一般而言，根据不同的测量方式把 CO_2 浓度检测分为直接测量和间接测量，两者实际检测都依赖于 CO_2 所处环境中环境变量的改变，CO_2 的检测方法可分为以下四类：

1. 电学法、电化学法和化学法

电学法、电化学法和化学法是传统 CO_2 浓度的测量方法，必须由人到现场采样，然后送往实验室分析。其中，电学法是利用材料与 CO_2 发生反应后，依据其电学参量变化对 CO_2 浓度的测量，是发展最早、应用最广的方法。电化学法具有灵敏度高、响应时间快、经济可靠的优点，其缺点是对气体的选择性差，且长时间工作将会因氧化而进入休眠状态，从而对目标气体没有反应。化学法是利用特定溶液与目标气体发生化学反应，通过测定特定溶液或生成物的含量来测量 CO_2 的浓度，包括比色法、分光光度法等。例如，含 CO_2 气体的空气与氢氧化钠溶液反应，生成碳酸钠，通过测量溶液的消耗量来测定样品气体的浓度。这类方法具有分辨率高、准确可靠、抗干扰能力较强的优点，但测量周期长，成本高，操作过程复杂，易受人为因素影响。

2. 色谱、质谱分析法

气相色谱法是将待测气体先通过毛细管色谱柱分离和浓缩，然后用氢火焰离子检测器或电子俘获检测器对各种气体成分进行检测，其可信度高。质谱法是用电场和磁场将运动的离子按其质荷比分离后进行检测的方法，其响应速度非常快。将色谱分离后的气体样品直接输入质谱仪电离室，进行质谱鉴别和测量，即色谱 - 质谱联用技术，这种技术是色谱的分离与质谱的鉴别特性的结合，已成为最灵敏、最专一的 CO_2 浓度检测技术之一。但色谱分离气体需要一定的时间，所以难以进行实时监测。

3. 光谱吸收法

光谱吸收法的原理是光穿越气体时会与气体分子相互作用，利用其光强减弱的特性，间接对 CO_2 浓度进行监测。光谱检测技术是光学在检测方面应用的新技术，是电子技术和微计算机技术发展的产物，它能够实时检测目标气体的浓度，而且比化学法和电化学法检测灵敏度高，易于观察和控制。但光谱检测技术响应速度慢，对检测环境的要求比较高，容错性能差。

4. 红外线 CO_2 分析法

所有气体在波长 1.5～2.5 μm 的红外线光谱范围内都有固定的吸收光谱，而且红外线部分的吸收量与吸收气体的浓度成正比。应用这个原理制成的红外线 CO_2 分析仪能够连续测量、记录，测值可靠，但价格较高。

第三节　二氧化碳施肥研究

设施环境具有密闭性，进行园艺植物栽培时，需进行 CO_2 施肥，以增强光合效率，使植株生长旺盛，提高苗木质量、产品产量与品质。

一、设施内的 CO_2 收支模式

设施内 CO_2 的来源，除了空气固有的 CO_2 外，还有植物呼吸、土壤微生物活动、有机物分解产生的 CO_2（图 11-6）。设施内 CO_2 浓度随时间、空间和植物生长发育状况的变化而变化。一般来说，设施内 CO_2 浓度的变化规律是夜间比白天高。夜间植物、土壤、微生物通过呼吸作用排出 CO_2，设施内 CO_2 浓度相对增加，且在早晨揭开保温被时达到最高。揭开保温被后，植物开始进行光合作用而消耗 CO_2，消耗逐渐大于补充，室内 CO_2 浓度降低，1～2 h 内设施内 CO_2 浓度可降至大气中的 CO_2 水平。尤其在晴天，温室、大棚放风前的 11：00 左右光合作用最强，CO_2 浓度降至最低；放风后，CO_2 浓度逐渐升高；关闭通风口、盖上保温被后，CO_2 浓度继续升高，直至第二天早晨又达到最高值。阴天设施内 CO_2 浓度的变化趋势与晴天相似，但阴天时植物光合作用较弱，设施内的 CO_2 浓度相对高于晴天。

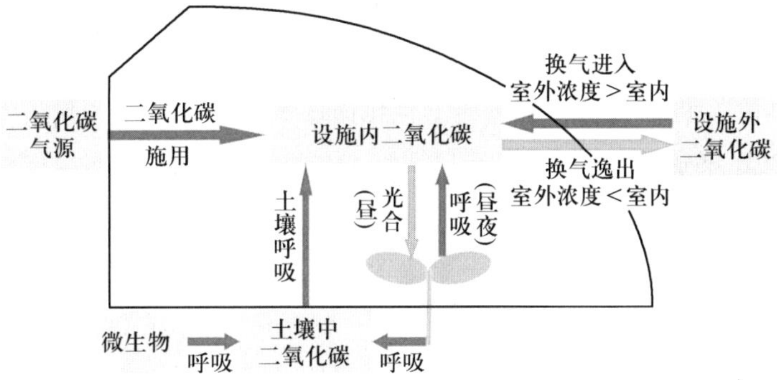

图 11-6 设施内的 CO_2 收支模式

设施内各部位的 CO_2 浓度分布不均匀。以日光温室为例，晴天当室内顶通风和侧通风打开时，植株生长层中部的 CO_2 浓度降低；但在傍晚或阴雨天则相反，植株生长层的中下部 CO_2 浓度较高，冠层浓度较低。在园艺植物不同生长发育阶段，设施内的 CO_2 浓度也不相同。设施的面积、空间大小、通风换气状况或栽培床的有机物等也会影响设施内 CO_2 的浓度变化。通常设施的容积越大，CO_2 出现最低浓度的时间越迟。在晴天，当蔬菜栽培设施内密闭不通风时，CO_2 浓度急剧下降；当通风换气时，CO_2 浓度上升。

二、设施内的 CO_2 施用技术

适当地施用 CO_2 对设施内植物的生长发育有促进作用。以蔬菜为例，对于叶菜类蔬菜，增施 CO_2 主要通过促进叶片光合作用和增加叶片数量来增加产量。对于果菜类蔬菜，增施 CO_2 主要通过提高单果重和单株果数来促进蔬菜增产。另外，增施 CO_2 能促进番茄、黄瓜等蔬菜“源 - 库”间不同部位中非结构性碳水化合物的积累，促进蔗糖向库端的运输以及果实成熟过程中淀粉向可溶性糖的转化和还原糖的积累，进而改善蔬菜品质。

（一）设施内的 CO_2 施用时期及时间

从理论上讲，施用 CO_2 促进光合作用的效果取决于库的大小，在产品器官形成速度快的时期，施用效果较显著。因此，CO_2 施肥多在设施植物生长发育过程中光合作用最旺盛的时期和一天中光照条件最好的时段进行。

一般在植物幼苗阶段施用 CO_2，有利于缩短育苗周期，培育壮苗，提高早期产量。定植后的 CO_2 施

肥时间则主要取决于植物种类、品种特性、栽培季节、设施状况和肥源类型等因素。以蔬菜为例，茄果类、瓜类蔬菜定植后到开花前一般不施 CO_2，待开花坐果后开始施，以防止营养生长过旺而造成落花落果；叶菜类、根菜类蔬菜可在定植后立即施用 CO_2。

一天中，CO_2 的具体施用时段应根据设施内 CO_2 的变化规律和作物的光合特性合理安排。在我国和日本，CO_2 施肥多从日出或揭开保温被后 0.5～1 h 开始，通风换气前 0.5 h 时结束；严寒季节或阴天不通风时，可持续到中午再停止施用。在荷兰等国家，CO_2 施肥全天候进行，中午通风窗调开至一定大小时自动停止。

（二）设施内 CO_2 施用浓度

植物对 CO_2 的吸收利用存在饱和效应（CO_2 饱和点），从光合作用的角度，接近饱和点的 CO_2 浓度为最适施肥浓度，但在实际操作中则很难把握，而且施用饱和点浓度的 CO_2，在经济方面往往也不合算。因此，结合 CO_2 施用效果和投入成本综合考虑，以 600～1 000 mg/L 作为多数设施作物的 CO_2 施肥推荐浓度，具体应结合作物种类、生长发育阶段、水肥管理、光照及温度条件等来确定，如晴天和温度高时 CO_2 施用浓度宜高，阴天和低温弱光季节 CO_2 施用浓度宜低或不施用。为了最大限度地提高 CO_2 的施用效果，一般应随着光照、温度等环境因子的优化而逐步提高 CO_2 施用量。

（三）设施内的 CO_2 增施方法

通常在高温时段利用通风换气法给温室、大棚补充 CO_2，不放风时设施内 CO_2 的增施主要采用化学反应法、燃烧法、液态 CO_2 或干冰施肥法、土壤化学法、发酵法等。

1. 通风换气法

当设施内 CO_2 浓度低于外界时，采用自然通风或强制通风可迅速补充 CO_2，使设施内 CO_2 浓度接近大气中的 CO_2 水平。通风换气的时间一般为 10：00—14：00，具体根据天气情况及室温变化而定。此法简单易行，但提高 CO_2 浓度的幅度有限，作物生长旺盛时期经过充分换气的温室 CO_2 浓度仍比外界低 10% 甚至更多。而且，维持设施内一定的 CO_2 浓度，需要足够的换气次数，寒冷季节温室以保温为主，通风较少，故本方法的局限性较大。

2. 化学反应法

化学反应法一般使用硫酸等强酸和碳酸氢铵反应制备 CO_2，这也是目前应用最多的一种方法。化学反应产生的 CO_2 可作气肥，副产物硫酸铵可作土壤肥料。此法中，硫酸可以用工业硫酸（浓度以 96% 为宜），碳酸氢铵是化肥，成本低廉，而且在常温常压下就可反应，产生 CO_2 量较多。但在生产上使用浓硫酸非常危险，盐酸又有一定的挥发性，使制成的 CO_2 中多含杂质。因此，本法适合于在设施内试验或小面积应用，放气量和放气时间可根据栽培面积、天气情况等调节。近年来，基于硫酸 - 碳铵反应法开发出多种成套 CO_2 施肥装置，主要结构组成包括贮酸桶、反应桶和导气管等（图 11-7），可通过调节硫酸的供给量来控制 CO_2 的产生量，方法简便，易于操作，应用效果较好。

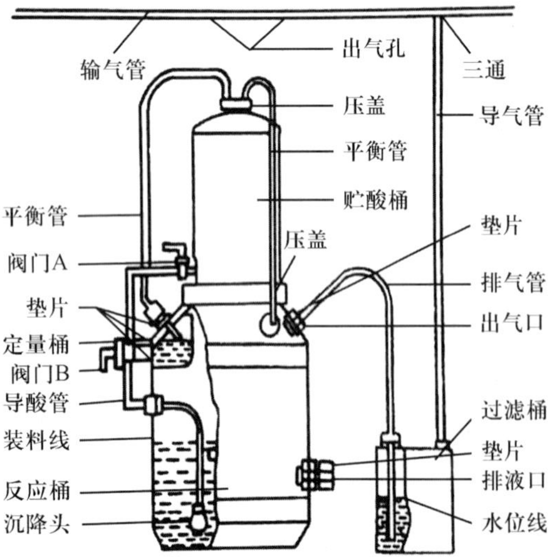

图 11-7　基于硫酸 - 碳铵反应法的 CO_2 气肥发生器示意图

3. 燃烧法

燃烧法利用液化石油气、天然气、沼气、木材、煤、焦炭、煤油等燃料，在专门的燃烧器内燃烧产生 CO_2，同时还可以为设施提供光照和热量，但成本较高且容易产生 SO_2、CO 等有害气体，主要在北方地区寒冷季节加温设施中有一定的应用。该法要求燃料纯净，有专用的 CO_2 发生设备（图 11-8），产生的有害气体不能超过对作物致害的浓度。通过燃放沼气进行 CO_2 施肥是许多农牧区常用的方法。此外，高级 CO_2 气肥棒也是一种特别适合园艺设施专用的燃烧式气肥，以高温干馏木炭等为碳源，与催化剂和活化剂充分混合并压制成型，使用时直接用火点燃即可缓慢释放 CO_2，并且不易产生有害气体。

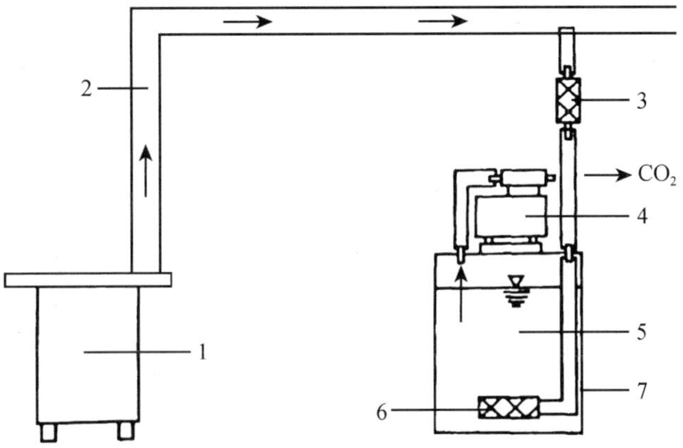

图 11-8　采用普通燃煤的设施 CO_2 施肥设备

1. 普通煤炉；2. 烟筒；3. 过滤器；4. 气泵；5. 药液；6. 曝气管；7. 反应室

4. 液态 CO_2 或干冰施肥法

为了便于运输和使用，通常将气态 CO_2 加压后转变为液态 CO_2 储存在专用钢瓶内，施用时打开控制阀门，用一根带有若干出气小孔的塑料管把汽化的 CO_2 均匀释放进温室大棚内。CO_2 气源一般是酿造厂、氧气厂、化工厂的副产品，一般要求纯度在 99% 以上，使用时较安全，该方法容易控制 CO_2 用量，但成本较高。另外，也可利用固态 CO_2（干冰）进行 CO_2 施肥，但干冰的贮藏、运输条件较严格，一般宜在育苗设施内小面积施用，使用不当则易造成冻害。

5. 土壤化学法

以 $CaCO_3$ 粉为基料，与其他添加剂一起经高温处理形成固体 CO_2 肥，撒在地表或深 1～2 cm 的土层内，在适当温湿度条件下经土壤微生物的生化和物化作用，缓慢释放 CO_2。该法的缺点是产生 CO_2 的浓度和量不易控制。

6. 发酵法

发酵法是设施园艺生产中较常见的 CO_2 施肥方法。在土壤中增施有机肥和在地面上覆盖稻草、麦糠、菌糠等有机物料，不仅为园艺植物提供生长所必需的营养物质，改善土壤理化性状，而且有机质经微生物降解可释放出大量 CO_2。该法 CO_2 肥源丰富，成本低，简单易行。但是，通过有机质分解释放 CO_2 的持续时间较短，产气速度受微生物活动和外界环境等影响较大，而且未完全腐熟厩肥等分解过程中易产生 H_2S、NH_3、NO_2 等有害气体。

（四）CO_2 施用期间的环境调节

1. 光照管理

光照强度是影响植物光合作用的关键因子之一，CO_2 浓度同光照强度存在着协同作用。因此，在

冬春季节进行 CO_2 施肥时，要注意提高设施的透光率，增强设施内的光照强度，改善园艺植物的受光条件。

2. 温度管理

从光合作用的角度分析，当光强为非限制性因子时，增加 CO_2 浓度对提高光合作用的速率与温度有关，高 CO_2 浓度下的光合速率在适温下会升高，温度过高过低都不利。一般认为，果菜类蔬菜光合作用适宜温度为白天 20～30 ℃，夜间 13～18 ℃。

3. 湿度管理

不同园艺植物要求不同的空气相对湿度，如黄瓜适宜的相对湿度为 80%，番茄为 45%～50%。CO_2 施肥条件下，通常实行昼间高温管理，致使通风时间延迟，换气量减少，相对湿度较大，为减少设施内的相对湿度，一方面，可采取地膜覆盖等措施减少水分蒸散；另一方面，设施内尽量选用内张幕、透湿和抑雾型资材。

4. 肥水管理

充足的水分和养分是保证作物光合作用正常进行的基本条件。CO_2 施肥促进作物生长发育，增加对水分和矿质营养的供给是必要的，但同时又要注意避免肥水过大引起营养生长与生殖生长失调。氮是光合碳循环酶系和电子传递体的组成成分，增施氮肥有利于改善叶片的光合作用，土壤底肥不足时也可以增施氮肥。此外，增施 CO_2 之后根系吸收磷、钙、锰的能力减弱，可采用根外追肥弥补。

（五）注意事项

采用化学反应法制 CO_2 时，应注意硫酸的稀释流程，保证安全。采用燃烧法时，应注意防火。对设施内的 CO_2 施用装置做好遮阴防护处理，避免管件老化和密封性降低。保证 CO_2 施用的连续性，避免突然停止施用引发的植物早衰。

第四节　设施土壤次生盐渍化研究

土壤是植物进行正常生命活动的载体。俗语讲"根深才能叶茂"，如果土壤条件不适宜，会直接影响到植物的形态与功能。在园艺植物设施栽培生产中，由于复种指数较高，单位面积的生物量较大，难以耐受瘠薄的土壤，必须要有充足的养分供应。尤其是设施蔬菜和果树，其产品器官鲜嫩多汁、个体硕大，需要的氮肥比水稻等大田作物需要的高 20 倍。因此，应采取各种有效的措施来创造或调节土壤条件，以满足设施植物生长发育的需要。

一、设施内的土壤环境特点

设施内温度高，湿度大，气体流动性差，而植物种植茬次多且较为单一，施肥量大，根系残留较多，使得设施内的土壤环境与露地土壤有较大不同，主要表现在土壤理化性状劣化、土壤生物学环境恶化、植株自毒作用突出等三大方面。

（一）土壤理化性状劣化

1. 土壤板结和次生盐渍化

设施内一般以栽培蔬菜、花卉等园艺植物为主，肥水需求量较大。由于灌溉施肥较频繁，耕层土壤团粒结构受到破坏，通透性变差且板结严重。另外，栽培设施往往要通过各种覆盖材料在晚秋或冬春季增温保温，在夏季降低温度，所以是一个相对封闭、半封闭的空间。由于设施常年或季节性覆盖，与露地相比，设施土壤得不到雨水的充分淋洗，种植过程中大量施用的肥料会留存在土壤中；再加上设施内温度偏高，土壤蒸发旺盛，致使深层土壤中的肥料会随水分蒸发而沿土壤毛细管上升，最终在设施内土壤表层积聚，造成土壤次生盐渍化，同时也进一步加剧土壤板结（图 11-9）。

2. 土壤酸化

设施植物栽培中，长期施用化肥和未腐熟的有机肥，特别是超量施用氮肥或生理酸性肥料（如氯化铵、硫酸钾等），会导致土壤酸化，并且设施土壤的酸化程度随种植年限的增加而加剧。土壤过度酸化影响植物对 N、P、K、Ca、Mg 等矿质元素的吸收和利用（图 11-10），使土壤理化性状变差，土传病害加重，抑制植物生长。

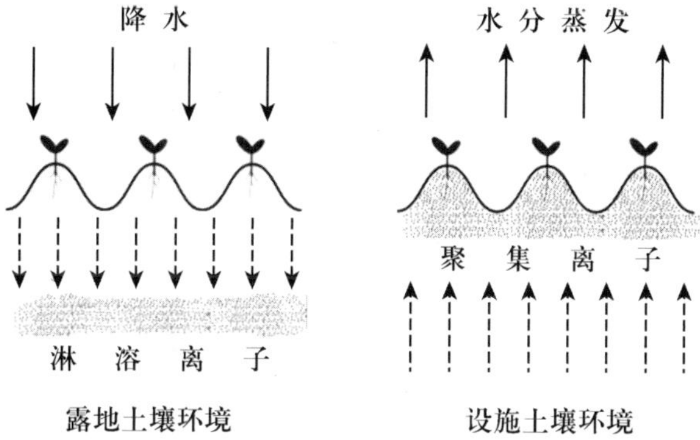

图 11-9　露地土壤和设施土壤水分、盐分的迁移模式

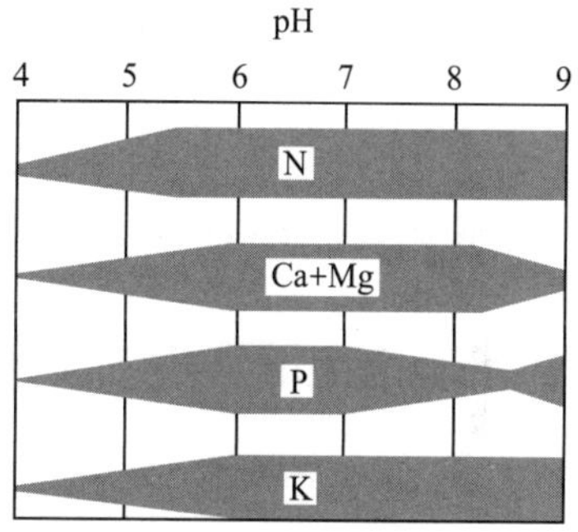

图 11-10　土壤 pH 与养分有效性

3. 养分比例失调

设施内植物复种指数高，为追求高产而大量施用肥料，使土壤中养分含量严重超标。而植物对矿质营养元素的吸收具有特异性，使不需要或需要量少的元素在土壤中积累过多；并且根系分布有深有浅，多年连作使根系吸收范围固定，造成局部营养缺乏；再加上超量施用化肥和盲目偏施单一化肥，进一步加剧设施土壤的养分比例失调。土壤养分比例失衡不仅造成养分流失和资源浪费，而且还对植物生长发育有显著的不良影响。

（二）土壤生物学环境恶化

1. 微生物群落失衡

由于设施栽培植物种类相对单一，形成特殊的土壤环境（如土壤容重增大、透气性降低），使硝化细菌、氨化细菌、放线菌等有益微生物受到抑制，而对植物有害的尖孢镰刀菌、疫霉、腐皮镰孢菌等真菌微生物大量滋生，致使土壤微生物群落失衡。随着连作年限的增加，设施土壤微生物多样性有降低趋势，且设施土壤由“细菌型”土壤向“真菌型”土壤演变（图 11-11）。

2. 根结线虫危害严重

根结线虫病是发生在设施植物生产上较为严重的病害之一。在设施栽培中，较高的温度条件使得植物生长需要大量的水分，而根结线虫靠土壤水分维持其代谢活动。设施土壤有足够的含水量，有利于根结线虫在土壤孔隙中自由移动。根结线虫在寄主植物根系分泌物的引诱下，移动距离很近，故容易侵入为害且具有严重的世代重叠现象，其发病程度远高于露地栽培。

（三）植株自毒作用突出

自毒作用是一种发生在植物种内的生长抑制作用，即同种植物的一些个体通过淋溶、残体分解和

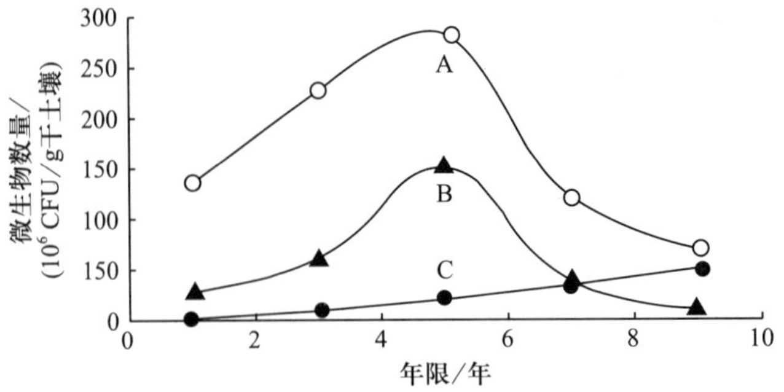

图 11-11　设施土壤微生物群落随种植年限的变化

A. 细菌；B. 真菌；C. 放线菌

根系分泌，向环境中释放某些代谢的或分解的化学物质，对同茬或下茬同种或同科植物生长产生直接或间接的有害影响。为了获得较高的经济效益，设施内往往要连续栽培产值相对较高的单一植物，而不注意轮作倒茬。长期种植同一种园艺植物，会使其根系分泌物在土壤中不断增加，有害物质持续积累。因此，设施栽培下植株自毒作用的危害比露地栽培更为突出。

二、设施内土壤盐类浓度

设施内土壤盐类浓度与设施使用年限成正比，多年使用的设施土壤中积累大量盐类，易造成植物生育障害。土壤溶液浓度与化学肥料的种类有关。一般化学肥料多是由阳离子和阴离子结合而成的盐类，如硫酸铵[$(NH_4)_2SO_4$]、氯化铵(NH_4Cl)、硝酸铵(NH_4NO_3)、磷酸氢二铵[$(NH_4)_2HPO_4$]等，这些盐中的 K^+、NH_4^+ 等阳离子对土壤溶液的盐类浓度影响较小，但 Cl^-、SO_4^{2-}、HPO_4^{2-} 等阴离子对土壤溶液盐浓度影响较大，这些阴离子溶解于土壤溶液中，使土壤盐分浓度升高。

设施生产中，对园艺植物生长发育影响最大的是土壤溶液中的硝态氮含量。一般蔬菜作物的土壤溶液最适硝态氮浓度为 200～300 mg/L，但设施土壤硝态氮含量多在 300～1 000 mg/L，有的高达 1 500 mg/L。因此，必须对设施园艺植物整个生育期的土壤溶液浓度变化规律进行调查研究，以改进施肥方法及栽培管理技术。用电导仪测定土壤浸出液的电导率(EC)是分析土壤中盐类积累程度的主要方法。电导率单位为 mS/cm。测定方法是取 1 份干土，加 2～5 份水搅拌，数小时后测定提取液电导度。

1. 不同种类园艺植物的耐盐性

观察不同土壤盐分条件对不同种类园艺植物生长发育的影响，同时测定土壤浸出液(1∶5)的电导度，确定园艺植物正常生长的电导度范围。一般耐盐性强的园艺植物，其 EC 值范围为 1.2～2.4 mS/cm，耐盐性中等的 EC 值范围为 1.0～1.2 mS/cm，耐盐性弱的 EC 值范围为 0.4～0.6 mS/cm。同一植物在不同生长发育阶段的抗盐性不同，如用火山灰土栽培的番茄开始出现生长障碍的土壤浸出液(1∶5)电导度，发芽期 EC 值为 1.0～1.5 mS/cm，幼苗期 EC 值为 1.5～2.5 mS/cm，而生长盛期 EC 值为 2.5 mS/cm。

2. 不同土壤类型的盐渍化

土壤对盐类的吸收因土壤种类而异。沙土对盐类的吸收量少，容易发生盐类积累，黏土和腐殖质土壤吸收量较多，不易发生盐类积聚(表 11-3)，因此应研究不同园艺植物在不同土壤条件下的电导度的临界值。

表 11-3 土壤种类与盐类积聚的关系 mS/cm

土壤种类	生育障碍界限点			枯死界限点		
	黄瓜	番茄	甜椒	黄瓜	番茄	甜椒
沙土	0.6(0.3)	0.8(0.4)	1.1(0.5)	1.4(0.4)	1.9(0.9)	2.0(1.0)
冲积土	1.2(0.6)	1.5(0.7)	1.5(0.7)	3.0(1.2)	3.2(1.3)	3.5(1.4)
腐殖土	1.5	1.5	2.0	3.2	3.4	4.8
壤土	(0.7)	(0.7)	(0.9)	(1.3)	(1.4)	(1.9)

注:表中无括号的数字为干土：水 =1：2 的电导率;括号内数字为干土：水 =1：5 的电导率。

3. 栽培技术与土壤盐渍化

设施园艺植物的茬口安排、灌溉水的质量、灌水方法、肥料种类、施肥量均影响土壤的含盐量。特别是设施栽培过程中施肥量往往超过植物的适宜界限,植物利用率低,土壤矿化度高。不同种类的肥料盐,其溶解度和被土壤吸附的能力不同,对提高土壤溶液浓度的作用也不同。有研究发现,在土壤中施用含有相等摩尔质量的各种肥料盐,其增加电导度的顺序由大到小依次为:硫酸钾、氯化钙、硝酸钙、氯化钾、硫酸钙、磷酸钙;而对蔬菜作物危害程度的顺序由大到小依次为:硝酸钙、氯化钙、硝酸钾、氯化钾、硫酸钾、磷酸钙。因此,提高土壤溶液浓度及其电导率的主要成分是硝酸盐和氯化物,其对蔬菜作物生长发育危害较大。

三、土壤溶液盐类浓度的调控

为了减轻或防止发生盐类积聚而引起的作物生长发育障碍,可采取以下几种调控方法:

1. 科学施肥

设施施肥以有机肥为主、化肥为辅,N、P、K 兼顾,控制化肥总量,进行配方施肥。在肥料种类的选择上,尽量选择易被土壤吸附、土壤盐浓度不易升高、不含植物不能吸收利用的残存酸根的优质化肥,如尿素、过磷酸钙、磷酸铵、磷酸钾等。另外,生物有机肥含有固氮菌或能吸收、分解和利用磷、钾肥的有益微生物,结合深耕土壤,不仅可以改良土壤结构,改善土壤通透性,活化土壤,提高土壤温度,有利于设施植物的根系生长,增强自身抗盐能力;同时还有利于提高土壤有机质含量,减少耕层盐分的积累。

2. 合理灌溉

合理灌溉也是缓解设施土壤盐分表聚、促进园艺植物良好生长发育的主要措施之一。目前在设施生产中,主要采用膜下滴灌等方法。

3. 以水排盐

在夏季高温休茬期,揭掉设施覆盖物,接受自然降水的充分淋洗;或采用人工漫灌,在栽培设施附近开挖排水沟,让水带着盐分汇至沟中流走。对于长久使用的设施,可在其土壤下部铺设固定暗排管道,当发现土壤盐浓度超标且对植物生长造成障碍时,及时增加灌溉频次和灌溉量。

4. 换土除盐

对于大型固定栽培设施,可定期换入室外大田中含盐较少的土壤。对于构造简陋的设施,可将设施迁到新场地。对于面积较小的保护地设施,在种植期间,深翻土壤,使含盐多的表层土与含盐少的深层土充分混合，以减轻或防止盐离子在耕作层积聚。可在每年的7—8月高温季节，将表层土壤与粉碎的秸秆混匀，隔2～3 d往坑里倒粪尿水等，经高温发酵后表土层盐分被稀释，基本无病虫草害且矿质营养较全面。

5. 无土栽培

无土栽培是以人工创造的根系环境取代土壤环境的一种栽培方式，可以充分满足植物根系对矿质、水分、气体条件的需求，从而有效防止土壤次生盐渍化及土壤病害等问题；同时，无土栽培设施清洁、消毒方便，植物能够较好地长季节生长。

第五节　盆栽试验研究

盆栽试验是田间试验的有益补充，能更为严格地控制水分、养分和温度等条件，有利于对各试验因子的效应进行精密测定，因此常用于开展单因子试验研究。盆栽试验通常对非研究因素采用一致条件，突出处理因素。盆栽试验的种类很多，常用的有土培法、沙培法和水培法等，要根据试验目的选用不同的方法。一般先在水培或沙培试验中取得初步结果，再转向田间试验前用土培法进行盆栽预试验。

一、土培试验

土培是最常用的盆栽试验方法，以土壤为植物生长介质，可以对土壤、植物、肥料之间的相互关系进行模拟。土培试验所用土壤依据研究目的不同而要求各异，一般试验采用理化性质好、均匀一致的过筛壤土，特殊试验如抗病性鉴定可用耕层以下的无污染土或消毒土。盆栽土培试验的主要任务是研究植物对土壤中有效养分的吸收利用问题、不同土壤中化肥效果的初步评价、环境因子对植物根系养分吸收的影响等。

土培试验中，植物根系生长在有限的容器内，为了使植株生长发育良好，施肥量往往要比田间试验适当多一些。技术要点如下：

1. 选盆

根据试材种类、试验期限、研究目的等选择适宜规格的盆钵，洗干净待用。常见的盆钵种类按质地分为瓦盆、塑料盆、陶盆、瓷盆等，其实用性、坚实性以及是否便于试验过程的观察控制与数据采集成为主要的考虑条件。

2. 装盆

在正式装盆之前，可以试装1～2盆并称重，然后按照同一重量再依次分别装盆。同时，根据试验计划，把所需的肥料放入相应的盆钵中，核对无误后称土混肥。装盆过程中要及时编号，根据设计要求标上不同处理。

3. 管理

为了消除盆和盆之间环境因素的影响，将同一重复的盆沿南北向随机排列，并按一定顺序调换盆的位置。除了特殊要求外，要按时、按规定称量浇水。此外，为避免天然降水的影响，盆栽试验应在防雨设施内进行。

二、水培试验

水培是以营养液栽培植物的方法，营养液能够向蔬菜等园艺植物提供适宜的水分、养分和氧气，使其维持正常的生长发育和生理功能。水培试验常用于园艺植物栽培生理及其不同发育阶段对营养元素的需求规律等研究。

1. 水培容器

水培试验的容器通常是塑料或水泥制品。容器大小要合适，上面要有盖子，以防灰尘污染营养液；盖子中间留孔，以便固定植株和通气。容器要定期洗涤消毒，营养液也要经过灭菌。玻璃或透明塑料水培容器外围要加黑罩，以创造适宜根系生长的黑暗条件；容器内部可插入向根部营养液充气增氧的塑料管。

2. 营养液的组成和配制

营养液的组成包括各种矿质元素的离子浓度、各离子间的比例、总盐量等指标，直接影响植物对养分的吸收和生长发育状况，关系到养分高效利用的问题。根据各地的气候条件、植物种类、水源、肥源等具体情况有针对性地调整营养液组成，是植物水培技术的重要内容。要确保营养液配制后存放与使用时都不产生沉淀。配制营养液包括配制浓缩贮备液（母液）和栽培营养液（工作液），生产上一般用母液稀释成工作液，若有大容器或用量较少时也可直接配制工作液。

二维码 11-1 母液和工作液的配制

二维码 11-2 营养液的管理

母液和工作液的配制参见二维码 11-1，营养液的管理参见二维码 11-2。

三、沙培试验

沙培是介于土培和水培之间的一种盆栽方式。沙的来源广泛、价格便宜，是盆栽应用较早的一种基质材料，但其缺点是容重大，化学成分和质量因来源不同而差异较大。沙培前，最好对沙进行化学分析，确定有关成分含量，以保证营养液养分的合理用量和有效性。

沙培也必须加入营养液，更换营养液比水培麻烦。沙培时要注意保持合理的供液量和供液时间，防止供液不足或过多。沙培容器可用玻璃、搪瓷、塑料盆等，底部要有孔，便于排除多余的营养液。沙培的营养液配制可以参考水培营养液，在选定营养液配方时，应根据沙中各种元素的含量对配方进行调整以确保养分均衡。装盆时也要定量称重。

沙培的管理主要是按时浇水和营养液。由于沙培透气性好，基质干得快，在生长前期每天要浇 1～2 次水，中后期生长旺盛，蒸发量大，可根据情况每天浇 3～4 次水，每隔 3～5 d 检查 1 次基质浸出液的 pH。正常情况下，可根据植物对水分的需要来确定供液次数，每次灌水允许有 8%～10% 的水排出，并以此判断是否灌足。定期用电导率仪对排水中的可溶盐总量进行测定，如果可溶盐总量超过 2 000 mg/L 时，则应改用清水滴灌数天，以降低盐浓度；当出现低于滴灌用的营养液浓度时，应重新改回用营养液滴灌。

四、盆栽试验的局限性

盆栽试验的局限性有以下四点：

①盆栽试验中所用的土壤通常取耕层土壤，植物主要从耕层土壤中吸收养分。

②盆栽试验实质上是一个模拟试验，生长环境与田间有很大差别，因此所得结果不能直接应用于大田，多用于植物营养等机理性研究及探索性研究。

③盆栽试验中肥料的淋失往往可忽略不计，因此对肥料的形态、利用效率等测试性研究，显然与田间试验的评价存在一定的差异。盆栽试验必须与田间试验相互配合，才能得出正确的结论。

④盆栽试验的应用范围广泛，但是受环境条件的影响较大，不同地区的环境条件易导致研究结果有差异。

思考题

1. 园艺植物设施栽培研究的内容主要包括哪些方面？
2. 简述设施栽培试验的特点。
3. 简述设施试验设计要点及注意事项。
4. 设施内温度环境的研究内容主要包括哪些方面？
5. 简述光照条件的测定方法。
6. 二氧化碳的检测方法可以分为哪几类？
7. 简述设施内二氧化碳施肥关键技术。
8. 设施土壤理化性状劣化主要包括哪些方面？
9. 简述土培试验的技术要点。
10. 盆栽试验存在哪些局限性？

第十二章

园艺植物生物技术研究

第一节　园艺植物生物技术研究的任务

1. 利用生物技术提高育种效率

生物技术在育种工作中的应用十分广泛，与传统育种方式相比，它不受季节、场地的限制，可以预测方向，利用大数据进行分析定位，能够缩短育种时间提高效率，突破传统育种的局限。借助分子技术从更微观的角度认识植株的性状，利用分子标记实现对基因型的锁定和直接选择，建立遗传图谱。转基因技术能够准确地选择目的基因，高效快速地获得所需的植株。组培技术能够通过无性繁殖的方法将优良性状稳定的遗传下来，并大量繁殖，还可大大缩短育种年限。生物信息分析能够捕捉和克隆新基因，并实现对基因区域与功能的预测。将最新的生物技术融入传统育种中取长补短，能够促进育种工作高效有序地开展。

2. 利用生物技术研究植物基因功能

在植物基因功能的研究过程中，离不开生物技术的运用。基因测序、分子标记获得的信息，克隆、组培得到的材料都是研究基因功能所必不可缺的部分，同时，基因功能研究的深入也伴随着生物技术的进步。

3. 利用生物技术创造优良种质

应用生物技术获得优质新品种可以大致分为两种途径：直接创造和间接获得。直接创造指利用生物技术得到一些前所未有的新遗传性状。例如，转基因技术人为地将特定基因转入植株中，可以增强植株的抗病虫害和抗逆能力，提高产品品质。间接获得指植株已经具有某些优秀的性状，通过生物技术将两个或多个性状结合在一起获得优良的新品种，适用于存在受精障碍、远缘杂交不孕的植株。

4. 利用生物技术改造植物代谢

植物中的代谢物有 20 多万种，分子量大多小于 1 000，包括维持植物生命活动和生长发育所必需的初生代谢物，以及利用初生代谢生成的与植物抗病和抗逆有密切关系的次生代谢物。植物重要的代谢途径通常需要多个基因共同调控。利用传统的育种技术改变植物代谢途径较为困难。现在结合生物技术在分子水平研究植物代谢具体过程，进而更有利于人为定向改造植物代谢，如改变园艺植物激素水平提高胁迫抗性，改变植物色素含量提高经济效益等。

5. 利用植物作为生物反应器生产稀有蛋白、药物及其他产品

组织培养技术能够大规模生产次生代谢物，如蛋白质、酚类物质、生物碱、药物等。从1952年Routein提出利用植物组织或细胞培养来合成天然产物，至今已有500多种次生代谢物通过这种方式获得。例如，青蒿素、甜菜苷、超氧化物歧化酶等，其中相较于直接提取，组培能够在短时间内获得更高的产量，并且不受天气、季节的限制，与化学合成相比，它又更加天然、稳定。利用组培获得次生代谢物既是科学技术的进步又是科学发展的必然趋势。未来以植物作反应器将不再局限于农业、医学领域，必会朝着更广阔的道路前进。

第二节　园艺植物细胞工程技术研究方法

一、植物细胞工程原理

植物细胞工程（Plant Cell Engineering或Plant Cell Biotechnology）是指以细胞生物学和分子生物学为基础，结合工程学的理论与方法，以细胞、亚细胞或组织为单位进行实验的方法。它能够完成细胞的发育和增殖，人为地改变细胞内的某些遗传物质和性状，培育新的品种，还能加快植物的繁殖速度，被广泛运用在农业、林业、医药领域中。植物细胞工程主要包括植物组织（细胞、器官等）培养、原生质体培养、细胞融合与杂交等。

二、植物组织培养技术

（一）理论基础

植物组织培养（Plant Tissue Culture）是在无菌条件下，将植物离体的器官、组织、细胞、胚胎或原生质体接种到适宜的培养基上，在人工控制的环境下进行培养，最终发育成完整植株的方法。1902年Haberlandt最早提出了细胞的全能性这一概念，即具有植物全部遗传信息的每个细胞在环境适宜的情况下可以发育成一个完整的植株。在实际发育中，环境诱导及自身发育限制，特定部位的细胞在形态功能的发展上是受阻的，但由于它们具有全能性，一旦处于离体状态并给予其合适的环境和营养条件，这些细胞就能够发育成为幼苗最终形成完整的植株。

成熟的分化细胞可以稳定保持其形态，行使其特定功能，但在某些情况下，这些特性会全部或部分丧失，并且细胞会恢复到更前期的未分化的状态，形成一团无定形的薄壁细胞即愈伤组织，这一过程即细胞的脱分化（Dedifferentiation）。虽然动物和植物细胞都可以发生脱分化，但植物细胞比动物细胞更容易发生脱分化，这说明植物分化细胞具有更高的可塑性。

在植物组织培养中，植物激素发挥着重要作用，生长素（IAA）可以促进细胞的持续增殖，细胞分裂素（CK）也可以促进细胞分裂，主要在有丝分裂准备期进行调节，此外CK与IAA的比例高时，有利于芽的分化；比例低时，利于根的分化；比例适中水平时，愈伤组织占优势。

细胞分裂素信号转导途径中的A类细胞分裂素响应因子被证明抑制类根愈伤组织形成，如单突变体*arr7*、*arr15*以及多突变体*arr3*、*arr4*、*arr5*、*arr6*、*arr7*、*arr8*、*arr9*的类根愈伤组织形成能力增强，过表达*ARR15*则类根愈伤组织形成能力下降；B类细胞分裂素响应因子ARR1和ARR12则被证明可以促进细胞的脱分化，进而促进愈伤组织的形成。除植物激素外，一些与胚胎细胞和分生干细胞发育相

关的关键调控因子如 WUSCHEL,其异位过表达可以诱导体细胞胚胎发生和愈伤组织形成。愈伤组织形成后植物细胞即完成脱分化,经过脱分化后的细胞可恢复分化能力再次分化成一种或几种特定的细胞、组织、器官,这个过程称为再分化。细胞的脱分化和再分化是植物组织培养过程中细胞发育及变化的关键阶段,在这两个阶段中,除了植物激素发挥重要作用外,还伴随着多种染色质和组蛋白上的表观遗传修饰,如 DNA 的甲基化以及组蛋白甲基化、乙酰化等。

(二)培养基的主要成分

1. 主要成分

(1)水 培养基中含有大量的水,它既是重要的组成部分,又是各类营养物质的溶剂。一般选用蒸馏水、去离子水、煮沸后的自来水进行配制。

(2)无机盐 和植物生长一样,组织细胞的培养同样需要盐离子的参与,根据量的多少可以分为大量元素和微量元素。大量元素有碳(C)、氢(H)、氧(O)、氮(N)、磷(P)、钾(K)、钙(Ca)、镁(Mg)、硫(S),除了前三种元素外其余均需要从培养基中摄取。在培养基中氮元素一般以铵态氮或硝态氮的形式出现,不同植物对二者的喜好也有所不同。磷元素在培养基中一般以 PO_4^{2-} 的形式出现,它在细胞膜系统的建成以及能量转化、运输、储存中发挥着关键作用。低磷胁迫下的马铃薯组培苗生长受到限制,单株鲜重和干物质积累会下降。其他元素的缺乏均会对作物生长发育产生不利影响。

微量元素有铁(Fe)、锰(Mn)、硼(B)、锌(Zn)、钼(Mo)、铜(Cu),这些元素的添加量很少,但起着十分重要的作用。例如,铁是形成叶绿素必不可少的成分,缺铁会导致组培苗出现黄化的现象。

(3)有机物 糖是培养基中重要的有机成分,主要有两个作用:一是作为植株生长所需的碳源。组培苗在早期叶片发育还不充分,光合作用比较弱甚至是无法进行光合作用时,需要利用培养基中的糖分来维持自身需要。二是调节渗透压。渗透压的大小会影响后续细胞的生长发育和分裂增殖。蔗糖作碳源时,形成的愈伤组织较多,而想要分化的效果更好,则以葡萄糖为宜。在实验中使用较为广泛的是蔗糖。

培养基中的有机氮来自各类氨基酸,常用的氨基酸有丙氨酸、甘氨酸、天冬酰胺、水解酪蛋白等,其中甘氨酸能够促进植株对无机盐的吸收,还是形成有机酸的重要中间产物;天冬氨酸在转氨作用中处于核心地位,参与多种有机物的转化过程;甘氨酸和天冬氨酸都有助于愈伤组织的形成,亮氨酸和脯氨酸能够促进组织生长。

(4)维生素 其在体内主要是以辅酶的形式参与细胞的活动过程,常用的维生素有:硫胺素(维生素 B_1)、泛酸(维生素 B_5)、抗坏血酸(维生素 C)、生物素(维生素 H)等。维生素 C 能够防止组培过程中的褐化现象,还能够清除自由基,促进愈伤组织的形成和发育。维生素 B_1 的缺乏会抑制根的生长,它与维生素 B_6 能够共同作用维持根的生长与发育,二者还在原球茎的诱导上发挥作用。

(5)植物生长调节剂 是微量高效的有机添加物,从发芽到开花结果影响着植物的一生。在组织培养中也同样重要,外植体的脱分化、愈伤组织的形成、器官发生等都离不开它,不同种类的激素以及不同激素的配比都会直接影响到组培苗的状态。常用的激素有生长素、细胞分裂素、赤霉素和脱落酸,其中前两种尤为重要。

生长素主要作用于细胞的生长和发育,在组织培养的过程中能够促进外植体的脱分化和愈伤组织的形成,有助于根的分化;但高浓度的生长素可能会对植株的发育起到抑制作用。生长素由植株的地上部产生,向下运输发挥作用。常见的生长素类物质有吲哚乙酸(IAA)、2,4-D、萘乙酸(NAA)、吲哚丁酸(IBA)等。

细胞分裂素能够促进细胞的分裂增殖,有助于伸长生长,同时诱导愈伤组织,有利于不定芽的形成。它由地下部产生,向上运输发挥作用。常见的细胞分裂素类物质有激动素(KT)、玉米素(ZT)、6-苄基腺嘌呤(BA)、2-异戊烯基腺嘌呤(2IP)等。

(6)琼脂　主要作凝固剂出现在培养基中,起到固定和支持的作用。若含量太低则培养基不成形,无法支撑植株;若含量过高,则培养基过硬,可能会影响接种,阻碍后续的生长,不利于吸收营养物质。一般的添加量在 8 000～10 000 mg/L。

三、体细胞杂交

体细胞杂交(Somatic Hybridization)又称为原生质体融合(Protoplast Fusion),指来自不同亲本的原生质体,在物理或化学因素的诱导下互相接触并融合形成杂种细胞。杂种细胞在适宜的环境和营养条件下,能够形成愈伤组织并进一步分化得到完整的杂种植株。目前,利用体细胞杂交技术已经获得了番茄、马铃薯、茄子、香蕉、玉米等在内的多种融合植株,应用范围十分广泛。

(一)原生质体的制备

1. 材料预处理

植物的茎、叶、根尖、胚性细胞、愈伤组织及悬浮培养的细胞都是用于制作原生质体的材料,一般叶片使用的较多。在制备前会进行预处理,使原生质体的产量和活性都保持在较高水平。常见的方法有两种:

(1)低温处理法　将用于制备原生质体的植物叶片取下后放置在 4 ℃下暗处理 1～2 d。

(2)等渗溶液处理法　将叶片放置在等渗溶液中预处理 1 h 左右,再浸于酶混合液中酶解。

2. 细胞壁的酶解

植物细胞有细胞壁,在制备原生质体时需要先进行酶解除去细胞壁。细胞壁的主要成分是纤维素、半纤维素和果胶。在酶解时,需要先使用果胶酶将胞间层的果胶质降解,释放出离散的细胞,可以加入离析酶增强效果,再使用纤维素酶、半纤维素酶。崩溃酶既含纤维素酶,又含果胶酶,也可用于细胞壁的降解。

3. 分离

(1)机械分离法　1892 年首次采用机械分离法从藻类中获得了原生质体。先将细胞放入高渗溶液中,待质壁分离后用小刀切开细胞壁直接释放出原生质体。机械法比较费时费力,产量不高,且对细胞的液泡化程度要求较高,所以使用较少。

(2)酶分离法　是现在最常用的原生质体分离方法,根据材料特点配置出合适的酶溶液,一般含有果胶酶、纤维素酶、半纤维素酶、钙离子以及用于调节渗透压的物质等。将处理后的材料放入酶液中,抽真空 5 min 促进酶液的渗透,然后撕去叶片下表皮,将叶肉裸露的一面朝下放在酶液表层置于 28 ℃摇床振荡培养 4～8 h。

4. 纯化

经分离处理后的溶液中包括了原生质体、细胞碎屑以及未分解的材料。用 60～80 μm 的滤网过滤酶液除去较大的杂质,然后进一步纯化,主要方法有三种:

(1)离心法　原理为利用相对密度的不同进行分离。过滤后的酶液 100 g 低速离心 3～5 min 使原生质体沉淀，弃上清液，再用液体培养基重新悬浮。重复上述操作三次，最后将原生质体悬浮于 1～2 mL 液体培养基中备用。该方法操作比较简单，原生质体获得率较高，但纯度较低。

(2) 梯度密度离心法　原理仍然是利用相对密度的不同进行分离。配制一系列不同浓度梯度的溶液，缓慢加入 1～2 mL 原生质体悬浮液，1 000 r/min 离心 3 min。原生质体会根据密度的不同悬浮在不同浓度的界面上，用移液枪管吸取，洗涤备用。使用此方法可以得到大小较为均一的原生质体，但浪费较多，收集率低。

(3) 漂浮法　利用原生质体与细胞、细胞碎片、细胞器等比重的不同进行分离。在干净的试管中加入 5 mL 浓度为 20% 的蔗糖溶液，再向试管中加入 1～2 mL 原生质体悬浮液，因为重量比较轻，会浮在试管的表面。1 000 r/min 离心 5 min，细胞碎片等杂质均沉淀在试管底部，用移液管吸取上部原生质层，并用液体培养基或其他等渗溶液洗涤，这样得到的原生质体纯度较高，但收集率比较低。

(二) 原生质体活力测定

可以通过膜通透性、光合活性、细胞电流值等指标来判断原生质体的活力，介绍以下四种方法：

1. 形态观察法

根据原生质体的形态特征来判断活力，有活力的原生质体形态完整饱满，颜色新鲜，胞质内原生质环流，布朗运动活跃；无活力的原生质体则较为干瘪，颜色暗淡。

2. 活体染色剂染色法

使用酚藏花红或伊文思蓝染液对纯化后的原生质体进行染色。酚藏花红染色能够使有活性的原生质体被染红，而没有活性的无法吸收呈无色状态。用 0.5～0.7 mol/L 的甘露醇配制 0.01% 的酚藏花红母液，观察时取少量与原生质体悬浮液混合，染色 5 min 后在荧光显微镜下观察。伊文思蓝的工作液浓度为 0.025%，它无法进入完整的活细胞，所以被染成蓝色的为无活性的原生质体。常温下染色 5 min，时间不宜过长，否则会使活细胞也带色从而影响判断。

3. 荧光素二乙酸酯法（FDA 法）

将 FAD 溶解在丙酮中制成母液，使用时再加入 0.5～0.7 mol/L 的甘露醇稀释到 0.02%。有活力的原生质体在染色后呈黄绿色，而无活性的原生质体会因为叶绿素的存在而呈红色或无色状态。

4. 膜片钳法

利用膜片钳技术钳住单个的原生质体并进行光照处理，检测 K^+ 跨膜流动的情况，若发现其电流正常，光照后电流明显增强，则说明具有活性。

(三) 原生质体的培养

1. 液体浅层培养法

用液体培养基调整原生质体密度并转移 3～4 mL 至培养皿中，密封，28 ℃ 黑暗处理 20 d。添加不含渗透压调节剂的新鲜液体培养基，达到稀释细胞团以及降低渗透压促进细胞分裂的目的。当细胞团长到肉眼可见的大小时，转移到诱导愈伤组织的固体培养基上进行培养。该方法简单易操作，对细胞伤害较小，但原生质体分布不均，不利于观察。

2. 固体包埋培养法

将含有低熔点琼脂糖的培养基高压灭菌，待冷却到约 40 ℃ 时倒入培养基中，取 2 mL 转移至直径为 60 mm 的培养皿中，再加入等体积的原生质体悬浮液，混合均匀后用石蜡膜封口。该方法能够有效避免组织原生质体间的粘连，培养密度容易控制，但有一定的损伤。

3. 液固双层培养法

液固双层培养法结合了液体浅层培养和固体包埋培养两种方法，将原生质体按照固体包埋培养的方法平铺在培养皿的底部，然后在上面加入相同成分的液体培养基，石蜡膜封口，暗处理。当细胞开始分裂时每周更换新鲜的培养基，能够除去代谢产生的废物，以保证营养。

（四）原生质体的融合

1. 融合类型

（1）对称融合　通过物理或化学的方法将两个完整的原生质体进行融合，细胞核与细胞核杂交，细胞质与细胞质杂交，获得对称融合的杂种细胞。这样的融合方式无法对原生质体进行修饰和选择，不好的性状也会同时传递，在后期也可能因发育不同步而出现染色体的丢失，导致部分或完全不育。早在 1978 年 Melchers 等就进行了番茄和马铃薯的原生质体融合，得到的杂种后代没有实现地上部分结番茄地下部分长马铃薯的愿望，而是出现了畸形果。因此，近年来人们更多的转向其他的融合方式。

（2）不对称融合　利用物理或化学的方法使供体方原生质体片段化，与另一完整的原生质体受体方融合，得到不对称杂交细胞，实现部分遗传物质的转移。Hinnisdales 用紫外线对番茄苗进行照射使 DNA 链发生断裂，然后与完整的烟草原生质体进行融合，成功获得了高度不对称杂种细胞。

2. 融合方法

由于原生质体表面含有一些疏水基团，在自然状态下会产生排斥力使其处于分散状态，通过物理或化学的方法可以改变它们的状态诱导融合发生。

（1）聚乙二醇（PEG）法　自 1974 年 Kao 等发现 PEG 能够使原生质体融合以来，它作为一种融合剂已经被广泛运用在生化和医药领域。PEG 是一种大分子的水溶性多聚化合物，带有负电基团能够与带水、蛋白质等物质形成氢键，构成桥梁使原生质体连接。由于聚合度的不同，相对分子质量和 pH 也不同，一般使用 25%～50% 的溶液。向原生质体混合液（两种原生质体 1∶1）中滴加适量 PEG 溶液，在室温下处理约 30 min，期间可缓慢晃动试管增加两种原生质体的接触，并每隔 10 min 向试管中加入液体培养基进行稀释，最后用培养基洗涤并重新悬浮。PEG 法操作比较简单方便，但其自身带有一定的毒性，可能会影响后续培养。

（2）高 Ca^{2+} 高 pH 法　1973 年 Keller 等在进行烟草原生质体融合时创造了该方法，他们发现以钙盐做诱导剂在高 pH 的条件下能够有效促进原生质体的融合。将混合后的原生质体加入 $CaCl_2 \cdot 2H_2O$（50 mmol/L）溶液中，pH 10.5，200 rpm/min 低速离心 3 min，将离心后的产物 37 ℃ 水浴 40 min，得到融合后的杂交原生质体。该方法适宜叶肉原生质体的融合，要注意高 pH 对原生质体产生的影响。

（3）PEG- 高 Ca^{2+} 高 pH 法　其将 PEG 法和高 Ca^{2+} 高 pH 法相结合，是目前应用最广的一种方法，大多数的杂交细胞都是通过该法得到的。它将 PEG 法中洗涤这一步所使用的普通液体培养基更换成了高 Ca^{2+} 高 pH 溶液，能够进一步打破电荷平衡，使得原生质体因正负电荷的吸引结合在一起，大大提高了融合率。

（五）应用：烟草体细胞杂交

1. 原生质体分离

①选取表面较为平展的烟草叶片，在无菌条件下用 3% 次氯酸钠溶液消毒 10 min，无菌水冲洗 3 次备用。

②用镊子小心撕去叶片下表皮，剪成约 1 mm^2 的小块，叶肉裸露的一面朝下放置于酶液（2.0% Cellulase Onozuka R-10、0.5% Macerozyme R-10、0.2% 葡萄糖硫酸钾、5 mmol/L $CaCl_2 \cdot 2H_2O$、0.7 mol/L 甘露醇，pH 5.8）表面，28 ℃ 培养 4～8 h。

③用 60～80 μm 的滤网过滤酶液，除去未分解的材料和碎屑，1 000 r/min（离心力 100 *g*）离心 3 min，使原生质体沉降。倒掉上清，收集沉淀。

④用 CPW 溶液（1 mmol/L $CaCl_2 \cdot 2H_2O$、0.7 mol/L 甘露醇、1 mmol/L KH_2PO_4，pH 5.8）重新悬浮离心，洗涤 3 次，将原生质体的浓度调整至 5×10^5 mol/mL。

2. 钝化处理

将一种烟草原生质体在分离最后一步时加入 Rhodamine 6G，使溶液浓度达到 5 μg/mL，处理 15 min。

3. 原生质体的融合（高 Ca^{2+} 高 pH 法）

①取经处理的烟草与另一种未经处理的烟草，在凹面皿中央底部按照 1∶1 进行混合，静置 5 min，缓慢从四周加入等体积的 PFG 溶液，静置 20 min，加入高钙溶液，静置 10 min。

②用 CPW 溶液洗涤 3 次，NT-6 液体培养基洗 1 次，悬浮于 0.5 mL 的 NT-6 液体培养基中。向平面皿底部加入少量无菌水，封口后在 28 ℃ 弱光强下培养。

③培养 15～20 d 后，向培养基中加入 NT-7 液体培养基，继续培养出现愈伤组织，将其转移到 NT-10 固体培养基上，加强光照，诱导成苗。

四、体细胞胚胎发生

（一）原理及途径

植物的胚胎发生是通过合子胚或者体细胞开始的胚胎形成的过程。相较而言，合子胚的发育过程大家较为熟知，而体细胞则是通过体细胞胚发生来实现发育的过程。体细胞胚发生指已经完成分化过程的各类植物体细胞，并不经过性细胞融合的过程而被诱导产生具有胚性的细胞，新细胞通过类似于合子胚发育的过程再生成一个完整的植株。这一过程是植物细胞具有全能性的体现。

体细胞胚发生可以通过直接发生和间接发生两种途径实现。其中，间接发生是更为常见的一种方式，指离体状态下的植物器官、组织、细胞以及原生质体经过脱分化形成愈伤组织，愈伤组织经过发育形成胚性愈伤组织，最后由胚性愈伤组织产生的原胚团发育形成胚。直接发生指外植体不经过愈伤组织直接分化发育为胚，体细胞胚一般在外植体的边缘形成。相较于间接发生，直接发生过程中外植体的分裂更加规则，但增殖量较少。

除通过人工离体培养的方式诱导体细胞胚胎的发生外，在自然界中，当植物遭遇逆境时，也能够自发地进行体细胞胚发生。长寿花作为一种研究无性繁殖的植物模型，能够通过体细胞胚胎进行繁殖。在遭遇干旱或高温天气时，长寿花能够在叶子上自发地形成小植株，小植株在叶槽上沿着叶缘对称发育，发育过程与合子胚发育极为相似。当小植株的根系形成后便会脱离母体，落在土壤中形成完整的新植株。

体细胞胚胎发生在农业应用及科学研究等领域发挥着重要作用，能够改良植物性状，提高转化效率，还能够用于研究细胞遗传与生理变化的分子机制等。目前在胡萝卜、玉米、水稻、拟南芥等植物中都开展了相关工作。

(二)体细胞胚胎发生与植物激素

植物激素是一种微量高效的调节物质,从受精卵的形成、细胞分裂分化到植株的发芽、生长、开花、结果以及衰老、死亡都有它们的参与。在植物体细胞胚胎发生过程中,各类植物激素也扮演着极为重要的角色。

1. 生长素

体细胞胚胎的发生意味着细胞身份的改变,涉及内源信号和基因编程的重组,导致遗传程序发生改变需要多种反应的参与。生长素被人们认为是其中作用最为重要的一种激素。外源处理后能够直接诱导体细胞胚胎发生或者通过异位表达胚胎中的转录因子来诱导。

无论是裸子植物还是被子植物,生长素都在它们的胚性形成中起着至关重要的作用。在拟南芥的体细胞胚胎诱导中,一半的 *ARF* 基因被转录;在棉花的体细胞胚胎诱导中,有 80 多个与生长素代谢相关的基因存在差异。

2. 脱落酸

脱落酸在植物抵御逆境以及种子的萌发过程中发挥作用。有研究表明,在拟南芥中 ABA 能够促进胚茎尖的体细胞胚胎发生,三个不同水平如下:① ABA 生物合成;② ABA 受体复合物信号传导;③ ABA 受体复合物信号转导调节体细胞胚的发生。

此外,在体细胞胚发育的后期,ABA 还能够促进其成熟,防止出现畸形胚,提高转化为植株的效率。

3. 油菜素内酯

油菜素内酯是一类在植物生长发育过程中起关键作用的类固醇激素,在体细胞胚胎发生过程中发挥着重要作用。有研究表明,BR 和体细胞胚胎发生率之间有高度相关性,在枫香中随着内源 BR 含量的增加,不同外植体的胚胎发生率均出现上升趋势。外源 BR 处理后不仅获得了更高的诱导率,并且还会改善愈伤组织的褐变程度。用 BR 抑制剂 BRZ 处理后几乎观察不到胚性细胞,诱导率降低。此外,BR 使得体细胞胚发生相关的特异性基因(如 *BBM*、*LEC2*、*WOX2*)表达量上调。

(三)应用:人工种子

人工种子(Artificial Seeds)又称合成种子(Synthesis Seeds),这一概念最先由 Murashige 在 1978 年提出。狭义的人工种子是指利用植物细胞的全能性,将离体培养获得的胚状体包裹在一层能够提供营养和保护作用的外膜下,在适宜的条件下能够发芽的颗粒物。广义的人工种子则将胚状体进一步延展成能够发育成完整植株的所有分生组织,包括胚状体、愈伤组织、芽、发根等。

1. 组成部分

人工种子包括人工种胚、人工胚乳、人工种皮。其中最重要的是人工种胚,可分为体细胞胚和非体细胞胚两种。体细胞胚可以通过外植体直接形成,也可经由愈伤组织、原生质体等间接分化得到。人工种子要求体细胞胚在形态和发育进程上保持一致,所以需要利用物理、化学的方法进行控制和筛选。人工胚乳是人工制作的,给种胚生长发育提供所需的营养物质,原材料包括糖、氨基酸、维生素、无机盐、防腐剂等。对于一些无胚乳的种子,如大豆、花生等,糖类不是必需的营养物质。人工种皮是指包裹在最外层的薄膜,好的种皮应该无毒、无害,在保证气体顺利交换的同时,防止水分和营养物质外流,并且具有一定的强度,使种子在运输过程中不受损。

2. 制作过程

人工种子制作流程见图 12-1。

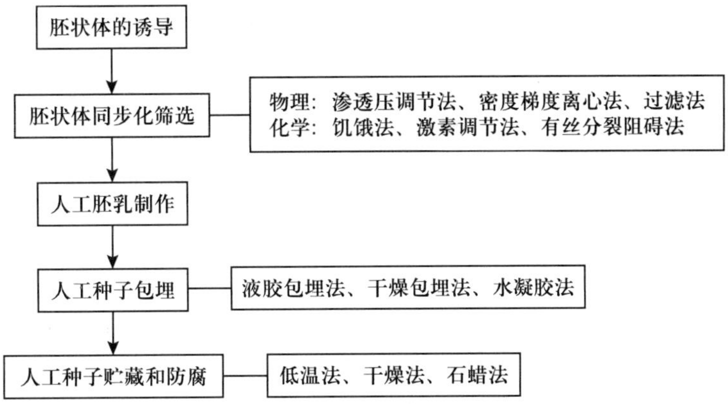

图 12-1　人工种子制作流程

3. 优点与问题

人工种子具有的优点：①人工种子的获得可以不受季节的限制，实现全年不间断播种；②利用组织培养技术制作人工种子，不经过有性繁殖的过程，可以快速获得大量稳定性高的材料；③帮助自然条件下不易获得种子的材料，如单倍体、三倍体等以及种子较为昂贵的材料，实现快速大量繁殖；④可以人为地添加杀菌剂、肥料、农药等，提高植株的抗虫抗病性；⑤对于多年生植物，人工种子技术能够缩短育种年限，快速得到种子；⑥人工种子的均匀度比较高，适合机械化播种，后期出芽也较一致；⑦人工种皮可以很好地提供保护，有利于储存和运输。

在生产与贮藏过程中仍然存在许多问题，如人工种子的生产成本比天然种子高很多，以芹菜为例，人工种子的价格高出 50%；在人工胚乳和人工种皮的选择与制作上也还有许多需要解决问题和提高的地方，例如，如何提高种子的包埋水平还亟待解决；另外，贮藏过程中既要防止发霉腐烂，又要避免损伤，保证出芽率，这方面也是需要进一步探明和完善的方向。

第三节　园艺植物基因工程研究方法

基因工程（Genetic Engineering）又称基因拼接技术和 DNA 重组技术。它是一种将外源基因通过体外重组后导入受体细胞，使该基因能在受体细胞内复制、转录、翻译、表达，从而改变生物原有的遗传特性，获得新品种，生产新产品的技术。

漫长的适应自然进化过程中，生物的基因逐渐变异重组，它们有的能忍耐高温，有的不怕严寒，有的能适应干旱的沙漠，有的可在高盐度中存活，有的还能抗虫。而如何利用这些特性，按照人们的意愿有目的地改造生物种性就是现代基因工程和生物技术的基本含义。

基因工程的核心依赖于重组 DNA 技术，而供体、受体、载体和工具酶是该技术的四大要素，其中前三者又称为基因工程的三大基本元件。

不同于动物细胞，植物细胞有全能性特点，在植物组织培养技术上更易于操作，能快速地创造出多种优良性状于一体的农作物新品种。园艺植物基因工程是基因工程的一个分支，其受体细胞多是园艺植物,在未来拥有广阔的应用前景。

一、转基因技术

(一)目的基因的分离与克隆

重组DNA技术的核心是供体DNA的获取,从而生产出符合人类需要的产品或者改良生物的新性状,所以如何根据特定的需求获得目的基因就成了首要考虑的事情。基因是控制性状的基本单位,从1909年遗传学家Johamsen提出基因(Gene)一词后,随着分子生物学的发展,基因分离技术已日益完善和多样化。

1. 常用基因分离方法

胡银岗认为,从目的基因的信息掌握程度来看,可以大致把目的基因分为三类:已知目的基因序列、已知目的基因图位或标记、未知目的基因序列。对于园艺植物而言,目前只有少部分模式植物的基因组序列得到了解析,包括黄瓜、白菜、番茄等,而更多的则需要通过其他手段来间接获取目的基因的基因序列。

(1)已知目的基因序列　又可细分为以下两种情况,一是已知目的基因的全部序列,二是已知目的基因的部分序列。

①化学合成法。当目的基因全长已知且较短时,又或者上下游寡核苷酸探针同源性过高时,可以直接化学合成目的基因序列以达到分离要求。化学合成法是1967年由Khorana发明的,通过磷酸二酯中间体来合成基因片段并成功克隆了酵母基因。现在随着技术的发展,已从原先费时费力的液相合成法发展成了自动化的DNA合成仪,从而更好更快地合成目的序列。

②聚合酶链式反应(PCR)扩增法。最常见的已知目的基因序列全长的扩增方式就是利用逆转录技术获取供体植物的cDNA模板,然后设计基因特异性的上下游寡核苷酸探针,通过PCR扩增分离目的基因。这种方式的前提是已有目的基因前后的完整序列信息。但cDNA模板是从植物RNA中反转录得来的,所以尤其需要注意基因的特异性时空表达,如目的基因是否在叶片上有高表达,还是仅在根部表达,以及表达时期早晚等。

③cDNA末端快速扩增法(Rapid Amplification of cDNA Ends,RACE)。另一种快速解决目的基因信息不全的方法是RACE。该技术是20世纪80年代末、90年代初发展起来的,原理是设计系列特异接头引物,在cDNA第一链合成时利用模板跳转技术(SMART)在5′端和3′ RACE模板上加上接头。然后根据已有目的序列的片段设计两对基因特异性引物GPS1、GPS2和两对巢式扩增特异引物NGPS1、NGPS2。接着以cDNA第一链为模板,用GPS2和3′接头配对的通用引物扩增得到目的基因的3′端;用GPS1和5′端接头配对的通用引物扩增得到目的基因的5′端。最后依据两者的重叠部分获取目的基因全长序列。

(2)已知目的基因图位或标记　在未知目的序列信息,但有目的基因图位时,可利用图位克隆技术;而在有目的基因标记时,可采用转座子标签法和T-DNA标签法。

①图位克隆法。是1986年剑桥大学的Alan Coulson提出的,其基本原理是利用与目的基因紧密连锁的分子标记将目的基因精确定位在染色体特定位置。功能基因在基因组中有相对稳定的基因座,所以可通过这些分子标记筛选含有大插入片段的基因组文库,如细菌人工染色体BAC和酵母人工染色体YAC等。在初步构建目的基因区域的物理图谱后,再通过染色体步移(Chromosome Walking)等

方式逐步逼近目的基因，最终取得目的基因全长序列。

②转座子标签法和 T-DNA 标签法。是以突变体为基础实现的。不论是转座子还是 T-DNA，它们可使插入位置的基因失活或使该基因异常表达，并诱导产生突变型。然后利用与转座子标记或 T-DNA 共分离的特性来鉴定目的基因，以已知的侧翼序列为探针，从文库中获取全长序列。

(3) 未知目的基因序列　如果目的基因的信息完全未知，可以采用一种以表达差异为基础的基因克隆方式。利用随机引物多态性扩增技术和差异显示技术，如扩增片段长度多态性（AFLP）、抑制型差减杂交（SSH）等进行目的基因的获取。但这类方式依赖目的基因表达具有组织、器官的时空差异性。

近年来，随着高通量测序技术的飞速发展，越来越多的科研工作者选择借助高通量测序方法来快速定位候选基因，缩短育种周期，加快遗传改良进程。在农业生产中，往往大部分重要的农艺性状都是数量性状，遵循数量遗传，是遗传改良的育种靶点。控制这些性状遗传的基因定位都非常复杂，这时可以采用全基因组测序（Whole Genome Sequencing，WGS）、全基因组关联分析（Genome Wide Association Study，GWAS）、QTL（Quantitative Trait Locus）图谱分析等方法来辅助进行相关候选基因的定位和克隆。

①全基因组测序。其在加速分子研究方向贡献突出。在植物中，拟南芥是第一个测序的基因组，它的出现极大地帮助人们对植物基因组进行理解。随着下一代测序技术（Next-Generation Sequencing，NGS）的出现，全基因组测序相较传统方法变得更加方便快捷且经济效益显著，包括番茄在内的许多作物基因组都得到了测序。高质量、注释良好的番茄参考基因组通常用于基因组学和转录组学的研究，是识别遗传变异的基础；同时，参考番茄基因组也是注释其他茄科植物基因组的基础。

有了高质量参考基因组的出现，对物种的许多基因型的全基因组测序变得方便，科学家们通过对番茄 8 种基因型的重新测序已经确定了超过 400 万个 SNP（Single Nucleotide Polymorphism）和 7 000 个拷贝数变异，从而实现相关候选基因的预测和确定。

②全基因组关联分析。是对多个个体在全基因组范围的遗传变异（标记）多态性进行检测，获得基因型，进而将基因型与表型，进行群体水平的统计学分析，根据统计量或显著性 p 值筛选出最有可能影响该性状的遗传变异（标记），挖掘与性状变异相关的基因。相比之下，GWAS 比连锁图谱更具优势，因为它探索了种质集合中存在的遗传多样性和重组事件，并提供了更高的图谱分辨率。例如，在番茄中使用 182 个简单重复序列标记（Simple Sequence Repeats，SSR）进行 GWAS 分析，可以得到 28 个与番茄风味相关的染色体区域。

③ QTL 图谱分析。栽培植物中最重要的农艺性状往往是由几个基因共同控制的定量性状，并且常常受到环境条件的影响，难以捉摸。基因组中控制这些性状的主要区域的鉴定，即数量性状位点（Quantitative Trait Locus，QTL）提供了通过分子标记去跟踪这些性状的机会。来自分离图谱和遗传种群的表型数据使得研究人员能够定位和绘制重要基因，确定与标记辅助选择（Molecular-assisted Selection，MAS）密切相关的标记，并最终确定位置克隆。

2. *载体构建*

载体（Vector）是装载外源 DNA 片段进入宿主细胞的工具。一般来说，载体应该具有一系列的特征使其适合于在宿主细胞中转化和选择。首先，载体的第一个重要组成部分是复制起始位点（Origin of Replication，Ori），它可以被细胞复制机器识别，从而进行自我复制。载体的另一个关键组成部分是选择标记，它可以是任何允许阳性转化子具有选择优势的基因。此外，研究者们还经常会添加多克隆位点(Multiple Cloning Site,MCS)以帮助所需DNA的克隆,其中包括多个限制性内切酶的不同识别位点。在植物基因工程中,根据载体的功能可将其分为三类:克隆载体、中间载体和转化载体。

质粒是最常见的一种克隆载体,也是应用最多的一种,之所以将质粒选为重组DNA的载体是因为其具有几大基本特性:一方面,质粒是一种来源于细菌细胞质中独立于染色体的遗传因子,通常是双链环状分子,能够进行自我复制,这极大地方便了外源DNA的重组连接以及人们对质粒的改造。另一方面,质粒的不相容性使得宿主对单一外源片段的保存得以实现,即同一宿主中不能共存两种质粒,这可以保证外源片段的纯质性。

当然,天然的质粒并不是载体的最佳选择,20世纪70年代重组DNA技术的发展为改造这些天然质粒提供了可能,基因工程中所使用的大多是人工构建的质粒。人工质粒往往具有多种特点:①分子量小,多拷贝,松弛控制型;②多种常用的限制性内切酶的单切点;③能插入较大的外源DNA片段;④有容易操作的检测表型等。

常用的片段连接方法:选择好合适的载体之后,就要考虑怎样将外源目的基因与载体相连接,即获取重组DNA分子,这一步依赖于工具酶的选择。工具酶就像是分子剪刀,可以按照研究者的意愿在体外对外源目的基因和载体进行剪切、拼接和重组。这里的工具酶主要包括两种:限制性核酸内切酶和DNA连接酶,前者负责剪切,后者负责重组拼接。

根据不同连接酶的使用,可以将连接方式分为两类:使用DNA连接酶以及使用无缝克隆同源重组酶。

① DNA连接酶。实际研究中最常用的DNA连接酶是T_4 DNA连接酶。T_4 DNA连接酶来源于受T_4噬菌体感染的大肠杆菌,可以使3′端羟基和5′端磷酸基脱水形成3′,5′-磷酸二酯键,从而修复外源目的片段和载体之间的缺口。

②同源重组酶。其区别于传统DNA连接酶的最大优势是其外源目的基因不需要被酶切,只要酶切线性化载体即可。由于体外重组DNA分子时需要考虑酶切位点的选取,而很多时候不能排除目的基因内部有相应酶切位点的存在,这时采用同源重组就能极好地规避目的基因内部酶切位点的问题。同源重组的实现依赖于同源臂,即在设计扩增目的基因的寡核苷酸探针时,需要携带一段与载体酶切位点附近,15～20 bp,相一致的序列。随后在重组酶的催化下,37 ℃反应30 min即可进行转化,完成定向克隆。

3. 质粒转化

质粒转化特指以质粒DNA或以它为载体构建的重组质粒DNA(包括人工染色体)导入细胞的过程,对于细菌的遗传操作至关重要,因此在生物技术和生物学研究中起着关键作用。其自然转化的效率非常低,因此,目前已经开发出各种人工转化方法,包括化学转化、物理转化、电击转化等,以实现简单有效的细菌转化。

(1)化学转化法　基于$CaCl_2$的化学转化法是实验室中使用最广泛的方法,因为它可以一次性制备大量感受态细胞并可长期稳定储存于冰箱中。氯化钙($CaCl_2$)法又称热击转化法,其宿主细胞通过用一定浓度的$CaCl_2$溶液预处理,达到感受态的状态。该法的重点是42 ℃水浴热击的时间,一般控制在45～90 s为宜,利用热击作用使得重组质粒进入感受态细胞。在水浴之前,首先将感受态和连接产物轻柔混合,冰上静置30 min,以让重组质粒充分贴近感受态的细胞壁。水浴结束后则要立刻将产物插回冰上,静置2～3 min,使得扩张的感受态细胞收缩恢复。之后,需在超净台中加入不含抗生素的恢复培养基，因为刚热击完重组质粒上的抗性基因还来不及表达抗性基因。在适当温度和转速条件下恢复培养 1 h 后，离心涂布对应抗性的筛选平板，并在适宜条件下倒置培养，以免水汽下落冲散菌斑。此外，通过将细胞在预冷的 $CaCl_2$ 溶液中孵育，还可以进一步提高转化效率。

(2) 电击转化法 通过高压电脉冲来破坏细胞膜的稳定性，从而诱导形成临时的孔洞或水通路。此法转化效率相对较高，已在实验室中得到广泛应用。电击转化法已成功应用于各种细菌菌株，如金黄色葡萄球菌、光合细菌等。然而，其使用的最佳条件因菌株而异，转化效率取决于电场强度、电脉冲持续时间、DNA 大小及浓度等。

电击转化法的宿主感受态细胞制备相对简便，只要 10% 的预冷甘油多次洗涤即可。电击转化的要点是电击时电场强度和电脉冲长度的选择，电压和电脉冲增强会增加转化效率，但也会使得细胞的生存率降低，故而一个合适的电击条件需要大量实践经验。电击前将感受态和连接产物轻柔混合置于电击杯底部，这里不需冰上静置，因为电击转化的效率远大于热击转化。选择合适电击条件，电击后迅速加入不含抗生素的恢复培养基，恢复培养 1 h 后离心涂布筛选平板，并在适宜条件下倒置培养。

(3) 物理转化法 基于吉田效应，该法是利用纳米级针状物质和细菌细胞胶体溶液的水凝胶在接触面会产生滑动摩擦力，通过滑动摩擦力的影响使得纳米级针状物质和细菌细胞形成复合物，并穿透细菌细胞产生纳米通道，外源 DNA 通过这些纳米通道进入细胞。

细胞纳米颗粒暴露于水凝胶面是物理转化的关键，细菌 - 温石棉暴露于水凝胶面超过 60 s 会产生 5 000 个转化子，而仅暴露 1 s 后无法观察到转化子。孵育缓冲液对于物理转化也很重要，当使用阳离子缓冲液时，转化效率可进一步提高 100 倍。另外，用于转化的纳米颗粒应可靠、无害，能够与细菌兼容，以避免意外的细胞损伤。

(二) 遗传转化

近几十年来，植物转基因技术随着高等植物组织培养和基因重组技术的发展而日趋成熟。1977 年，Montoya 等首次应用农杆菌作为载体转入烟草细胞中，标志着遗传转化新纪元的开始。随后，1987 年，Sanford 等发明了基因枪，而 Klein 用该技术成功实现了洋葱表皮细胞的转基因研究，克服了农杆菌介导的受体种类和基因型的限制。根据转化系统的差异，可以将植物遗传转化分为两大类：载体转化法和直接转化法。

1. 载体转化法

载体转化法中的载体指的是之前提到过的表达载体。其中农杆菌介导的遗传转化因其转化效率高、重复性好且成本低的优点成为载体转化法中最重要也最常见的方法。1907 年，Smith 和 Townsend 发现农杆菌会诱发植物冠瘿瘤病。1948 年，Braun 等证实了两者关系，但研究发现不是所有的菌株都会致病，于是提出了肿瘤诱导因子（Tumour-inducing Principle，TIP）假说。1974 年，Zaenen 等从致瘤农杆菌中分离出一类和冠瘿形成密切相关的巨大质粒（Tumour Inducing Plasmid），称为 Ti（Tumour Inducing）质粒。1977 年，Chilton 等通过分子杂交技术证实了肿瘤细胞中存在外源 DNA，并与 Ti 质粒的 DNA 同源，称 T-DNA（Transferring DNA），揭开了农杆菌介导遗传转化的神秘面纱。

农杆菌主要有根癌农杆菌（*Agrobacterium tumefaciens*）和发根农杆菌（*Agrobacterium rhizogenes*）两种，是普遍存在于土壤中的革兰氏阴性细菌，它能在自然条件下趋化性地感染大多数双子叶植物的受伤部位，并诱导产生冠瘿瘤或发状根。根癌农杆菌和发根农杆菌细胞中分别含有 Ti 质粒和 Ri 质粒，其上有一段 T-DNA，农杆菌通过侵染植物伤口进入细胞后，可将 T-DNA 插入到植物基因组中，并且可以通过减数分裂稳定地遗传给后代，这一变化不会影响其侵染植物的自身功能，这一特性成为农杆菌介导法植物转基因的理论基础。因此，农杆菌是一种天然的植物遗传转化体系，科研人员将目的基因插入到经过改造的T-DNA区，借助农杆菌的感染实现外源基因向植物细胞的转移与整合，随后通过细胞和组织培养技术，再生出转基因植物。起初，农杆菌介导法只被应用于双子叶植物，因为双子叶植物的伤口处会自主分泌有利于侵染的酚类物质。随后，随着乙酰丁香酮的应用，农杆菌介导转化在单子叶植物（尤其是水稻）中也得到了广泛应用。

2. 直接转化法

直接转化法包括物理转化和化学转化两类，前者包括基因枪法、电击转化法、显微注射法等，后者则是PEG介导转化法等，其中最常见的是基因枪法。

基因枪法（Particle-gun），是由美国康奈尔大学的Sanford等发明的，其原理是先将外源DNA装载在微小的金粒或钨粒表面形成微弹，然后在高压下将其打入完整的植物组织或细胞中，最后通过植物组培技术获取阳性转基因材料。基因枪法不受限于植物组织来源，不论是单子叶或是双子叶均可应用，弥补了农杆菌对单子叶植物不敏感的缺陷。但由于基因枪法的载体多是贵金属，其成本高昂，转化效率低，结果重复性较差，且容易导致基因沉默。

其他四种方法都是以植物原生质体作为受体细胞的转化方法：电击转化法利用高压脉冲引起原生质体屏障失稳，造成细胞膜上产生可逆性微孔，让外源DNA分子进入；显微注射法是在显微镜下通过显微注射仪将外源DNA分子直接导入受体；PEG介导转化法是借助聚乙二醇（PEG）扰乱细胞膜脂双层，来改变细胞膜通透性，从而利于外源DNA分子进入。

不论是载体转化法或者直接转化法，都有其优势的一面，在具体操作过程中，可以根据实际需要和实验条件进行选择，见表12-1。

表12-1　转化方法

项目	植物基因转化方法				
	农杆菌法	基因枪法	电击转化法	显微注射法	PEG介导转化法
受体材料	完整细胞	完整细胞	原生质体	原生质体	原生质体
宿主范围	双子叶为主	无	无	无	无
组织培养条件	简单	简单	复杂	复杂	复杂
转化效率	高	高	低	低	低
嵌合体比例	有	多	无	无	无
操作复杂性	简单	复杂	复杂	复杂	简单
设备要求	便宜	昂贵	昂贵	昂贵	便宜
单子叶植物应用	少	广泛	可行	可行	可行

3. 转化体的筛选

在植物组织培养的过程中，为了得到阳性转化体，往往需要依赖于一些抗性标记，也就是利用抗生素进行转化体的筛选。以根癌农杆菌的转化为例，改造过的Ti质粒上一般会存在两种抗性基因，一个存在于T-DNA区段之内，另一个在T-DNA区段之外。因为T-DNA区段会携带外源DNA分子整合进入植物基因组，所以可以使用与T-DNA之内的抗性基因相应的选择压力培养基对转化体进行早期筛选。常见的抗性筛选基因有卡那霉素、潮霉素、壮观霉素等。

(三)转基因植物检测

转基因植物的鉴定是一项烦琐的工作,从外源基因整合与否、整合的外源基因表达情况到基因的拷贝数都需要考虑。通常情况下,对转基因植物的第一步筛查都是利用PCR等技术判断外源DNA分子是否进入受体细胞,如针对过表达材料可利用外源的35S启动子序列。然而事实上,外源基因进入受体细胞后,并不是都会整合进植物基因组,也可能以游离态存在。游离态的外源基因虽然也能被PCR检测到,但是只能瞬时表达,只有整合到基因组的外源基因才能够稳定遗传,所以接下来要做的就是通过Southern杂交确定外源DNA分子在植物染色体上的整合情况。整合到植物基因组也不是外源基因使命的终点,还要其能稳定地表达并产生功能蛋白,此时就可以进行蛋白水平的检测,通过Northern杂交来确定外源基因的正确转录,用Western杂交来证明外源基因的正确翻译。当然,最后还是要通过性状鉴定来明确,即通过标记基因的特征来验证。

1. Southern杂交

基因是否整合进植物基因组是验证的核心,所以在所有的验证手段中Southern杂交是基础。Southern杂交又称Southern核酸印迹技术,是核酸分子杂交技术的一种,于1975年由Southern等设计发明,其基本原理是互补的特定核苷酸单链之间会退火形成双链。

Southern杂交中涉及五大基本步骤:①转基因植物基因组DNA的提取;②外源目的基因探针的制备;③植物基因组DNA的限制性内切酶酶切鉴定及电泳分离;④酶切的基因组DNA的变性及转膜印迹;⑤印迹膜与目的探针的杂交及杂交信号的检测。

2. 基于PCR技术的检测方法

基于PCR检测的方法主要包括定性PCR和定量PCR。定量PCR包括最常用的实时荧光定量PCR(Quantitative Real-time PCR,RT-PCR)和数字PCR(Digital PCR,dPCR)。RT-PCR是一种在DNA扩增反应中,以荧光化学物质测每次PCR循环后产物总量的方法,通过收集的实时荧光信号—Ct值—目标基因浓度,从而确定目标基因拷贝数和相对含量。数字PCR是近年来的一项突破性技术,能够提供绝对灵敏的核酸定量。数字PCR是第三代PCR技术,其工作原理是将DNA或cDNA样本分成大量的平行独立的单个PCR反应,反应在分离的、大量的小体积隔间中进行,样品随机分布在这些隔间中,每个隔间可容纳一至多个分子。在理想条件下,即低密度的目标DNA和大量的隔间,每个隔间容纳一个或不容纳目的分子,在扩增和吸光度测量后,不包含靶分子的隔间计为0,有目标分子的隔间计为1,根据这些数据可以精准计算目的DNA的绝对含量和拷贝数。数字PCR的主要优点是分析操作绝对的量化,无须标准参考曲线来量化目标序列。目前,主流的数字PCR平台有三种:①微滴式数字PCR(Droplet Digital PCR)②集成流路(Integrated Fluidic Circuits,IFC)芯片-数字PCR③微流控芯片-数字PCR。这几种数字PCR技术已在转基因植物检测领域得到广泛应用。

3. 基于蛋白水平的检测方法

基于蛋白水平的检测是根据免疫学的原理,利用转基因植物中表达的特定蛋白作为抗原和抗体进行特异性结合的原理对转基因植物进行快速检测的方法。目前,主要的检测方法有Western Blot和ELISA等。接下来以实验室最常用的Western Blot为例进行简要介绍。

Western Blot即蛋白质印迹法(又称免疫印迹实验)。Western Blot的基本原理与Southern Blot或Northern Blot杂交方法类似,但Western Blot法采用的是聚丙烯酰胺凝胶电泳,被检测物是蛋白质,

“探针”是抗体，“显色”用标记的二抗。蛋白质混样经电泳按分子量大小分离，原位转移到固相载体（如硝酸纤维素薄膜）上，用无关蛋白质封闭液（如BSA）封闭膜上没有蛋白转移上去的位点。加入抗目的蛋白的抗体与膜上的目的蛋白发生特异性的免疫结合反应从而固化到膜上，再加入酶标记二抗能与一抗发生免疫反应而固化到膜上，最后通过二抗上标记酶的酶促反应进行抗原检测分析，即根据底物显色的颜色有无及深浅（或发光有无及发光强弱）来探测膜上印迹蛋白抗原的存在与否及含量多少，从而进行定性、半定量检测目的蛋白。

4. 常见标记基因检测及外源基因表达蛋白检测

植物基因转化的最终目的是让外源基因能在转化体中正确地表达外源蛋白质，为了实现这一目的需要蛋白表达层面的鉴定手段。因为在选择载体时，通常会选择带有标记基因或者蛋白标签的质粒，所以可以根据标记基因的表达或者标签蛋白的表达来鉴定阳性转基因植株。

（1）常见标记基因检测　标记基因又称报告基因（Report Gene），其编码产物能被快速鉴定。顾名思义，标记基因需要具备两大特征：其一，其表达产物便于检测；其二，其表达产物在非转基因植株中并不存在。这里着重介绍一下两种标记基因：β-葡萄糖苷酸酶基因 *GUS* 和绿色荧光蛋白基因 *GFP*。

① *GUS* 基因。其编码一种 β-葡萄糖苷酸酶，这种水解酶能催化 β-葡萄糖苷酯类的水解，在酶活性部位产生肉眼可见的蓝色物质，通常用5-溴-4-氯-3-吲哚-β-D-葡萄糖苷酸酯（X-Gluc）作为GUS的底物。因为GUS的鉴定是直观的颜色观察，且GUS只存在于某些细菌体内不存在于植物中，所以被广泛应用于转基因植株的鉴定。

② *GFP* 基因。1962年Shimomura等首次从水母中分离纯化出了能在特定激发光下发出绿色荧光的一种蛋白质GFP。GFP是一些腔肠动物特有的生物荧光素蛋白，同样不存在于植物体中，符合鉴定要求中的特异性。另外，GFP能在细胞内稳定表达，不需要反应底物或其他辅助因子，仅需要特定波长的激发光，一般是480 nm左右的紫外光或者蓝光，所以也十分有利于直观检测。

（2）外源基因表达蛋白检测　目前，一些肽类和蛋白质被广泛地用于大量生产重组蛋白，它们与目的蛋白融合表达，以便于目的蛋白的表达、检测、示踪以及纯化。标签蛋白通常具有商业化的对应抗体，从而解除生产目的蛋白特异抗体的局限。植物转基因工程中用到的标签蛋白有HA、FLAG、MyC、His等，鉴定外源基因的表达需要依赖Western Blot技术。

① HA标签蛋白。来源于能与红细胞表面的唾液酸受体结合的病毒血凝素，其化学基础是9个氨基酸YPYDVPDYA组成的小肽，对外源靶蛋白的空间结构影响小，容易构建成标签蛋白融合到N端或C端易于被Anti-HA抗体检测和ELISA检测，一般在实际应用中采用3xHA标签。

② FLAG标签蛋白。为编码8个氨基酸的亲水性多肽（DYKDDDDK），FLAG作为标签蛋白，其融合表达蛋白后具有如下优点：①不会与目的蛋白相互作用，也不会影响目的蛋白的功能性质；②可以直接通过FLAG进行亲和层析，纯化有活性的融合蛋白，且纯化效率高；③可被抗FLAG的抗体识别，方便Western Blot、ELISA等方法对含有FLAG的融合蛋白进行检测、鉴定。

③ MyC标签蛋白。是一个含11个氨基酸的小标签，标签序列为EQKLISEEDL，这11个氨基酸作为抗原表达在不同的蛋白质中仍可识别相应抗体。

④ His标签蛋白。是由6个组氨酸残基组成的融合标签，因其标签分子量小、构成独特结构利于纯化、可以和其他亲和标签一起构成双亲和标签等优点得到广泛应用。

二、转基因沉默及其克服策略

某些时候，虽然 PCR 验证外源基因已经导入受体细胞，Southern 杂交也已经明确外源基因整合进植物基因组中，但是标记转基因检测或者外源基因表达检测却并不理想。这种外源基因在转基因植物当代或后代体内表达受限的现象被称为转基因沉默（Transgene Silencing）。

（一）转基因沉默案例

转基因沉默最早是 1990 年 Carolyn 等发现的，研究小组将与花色有关的查尔酮合成酶基因（*CHS*）导入矮牵牛希望加深其原有的紫色，然而出乎意料的是一半的转基因植株不仅没有表现出颜色的加深，甚至出现杂色乃至白色，这表明外源基因和同源的内源基因表达同时受到抑制，这种现象也就是后来所谓的共抑制（Co-suppression）。

1998 年 Nan 等研究认为，启动子 DNA 的甲基化是基因沉默的重要原因之一，尤其是基因启动子的 5′ 区域。这个观点也被应用在转基因沉默中，2001 年李旭刚等研究发现，将外源 β- 葡糖醛酸酶基因 *uidA* 导入烟草植物体后，部分转基因植株中发生了基因沉默。这种基因失活现象伴随着转基因启动子的甲基化，且用 Northern 杂交检测不到转录产物。当然启动子甲基化不能解释全部的转基因沉默现象。1995 年，de Carvalho 等发现转录后的基因沉默，更能解释共抑制现象。

（二）机理

随着研究的深入，研究者将基因沉默分为两种类型：转录水平上的基因沉默（Transcriptional Gene Silencing，TGS）以及转录后的基因沉默（Post-transcriptional Gene Silencing，PIGS）。

1. 转录水平基因沉默机理

基因的转录依赖于转录起始复合物与目的基因启动子的结合，所以转录水平的基因沉默主要分两种情况：外源目的基因整合位点的异染色质化和外源目的基因启动子的甲基化。

（1）外源目的基因整合位点的异染色质化　众所周知，染色体有常染色质和异染色质的区分，前者结构疏松易于转录起始复合物与基因的结合，后者则结构致密，不易转录。然而，外源目的基因在植物基因组中的整合是一个随机过程，并不能人为控制其插入位点，所以当外源基因整合到异染色质区时，容易发生转基因沉默现象。这类由整合位点导致的转基因沉默属于位置效应（Position Effect）。此外，直接转化法的转基因整合往往会产生目的基因的多拷贝现象，而重复序列间的相互配对也会导致异染色质相关蛋白识别后将该区域异染色质化。

（2）外源目的基因启动子的甲基化　甲基化是基因表达的重要调控方式之一，DNA 甲基化通常发生在 CG 或 CNG 序列的 C 碱基上。当外源基因启动子被甲基化之后，会阻碍其与甲基化 DNA 结合蛋白 MecP2 的互作，间接影响增强对组蛋白的去乙酰化，抑制基因转录。对于转基因植株而言，其启动子甲基化的发生主要来源于两种方式：①外源基因随机整合在植物基因组的高度甲基化区域，使其产生易于识别的甲基化位点；②外源基因整合时以多拷贝的形式进行。研究发现串联的转基因常常导致倒位，倒位的外源基因可能自行配对导致甲基化，这种情况又称之为顺式失活（Cis-inactivation）。与之相似的是反式失活（Trans-inactivation），是指顺式失活的转基因产生的“沉默子”使其他位点上的同源靶基因甲基化失活的现象。

2. 转录后水平基因沉默机理

转录后水平的调控更为复杂，之前提到的共抑制现象就是其中的一种。转录后调控指外源转基因能正常转录mRNA，但是在翻译过程中出现意外。转录后水平基因沉默往往来源于与内源基因高度相似的外源基因的导入，通常将RNA干扰与之建立关联。20世纪90年代初相继提出了好几种解释共抑制的模型，包括RNA阈值模型、异常RNA模型、反义RNA模型、RNA介导的病毒抗性模型等。但这些模型都不能完美解释所有的共抑制现象，因此研究者将目光转向RNA干扰。

RNA干扰的基本原理是高度同源的外源双链RNA（dsRNA）导入植物体后被dsRNA特异性核酸内切酶（Dicer）识别并切割成的21～25 nt单链siRNA，之后siRNA在RNA依赖的RNA聚合酶（RdRP）作用下与内源靶标mRNA互补形成新的dsRNA，再被切割。最后siRNA、RdRP和其他相关蛋白形成RNA沉默诱导复合体RISC，对靶标mRNA进行大面积降解。这种转录后水平的基因沉默大部分具有沉默的减数分裂可逆性，即通过减数分裂能恢复沉默基因表达活性。

（三）克服技术

随着对转基因沉默机理的解析，越来越多的针对性措施被提出，以下总结了六种克服转基因沉默的主要技术，分别针对位置效应、启动子甲基化、共抑制等。

1. 利用MAR序列

基质附着区MAR（Matrix Attachment Regions）位于端粒附近，是指染色质被限制酶消化后仍与核基质（Matrix）或核骨架（Scaffold）结合的DNA序列。在外源基因两侧添加MAR序列能让转基因形成一种独立的环状结构，从而降低位置效应。

2. 利用位置特异性重组系统

通常外源基因在植物基因组的整合是随机的，但随着科技的发展，出现了一些基因打靶系统。基因打靶依赖于同源重组，需要根据植物宿主细胞基因组的特异DNA构建与之同源的外源基因载体。常见的重组系统包括Cre/lox，Flp/frt，R/rs和Gin/gix这四种。基因打靶不仅可以规避位置效应，还在一定程度上限制外源基因的串联重复现象。

3. 转基因的选择

为了解决启动子甲基化，首先要对目的基因进行筛选。甲基化多发生在CG含量较高的区域，因此，可以利用密码子的简并性，尽量减少外源目的基因的CG含量。

4. 选择单拷贝的转化体

多拷贝是引起甲基化的主要原因。因此，在获得阳性转基因植株后，可以进一步利用Southern杂交、反向PCR等技术在分子层面上筛选单拷贝的转化体。同时，研究者发现杂交、回交等育种手段也能很好地解决多拷贝引起的基因沉默，从而在后代中筛选到表达量较高的个体。

5. 利用具有组织和发育特异性作用的增强子

某些植物基因组的增强子能够诱导去甲基化，所以可以构建具有组织和发育特异性作用的增强子与外源目的基因嵌合体进行遗传转化。此外，由启动子甲基化引起的外源基因沉默可以通过去甲基化试剂的使用，恢复外源基因的表达。

6. 启动子的选择

在构建重组DNA载体时，可以尽量避免较强的、带病毒感染性的启动子，如35S启动子。强启动子或病毒系统启动子容易产生过量的mRNA积累，从而激活一些植物体的防御机制，如RNA干扰机制。

总而言之，研究者需要根据研究目的的需要和实际条件，来选择最佳的转基因沉默克服技术。

三、叶绿体转化技术

1988 年 Boynton 等首次利用基因枪法将带有 *atpB* 野生型基因的叶绿体 DNA 导入 *atpB* 基因突变的衣藻中，成功恢复其光合作用的能力。之后在 1991 年 Goldschmidt 等成功获得了以 *aadA* 基因作为筛选标记的莱茵衣藻转化子，提高了叶绿体转化的验证效率。同期，1990 年 Svab 等完成了在高等植物烟草叶绿体中的遗传转化，此后叶绿体基因工程发展迅速。

（一）原理

叶绿体是植物独有的结构，是光合作用的主要场所，其作为半自主性细胞器有着重要的生物学意义。叶绿体基因组较小仅与原核生物类似，每个细胞中含有 10～100 个不等的、大小在 120～160 kb 的裸露双链闭合环状 DNA。这些双链 DNA 多由一对反向重复序列和大单拷贝区、小单拷贝区组成。每个叶绿体中基因组以成千上万个拷贝的形式存在，内部碱基分布不均匀，功能相关的基因多以“多顺反子”形式存在。

叶绿体转化技术的理论基础依赖于叶绿体拥有核外遗传物质，并且同样具有转录和翻译的功能。正是因为叶绿体能独立于细胞核而稳定遗传，所以它也是理想的外源基因表达的受体。

叶绿体转化的操作原理依赖于同源重组机制和位点特异性整合技术。同源重组与核转化中应用的原理相同，只是这里利用的是与叶绿体基因组相同的同源臂作为外源 DNA 分子两边的侧翼序列。外源基因的位点特异性插入既不会造成叶绿体基因组序列的丢失和破坏，又不会影响其原有基因的功能，所以以叶绿体作为转化的受体可避免位置效应，有利于基因的稳定遗传和表达。位点特异性整合利用噬菌体 phiC31 特异性整合酶（INT），INT 能够介导噬菌体 attP 与细菌 attB 位点之间整合。但是天然的植物叶绿体中并不含有细菌 attB 位点，所以首先需要通过同源重组将细菌 attB 位点整合到叶绿体基因组的特定位点中，再以该转基因株系作为下一步遗传转化的受体。之后，INT 酶将带有 attP 位点的重组质粒与叶绿体基因组中 attB 位点整合，实现外源 DNA 分子对叶绿体基因组的插入。

（二）基本过程

外源 DNA 分子的叶绿体转化以基因枪法为主，PEG 介导转化法为辅。以基因枪法为例，首先根据实验要求选择相关的整合方式以及靶向叶绿体的载体，其次将外源重组 DNA 分子装载在金属颗粒表面，利用高压将其轰击进入愈伤组织内，最后结合植物组培技术获得叶绿体转基因植株。

2019 年 Ruf 等利用基因枪法结合核基因的基因编辑技术，开发了一种高效稳定的叶绿体转化方法。研究者首先采用 CRISPR/Cas9 基因编辑技术敲除核基因组中抑制叶绿体基因翻译的基因 *ACC2*，获得了对大观霉素抗性的敏感性增强的植株。之后以该突变体作为叶绿体转化的受体，选择了靶向拟南芥叶绿体的载体 pCH8，通过基因枪转化根系愈伤组织。在植物组培过程中使用大观霉素筛选，获得了叶绿体转基因植株，并在与野生型的正反交试验后发现，大观霉素抗性能够通过母性遗传在后代中保留。

（三）检测

叶绿体转化筛选多数依赖标记基因和缺陷型突变体。其中最常用的是壮观霉素抗性基因 *aadA*（编码氨基葡糖苷 -3′- 腺苷酰转移酶），该基因同时具有壮观霉素和链霉素抗性，而对应的受体叶绿体则突变了 *atpB* 基因，光合作用能力受损。因此，只有阳性转化体才能在选择压力下正常生存。此外，近年来也开发了几种替代的抗生素抗性标记基因,但它们似乎不如 *aadA* 有效。

(四)与细胞核转化的异同

从遗传转化的三要素,即供体、载体和受体以及遗传转化方式上进行分析,横向比较叶绿体转化和细胞核转化的异同。

首先,在供体方面两者是类似的,都是根据研究者的意愿自主选择外源目的基因。其次,在载体选择上叶绿体转化的选择范围相对狭窄,需要选择叶绿体靶向的相关载体,也不能应用 YAC 或 BAC 这类较大的载体系统。再次,在受体细胞上两者差异是最显著的,细胞核转化利用的是细胞核基因组,而叶绿体转化则针对叶绿体基因组。最后,在转化方式上,叶绿体转化相对选择余地更少,主要采用直接转化法的基因枪法和 PEG 介导转化法,并通过同源重组的方式或位点特异性整合实现外源 DNA 分子对叶绿体基因组的插入。

(五)优缺点

1. 叶绿体转化优势

事实上,叶绿体基因组相对于核基因组更具优势:首先,叶绿体基因组较小,结构简单便于操作。且每个细胞的细胞核只有一个,而叶绿体有很多,每个叶绿体基因组又有很高的拷贝数,可使外源基因达到非常高的表达水平。其次,叶绿体进化上来源于内共生获得的蓝细菌的原核系统,所以叶绿体中通常缺乏 RNA 干扰等遗传机制,可避免细胞核遗传的转基因沉默现象。再次,类似于细菌基因,叶绿体基因组中许多基因为多顺反子表达模式,即一个启动子启动多个基因表达。因此,在叶绿体转化中可以将外源目的基因串联排列在人工操纵子中,这为一次性转化多个基因提供了可能。最后,叶绿体转化的环境安全性要远高于细胞核转化。在大多数被子植物物种中,叶绿体是母性遗传,所以叶绿体转化大大降低了花粉基因逃逸的可能。

2. 叶绿体转化缺陷

当然,叶绿体转化也有其劣势的一面,叶绿体转化的操作难度和局限性要远大于细胞核转化。首先,叶绿体基因组序列信息有限。目前大多数植物叶绿体基因组尚未测序,所以拥有完整的叶绿体基因组序列信息的植物非常少,因此,在载体构建过程中无法确定用于外源基因插入的同源片段。其次,叶绿转化的组织培养体系有限。叶绿体转化的受体虽然是叶绿体,但实际操作还是以愈伤组织作为导入的对象。然而,很多禾本科作物愈伤组织往往不含有成熟叶绿体,而是含有叶绿体的前体前质体。前质体体积比叶绿体更小,更难以实现外源基因的导入。再次,叶绿体转化植株同质化方法有限。由于叶绿体基因组是多拷贝的存在,也就意味着在每个拷贝的叶绿体基因组中都必须有外源基因的存在。然而在转化前,降低受体细胞中叶绿体 DNA 拷贝数的方式耗时长且操作复杂。最后,叶绿体转化的筛选方式有限。目前采用的高筛选压的筛选方式,大多选用 *aadA* 标记。这都需要对叶绿体受体进行一定的前期处理,以缺陷型突变体作为靶标受体,增加了前期操作的难度。

四、基因工程案例

园艺植物基因工程的最终目的是对园艺植物的光合效率、库源关系、抗性、产量和品质等进行遗传改良,以期达到最大的生产效益,改善人类生活品质。在实际生产应用中,非生物胁迫和生物胁迫是园艺植物的两大损失来源,而单纯通过农药来应对胁迫又意味着对环境的损害,因此,通过基因工程对园艺植物进行遗传改造是未来发展方向之一。

(一)提高光合效率

1. 卡尔文循环

光合作用是作物产量的决定性因素。通过基因工程来提高植物光合效率的早期工作主要集中在卡尔文(Calvin)循环中单个酶的过表达上。Calvin 循环中酶的活性增加可以增强植株光合碳同化,增强生长,并显著提高生物量。

例如,景天庚酮糖 -1,7- 二磷酸酯酶(Sedoheptulose-1,7-bisphosphatase,SBPase),简称 SBP 酶,是一种参与 Calvin 循环中光合碳固定的重要酶。在拟南芥、烟草和番茄中已经证明,SBP 酶的过表达将导致光合碳同化效率和生物量产量的提升。研究显示,小麦中 SBP 酶活性的增加,可显著增加光合速率,且无论在高密度还是低密度的种植条件下,谷物的产量以及植株生物量都显著提高。另外,在高等植物中过表达果糖 -1,6- 二磷酸酶(Fructose-1,6-bisphosphatase,FBPase),简称 FBP 酶,也得到了相同的结果。FBP 酶有助于 RuBP 再生或淀粉合成中固定碳的分配,烟草叶绿体中 FBP 酶活性增强对其光合作用具有显著积极的影响。

2. 电子传递

操纵光合电子传递链是改善光合碳同化和产量的另一个潜在选择。Chida 等首先证明在拟南芥中,光合作用电子传递的加速可以改善植物的生长和光合作用。类囊体膜上的细胞色素 b_6f 复合体(cyt b_6f)是光合电子传递的核心成分,可介导 PS Ⅰ和 PS Ⅱ的电子流,其中 Rieske FeS 蛋白(PetC)是 cyt b_6f 复合物的关键组分,已被证明是叶绿体电子传递速率的主要决定因素。研究表明,在拟南芥中过表达 Rieske FeS 蛋白会显著提高电子传递效率,进而增强光合作用。当光强过高时,光化学反应中心会产生过量的电子,传递给氧气形成超氧阴离子自由基,引起光合细胞损伤,进而影响光合效率。增加叶绿体中 SOD 的表达可减少活性氧的含量,有助于光合作用。

3. 光呼吸

植物光合作用通过 Rubisco 酶将 CO_2 固定为 3- 磷酸甘油酸,并进一步同化为植物生长发育所需的碳源。然而,在水稻、大豆等 C3 植物中,Rubisco 酶会通过加氧反应形成有毒的 2- 磷酸乙醇酸,并需要光呼吸途径对其进行同化。光呼吸的存在会导致约 30% 的光合固碳损失,并伴随着氮损失和能量耗散。因此,改善植物光呼吸一直是提高农业生产力的另一关键所在。

合成生物学在改善植物光合作用中发挥着重要作用,South 等通过合成生物学方法,将乙醇酸作为光呼吸旁路的起始代谢物质,在植物中构建了光呼吸旁路,通过蓝藻“甘油酸途径”或者叶绿体中的乙醇酸氧化,绕过乙醇酸再循环为 3- 磷酸甘油酸的过程并促进植物生长。然而,这些构建的新路径仍会释放 CO_2 从而限制其固碳效率。2021 年,Roell 等成功将 BHAC 途径引入拟南芥过氧化酶体中并改变了碳氮代谢,为农业生产力的提高提供了新的研究思路。BHAC 途径(β- 羟基天冬氨酸循环)是将乙醇酸氧化为乙醛酸酯,然后经过 4 个酶促反应转化为草酰乙酸(OAA),该过程不会损失碳氮,比自然光呼吸和之前报道的其他旁路途径更为有效。

内源性蛋白的过表达也可以改善植物的光呼吸。光呼吸作用的植物线粒体通常含有非常高水平的 GCS 蛋白,甘氨酸裂解系统(Glycine Cleavage System,GCS)是一种由四种蛋白(P、H、T、L)组成的线粒体多酶复合体:P 蛋白即甘氨酸脱羧酶(Glycine Decarboxylase,GLDC),T 蛋白即四氢叶酸依赖的氨甲基转移酶(Aminomethyltransferase,AMT),H 蛋白即甘氨酸裂解酶系统 H 蛋白(Glycine Cleavage System H protein,GCSH),L 蛋白即二氢硫辛酰胺脱氢酶。在拟南芥中,H 蛋白或 L 蛋白的过表达会导致光合作用的改善和生物量的增加。此外，在烟草中的研究还表明，H蛋白的叶肉特异性过表达导致温室中和田间生长时的生长增强和生物量增加（高达47%）。

（二）提高作物抗性

1. 抗寒抗旱

温度是植物生存最主要的影响因素之一，植物的低温抗性一直以来都是研究的热点。对于植物抗低温目的基因的选取可以来源于以下几个方面：

（1）细胞膜稳定性相关基因　细胞膜是植物受到低温胁迫后首先出现损伤的部位，低温使得生物膜系统的磷脂双分子层发生相变。一般认为，膜脂不饱和脂肪酸含量增高会使膜脂相变温度降低，从而增强膜的流动性，提高植物的抗寒性。

（2）抗氧化酶相关基因　抗氧化酶对低温胁迫的缓解作用主要来源于对自由基的清除。植物中的抗氧化酶有超氧化物歧化酶（SOD）、过氧化氢酶（CAT）、过氧化物酶（POD）、抗坏血酸过氧化物酶（APX）等。

（3）低温信号转导相关基因　植物遭受低温胁迫时会诱导体内一系列感受低温和抵抗低温的途径，其中涉及的相关基因就是低温信号转导基因。最知名的冷害响应基因*COR*（Cold-responsive Gene）以及能结合COR启动子调控其表达的上游转录因子CBF（CRT/DRE Binding Factor）。

此外，浙江大学的喻景权教授团队也发现油菜素内酯BR能显著增加番茄的低温抗性。研究BR核心转录因子BZR1的转基因材料发现，低温胁迫下BZR1能直接结合活性氧相关基因*RBOH1*的启动子，诱导质外体过氧化氢的产生，通过环式电子传递相关基因*PGR5*增强低温下植物的光保护效应，从而缓解低温危害。同时，BZR1也能直接结合到自噬相关基因*NBR1*的启动子上，通过选择性自噬途径缓解低温胁迫。不仅如此，BZR1也能通过调控脱落酸ABA相关基因来促进番茄的低温抗性。

（4）其他相关基因　干旱胁迫是限制园艺植物增产的另一大要素。干旱主要引起细胞失水萎蔫，也会引起光合作用下降、活性氧自由基增加等后续不良反应。早期研究认为，缓解干旱胁迫主要依赖于渗透调节，所以大部分植物转基因工程选用的都是渗透相关基因。

另外，植物激素也在抗旱胁迫中发挥不可替代的作用。脱落酸ABA是被报道最多在植物抗旱过程中发挥重要正向作用的植物激素。2017年朱健康团队报道，在脱落酸（ABA）受体激动剂AM1的苄基环中添加氟原子，能增加其与ABA受体的结合。这种被称为AMFs的新化学物质能促进气孔关闭和诱导应激反应基因表达，在拟南芥和大豆植株中应用AMFs可增强抗旱性，而在过表达PYL2的转基因植株中其抗旱性得到最大的提高。近期，油菜素内酯同样被报道参与植物抗旱胁迫。2017年美国爱荷华州立大学的尹延海教授研究发现，BR的信号负调控因子BIN2能磷酸化应激反应NAC转录因子RD26，从而增强干旱响应。脱落酸还会和细胞分裂素拮抗调节植物的抗旱胁迫反应。2018年，中国农业大学杨淑华团队报道SnRK2.2、SnRK2.3和SnRK2.6是ABA信号通路的关键激酶，直接与磷酸化A型反应调节因子ARR5相互作用，而后者是细胞分裂素信号传导的负调节因子。SnRK2s对ARR5 Ser残基的磷酸化可增强ARR5蛋白的稳定性，过表达ARR5的拟南芥中表现出了ABA超敏反应和耐旱性。

2. 抗病虫

（1）抗线虫基因　植物寄生线虫种类繁多且环境适应性强，每年对园艺植物造成巨大的经济损失。大部分植物寄生线虫防治困难，为了解决线虫的为害，植物转基因工程得以广泛应用，以下是常见的几种抗线虫的目的基因：

①植物抗线虫基因介导的线虫抗性。1997 年 Cai 等从抗甜菜胞囊线虫的野生甜菜中克隆了第一个植物抗线虫基因 $Hs1^{pro-1}$。随后又逐步从小麦中分离到根部特异表达的抗胞囊线虫基因 *Cre3* 以及马铃薯中属于 LZ-NBS-LRR 抗病基因家族的抗胞囊线虫基因 *Gpa2*。另外一种最重要的抗线虫基因是 *Mi* 基因，它能抵抗包括南方根结线虫等三种主要根结线虫。*Mi* 基因定位于番茄 6 号染色体上，同样具有 NBS /LRR 结构。番茄中还分离得到了一个对马铃薯胞囊线虫具有广谱抗性的 *Hero* 基因。

②外源蛋白介导的线虫抗性。除了植物自身对线虫的抗性基因的应用，研究发现一些外源蛋白的转基因植物也有一定的线虫抗性。常用的外源蛋白主要分为三类：第一类是植物获得系统性抗性 SAR 反应的化学诱导物；第二类是对线虫具有毒性的外源蛋白，如细菌毒素、蛋白酶抑制剂；第三类则是线虫分泌物的特异抗体。2001 年 Oka 等研究发现 β- 氨基丁酸 BABA 可高效诱导番茄对爪哇根结线虫的抗性。1992 年 Atkinson 等首次发现，在马铃薯中转入组成型表达的豇豆胰蛋白酶抑制剂基因 *CpTI* 能改变根结线虫的性别比例。

③ RNA 干扰介导的线虫抗性。线虫抗性中的 RNA 干扰包含两方面：其一是让 dsRNA 侵染线虫，从而达到抑制线虫孵化或降低线虫侵染的目的。2002 年 Urwin 等首次利用章鱼胺刺激马铃薯白线虫和大豆孢囊线虫幼虫的口腔消化，从而使其从浸泡液中吸收 dsRNA。其二是在植物中表达线虫基因的双链 RNA，由此来沉默线虫基因，从而抑制线虫侵染寄生等行为。2004 年 Favery 研究发现可以利用 RNA 干扰沉默植株体内与线虫取食位点相关基因，从而抑制线虫的侵害。

(2) 抗病毒病基因　植物病毒病是造成园艺植物减产的一大原因，每年都给全球带来巨大的损失。植物对病毒病抗性的基因工程就如人类感冒接种灭活病毒的疫苗，大部分都是利用病毒本身的蛋白产生的。2000 年 Hou 等在番茄中导入野生型或突变的菜豆矮化花叶病毒 BDMV 的运动蛋白 BV1 或 BC1MP。结果发现，转基因番茄表型不正常但能推迟花叶病毒的感染。

（三）提高果实品质

园艺植物基因工程的主要目的之一就是改善果实的品质，满足人们日益增加的对日常生活品质的需求。果实的品质主要来源于口感的优劣，即糖分含量和比例以及功能性成分的多寡上。接下来就从这两方面出发，详述园艺植物基因工程在实际生产上的应用。

1. 糖代谢

植物的生存离不开光合作用，而光合作用能量的储存形式就是糖类物质，这是果实口感度的一大重要成分。蔗糖是光合作用中最先产生的游离糖，也是代谢的基础能量物质，其中磷酸蔗糖合成酶 SPS 是催化蔗糖合成的关键。1995 年 Micallef 等在番茄中导入来源于玉米的 *SPS* 基因。研究发现在高浓度 CO_2 下，转基因番茄的光合作用 Rubisco 酶含量为对照的两倍，且生长状态尤其是果实产量都远高于对照。另一个广泛应用于园艺植物转基因的糖代谢基因是与淀粉合成有关的 ADPG 焦磷酸化酶 AGPP。AGPP 催化 1- 磷酸葡萄糖和 ATP 生成 ADP- 葡萄糖，后者是淀粉合成酶的底物，参与直链和支链淀粉合成，所以 AGPP 是淀粉合成的限速酶。研究者们将从大肠杆菌中分离得到的突变 AGPP 基因 *glgc16* 导入马铃薯中，提高了转基因马铃薯糖原的积累速度。

研究表明糖转运基因也与糖分的累积紧密相关。2020 年西北农林科技大学的李明军等将苹果的己糖转运蛋白 MdHT2.2 导入番茄果实中发现，己糖转运蛋白 HT 能将质外体空间中的果糖和葡萄糖转运到果肉细胞中，维持高己糖卸载能力，从而调节质外体空间己糖含量，进一步调节细胞壁转化酶

(CWINV)的表达及其活性。

2. 色素代谢

外观是园艺产品重要的性状之一,颜色是外观直接的表现,而色素主要体现在颜色上。大部分植物颜色范围有限是因为缺乏必要的基因或者是酶对底物具有特异性,所以传统育种技术在花色育种上就显得力不从心,而基因工程可以为花色育种提供崭新的研究思路和途径。

这里的色素主要指代花青素,花青素的直接前体是苯丙氨酸,在经过一系列酶促反应包括查尔酮合酶(CHS)的催化下形成三种二氢黄酮醇,分别是香橙素(DHK)、二氢槲皮素(DHQ)和二氢杨梅树皮素(DHM)。这三者又在二氢黄酮醇-4-还原酶(DFR)和花青素合成酶(ANS)的作用下形成花青素前体,最终产生不同颜色的花青素:花葵素苷(橘黄到砖红色)、矢车菊色素苷(红色到粉红)和飞燕草色素苷(紫色到蓝色)。1992年Lloyd等将玉米的花青素途径特异性转录激活子R和C1导入烟草和拟南芥中,使得转基因植物的花色由白色转变为不同程度的粉红色。1987年Meyer等将编码玉米DFR的*A1*基因导入矮牵牛突变体中,使得原先缺乏花葵素合成能力的转基因植株表现出来砖红色。

花青素的基因工程在果实颜色上的应用也十分广泛。2008年Eugenio等将来源于金鱼草的两个转录因子Del和Ros1导入番茄中,创造出了紫色的番茄新品种,这两个转录因子分别属于*bHLH*和*MYB*基因家族,与金鱼草花青素合成紧密相关。

3. γ-氨基丁酸GABA

GABA最早于1949年在马铃薯的块茎中发现,之后1950年又在哺乳动物的中枢系统中被报道其存在,是一种抑制性神经传导的神经抑制剂,在大脑中枢神经系统中起镇定兴奋的作用。随着研究的深入,研究者发现不仅是针对神经系统,GABA在植物品质改良上也有广阔的应用前景。

植物GABA的基因工程研究主要将目光聚焦在GABA合成关键酶谷氨酸脱羧酶(GAD)、分解关键酶(GABA)、转氨酶(GABA-T)以及转运酶(GABP)上。2017年日本驻波大学的Nonaka等利用CRISPR-Cas9基因编辑技术,将番茄GABA合成酶GAD的C端自身抑制结构域进行破坏,提高GAD的活性。获得的转基因番茄中GABA的积累增加7～15倍,同时对植株和果实大小及产量也有不同影响。2017年华中农业大学的盛玲将在番茄中导入柑橘GABA转运蛋白基因*CgGABP*,在对获得的转基因番茄的初生代谢产物分析中发现,其果实中柠檬酸等有机酸含量明显增加。此外一些外源GABA处理也能对果实品质有所影响。2014年中国热带农业科学院热带生物技术研究所的胡伟等研究发现,外源γ-氨基丁酸能诱导GABA合成关键酶谷氨酸脱羧酶1(GAD1)和乙烯合成限速酶ACS1的上调表达,从而促进香蕉果实的采后成熟。然而植物中天然蕴含的GABA并不多,所以生产上也利用基因改造的乳酸菌,如过表达GABA合成关键酶谷氨酸脱羧酶GAD来大量生产GABA。

4. 神秘果蛋白

神秘果蛋白(Miraculin)是甜度高、热值低的理想甜味剂,神奇的是,该蛋白本身并没有甜味,但能让人在品尝原本不甜的酸性食物时尝出甜味。神秘果蛋白是1968年日本科学家栗原坚三教授从一种原产于西非的植物神秘果中分离得到的一种具有味觉改变功能的特异糖蛋白,由两条多肽链组成。但天然的神秘果蛋白不适宜作为目的基因,因为神秘果蛋白既怕酸又怕热,且同时获得两条肽链在技术上较难实现。之后,1992年美国加州大学Berkely分校的Fischer等对神秘果蛋白进行了改造,人工将两条多肽链合成一种甜度相近且更稳定的单肽来编码。他们将改造后的基因分别于35S启动子和番茄果实特异性启动子E8相连,导入莴苣和番茄中,结果转基因植株成功表达了神秘果蛋白。最近,日本驻波大学的 Ezura 等为了进一步提升番茄果实中神秘果蛋白的含量，利用天然神秘果蛋白的终止子(tMIR)来优化其密码子在番茄中的使用，结果发现使用 tMIR 作为终止子的果实中神秘果蛋白积累量最高。

第四节 植物基因定点修饰技术

植物基因定点修饰技术是一种通过人工设计和改造核酸酶，使其在基因组靶位点实现敲除、插入、定点突变等精确编辑的技术，也称为基因编辑技术。植物基因定点修饰技术利用序列特异性核酸酶(Sequence-specific Nucleases，SSNs)为工具，因核酸酶的不同可分为三种系统：锌指核酸酶(Zinc-finger Nucleases，ZFNs)系统、类转录激活因子效应物核酸酶(Transcription Activator-like Effector Nucleases，TALENs)系统以及成簇的规律间隔的短回文重复序列(Clustered Regularly Interspaced Short Palindromic Repeats，CRISPR)及其相关基因(CRISPR-associated，Cas)系统，即 CRISPR/Cas 系统。这些核酸酶可以对靶位点的 DNA 序列进行剪切，造成 DNA 双链断裂(Double Strand Breaks，DSBs)。

真核生物细胞内有两种修复 DSBs 的方式：一种是非同源末端连接(Nonhomologous End Joining，NHEJ)，另一种是同源重组修复(Homology-directed Repair，HDR)。在自然条件下，同源重组修复出现的概率极低，因此 NHEJ 是修复 DSBs 的主要方式。在 NHEJ 修复过程中，断裂链的末端会随机连接，容易出现碱基的缺失或插入，使靶基因发生移码突变，导致基因功能的改变。HDR 修复是在提供同源序列的情况下，以同源序列为模板进行合成修复，从而对切割的目标 DNA 序列进行精确编辑，如特定核苷酸序列的定点替换或者插入突变体。

一、ZFN 系统

ZFN 系统是最早被使用的基因编辑技术，其包括两个结构域：特异识别 DNA 双链的锌指结构域与具有序列非特异性切割活性的 FokI 核酸酶结构域。核酸酶 FokI 具有核酸内切酶活性，以二聚体的形式发挥作用，可以切割双链 DNA。DNA 结合域通常由 3～4 个 C_2H_2 锌指蛋白串联而成，每个锌指蛋白能够识别并特异性结合三碱基 DNA 序列，因此 DNA 结合域能够特异识别一段 9～12 bp 的碱基序列。每一个靶位点都需要一对核酸酶，这对核酸酶识别位点之间通常需要间隔 5～7 bp，以确保 FokI 二聚体的正确形成，并在该位点进行切割从而产生双链 DNA 断裂。锌指蛋白识别并结合 DNA 序列特异性较差，因此脱靶的概率较大。锌指核酸酶系统载体设计复杂，大大限制该技术的进一步发展。

二、TALEN 系统

TALEN 系统是继锌指核酸酶系统之后被用于基因编辑的第二代技术，它也由 DNA 结合域与核酸酶活性域两部分组成。与 ZFN 系统不同的是，TALEN 系统的 DNA 结合域由黄单胞属(*Xanthomonas*)植物病原菌侵染植物时分泌的 TALE(Transcription Activator-like Effector)效应蛋白构成，核酸酶活性域依然由 FokI 构成。该 DNA 结合域由 13～28 个串联重复单元组成，每个重复单元含有大约 34 个氨基酸。不同单元的氨基酸序列高度保守，仅第 12 位和第 13 位氨基酸存在差异。这两个可变氨基酸的不同组合与四种碱基具有对应关系，即 NG 识别 T，HD 识别 C，NI 识别 A，NN 识别 G。因此，为设计识别某一特定靶点序列的 TALEN 系统，只需按照 DNA 序列把对应重复单元串联组装即可。与锌指核酸酶一样，对于每一个靶位点也需要在其上、下游各设计 1 个 TALEN，其间隔序列比锌指核酸酶长一些，需要 12～21 bp。与锌指核酸酶系统相比，该系统的特异性和易用性都得到了一定的改善，但是由于该体系所用载体过大，遗传操作复杂，限制了其在植物上的广泛应用。

三、CRISPR/Cas 系统

CRISPR/Cas 系统最早是于 1987 年由日本大阪大学研究团队在对大肠杆菌碱性磷酸酶基因进行研究时发现的。2002 年，科学家将此重复序列命名为 CRISPR（Clustered Regularly Interspaced Short Palindromic Repeats）序列。Barrangou 等于 2007 年通过实验首次发现并证明嗜热链球菌利用 CRISPR/Cas 系统抵御噬菌体的入侵。2008 年，有研究表明在表皮葡萄球菌（*Staphylococcus epidermidis*）和大肠杆菌（*Escherichia coli*）中存在成熟的 crRNAs（CRISPRRNAs）可以与 Cas 蛋白形成复合体，并证明该复合体可以干扰噬菌体的增殖。

（一）CRISPR/Cas 系统的组成

CRISPR/Cas 系统组成结构比较固定，CRISPR 基因座由 5′ 端的反式激活 CrRNA（Trans-activating crRNA,tracrRNA）与 Cas 基因家族以及 CRISPR 位点组成。其中 CRISPR 由长度为 20～25 bp 高度保守的重复序列（Repeat）与间隔序列（Spacer）相间排列组成，间隔序列可特异性识别外源 DNA。CRISPR 位点中的重复序列在不同物种中略有不同。Cas 是指在 CRISPR 附近存在着的高度保守的基因（CRISPR-associated Gene，Casgene），这些基因编码的蛋白具有核酸酶功能域，可以对 DNA 序列进行切割。

CRISPR/Cas 系统根据 Cas 基因核心元件的不同被分为两大类共六种类型：第一大类包含Ⅰ、Ⅲ和Ⅳ型，它们靶位点的切割需要多个 Cas 蛋白，而Ⅱ、Ⅴ、Ⅵ型属于第二大类，其只需要一个 Cas 蛋白便可以完成对靶位点的切割。现在最为常用的基因编辑系统是属于Ⅱ型系统的 CRISPR/Cas9 系统，接下来以 CRISPR/Cas9 为例，详细介绍其原理及载体系统。

（二）CRISPR/Cas9 系统的原理

当噬菌体侵染细菌时，细菌体内 CRISPR 在前导区的调控下被转录为前体 crRNA（Pre-CRISPR RNA，pre-crRNA），在 tracrRNA 和 Cas 蛋白的参与下加工成重复序列和间隔序列相间排列的成熟 crRNA，其中的间隔序列是被细菌俘获的外源 DNA 序列，相当于细菌免疫系统的“黑名单”。crRNA 通过碱基配对与 tracrRNA 结合形成 tracrRNA/crRNA 复合物，此复合物引导核酸酶 Cas9 蛋白在与 crRNA 间隔序列配对的序列靶位点处剪切双链 DNA。在噬菌体或者质粒上同 crRNA 中的间隔序列对应的序列通常称为原间隔序列（Protospacer），一般情况下其 3′ 端有几个保守的碱基序列，称为原间隔序列邻近基序（Protospacer Adjacent Motifs，PAM），与原间隔序列间隔 1～4 个碱基，PAM 一般为 NGG。

Jinek 等完成了 CRISPR/Cas9 系统的改造和优化。他们将 crRNA 和 tracrRNA 整合形成 1 条单向导 RNA（Single Guide RNA，sgRNA）。sgRNA 与靶序列 DNA 的碱基配对招募 Cas9 蛋白切割靶序列，形成 DNA 双链断裂。该系统的靶序列通常由 23 个碱基组成，其中前 20 个碱基能够与 sgRNA 进行配对，而 3′ 端则包含了能够被 Cas9 蛋白识别的 PAM 序列核苷酸 NGG。Cas9 的切割位点则位于 PAM 上游 3 个核苷酸处。

CRISPR/Cas9 系统与 TALEN 和 ZFN 技术不同，其利用一段较短的特异性 RNA 序列引导核酸内切酶至靶点处进行编辑，载体变得更小，构建更容易，而且该系统识别的 PAM 序列存在于各种植物基因组中，因此得到了广泛应用。但该系统仍存在编辑位点受限、容易脱靶等缺陷。

（三）CRISPR/Cas9 基因编辑载体系统

随着基因功能探究的不断深入，功能基因组研究的重心逐渐由单一基因转向多基因功能研究。CRISPR/Cas9 技术凭借其简单、高效等优点使多基因同时敲除成为可能。Xing 等构建了一套适合进行植物多基因编辑的 CRISPR/Cas9 载体系统，在拟南芥的 T_1 代中实现了三基因同步敲除。Xie 等利用内源的转运 RNA（Transfer RNA，tRNA）加工系统提高了 CRISPR/Cas9 进行多基因编辑的能力，他们将多个 tRNA-ssgRNA 结构串联排列，并通过单个多顺反子转录、加工成多个 ssgRNA。利用这一策略在水稻中实现了多达 8 个位点同时突变，其中个别位点效率高达 100%。由于 tRNA 及其加工系统在所有生物中都非常保守，这一策略有望在其他物种的多基因编辑中广泛应用。Yu 等则发现在敲除多基因时，通常做法是针对 1 个基因设计 1 条 sgRNA，这种设计方法虽然提高了敲除效率，但每多加 1 条 sgRNA，脱靶风险将呈指数级增加。为了解决这一问题，该研究组以编码拟南芥核糖体大亚基 AtRPL10 亚家族的 3 个同源基因 *AtRPL10A*（*AT1G14320*）、*AtRPL10B*（*AT1G26910*）及 *AtRPL10C*（*AT1G66580*）为切入点，通过序列分析找到同时满足编辑 3 个基因的 1 条 sgRNA，利用 Cas9 同时编辑 3 个基因。

中国科学院植物研究所刘春明研究组与合作者利用转基因自杀策略（Transgene Killer CRISPR，TKC），结合由 tRNA 间隔实现 gRNA 串联的方法，建立了一个创制多突变体的简便高效的 CASE（Customized Assembly and Simplified Editing）工具包，简化了构建过程，便于后期不携带 CRISPR 构建的多基因编辑植株的筛选，可被广泛应用于多基因敲除突变体的构建。

（四）CRISPR/Cas 基因编辑植株的获得及检测方法

通过植物基因组编辑获得可遗传的突变才具有实用价值。通常的策略是采用农杆菌转化或基因枪转化方法将含有 *Cas* 基因和 sgRNA 表达盒的载体导入到植物细胞中，表达出 Cas 蛋白和 sgRNA 发挥基因组编辑作用，经过组织培养过程及后代分离进而获得可遗传的转化体。

目前，基因编辑位点检测方法主要为 Sanger 测序。Sanger 测序是通过特异性引物扩增编辑位点序列进行测序，测序结果与野生型靶序列进行比对。目前 CRISPR/Cas 系统在多种植物已获得了较高的突变率，在 T_0 植株及其后代就可以产生可遗传的简单模式的突变（双等位突变、纯合突变和杂合突变）。对这些简单模式的突变，Sanger 测序更为简便。但由于含有双等位突变和杂合突变的 PCR 产物直接测序会产生双峰，已有研究人员开发了一种对双峰 PCR 产物进行解码的简单有效的方法简并序列解码（Degenerate Sequence Decoding，DSD）。DSD 方法仅对以双峰位置为中心的有限范围的碱基进行解析，可快速有效地分解出 2 个等位变异序列或杂合突变序列。目前，Liu 等设计了在线软件 DSDecode（http://dsdecode.scgene.com/），把野生型靶序列的参照序列和 PCR 产物测序文件上传到该网站，就可对测序文件中的双等位突变、杂合突变和纯合突变进行快速的自动解码。

（五）新型植物基因编辑器的开发

1. CRISPR/Cas12a

与 CRISPR/Cas9 系统相比，CRISPR/Cas12a 系统有其独特的优势。Cas12a 蛋白比 Cas9 蛋白更小，且具有内源 RNase 活性，自身能将 pre-crRNA 剪切为成熟 crRNA，无须 tracrRNA 的参与，简化了实验设计；且 Cas12a 特异性识别靶标序列 5′端且富含胸腺嘧啶（T）的 PAM 序列，拓展了 CRISPR 系统的靶标范围；Cas12a 的剪切位点位于远离 PAM 序列的下游序列，剪切形成 5 个核苷酸突出的黏性末端，增加了 HDR 修复途径发生的概率，有利于 DNA 片段的定点插入和替换。

2. 单碱基编辑器

随着单碱基编辑器（Base Editing，BE）的构建，基因编辑技术用于生物定向改造，不只局限于之前的随机插入或缺失，目前还可以对突变位点进行精准校正。

单碱基编辑技术包含嘧啶编辑技术（C·G 到 T·A）和嘌呤编辑技术（A·T 到 G·C）。胞嘧啶（C）变为尿嘧啶（U），需通过氧化脱氨作用脱去 4 位上的氨基；腺嘌呤（A）变为鸟嘌呤（G），需脱去 6 位上的氨基。因此，单碱基编辑技术原理是利用 CRISPR/Cas 系统确定突变位点，利用脱氨酶催化脱氨。

其中，David 等首次开发出一种胞嘧啶碱基编辑器（CBE）。CBE 编辑器是由大鼠胞苷脱氨酶 APOBEC1 与 Cas9 切口酶以及尿嘧啶糖基酶抑制剂（UGI）融合而成的，在 sgRNA 的引导下实现了胞嘧啶（C）到尿嘧啶（U）的转换。腺嘌呤碱基编辑器（ABE）与 CBE 编辑器相似，均由脱氨酶与 Cas9 切口酶构成。不同的是，ABE 的脱氨酶来源于大肠杆菌的腺苷脱氨酶，实现了腺嘌呤（A）到鸟嘌呤（G）的替换。

与传统的 CRISPR/Cas9 系统相比，单碱基编辑器有以下优势：①编辑效率高。传统的 CRISPR/Cas9 系统对细胞的编辑效率仅为 0.1%～5%；而单碱基编辑技术对细胞的编辑效率高达 70%～80%。②脱靶率低。③突变位点更精准。

3. 引导编辑器

引导编辑器（Prime Editing，PE）系统是一种不需要产生 DNA 双链断裂，且不需要引入供体 DNA 的基因组编辑方法。它的组成包括 pegRNA（Prime Editing Guide RNA）和引导编辑蛋白两大部分。与 CRISPR/Cas9 系统的 sgRNA（Single Guide RNA）相比，pegRNA 的 3′端又延伸出了一段 RNA 序列，包括引物结合序列（Prime Binding Site，PBS）和含有目标编辑序列的转录模板序（Reverse Transcriptase Template，RT template）。引导编辑蛋白由 Cas9 切口酶和逆转录酶（Moloney Murine Leukaemia Virusreverse Transcriptase，M-MLV RT）融合而成。Cas9 切口酶在 pegRNA 上的 sgRNA 引导下切割 DNA 单链上的 NGG，pegRNA 中的 PBS 能够与切割靶点前的序列识别配对，逆转录酶开始对 pegRNA 上的转录模板进行逆转录，从而将目标编辑序列直接连接到 DNA 链的切割位点处。PE 的优势在于可以在基因组的靶向位点实现任意类型的碱基替换、小片段的精准插入与删除，极大拓宽了基因组编辑的范围。

（六）未来技术改进

虽然 CRISPR/Cas 系统在基因定点修饰方面具有重要作用，但依然存在诸多局限，如脱靶、编辑效率低、未知的非预期效应、PAM 识别位点的限制、同源重组途径效率低以及不同植物的转化和再生等问题。

脱靶效应指在基因编辑过程中，当 sgRNA 与特定序列之外的部分发生错配而不是靶位点时，就会发生非特异性切割从而产生脱靶效应。脱靶会导致染色体重排，干扰染色体的稳定性发生未知的非预期效应；还可能改变非靶基因功能活性，从而导致生理或信号异常，影响植物的生长发育。脱靶现象给基因编辑技术的应用带来了很大的不确定性。因此，对基因组编辑中存在的脱靶问题进行系统分析显得尤为重要，有助于进一步提高基因编辑的特异性。

目前,已有研究者提出了多种降低脱靶风险的方法:①第一种方法是提供两个 Cas9 蛋白,使两个 DNA 单链可以被一对 Cas9 蛋白切割。但该方法的缺点是在编辑位点的选择上存在局限性,而且含有两个 Cas 蛋白的重组载体会降低植物转化效率。②第二种方法是对 Cas 蛋白进行优化改造,如单碱基编辑器扩展了 PAM 序列识别位点,扩大基因组的编辑范围,提高编辑效率。③第三种方法是直接截短 sgRNA 的长度或者改造 sgRNA 的结构。已有研究证明,截短 sgRNA 长度可以降低脱靶活性,但靶位点识别序列不完整的截短型 sgRNA 会降低编辑效率;研究人员还在 sgRNA 的 5′ 末端延伸出一个发卡结构 Hairpin(hp-sgRNA),并将该结构引入到间隔序列(Thespacer)上,阻碍脱靶位点 R-loop 的形成,使 sgRNA 二级结构发生改变,可有效抑制 Cas9 在脱靶位点的活性,从而提高 CRISPR 系统特异性。

已有研究表明,脱靶现象与靶序列的特异性有关,因此,可以利用一系列脱靶预测工具分析脱靶情况,如 CRISPR-P 和 CRISPR-GE 等,选择得分高的靶点进行编辑,并在获得编辑的植株后对其潜在预测的脱靶位点进行测序分析。

四、植物基因定点修饰的应用

基因编辑技术在多种作物中得到应用,主要内容包括:调控生长发育、改良品质、提高抗性、作物驯化等。

(一)调控生长发育

在番茄果实中,心皮产生的子房室数影响番茄果实大小。冷泉港实验室的科学家们利用 CRISPR/Cas9 技术诱导番茄 *SlCLV3* 启动子突变,得到了一系列 *CLV3* 启动子区不同长度片段缺失的番茄突变体,其心室数目与野生型相比显著增加,并且缺失片段长度和位置不同,心室数目增加的程度也有所不同。

开花时间是决定作物生育期和环境适应性的重要性状。野生醋栗番茄(*Solanum pimpinellifolium*)属于短日照植物,在长日照条件下开花时间会延迟,而由醋栗番茄经过长期人工选择培育出的栽培番茄是日中性植物,对光周期的敏感性差。为了挖掘影响开花时间的基因,研究人员利用光周期敏感的樱桃番茄和光周期敏感性差的栽培番茄为材料,首先建立重组自交系群体和近等基因系来定位得到了候选基因 *SP5G*。接下来,利用 CRISPR/Cas9 系统突变 *SP5G* 后,番茄开花的长日照敏感性这一性状丧失,因此通过基因编辑系统可以确认该基因参与调控番茄的开花时间。

杨树锌指蛋白基因 *AZF2*(Arabidopsis Zinc-finger Protein 2)可能参与根的发育。利用 CRISPR/Cas9 方法将新疆杨 *PalAZF2* 定点敲除后构建出了 *palazf2* 新疆杨突变体植株。结果发现突变体植株的生根速度减慢,因此推测 *PalAZF2* 基因与根的生长有关。草莓作为一种模式生物,常被用于特定基因的功能研究。利用 CRISPR/Cas9 技术敲除草莓生长素响应因子 *ARF8*,结果表明 *arf8* 纯合突变体比野生型植株幼苗生长变快。

(二)改良品质

果实颜色是番茄最重要的商业性状之一。利用 CRISPR/Cas9 技术分别以 *ANT1/2*、*MYB12* 和 *PSY1* 为靶位点,成功地培育出紫色、粉红色和黄色番茄。不同地区的消费者对番茄果色有不同的喜好,如欧美的消费者更喜欢红果番茄,而粉果番茄在亚洲国家更受欢迎,尤其是在中国和日本。

可溶性固形物含量和生物活性物质水平是果实品质的重要组成部分。利用 CRISPR/Cas9 系统敲除番茄景天庚酮糖-1,7-二磷酸酶(Sedoheptulose-1,7-bisphosphatase)基因 *SBPASE* 后发现 *slsbpase*

突变体植株在光周期内积累的蔗糖和淀粉含量低于野生型植株。而敲除番茄丝裂原激活的蛋白激酶20基因*MPK20*(Mitogen-activated Protein Kinase 20)后,能够在转录和蛋白水平影响糖代谢相关基因的表达。此外,研究人员还利用CRISPR/Cas9鉴定到番茄中苹果酸含量的关键调控基因*ALMT9*(Aluminum-activated Malate Transporter 9)。中国科学院遗传与发育生物学研究所高彩霞研究组发现对基因上游转录起始位点(uORF)进行编辑可以显著提高基因翻译效率,建立了基因组编辑调控植物内源基因翻译效率技术体系。实验室还开发了植物高效胞嘧啶碱基编辑器(A3A-PBE)并对草莓*FvebZIPs1.1*基因的保守的uORF进行编辑,实现了对其数量性状的精细调控,获得了多种糖分含量不同的草莓。日本Sanatech Seed公司通过基因编辑技术选育出了富含γ-氨基丁酸(GABA)的番茄,具有抑制血压升高、缓解压力的保健作用,现已上市。

利用基因编辑技术可以对作物的特定农艺性状进行改良,提高加工和营养品质。大豆中的脂氧合酶(Lipoxygenase,LOX)可催化不饱和脂肪酸的加氧反应产生醛醇酮等挥发性物质,产生“豆腥味”。福建农林大学关跃峰团队利用基因编辑技术在大豆国审品种“华春6号”靶向三个*GmLOX*基因,在T_1代获得了无LOX酶活性的*GmLox*全缺失突变体。香味是水稻等作物育种的重要目标性状,香米中最主要的香味物质是2-乙酰-1-吡咯啉(2-acetyl-1-pyrroline,2AP),甜菜碱醛脱氢酶2(Betaine Aldehyde Dehydrogenase 2,BADH2)的功能缺失导致2AP的积累。山东师范大学和山东舜丰基因编辑研究院在玉米基因组中发现了两个水稻*BADH2*基因的同源基因*ZmBADH2a*和*ZmBADH2b*,通过基因编辑技术同时敲除*ZmBADH2a*和*ZmBADH2b*,培育了世界首例香味玉米。

(三)提高抗性

生物胁迫通常包括病毒、细菌、真菌和昆虫等,这些均能对园艺植物并造成损害。目前,CRISPR/Cas9系统已成为提高园艺植物抵抗生物胁迫能力的重要工具。Tashkandi等利用CRISPR/Cas9系统,通过靶向基因组的外壳蛋白和复制酶位点,从而设计出对番茄黄化曲叶病毒产生抗性的突变体番茄植株。与野生型相比,突变体番茄表现出有效的病毒干扰能力和较少的病毒基因组DNA积累。这种免疫在后期几代中仍然保持活跃,表明CRISPR/Cas9系统在培育持久抗病毒番茄方面是有效的。

利用基因编辑技术对番茄的某些受体基因位点进行突变,可以提高番茄对特定病原菌的抗性。如利用CRISPR/Cas9技术对番茄的*SlMlo*(Mildew Resistiant Locus)位点进行突变后,突变体表现为对白粉病的完全抗性;对番茄*SlJAZ2*进行突变可以抑制丁香假单胞菌番茄致病变种产生的冠菌素导致的气孔开张,从而抑制病菌的侵入;利用CRISPR/Cas9技术使番茄*SlDMR6*(Downy Mildew Resistant 6)基因失去活性后,发现*dmr6*突变体对丁香假单胞菌、辣椒疫霉、黄单胞菌等多种病原菌均表现出了抗病性,且无明显的副作用。

利用CRISPR/Cas9技术在二倍体马铃薯材料MSX914-10和四倍体马铃薯品种Desiree中实现了对除草剂敏感基因*ALS1*的定点敲除,突变率分别达到了55%和60%,所获得的突变体表现出较强的除草剂抗性。

(四)作物驯化

驯化可丰富提高作物生产力的性状,但会导致遗传多样性和抗逆性的下降。为了改良栽培种,往往需要引入一些野生近缘种的等位基因,但野生种中的许多优良性状由多基因控制,在杂交和回交期间难以通过分离固定。这时,通过基因组编辑从头驯化野生物种提供了另一种育种策略。现代栽培番茄的祖先醋栗番茄(*Solanum pimpinellifolium*)果实小,产量低,但抗逆性强。对醋栗番茄的开花光周期敏感性和株形控制基因 *SP* 和 *SP5G* 的编码区、果实大小控制基因 *CLV3* 和 *WUS* 的顺式调控区以及维生素 C 合成酶基因 *GGP1* 的上游开放阅读框多个位点进行基因编辑，突变体植株对光周期敏感性减弱，植株由无限生长型变成紧凑的有限生长型，果实变大，维生素 C 含量提高，坐果率、果实成熟一致性和收获指数提高，同时亲本的抗病性和耐盐性得到保留。

思考题

1. 以你熟悉的一种园艺植物为例，简述离体繁殖的主要技术环节及其注意事项。
2. 离体培养条件下器官分化有哪些途径？怎样利用植物激素进行调控？
3. 为什么茎尖分生组织培养能够去除植物病毒？
4. 哪些因素会影响原生质体培养？
5. 基因克隆的常用载体有哪些？各有何特点？
6. 植物遗传转化的方法有哪些？各有何特点？

第十三章

园艺植物病虫害基础研究方法

园艺植物在从种子萌发到产品器官形成的整个生长发育过程中，极易受到不同种类有害病虫的侵染、为害，改变其正常的生理生化代谢过程，在园艺植物生育周期、组织部位、病斑类型、为害程度等方面表现出多种多样的病理变化。已有研究表明，一种园艺植物的生育期内不仅可以被多种病虫为害，而且一种病原物又能侵染几种甚至几十种的园艺植物。园艺植物病虫害的正确诊断和鉴别是进行有效防治的基础，也为深入了解园艺植物与病虫害互作反应机制研究提供重要的技术手段。

第一节　真菌性病害基础研究方法

一、病原真菌的分离培养

1. 分离前的准备工作

(1) 仪器及用具　仪器主要包括超净工作台和培养箱。用具主要包括培养皿、吸水纸、小玻璃杯、解剖针、解剖剪、接种环、酒精灯、记号笔、镊子等。

(2) 制备培养基　园艺植物病原真菌最常用通用型马铃薯葡萄糖琼脂培养基（PDA）来分离培养，但有时也可用燕麦、番茄汁、胡萝卜汁来制备特殊菌种的培养基。此外，分离病原真菌时易受细菌污染，所以可以制备选择性培养基来分离病原真菌，即加入 20～30 μg/mL 抗生素（如青霉素、链霉素、氯霉素）在已知培养基中，抑制细菌的生长，其中除氯霉素可以在灭菌前加入培养基中，其他抗生素均需在灭菌后的培养基冷却到 45 ℃ 左右时再加入。

(3) 灭菌与消毒　为了保证病原真菌分离工作的成功，首先要用锡箔纸包裹已准备好的用具，在灭菌锅的干热灭菌条件下进行灭菌；其次，用 75% 的酒精喷洒、擦拭超净工作台；最后，将分离工作所用的灭菌器具和物品全部转移到超净工作台后，打开紫外光灯进行全面的杀菌与消毒，照射时长为 30 min 左右。

(4) 分离材料的选择　一般选择具有典型性和代表性的新近发病器官或组织作为分离材料，从病健交界处或发病边缘处采样分离，这种选择方法适用于分离绝大多数园艺植物的病原真菌。但是，如果采集的分离材料已经腐败且可能沾染上腐生菌，此时可以先将发病组织接种到健康材料上，待其发病后再选择病株或病组织材料进行分离。

2. 分离材料的消毒

（1）氯化汞溶液　常用表面消毒溶液的浓度为 0.1%。一般将 20 g 氯化汞溶入 100 mL 浓盐酸中，先配成浓的氯化汞原液。每次进行表面消毒时，取原液 5 mL 加去离子水或蒸馏水 995 mL 稀释。利用氯化汞对分离材料进行表面消毒的时长通常为 3～5 min，消毒后再用灭菌水快速冲洗 3～5 次，除去残留的消毒剂，不然会影响病原真菌的生长。

（2）次氯酸钠　常用表面消毒溶液的有效氯浓度为 3%～5%，消毒浸泡时间长为 5～10 min，浸泡消毒后同样需要用灭菌水快速冲洗 3～5 次，去除消毒剂对病原真菌生长的影响。

（3）乙醇　常用 75% 的乙醇进行表面消毒，消毒浸泡时长为 30 s 至 1 min，消毒后仍需用灭菌水快速冲洗 3～5 次。

对于幼嫩的园艺植物病组织而言，常用的表面消毒法可能会同时杀死病原真菌，因此，该组织的表面消毒时间应尽量缩短，或直接用灭菌水代替消毒剂冲洗 7～8 次。

3. 植物体上病原真菌的分离方法

（1）组织分离法　是园艺植物病原真菌最常用的分离方法，即从分离材料上选择典型的单病斑，用解剖刀从病健交界或病斑边缘处切取大小适宜的病组织，一般为（2～5）mm×（2～5）mm 的正方形小块，数量尽量在 10 块以上或更多，放入 75% 乙醇溶液中快速浸泡 3～5 s 后，按照无菌操作法将病组织移入 0.1% 氯化汞中分别消毒 0.5 min、1 min、2 min、3 min、5 min，每次消毒后最好能在无菌水中浸泡一下，当消毒环节完成后，再用灭菌水连续冲洗 3～5 次，并用灭过菌的吸水纸吸取病组织上的水分后，轻轻地将病组织平放或插入琼脂培养皿中，根据待分离菌落的生长情况，采用菌丝末端逐级移植法对其进行多次转移培养，直至分离获得病菌纯菌种，置于冰箱中保存。

（2）稀释分离法　此方法主要适用于分离某些可产生大量孢子的病原真菌，即用无菌水直接冲洗病组织上的孢子，将收集的洗脱液配成悬浮液。一是将悬浮液经过多次稀释后，直接在琼脂培养基上划线进行分离；二是取三个无菌培养皿，在每个培养皿中加入 1 mL 灭菌水，用接种环蘸一滴孢子悬浮液，与第一个培养皿中的灭菌水混合，再从第一个培养皿中蘸取一滴加到第二个培养皿的无菌水中，混合后再蘸取一滴加到第三个培养皿的无菌水中，最后将冷却至 45 ℃ 的培养基分别倒入上述三个培养皿中，摇匀，使培养基与菌液充分混匀。

（3）直接挑取分离法　将产生霉层、粉状物、孢子等病征的病组织放在体视显微镜下，用灭菌的挑针直接挑取菌丝、菌索、单孢进行分离，其中病菌的孢子最容易直接挑取获得纯培养。一般每个培养皿放置 5～6 次挑取物，放在 25 ℃ 恒温培养箱中培养 3～4 d 后，选取纯菌落转接到培养皿上保存。

4. 土传病原真菌的分离方法

园艺植物上发生的部分真菌性病害属于土传病害，如猝倒病、立枯病、黄萎病等，有时需要从土壤中分离病原物，具体的分离方法参见二维码 13-1。

二维码 13-1
土传病原真菌的分离方法

二、病原真菌的鉴定与保存

1. 病原真菌的鉴定

（1）田间症状观察　在田间自然发病条件下，首先要留意病害在田间的分布状态（如发病中心、轻重程度等），在真菌性病害危害症状最明显的时期，通过植株发病的典型病状和病原物在植株上产生的特殊病症(图 13-1),进行局部观察,出现诸如坏死、腐烂、萎蔫等症状后,进一步观察病原物的病症,如产生出白色棉絮状物、丝状物,不同颜色的粉状物、雾状物或颗粒状物,可以初步判断为何种真菌性病害。再结合园艺植物类型及其生育进程、环境条件、病斑典型特征等要素,进一步确认真菌性病害的类型。因此,在进行田间初步观察鉴定的基础上,必要时仍需再结合显微镜检法和分子生物学鉴定法做进一步的观察和鉴定。

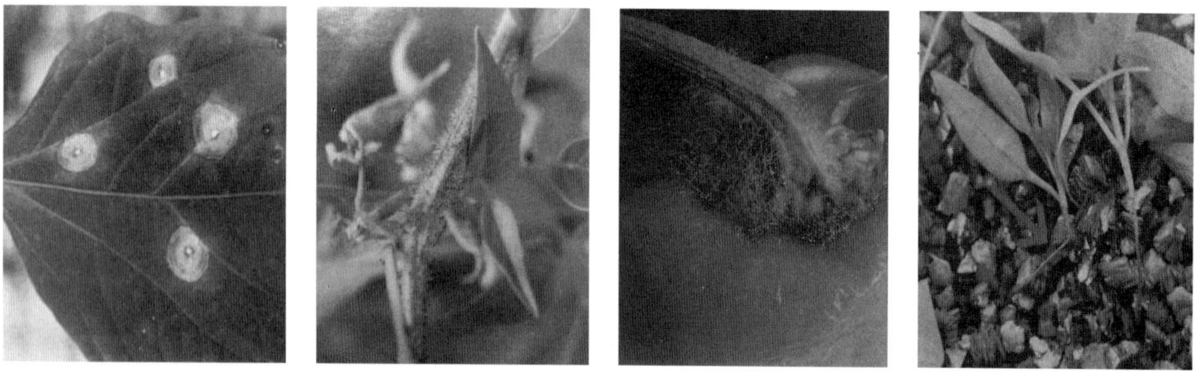

图 13-1　田间自然鉴别时观察的典型病症和病状

(2)室内形态观察法　此方法主要依据菌丝生长状况、菌落颜色、孢子形态、产孢结构及有无横隔等形态特征进行显微观察分类鉴定。用解剖针挑取纯化菌株的少量菌丝于 PDA 平板中央,在 28 ℃ 恒温培养箱中黑暗培养 7～10 d 后观察菌落的培养性状和显微特征。在载玻片中央滴加 1～2 滴无菌水或其他浮载剂(如甘油乳酸液、水合氯醛液等),用灭菌解剖针挑取少量真菌菌丝,放入载玻片上的无菌水或其他浮载剂中,使菌丝充分浸入,尽量避免菌丝堆叠。加盖洁净的盖玻片后,用解剖针轻轻挤压制成压片,在显微镜下观察菌落颜色、菌丝结构和孢子形态等。

(3)分子生物学技术　此方法是依据真菌 DNA 的某些特异性序列,如核糖体保守序列、致病蛋白及其特异性序列等遗传物质来分析分离纯化菌种与已知菌种间内在的遗传进化关系,实现对菌种的种属进行分析和鉴定的方法。目前主要利用多数菌种的相对保守基因间间隔序列(ITS)引物对病原真菌的 ITS 区进行 PCR 扩增,扩增的 PCR 产物经 DNA 凝胶回收试剂盒回收纯化后进行序列测试,获得菌株完成的 ITS 序列,拼接后的序列文件再与 NCBI 核酸数据库中的数据进行对比,分析其同源性,构建系统发育树,确立病原菌种的种属关系。

2. 病原真菌的保存

(1)继代培养保存　将培养好的病原真菌接种在适宜的固体斜面培养基上,待长满斜面后,用橡皮塞封口后,放在 2～4 ℃ 的冰箱中保存,每隔 3～6 个月重新继代移植一次,有的菌种移植时间间隔更短,以此防止病原真菌在长时间保存过程中致病力的退化和变异。此保存方法的优点是简便易行,无须特殊设备,但缺点是多次继代培养会增加病原真菌受污染的概率,不适合长期保存。

(2)低温保存　主要包括 2～4 ℃ 的冰箱和 -196 ℃ 的液氮罐保存。前者可以满足大部分真菌较长时间的保存,间隔 6～8 个月移植一次,是最常用的保存病原真菌的方法;后者主要适用于病原真菌的长期保存,具有存活率高和腐坏率低的特点,但要求定期灌装液氮和做好罐口密封,其中不耐低温的疫霉最好不用此方法保存。

(3)矿物油保存　将培养好的病原真菌接种在适宜的斜面培养基上,待菌丝长满斜面后,在斜面上覆盖一层 10 mm 灭过菌的液体石蜡，使病原真菌处于无氧条件下，抑制其生长与代谢活动。一般可在 4 ℃或室温下保存 2 年以上。此方法的优点是继代转移次数少，真菌特性不易发生改变，也不容易污染，适宜较长时间的真菌保存，但需要较大的空间来直立放置。

(4) 灭菌蒸馏水保存　用灭菌的解剖刀切取培养好的待保存病原真菌及连带下面的琼脂培养基，放在盛有灭菌蒸馏水的带塞试管或冷存管中进行室温保存，有时可以存活很多年，且不易发生菌种的退化和变异。此方法是目前最简便、最经济的病原真菌保存方法。

(5) 土壤中保存　此方法主要适用于产生孢子的病原真菌和在培养生长过程中容易发生突变的病原真菌保存，是最接近自然选择的方法之一。一种方法是将孢子悬浮液加在试管内灭菌的土壤中，干燥后保存；另一种方法是在试管中加入 5 g 左右 70% 含水量的土壤，用高压灭菌器灭菌处理 30 min，连续处理 3 d 后，再加入 1 mL 孢子悬浮液，室温下培养 10 d 后放在 4～8 ℃冰箱中保存。此方法要求土壤灭菌要彻底，避免产生污染。

(6) 干燥保存　此方法就是利用干燥脱水技术抑制病原真菌的生长及其遗传突变导致的固有特性丧失，并配合常温或低温保存，延长存活时间的一种保存方法。具体干燥做法：一是让病原真菌在空气中慢慢脱水干燥；二是在真空条件下快速脱水或在物理、化学吸水剂的强烈吸附作用下脱水干燥，干燥后的真菌孢子或菌丝体可以与干燥的沙、土壤或硅胶等混合，抽真空后密封保存。

三、病原真菌的致病性检验

1. 制备侵染菌种

将已纯化好的单一菌种活化后，转接到适宜的培养基上，在 28 ℃恒温培养箱中培养 5～10 d 后，若是产孢的真菌，采用血球计数板测定法，用无菌水配制 10^7～10^9 CFU/mL 孢子浓度的菌悬液，如果遇到孢子不容易释放的情况，可以用缓冲液（0.8 μmol/L/mL KCl、1 μmol/L/mL KH_2PO_3、1 μmol/L/mL $MgSO_4$、0.25 μmol/L/mL $CaCl_2$）加冰浴的方式促进孢子快速释放；若培养的菌种不产孢子，则直接用无菌纱布过滤菌液，收集菌丝用作侵染备用。

2. 准备寄主材料

根据园艺植物发病时期、发病部位的不同，可以选择幼苗期或成株期的不同组织器官，可以是离体或活体寄主材料，必要时还需准备组培苗或无菌营养液培育的材料，尽量确保寄主试材的一致性和无菌性，提高分离纯化菌种致病性测试的成功率和准确性。

3. 回接菌种

有时从田间发病植株上可以分离纯化出多个菌株，且每个菌株的寄主范围也不同。因此，需要严格按照柯赫氏法则进行回接（图 13-2），只有接入分离纯化好的菌株在一定时间内导致园艺植物发病，且还能从发病的组织部位再次分离得到该菌株，说明该菌株符合柯赫氏法则，即可明确该菌株为病原菌，否则该菌株不是病原菌。

一般对于产孢菌株采用伤口接种法进行回接，即用无菌工具对消毒后的园艺植物根系、叶片、茎、果实等部位进行人工损伤，随后接入定量的菌液，采用适当技术措施（如套袋）避免接菌部位受外源菌污染；对于不产孢的菌株来说，主要是将沥干的菌丝直接加入无菌基质或无菌营养液中，此方法主要适用于园艺植物根腐病的菌株致病性测定。

图 13-2　苗期接菌进行柯赫氏法则验证

A. 柑橘幼苗根部接种腐霉菌第 8 天出现的叶片萎蔫症状和未接菌对照组；B. 接菌处理组根系表面发生褐变和出现菌丝；C. 对照组根系徒手切片未见菌体结构；D-F. 在接菌处理组根系表皮细胞中分别观察到菌丝、卵菌和孢子囊（比例尺：A、B=2 cm，C=120 μm，D、E、F=10 μm）

4. 致病性评测

菌株回接以后，要定时观察寄主发病状况，若在有效时数内，寄主未出现明显的病状，说明柯赫氏法则验证失败，可以确定分离的菌株是非病原真菌；一旦观察到回接菌株的寄主开始发病，且症状与菌株分离前田间植株发病症状基本一致，就可以明确该回接菌株为病原菌。此时，需依据园艺植物单株病情划分标准（表 13-1），记录和测算发病率和病情指数（表 13-2），再将回接菌株发病的组织部位经取样、分离、纯化后，在电子显微镜下观察再分离菌株的形态结构，同时结合分子生物学鉴定技术验证再分离菌株与回接菌株是否一致。

表 13-1　黄瓜霜霉病病情划分标准

病情级别	症状描述	病情指数	抗性类型
0	无症状	DI=0	免疫（IM）
1	病斑面积占总叶面积的 1/10 以下	0＜DI≤10	高抗（HR）
3	病斑面积占总叶面积的 1/10～1/4	10＜DI≤30	抗病（R）
5	病斑面积占总叶面积的 1/4～1/2	30＜DI≤50	中抗（MR）
7	病斑面积占总叶面积的 1/2～3/4	50＜DI≤70	感病（S）
9	病斑面积占总叶面积的 3/4 以上，以至干枯	70＜DI	高感（HS）

表 13-2　黄瓜霜霉病发病率和病情指数田间调查

品种	各级病害发病株数						调查总株数	发病株数	发病率 /%	病情指数	抗病类型
	0	1	3	5	7	9					

播种时间　　　　　调查时间　　　　　调查人员

四、病原真菌对园艺植物的影响

1. 识别互作

园艺植物与病原真菌识别互作以亲和性反应为主，即病原真菌附着在寄主园艺植物表面的皮孔、伤口或气孔，形成侵染垫、附着胞和吸器等侵染结构，帮助病原真菌侵入寄主园艺植物组织，病原真菌产生的效应子与寄主不同部位亚细胞受体互作，活化受体分子，激活寄主植物的防卫反应，出现过敏性反应，继而诱导水杨酸和其他信号物质的产生和活化，诱导形成大量的病程相关蛋白（如几丁质酶），防御和攻击病原物，逐步产生系统获得抗性（图 13-3）。

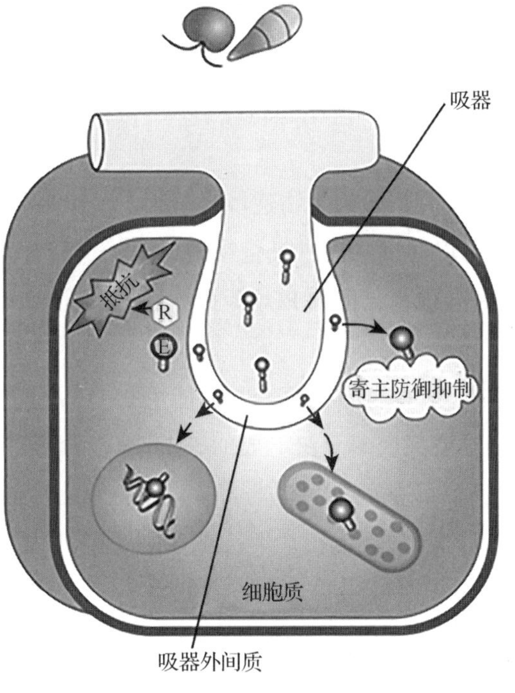

图 13-3　病原真菌效应子的释放及抗病（Torto et al.，2009）

近年来，随着分子生物学、基因组 / 转录组测序、蛋白质组学、生物信息学的快速发展，极大地推动了病原真菌与寄主植物识别互作相关的基因表达及调节机制研究。研究表明，病原真菌中发现了近百种致病基因，主要涉及与侵染结构和致病因子相关基因，如抑制编码附着胞的关键基因 *mpg1* 表达，直接降低产孢能力，降低灰梨孢菌的致病性；*scr82* 基因则具有致病因子和诱发寄主产生防卫反应的双重作用。此外，寄主植物可以通过免疫识别、信号传递和启动抗性三个环节，激活其先天免疫系统，产生组成型代谢物或抗致病物抵抗真菌的侵染、危害。

众所周知，病原真菌与寄主园艺植物识别互作是一个相互影响和协同进化的系统，致病机制也逐步从细胞、组织、生理、生化及分子等不同水平被揭示，如诱饵模式——全新的病原真菌致病机制已在大豆和烟草疫霉与寄主的互作中得到证实，但是其是否能够在园艺植物中得到验证，需要运用生物化学、细胞生物学和分子生物学等方法进行深入研究，同时也为其他识别互作新机制研究提供重要的创新性思路参考。

2. 生理生化响应

(1)光合生理　多数病原真菌致病物质进入寄主细胞后，主要作用位点就是具有光合功能的叶绿体，破坏叶绿体内膜系统，导致基粒片层发生肿胀，结构解体，失去光能捕获、电子传递、同化力形成等功能，造成病组织中淀粉粒等有机物积累。可以通过观测病组织叶绿体形态结构、叶绿素荧光活性、光合能力等参数，研究病原真菌对园艺植物光合生理反应的影响。

(2)呼吸生理　有些病原真菌致病物质进入寄主细胞后，减少线粒体基质及嵴数，使线粒体膜发生局部断裂或结构破坏，甚至出现内部空泡化；此外，病原真菌还可导致呼吸作用氧化磷酸化解偶联、细胞膜透性增加和生物合成加强等，突出表现为以糖酵解为主的糖代谢途径转变为磷酸戊糖途径，导致感病园艺植物呼吸作用增强。可以通过测量单位鲜重感病组织的 O_2 吸收速率或 CO_2 释放速率，条件允许的话，也可通过测量无机磷增加量或 ATP 减少量，研究病原真菌对园艺植物呼吸生理反应的影响。

(3)水分生理　病原真菌常常通过堵塞维管束、破坏细胞质膜、增大木质部中汁液黏度、促进气孔长时间处于开放状态等方式影响水分代谢机制，降低或抑制园艺植物对水分的吸收，抑或过度促进水分蒸腾，导致园艺植物出现萎蔫症状。

(4)酶活生理　病原真菌作为一种重要的生物逆境胁迫因子，能够诱导激发寄主植物体内活性氧清除酶系统和防御酶相关酶活性，可以通过测定过氧化物酶(POD)、超氧化物歧化酶(SOD)、苯丙氨酸解氨酶(PAL)、过氧化氢酶(CAT)和多酚氧化酶(PPO)等指标，研究病原真菌对园艺植物酶活生理反应的影响。

(5)代谢生理　已有研究表明，某些病原真菌一方面能干扰 DNA 复制和转录过程，抑制基因的表达，影响核酸代谢，例如，马铃薯早疫病病菌分泌形成的 Solanapyrone A 可选择性地抑制 DNA 聚合酶活性；另一方面病原真菌分泌产生的致病物质可以与寄主内质网、细胞质膜结合，抑制寄主蛋白质的合成，导致寄主缺少足够的核酸和蛋白质而不能正常生长发育，表现出明显的毒害作用。

第二节　细菌性病害基础研究方法

目前，已知植物细菌性病害有 500 多种，其中园艺植物占近 100 种，有时一种园艺植物上可以发生 2 种以上的细菌性病害，主要为革兰氏阴性菌，分属 10 多个属，需要根据田间发病症状调查结果和室内初步观察进行初步识别，然后在适宜培养基上分离纯化后，借助与致病性密切相关的细菌形态结构、生理生化反应、分子生物学等技术方法对其进行深入鉴定。但是，分离鉴定出的细菌致病性如何，常常需要根据病菌不同的侵染方式，采用喷雾、注射等人工接种试验法测定，最后进行细菌学和生理生化性状研究。

一、病原细菌病害的识别

1. 症状识别

园艺植物病原细菌主要包括黄单胞杆菌属(*Xanthomonas*)、假单胞菌属(*Pseudomonas*)、棒状杆菌属(*Corynebacterium*)、欧文氏菌属(*Erwinia*)、土壤杆菌属(*Agrobacterium*)、木杆菌属(*Xylella*)等,主要引起坏死、萎蔫、腐烂、溃疡和畸形等典型的细菌性病害症状(图 13-4),湿度较高时发生细菌性病害的部位有黄色或白色菌脓溢出,且菌脓干固后成为菌膜或小颗粒黏附在发病部位。

(1)坏死　多出现在叶片、茎秆和果实上,表现为组织坏死,发病初期出现油浸状或水浸状病斑,呈现椭圆形、多角形或不规则形的黄色、褐色或其他颜色斑点或枯斑,随后在病斑周围出现黄色晕环,后期由于病斑组织变薄而出现穿孔现象。

(2)腐烂　多出现在园艺植物的块茎、块根、鳞茎和果实等部分,有时也会发生在茎部和叶柄,时常伴有恶臭,多由果胶杆菌属、欧文氏菌属和黄单胞菌属的细菌侵染所致。

(3)萎蔫　该症状是细菌侵染影响园艺植物维管束组织的正常功能后,出现叶片萎蔫、变色、枯萎直至死亡,剖开茎秆后可见维管束坏死。当湿度大时,挤压茎基部横断面可见菌脓从维管束流出,如番茄青枯病。

(4)溃疡　多出现在茎秆、果实等部位,病斑较大,形状不规则,但多限于表层组织,主要由黄单胞菌和假单胞菌中的少数细菌侵染所致。

(5)畸形　一般发生在园艺植物的茎部、枝条和根部,细胞增生或膨大,呈现瘤状或带状,主要由土壤杆菌和部分假单胞杆菌侵染所致。

图 13-4　田间调查的园艺植物细菌性病害的典型症状

2. 喷菌现象

喷菌现象是识别园艺植物细菌性病害的另外一种可靠的方法,即把被细菌侵染的维管束或薄壁细胞病组织放入加有灭菌水的载玻片上,加盖玻片后,在显微镜下就可以观察到大量细菌从病组织中喷溢出来(图 13-5)。为了进一步诊断识别是革兰氏阴性细菌还是阳性细菌,将镜检观察到有细菌溢出的病组织从载玻片上移去,然后在酒精灯下快速晃动载玻片,使水分蒸发干并将细菌固定住后,加 1～2 滴革兰氏染色剂,静止片刻后,用吸水纸将多余的染色剂吸收完毕,加盖玻片后在显微镜下观察菌体的大小、形状和染色状况(图 13-5)。

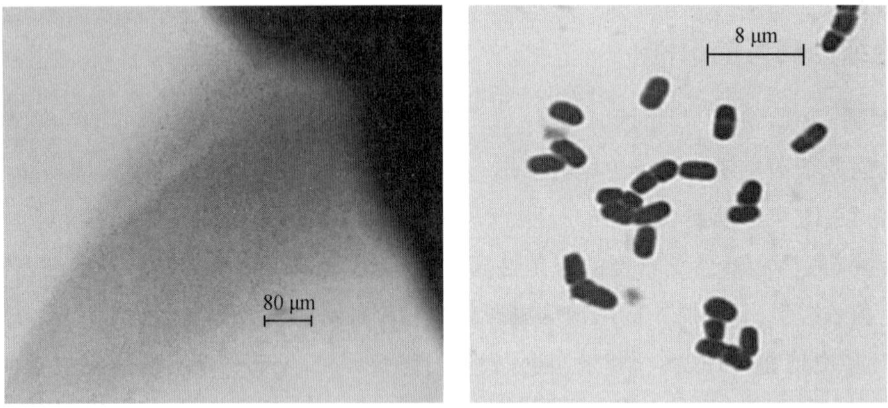

图 13-5 细菌菌雾及革兰氏染色反应

二、病原细菌的分离和保存

1. 分离材料的选择

(1) 选择新鲜病样 一般常选择新鲜、病害症状典型的发病初期植株、器官或组织作为分离的材料，从病健交界处或发病边缘处采样分离，如果选择的分离材料发病很严重时，可能会滋生大量腐生细菌，严重影响分离成功率。

(2) 接种再选择 在由分离材料选择不合适而导致病原细菌分离成功率不高的情况下，可以先将发病组织浸泡在灭菌水中，有必要可以研磨一下，然后再适度离心后吸取细菌悬浮液，接种在经针刺过的寄主上，在保湿条件下让其自然侵染发病，当病状明显可见时，及时选择再采样。

(3) 诱饵引发再选择 对于由软腐病菌引起的园艺植物细菌性病害，最好通过诱饵引发（如马铃薯诱饵法、胡萝卜诱饵法、浸水厌氧法）培养，然后选择诱饵作为分离材料。

2. 培养基的选择

(1) 基础培养基 此培养基主要包括普通营养琼脂培养基（NA）和酵母粉葡萄糖氯霉素琼脂培养基（YDC），为病原细菌的生长繁殖提供基础营养物质，可成功培养园艺植物常见病原细菌，同时也可作为一些特殊培养基的基础培养成分。

(2) 选择性培养基 充分利用园艺植物细菌对某些特殊化学物质的敏感性，在基础培养基中加入此类物质，并对培养体系进行适度优化，促进所需分离细菌的生长，抑制非目标细菌的生长，达到成功分离的目的，为后续致病性试验和致病毒株筛选提供保障，如分离青枯病菌采用 2，2，3- 三苯基四唑氯琼脂培养基（TTC），分离棒形杆菌采用酵母膏葡萄糖矿物盐琼脂培养基（YGM），分离土壤杆菌采用甘露醇培养基。

3. 分离方法

(1) 平板划线分离法 此方法主要是将混杂在一起的不同细菌种群或同一细菌群体中的不同类型，通过用接种环在固体平板培养基表面多次作“由点到线”的划线稀释方法，达到成功分离细菌的目的，主要包括分区划线法和连续划线法（图 13-6），其中常用的分区划线分离法操作步骤参见二维码 13-2。

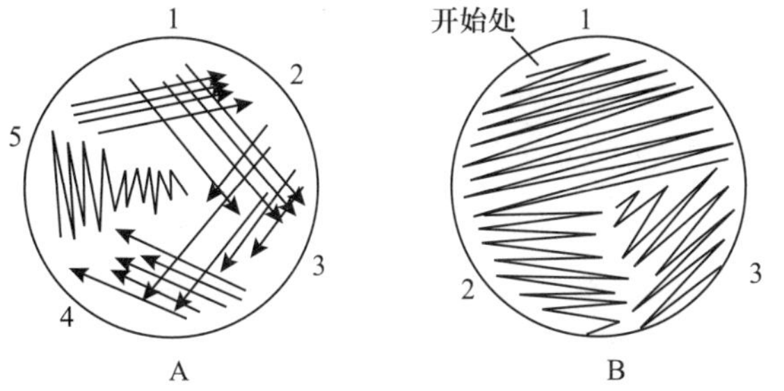

图 13-6　分离细菌常用的划线分离法

A. 分区划线分离法；B. 连续划线分离法

二维码 13-2
常见的分区划线分离法

(2) 培养皿稀释分离法　取三个灭菌的培养皿，在每个培养皿中加入灭菌水 0.5 mL，切取(2～5) mm×(2～5) mm 的正方形小块病组织，经表面消毒和灭菌水交替处理三次后，放在第一个培养皿的灭菌水中，用灭菌的玻璃棒将病组织研碎，静置 5～10 min 后，使组织中的细菌流入水中(配成悬浮液)，然后用移液枪从第一个培养皿中吸取 50 μL 悬浮液到第二个培养皿中，用移液枪头充分混匀后从第二个培养皿中吸取 50 μL 悬浮液到第三个培养皿中。最后，将冷却到 45 ℃ 左右的灭菌培养基快速倒入上述三个培养皿中，待培养基冷却凝固后，密封培养皿，将其翻转放在 28 ℃ 恒温培养箱中培养。

4. 保存

(1) 原位保存　此方法主要适用于直接保存发生细菌病害的分离材料，即将根、茎、叶等发病组织直接放在灭菌的塑料袋中，置于 −20 ℃ 冰箱中保存，属于短期保存方法。

(2) 灭菌蒸馏水保存　此方法适用于园艺植物青枯病菌在两个月之内的短期保存，即将新鲜培养好的菌落用灭菌水制成悬浮菌液，放置在 4 ℃ 冰箱中保存。

(3) 斜面保存　多数分离好的病原细菌可以转接到试管斜面培养基上进行短期保存，保存条件允许的情况下，可以结合 4 ℃ 冰箱低温保存，缓解由细菌不断生长和移植导致其致病力衰退的情况发生。

(4) 甘油保存　培养繁殖好在基础培养基或选择性培养基上分离纯化的病原细菌后，加入一定量的灭菌甘油，放置于 −20 ℃ 冰柜或 −80 ℃ 超低温冰箱中保存。

(5) 冻干保存　此方法是病原细菌长期保存的最常见方法，时间长达 3～5 年，甚至更长。

三、病原细菌的鉴定

1. 形态结构鉴定

(1) 革兰氏染色　此方法是细菌形态结构鉴定中被广泛采用的一种鉴别染色法，常用的是结晶紫草酸铵染色法。该方法的基本原理就是先用碱性染料结晶紫对细菌染色，后经碘液进行媒染，水洗后用 95% 酒精脱色，略微干燥片刻，再用碱性负染剂进行复染，水洗干燥后，在油镜下观察到的紫色物质即为革兰氏阳性细菌，红色物质即为革兰氏阴性细菌。

(2) 鞭毛染色　此方法主要是根据细菌鞭毛的有无、数目和着生部位进行细菌形态鉴定的一种方法。但是，病原细菌非常细小，一般显微技术很难观察到，所以需要先通过媒染剂(如单宁酸)处理，将染色液附加到鞭毛的周围，增加鞭毛的直径，然后再进行染色(如硝酸银)，便于在普通光学显微镜下观察，指导细菌属类的划分。

(3) 荚膜染色　因为一般细菌的荚膜与染色剂的亲和性较低，且对染色剂具有较高的通透性，所以采用染色剂（如墨汁、硫酸铜）对病原细菌染色后，细菌细胞周围便出现一个没有着色的浅颜色圈，而菌体被染成红色或深蓝色，即可方便观察和辨识，这种方法称为荚膜染色。

(4) 芽孢染色　部分病原细菌能产生内孢子，这些孢子能阻止染色剂的进入。因此，在不易清晰观察的条件下，可用特殊的芽孢染色法（如孔雀绿染色法和苯酚复红染色法），使芽孢与菌体呈现不同颜色，提高辨识度，便于观察和识别。

2. 生理生化鉴定

(1) 耗氧性和厌氧性测定　不同细菌对糖及代谢产物的分解能力不同，这种能力主要因是否有氧气的存在而异，有氧条件下称为氧化，无氧条件下称为发酵，可以用蛋白胨葡萄糖琼脂试管培养基加溴百里酚蓝指示剂进行观察测定。具体做法就是在配制好的试管培养基中，在距试管底部一定距离用针穿刺接种细菌液，其中一支管的顶部加液状石蜡油做发酵试验，另一支管不加液状石蜡油做氧化试验，然后在室温或 37 ℃ 恒温培养箱中孵育，定期观察并记录试管中培养基颜色变化、气泡产生和细菌生长的位置，即可鉴定是好氧性细菌、厌氧性细菌还是兼性细菌。

(2) 含碳化合物的利用和分解　园艺植物的不同病原细菌含有发酵不同糖类和醇类的酶，导致发酵糖类和醇类的能力各不相同，其代谢产物也各不相同，如有的不产酸也不产气，有的只产酸不产气，有的既产酸又产气。此时可以通过培养基中加入的溴百里酚蓝指示剂颜色的变化以及发酵管中倒置的杜氏小管内有无气泡产生来鉴定。此外，有些园艺植物病原细菌能利用丙二酸盐作为碳源进行繁殖，使培养液的 pH 由中性变成碱性，加入溴百里酚蓝指示剂的培养液则由绿色变成蓝色，从而达到鉴定相关细菌的目的。

(3) 含氮化合物的利用和分解　含氮化合物（如硝酸盐、亚硝酸盐、半胱氨酸、色氨酸）常作为园艺植物某些病原细菌的主要氮素营养来源，其被利用和分解后可产生一些使试纸条或溶液变色的气体分子（如氨气、H_2S）和其他物质（如吲哚、亚硝酸根），从而达到鉴定病原细菌的目的。

(4) 大分子物质水解代谢　某些侵染园艺植物的细菌对大分子物质，如淀粉、蛋白质、脂肪不能直接利用，必须借助自身产生的胞外酶将大分子物质分解后，才能被微生物吸收利用，然后根据染色反应、沉淀反应来鉴定。

3. 分子生物学鉴定

(1) 核酸探针　核酸杂交法就是将少量病原细菌的核酸提取样固定在尼龙膜或硝酸纤维膜上，封闭后利用专一性的核酸探针与样品进行杂交，通过放射自显影或酶标颜色反应来检测相关病组织中的细菌种类。

(2) PCR 技术　随着现代生物技术的快速发展，应用 PCR 技术可以简便、快速、灵敏、准确地从病组织材料中以体外扩增的方式获取细菌某些特征基因序列的遗传信息，据此开发了免疫 PCR 和荧光适时 PCR 技术，已广泛应用到园艺植物病原细菌的鉴定中。

除上述检测鉴定方法外，还有血清学技术、噬菌体技术、菌体脂肪酸分析系统和克隆抗体技术等。

四、病原细菌致病性的测定

1. 制备悬浮液

将分离保存的纯细菌培养物转接、活化、重新培养 1～2 次后，加灭菌水，收集活力较强的细菌悬浮液，采用血球平板菌落计数法将接种浓度配制成为 10^7～10^8 CFU/mL 的菌悬浮液。

2. 接种

(1) 针刺接种　用单接种针或多接种针直接蘸取细菌悬浮液，也可用移液枪直接滴加细菌悬浮液后，再用接种针扎刺寄主待测组织部位，让细菌通过伤口快速侵染到组织内部，该方法简单有效，常用于园艺植物果实、块根、块茎等的腐烂病菌接种。

(2) 喷雾接种　此方法主要适用于通过气孔或皮孔等自然孔口侵入园艺植物组织的细菌致病性测定，即将制备好的细菌悬浮液直接喷施到待测组织部位（如叶片背面），条件允许可以在接种前后对组织进行 24 h 的保湿处理，添加展着剂或加大喷雾压力，使喷施的细菌能够迅速传导，保证接种效果，加快发病进程。

(3) 注射接种　将细菌悬浮液用注射器注入寄主的维管束、叶片等部位，常用于园艺植物细菌性萎蔫、叶枯、茎腐等病害的接种。

(4) 伤口接种　针对园艺植物较易发生茎部维管束病害的木本植物，且注射不容易成功时，可用消毒解剖刀在茎部直接斜切，再将细菌悬浮液滴入伤口，或将蘸取细菌悬浮液的消毒棉球直接塞入切口，并用透明胶布包扎。

(5) 摩擦接种　对于少数园艺植物而言，可以在叶片上撒少量金刚砂或石英砂（600 目），然后用无菌纱布蘸取细菌悬浮液在表面轻轻摩擦，通过摩擦产生的伤口将细菌接种到叶片中。

(6) 根部接种　就是用无菌条件下培养的园艺植物根系直接蘸取细菌悬浮液或将细菌悬浮液浇灌到灭菌的土壤、基质或营养液中的接种方法。

3. 过敏性反应

利用非寄主植物的果实、种子、叶片等组织部位的过敏反应（如枯斑）现象，快速、初步进行病原细菌筛选的一种方法，如番茄细菌性叶斑病菌可以利用烟草叶片来测定。具体做法就是先用针头在接种反应部位轻轻扎点，保证表皮有细小的伤口即可，特别是叶片不能被穿破，然后将 10^7 CFU/mL 左右的细菌悬浮液用无针头的注射器压在接种反应部位，轻轻用力推射注射器 5～10 s 后，尽量保持接种材料处于适宜的温光环境条件下，如果分离的细菌属于病原细菌，注射点周围往往会在接种后的 6～24 h 内出现较为明显的过敏性枯斑，若非病原细菌则不出现过敏性反应。根据此方法就可初步判断分离获得的细菌是否为病原细菌，但是具体可量化的致病性测定仍需严格在寄主植物上进行接种研究。

4. 致病性观测

从接种后的第二天开始持续观察不同寄主接种组织部位的发病情况，在发病高峰期且能反映不同寄主抗、感病差异时，调查发病症状和病情指数（表 13-3），然后对接种发病后的病状组织进行再次采样和分离，观察分离菌株的菌落形态是否与接种菌株形态一致，并通过特异基因片段扩增和测序技术（如 16S rDNA）对再分离菌株进行鉴定。

表 13-3　黄瓜细菌性角斑病病情的划分标准

病情级别	症状描述	病情指数	抗性类型
0	无症状	DI=0	免疫（IM）
1	产生坏死斑点，病斑不扩大	0<DI≤20	高抗（HR）
2	坏死斑发展慢，病斑面积占总叶面积的 1/5 以下	20<DI≤40	抗病（R）

续表 13-3

病情级别	症状描述	病情指数	抗性类型
3	病斑扩展较快，病斑面积占总叶面积的 1/5～1/3	40＜DI≤60	中抗(MR)
4	病斑连片，病斑面积占总叶面积的 1/3～2/3	60＜DI≤80	感病(S)
5	病斑破裂穿孔，病斑面积占总叶面积的 2/3 以上	80＜DI	高感(HS)

五、病原细菌对园艺植物的影响

1. 侵染过程

植物病原细菌首先附着在寄主园艺植物的根系、叶片、维管束等组织器官表面，逐步分泌胞外多糖和胞外蛋白，形成生物被膜，不断克服高温、干旱及寄主防御反应等不利因素；一旦外界环境条件适合其侵染时，病原细菌便开始调控合成鞭毛，并向寄主组织器官表面迁移，寻找到最佳的入侵位点(如伤口、皮孔)后，快速分泌和释放致病毒力因子(如酶、毒素、激素等)，破坏寄主防御系统，进入寄主细胞，完成侵染，为进一步定殖和扩展做准备。

2. 致病机制

大部分病原细菌致病因子在入侵寄主园艺植物过程中，同样可以作用与光合生理、呼吸生理、酶活生理和代谢生理等过程密切相关的位点，通过不同的作用方式及机制影响园艺植物的生长发育(图 13-7)。下面以常见的植物病原致病因子——细菌毒素，简要叙述其相关致病机制。

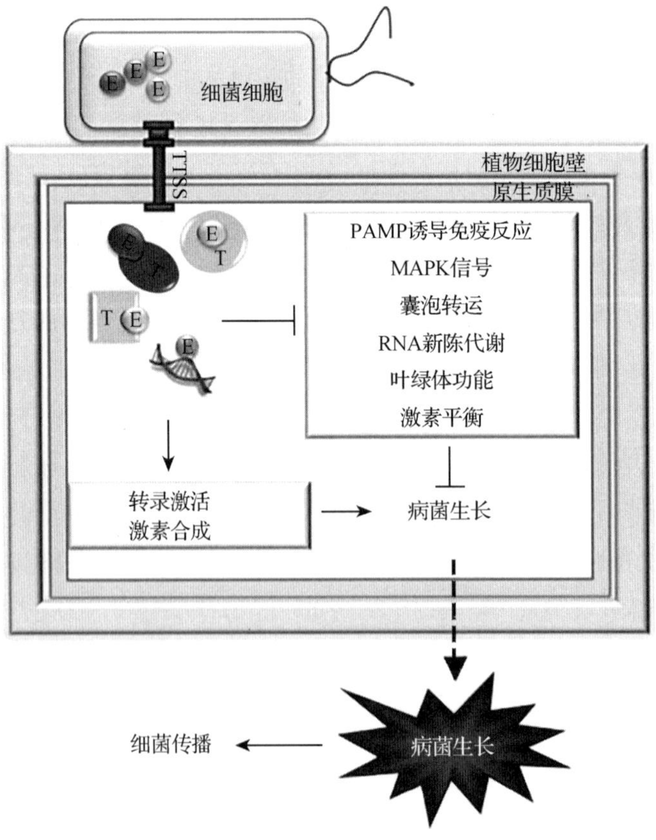

图 13-7　植物病原细菌释放的致病效应子及作用位点(Rosenberg,2013)

植物病原细菌毒素中的某些脂肽类物质可直接破坏寄主细胞。例如，丁香假单胞菌入侵过程中释放的丁香霉素和嘧啶肽，可直接引起寄主植物质膜穿孔和组织坏死。丁香假单胞菌释放的修饰肽毒素（如菜豆菌毒素、野火菌毒素等）直接抑制寄主植物氨基酸代谢途径相关酶活性，如氨基酸合成酶、氨基转移酶等，干扰寄主植物的正常氮代谢，最终导致寄主组织器官缺绿黄化。

此外，植物病原细菌可通过扰乱寄主植物体内正常的激素信号，促进或抑制不同激素水平，间接操控寄主植物的防御系统和代谢通路，方便植物病原细菌入侵、定殖、扩展和危害。已有研究发现，假单胞杆菌、丁香假单胞杆菌可释放植物生长素合成和代谢的操纵子，提高寄主植物体内游离生长素的浓度，在不同程度上抑制寄主的防卫反应，加速病程发展。

随着解剖学、生理学、生物化学、组学及分子遗传学的快速发展，应不断深入研究相关致病效应子的鉴定和功能，逐步揭示病原细菌与寄主识别互作的调节机制。

第三节　病毒性病害基础研究方法

近年来，病原病毒正在成为仅次于病原真菌外的一种重要病原物，引起园艺植物多种病毒病常发，有的园艺植物生育进程中可同时遭受多种病毒病的侵染危害。病毒病不同于真菌和细菌病害，多为系统性侵染，即病毒侵染后逐渐扩展，传播至园艺植物不同组织部位，且无药可治，造成园艺植物的生长迟缓、产量降低和品质劣变。因此，对园艺植物病毒的识别、分离纯化、鉴定和致病性测定研究就显得极其重要。

一、病原病毒病的识别

1. 外部病状识别

（1）变色　病毒侵染园艺植物后，常导致叶绿素合成受阻，在叶片或其他部位上出现花叶、明脉、条纹等病状，如辣椒果实感染病毒后变色，番茄茎秆感染病毒呈条纹状等（图 13-8）。

（2）畸形　病毒侵染园艺植物后，致使细胞组织不能正常分化、膨大和生长，造成器官形态的异常生长发育（图 13-8），形成诸如皱叶、蕨叶、卷叶、小叶、丛生、矮化、耳突和脉肿等症状。

（3）坏死　园艺植物在感染病毒部位出现局部或全株细胞和组织死亡的现象，其中以局部坏死居多，偶有少数全株坏死病例。

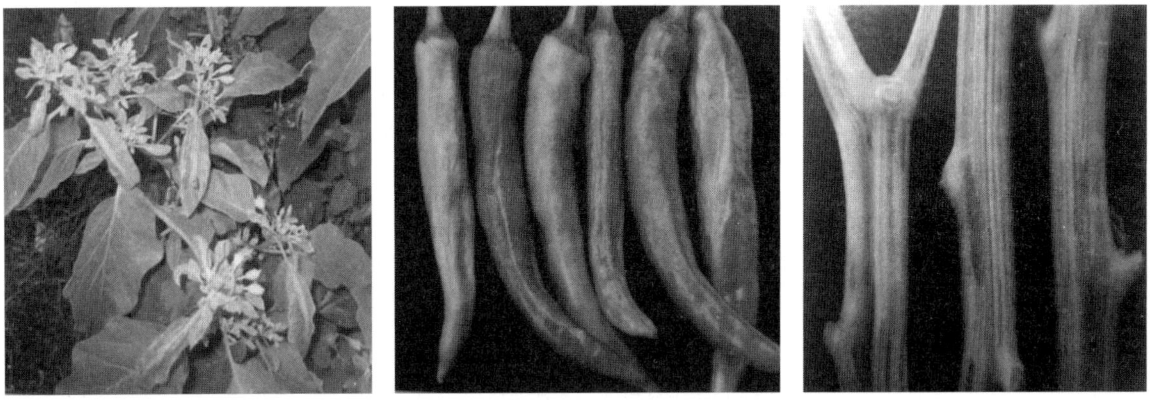

图 13-8　园艺植物田间常见病毒病类型

2. 内部病变观测

(1)细胞组织异常　通过镜检受病毒侵染的组织和细胞时会发现细胞褐变或木栓化加重。如果侵染较重,还会出现疏导组织坏死。

(2)色素合成受阻　因为从外部病状发生的最为明显的叶色变化来看,受病毒侵染的细胞内部叶绿体结构受到破坏,合成功能受阻。

(3)激素水平失调　病毒侵染园艺植物组织后,其体内的生长素、细胞分裂素含量水平发生改变,出现细胞分裂异常、组织功能退化等现象。

(4)形成内含体　不同属的病毒侵染园艺植物后,会在细胞核或细胞质内形成含有病毒颗粒成分的不同形态的微小机构,即核内含体或细胞质内含体,可以在光学显微镜和电子显微镜下观察到。

二、病原病毒的分离与纯化

1. 病原病毒的分离

(1)枯斑寄主分离法　一般通过摩擦接种方法,将侵染到园艺植物组织里的多种病毒传到枯斑寄主植物上(如酸浆草、千日红、心叶烟等),在局部枯斑产生后,即可采集单个枯斑的病样,进行病毒分离,然后再将其转接到侵染该病毒后能够产生系统性病毒病的另外一种寄主园艺植物上扩繁,就可获得该病毒的纯毒株。如果条件允许,最好连续多次进行单斑寄主分离,确保获得纯化的毒株。

(2)传毒介体分离法　此方法主要针对能通过虫媒传播病毒的分离,当园艺植物组织受病毒的复合侵染后,其中一种病毒能通过虫媒传染,而另外一种或几种则不能通过虫媒传染,此时可以用虫媒法进行分离。如果复合侵染的几种病毒都能通过虫媒传染,此时需要用不同种虫媒介体的专化性来分离病毒的不同株系。

(3)物理属性差异分离法　常见园艺植物病原病毒的致死温度存在明显差异,因此,可将采集的病样组织上清液在接种分离前经过不同系列高温处理一定时间,冷却后分别接种到寄主植物上,网室隔离培养观察,当出现系统性病状时即可获得相关病毒的纯毒株。

2. 病原病毒的纯化

病毒寄生在植物组织细胞内,其既不像病原真菌可以用培养基来繁殖和提纯,又不能像细菌在培养基上测定生理生化特性。因此,必须将病毒从寄主细胞组织中分离提纯出来,才能用于研究其理化性质、分类鉴定和致病性测验等。

目前,纯化园艺植物细胞组织内的病毒主要包括待分离病毒的扩繁、病毒汁液的抽提、提取液的澄清、浓缩及精提纯等操作步骤。但能否实现对其成功提纯,一方面受待提取病毒在扩繁植物体内的浓度、病毒稳定性和形态特征等内在因素影响,另一方面还受提纯所用的 pH 条件、缓冲液、澄清剂、离心方式等外在因素影响。所以,在纯化病原病毒时要根据具体情况,做相应的技术方法调整,以保障病毒提纯工作的成功。

三、病原病毒的鉴定

1. 体外稳定性检测

(1)致死温度　存在病样组织汁液中的病毒,经恒温(60～100 ℃)水浴热处理一定时间(一般为 10 min)后,迅速冷却后将热处理的病毒液按照常规的汁液摩擦法进行接种和观察,将没有产生枯斑所对应的最小热处理温度作为致死温度。该体外检测方法相对稳定，对园艺植物病毒检测和鉴定具有一定参考价值。

(2) 稀释限点　存在病样组织汁液中的病毒，随着体外稀释倍数的逐渐增加，该病毒的侵染能力随之逐渐降低，当侵染能力降至最低时的稀释倍数，以此作为鉴别和衡量园艺植物病毒体外稳定性的一个重要指标。

(3) 体外存活期　将提取获得的一定量病毒汁液放置在常温下（20～25 ℃），每周取出定量病毒汁液进行接种试验，当观察不到明显的病毒危害症状时，所经历的总时长即病毒的体外存活期。

2. 生物学检测

常采用汁液摩擦接种法和嫁接接种法，将侵染园艺植物的待测病毒液或组织器官接种到常用的局部鉴别寄主指示植物（如白菜、黄瓜、烟草等）上，然后观察寄主指示植物在接种侵染病毒后的症状表现，利用寄主反应将待测病毒与其他病毒区分开。这种鉴别操作方法简单易行，重复性较好，结果一目了然，但检测耗时比较长，易受发病环境条件影响，应结合其他检测方法进行，使鉴别结论更可靠。

3. 电子显微镜检测

电子显微镜检测是园艺植物病毒形态鉴定和致病机理研究的主要途径，因为一般的病毒粒体过于微小，无法用普通的光学显微镜观察，需要分辨率更高的电子显微镜（如透射电镜）进行观察。通过制作病毒液支持膜，并用负染法进行染色或超薄切片后即可观察病毒颗粒形态。该方法鉴定的病毒形态结果直观、准确，但检测所需的仪器不仅价格昂贵，还对操作技术要求较高，因此，不太适宜大范围的病毒检测。

4. 血清学检测

血清学检测主要将病毒抗原与病毒侵染寄主后在组织内产生的对应抗体相结合，形成抗原 - 抗体复合物，通过常见的试管沉淀反应、斑点免疫反应、乳胶凝聚反应、酶联免疫吸附反应等方法进行检测，其中，酶联免疫吸附反应是该检测技术的典型代表。此方法具有操作简单、灵敏度高和较强的特异性等优点，可用于较大规模病毒样本的检测，但检测结果容易出现假阳性和需求特异性抗体等缺点。

5. 分子生物学检测

分子生物学检测是园艺植物病毒检测十分重要的技术手段，具有灵敏度高、检测速度快、特异性强且方便操作等优势，目前已逐步成为病毒检测的主流趋势和理想选择。常见的检测方法包括聚合酶链式反应、核酸斑点杂交和双链 RNA 电泳。

6. 高通量测序技术

高通量测序技术又称为第二代测序技术，该技术的测序能力非常强大，一次实验可测 40 万 ～400 万条、长度为 25～450 bp 的序列，可以对没有参考序列的病毒种类进行鉴定，能够加大推动未知园艺植物病毒病调查研究工作。目前该技术正在成为园艺植物未知病毒检测的强有效手段。

四、病原病毒致病性的测定

1. 病毒毒源获取

利用前面叙述的有关园艺植物典型病毒病样的采集、分离、纯化、保存和鉴定等技术方法获得纯毒株。

2. 病毒接种传染

(1)汁液机械传染接种　通过机械微戳伤的方式将带病毒的汁液侵入寄主植物表皮细胞后，继而诱导发病的一种病毒接种方法，主要包括汁液摩擦接种、喷枪接种和病组织直接接种。其中汁液摩擦接种最常用，主要适用于外部病状典型的叶片变色(如斑驳、花叶、皱缩等)病毒病，但不适用于介体传播病毒病的接种。采用汁液机械传染接种时需注意病毒接种浓度及其活性保持，接种片刻后要清除多余汁液和机械摩擦物料等。

(2)嫁接传染接种　利用携带病毒的寄主接穗与遗传背景相近或一致的砧木通过适宜的嫁接方法有机结合，使病毒进行系统性侵染。园艺植物上常采用的芽接、靠接、劈接、舌接、皮接等嫁接方法都可以接种传染病毒。

(3)介体传染　园艺植物病毒介体传染主要是通过昆虫、线虫、寄生性种子植物、螨类等传毒的，其中以具有刺吸性口器的昆虫传毒最为常见，如蚜虫、粉虱等。一般通过介体昆虫饲养、获毒取食、接种传毒和传毒效果测定等环节来完成病毒接种传染。

(4)种子和花粉传染　园艺植物中的豆科、菊科、葫芦科植物比较容易出现种子传播病毒的现象，分为种子外部带毒和种子内部带毒两类。此外，寄主感染的病毒可以转移到花粉里，再通过授粉作用将病毒传染给其他植株。

3. 病毒致病性观测

(1)发病调查　将传染接种病毒的幼苗或成株植株置于防虫网室内，一般按照常规农艺技术方法进行管理。在出现与该病毒病状相似或一致的时候，调查病株数及病株率，并依据一定的划分标准计算病情指数(DI)和待测寄主或品种的抗感病类型(表 13-4)。

(2)病毒再分离及鉴定　将上述观察到的病样重新取样、分离，形态结构观察后，再利用现代分子生物学技术(如 RNA 提取、DNA 扩增、基因序列测定等)，比较接种侵染前后病毒的基因信息，最后鉴定是否为同一病毒株，完成致病性测验。

表 13-4　黄瓜花叶病毒病病情的划分标准

病情级别	症状描述	病情指数	抗性类型
0	无症状	DI=0	免疫(IM)
1	心叶明脉或轻花叶	0<DI≤5	高抗(HR)
3	心叶及中部叶片花叶	5<DI≤20	抗病(R)
5	心叶及中部叶片花叶，少数叶片畸形、皱缩	20<DI≤40	中抗(MR)
7	重花叶，多数叶片畸形、皱缩	40<DI≤60	感病(S)
9	重花叶，叶片明显畸形，植株矮化，甚至死亡	60<DI	高感(HS)

第四节　昆虫采集方法

昆虫是园艺昆虫学教学和科研的重要研究材料，采集和制作昆虫标本是园艺昆虫学研究的基础工作。掌握园艺生态系统中昆虫的发生和为害程度，必须对其进行调查和预测，这是园艺有害生物综合治理的重要组成部分。

采集昆虫常用网捕法、观察法、搜索法、震落法、诱集法等。

1. 网捕法

网捕法是最常用的昆虫采集方法。活跃或静止的昆虫都可以使用网捕法。

草丛、灌木丛或树冠层等处栖息的昆虫，使用帆布或白布等较为结实的捕虫网，横扫表层，迅速翻转网袋，使网袋和网圈重叠在一起，防止落入网袋的昆虫逃逸。捏住网袋中部，将网袋底部伸入毒瓶，封盖，等待几分钟后，待昆虫被熏晕或死亡后，开盖，收集昆虫；或毒瓶伸进网袋，开盖，将昆虫和枝叶等杂物一起装入毒瓶，封盖，再取出毒瓶。随后再将毒死的昆虫和杂物，平铺在白瓷盘、塑料布等物品上，挑拣昆虫；或将内容物装入采集瓶或采集袋，带回室内挑拣（图 13-9）。小型昆虫如蚜虫、蓟马等可以在解剖镜下挑拣。

飞行类昆虫可用纱布制成的空网捕捉。蝶蛾类昆虫的翅为重要鉴定特征，要保护其不受损害，因此，蝶蛾类入网后，隔着网布，捏其胸部，使其窒息或破坏胸部肌肉使其不再挣扎，保持翅面鳞片的完整，方便后期鉴定。然后迅速捏住胸部取出，装入毒瓶，杀死后，取出，翅叠向上方或后背，装入三角袋，写好标签，带回实验室制成展翅标本（10～16 h 以内，不超过 24 h）。

图 13-9　网捕法（摄影：辛明，2021）

A. 扫网；B. 网袋装入毒瓶；C. 挑拣毒死的昆虫；D. 装入临时保存器（内盛 75% 乙醇）

2. 观察法

采集昆虫时，根据昆虫活动踪迹或为害症状等，寻找到昆虫，或其生存和隐藏的地点。例如，卷曲、皱缩、畸形的叶片或枝条、虫瘿等，表示有蚜虫等为害；还可找到以蚜虫为食的瓢甲、草蛉、食蚜蝇等天敌昆虫。叶片上出现缺刻或孔洞，表示有鳞翅目幼虫、蝗虫、金龟甲等咀嚼式口器类害虫为害。叶片有弯曲的隧道，表明有潜叶蝇等害虫的幼虫或蛹。枝条上有孔洞，孔洞处有粪便或流胶，或树下有粪便、锯末等，预示有天牛、吉丁甲等蛀干害虫为害。

3. 搜索法

很多昆虫生活在隐蔽场所，如土壤中、石块下、树皮下、枯枝落叶层、杂草丛、缝隙中及人类居所等。例如，土壤中可以采集到越冬昆虫、蛹，或者蛴螬、金针虫、地老虎类等地下害虫；石块下可以发现肉食性天敌昆虫；树皮下可以发现小蠹虫、天牛、吉丁甲或蛾类幼虫等；枯枝落叶层及草丛可以发现叶蝉等。

4. 震落法

很多昆虫具有假死性，可以在植株下方铺设采集伞、白布、塑料布、白瓷盘、网或水桶等器皿，震动或敲打植株，使昆虫跌落入器皿，然后收集。有些昆虫在早晨或晚上温度较低时不活跃，突然震动植物，会使其跌落。例如，震落法可以采集到春尺蠖、梨尺蠖等吐丝下垂的昆虫；傍晚或中午，可以震落金龟甲、象甲、叶甲、地老虎或蝽类等；蓟马等小型昆虫，可以直接击落入塑封袋或网等容器中，然后用毛笔等工具收集。

5. 诱集法

（1）灯光诱集　夜晚黑暗环境中可以架设大功率白炽灯、高压汞灯、频振灯、太阳能杀虫灯等，利用昆虫趋光性，诱集蛾类、甲虫类、叶蝉类等昆虫。野外可以架设幕布诱集，在晴朗无风的夜晚，选择植被繁茂、有水源的地方，架布挂灯，诱集昆虫落在幕布上，使用毒瓶收集（图 13-10）。

图 13-10　昆虫灯诱（摄影：辛明，2021）

A. 物联网虫情灯诱测报系统；B-C. 多用途害虫诱捕器（灯诱 + 性诱剂等）

（2）颜色诱集　该方法采集白昼出没的活跃昆虫效果较好。例如，黄板可以诱集蚜虫、蓟马、蝇类等，蓝板可以诱集蓟马等（图 13-11）。

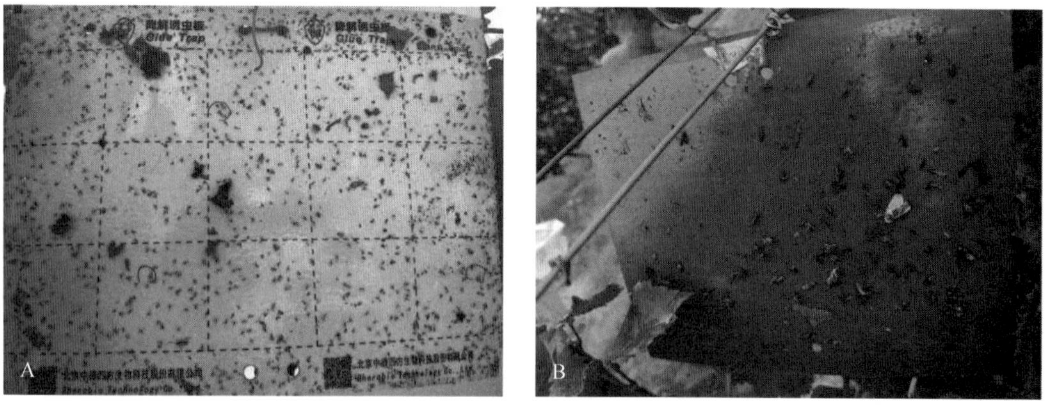

图 13-11　昆虫颜色诱集（摄影：辛明，2021）

A. 黄板；B. 蓝板

（3）信息素诱集　利用人工合成信息素（即性信息素）诱捕昆虫，效果良好。如桃小食心虫、李小食心虫、小蠹虫、绿盲蝽、天牛等昆虫，特别是蛾类，利用性信息素诱集效果良好（图 13-12）。

图 13-12　信息素诱集器（摄影：辛明，2021）

A. 葡萄园绿盲蝽诱捕器；B. 大豆田食心虫诱捕器

（4）气味和食物诱集　常见的有以下三种：

①糖醋溶液诱集。糖醋溶液是常用的昆虫诱集方法之一。糖醋溶液可以诱集蛾类、甲虫类等。将糖、醋、乙醇、水等按比例混匀或熬成糖浆，将其放置在容器中或涂抹在草把、树干等处，可以诱集大量的蛾类、甲虫类和双翅目等昆虫。

②水果诱集。腐烂水果、果皮、水果残渣等发酵物质，可以诱集果蝇、花蝇等蝇类及部分甲虫等。

③腐肉诱集。用腐肉或剩余饭菜等，可以诱集蝇类、埋葬甲、隐翅甲、金龟甲等。

（5）陷阱诱集　用塑胶杯、广口瓶等容器，埋入土中，使容器口与地表平齐，将糖醋溶液、水果、腐肉等放入容器内，诱集地表活跃的昆虫，如步甲、埋葬甲、隐翅甲、金龟甲、蝼蛄、蝇类及蛾类等（图 13-13）。为防止积水，可以在容器口，加防雨罩，或在塑胶杯口附近扎几个孔洞排水。

图 13-13　糖醋溶液罐诱集法（陷阱诱集法）（摄影：辛明，2021）

（6）微小昆虫采集　蚜虫、蓟马等微小型昆虫，使用上述方法，捕捉效果不明显，可以采取刷取法采集。使用毛笔将虫体刷入采集瓶内，尽量不伤虫体；或将枝条、叶片、花、果等直接剪下，装入采集瓶或塑封袋，带回室内镜检收集。

第五节　园艺昆虫标本制作方法

常见的昆虫标本有干制标本、浸渍标本等。以下介绍具体制作方法：

一、昆虫干制标本制作

采集的昆虫标本在 10～16 h 内，虫体柔软，附肢容易伸展，是制作干制标本最适宜时间；超出时间则虫体僵硬，不易展开附肢，也不易固定虫体。多数昆虫经毒瓶杀死后，整姿，干燥，保存，这是最常见的昆虫标本制作方法。

1. 针插标本

将虫体用昆虫针固定在整姿台（软木板或泡沫塑料板等）上。通常昆虫针插入昆虫中胸背板中央偏右的位置，保证分类特征如口器、足基节等不受到损伤。不同种类的昆虫针插位置不同。虫体在昆虫针上部距离针帽约 8 mm 的位置为宜。根据虫体大小选用适当型号的昆虫针，小型昆虫（如叶蝉、小蛾类）用 1 号针或 2 号针；中等体型昆虫（如夜蛾类）用 3 号针；大型昆虫（如天蛾、甲虫等）或体壁坚硬的昆虫（如甲虫等）用 4 号针或 5 号针。

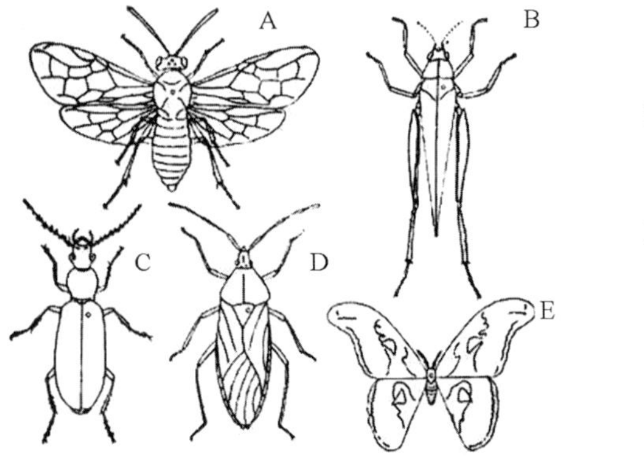

图 13-14　昆虫针插位置（仿赵慧燕，2010）

A. 鞘翅目；B. 半翅目；C. 直翅目；D. 膜翅目；E. 鳞翅目

（1）针插　具体昆虫针插位置见图 13-14。

①鳞翅目、膜翅目、蜻蜓目等昆虫从中胸背板正中插针，中足基节中间穿出；

②蚊、蝇等双翅目昆虫在中胸背板中间偏右插针，不损伤鬃毛等；

③蝗虫、蝼蛄等直翅目昆虫从前胸背板的后部、背中线稍右的地方插入；

④鞘翅目昆虫插在右鞘翅基部距翅缝 1/4 处，从右侧中后足之间穿出，避开基节窝；

⑤半翅目昆虫插在中胸小盾片中央略偏右的部位，不损伤喙和胸部结构。

⑥微小型昆虫不建议制作针插标本，可以制成三角片（底边长 4 mm，高 10 mm）标本。将三角片插在昆虫针上，三角片尖端滴适量粘虫胶，将虫体黏附其上，虫体可以背面、侧面或腹面向上（图 13-15）。

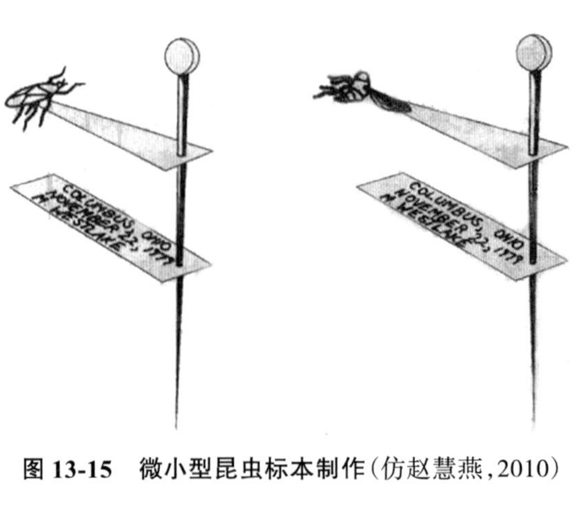

图 13-15　微小型昆虫标本制作（仿赵慧燕，2010）

(2) 整姿 虫体放在整姿台上，虫体腹面接触台面。头部摆正，用昆虫针拨开触角，使触角呈倒“八”字形平伸在头前方，似自然状态。触角较长的昆虫，如天牛等，可以将触角顺虫体向后展开。腹部保持平直，不上翘，不下垂。前足向前伸展，中、后足向后伸展。如果标本僵硬，附肢不好整姿，可用昆虫针交叉支起或固定，针不能插在附肢上；或用回软缸回软后(48 h 左右)，再整姿。

(3) 干燥 整姿好的标本，放在阴凉、通风、干燥处，附标签，7～10 d 可干燥完成。应避免阳光直射，导致标本变形。

(4) 撤针 标本充分干燥后，将多余的昆虫针撤下。插上采集标签，距离针尖 16 mm。为了使标本整齐一致，可以使用三级台，将虫体和标签固定在同一水平上。

(5) 保存 制作好的昆虫标本，插入标本盒内保存。盒内放置防腐剂和防虫剂等，注意防潮、防晒、防虫等。插上鉴定标签。

2. 展翅标本

蝶蛾类、蜂类、蜻蜓、草蛉、蚊蝇类等具翅昆虫，需要使用展翅板制作展翅标本，方便观察特征。步骤如下：

(1) 调整展翅板 调整展翅板凹槽，使其大小能够容纳虫体，凹槽的宽度以虫体两侧刚好不接触板面为准。

(2) 放置虫体 将插好昆虫针的新鲜虫体放置在展翅板凹槽内，翅基部与板面持平，调整和固定虫体。

(3) 展翅固定 固定翅面用提前制作好、固定用的三角片或蜡纸条(或塑料条等)。先展开左翅或右翅(根据个人习惯)，同侧翅先展开前翅，再展开后翅。用纸条将翅压在展翅板上(图 13-16A)。用 5 号昆虫针针帽顶前翅中脉基部(这是翅面最结实的部位，或用镊子夹取翅等)，使前翅后缘与虫体垂直，针插蜡纸条(或三角片)固定(图 13-16B)。再用同样的方法展开后翅，使其前缘基部被前翅后缘盖住，并固定(图 13-16C)。同样方法再次展开另一侧的翅，并固定(图 13-16D-F)。

不同种类的昆虫，展翅的要求不同。鳞翅目展翅后，前翅的后缘与虫体垂直，即前翅后缘在一条直线上。直翅目、半翅目、脉翅目、膜翅目等昆虫的前翅后缘必须保持在一条水平线上，后翅紧接前翅，不被前翅掩盖。双翅目昆虫的前翅顶角和头部平齐。鞘翅目昆虫展翅时，前翅以使后翅充分展露为准，后翅前缘须呈一条直线。

(4) 整姿 展翅后，整理虫体。同针插标本。

(5) 干燥 同针插标本。

(6) 撤针 标本充分干燥后，撤针和蜡纸条(或三角片)等，插上标签。

(7) 保存 同针插标本。

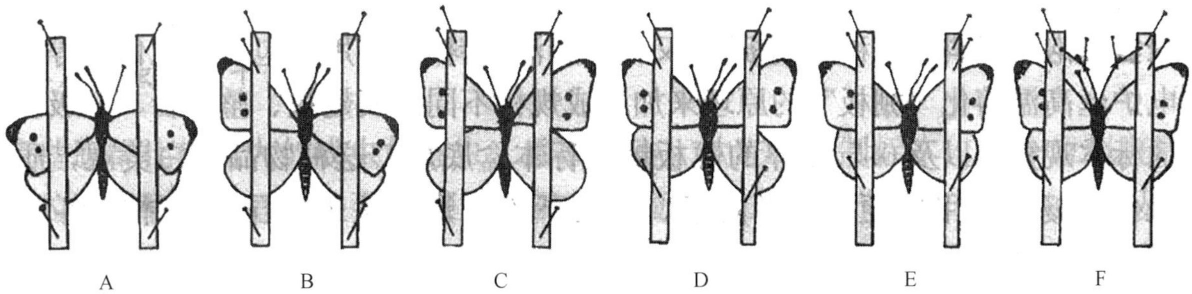

图 13-16 昆虫展翅步骤(仿赵慧燕，2010)

二、昆虫浸渍标本制作

昆虫的幼虫或微小型昆虫等不易制成针插标本，通常制作成浸渍标本保存。

1. 幼虫浸渍标本

(1) 清空肠道　室外采集活体幼虫，停止取食 24 h 以上，直至粪便排空后，再制作浸渍标本，以防止污染。

(2) 热水浴　直接浸渍幼虫，标本易变形。制作前，用热水浸泡标本，使虫体僵直。常用 90 ℃热水盛入烧杯等容器或用蒸汽使虫体致死，虫体伸直。通常体微小型、体壁柔软的昆虫热水浴 1～2 min；体中大型、粗壮的虫体热水浴 5～10 min；虫体僵直后，取出，放置在培养皿等容器中，自然降温后，再放入浸渍液中。

(3) 浸渍液　不同种类和大小的昆虫，使用不同类型的浸渍液，常用乙醇浸渍液。75% 乙醇是最常用的标本浸渍液，成本低。优点：虫体舒展，干净，易观察。缺点：标本易皱缩，变脆，失色等。可加入 1% 甘油，保持虫体体壁柔软。如果要做分子鉴定，需用无水乙醇保存。

2. 卵、蛹、成虫浸渍标本

浸渍液可参考幼虫浸渍液，常用的是乙醇浸渍液。

采集到的卵、蛹可以直接浸渍相应的浸渍液，数天更换一次浸渍液，直至没有浸出物为止，再放入指形瓶等容器中，密封保存。

成虫需要空腹 24 h 以上，排空肠道，再浸渍相应的浸渍液。数天更换一次浸渍液，直至没有浸出物为止，再放入指形瓶等容器中，密封保存。成虫常用 75% 乙醇保存，可加 1% 甘油。但体壁粗糙，无光泽或不光亮的虫体，不适合加甘油，因为甘油会使虫体看上去较为光亮，与自然状态不符合。

第六节　园艺昆虫调查

园艺昆虫种类繁多，发生量大，要掌握园艺生态系统中昆虫的发生和为害程度，必须对其进行调查和预测，这是有害生物综合治理的重要组成之一。

一、园艺害虫田间调查方法

1. 昆虫田间分布型

昆虫空间分布型是昆虫种群在栖境内的生物因素和非生物因素作用下，在一定空间内的分布形式，受昆虫种类、生物学特性、虫口密度、地形、土壤、寄主植物、栽培方式和小气候等因素的影响。常见昆虫空间分布型有三种类型：随机分布型、均匀分布型、嵌纹分布型(图 13-17)。

(1) 随机分布型(泊松分布)　昆虫在田间分布是随机的、稀疏的，个体间相互独立。

(2) 均匀分布型(二项式分布)　昆虫在田间分布是均匀的、不聚集的，个体间相互独立。

(3) 嵌纹分布型(负二项式分布)　昆虫田间分布不均匀，个体间明显聚集或由于环境因素分布不均匀，昆虫种群呈现疏密相嵌分布。有时昆虫聚集成多个小核心，核心间是随机的，称为核心分布型。

2. 昆虫取样方法

选取具有代表性的田块，进行抽样，根据田间分布型，常采用五点取样法、棋盘式取样法、对角线式取样法、“Z”字形取样法、平行线取样法等（图 13-18）。

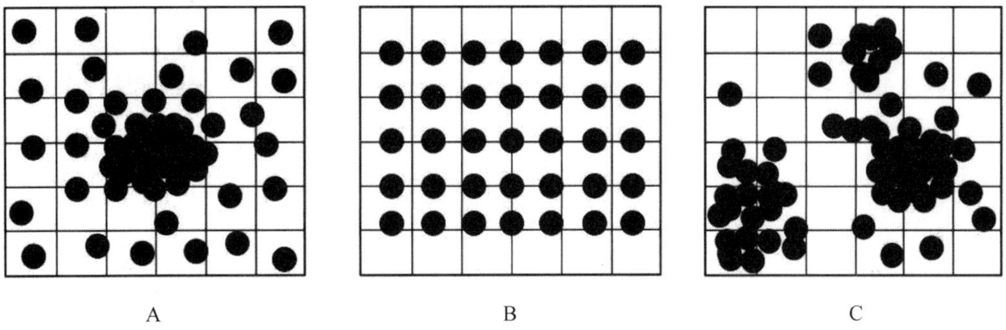

图 13-17　昆虫田间分布型（仿赵紫华，2021）

A. 随机分布型（泊松分布）；B. 均匀分布型（二项式分布）；C. 嵌纹分布型（负二项式分布）

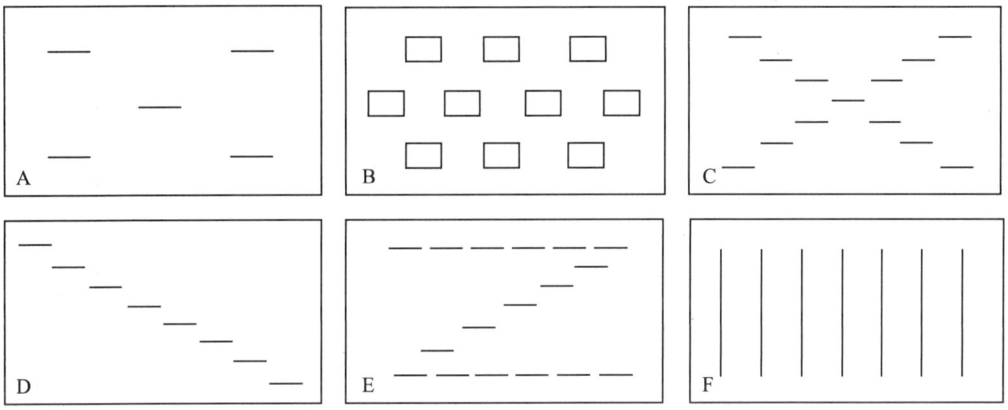

图 13-18　昆虫常用取样方法（仿赵慧燕，2010）

A. 五点取样法；B. 棋盘式取样法；C. 双对角线式取样法；D. 单对角线式取样法；E. “Z”字形取样法；F. 平行线取样法

（1）五点取样法　是常用方法之一。取样数较少，适合小田块，可以按照长度、面积或植株数量取样。取样样点的面积可以稍大一些，适用于均匀或随机分布的昆虫。

（2）棋盘式取样法　将样地划分为等距、等面积的若干样点，适合调查较大面积的样地。取样点数目较多，每点样本可以适当减少，适用于随机分布型或核心分布型昆虫。

（3）对角线式取样法　分单、双线两型。对角线划分为等距样点，取样数量相对较少，样点可适当放大，适用于均匀或随机分布的昆虫。

（4）“Z”字形取样法　取样点多分布在样地边，中间样点较少，适用于田边发生较多、具有迁移性的害虫，或分布不均匀的嵌纹分布型昆虫。

（5）平行线取样法　成行种植的植株，每隔若干行截取一行作为样点，取样点数目较多，每点样本可以适当减少，适用于核心分布型或均匀分布的昆虫。

3. 取样单位

（1）长度　单位为 m，常用于密集条播作物虫害调查，折算成 hm^2 等。

(2)面积　单位为 m^2 或 hm^2，常用于调查地下害虫，或地面、近地表活动且虫口密度较低的昆虫调查。

(3)体积或容积　单位为 m^3，常用于木材、贮粮、地下害虫的调查。

(4)重量　单位为 kg，常用于种子、粮食、仓库害虫的调查。

(5)时间　调查活跃的害虫，统计单位时间内经过、起飞或捕获虫口数。

(6)以植株或部分器官为单位　如叶片、枝条、花、蕾或整个植株等，适用于株距、行距清楚、害虫栖息位置固定或不活跃的害虫。

(7)诱集物　如黑光灯、糖醋液等诱集有趋光性和趋化性的昆虫，以诱集物为单位，如灯、诱杯、诱盘、草把、盆等，统计一定时间内的俘获量。

(8)网捕　以捕虫网扫网 100 次为单位，适用于调查飞行、活跃或小型的昆虫。

4. 取样数量

(1)数量法　调查单位内的虫口数或植株受害(损失)数。例如蚜虫，单位为头 / 百株(10～15 cm)或表示为百叶虫口数等，即每百株(叶)虫口数；玉米螟卵块量单位为块 /667 m^2，即每亩卵块量；棉铃实夜蛾幼虫量单位为头 / 百棉株，即每百株棉虫口数。

(2)等级法　昆虫数量多，难以统计或不易表示时，把一定数量范围划分为一定的等级，统计其百分比。蚜虫等级法表示虫情见表 13-5。

表 13-5　蚜虫等级法表示虫情

等级	数量划分 / 头	调查株数
0 级	0	15
1 级	1～10	25
2 级	11～50	13
3 级	51～100	20
4 级	>100	27

$$虫情指数=\frac{\sum(级值\times相应等级调查株数累积值)}{调查总株数\times最高级数}\times100\%$$

$$=\frac{(0\times15+1\times25+2\times13+3\times20+4\times27}{100\times4}\times100\%=55\%$$

二、虫害指标

调查的数据经过整理，后进行数据统计分析。

(1)被害率　表示害虫对作物的为害程度，不考虑受害轻重，如有虫株率、潜叶率等。

$$被害率=\frac{被害数}{调查总数}\times100\%$$

(2)虫口密度　调查的总虫口数折算成单位(亩、株)内虫口数。

$$虫口密度=\frac{调查总虫口数}{调查单位总数}\times667\ m^2$$

$$百株虫口数=\frac{调查总虫口数}{调查总株数}\times 100$$

(3)虫害指数　微小型害虫，如蚜虫、蓟马、螨类等，计数非常困难，可以分级计算。

$$虫害指数=\frac{\sum(级数\times 该级调查样本数)}{调查总样本数\times 最高级数}\times 100\%$$

(4)损失率　表示受害后产量或经济收益的损失大小。

$$损失率=\frac{未受害的平均产量-受害的平均产量}{未受害的平均产量}\times 100\%$$

$$或\quad 损失率=\frac{防治区产量-对照区产量}{防治区产量}\times 100\%$$

$$或\quad 损失率=\frac{未受害产品价值-受害产品价值}{未受害产品价值}\times 100\%$$

(5)杀虫剂防效　害虫死亡率公式如下：

$$害虫死亡率=\frac{防治前活虫口数-防治后活虫口数}{防治前活虫口数}\times 100\%$$

害虫虫口数受到杀虫剂、迁移和自然死亡率的影响，自然死亡率在5%～20%之间时，可计算出校正死亡率。

$$校正死亡率=\frac{防治区害虫死亡率-对照区害虫死亡率}{1-对照区害虫死亡率}\times 100\%$$

$$防治效果=\frac{对照区被害率-施药区被害率}{对照区被害率}\times 100\%$$

第七节　园艺昆虫预测预报

园艺昆虫的预测预报工作，以园艺害虫发生规律为基础，根据当前害虫发生情况，结合当地气候条件和寄主作物生长发育情况进行综合分析，判断害虫未来的动态趋势，有计划、有重点，及时、经济、准确、有效地防治害虫。

一、虫害测报类型

1. 按测报内容分类

(1)发生期测报　根据害虫的虫态、虫龄、世代发生时间或为害时间，预测害虫为害的关键时间，以确定防治适期。

(2)发生量测报　根据害虫种群发生数量或虫口密度、消长规律等，以确定是否成灾，是否防治，制定防治指标以及预测防治的面积和规模。

(3)发生范围测报　根据害虫分布范围或发生面积，迁移扩散方向，以确定防治范围。

(4)为害程度测报　在发生期、发生量、发生范围等的测报基础上，结合当地寄主作物发育期，估计害虫的为害程度或造成的经济损失，以制定防治指标或经济损失水平。可以按照轻（+），中（++），重（+++）来表示。

2. 按测报时间分类

（1）长期预测　时间常在一个季度以上。预测时期的长短视害虫种类和生育周期长短而定。通常根据越冬后或年初某种害虫的越冬有效虫口基数以及气象预测资料等进行预测，可在年初展望全年或今后几年内害虫的发生动态和灾害程度。

（2）中期预测　时间一般为20 d左右到一个季度，常在一个月以上，但视害虫种类不同，期限长短可有很大差别，通常预测害虫下一个世代的发生情况，以确定防治对策。

（3）短期预测　时间在20 d以内，一般几天至10 d以上。通常根据害虫前一两个虫态的发生情况，推测后一两个虫态的发生时期和数量，以确定未来的防治时期、次数和防治方法。

二、害虫测报方法

（一）发生期测报

害虫的产卵期、孵化期、蛹化期、羽化期的发生并不一致，常常将害虫发生期分为五个时期：始见期、始盛期、高峰期、盛末期、终见期。

①始见期　害虫某种虫态开始出现的时间。

②始盛期　害虫某种虫态在田间出现虫口数占总虫口数的16%～20%的时间。

③高峰期　害虫某种虫态在田间出现虫口数占总虫口数的45%～50%的时间。

④盛末期　害虫某种虫态在田间出现虫口数占总虫口数的80%～84%的时间。

⑤终见期　害虫某种虫态在田间最后出现的时间。

发生期测报方法有发育进度预测法、有效积温预测法、物候期预测法等。

1. 发育进度预测法

目前，发育进度预测法是害虫发生期测报最常用的方法。根据田间害虫发育进度检测结果，结合气候因子、发育历期、寄主植物、环境因子等，测报某虫期的发生时间，准确性较高。

通过田间调查，在某一虫态出现前，定期、定点调查虫态出现时间和百分比，掌握其发生期。对于迁移、飞翔范围大的成虫，利用趋性（如趋光性、趋化性等），采用诱集法（如灯诱、诱剂、信息素等），逐日记录种类、虫态和虫口数等。田间难以观察的害虫和虫态，则通过大田调查和室内饲养，观察记录发生期。通常有两种方法：历期预测法和期距预测法。

（1）历期预测法　害虫的发育历期是基本固定的，通过田间系统调查和室内饲养，根据害虫的历期资料和环境条件等因素，预测害虫的始盛期、高峰期、盛末期等时间。

（2）期距预测法　是以历期预测法为基础的中、短期预测。以害虫发育进度调查为基础，根据害虫的历期资料进行预测，可以预测害虫一个世代内的各个虫期或不同世代间的发育期，如根据本代害虫的成虫发生高峰期预测下一世代的成虫高峰期。

2. 有效积温预测法

根据害虫的发育起点温度、有效积温等，结合当地气候条件，预测下一虫态的发生期。具体公式如下：

$$K=D(T-C) \text{ 或 } D=\frac{K}{T-C}$$

式中：K 为昆虫完成某一发育期的有效积温；T 为该发育阶段的平均气温；C 为害虫某一虫态的发育起点温度；D 为完成此发育阶段的天数，即预测的时间。

[例 13-1]

梨小食心虫卵发育起点温度为 10.4 ℃，有效积温是 59.8 日度，卵产下当时的平均气温是 19.6 ℃，幼虫孵化需要多少天？代入如下公式：

$$D=\frac{K}{T-C}=\frac{59.8}{19.6-10.4}=6.5$$

即梨小食心虫幼虫孵化需要 6.5 天。

3. 物候期预测法

在自然界，某种害虫的发育期常与寄主或其他植物的生育期相吻合。这种物候期现象是害虫、植物和气候的季节性规律，可以间接地反映某些害虫的发生期，根据这些物候期可预测某种害虫的发生期。不同地区，物候期不相同，注意当地的物候期（表 13-6）。

表 13-6 部分害虫与植物的物候期情况简表

害虫	物候期
小地老虎	榆钱落，幼虫多；桃花一片红，发蛾到高峰
棉蚜	木槿发芽，越冬卵孵化盛期；花椒发芽，棉蚜孵化； 芦苇起锥，向棉田迁飞；垂柳飞絮，棉蚜迁飞
吸浆虫	小麦抽穗，吸浆虫出土展翅
水稻二化螟	越冬幼虫始蛹期：蝌蚪见，桃花开时； 化蛹盛期：油桐花开，燕南来时； 蛾盛发期：小旋花抽藤
大豆食心虫	成虫发生期，大豆结荚期
梨实蜂	梨树开花，成虫盛发

（二）发生量预测

根据害虫发生动态规律和环境条件，参考历史资料，预测未来害虫种群数量变化，确定是否防治，以及防治面积和防治次数等。因为影响因素较多，需找出主导因子。常见的方法有四种：有效基数预测法、气候图法、经验指数预测法、形态指示预测法。

1. 有效基数预测法

根据上一世代虫口数（如虫口基数、繁殖力、性别比例、死亡率或生存率等）预测下一代虫口数，适用于一化性或年生活史中发生世代较少的昆虫种类。公式如下：

$$P=P_0\left[e\frac{f}{m+f}(1-M)\right]$$

式中：P 为繁殖数量；P_0 为上一代虫口数；e 为每头雌虫平均产卵数；f 为雌虫量；m 为雄虫量；M 为死亡率，即 $(1-M)$ 为生存率，可以分别用 $(1-a)$、$(1-b)$、$(1-c)$、$(1-d)$ 表示不同虫态生存率，a、b、c、d 分别代表卵、幼虫、成虫的死亡率。

［案例 13-2］

例如，秋蝗残蝗密度 250 头 /hm²，雌虫占 50%，产卵率 80%，平均产卵 200 粒，越冬死亡率 60%，预测来年夏季蝗蝻密度（头 /hm²），代入公式如下：

$$P=250\times200\times50\%\times80\%\times(1-60\%)=8\ 000$$

2. 气候图法

自然界中，影响昆虫发生量的因素很多，但主要是温湿度。昆虫对温湿度有适宜的生存范围，可以根据温湿度制成的气候图探讨昆虫的发生量。

通常以每月的平均温度及总降水量为变量绘制的平面坐标图，用以表示不同地区的气候特征。以当月总降水量为横坐标，以当月平均温度为纵坐标，分别将每月总降水量和平均温度在图上标点，依次将每个点用实线相连，便绘制成气候图。再将昆虫的适宜温湿度范围在气候图中标识出来，即可预测昆虫的发生量。

3. 经验指数预测法

根据某一地区某种害虫的发生量或发生密度与气候、生物等因素之间的关系，找出主导因素，预测害虫的发生量。

（1）温湿系数或温雨系数公式如下：

$$Q_w=\frac{\mathrm{Rh}}{T}\quad或\quad Q_w=\frac{\mathrm{Rh}}{T-C}\quad或\quad Q_w=\frac{P}{T}\quad或\quad Q_w=\frac{P}{T-C}$$

式中：Q_w 为温湿系数；Rh 为平均相对湿度；T 为月或旬平均温度；P 为月或旬总降雨量；C 为害虫发育起点温度。

（2）综合猖獗指数 I　是气候因素结合种群密度综合预测的指数。

$$I=\frac{P_4}{10\ 000}+\frac{R_6}{S_6}$$

例如，如苜蓿田小绿盲蝽，式中 I 为预测指数，P_4 为 4 月中旬中每亩虫量；R_6 为 6 月总雨量；S_6 为 6 月日照时数；10 000 为常年调查虫口理论数。$I>3$，发生严重；$1<I<2$，发生中等；$I\leq1$，发生轻。

（3）天敌指数　根据害虫和天敌之间的消长规律预测害虫发生量。

例如，华北棉区棉蚜和天敌关系公式如下：

$$P=\frac{x}{\sum(y_i e_{yi})}$$

式中：P 为天敌指数；x 为平均蚜量；y_i 为某种天敌平均数量；e_{yi} 为该种天敌日均食蚜量；i 为天敌种类。P 一般为 10 左右，天敌自然种群不能控制蚜虫；当 $P\leq1.67$ 时，预测 4～5 d 后棉蚜受天敌控制，此时无须防治。

4. 形态指示预测法

自然环境条件的改变常导致昆虫的形态结构和生理状态随之发生变化，如虫体大小、色泽、脂肪含量、雌雄性比、抱卵量、翅型等，可以根据该种变化预测害虫的发生量(表 13-7)。例如，华北地区有翅棉蚜成虫和若虫占总蚜量 38%～40%，7～10 d 后大量迁移扩散。

表 13-7　2 种微小型害虫形态指示预测发生量情况

昆虫	环境	形态	种群数量
蚜虫	食物丰富，环境适宜	无翅蚜＞有翅蚜	扩大
	食物不足，环境不利	有翅蚜＞无翅蚜	迁飞
飞虱	适温、多湿、食物丰富	短翅型＞长翅型	雌虫多，扩大，可能大发生
	条件不适合	长翅型＞短翅型	雄虫多，迁飞

思考题

1. 在进行园艺植物病原真菌分离前都需要做哪些准备工作？
2. 如何选择园艺植物病害分离的材料？
3. 常见的园艺植物真菌病原分离材料有哪些消毒技术方法？注意事项是什么？
4. 如何进行园艺植物病原真菌的分离？
5. 园艺植物病原细菌的保存方法有哪些？
6. 园艺植物病原细菌鉴定方法有哪些？各有何特点？
7. 有哪些常见的园艺植物病原细菌接种方法？
8. 园艺植物病原病毒的外部病状和内部病状有哪些识别要点？
9. 园艺植物病原病毒有哪些接种传染方法？
10. 举例说明柯赫氏法则验证园艺植物病害的操作步骤。

第十四章

高光谱成像技术的应用

第一节　高光谱成像技术原理

高光谱成像技术是一种集成像、光谱和化学计量学于一体的光学传感技术，采用光的反射、吸收和透射的性能，不仅能研究分析对象的内部成分含量和理化特征，还能对被测对象的空间分布进行可视化分析。区别于多光谱成像技术，高光谱成像技术是可以捕获和分析一片空间区域内逐点上光谱的精细技术，并且相较于多光谱成像技术，高光谱成像技术涉及的波段较多，谱带较窄。高光谱成像技术不仅具有速度快、精度高、可靠性高等特点，而且还是一种可以连接到不同生产流程的无损检测技术。它是基于窄波段的影像数据技术，可探测目标的几何空间及光谱信息，获取高分辨率的连续、窄波段的图像数据；还可以在不同的电磁波波段区间中得到光谱图像，例如，红外光波段区间、可见光波段区间以及紫外光波段区间。其中，近红外光谱区间属于红外光波段区间，是介于可见光波段区间和中红外光波段区间之间的电磁辐射波段，该波段区间的波长范围为 780～2 526 nm，因为近红外光谱区间与有机分子含氢基团振动的各级倍频合频吸收一致，反射信息有利于被测对象中的有机分子组成或结构信息的获取，目前该波段区间多应用于农产品分析检测。该技术能够生成完整而连续的光谱数据，从而将物质的光谱信息与其空间几何关系相结合，进而可以深入分析内部细节和表征农产品外部整体形貌特征。

高光谱数据被称为超立方体或数据立方体，它表示三维数据，包含两个空间维度以及一个波长维度，可以得到目标物体的各个空间信息，如图 14-1 所示。超立方体包含两个空间域（X 行和 Y 列），以及第三维的光谱域（λ）。高光谱数据（X,Y,λ）可以表示为每个波长 λ 处的图像（X,Y），或者表示为每个空间位置（X,Y）处的光谱 λ。高光谱数据（X,Y,λ）中的图像元素称为体素，在单一波长的二维图像中的图像元素被称为像素。每种材料都有其独特的化学成分和物理结构，因此，利用反射率或吸光度值与所获得的被测农产品的反射光波不同来达到检测的目的。

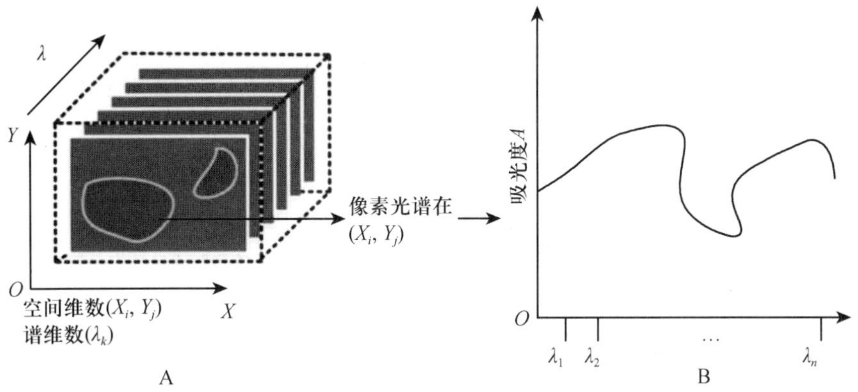

图 14-1　高光谱数据

A. 显示了高光谱数据的概念；B. 描述了位置(X_i, Y_j)处的高光谱数据在整个光谱上的光谱特征

第二节　高光谱成像系统及工作流程

一般来说，高光谱成像系统主要由光谱成像单元、光照系统、平移工作台和计算机等组成。光谱成像仪由照相机和摄谱仪构成，根据项目需求选择其光谱范围，然后再与变焦镜头等元件相连。照明系统可使用卤素灯等光源。平移工作台为置物台，根据被测物的体积以及质量进行选择。计算机可进行高光谱图像的预处理以及数据分析等工作。整体成像系统如图 14-2 所示。

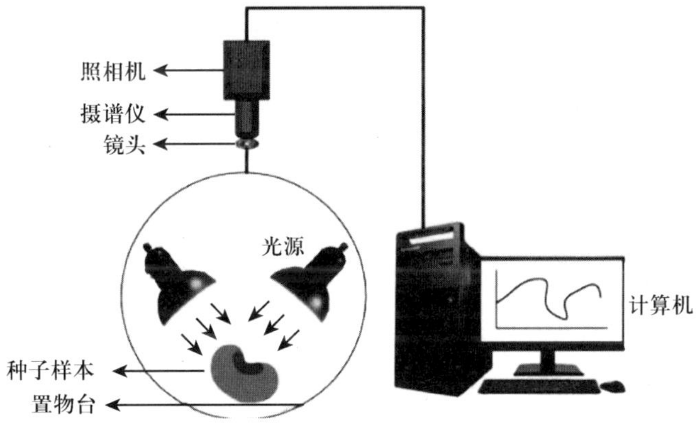

图 14-2　高光谱成像系统的组成

农产品无损检测的流程主要步骤如下：①将待测的农产品作为检测对象，使用光谱仪测试得到高光谱原始图像，因为近红外光谱区域的吸收峰强弱灵敏度不高，所以对波形进行预处理操作。无论是哪个光谱区间的光谱，都要进行光谱预处理，其目的是适当减弱非目标因素对被测物光谱的影响，以提高分辨率，通常采用背景扣除、辐射校正等方法。②通过逐步回归法、遗传算法等一系列基于变量优化的方法建立回归模型，来找到最佳的目标变量组合，进而确定相关参数的特征波长，建立待测农产品平均光谱的定量模型。③使用外部的一些方法去验证定量模型。外部方法指用验证集样本，对模型的准确性、重复性、稳健性和传递性等性能进行验证，验证集样本范围对定量模型的覆盖率要达到 95% 以上。④得出可视化的图像或表格。根据图表得到的有效信息以及对数据的处理分析，做出合理的决策，以降低农产品的受到病害侵染的可能性。农产品无损检测的具体流程如图 14-3 所示。

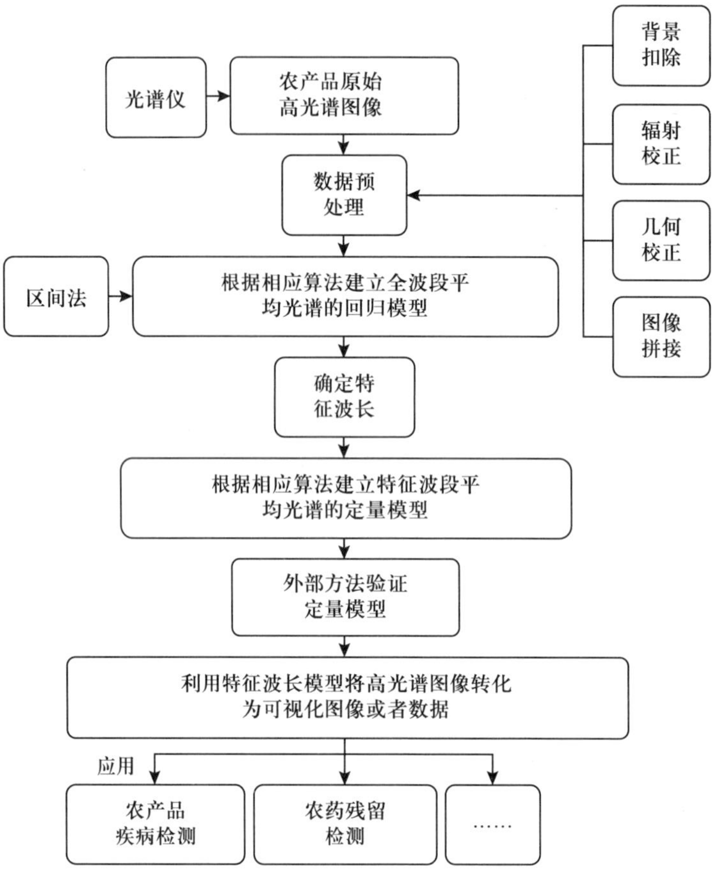

图 14-3　高光谱成像流程图

第三节　基于高光谱成像技术的应用

目前，高光谱成像技术在小麦、水稻、大豆、玉米等作物上得到了广泛的应用。高光谱成像技术作为一种快速、低成本、无损的光谱分析技术，在农业生产应用中具有广阔的前景，尤其在作物营养诊断与施肥、长势监测与估产、农产品质量和安全检测等方面发挥了巨大作用。近年来，高光谱成像技术在小麦、水稻、大豆、玉米等粮食作物，水果和畜产品等农产品，以及棉花、茶叶和烟草等经济作物上应用广泛。

一、农产品收获前生长品质检测

杨可明等对玉米叶片原始光谱进行 0.1～2.0 阶 FOD 变换，基于各阶 FOD 光谱中 REP 与两个不同波段的组合构建 RECLSI 集群。随着 FOD 光谱阶次增加，RECLSI 集群与叶片重金属胁迫类型的总体相关程度呈现先升后降的趋势，相关系数的最大值与最小值分别出现在 1.3 阶与 1.4 阶 FOD 光谱构建的 RECLSI 集群中。基于 FOD 光谱的 CLIF-SIB 法为植物重金属胁迫识别提供了新方向，并为利用其他特征参数在平面、空间或更高维的系统中进行植物重金属胁迫识别奠定了理论基础。

袁小康等发现灌溉量越少，夏玉米叶片叶绿素含量越低，冠层光谱反射率越高，绿峰位置“红移”，而红边位置“蓝移”。根据叶片中叶绿素含量与光谱的特征参数、植被的光谱指数之间存在极显著相关关系，从而建立玉米冠层叶片叶绿素含量的估算模型，且基于植被指数建立的预测模型效果要优于基于单一光谱特征参数的预测模型。

黄茜等发现覆膜对 LAI（叶面积指数）的影响主要在抽雄期之前，相同施肥水平下覆膜与无覆膜处理之间 LAI 的差异随生育期的推进呈先减小后增大的趋势，其中苗期差异最大，覆膜比无覆膜 LAI 增加 78% 以上。

陈圣波等以不同生育期夏玉米为研究对象，发现其冠层光谱反射曲线趋势基本一致。冠层光谱反射率与叶绿素含量相关性高的波段均在 550 nm 和 710 nm 附近。玉米的不同生育期与叶片中叶绿素含量相关性高的光谱指数不同。

王浩云等以绿萝叶片为研究对象，仿真光子在基于蒙特卡洛方法的单层平板模型上的运动轨迹，获得 12 000 幅绿萝叶片仿真光亮度分布图，利用卷积神经网络对模拟光谱数据进行训练，得到预训练模型。结果表明，利用迁移学习方法得到的基于深度光学参数特征建立的绿萝叶绿素含量回归模型，其估测结果优于基于高光谱图像和光学参数构建的回归模型，证明光学参数反演法的有效性。

杨锦利用高光谱遥感的技术对水稻进行氮的探测，不仅不会破坏水稻的形态结构和生理结构，而该方法且更为简单和快速。利用成像光谱辐射测量系统获得不同氮营养水平下水稻叶片的高光谱数据，提取植被指数等特征，并找出最佳特征，以此建立判别模型，最终实现水稻氮胁迫的精确识别。利用 MATLAB 编程和 ENVI 进行敏感波段的选择，利用筛选出来的波段进行波段运算，再通过 SPSS 软件进行识别模型的建立，得到总体精度为 87.7%，取得了较好的识别效果。

李睿等发现遮阴处理下，节水灌溉对水稻株高有抑制作用。水稻的株高参数与冠层叶片光谱反射率在近红外波段最为敏感，呈极显著正相关关系（$P<0.01$），在可见光波段达显著负相关关系（$P<0.05$）。

刘杨等发现马铃薯每个生育期分别以三种变量利用偏最小二乘回归（PLSR）方法构建的估算模型均在块茎增长期达到最高精度。

龙腾等对小麦植株上的光谱数据进行二分类，实现小麦白粉病点的判断，通过确定病点百分比来确定小麦白粉病的感染等级。最终确定感染等级以及病点百分比之间的关系为 R_1 级：0～30%，R_2 级：30%～50%，R_3 级：50%～70%，R_4 级：70%～100%，以及模型适用的最少检测植株数为 20。

二、农产品收获后品质检测

连雅茹等以番茄和樱桃番茄为研究对象，利用高光谱成像技术和可见 / 近红外光谱分析技术，采用区间随机蛙跳算法、连续投影算法、改进型区间随机蛙跳算法、无信息变量消除法、主成分分析法和连续投影算法结合主成分分析法提取特征波长，基于所提取的特征波长建立极限学习机与偏最小二乘回归模型，检测番茄的硬度、可溶性固形物含量、综合品质等指标，并比较不同特征波长选择方法对模型检测精度的影响。

许建东等采用 KennardStone 算法挑选训练集和预测集中完好和冻害样本。对原始光谱使用四种预处理方法进行预处理，优选出一阶导数为最佳预处理方法。利用竞争性自适应重加权算法（Competitive Adaptive Reweighted Sampling，CARS）与迭代保留信息变量算法（Iteratively Retains

Informative Variables, IRIV)以及结合连续投影算法(Successive Projections Algorithm, SPA)的CARS-SPA和IRIV-SPA结合算法,分别筛选出特征菠菜个数为46个、65个、24个和35个,并应用最小二乘支持向量机(Least Squares Support Vector Machines, LSSVM)、偏最小二乘法(Partial Least Squares, PLS)建立甘薯冻害识别模型。结果表明,高光谱成像技术可以对甘薯冻害进行有效检测,CARS方法可以有效选择有用波长变量,是优于IRIV、CARS-SPA和IRIV-SPA提取特征波长的方法。CARS-PLS模型运算速度快,预测结果最优,预测集识别的正确率、灵敏度及特异性分别为98.05%、98.84%和97.48%。

郑丽娜等基于高光谱技术检测猕猴桃可溶性固形物的含量,采用多元散射校正法对猕猴桃高光谱图像进行光谱预处理,利用核主成分分析法结合连续投影算法对预处理后光谱数据进行特征光谱提取,再将其应用到优化的粒子群算法的最小二乘支持向量机中,将提取的四个特征光谱波段与核主成分分析法、竞争性自适应加权法结合核主成分分析法提取的特征光谱波段进行检测结果对比,结果表明,核主成分分析法结合连续投影算法的训练集及测试集均方根误差和相关系数分别为0.2882/0.9103、0.3192/0.8936。猕猴桃硬度的高光谱成像技术检测,主要对高光谱信息进行标准正态变换光谱预处理,结果表明,校正集及测试集的均方根误差和相关系数分别为0.2698/0.9315、0.3573/0.8738。猕猴桃干物质含量的高光谱成像检测,优选多元散射校正法的光谱预处理,结果表明,校正集及测试集均方根误差和相关系数分别为0.2826/0.9060、0.3129/0.8943,用于猕猴桃的干物质含量预测是可行的;对比全光谱波段及无信息变量消除法提取的特征光谱波段建立的模型,无信息变量消除法结合连续投影算法提取的特征光谱波段建立的模型较佳,更能反映猕猴桃的干物质含量。

李鸿强等基于机器视觉技术的结球甘蓝外观品质检测结合BP神经网络,建立了结球甘蓝叶球形状的BP神经网络识别模型。通过图像分析技术,对结球甘蓝图像的宽度、高度、长轴、面积等绝对参数进行提取,定义矩形度、椭圆度、圆形度、高宽比、球顶形状指数五个相对形状参数。结果表明,融合参数作为输入量构建的BP识别模型可用于生产实践。在此基础上,通过模糊聚类分析方法,建立结球甘蓝的等级划分模型。结果表明,特级结球甘蓝为第三类样本,一级结球甘蓝为第二类样本,二级结球甘蓝为第一类样本。基于近红外光谱分析的结球甘蓝内在品质检测近红外光谱分析技术结合多元回归和偏最小二乘回归方法,建立结球甘蓝维生素C预测模型。采用逐步回归方法优选出8个、6个、5个特征波长,通过多元线性回归方法建立预测模型,为便携式检测仪器开发提供技术保障。针对甘蓝可溶性糖含量,通过竞争性自适应重加权采样法(Competitive Adaptive Reweighted Sampling, CARS)优选出84个特征波长,建立结球甘蓝可溶性糖含量CARS-PLS预测模型,可广泛用于生产实践。

丁佳欣等利用高光谱和激光诱导荧光高光谱技术,结合化学计量学方法,对不同贮藏期灵武长枣中主要可溶性糖(蔗糖、果糖和葡萄糖)进行无损检测,实现对灵武长枣采后品质检测。探究不同的光谱预处理对模型建立的影响,结果表明,经过OSC光谱预处理后蔗糖、果糖的PLSR模型效果最好,R_c均达到0.84以上;经SNV+OSC光谱预处理后葡萄糖的PLSR模型效果最好,R_c为0.803。采用六种不同提取特征波长的方建立SVM模型,在蔗糖模型中,建立的IRF-LS-SVM的蔗糖预测模型效果最佳,提取了67个特征波长,R_c、R_p分别为0.920、0.823;在果糖模型中,建立的GAPLS-LS-SVM的果糖预测模型效果最佳,提取了14个特征波长,R_c、R_p分别为0.850、0.793;在葡萄糖模型中,建立的SPA-LS-SVM葡萄糖预测模型效果最佳,提取了16个特征波长,R_c、R_p分别为0.765、0.724。

袁瑞瑞等利用 Vis-NIR 高光谱成像技术对完好和损伤状态（Ⅰ、Ⅱ、Ⅲ、Ⅳ和Ⅴ级）的灵武长枣进行快速识别检测。在原始光谱建立的 PLS-DA 模型中，模型中校正集结果为 72.7%，预测集结果为 86.67%；预处理后光谱建立的 PLS-DA 模型，得到 MSC-PLS-DA 为最佳模型组合，模型校正集准确率为 76.19%，预测集准确率为 86.67%；特征波长建立的模型中，得到 MSC-CARS-PLS-DA 为最优模型组合，校正集准确率为 77.14%，预测集准确率为 89.52%。

三、农产品病害检测

近年来，高光谱成像技术在检测农产品病害方面的研究发展比较快，应用比较广泛。在初步阶段使用高光谱成像技术预防植物病害和病原体有助于健康控制和优化产量，而不依赖于杀虫剂的使用。

1. 种子时期的病菌感染

近年来，利用高光谱成像进行种子安全检测的研究已经扩展到真菌感染检测领域。真菌是使种子受到严重损害的罪魁祸首。在适宜的环境下，真菌可以快速生长和扩散。真菌生长会导致种子萌发丧失，变色，干物质损失，游离脂肪酸增加，发热，变臭，偶尔还会产生真菌毒素等。进行早期、快速的检测对控制真菌的生长和传播具有重要意义。由于高光谱成像具有同时获取空间和光谱信息的特点，已被广泛应用于真菌侵染种子的检测。

Delwiche 等将近红外波（Near Infrared，NIR）技术应用于被镰刀菌感染从而损伤的小麦种子识别。这种真菌在发育过程中会攻击麦穗，导致产量下降，如果加工到感染籽粒，则会产生这种真菌的次生代谢产物，如脱氧雪腐镰刀菌烯醇（Deoxynivalenol，DON）等有害物质。分别对包括近红外（1 000～1 700 nm）和可见光（400～1 000 nm）系统的多个波长对图像进行穷举搜索，使用线性判别分析法（Linear Discriminant Analysis，LDA）分类器确定分类的准确性。结果在 400～1 000 nm 范围内，受损种子和健康种子之间的光谱差异并没有出现在理想的波长区域，而出现在宽波长区。对于 1 000～1 700 nm 区域，用于区分二者的波长区域会更宽，更加容易辨识，达到 94% 的检测准确率。

Shahin 等使用高光谱成像技术检测了受镰刀菌损害的加拿大西部红春小麦种子，对不同损伤程度的健康种子和受损种子进行研究。用可见 - 近红外（400～1 700 nm）波长范围内的高光谱成像系统扫描单个核仁，采用主成分分析（Principal Component Analysis，PCA）对高光谱图像进行处理，提取各核分数的标准差作为特征值。先利用该模型对正常小麦籽粒和受侵染小麦籽粒进行分类，然后建立该模型对不同侵染程度的小麦籽粒进行分类，每个类别的总体分类准确率都在 80% 以上。

Kalkan 等研究区分受黄曲霉毒素（高度致癌的物质）污染和未受污染的榛子种子，其设计一种 2D 局部判别基算法，该算法可确定用于高光谱成像系统的滤光片的最佳通带宽度和中心频率，仅从两个或三个光谱波段就可以提取出分类精度最高的特征，区分准确率高达 79.2%。

Kandpal 等为实现对黄曲霉毒素污染的玉米种子检测，利用短红外波（Short Wave Infrared，SWIR）研究了不同玉米品种对不同浓度黄曲霉毒素的污染情况。用 SWIR 在 1 100～1 700 nm 的光谱范围内扫描受感染样品和对照样品，利用偏最小二乘判别分析模型对种子进行分类，总分类正确率最高可达 96.9%。

Lee 等对感染黄瓜绿斑驳花叶病毒的西瓜种子进行检测，选择波长范围是 946～2 016 nm，采用偏最小二乘判别分析和最小二乘支持向量机方法，利用近红外高光谱成像系统对病毒感染种子和健康种子进行识别。最优模型对西瓜子病毒的分类准确率为 83.3%，且建立了近红外高光谱西瓜籽病毒检测系统。

Karuppiah 等研究脉搏真菌感染的五种不同的豆类(鹰嘴豆、青豌豆、扁豆、斑豆和四季豆)的分类标准。在每隔 10 nm、波长范围 960～1 700 nm 内进行拍摄图像，总共对每种脉型的单个种子的 1 800 幅图像进行了分析，建立了双向(健康豆类和不同感染级别的豆类)和六向分类模型。应用线性判别和二次判别分析分类器，所有模型均取得了较好的分类效果，分类正确率均在 80% 以上。

2. 作物生长发育时期病菌感染

(1)反应机制　光谱是如何判断此时的农产品在感染疾病时期，Oerke 等对黄瓜霜霉病的致病机制进行研究，发现黄瓜霜霉病会引起黄瓜叶片内包括蒸腾速率在内的代谢过程的变化，在农产品成熟时期，可见光和近红外线范围内的光谱反射率的像素映射，使得该方法能够检测和详细描述叶片水平上的病变组织。叶片的结构与叶片的光谱反射模式有关，病原菌对叶片反射率的影响与病情发展阶段和症状分区有关，利用这一原理从而判断疾病症状是由病原体活动影响植物新陈代谢的生理变化所引起的。

Steiner 等研究描述了在可见光(400～700 nm)、近红外(700～1 000 nm)和短波红外(1 000～2 500 nm)中传感叶片反射率，以检测植物活力变化的前景，重点是利用非成像光谱辐射计检测植物病害。高光谱成像有望通过更好地检查宿主与病原体的相互作用来改进病害检测，并提高传感器检测病害的特异性和灵敏度。

张竞成等认为农产品植物体对光的吸收和反射特性会随着波长与自身特征的变化而变化，作物在病菌害侵染条件下会在不同波段上表现出不同程度的吸收和反射特性的改变，即病菌的光谱响应。叶片内的各种色素、细胞结构、含水量、蛋白质等都会受反射率的影响，并且研究发现产生坏死或枯萎区域，叶片在可见光波段，特别是红边(670～730 nm)区域的反射率增大。

总体而言，目前对于病害光谱响应的研究主要考虑冠层结构、色素、细胞结构的影响。研究人员的研究结果大体一致，且在此基础上进行大量的实验以及技术改善，加强高光谱检测对疾病检测的灵敏度和普遍性，以便得出大量珍贵有效的实验数据。

(2)作物生长发育时期病菌感染的研究　在谷物方面，Liu 等研究了水稻褐斑病最敏感的光谱区域和波段。选用波段范围为 350～2 500 nm，采用主成分分析法、多元逐步回归法、偏最小二乘回归法等统计方法，以水稻叶片反射率作为褐斑病的指标，得到了 R702/R718、R692/R530、R692/R732 是在叶片和冠层水平上估测水稻褐斑病严重程度的最佳比值，预测误差在 2.0%～16.3%。

Qi 等对发霉病变的花生可能含有黄曲霉毒素进行了研究检测，在 1 000～2 400 nm 波长范围使用高光谱测量和连续小波变换(Continuous Wavelet Transform，CWT)对花生霉变进行识别。在模拟真菌感染的自然过程中，利用光谱相机对霉变的花生的高光谱图像进行详细分析。基于这些光谱数据，进行可分离性分析的连续小波变换，采用 PLS-DA 和 SVM 作为分类器来评价最佳波段。结果表明，作为高光谱分类框架一部分的 CWT 提取特征以识别霉变的花生，处理时再使用 PLS-DA 相结合是可行的，测试数据的准确率至少可达 96.19%。

在果蔬方面，Balasundearam 等为达到检测溃疡病感染柑橘的目的，采用逐步判别法选择能够提供最大判别能力的有效波长，发现 500～800 nm 之间的波长在该疾病的检测上具有最高判别力。

Shi 等研究检测缺氮症状的黄瓜叶片与健康叶片的准确性，通过 HSI 图像采集和预处理，提取叶片感兴趣区域图像的平均光谱。对 1 314～1 341 nm、1 561～1 598 nm 和 1 679～1 723 nm 波段的光谱与叶绿素含量的平均光谱进行主成分分析，使其沿波长轴方向降维。采用多元线性回归建立高效液相色谱法测定光谱与叶绿素浓度之间的校正模型。将校准模型应用于独立的预测集进行验证，叶绿素浓度预测较好，相关性较高。

Mahlein 等研究探讨高光谱成像检测在甜菜三种叶部病害检测的应用潜力，即叶斑病、白粉病和甜菜锈病。光谱仪扫描分辨率以及波段分别为 2.8 nm 和 400～1 000 nm，用于连续筛选和监测发病过程中的疾病症状。以像素为单位评估不同发育阶段和典型症状不同区域的疾病特异性症状的光谱特征。利用概念学习系统实现对疾病的检测、区分和量化，并将叶片结构与光谱反射模式联系起来。结果病程不同，真菌定植对叶片症状结构和反射率的影响不同，将总叶面积的 99.89% 归类为健康叶组织，总分类精度为 99.88%。

谢传奇等对番茄早疫病进行检测研究，对 380～1 030 nm 范围的全部样品（患病组以及健康对照组）进行高光谱图像的提取，得到光谱反射率曲线图，取得平均值后使用 PCA，把接种部位设为 ROI，结合 LS-SVM 构建番茄叶片早疫病的早期鉴别模型。通过平均反射率值的数值变化，提取出灰度共生矩阵纹理相应的特征值。结果表明，基于 PCA 分析法对染病和健康的番茄叶片可以有效区分，LS-SVM 模型对番茄叶片早疫病的识别率最高，达到 100%。

Sajad 等通过使用基于人工神经网络和帝国竞争算法（Imperialist Competitive Algorithm，ICA）的高光谱成像技术来检测黄瓜农作物中早期过量的氮气，从而掌握农作物对养料的吸收程度，可预防农作物在生长过程中出现生理障碍和农产品疾病。首先将黄瓜种子种植在 18 个盆中，之后将 30% 过量的氮气施加到 9 个带灌溉水的盆中，而在其他 9 个盆中保持恒定。每天从每个盆中收集 6 片叶子，并使用高光谱相机在 400～1 100 nm 的范围内捕获它们的图像。利用人工神经网络的混合和人工蜂菌落算法确定 715 nm、783 nm 和 821 nm 的波长为早期检测过量氮的最有效波长。使用几种不同的标准，即召回率、准确度、特异度、精确度对分类器的性能进行评估。结果表明，不同日期的数去区别显著，这意味着高光谱成像技术能够检测近红外范围中具有过量氮的植物，正确的分类率为 96.11%。

3. *农药残留检测方面*

(1) 农药残留检测原理　在 HSI 特点的基础上，开发新的应用，即在农产品农药残留检测中的应用。检测原理是农产品的叶绿素荧光，它来源于叶片光合作用机制的深层，在类囊体膜的光系统中，相关物质的转换可能反映植物的叶绿素荧光光谱，然后将高光谱成像技术与叶绿素荧光光谱相结合，检测农产品叶片中农药残留浓度。该技术在检测农药残留方面已经获得极高的识别率，基本达到百分之百。

(2) 农药残留检测应用　Nansen 等研究杀螨剂在玉米叶片上的检测方法，收集未处理的对照叶片（共 5 个处理）的高光谱数据。在施药后 0～48 h 内，分 7 个时间间隔收集玉米叶片数据。对 5 个选定光谱波段（664 nm、683 nm、706 nm、740 nm 和 747 nm）的 HSI 数据的变异函数参数采用相同的线性多元回归方法，对每个光谱波段进行空间结构分析，结果表明，HSI 数据能准确检测出农药的表面残留率。

张令标等研究出宁夏银川番茄的最高农残识别率的检测方法。具体做法：将番茄样本进行农药滴定处理，分为实验组和对照组，在番茄表面形成 3 × 3 矩阵形状，直径均为 10～15 mm，放置到通风阴凉处 12 h 后，放到置物台进行扫描采集光谱和图像信息。通过对波段比值图像（564 nm/809 nm）进行处理，可准确地检测出农药点的位置，其中高浓度 1∶20、1∶100 的识别率均为 100%。

刘民法等对灵武长枣的表面农药残留进行无损检测研究。采用Kubelka-Munk校正和Savitzky-Golay卷积平滑对900～1 700 nm波段范围内的原始光谱进行预处理，选取最优的预处理方法。运用偏最小二乘回归系数选择特征波长，建立全波段和特征波长下的偏最小二乘农药残留预测模型，该模型优于全波段建立的模型，证明高光谱成像检测精度高。

随着各国对农药残留危害的日益重视，对于农药残留检测的研究越来越多，已取得初步成效，优于传统的机器学习，目前在开发各种预处理、提取和检测技术，进一步减少分析过程中的时间、样本量和干扰上，HSI表现出良好的应用潜力。但目前多停留在种植阶段，在生产、加工、交易等方面应加强相应的研究以及设备的研发。另外，在农作物施用农药后，农药在环境和加工过程中会产生各种转化产物，这种转化产物多为农药的活性成分，近年来受到越来越多的关注，并被归类为“新兴污染物”。今后在这方面检测准确率的提高，还需要依赖于高光谱成像技术的更加成熟。

四、作物病虫害检测方面的研究

作物病虫害作为影响农作物品质、产量以及威胁粮食安全的主要因素，仅依靠人工田间调查对其进行监测已不能满足当下农业生产精准高效的需求。高光谱遥感作为能够获取地表物体连续波谱信息的遥感技术，已经成为当下作物病虫害监测识别的重要手段。从病虫害胁迫探测、分类识别、为害严重度定量分析及早期检测四个方面分析高光谱技术及其作物病虫害的监测识别机理，通过探讨当下高光谱遥感病虫害监测识别面临的挑战，提出作物病虫害标准图谱库的建立、星载高光谱传感器的完善以及星空地一体化监测平台的搭建是当前作物病虫害高光谱遥感监测识别技术“落地”的关键，也是未来发展的重点方向。

近年来，随着遥感和相关传感器技术的不断发展，出现多种可进行非破坏性植物探测的技术，可以为作物病虫害监测和识别提供有效手段。高光谱技术作为较晚兴起的遥感技术，在作物病虫害监测中的应用研究受到广泛关注。

1. 高光谱遥感技术

在作物病虫害监测识别的应用中，高光谱传感器最常见的光谱波段集中在VIS(400～700 nm)和NIR(700～1 100 nm)的光谱范围内，也有使用非成像高光谱数据提供的在SWIR(1 100～2 500 nm)。Mahlein等利用ASD(Analytical Spectral Devices)公司的地物光谱仪测定并分析甜菜霉斑病、锈病及白粉病患病叶片的光谱信息，构建相关的病害监测指数。丁文娟则通过分析ASD光谱仪测定的受赤霉病胁迫的冬小麦麦穗及冠层光谱信息，实现小麦赤霉病病情严重度回归拟合及病害程度的分类研究。Afonso等利用USB 4000 spectrometer(400～1 000 nm)和另外一台覆盖700～1 100 nm的非成像光谱仪，观测植物感染柑橘病毒从无症状开始不同阶段的叶片光谱特征。

非成像高光谱技术在作物病虫害特征光谱响应分析等多个方向均得到广泛的应用。然而，非成像高光谱数据在病虫害发生及扩展的空间分析和定位识别方面受到的限制也是不容忽视的。与其相比，成像高光谱技术可以同时在空间和光谱信息上表征作物受害特性，得到越来越广泛的应用。

在成像高光谱传感器中，推扫式和快照式是两种使用最广泛的成像模式。Yeh等利用推扫式Headwall Hyperspec™ VNIR系列成像高光谱传感器，在室内获取草莓炭疽病染病叶片光谱图像并实现病斑识别。同样是利用Headwall Hyperspec™ VNIR成像高光谱系统，Shi等实现田间小麦条锈病的叶部病斑提取。可见，不论是何种成像方式，成像高光谱传感器在作物病虫害监测识别上都得到了较大发展。

2. 作物病虫害胁迫的光谱响应

不同于其他地物，绿色植被对电磁波谱的响应主要是由其生理特征和形态特征决定的。简单而言，色素的吸收影响着 VIS 光谱范围的光谱反射率，细胞结构决定 NIR 波段的光谱反射率，而 SWIR 范围的光谱特征则主要受到植被水汽吸收的影响。一般来说，由于叶绿素和类胡萝卜素强吸收带的存在，绿色健康植被在 VIS 范围内的反射率较低，同时在蓝光和红光谱段内存在两个吸收谷，而在绿光波段则存在一个强反射峰；在 VIS 与 NIR 之间的 700～770 nm 范围内，植被光谱曲线急剧上升，呈现近似于直线的形态，该部分的斜率与植被单位面积叶绿素的含量有关；此后，在 SWIR 的 1 400 nm 和 1 900 nm 附近有两个吸收谷，主要是由水分的强烈吸收造成的（图 14-4）。

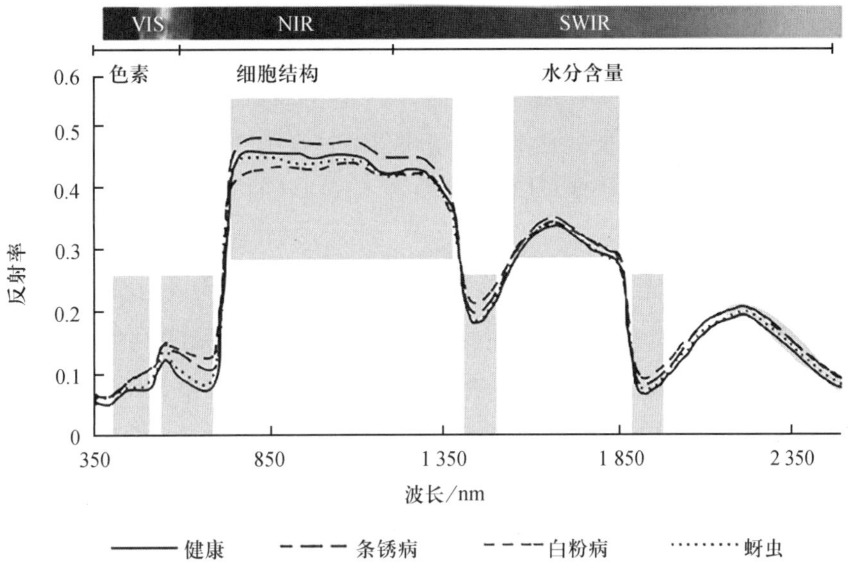

图 14-4 不同病虫害引起的小麦叶片光谱变化（灰色区间为三种不同病虫害的光谱响应敏感波段位置）

在条形柄锈菌侵染小麦叶片造成小麦条锈病的过程中，菌丝生长在寄主细胞间隙中，用吸器吸取小麦细胞内养料，在叶片上形成隆起的黄色夏孢子堆，到成熟期，发病部位会出现扁平的呈黑褐色的短线条状冬孢子堆。整个过程中，由于叶绿素遭到大量破坏，光合速率明显下降，450 nm 和 650 nm 两处吸收谷范围内的光谱反射率增强；同时由于叶片大量孢子的堆叠，NIR 波段范围内的反射率也增大；而孢子堆突破表叶、麦秆的表皮，植株的水分蒸腾大大增加，因此在 1 400 nm 和 1 900 nm 附近出现吸收谷反射率增加的现象。与之不同的是，水稻主要虫害稻纵卷叶螟的幼虫通过虫丝将水稻叶片卷起，在卷叶中啃食叶肉，破坏叶片上表皮和叶肉组织，导致光合作用不能正常进行，从而影响水稻干物质的积累，最终形成虫害。这一过程中，蓝光以及红光区域吸收减少，反射率上升，而绿光和整个近红外波段的光谱反射率呈现上升趋势。

可以发现，不同的作物病虫害致病病原体种类、害虫本身食性和取食方式等的不同，导致其与寄主作物之间的相互作用过程不同，寄主植被间的生理和生物化学变化也不同。这些不同的病虫害症状表征构成高光谱技术进行作物病虫害识别监测的基础。Yuan 等利用 ASD 地物光谱仪，通过对比分析不同病虫害（感染小麦条锈病、白粉病以及小麦蚜虫的叶片光谱）的原始光谱及比值光谱（病害光谱 / 健康光谱）的变化发现，虽然两种病害和一种虫害的主要监测敏感波段相近，相较于健康叶片的光谱，在

500～690 nm，1 390～1 520 nm 和 1 860～2 080 nm 范围内均出现反射率增加，但各病虫害的变化方向存在明显不同，在 750～1 300 nm 处，白粉病和蚜虫胁迫叶片的反射率减小，而条锈病的反射率在此范围内增大。此外，不同病虫害的变化程度也有显著差异，白粉病导致整个光谱区域出现最强的光谱变化，其次是条锈病和蚜虫。

研究表明，白粉病产生白色蓬松的菌丝，而条锈病在叶片上产生黄色或红紫色的纵向条纹，其比率曲线的形状在 VIS 区域变化很大。相对于两种病害，蚜虫的刺吸对叶子造成的伤害不那么明显，因此在 VIS 区域的响应相对较弱。可以看出，作物病虫害光谱响应与其造成的症状相关。那么，按照病虫害症状，考虑高光谱遥感技术特点，可以将病虫害症状划分成四个主要类别。其中，由质体或者液泡内细胞液变化造成的色素变化主要影响可见光范围内光谱反射率以及“红边”位置的变化；而由细胞壁（膜）等的破坏造成失水而出现的萎蔫等，则主要影响短波红外范围内波谷附近反射率的变化。

此外，就作物病虫害发生发展的动态过程而言，病原菌自身的变化，病原菌、害虫本身及其分泌物等与寄主作物的相互作用过程、可能处在不同阶段可以通过组织颜色（黄化）、叶片形状（啃食）、蒸腾速率（萎蔫）、冠层形态（矮化）和植株密度（枯死、落叶）等不同症状的变化来表征，而这些变化过程也必然反映在一定的反射波谱上。

Wahabzada 等利用室内高光谱成像仪获取了 VIS 和 NIR 范围内大麦白粉病、网斑病和叶锈病三种典型的叶片高光谱图像，利用概率主题模型对病害的相关光谱响应机制和疾病动态发展过程中的光谱变化进行详细的分析，比较发现白粉病色素降解的最佳监测波段集中在 500～650 nm 范围内，而由网斑病引起的黄化的最佳波段集中则在 500～580 nm 范围内。同时，还详细给出三种病害表征的动态发展过程，分析了对应敏感光谱的变化。例如，在白粉病发病初期，先发生植株色素降解能力的下降，此时 VIS 范围光谱发生变化；随后，由于大面积菌丝的附着，细胞结构变化发生，此时 NIR 范围内的光谱也会发生变化；随着病害严重度的持续扩展，叶片开始有脓包出现，此时 560～700 nm 处的光谱成为主要变化范围；在植株坏死后，400～450 nm 间的光谱成为监测的主要关注点。

可见，在大田或农场等实际种植环境中，不同病虫害同时发生、同一病虫害在不同时期表现出不同症状或各种症状同时存在等情况的发生均可以通过高光谱遥感技术实现识别、监测、研究。

以上研究结果可以发现，同一种病虫害在不同阶段可能引起不同的症状；同时，不同症状的病虫害光谱响应范围存在重叠。那么，这种情况下，光谱分辨率越高，对变化和差异的反应就越敏感。Ma 等利用多时相的 Landsat 8 多光谱数据，通过构建宽波段植被指数(病害水胁指数、优化土壤调整植被指数、短波红外水胁指数和三角植被指数)，分别进行了基于 k 近邻、分类回归树以及反向传播神经网络的多时空分析，并最终确定基于多时空图像的 k 近邻方法在病害发生发展过程中提供了更多的病害信息，准确率为 84.6%。同样对于小麦白粉病的识别，姚志凤等则采用包含 256 个波段的感病叶片的高光谱图像进行分析。通过敏感波段筛选以及偏最小二乘支持向量机分类，将白粉病的敏感波段有效地确定在 560 nm、680 nm 以及 758 nm 共三个具体的波段位置，同时，分类精度达到 94.6% 以上。可以发现，一定条件下，利用高光谱技术对病虫害发生的光谱响应分析能够具体确定到某一个特定的波谱区间甚至是特定的波段，这就为不同病虫害及各病虫害所处发生阶段的识别和监测提供了可能。因此，高光谱遥感技术可以为不同病虫害或病虫害发生不同时期的识别及监测提供更为有利的基础(图 14-5)。

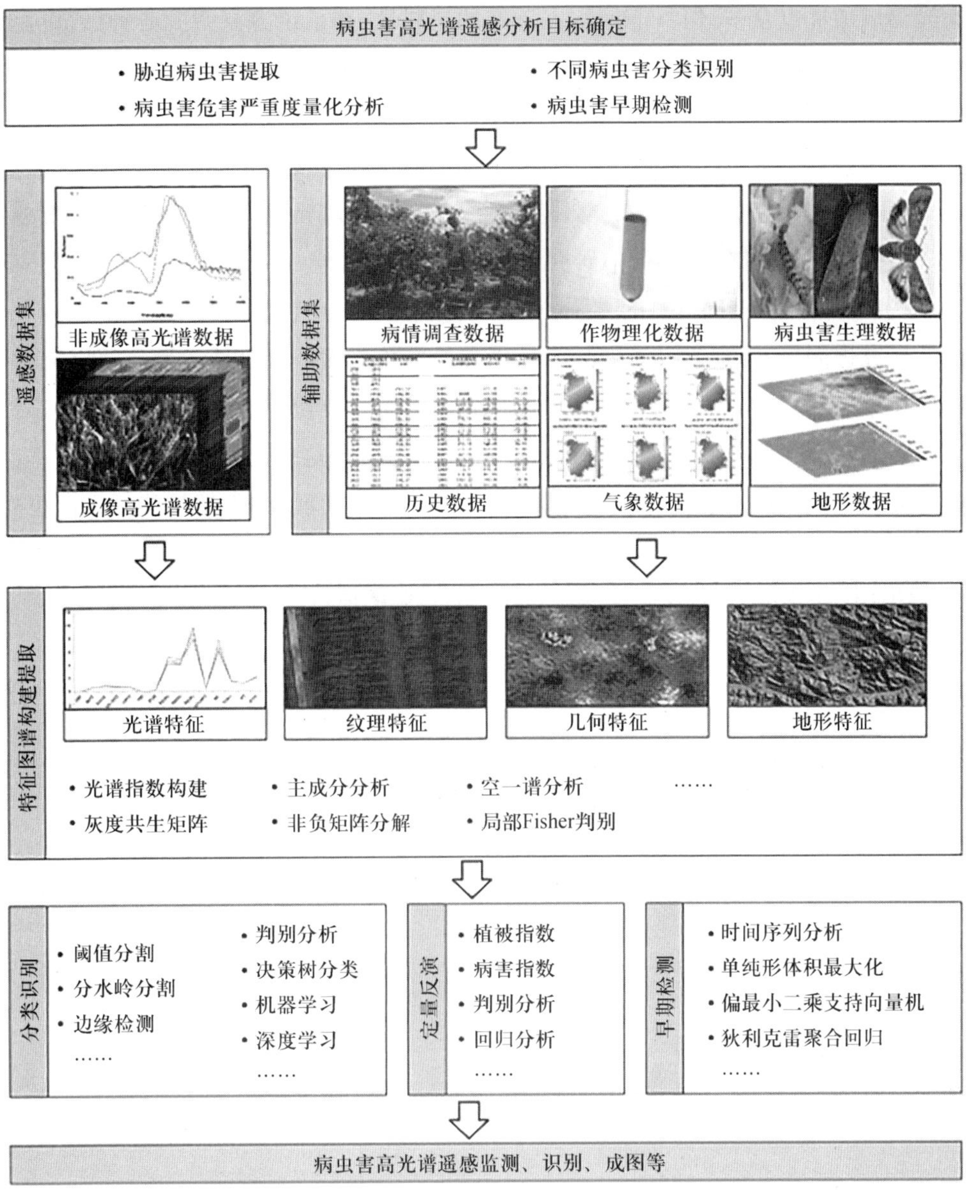

图 14-5　作物病虫害高光谱遥感识别监测技术框架

第四节　高光谱成像技术的发展前景

通过对化学成分的分析以及图像处理算法对检测出的图像进行数据挖掘和模式识别，除了农产品品质方面的无损检测，在纯天然食品方面、新鲜度评价（含水量、微生物繁殖速度、化学成分变化）以及缺陷评价等也被广泛应用，例如，腌制黄瓜的内部缺陷以及评价肉类的新鲜度等。在加工食品方面，要求对加工以及贮藏过程（干燥、冷藏、冷冻、腌制以及发酵等）进行监测和控制，是对各种储藏过程的农产品进行在线分类和识别早期发病率的可靠选择，可以评估这些受工艺过程影响的食品质量，从而实现在线实时过程控制。除了食品方面，高光谱成像技术的远程应用在国防、医疗、教育、工业、环保等领域具有极为重要的用途。

尽管高光谱成像优点众多,但目前还存在一定的局限性,即系统容易受到各种外部因素的强烈影响,如照明系统的变化、仪器中的噪声、天气因素等。技术和设备或者配装线怎样完美地相结合也是亟须改善的一个问题:第一需要获得光谱技术所需的整个表面图像;第二需要特定成像技术的环境条件,如HSI需要尽量减少自然光的干扰;第三是对于不同的农产品以及特定的成像技术,都需要定制的算法。目前,已有很多图像处理的办法,SVM、随机森林(Random Forest,RF)、增强学习(AdaBoost,AB)等分类方法。但HSI是目前在线检测中研究最多的领域,也是唯一一种在经过训练的分类器的支持下,能在实验室中实现快速、准确检测的方法,它也最有可能首先在装配线上使用。

从目前的研究进展来看,高光谱成像技术的优点是在检测农产品品质方面有着巨大的潜力,在获得农产品的光谱信息的同时,还能获得空间分布信息。除了具有快速性之外,还具有可靠性、准确性、减少分析中的人为错误且不具有破坏性等优点。现阶段我国高光谱无损检测技术在农产品病害方面的研究应用尚处于早期阶段,随着光学和计算机技术的进一步发展,人们期望能开发出更先进的光学设备,改进上述的技术缺陷,以便更准确地获取光谱和空间信息。另外,可以鼓励在农业和农产品行业更广泛地在线使用这项技术,从而降低过程监测和产品检验的成本。

思考题

1. 高光谱成像技术的定义及特点是什么?
2. 像素的定义是什么?
3. 农产品无损检测的流程包括哪些?
4. 请结合自己所学知识,简述高光谱成像技术的应用及发展前景。

第十五章

软件介绍

第一节　SPSS

一、SPSS 简介

SPSS 是 Statistical Package for the Social Science(社会科学统计软件包)的简称,是一种集成化的计算机数据处理应用软件,是世界上最早的统计分析软件。

SPSS 由美国斯坦福大学的三位研究生 Norman H. Nie、C. Hadlai(Tex) Hull 和 Dale H. Bent 于 1968 年研究开发成功,同时成立了 SPSS 公司,并于 1975 在芝加哥组建了 SPSS 总部。1984 年 SPSS 总部首先推出了世界上第一个统计分析软件微机版本 SPSS/PC+,开创了 SPSS 微机系列产品的开发方向,它的应用范围得到迅速扩充,并很快地应用于各个领域。

二、SPSS 的主要窗口介绍

SPSS 软件运行过程中会出现多个界面,各个界面用处不同。其中,最主要的界面有三个:数据编辑窗口、结果输出窗口和语句窗口。

1. 数据编辑窗口

启动 SPSS 后看到的第一个窗口便是数据编辑窗口,如图 15-1 所示。在数据编辑窗口中可以进行数据的录入、编辑以及变量属性的定义和编辑,是 SPSS 的基本界面。主要由以下几部分构成:标题栏、菜单栏、工具栏、编辑栏、变量名栏、观测序号、窗口切换标签、状态栏。

(1)标题栏　显示数据编辑的数据文件名。

(2)菜单栏　通过对这些菜单的选择,用户可以进行几乎所有的 SPSS 操作。关于菜单详细的操作步骤将在后续内容中分别介绍。

(3)工具栏　为了方便用户操作,SPSS 软件把菜单项中常用的命令放到了工具栏里。当鼠标停留在某个工具栏按钮上时,会自动跳出一个文本框,提示当前按钮的功能。另外,如果用户对系统预设的工具栏设置不满意,也可以用[视图]→[工具栏]→[设定]命令对工具栏按钮进行定义。

(4)编辑栏　可以输入数据,使其显示在内容区指定的方格里。

(5)变量名栏　列出数据文件中所包含变量的变量名。

(6)观测序号　列出数据文件中的所有观测值。观测的个数通常与样本容量的大小一致。

(7) 窗口切换标签　用于“数据视图”和“变量视图”的切换，即数据浏览窗口与变量浏览窗口相互切换。数据浏览窗口用于样本数据的查看、录入和修改。变量浏览窗口用于变量属性定义的输入和修改。

(8) 状态栏　用于说明显示 SPSS 当前的运行状态。SPSS 被打开时，将会显示“PASW Statistics Processor”的提示信息。

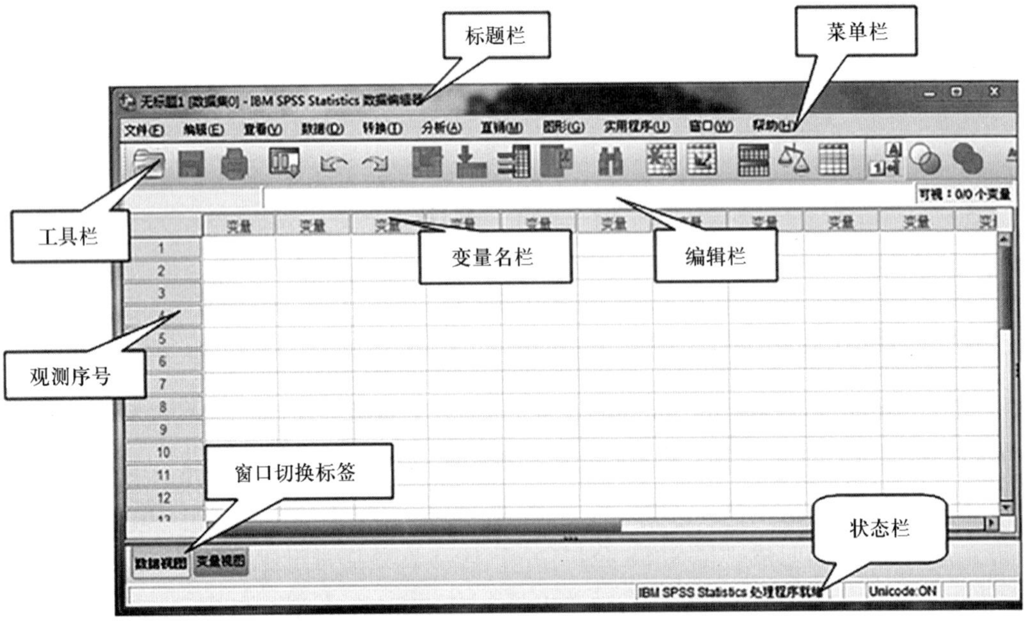

图 15-1　数据浏览界面

2. 结果输出窗口

在 SPSS，中大多数统计分析结果都将以表和图的形式在结果观察窗口中显示。窗口右边部分显示统计分析结果，左边是导航窗口，用来显示输出结果的目录，可以通过单击目录来展开右边窗口中的统计分析结果。当用户对数据进行某项统计分析，结果输出窗口将被自动调出。当然，也可以通过双击后缀名为 .spo 的 SPSS 输出结果文件来打开该窗口。

三、数据管理

SPSS 数据文件是一种结构性数据文件，由数据的结构和数据的内容两部分构成，也可以说由变量和观测两部分构成。一个典型的 SPSS 数据文件如表 15-1 所示。

表 15-1　SPSS 数据文件结构

姓名	性别	年龄	…
张三	1	45	…
李四	2	23	…
⋮	⋮	⋮	⋮
⋮	⋮	⋮	⋮
王五	2	45	…

SPSS 中的变量共有 10 个属性，分别是变量名(Name)、变量类型(Type)、长度(Width)、小数点位置(Decimals)、变量名标签(Label)、变量名值标签(Value)、缺失值(Missing)、数据列的显示宽度(Columns)、对齐方式(Align)和度量尺度(Measure)。定义一个变量至少要定义它的两个属性，即变量名和变量类型，其他属性可以暂时采用系统默认值，待以后分析过程中如果有需要再对其进行设置。在 SPSS 数据编辑窗口中单击“变量视窗”标签，进入变量视窗界面(图 15-2)，即可对变量的各个属性进行设置。

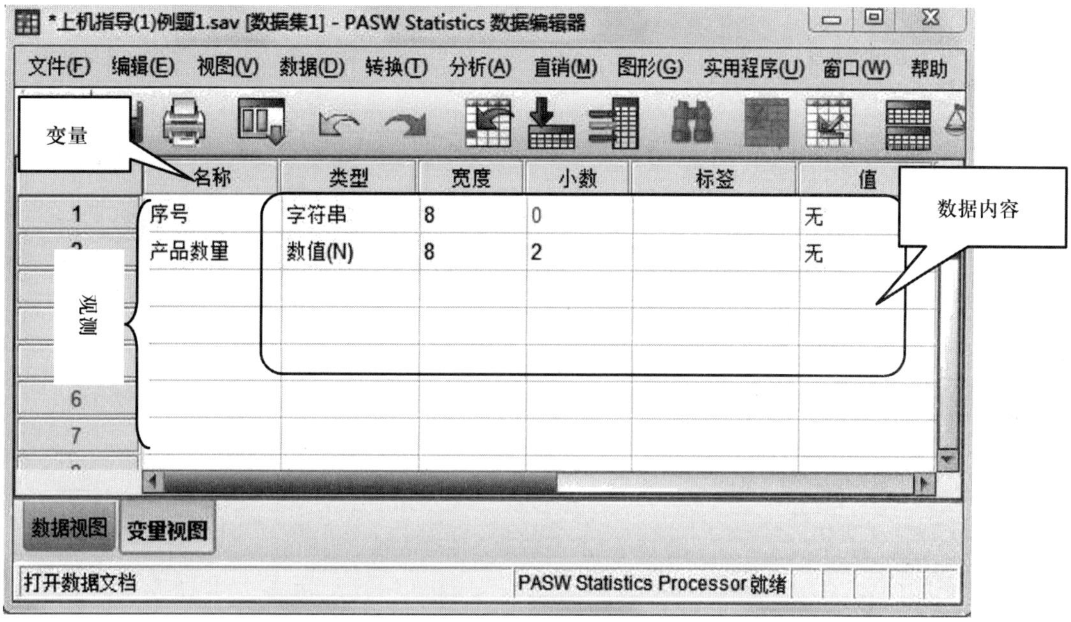

图 15-2　变量视窗界面

1. 创建一个数据文件

数据文件的创建分成三个步骤：

(1)选择菜单[文件]→[新建]→[数据]新建一个数据文件，进入数据编辑窗口。窗口顶部标题为“PASW Statistics 数据编辑器”。

(2)单击左下角[变量视窗]标签进入变量视图界面，根据试验的设计定义每个变量类型。

(3)变量定义完成以后，单击[数据视窗]标签进入数据视窗界面，将每个具体的变量值录入数据库单元格内。

2. 读取外部数据

(1)按[文件]→[打开]→[数据]的顺序使用菜单命令调出打开数据对话框，在文件类型下拉列表中选择数据文件。

(2)选择要打开的 Excel 文件，单击“打开”按钮，调出打开 Excel 数据源对话框，如图 15-3 所示。对话框中各选项的意义如下：

①工作表下拉列表。选择被读取数据所在的 Excel 工作表。

②范围输入框。用于限制被读取数据在 Excel 工作表中的位置。

3. 数据编辑

在 SPSS 中,对数据进行基本编辑操作的功能集中在 Edit 和 Data 菜单中。

图 15-3　打开数据文件对话框

4. SPSS 数据的保存

SPSS 数据录入并编辑整理完成以后应及时保存,以防数据丢失。保存数据文件可以通过[文件]→[保存]或者[文件]→[另存为]菜单方式来执行。在数据保存对话框中根据不同要求进行 SPSS 数据保存。

5. 数据整理

在 SPSS 中,数据整理的功能主要集中在[数据]和[转换]两个主菜单下。

(1) 数据排序(Sort Case)　对数据按照某一个或多个变量的大小排序将有利于对数据的总体浏览,基本操作说明如下:

选择菜单[数据]→[排列个案],打开对话框。

(2) 抽样(Select Case)　在统计分析中,有时不需要对所有的观测进行分析,而可能只对某些特定的对象有兴趣。利用 SPSS 的 Select Case 命令可以实现这种样本筛选的功能。以 SPSS 安装配套数据文件 Growth study.sav 为例,选择年龄大于 10 的观测,基本操作说明如下:

①打开数据文件 Growth study.sav,选择[数据]→[选择个案]命令,打开对话框。

②指定抽样的方式,[全部个案]不进行筛选;[如果条件满足]按指定条件进行筛选。设置:产品数量>150。

③设置完成以后,点击 Continue,进入下一步。

④确定未被选择的观测的处理方法,这里选择默认选项[过滤掉未选定的个案]。

⑤单击 Ok 进行筛选,结果如图 15-4 所示。

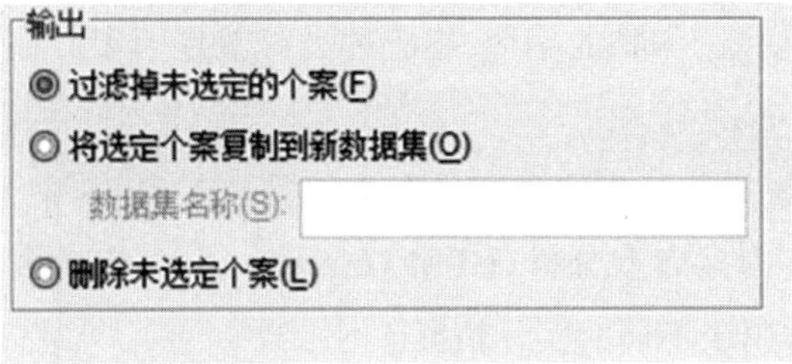

	序号	产品数量	filter_$
1	1	160.00	1
2	10	150.00	0
3	11	162.00	1
4	12	156.00	1
5	13	179.00	1
6	14	179.00	1
7	15	151.00	1
8	16	157.00	1
9	17	154.00	1
10	18	179.00	1
11	19	148.00	0
12	2	170.00	1
13	20	156.00	1
14	3	181.00	1
15	4	156.00	1
16	5	176.00	1
17	6	148.00	0
18	7	198.00	1
19	8	179.00	1
20	9	162.00	1

图 15-4　选择个案的结果

(3)数据拆分(Split File)　在进行统计分析时,经常要对文件中的观测进行分组,然后按组分别进行分析。

例如,要求按性别不同分组。在 SPSS 中具体操作如下:

①选择菜单[数据]→[分割文件],打开对话框。

②选择拆分数据后,输出结果的排列方式,该对话框提供三种方式:对全部观测进行分析,不进行拆分;在输出结果种将各组的分析结果放在一起进行比较;按组排列输出结果,即单独显示每一分组的分析结果。

③选择分组变量。

④选择数据的排序方式。

⑤单击 Ok 按钮,执行操作。

(4)计算新变量　在对数据文件中的数据进行统计分析的过程中,为了更有效地处理数据和反映事务的本质,有时需要对数据文件中的变量加工产生新的变量。例如,经常需要把几个变量加总或取加权平均数,SPSS 中通过[计算]菜单命令来产生这样的新变量,其步骤如下:

①选择菜单[转换]→[计算变量],打开对话框。

②在目标变量输入框中输入生成的新变量的变量名。单击输入框下面类型与标签按钮,在跳出的对话框中可以对新变量的类型和标签进行设置。

③在数字表达式输入框中输入新变量的计算表达式。例如“年龄>20”。

④单击[如果]按钮,弹出子对话框。包含所有个体,即对所有的观测进行计算;如果个案满足条件则仅对满足条件的观测进行计算。

⑤单击 Ok 按钮,执行命令,则可以在数据文件中看到一个新生成的变量。

四、方差分析

方差分析也是一种假设检验,它对全部样本观测值的变动进行分解,将某种控制因素下各组样本观测值之间可能存在的由该因素导致的系统性误差与随机误差加以比较,据以推断各组样本之间是否存在显著差异。若存在显著差异,则说明该因素对各总体的影响是显著的。

方差分析有三个基本的概念:观测变量、因素和水平。观测变量是进行方差分析所研究的对象;因素是影响观测变量变化的客观或人为条件;因素的不同类别或不同取值则称为因素的不同水平。在上面的例子中,农作物的产量和商品的销量就是观测变量,作物的品种、施肥种类等就是因素。在方差分析中,因素常常是某个或多个离散型的分类变量。

根据观测变量的个数,可将方差分析分为单变量方差分析和多变量方差分析。在 SPSS 中,有单变量 - 单因素方差分析(One-way ANOVA)、单变量多因素方差分析(GLM Univariate)、多变量多因素方差分析(GLM Multivariate),不同的方差分析方法适用于不同的实际情况。

(一)一般线性模型

1. 单变量方差分析

1)随机区组设计的方差分析

(1)建立数据文件,变量名为 x、a(处理组数)、b(区组数)①。

(2)选择[分析(Analyze)]→[一般线性模型(General Linear Model)]→[单变量(Univariate)],打开单变量(Univariate)主对话框。

因变量为(Dependent Variable)x,固定因子[Fixed Factor(s)]变量为 a(处理组数),随机因子[Random Factor(s)]变量为 b(区组数);还可以选择协变量[Covariate(s)]与 WLS 权重(WLS Weigh,加权最小二乘法的加权变量)。

(3)单击[模型(Model)…],打开模型(Model)对话框。

①指定模型(Specify Model)。包括全因子模型和自定义模型。

a. 全因子(Full Factorial)模型,包括所有因子主效应、所有协变量主效应及所有因子间的交互效应,但不包括协变量的交互效应。

b. 自定义(Custom)模型,指定一部分交互效应的子集或因子与协变量的交互效应。用户必须指定模型中所有的项目。

②因子与协变量(Factors and Covariates)列表,显示因子和协变量。

③模型(Model)列表,模型选择取决于数据的性质,选择设定(Custom)后,用户可选择主效应及交互效应。

④构建项[Build Term(s)]的类型(Type)下拉菜单如下:

a. 交互(Interaction)效应,建立所有被选变量最高级的交互项,为默认值。

b. 主效应(Main Effects),建立每个被选变量主效应项。

c. 所有二阶(All 2-way)交互项,建立被选变量所有可能的二阶交互。

d. 所有三阶(All 3-way)交互项,建立被选变量所有可能的三阶交互。

e. 所有四阶(All 4-way)交互项,建立被选变量所有可能的四阶交互。

f. 所有五阶(All 5-way)交互项,建立被选变量所有可能的五阶交互。

⑤平方和(Sum of Squares)下拉菜单。在模型中包含截距项(Include Intercept in Model),若假设数据经过原点,可不选此项。

① 本书涉及程序及其释义的相关符号均按程序中实际使用的变量符号来表示。

(4)单击[继续]→[对比(Contrasts)…],打开对比(Contrasts)对话框。

①因子(Factors)变量,有a、b。

②更改对比(Change Contrast)方法。

对比(Contrasts)下拉菜单如下:

a. 无(None),不设立对比,为默认值。

b. 偏差(Deviation)对比,将每个水平(参考类别除外)的均值与所有其他水平的均值(总均值)进行比较。

c. 简单(Simple)对比,将每个水平的均值与指定水平的均值进行比较,对有对照组的研究非常有用,可选取第一个类别或最后一个类别。

d. 差值(Difference)对比,将每个水平的均值(第一个水平除外)与前面各水平均值进行比较。

e. Helmert对比,将因子的每个水平均值(最后一个水平除外)与后面各水平的均值进行比较。

f. 重复(Repeated)对比,将每个水平均值(最后一个水平除外)与后一个水平的均值进行比较。

g. 多项式(Polynomial)对比,比较线性效应、二次效应、三次效应等。第一自由度包含跨所有类别的线性效应:第一自由度包含二次效应,依此类推。常用于估计多项式趋势。

③参考类别(Reference Category),可选择最后一个(Last)或第一个(First)水平。选择对比方法后,输出的结果包含每组对比的F统计量及差值。

(5)单击[继续]→[绘制(Plots)…],打开轮廓图(Profile Plots)对话框。

轮廓图(Profile Plots),又称交互图(Interaction Plot),可用于比较模型中的边际均值。单因子的轮廓图显示估计边际均值是沿水平增加还是减小。对于两个或更多因子,平行线表示不存在交互作用。不平行的线则表示两个因子交互作用,线与线之间的斜率差别越大,表示交互作用程度越高。但轮廓图不能说明该交互作用是否有统计学意义。

(6)单击[继续]→[两两比较(Post Hoc)…],打开观测均值的两两比较(Post Hoc Multiple Comparisons Observed Means)对话框。

①因子[Factor(s)]列表,备选因子为a。

②两两比较检验(Post Hoc Tests for)列表。

两两比较(Post Hoc Multiple Comparisons),即验后多重比较,有18种不同的检验方法,可选择假定方差齐性(Equal Variances Assumed)的LSD(最小显著差异法)。

(7)单击[继续]→[保存(Save)…],打开保存(Save)对话框。

(8)单击[继续]→[选项(Options)…],打开选项(Options),对话框。

①估计边际均值(Estimated Marginal Means)。

因子与因子交互(Factor(s) and Factor Interactions)列表,选取用于总体估计边际均值的因子和交互作用,并将其添加到显示均值(Display Means for)列表中。

用户可选取以下选项调整均值:比较主效应(Compare Main Effects),对模型中任何主效应(因子间或因子内)的估计边际均值进行非校正配对比较,只能用在显示均值(Display Means for)选取了主效应的情况下。

②置信区间调节(Confidence Interval Adjustment)下拉菜单,可选择LSD(最小显著差异法)、Bonferroni(修正最小显著差异法)或Sidak(Sidak法)。

③输出(Display),可选择的统计量有 10 种。

a. 描述统计(Descriptive Statistics),显示所有单元中各因变量的观察均值、标准差及例数。

b. 功效估计(Estimates of Effect Size),计算每个效应及参数估计的偏 η^2 值,用于描述各因素对总变异贡献的比例。

c. 检验效能(Observed Power),可获得基于观察值备择假设的检验效能。

d. 参数估计(Parameter Estimates),可生成每个检验的参数估计、标准误、t 检验、置信区间和检验效能。

e. 对比系数矩阵(Contrast Coefficient Matrix),可产生 $\boldsymbol{L}$ 矩阵。

f. 方差齐性检验(Homogeneity Tests),对跨主体间因子所有水平组合的每个变量进行 Levene 方差齐性检验。

g. 分布 - 水平图(Spread vs. Level Plot),可绘制观测值对残差的散点图。

h. 残差图(Residual Plot),生成每个因变量的观察预测 - 标准化残差的散点图。

i. 缺乏拟合优度检验(Lack of Fit),检查模型能否充分描述因变量与自变量之间的关键。

j. 一般估计函数(General Estimable Function),可建立一般估计函数的假设检验。

对比系数矩阵的行是一般估计函数的线性组合。

④显著性水平(Significance Level)。

置信区间为(Confidence Interval Are),用户可调整两两比较的显著性水平及置信区间的置信度以及计算检验的观察效能,当设定显著性水平后,在对话框中可自动显示相应置信区间值。

(9)单击[继续]→[确定]按钮,得到主要结果。

2)拉丁方设计方差分析

用 r 个拉丁字母排列成 r 行 r 列方阵,使每一行每一列这 r 个字母都恰好出现一次,称为拉丁方(Latin Square),r 叫作拉丁方的阶,按拉丁方的字母,行和列来安排处理因素和两个被控制因素的试验设计称为拉丁方设计(Latin-square Design)。

(1)建立数据文件 latin.sav,变量名为 i(处理)、j(处理时期)、k(区组)、x(侧方生长角度极值百分率)。

(2)单变量(Univariate)主对话框,因变量(Dependent)为 x,固定因子[FixedFactor(s)]为 i、j、k。

(3)模型(Model)对话框,指定模型(Specify Model)为定制(Custom)、模型(Model)列表选择 i、j、k,选择构建项[Build Term(s)]类型(Type)中的主效应(Main Efects),其他为默认选项。

(4)选项(Options)对话框,显示均值(Display Means for)列表选择 j 并选择比较主效应(Compare Main Effects),其他为默认选项。

3)裂区设计方差分析

裂区设计(Split-plot Design),又称分割试验设计,其目的是为了节省试验费用及提高试验效率,常把完全随机试验设计,配伍组(随机区组)试验设计或拉丁方试验设计中的一种或两种混合使用。

(1)建立数据文件 split1.sav,变量名为 a(不同灌溉水)、b(根区改良)、c(区组)、x(产量 kg)。

(2)单变量(Univariate)主对话框,因变量(Dependent Variable)为 x(产量,kg),固定因子[Fixed Factor(s)]为 a(不同灌溉水)、b(根区改良),随机因子[Random Factor(s)]为 c(区组)。

(3)模型(Model)对话框,指定模型(Specify Model)为定制(Custom)、模型(Model)列表选择 a、b、 c、a*b。

(4) 单击[粘贴],可产生如 F 命令

```
UNIANOVA
x BYa b c
/RANDOM=c
/METHOD=SSTYPE(3)
INTERCEPT=INCLUDE
/CRITERIA=ALPHA(.05)
/DESIGN=a b c a*b.
```

(5) 将最后一行"/DESIGN=a b c a*b."修改成"/DESIGN=a b c(a) a*b."。

(6) 选择菜单[运行]→[全部],得到主要结果。

4) 正交设计的方差分析

正交设计(Orthogonal Design)是非全面试验,它仅对各因素各水平的部分进行试验,部分实施析因设计。当试验因素较多时,采用正交设计可成倍地减少试验次数。

[例 15-1] 研究高频呼吸机 A、B、C、D、E 五个参数对通气量的影响,每个参数有高、低两个水平,试验具体安排和结果见表 15-2,试对该数据进行方差分析。

表 15-2　高频呼吸机五个参数选择的正交设计与结果

试验序号	A(1)	B(2)	C(3)	D(4)	E(5)	通气量/(L/min)
1	1	1	1	1	1	16.26
2	1	1	1	2	2	19.38
3	1	1	2	1	2	23.60
4	1	1	2	2	1	28.43
5	1	2	1	1	1	20.48
6	1	2	1	2	2	34.88
7	1	2	2	1	2	49.10
8	1	2	2	2	1	47.44
9	2	1	1	1	1	18.32
10	2	1	1	2	2	24.85
11	2	1	2	1	2	39.45
12	2	1	2	2	1	32.08
13	2	2	1	1	1	45.50
14	2	2	1	2	2	50.30
15	2	2	2	1	2	55.26
16	2	2	2	2	1	66.64

注:表中序号 1、2、4、8、15 为 $L_{16}(2^{15})$ 正交表的列号。

（1）建立数据文件 orthogonal.sav，变量名为 NO（试验编号）、A、B、C、D、D、X（通气量，L/min）

（2）单变量（Univariate）主对话框，因变量（Dependent Variable）为 X（通气量，L/min），固定因子[（Fixed Factor（s）]为 A、B、C、D、E。

（3）模型（Model）对话框。制定模型（Specify Model）为定制（Custom）、模型（Model）列表选择 A、B、C、D、E，选择构建项[Build Term（s）]中的主效应（Main Effects），其他为默认选项。

（4）主要结果见表 15-3。

表 15-3　主体间效应的检验

因变量：通气量，L/min

源（变异来源）（Source）	Ⅲ平方和（Type Ⅲ Sum of Squares）	df	均方（Mean Square）	*F*	Sig.
校正模型（Corrected Model）	3 181.360[a]	5	636.272	20.667	0.000
截距（Intercept）	20 446.855	1	20 446.855	664.157	0.000
A	538.588	1	538.588	17.494	0.002
B	1 747.867	1	1 747.867	56.774	0.000
C	784.420	1	784.420	25.480	0.001
D	81.135	1	81.135	2.635	0.136
E	29.349	1	29.349	0.953	0.352
误差（Error）	307.862	10	30.786		
总计（Total）	23 936.076	16			
校正的总计（Corrected Total）	3 489.221	15			

a. R^2=0.912（调整 R^2=0.868）

（5）结果分析　组间效应检验（Tests of Between-subjects Effects）表，按 α=0.05 水准，高频呼吸机数 A、B、C（高、低两个水平）对通气量有影响（$P<0.01$），参数 D、E（高、低两个水平）对通气量没有影响（$P>0.05$），可见高频呼吸机的通气量主要受参数 A、B、C 的影响。

2. *多变量方差分析*

在一个实验中，假设有 k（$k>2$）个处理组，其中有 k-1 个实验组，一个共同的对照组，这就是各实验组与对照组均值的比较。多变量方差分析（Multivariate Analysis of Variance）能实现这一目的。

多个实验组与对照组均值的比较是配对样本 t 检验的拓广。

[例 15-2]　试验蚯蚓发酵液的抑根结线虫作用，将黄瓜根分四组，然后对甲、乙、丙组依次施入蚯蚓发酵液 0.5 mL、1.0 mL、1.5 mL，对照组施清水。表 15-4 是黄瓜根结重量（g）。

表 15-4　四组黄瓜根结重量　g

对照组 (x)	试验组		
	甲(v1)	乙(v2)	丙(v3)
3.6	3.0	0.4	3.3
4.5	2.3	1.7	1.2
4.2	2.4	2.3	0.0
4.4	1.1	4.5	2.7
3.7	4.0	3.6	3.0
5.6	3.7	1.3	3.2
7.0	2.7	3.2	0.6
4.1	1.9	3.0	1.4
5.0	2.6	2.1	1.2
4.5	1.3	2.5	2.1

①建立数据文件 manova1.sav，变量名为 x(对照组)、v1(试验组，甲)、v2(试验组，乙)、v3(试验组，丙)。

②进行数据转换，计算变量(Compute Variable)对话框，目标变量(Target Variable)为 d1(甲组与对照组的差值)，数字表达式(Numeric Expression)为 v1-x。单击[确定]按钮将产生新变量 d1。同理计算乙组、丙组与对照组的差值：d2(乙组与对照组的差值)、d3(丙组与对照组的差值)。

③选择[分析(Analyze)]→[一般线性模型(General Linear Model)]→[多变量(Multivariate)…]，打开多变量(Multivariate)主对话框。

因变量(Dependent Variable)为 d1(甲组与对照组的差值)、d2(乙组与对照组的值)、d3(丙组与对照组的差值)；用户还可选择固定因子[Fixed Factor(s)]、协变量[Covariate(s)]、WLS 权重(WLS Weight)的权数(Weight)，本例均未选择。

④单击[继续]→[保存(Save)…]打开保存(Save)对话框，选择预测值(Predicted Values)中的未标准化(Unstandardized)；诊断(Diagnostics)中的 Cook 距离(Cook's Distance)、残差(Residuals)中的未标准化(Unstandardized)。

⑤单击[继续]→[选项(Options)…]打开选项(Options)对话框，在估计边际均值(Estimatde Marginal Means)中选择显示均值(Display Means for)中的[OVERALL]；输出(Display)中的描述统计(Descriptive Statistics)、功效估计(Estimates of Effect Size)、参数估计(Parameter Estimates)、SSCP 矩阵(SSCP Matrices)及残差 SSCP 矩阵(Residual SSCP Matrix)。

⑥其他子对话框均选择默认选项。

⑦单击[继续]→[确定]按钮，得到主要结果。

3. 多元方差分析

多元方差分析(Multivariate ANOVA,MANOVA)是单变量方差分析的一种自然拓广。

①建立数据文件 manova2.sav,变量名为 group(分组)、x1(处理)、x2(结果)。

②多变量(Multivariate)主对话框,因变量(Dependent Variables)为 x1(处理)、x2(结果),固定因子[Fixed Factor(s)]为 group(分组)。

③对比(Contrasts)对话框,选择更改对比(Change Contrast)中的重复(Repeated),单击[更改]。

④观察均值的两两比较(Post Hoc Multiple Comparisons Observed Means)对话框,两两比较检验(Post Hoc Tests for)的变量为 group(分组),选择假定方差齐性(Equal Variances Assumed)中的 LSD(最小显著差异法,Least-significant Difference)。

⑤保存(Save)对话框,选择预测值(Predicted Values)中的标准化(Unstandardized)。

⑥选项(Options)对话框。显示均值(Display Means for)为[OVERALL]和 group,选择输出(Display)中的描述统计(Descriptive stitics)、方差齐性检验(Homogeneitytests)。

⑦输出主要结果。

(二)相关分析

相关分析(Correlate)是研究变量间密切程度的一种统计方法,包括双变量相关分析(Bivariate Correlation)、偏相关分析(Partial Correlation)和距离相关分析(Distances)。

1. 双变量相关分析

1)Pearson 相关分析

(1)建立数据文件 hongl.sav。

(2)选择[分析(Analyze)]→[相关(Correlate)]→[双变量(Bivariate) …],打开双变量相关(Bivariate Correlations)主对话框。

①变量(Variables)列表,选择两个及以上进行双变量相关分析变量。

②相关系数(Correlation Coefficients)。

a. Pearson 相关系数(Pearson,r),又称积矩相关系数,适用于评价两个连续变量是否线性相关。r 介于 -1 和 $+1$ 之间。绝对相关系数越接近于 1,数据点越紧密地落于一条直线上。如果相关系数接近于 0,则表明不存在线性关系。r 只测量线性关系。有时候 $r=0$,也会存在有意义的非线性关系,可通过散点图来确定。

b. Kendall 相关系数(Kendall's tau-b 相关系数,Kendall),可反映两有序分类变量的一致性。

c. Spearman 等级相关系数(Spearman),即常用的秩相关分析。

注:Kendall 相关系数与 Spearman 等级相关系数可用于度量两个变量间秩次的关系。相关系数值介于 -1(完全负相关关系)至 $+1$(完全正相关关系)之间,相关系数为 0 时,表示不存在相关关系。

③显著性检验(Test of Significance)。

a. 双侧检验(Two-tailed),为默认选项。

b. 单侧检验(One-Tailed),当相关的方向很明显时,如身高与体重的关系,选择此项。

标记显著性相关(Flag Signifcant Correlations),用一个星号“*”标记在 $\alpha=0.05$ 水平上有统计学意义的相关系数;用两个星号“**”标记在 $\alpha=0.01$ 水平上有统计学意义的相关系数。

(3)单击[选项(Options)…],打开选项(Options)对话框。

①统计量(Statistics),只能用于 Pearson 相关系数。

a. 均值和标准差(Means and Standard Deviations),显示每个变量的均值与标准差及非缺失值的例数。

b. 叉积偏差和协方差(Cross-product Deviations and Covariances),显示每对变量的叉积偏差和协方差。叉积偏差等于校正均值变量的乘积之和,是 Pearson 相关系数的分子。协方差为两个变量关系的非标准化度量,等于叉积偏差除以 $N-1$。

②缺失值(Missing Values),可采用不同的处理方法。

a. 按对排除个案(Exclude Cases Pairwise),剔除相关分析中含有缺失值的变量对。相关系数是根据特定变量的有效值计算的(每个计算均使用最大的信息),因此相关系数矩阵的相关系数是根据不同的例数来计算的。

b. 按列表排除个案(Exclude Cases Listwise),剔除参加相关分析含有缺失值所有变量的个案。

(4)单击[继续]→[确定]按钮,得到主要结果。

2)Kendall 相关分析

(1)建立数据文件 kendall.sav,变量名为 treatment(处理)、result(结果)。

(2)双变量相关(Bivariate Correlations)主对话框,变量(Variables)为 treatment(处理)、result(结果)。相关系数(Correlation Coefficients)中只选择 Kendall 相关系数,其他均为默认选项。

(3)输出主要结果。

2. 偏相关分析

偏相关分析(Partial Correlation)用于计算在控制其他变量的影响下,两变量间线性关系的偏相关系数(Partial Correlation Coefficient)。

产生的统计量,包括每个变量的非缺失值例数、均值、标准差、含有自由度与显著性水平的偏相关系数与零阶相关系数矩阵(Partial and Zero-order Correlation Matrices)。

(1)建立数据文件 partial.sav。

(2)选择[分析(Analyze)]→[相关(Correlate)]→[偏相关(Partial)…],打开偏相关(Partial Correlations)主对话框。

①变量(Variables)列表,选择两个或两个以上需进行偏相关分析变量。

②控制(Controlling for),可选择一个或一个以上的控制变量。

③显著性检验(Test of Significance),可选择双侧检验(Two-tailed)或单侧检验(One-tailed)。

显示实际显著性水平(Display Actual Significance Level)。在默认状态下,每个相关系数均显示显著性概率及自由度。若取消此项,则用一个星号“*”标记在 α=0.05 水平上有统计学意义的相关系数,用两个星号“**”标记在 α=0.01 水平上有统计学意义的相关系数,且不显示自由度。此项设置还可影响偏相关及零阶相关系数矩阵的显示。

(3)单击[选项(Options)…],打开选项(Options)对话框。

①统计量(Statistics)。包括均值和标准差以及零阶相关系数。

a. 均值和标准差(Means and Standard Deviations),显示每个变量的均值、标准差及有效值例数。

b. 零阶相关系数(Zero-order Correlations),显示所有变量(含控制变量)的简单相关系数。

②缺失值(Missing Values),可选择按列表排除个案(Exclude Cases Listwise)或按对排除个案(Exclude Cases Pairwise)。

(4)单击[继续]→[确定]按钮,得到结果。

(三)回归分析

1. 线性回归

1)多重线性回归

SPSS Statistics 的多重线性回归提供了五种建立回归方程的方法,包括强迫引入法(Enter)、逐步回归法(Stepwise)、强迫剔除法(Remove)、向后消去法(Backward Elimination)及向前选择法(Forward Selection)。

(1)建立数据文件 mreg2.sav,变量名为 y( )、x1( )、x2( )、x3( )。

(2)选择[分析(Analyze)]→[回归(Regression)]→[线性(Linear) …]打开线性回归(Linear Regression)主对话框。

①因变量(Dependent)。

②自变量(Independent(s))列表,可选择一个或一个以上的自变量。

③方法(Method)下拉菜单,可指定自变量进入分析的方式。通过选择不同的方法,可对相同的变量建立不同的回归模型,建立多元回归的方法有五种。

a. 进入(Enter),即强迫引入法,全部被选变量一次进入回归模型。

b. 逐步(Stepwise),即逐步回归法,在每一步中,将引入一个最小 F 概率(概率小于设定值)的变量引入回归方程。若已经引入回归方程的变量的 F 概率大于设定值,则将被剔除出回归方程。当无变量被引入或被剔除时,则终止回归过程。

c. 删除(Remove),强迫剔除法,将所有不进入方程模型的被选变量一次剔除。

d. 向后(Backward),向后消去法,一次性将所有变量引入方程,并依次进行剔除。首先剔除与因变量最小相关并符合剔除标准的变量,然后剔除第二个与因变量最小相关并符合剔除标准的变量,依此类推。当方程中的变量均不满足剔除标准时,则终止回归过程。

e. 向前(Forward),向前选择法,被选变量依次进入回归模型,首先引入与因变量最大相关(正相关或负相关)并符合引入标准的变量。引入第一个变量后,然后引入第二个与因变量最大偏相关并符合引入标准的变量,依此类推。当无变量符合引入标准时,则终止回归过程。

注意:结果中的 P 值是根据简单模型拟合计算的,因此逐步模型(Stepwise. Forward 及 Backward)的 P 值是无效的。

无论选择和哪种引入方法,进入方程的变量必须符合容许偏差,默认的容许偏差是 0.0 001。同样一个变量若使模型中变量的容许偏差低于默认的容许偏差,则不进入方程。

④选择变量(Selection Variable),指定分析个案的选择规则。若要进行个案选择,可选择需进行选择变量(Selection Variable)的变量,然后单击[规则(Rule) …],打开设置规则(Set Rule)对话框,定义选择规则(Define Selection Rule),可选择等于(Equal to)、不等于(Not Equal to)、小于(Less than)、小于等于(Less than or Equal to)、大于(Greater than)、大于等于(Greater than or Equal to)指定值(Value)。

⑤个案标签(Case Labels)变量,被选变量可在图形中标注点的值。

⑥ WLS 权重(WLS Weight)变量,被选变量可用于加权最小二乘法分析。

(3)单击[统计量(Statistics)…],打开统计量(Statistics)对话框。

①回归系数(Reression Cofficients)。可选择的有以下八种:

a. 估计(Estimates),显示回归系数(B)、标准误差(SEB)、标准化系数(Beta),B的t值及双侧显著性水平(Sig.)。

b. 置信区间(Confidence Intervals),显示每个回归系数或协方差矩阵的指定置信区间。

c. 协方差矩阵(Covariance Matrix),回归系数(B)的方差 - 协方差矩阵[Var-CovarMatrix of Regression Cofficients(B)]。矩阵下三角元素(Below Diagonal)是协方差(Covariance),上三角元素(Above)是相关系数(Correlation),对角线元素是方差(Variance),同时显示相关系数矩阵。

d. 模型拟合度(Modelft),显示被引入模型或被剔除的变量及以下拟合优度统计量:复相关系数R、R^2、调整R^2、估计值的标准误及方差分析表。

e. R^2变化(R Squared Change),增加或删除一个自变量所产生的R^2改变量。某个变量R^2改变量越大,表明该变量可能是一个较好的回归变量。

f. 描述性(Descriptives)统计量,包括分析中每个变量的有效个案数、均值和每个变量的标准差以及包含单侧显著性水平和例数的相关系数矩阵。

g. 部分相关及偏相关性(Part and Partial Correlations),显示零阶、部分及偏相关系数。

h. 共线性诊断(Collinearity Diagnostics),显示已标度和未中心化交叉积矩阵的特征值、条件指数和方差 - 分解比例,以及个别变量的方差膨胀因子(VIF)和容许偏差。VIF表示回归分析中存在多重共线性(自变量之间的相关性)的程度。多重共线性可以增大回归系数的方差,从而使其不稳定或难以解释。VIF=1,认为自变量间不相关;1<VIF<5,认为自变量间中等相关;5<VIF<10,认为自变量间高度相关;VIF>10,可能表明多重共线性过度影响回归结果。在此情况下,可能要通过从模型中去除不重要的预测变量来减小多重共线性。

②残差(Residuals)。

a. Durbin-Watson 检验统计量,同时显示标准化与非标准化残差与预测值的汇总统计量。

b. 个案诊断(Casewise Diagnostics)。

离群值(Outliers Outside N Standard Deviations),设定N个标准差以上的值为离群值,默认为3。

所有个案(All Cases)。

(4)单击[继续]→[绘制(Plots)…],打开图(Plots),对话框。

绘制图形对研究变量的正态性、线性规律及方差齐性非常有帮助,还用于发现奇异值、异常观测值。

①散点图,用户从变量列表中选择变量作为Y(纵轴变量)与X(横轴变量)。标准化残差与标准化预测值产生的散点图可研究线性规律及方差齐性。

②变量列表包括因变量(Dependnt)及以下预测变量和残差变量:标准化预测值(*Zpred)、标准化残差(*Zrwsid)、删除残差(*Dresid)、调整预测值(*Adjpred)、学生化残差(*Sresid)及学生化删除残差(*Sdresid)。

产生所有部分图(Produce All Prtial Plots),产生每个自变量残差与因变量残差的散点图,最少有两个自变量引入方程才能产生偏残差图。

③标准化残差图(Standardized Residual Plot),可选择绘制直方图(Histogram)及正态概率图(Normal Probability Plot)。

(5)单击[继续]→[保存(Save) …]打开保存(Save)对话框。

(6)单击[继续]→[选项(Options) …]打开选项(Options)对话框。

①步进方法标准(Stepping Method Criteria),可应用于逐步(Stepwise)、向后(Backward)、向前(Forward),变量可根据指定的 *F* 值或 *F* 值的显著性水平(概率)被引入或剔除出模型。

a. 使用 *F* 的概率(Use Probability of F),当 *F* 值的显著性水平小于进入(Entry)值时,该变量将进入回归方程;若大于删除(Removal)值时,则被剔除。进入(Entry)值必须小于删除(Removal)值,且均为正数。若想更多的变量进入模型,可提高进入(Entry)值。若想在模型中剔除更多的变量,可降低删除(Removal)值。

b. 使用 *F* 值(Use F Value),当 *F* 值大于进入(Entry)值时,该变量将进入回归方程,若小于删除(Removal)值时,则被剔除。进入(Entry)值必须大于删除(Removal)值,且均为正数。若想更多的变量进入模型,可降低进入(Entry)值。若希望在模型中剔除更多的变量,可提高的删除(Removal)值。

在等式中包含常量(Include Constant in Equation);默认状态下,回归模型包含常数项;若不选此项,则回归模型经过原点。回归方程是否包含常数项,某些回归的结果的解释将不一样,如 R^2 值不能用常规的方式来解释。

②缺失值(Missing Values)。

a. 按列表排除个案(Exclude Cases Listwise),所有变量均为有效值的个案才参与分析。

b. 按对排除个案(Exclude Cases Pairvise),在回归中,进行相关分析的变量对均为有效值时,才进行相关系数的计算,自由度取决于最小的对数。

c. 使用均值替换(Replace with Mean),用变量均值代替缺失值,所有个案均参与计算。

(7) 单击[继续]→[确定]按钮,得到主要结果。

第二节　Origin

一、Origin 简介

Origin 是 Windows 平台下应用于科技作图和数据分析的软件,由 OriginLab 公司开发,其定位介于专业级和基础级之间,功能强大但操作简便,是广泛流行和国际科技出版界公认的标准作图软件,是科学和工程研究人员必备软件之一。Origin 具有面向对象的"窗口菜单"和"工具栏",操作简便,还具有数据的调整、统计、曲线拟合等各类完善的数学分析功能。Origin 可以利用模板方便地绘制出数据图,其本身提供数十种二维和三维绘图模板,并且可以将调整后的模板重新存储,保存自定义模板。只要选择所需的模板即可轻松制图。Origin 主要包含以下几个部分:

1. 菜单栏

提供方便的菜单项,从而实现大部分功能,如图 15-5 所示。

2. 工具栏

工具栏提供软件功能的快捷方式,以便使用,如图 15-6 所示。

3. 绘图区

绘图区包含子窗口,以及工作表、绘图等版面,如图 15-7 所示。

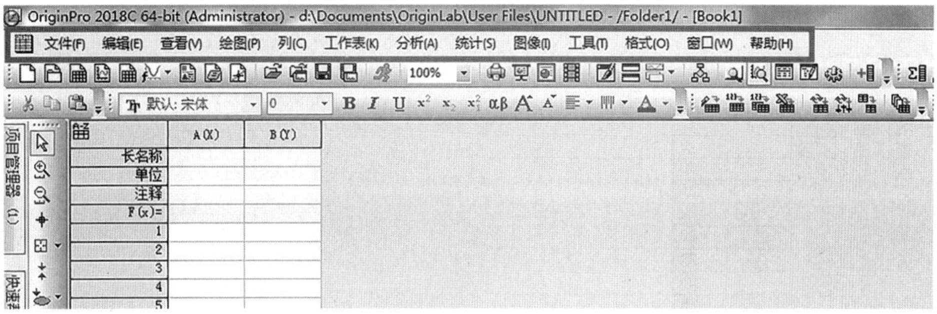

图 15-5　菜单栏

图 15-6　工具栏

图 15-7　绘图区

4. 状态栏

状态栏标出当前鼠标指标所指工具使用说明，如图 15-8 所示。

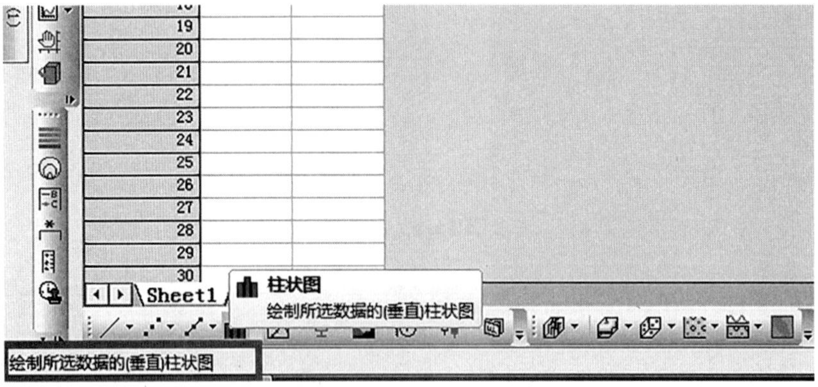

图 15-8　状态栏

二、数据的导入

通常在科研实验中，仪器产生的数据结果可以存储为可供此仪器再次打开的原始数据文件，这样的文件有助于保存最真实、最原始的实验结果。但通常这样的数据文件格式五花八门，都是仅供专门软件打开的格式。因此，除了要保存上述实验数据类型以外，同样要保存好典型的 .txt 文件或 .dat 文件，这样的文件属于 ASCII 码文件，可以使用记事本软件再次打开，方便数据导出与整理，如图 15-9 所示。

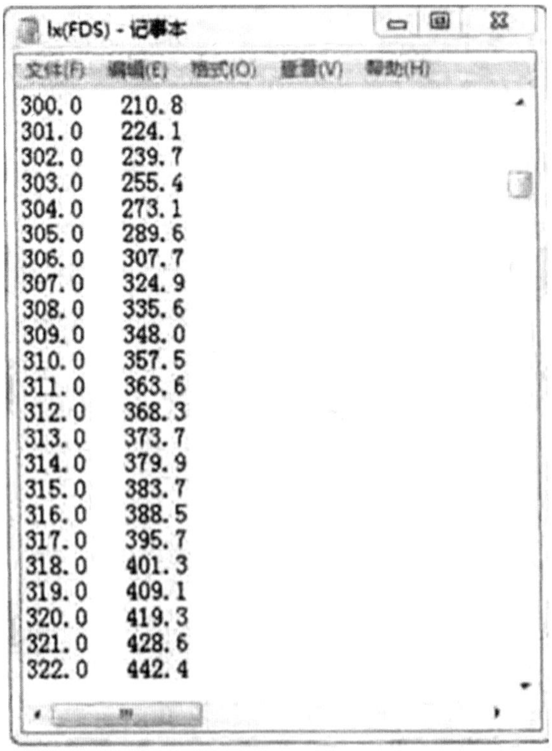

图 15-9　.txt 文件

这样的文件通常含有表头和实验数据，表头中包含一些实验参数设置。实验数据由 x 列和 y 列构成，列与列之间会采用一定的符号隔开。常见符号包括“,”(逗号)、“ ”(空格)、“TAB”(制表符)等，这些符号会把实验数据的横坐标与纵坐标分隔开，而不至于混在一起难以区分。

在导入数据时，要输入这些分隔符号，让软件识别出哪些列是属于横坐标的，哪些列是纵坐标的，让软件自动分出 x 列和 y 列。

可以直接在 Origin 中使用菜单命令“文件 / 导入 / 单个 ASCII”来导入数据文件，如图 15-10 所示。软件会识别分隔符、表头、文件格式等，但这种方式会覆盖 Origin 中已有的数据，通常在 Origin 表格空白的时候使用此方法。

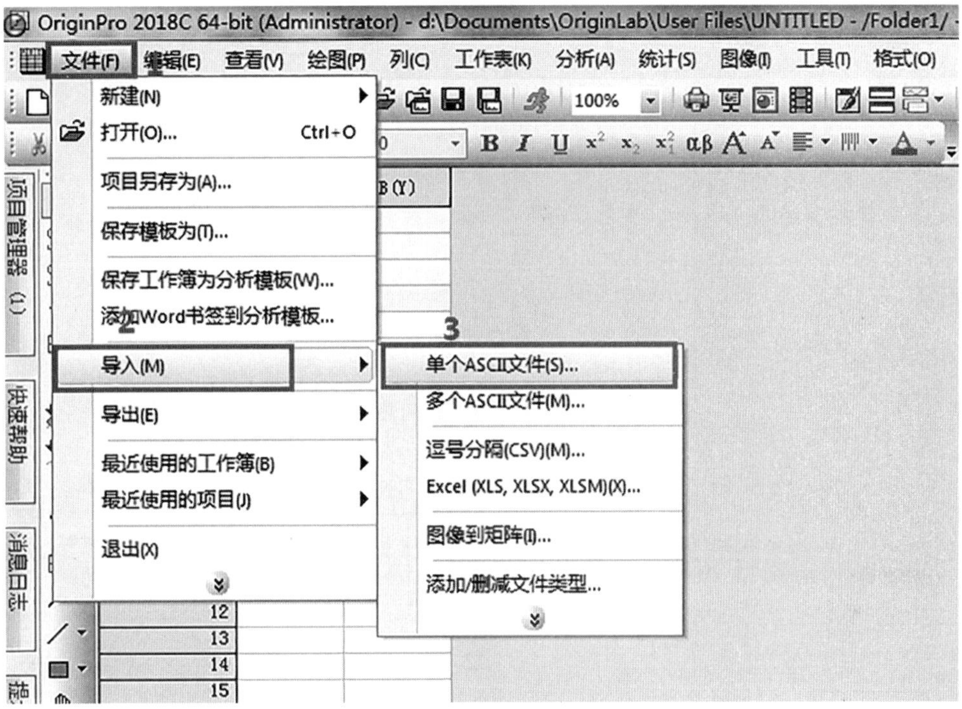

图 15-10 导入数据文件

或者也可以用记事本打开 ASCII 文件，之后将想要的部分复制到一个新建的 Excel 表格中，操作步骤如下：

①步骤一：此时如果数据已经分列显示，如图 15-11 所示，则无须进行分列；如果此时所有数据在一列中显示，则需要进行下一步分列操作。

②步骤二：选中当前列，在 Excel 的菜单栏中选择“数据 1 分列”，如图 15-12 所示。

③步骤三：在弹出的对话框中选择“分隔符号”。

④步骤四：选择当前的分隔符，让软件区分出 x 列和 y 列，当前分隔符号为逗号，然后单击“下一步”。

⑤步骤五：直接采用默认设置即可完成分列。

将需要的列复制到 Origin 中，即可实现数据的导入。

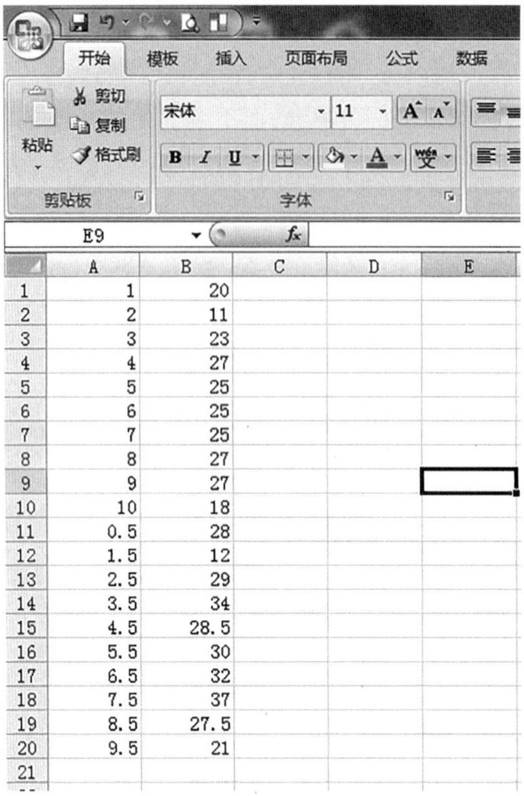

图 15-11　数据分列显示

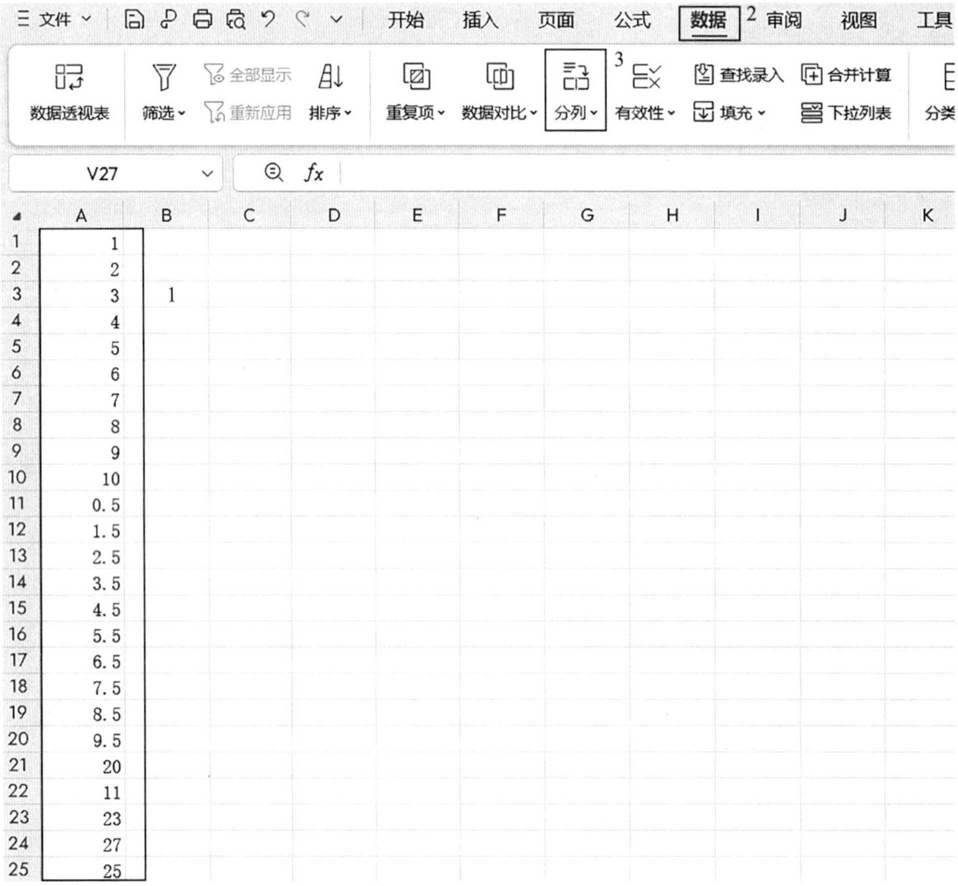

图 15-12　分列

三、Origin 二维图形的绘制

Origin 可以方便地绘制数据曲线图，将原本的数字信息通过图像更直观地表现出来，是常用的科研表达形式之一。在着手制图之前，思考好这张图要表达什么，要为哪些观点做支撑，这些都会在坐标轴、单位、刻度等属性上有所体现，带着这样的思想才能获取有效的数据。准备好必要的数据之后，就可以着手开始绘图。

绘制二维图形的具体操作步骤如下：

①步骤一：数据导入。开始尝试二维图形的绘制，首先要将数据导入 Origin，如图 15-13 所示。

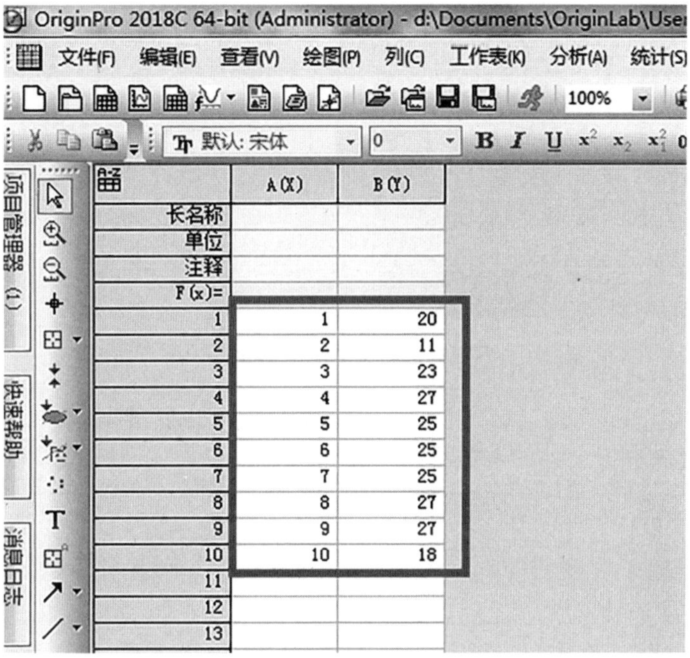

图 15-13　数据导入

②步骤二：将导入的数据选中。可以直接通过鼠标拖动框选出想要制图的数据，也可以按住 Ctrl 键不放，用鼠标左键依次单击 A(X) 和 B(Y) 这两列，如图 15-14 所示。

③步骤三：选择作图类型绘图。之后可以选择合适的作图类型，Origin 为提供一些内置的图形模板，如曲线、点线、柱状图等，可以直接调用，方法是在选好数据的情况下，单击下方的曲线图例，如图 15-15 所示。

通过这样简单的操作可以迅速地将自己的数据绘制成图，如图 15-16 所示。每一列数据都有属性 (X、Y、Z)，刚刚的操作中只有一列 X 和一列 Y，但在有些情况下可能不止一个 X 和一个 Y，这时就需要对数据的类型进行修改。

④步骤四：添加新列。导入两组数据时需要添加新的列，先在表格单击鼠标左键选中一列然后单击鼠标右键，在弹出的菜单中选择“插入”添加新的一列，重复两次操作就可添加新的两列。

⑤步骤五：数据导入设置。将数据导入，在 C(Y) 列上单击鼠标右键，选择“设置 /X”，如图 15-17 所示。

⑥步骤六：绘图。这时会发现 C 列旁显示 X2，D 列显示 Y2，就表示 D 列为 C 列的函数，而与 A 列、B 列不产生关系。将它们选中，点选合适的图例，绘制成图，如图 15-18、图 15-19 所示。

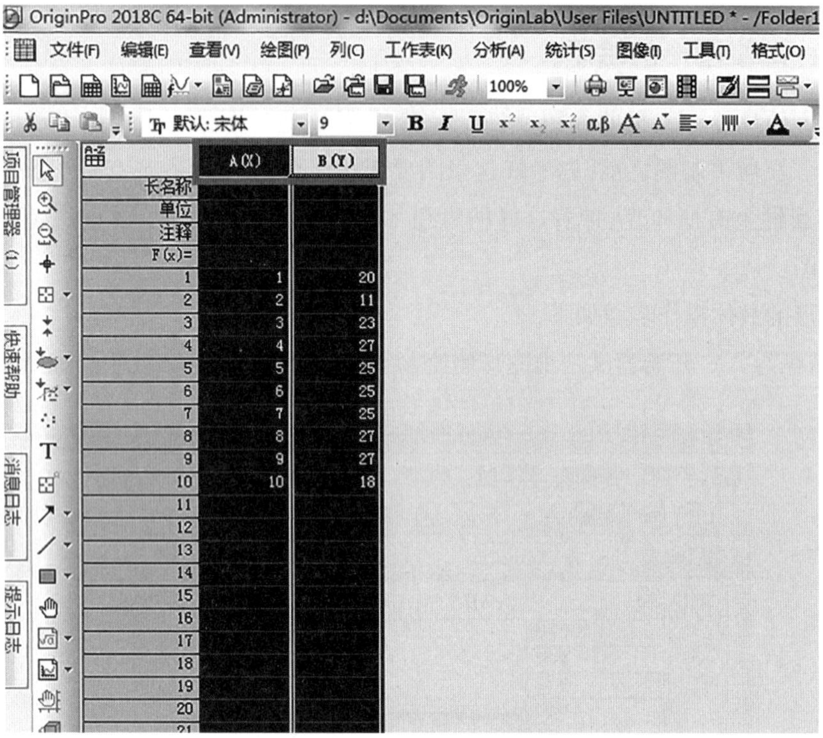

图 15-14　选中导入的数据

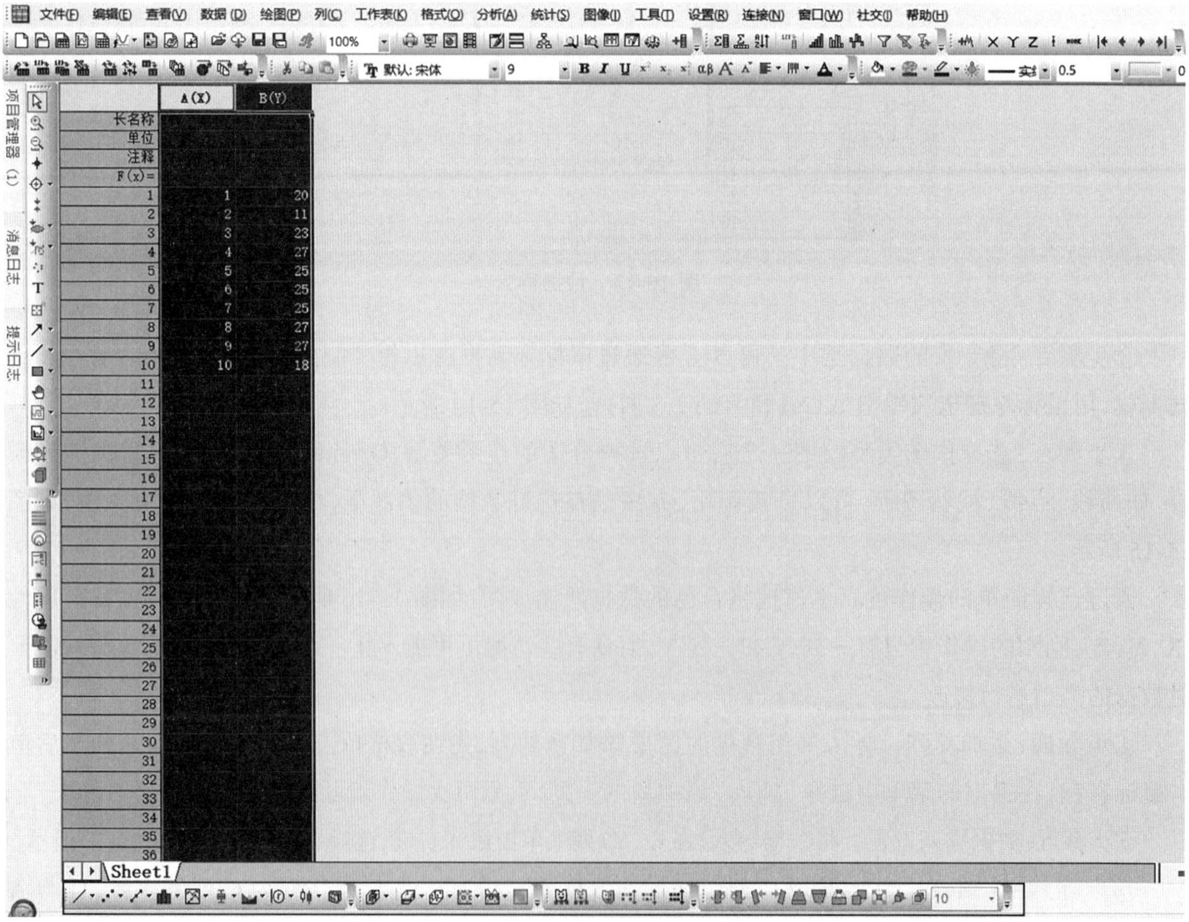

图 15-15　选择作图类型

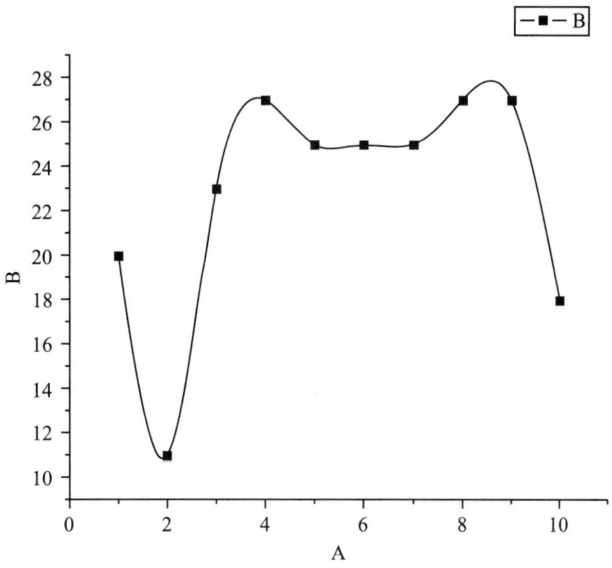

图 15-16　绘图结果

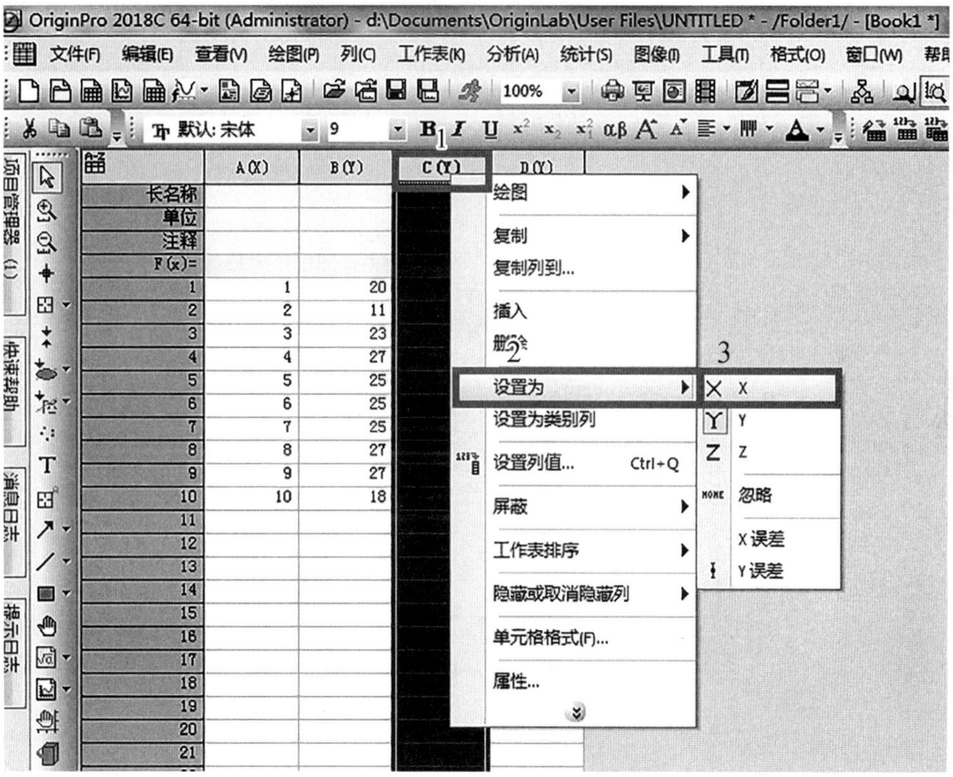

图 15-17　数据导入设置

这样就可以在一张图中得到两条曲线，甚至可以在一张图中绘出更多条曲线，该绘图模式经常用于对比数据优劣、表达改进性能等。

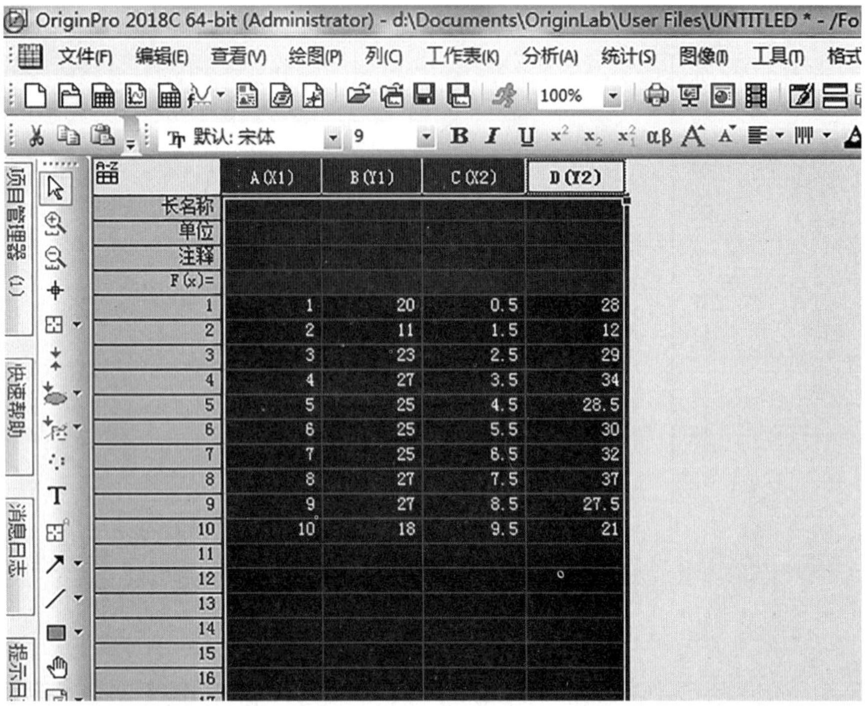

图 15-18　选中图例进行绘图

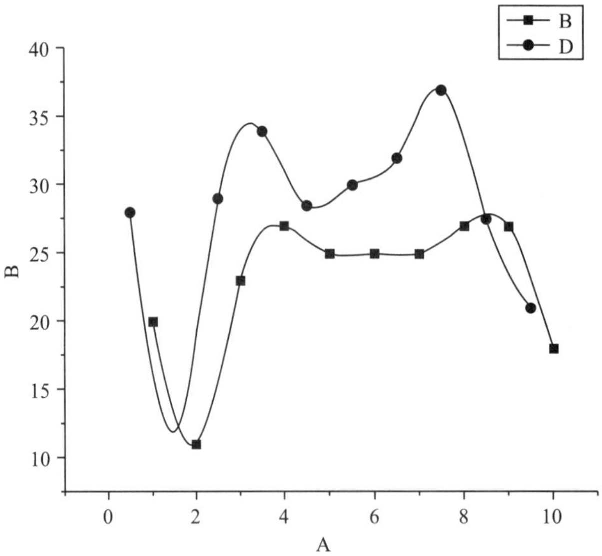

图 15-19　绘图结果

四、Origin 三维图形的绘制

三维图形可以使数据表达更直观和清楚，更好地阐明观点，在学术论文与期刊中应用极为广泛，Origin 具有较为全面的三维图形的功能，在本小节中将以 XYY 型数据为例，来制作三维图形。

①步骤一：首先导入三列数据，注意数据属性，第一列为 X，第二、三列为 Y。

②步骤二：将数据利用三维模板制图。在选中三列数据的前提下，单击菜单中的“绘图”，选择“多 Y 轴图 /XYY 3D 条状图”，如图 15-20 所示。直接套用三维图像模板后，如图 15-21 所示。

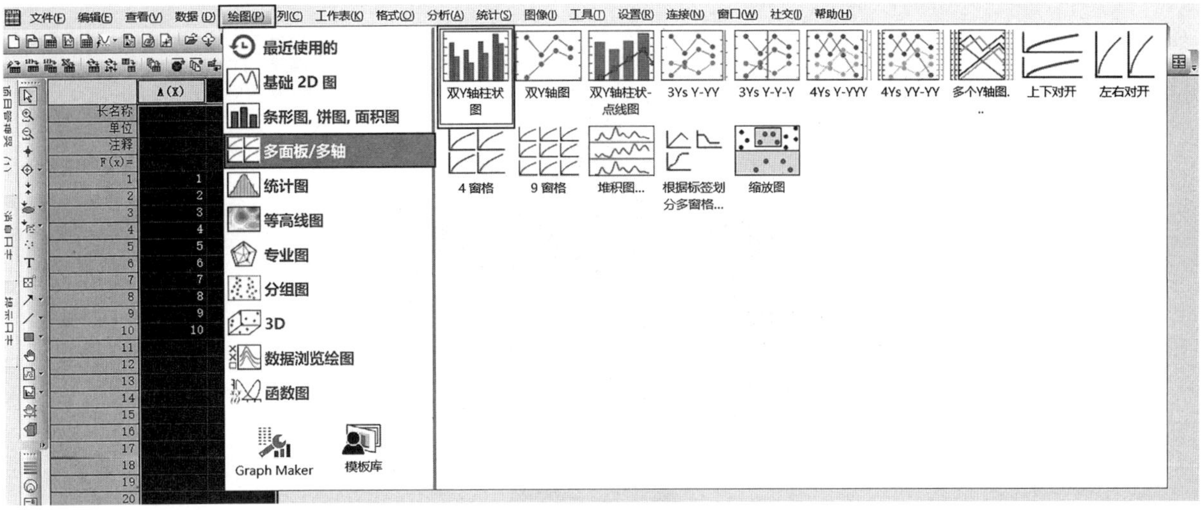

图 15-20　“绘图”选项

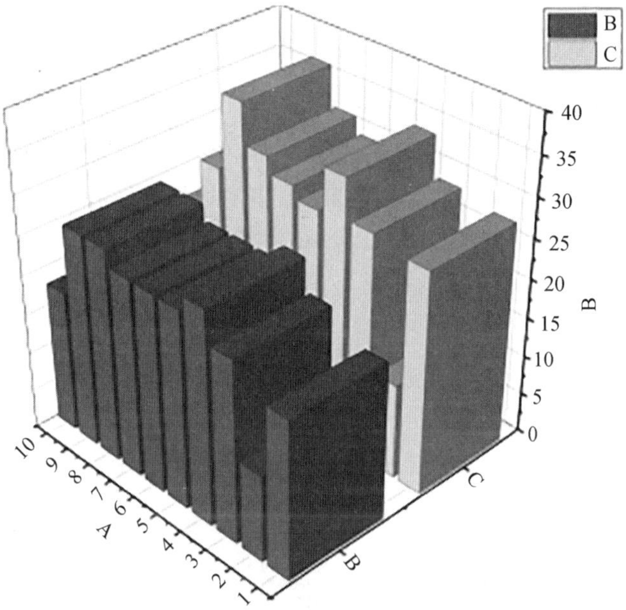

图 15-21　三维图像

③步骤三：对数据图像参数进行设置。双击柱状图的柱状部分，在弹出的窗口中选择“[Bookl]sheet！ A(X),B(Y)”，在“组”选项卡中的编辑模式把“从属”改为“独立”。

这样可以对每一个柱状图进行单独调色，而不用局限于默认的高饱和度和高对比度的颜色。之后，在“图案”选项卡中找到“填充”。之后在弹出的窗口中找到合适的颜色，甚至还可以通过下方的自定义面板自行调色。找到“边框”中的“颜色”和“宽度”，它们分别控制边线的颜色和粗细，把“颜色”调成黑色，“宽度”调成 3。接下来，单击“轮廓”选项卡，调节“X 方向条形宽度(百分比)”，即 X 方向柱宽度，调节“Z 方向条形宽度(百分比)”，即 Z 方向柱宽度。

调好“[Bookl]Sheetl！ A(X),B(Y)”的柱状图后，再选择“[Bookl]Sheetl！ IA(X),C(Y)”，用同样的方法把剩下的柱状图美化好，效果图见图 15-22。

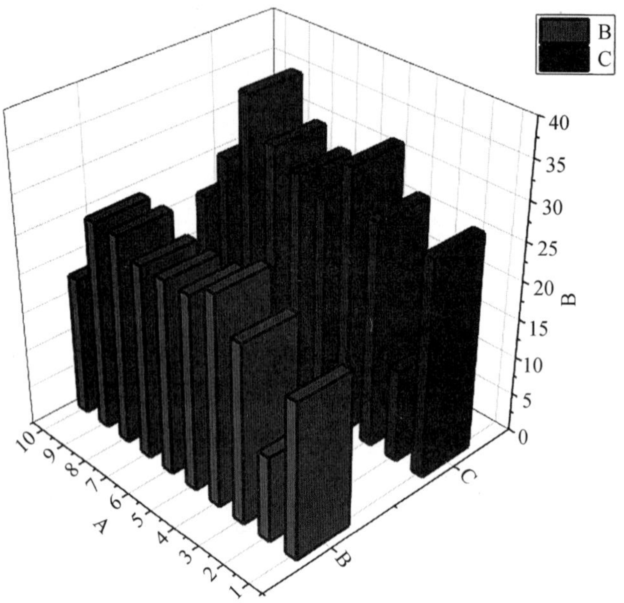

图 15-22 调色后的三维柱状图

④步骤四:调节三维图像坐标轴。双击 Y 轴,在弹出的窗口中,把“刻度”里的“重新调整页边距”设置为合适的坐标精度;把“主刻度”里的“值”设置为 0,则不出现最小刻度。单击“轴线和刻度线”,将“线条”里面的“粗细”改为 3,将坐标轴加粗。单击“标题”,在“标题”中输入想要的坐标标题,将“字体”中的“大小”设置为 36,设置好后单击“确认”按钮。

用同样的方法双击 X 轴或 Z 轴继续更改相应参数,将三个坐标轴都设置完毕,如图 15-23 所示。

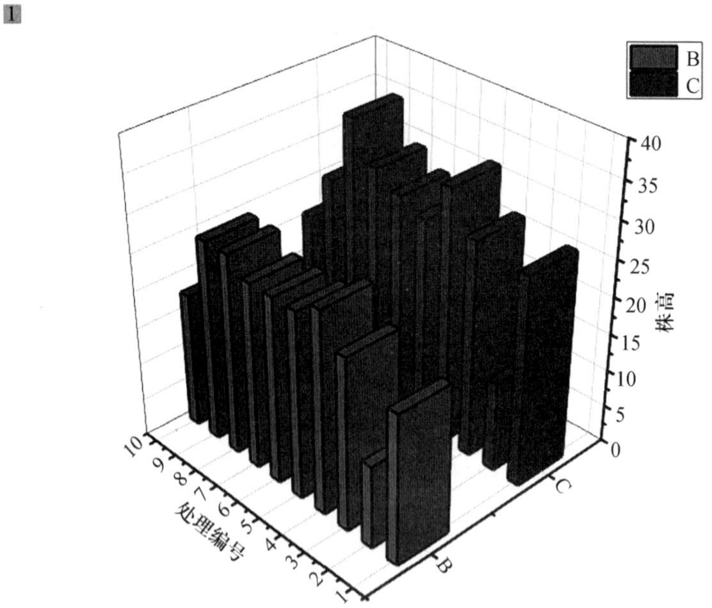

图 15-23 优化后的三维柱状图

⑤步骤五:调整三维数据图形的视角。当单击三维图形窗口后,会出现控制图形旋转的控制按钮,可以通过调节这几个按钮实现对三维图形的角度变换,分别代表逆时针旋转图形、顺时针旋转图形、左

倾斜图形、右倾斜图形、向上倾斜图形及向下倾斜图形，各个按钮如图 15-24 所示。根据自己的需要，适当调节角度，得到更加清楚美观的三维图形。

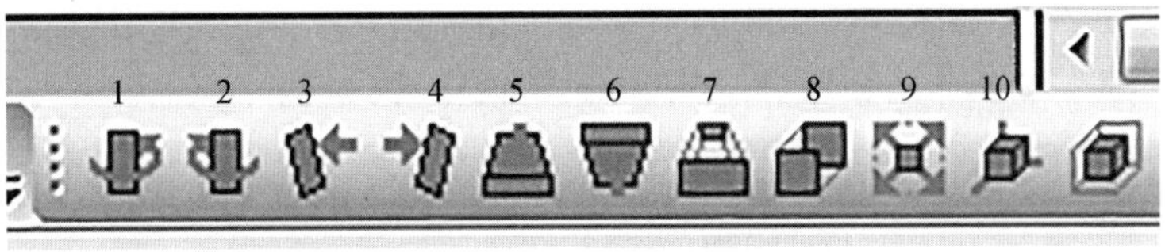

图 15-24 三维图形窗口

五、图形的输出和利用

Origin 中图形的输出，具有四个不同的意思，包括以图形对象（Object）的形式输出到其他软件如 Word 中共享，以图形文件（包括矢量图或位图）的形式输出以便插入到文档中使用，或以 Layout 页面的形式输出和打印输出。

Origin 图形的利用不是直接输出，图形要与目标文档一起排版，因此要考虑到目标文档和出版的情况加以调整。

1. 与其他软件共享

Origin 软件使用 Windows 平台中常用的对象共享技术，称为对象连接与嵌入（Object Linking and Embedding，OLE）。利用这个技术，可以将 Origin 图形对象连接或嵌入到任何支持 OLE 技术的软件中，典型的软件包括 Word、Excel 或 PowerPoint 等。

这种共享的方式仍然可以保持 Origin 软件对图形对象的控制，在这些软件中只要双击图形对象，就可以打开 Origin 进行编辑，编辑修改后只要再执行更新命令，文档中的图形也会同步更新，此外，由于 Origin 的图形与数据是一一对应的，拥有图形对象也就拥有原始数据，保存文档的同时会自动保存这些数据，不用担心图形文件丢失问题，这些都是 OLE 技术的灵活之处。

OLE 最大的缺点就是用户自己的计算机上必须安装 Origin 软件，并且版本必须相同，否则就无法编辑。

以下以 Word 为例介绍这种输出方式。

（1）通过剪贴板利用数据　最简单的就是使用剪贴板进行数据交换。可以选择需要输出的图形窗口选择编辑窗口中的复制页面命令，复制整页，然后选择目标文档执行粘贴命令即可，这其实是一种对象嵌入的快捷操作方式，如图 15-25 所示。

在 Word 文档中，用鼠标右键单击这个图形对象，即可打开右键快捷菜单，在菜单中可看到“Graph 对象”可以执行 Edit 编辑和 Open 打开这些操作，或者直接用鼠标双击这个图形，这些操作都会直接打开 Origin 进行编辑。

（2）创建并插入新的 Origin 图形对象　以上讨论的是先有 Origin 文件然后到 Word 文档，实际上也可以直接从 Word 文档中进行操作，方法是使用 Word 中的插入→对象命令，打开对象对话框，然后选择 Origin Graph，如图 15-26 所示。

这样会运行 Origin 并打开一个新的图形窗口，图形窗口中除默认坐标轴外什么也没有，因此，要自己新建一个数据表 Worksheet，输入或到导入数据，然后使用图层命令图层内容对话框，添加数据到图层，与普通的 Origin 作图一般操作，最后单击文件菜单中的“更新文档”命令，返回图形给 Word。

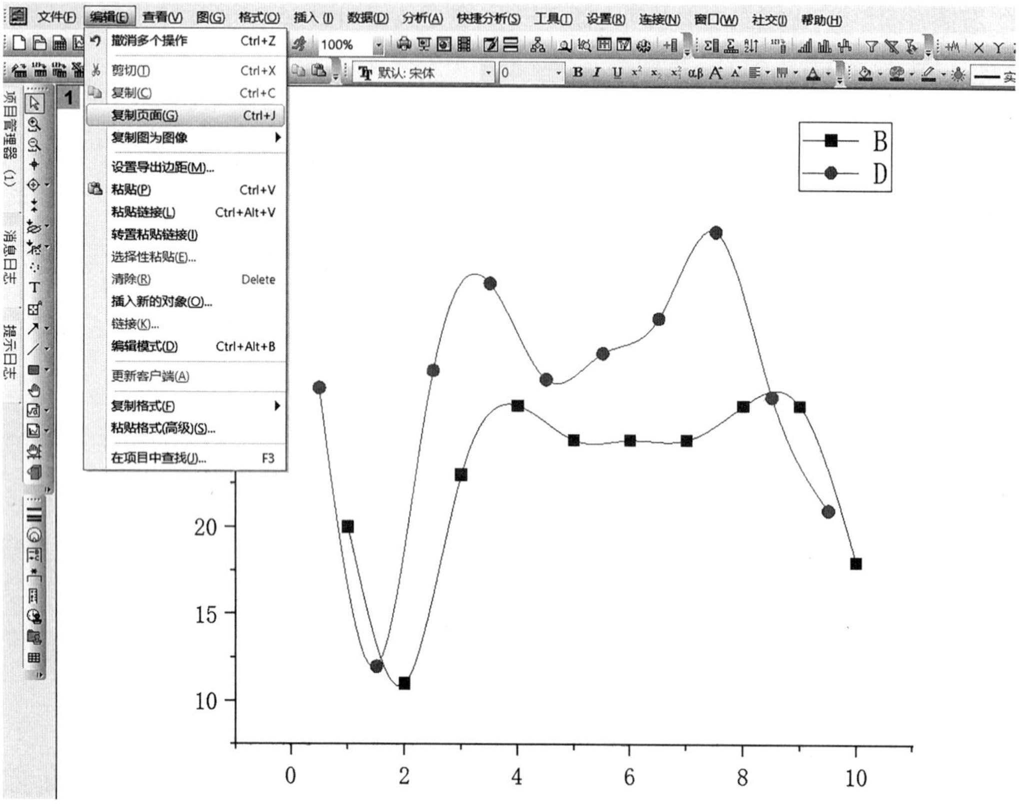

图 15-25　复制页面

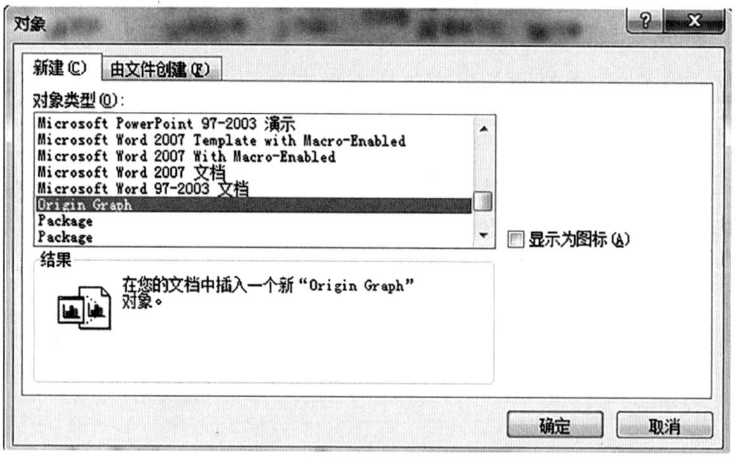

图 15-26　插入→对象命令

2. 图形的输出

图形的输出，即输出为图形文件，是 Origin 图形利用的最有效途径。因为将图形保存为图形文件输出，一方面方便在其他文档中插入使用，更重要的是因图形文件是普遍兼容的，从而可避免文档使用者（如论文投稿的杂志社）要安装 Origin 的问题。使用这个方法的最大缺点，是每当图形需要进行修改时，要重新输出和插入，不能自动更新。

（1）图形输出基础　无论是图形窗口还是 Layout 窗口，都可以使用文件菜单中的导出图形将窗口输出为图形文件，如图 15-27 所示。

只要选择一种图形文件格式，然后输入文件名和文件保存路径，单击确定按钮即可保存文件，问题是 Origin 支持多种的图形格式，每种格式的适用范围并不相同。

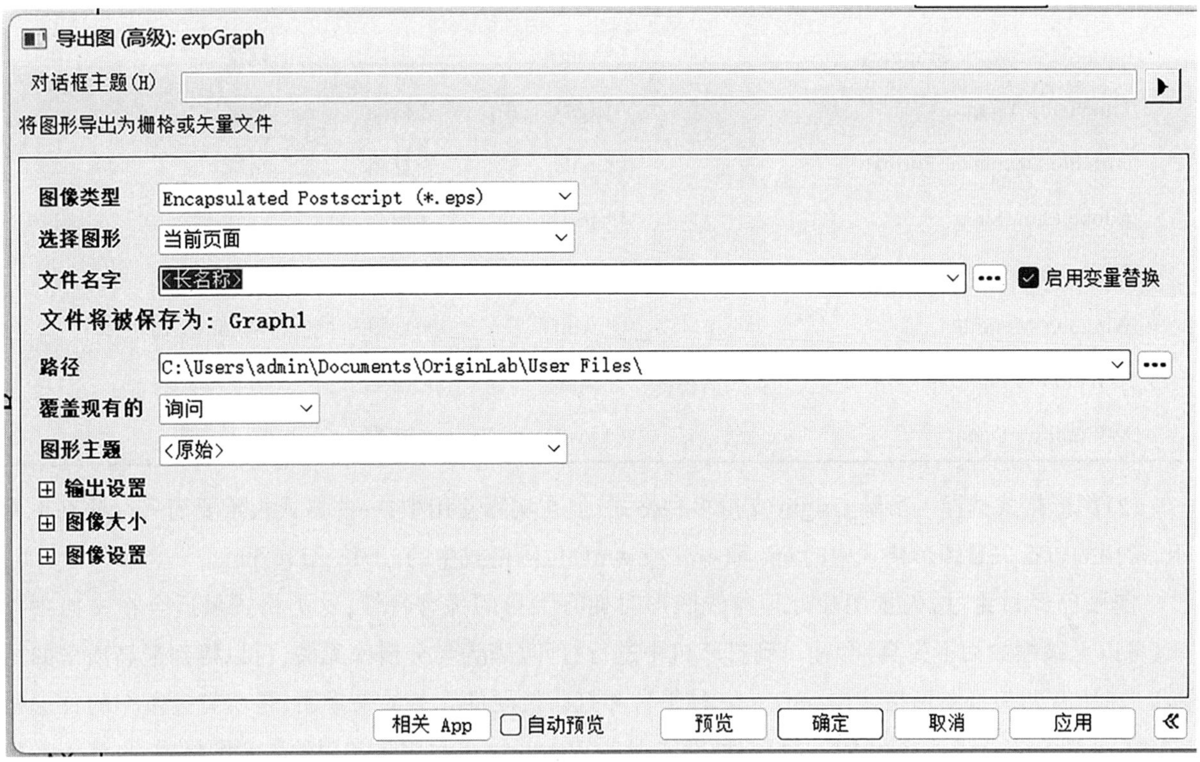

图 15-27 导出图形

要讨论图形格式的问题，首先要明白图形可以分成两大类：一类是矢量图形（Vector），这种图形是以点、直线和曲线等形式保存在文件中的，文件很小，可以无级缩放而不会失真，适用于各种各样的分辨率（既适合屏幕显示，又适合打印输出）。另一类是位图或称光栅图（Raster），这类图形保存后文件很大，一般不宜放大，放大就可能失真，受制于图形的分辨率，使用场合不同分辨率也要不同。

Origin 软件支持图形格式及其特性见表 15-5。

表 15-5 图形的格式及其特性

格式来源软件	扩展名	格式	适用范围及特性
Adobe Illustrator	(*.ai)	矢量图	
Bitmap	(*.bmp)	光栅图	Windows 通用
Computer Graphics Metafile	(*.cgm)	矢量图	
AutoCAD Drawing Interchange	(*.dxf)	矢量图	
Encapsulated PostScript	(*.eps)	矢量图	出版
Enhanced Metafile	(*.emf)	矢量图	Windows 通用
Graphics Image Format	(*.gif)	光栅图	网络，最多 256 色
JPEG，Joint Photographic Experts Group	(*.jpg)	光栅图	网络，真彩图有损压缩

续表 15-5

格式来源软件	扩展名	格式	适用范围及特性
Zsoft PC Paiantbrush Bitmap	(*.pcx)	光栅图	
Portable Network Graphics	(*.png)	光栅图	网络
Truevision Targa	(*.tga)	光栅图	出版
Portable Document Format	(*.pdf)	矢量图	出版
Adobe PhotoShop	(*.psd)	光栅图	
TIFF,Tag Image File	(*.tif)	光栅图	出版
Windows Metafile	(*.wmf)	矢量图	Windows 通用
X-Windows Pix Map	(*.xpm)	光栅图	
X-Windows Dump	(*.xwd)	光栅图	

(2)图形格式选择　虽然 Origin 支持多种格式,但在实际使用中,一些格式很重要而另一些则不常用,常用的包括矢量图形格式中的 eps 和 emf 或 wmf,位图格式中的 tif 和 gif 或 png。

前面已经讨论过,矢量图在处理曲线图形时拥有大量的优秀特性,这类格式最适合在文档中插入(可以无级缩放而不失真)和输出到打印机中进行打印(因为与分辨率无关,可以得到最高质量的图形)。在所有的矢量图形格式中,eps 是一种平台和打印机硬件无关的矢量图,是所有矢量图的首选格式,而 emf/wmf(emf 是 wmf 的扩展)两种格式则是 Windows 平台中最常用的矢量图格式,也属于最佳选择。

图是 emf 格式输出的对话框,其中要留意的是 File Name 文件名部分,默认的文件名是 Long Name,自动命名,这样再次输出时可能会提示是否覆盖原图,如果需要改名,直接输入文件名即可。输出文件后,在 Word 中通过插入菜单中的插入图形命令,导入文件到文档中,再进行大小调整即可,调整时请保持图形的纵横比(按 Shift 键用鼠标调整)。

为什么矢量图格式有这么多优点还要使用位图呢?这是因为很多情况下出版印刷并不支持矢量图,而一般只支持 TIF 位图格式(网络环境中要选择 gif 或 png 格式)。

位图受多个因素的影响,因此,其参数要比矢量图复杂一些,重点要留意图形的分辨率问题,因为如果图形分辨率太小,印刷质量将会非常差,建议分辨率 DPI Resolution 为 600 或者 1 200,这也是很多出版单位要求的分辨率。

要注意的是,TIF 在提高分辨率后输出的文件非常之大,通常一个文件会达到 100 MB,因此,在发给出版社时要首先进行压缩,根据经验使用 WinRAR 压缩,压缩率达到 100 倍左右,压缩后每个图形只有 1 MB 或更小。如果允许压缩,则选择 ComPassion 选项中的 lzw 压缩方式。

至于 gif 格式由于是输出到网络中的,只要使用 72～96 DPI 即可。png 格式可以看作是 gif 格式的扩展(gif 只支持 256 色图形,png 不受此限制)。

需要说明的是:除了图形的输出外,分析报告也可以先输出,不过常用的是输出为 pdf 格式文档,输出 pdf 格式时可以选择输出黑白还是彩色。电子表格 Worksheet 也可以很方便的输出,如输出为 ASCII 格式文件,以便其他软件进行利用。

六、论文出版图形输出技巧

论文的出版与普通的图形输出略有不同，首先最后出版的论文要求图形很小，例如，图形宽度要小6 cm（因为是分栏排版），然而在这么小的图形仍然要“清晰地”阅读到坐标、数据、数据曲线、多曲线比较等要求，即要求图形有“可读性”很高，因此要做一些特殊处理。

（1）所有的曲线颜色使用深色调，因为论文最终以黑白进行印刷。

（2）所有线条包括坐标轴加粗，例如 3 Point 以上。

（3）不同曲线使用不同的符号 Symbol，符号大小调大，如 36 Point。

（4）不要使用图例（Legend），可添加（a）（b）（c）之类的标记，在图形标题中再进一步说明。

（5）所有在图形中出现的文字，包括标题、坐标轴数值、标记等等，全部调到 36 Point。

（6）字形的选择原则上是要最终清晰为主，文字部分可以加粗体，坐标轴数值不要加粗。

（7）如果输出时出现乱码，则要将出现乱码的符号字体改为中文字体。

（8）将图形输出为 emf 或 eps 格式，在文档中插入图形，保持图形的纵横比调整大小，并以此为基础，使用激光打印机打印，可取得满意质量。

（9）在论文出版前，出版社一般要求单独提供图形文件，按出版社的要求，一般要求是 tif 格式，600 DPI，按上小节介绍方法输出，.tif 文件一起打包压缩后通过邮件或网络投稿发给出版社。

七、图形打印

如果想直接输出图形，可以在 Origin 中进行图形打印，打印的一般步骤是“页面设置”→“打印预览”→“打印”。

对话框中的一些选项是对工作表或矩阵窗口的最大列进行设定，也可以调整打印的颜色。由于打印默认的是当前页面对应纸张大小，因此基本上会整页输出。

第三节 MATLAB

一、MATLAB 简介

MATLAB 是 Matrix Labotary 的缩写，最初是美国新墨西哥大学 Moler 教授编写的 LINPACK 和 EISPACK 接口程序。1984 年，MathWorks 公司创建，MATLAB 正式推向市场。20 世纪 90 年代以来，MATLAB 已成为数值计算软件的佼佼者。

（一）MATLAB 工作界面

MATLAB 工作界面布局见图 15-28。其显示属性调整见图 15-29。

（二）命令窗口（Command Window）

1. *初识 MATLAB 命令*

计算 $[7\,189+(1\,021-913)\times 80]\div 64^{0.5}$

% 第一种方法：

```
>>(7189+(1021-913)*80)/64^0.5
```

```
ans=
  1.9786e+003
%第二种方法：
>>(7189+(1021-913)*80)/sqrt(64)
ans=
  1.9786e+003
```

图 15-28　MATLAB 工作界面

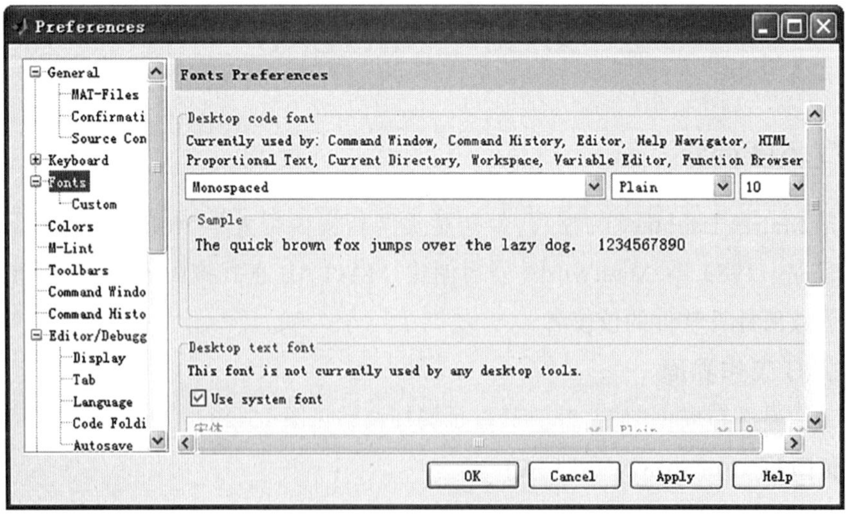

图 15-29　工作界面显示属性

2. MATLAB 命令窗口中常用的快捷键

表 15-6 所示为 MATLAB 命令窗口中常用的快捷键。

表 15-6　MATLAB 命令窗口中常用的快捷键

快捷键	说明
方向键↑	调出历史命令中的前一个命令
方向键↓	调出历史命令中的后一个命令
Tab 键	输入命令的前几个字符，然后 Tab 键，会弹出前面包含这几个字符的所有命令，方便查找所需命令
Ctrl+C	中断程序的运行，用于耗时过长程序的紧急中断

（三）历史命令窗口（Command History）

1. 历史命令窗口

历史命令窗口，见图 15-30。

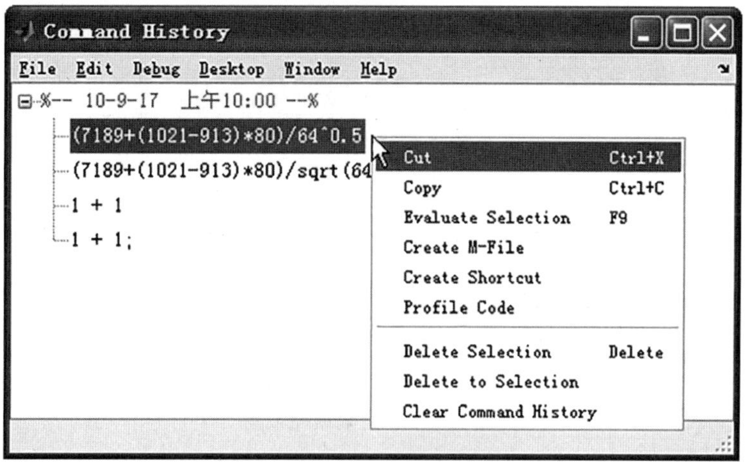

图 15-30　历史命令窗口

历史命令是指记录用户在 Matlab 命令窗口中输入的所有的命令。包括每次启动 Matlab 的时间和运行的所有命令行。

单击右键，对历史命令进行编辑（剪切 / 复制 / 运行 / 创建 m 文件 / 快捷方式 /profile code 等）

2. 利用 diary 和 diary off 命令创建“日志”来记录历史命令

［例 15-3］ 定义几个变量，将历史命令存入日志文件 xiezhh_diary.txt

```
>>diary   xiezhh_diary.txt
>>x=1
>>y=[1 2 3]
>>z=[1 2;3 4]
>>diary off
```

（四）当前目录窗口（Current Directory）

1. MATLAB 搜索路径机制和搜索顺序

MATLAB 搜索路径机制和搜索顺序的具体内容如下：

检查 MATLAB 内存，判断是否为变量或常量；检查是否为 MATLAB 的内部函数；在当前目录中搜索是否有这样的 M 文件存在；在 MATLAB 搜索路径的其他目录中搜索是否有这样的 M 文件存在。

2. MATLAB 当前目录管理

MATLAB 当前目录窗口就相当于 Windows 操作系统下的资源管理器，用来管理 MATLAB 当前目录下的所有文件和文件夹。选中当前目录下的某个文件或文件夹，单击右键可弹出右键菜单。通过该菜单可以编辑或运行 M 文件，可以将数据文件中的数据导入 MATLAB，可以为当前目录下的所有 M 文件生成各种报告，还可以把选中的文件夹及其子文件夹添加到 MATLAB 搜索路径下。

3. MATLAB 搜索路径设置

MATLAB 搜索路径设置见图 15-31。

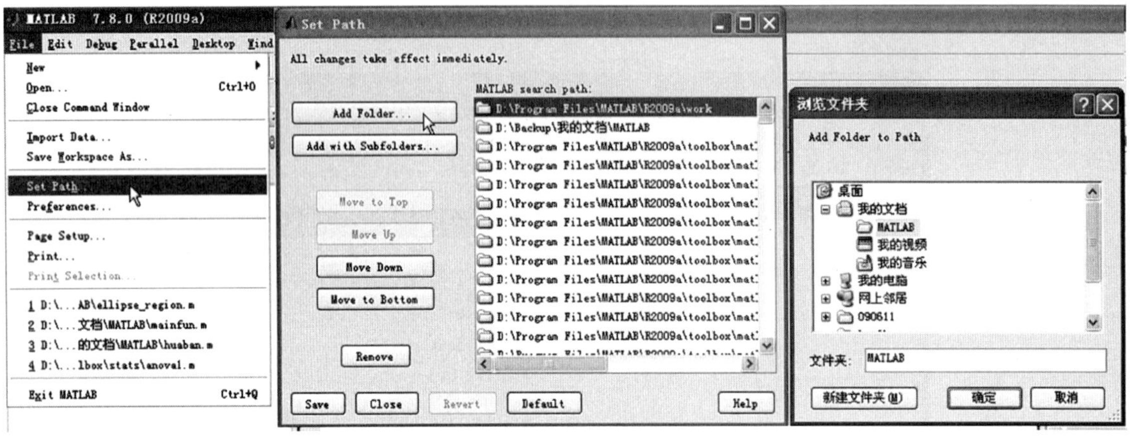

图 15-31　搜索路径设置

（五）工作空间窗口（Workspace）

工作空间窗口见图 15-32。

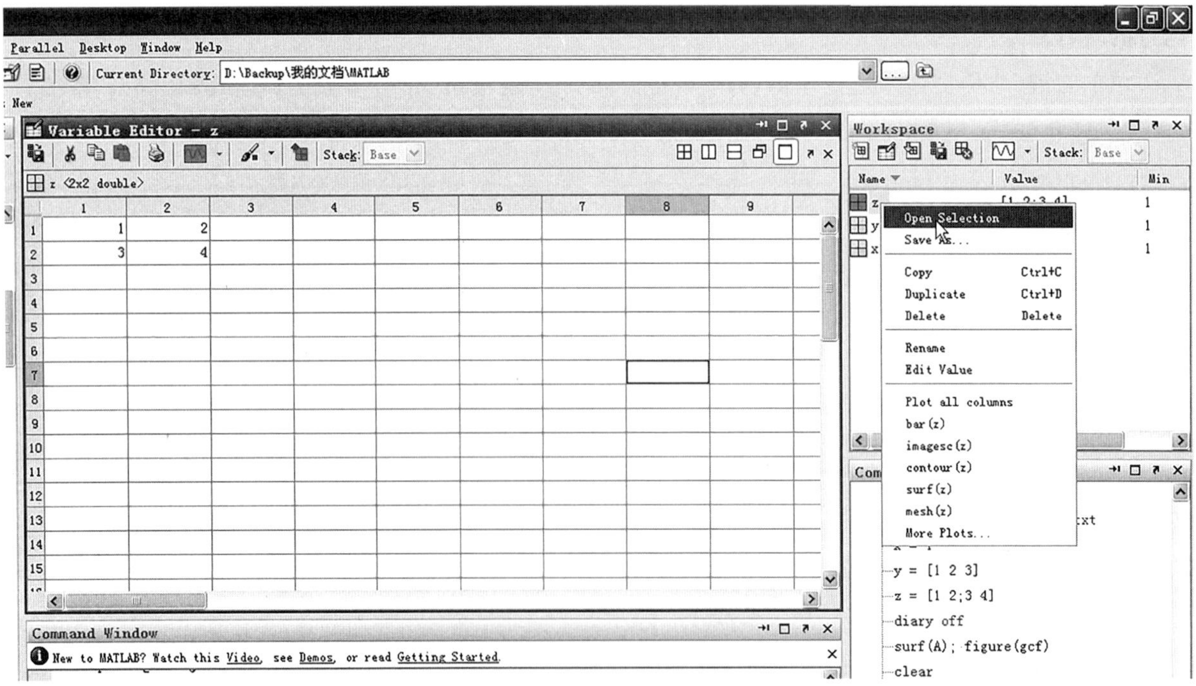

图 15-32　工作空间窗口

查询和编辑已定义变量，通过右键菜单进行编辑或绘图等相关操作。

（六）程序编辑窗口（Editor）

1. 编辑 M 文件

将 M 代码保存成扩展名为 .m 的文件，称之为 M 文件。M 文件通常在程序编辑窗口（或称脚本编辑窗口）中编写，也可在记事本、写字板等文本编辑工具中编写，只需保存成 M 文件即可，如图 15-33 所示。

图 15-33　M 文件

2. M 文件的调用

(1) 打开 MATLAB，点击主页的[打开]。

(2) 选择一个 M 文件，点击[打开]。

(3) 查看 M 文件的名称和变量数目及类型。

(4) 在命令行窗口输入调用代码：文件名（变量值）。

(5) 回车即可得到调用了 M 文件的运行结果，在工作区中保存着相同的运行结果。

3. 程序编辑窗口中常用的快捷键

表 15-7 所示为程序编辑窗口中常用的快捷键。

表 15-7　程序编辑窗口中常用的快捷键

快捷键	说明
Tab 或 Ctrl+]	增加缩进（对多行有效）
Ctrl+ [	减少缩进（对多行有效）
Ctrl+I	自动缩进（即自动排版，对多行有效）
Ctrl+R	添加注释（对多行有效）
Ctrl+T	去掉注释（对多行有效）
F12	设置或清除断点
F5	运行程序

(七)MATLAB 帮助系统

1. MATLAB 命令窗口帮助系统

MATLAB 中提供了 help、helpbrowser、helpwin、doc、docsearch 和 lookfor 等函数，用来在命令窗口中查询函数的帮助信息。

2. Help 帮助浏览器

单击 MATLAB 工作界面 Help 菜单的"Product Help"选项，或者单击工具栏里的图标，打开 Help 帮助浏览器界面。这里可以通过查找目录(Contents)、索引(Index)和搜索关键词的方式来查询帮助信息，也可以查找 MATLAB 自带的演示视频和程序(Demos)，如图 15-34 所示。

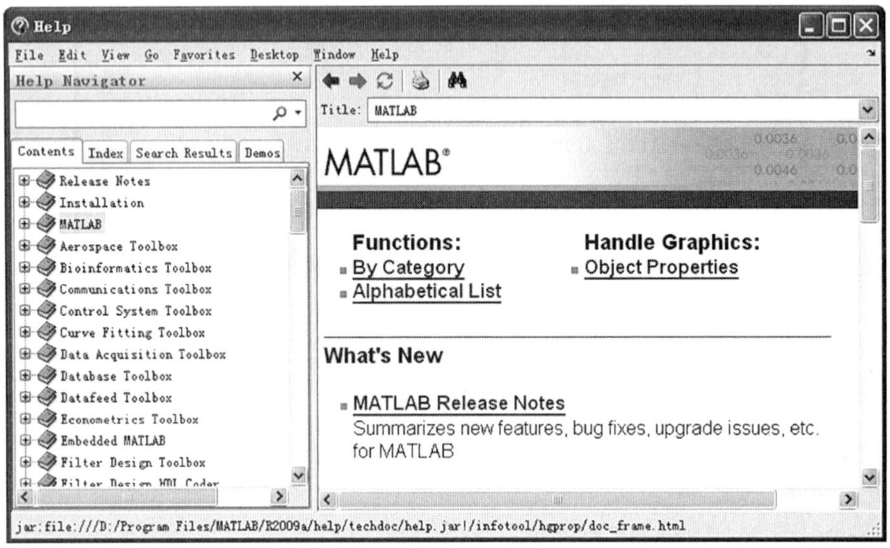

图 15-34 Help 菜单界面

二、MATLAB 基本操作

(一)变量的定义与数据类型

1. 变量的定义与赋值

(1)变量命名规则 可由任意的字母、数字或下划线组成，但必须以字母打头；变量名区分字母大小写；变量名最多不超过 63 个字符(MATLAB 6.5 及以上版本)。

(2)特殊变量与常量 如表 15-8 所示。

表 15-8 特殊变量与常量

特殊变量	意义
ans	如果未定义变量名，用于计算结果存储的默认变量名
pi	圆周率 π (=3.1415926...)
inf 或 Inf	无穷大 ∞ 值
eps	浮点运算的相对精度
realmax	最大的正浮点数

续表 15-8

特殊变量	意义
realmin	最小的正浮点数
NaN 或 nan	不定量
i 或 j	虚数单位
nargin	函数输入参数个数
nargout	函数输出参数个数
lasterr	存放最新的错误信息
lastwarn	存放最新的警告信息

(3)赋值语句　具体如下：

```
>>x=1
x=
   1
>>y=1+2+sqrt(9)
y=
   6
>>z='Hellow World！！！'
z=
Hellow World！！！
```

2. 数据类型

MATLAB 中有 15 种基本的数据类型，有逻辑型、字符型、整型、浮点型、结构数组、元胞数组以及函数句柄等，表 15-9 列出了常见的数据类型。其中整型又分为有符号整型和无符号整型，8 位整型、16 位整型、32 位整型和 64 位整型，浮点型又分为单精度浮点型和双精度浮点型。具体可以通过 MATLAB 中自带的 isa 函数查看。

表 15-9　数据类型

数组类型	基本组分	组分内容	基本组分占用字节数
数值数组 (Numeric Array)	元素	双精度实数标量(MATLAB 系统默认) 双精度复数标量	8 16
字符串数组 (Character String Array)	元素	字符	2
元胞数组 (Cell Array)	元胞	可以存放任意类型、任意大小的数据	不定
结构数组 (Structure Array)	结构	只有结构的“域”可以存放数据，数据可以是任意类型、任意大小	不定

3. 数据输出格式

MATLAB 中数值型数据的输出格式(表 15-10)可以通过 format 命令指定。

表 15-10　数据输出格式

格式	说明
format shaort	固定短格式,4 位小数。例 3.1416.
format long	固定长格式,14 至 15 位小数(双精度);7 位小数(单精度)。例 3.141592653589793.
format short e	浮点短格式,4 位小数。例 3.1416e+000.
format long e	固定长格式,14 至 15 位小数(双精度);7 位小数(单精度)。例 3.141592653589793e+000.
format short g	最好的固定或浮点短格式,4 位小数。例 3.1416.
format long g	最好的固定或浮点长格式,14 至 15 位小数(双精度);7 位小数(单精度)。例 3.14159265358979.
format short eng	科学计数法,4 位小数,3 位指数。例 3.1416e+000.
format long eng	科学计数法,16 位有效数字,3 位指数。3.14159265358979e+000.
format+	以“+”表示
format bank	固定的美元和美分格式。例 3.14.
format hex	十六进制格式。例 400921fb54442d18.
format rat	分式格式,分子分母取尽可能小的整数。例 355/113.
format compact	压缩格式(或紧凑格式),不显示空白行,比较紧凑。例 >>format compact >>pi Ans= 3. 141592653589793
format loose	自由格式(或宽松格式),显示空白行,比较宽松。例 >>format loose >>pi Ans= 3.141592653589793

(二)常用函数

常用函数见表 15-11。

表 15-11 常用函数

函数名	说明	函数名	说明
abs	绝对值或复数的模	sqrt	平方根函数
exp	指数函数	log	自然对数
log2	以 2 为底的对数	log10	以 10 为底的对数

续表 15-11

函数名	说明	函数名	说明
round	四舍五入到最接近的整数	ceil	向正无穷方向取整
floor	向负无穷方向取整	fix	向零方向取整
rem	求余函数	mod	取模函数
sin	正弦函数	cos	余弦函数
tan	正切函数	cot	余切函数
asin	反正弦函数	acos	反余弦函数
atan	反正切函数	acot	反余切函数
real	求复数实部	imag	求复数虚部
angle	求相位角	conj	求共轭复数
mean	求均值	std	求标准差
max	求最大值	min	求最小值
var	求方差	cov	求协方差
corrcoef	求相关系数	range	求极差
sign	符号函数	plot	画线图

常用函数的用法举例：

```
>>x=[1  -1.65  2.2  -3.1];
>>y1=abs(x)
y1=
    1.0000    1.6500    2.2000    3.1000
>>y2=sin(x)
y2=
    0.8415  -0.9969    0.8085  -0.0416
>>y3=round(x)
y3=
    1    -2    2    -3
>>y4=floor(x)
y4-
    1    -2    2    -4
>>y5=ceil(x)
y5=
    1    -1    3    -3
>>y6=min(x)
```

```
y6=
  -3.1000
>>y7=mean(x)
y7=
  -0.3875
>>y8=range(x)
y8=
   5.3000
>>y9=sign(x)
y9=     1    -1     1    -1
```

(三)数组运算

1. 矩阵的定义

(1)按行方式输入矩阵元素　具体用法如下：

```
>>x=[1,2,3;4  5  6;7  8,9]
x =
    1     2     3
    4     5     6
    7     8     9
>>y=[1  2  3
       4  5  6
       7  8  9]
y=
    1     2     3
    4     5     6
    7     8     9
```

(2)通过冒号运算符构造向量和矩阵　具体用法如下：

```
>>x=1:10
x=
    1     2     3     4     5     6     7     8     9    10
>>y=1:2:10
y=
    1     3     5     7     9
>>z=[1:3;4:6;7:9]
z=
    1     2     3
    4     5     6
    7     8     9
```

(3)利用 linspace 函数生成等间隔向量　调用格式如下：

```
x=linspace(初值,终值,向量长度)
>>x=linspace(1,10,10)
x=
    1    2    3    4    5    6    7    8    9    10
```

(4)利用 size 函数返回矩阵的行数和列数　具体用法如下：

```
>>x=[1  2  3;4  5  6]
x=
    1    2    3
    4    5    6
>>size(x)
ans=
    2    3
>>[m,n]=size(x)
m=
    2
n=
    3
```

(5)利用行标、列标和冒号运算符提取矩阵元素　具体用法如下：

```
>>x=[1  2  3;4  5  6;7  8  9]
x=
    1    2    3
    4    5    6
    7    8    9
>>y1=x(1,2)
y1=
    2
>>y2=x(2:3,1:2)
y2=
    4    5
    7    8
>>y3=x(:,1:2)
y3=
    1    2
    4    5
    7    8
>>y4=x(1,:)
```

```
y4=
    1    2    3
>>y5=x(:)'
y5=
    1    4    7    2    5    8    3    6    9
>>y6=x(3:6)
y6=
    7    2    5    8
```

(6)通过拼凑和变形来定义新的矩阵　具体用法如下：

```
>>x1=[1  2  3];
>>x2=[4  5  6];
>>x=[x1;x2]
x=
    1    2    3
    4    5    6
>>y=reshape(x,[3,2])
y=
    1    5
    4    3
    2    6
>>z=repmat(x,[2,2])
z=
    1    2    3    1    2    3
    4    5    6    4    5    6
    1    2    3    1    2    3
    4    5    6    4    5    6
```

(7)定义字符型矩阵　具体用法如下：

```
>>x=['abc';'def';'ghi']
x=
abc
def
ghi
>>size(x)
ans=
    3    3
```

2. 矩阵的算术运算

(1)矩阵的加减　示例如下：

```
>>A=[1  2;3  4];
>>B=[5  6;7  8];
>>C=A+B
C=
    6    8
    10    12
>>D=A-B
D=
    -4    -4
    -4    -4
```

(2)矩阵的乘法　示例如下：

```
>>A=[1  2  3;4  5  6];
>>B=[1  1  1  1;2  2  2  2;3  3  3  3];
>>C=A*B
C=
    14    14    14    14
32    32    32    32
>>D=[1  1  1; 2  2  2];
>>E=A.*D
E=
    1    2    3
    8    10    12
```

(3)矩阵的除法　矩阵的除法包括左除(A\B)、右除(A/B)和点除(A./B)三种。一般情况下，x=A\b是方程组A*x=b的解，而x=b/A是方程组x*A=b的解，x=A./B表示同型矩阵A和B对应元素相除。示例如下：

```
>>A=[2  3  8;1  -2  -4;-5  3  1];
>>b=[-5;3;2];
>>x=A\b
x=
    1
    3
    -2
>>B=A;
>>C=A./B
C=
```

```
    1    1    1
    1    1    1
    1    1    1
```

(4)矩阵的乘方(^)与点乘方(.^)

①矩阵的乘方要求矩阵必须是方阵,有以下三种情况:

a. 矩阵A为方阵,x为正整数,A^ x表示矩阵A自乘x次;

b. 矩阵A为方阵,x为负整数,A^ x表示矩阵A-1自乘x次;

c. 矩阵A为方阵,x为分数,例如,x=m/n,A^ x表示矩阵A先自乘m次,然后对结果矩阵里的每一个元素开n次方。

②矩阵的点乘方不要求矩阵为方阵,有以下两种情况:

a. A为矩阵,x为标量,A.^ x表示对矩阵A中的每一个元素求x次方;

b. A和x为同型矩阵,A.^ x表示对矩阵A中的每一个元素求x中对应元素次方。

矩阵乘方与点乘方的具体用法如下:

```
>>A=[1  2;3  4];
>>B=A^2
B=
    7    10
    15    22
>>C=A.^2
C=
    1    4
    9    16
>>D=A.^A
D=
    1    4
    27  256
```

3. 矩阵的关系运算

矩阵的关系运算是通过比较两个同型矩阵的对应元素的大小关系,或者比较一个矩阵的各元素与某一标量之间的大小关系,返回一个逻辑矩阵(1表示真,0表示假)。关系运算的运算符有:<(小于)、<=(小于或等于)、>(大于)、>=(大于或等于)、==(等于)、~=(不等于)六种。

矩阵的关系运算示例如下:

```
>>A=[1  2;3  4];
>>B=[2  2;2  2];
>>C1=A>B
C1=
    0    0
    1    1
```

```
>>C2=A~=B
C2=
    1    0
    1    1
>>C3=A>=2
C3=
    0    1
    1    1
```

4. 矩阵的逻辑运算

矩阵的逻辑运算包括以下六种：

①逻辑“或”运算，运算符为“|”。A | B 表示同型矩阵 A 和 B 的或运算，若 A 和 B 的对应元素至少有一个非 0，则相应的结果元素值为 1，否则为 0。

②逻辑“与”运算，运算符为“&”。A & B 表示同型矩阵 A 和 B 的与运算，若 A 和 B 的对应元素均非 0，则相应的结果元素值为 1，否则为 0。

③逻辑“非”运算，运算符为“～”。～A 表示矩阵 A 的非运算，若 A 的元素值为 0，则相应的结果元素值为 1，否则为 0。

④逻辑“异或”运算。xor(A,B) 表示同型矩阵 A 和 B 的异或运算，若 A 和 B 的对应元素均为 0 或均非 0，则相应的结果元素值为 0，否则为 1。

⑤先决与运算，运算符“&&”。A && B 表示当 A 为真时，才执行 A 和 B 的逻辑与运算。

⑥先决或运算，运算符“||”。A || B 表示当 A 为真时，不用再执行 A 和 B 的逻辑或运算。

矩阵的逻辑运算示例如下：

```
>>A=[0  0  1  2];
>>B=[0  -2  0  1];
>>C1=A|B
C1=
    0    1    1    1
>>C2=A&B
C2=
    0    0    0    1
>>C3=~A
C3=
    1    1    0    0
>>C4=xor(A,B)
C4=
    0    1    1    0
```

5. 运算符的优先级

运算符的优先级如表 15-12 所示。

表 15-12 运算符的优先级

优先级	运算符					
1	( )					
2	.’	‘	.^	^		
3	代数正	代数负	~			
4	.*	.\	./	*	\	/
5	+	−				
6	:					
7	<	>	==	>=	<=	~=
8	&					
9	|					
10	&&					
11	||					

注:级别 1 优先级最高,11 级别最低

6. 矩阵的其他常用运算

(1)矩阵的转置 示例如下:

```
>>A=[1  2  3;4  5  6;7  8  9]
A=
    1     2     3
    4     5     6
    7     8     9
>>B=A'
B=
    1     4     7
    2     5     8
    3     6     9
```

(2)矩阵的翻转 示例如下:

```
>>A=[1  2  3;4  5  6;7  8  9];
>>B1=flipud(A)
B1=
    7     8     9
    4     5     6
    1     2     3
>>B2=fliplr(A)
B2=
    3     2     1
```

```
     6     5     4
     9     8     7
>>B3=rot90(A)
B3=
     3     6     9
     2     5     8
     1     4     7
```

(3)方阵的行列式　示例如下：

```
>>A=[1  2;3  4];
>>d1=det(A)
d1=
    -2
>>syms a b c d
>>B=[a  b;c  d];
>>d2=det(B)
d2=
    a*d-b*c
```

(4)方阵的特征值与特征向量　示例如下：

```
>>A=[5  0  4;3  1  6;0  2  3];
>>d=eig(A)
d=
  -1.0000
   3.0000
   7.0000
>>[V,D]=eig(A)
V=
  -0.2857    0.8944    0.6667
  -0.8571    0.0000    0.6667
   0.4286   -0.4472    0.3333
D=
  -1.0000         0         0
        0    3.0000         0
        0         0    7.0000
>>[Vs,Ds]=eig(sym(A))
Vs=
[    2,    1,  -2]
[    2,    3,    0]
```

```
[     1,-3/2,     1]
Ds=
[  7,   0,   0]
[  0,  -1,   0]
[  0,   0,   3]
```

(5)矩阵的迹和矩阵的秩　示例如下：

```
>>A=[1  2  3;4  5  6;7  8  9];
>>t=trace(A)
t=
    15
>>r=rank(A)
r=
    2
```

(四)MATLAB 常用标点符号

MATLAB 常用标点符号如表 15-13 所示。

表 15-13　MATLAB 常用标点符号

名称	标点	功能说明
空格		数组元素或输入量之间的分隔符
逗号	,	数组元素或输入量之间的分隔符
黑点	.	小数点;结构体数组的字段标识符;点运算标识符
分号	;	定义数组时,作为行间分隔符;用在某条命令的"结尾",不显示计算结果
冒号	:	作为冒号运算符,用来生成一维数组;作为数组单下标引用时,表示将数组按列拉长为长向量;作为数组多下标引用时,表示该维上的所有元素
注释号	%	注释内容引导符
单引号对	' '	字符串标记符
圆括号	( )	用来访问数组元素;用来标记运算作用域;定义函数时用来标记输入变量列表
方括号	[ ]	用来定义数组;定义函数时用来标记输出变量列表
花括号	{ }	用来定义或访问元胞数组;用来标记图形对象中的特殊字符
下连符	_	作为变量、函数或文件名中的连字符;图形对象中下脚标前导符
续行号	...	由三个以上连续黑点构成。它把其下的命令行看作该行的延续,以构成一个"较长"的完整命令
"At"号	@	放在函数名前,形成函数句柄;匿名函数前导符;放在目录名前,形成"用户对象"类目录

(五)MATLAB 快捷命令

MATLAB 快捷命令如表 15-14 所示。

表 15-14 MATLAB 常用快捷命令

快捷命令	说明	快捷命令	说明
help	查找 Matalab 函数的帮助	cd	返回或设置当前工作路径
lookfor	按关键词查找帮助	dir	列出指定路径的文件清单
doc	查看帮助页面	whos	列出工作空间窗口的变量清单
clc	清除命令窗口中的内容	class	查看变量类型
clear	清除内存变量	which	查找文件所在路径
clf	清空当前图形窗口	what	列出当前路径下的文件清单
cla	清空当前坐标系	open	打开指定文件
edit	新建一个空白的程序编辑窗口	type	显示 M 文件的内容
save	保存变量	more	使显示内容分页显示
load	载入变量	exit/quit	退出 MATLAB

MATLAB 常用快捷命令示例如下:

```
>>A=[12 3;4 5 6;7 8 9];
>>B=100;
>>Str='Hellow World!!!';
>>C=cell(2,3);
>>S=struct('name',{'heping','xiezhh'},'age',{30,32});
>>syms a b c d
>>D=[a b;c d];
>>whos
>>save xiezhh.mat A B Str
>>clear A B Str
>>load xiezhh.mat
>>which sin
>>open sqrt
```

三、MATLAB 绘图与可视化

(一)图形对象与图形对象句柄

1. 图形对象与图形句柄的含义

图形窗口、线条、曲面和注释等都被看作是 MATLAB 中的图形对象,所有这些图形对象都可以通过一个被称为“句柄值”的东西加以控制,例如,可以通过一个线条的句柄值来修改线条的颜色、宽度和线型等属性。这里所谓的“句柄值”其实就是一个数值,每个图形对象都对应一个唯一的句柄值,它就像一个指针,与图形对象一一对应。例如,可以通过命令 h = figure 返回一个图形窗口的句柄值,如图

15-35 所示。

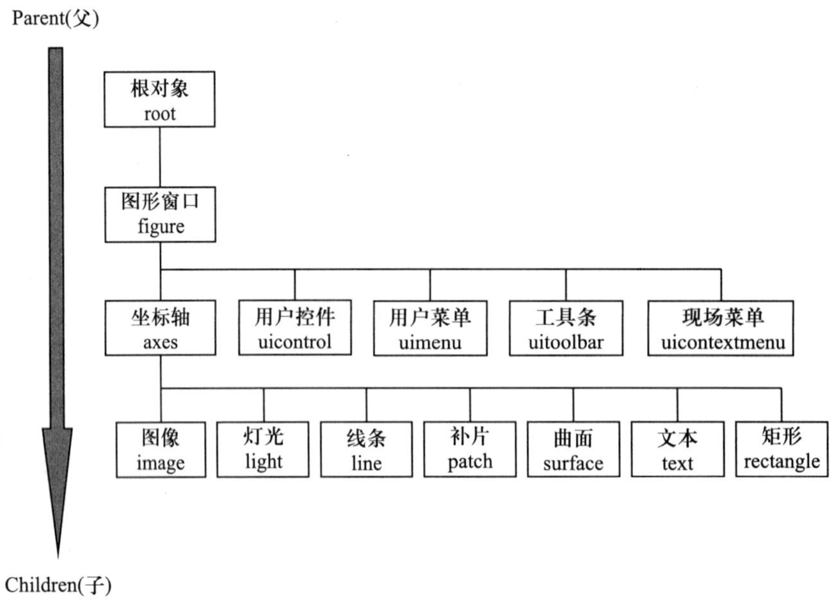

图 15-35　句柄式图形对象继承关系图

2. 设置图形对象属性值

```
>>subplot(1,2,1);
>>h1=line([0 1],[0 1]);
>>text(0,0.5,'未改变线宽');
>>subplot(1,2,2);
>>h2=line([0 1],[0 1]);
>>set(h2,'LineWidth',3)
>>text(0,0.5,'已改变线宽');
```

(二)二维图形绘制

1. 基本二维绘图函数

MATLAB 中提供了 plot、loglog、semilogx、semilogy、polar、plotyy 等六个非常实用的基本二维绘图函数,下面重点介绍 plot 函数的用法。

(1)plot 函数　调用格式如下:

```
plot(Y)
plot(X,Y)
plot(X1,Y1, X2,Y2,...)
plot(X1,Y1,LineSpec,...)
plot(...,'PropertyName',PropertyValue,...)
plot(axes_handle,...)
h=plot(...)
hlines=plot('v6',...)
```

[例 15-4] 给定横纵坐标数据，绘制线图（图 15-36）

x	1	1.5	2	3	5	7	7.5	8	10
y	2	5	6.5	7	7	5.5	4	6	8

```
>>x=[1 1.5 2 3 5 7 7.5 8 10];
>>y=[2 5 6.5 7 7 5.5 4 6 8];
>>plot(x,y)
```

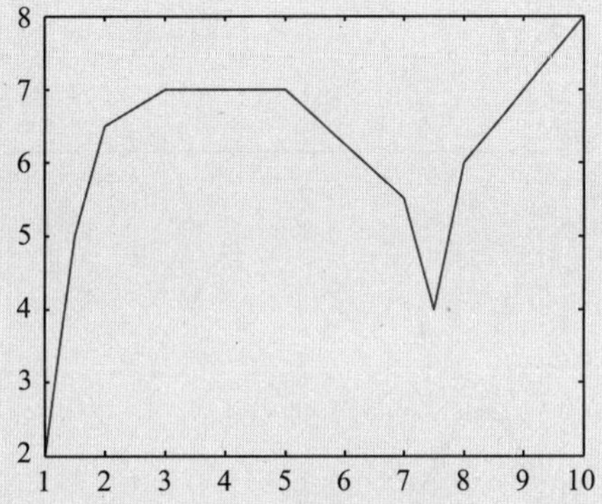

图 15-36　给定坐标绘图示例

[例 15-5] 同时绘制多条线（图 15-37、图 15-38）

```
>>x=[3,5,9;3,10,67;3,23,90];
x=
    3    5    9
    3    10    67
    3    23    90
>>plot(x)
```

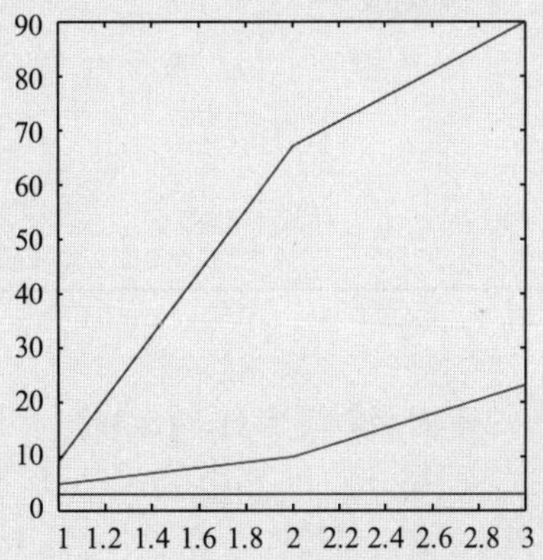

图 15-37　同时绘制多条线示例 1

```
>>x1=linspace(0,2*pi,100);
>>x2=linspace(0,3*pi,100);
>>x3=linspace(0,4*pi,100);
>>y1=sin(x1);
>>y2=1+sin(x2);
>>y3=2+sin(x3);
>>x= [ x1 ;x2 ;x3 ]';
>>y= [ y1 ;y2 ;y3 ]';
>>plot(x,y,x1,y1-1,'r-*')
```

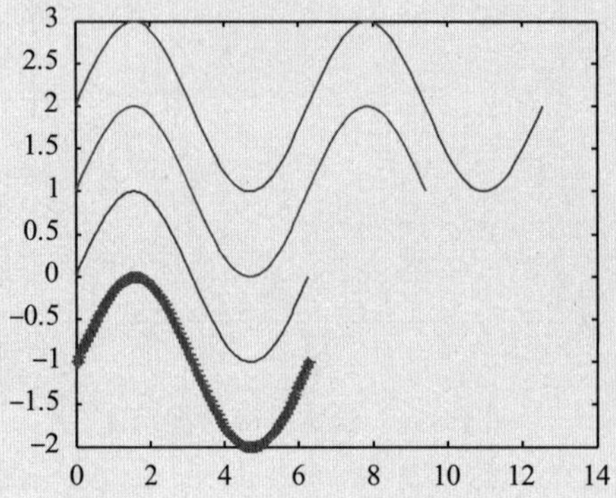

图 15-38　同时绘制多条线示例 2

线条属性的修改见表 15-15。

表 15-15　线型、描点类型、颜色参数

色彩字符	说明	线型字符	说明	描点类型	说明	描点类型	说明
r	红	-	实线(默认)	.	点	<	左三角形
g	绿	--	虚线	o	圆	s	方形
b	蓝	:	点线	x	叉号	d	菱形
c	青	-.	点划线	+	加号	P	五角星
m	品红			*	星号	h	六角星
y	黄			∨	下三角形		
k	黑			∧	上三角形		
w	白			>	右三角形		

［**例 15-6**］ 画标准正态分布的密度函数图像(图 15-39)

```
>>x=-3 :0.25 :3 ;
>>y=normpdf(x,0,1);
>>plot(x,y,'-ro',...
```

```
                'LineWidth',2,...
                'MarkerEdgeColor','k',...
                'MarkerFaceColor',[0.49, 1, 0.63],...
                'MarkerSize',12)
>>xlabel('X'); ylabel('Y');
```

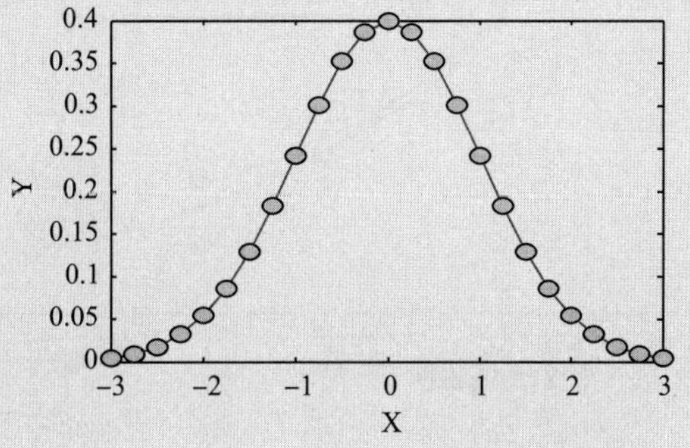

图 15-39 标准正态分布的密度函数图像

(2) loglog 函数　双对数坐标绘图(图 15-40)

```
>>x=logspace(-1,2);
>>loglog(x,exp(x),'-s')
>>grid on
% 为 X 轴,Y 轴加标签
>>xlabel('X'); ylabel('Y');
```

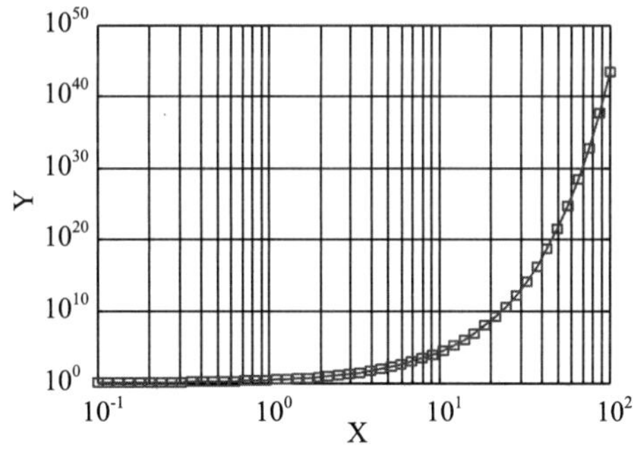

图 15-40 双对数坐标示例

2. 二维图形修饰和添加注释

可以通过 MATLAB 命令对图形进行修饰和添加注释,也可以通过图形窗口的菜单项和工具栏完成这些工作。后者通过鼠标点击操作,相对比较简单,下面仅对相关命令进行介绍,如图 15-41 所示。

(1) hold 函数　开启和关闭图形窗口的图形保持功能。

(2) axis 函数　设置坐标系的刻度和显示方式。

(3) grid 函数　为当前坐标系添加网格。

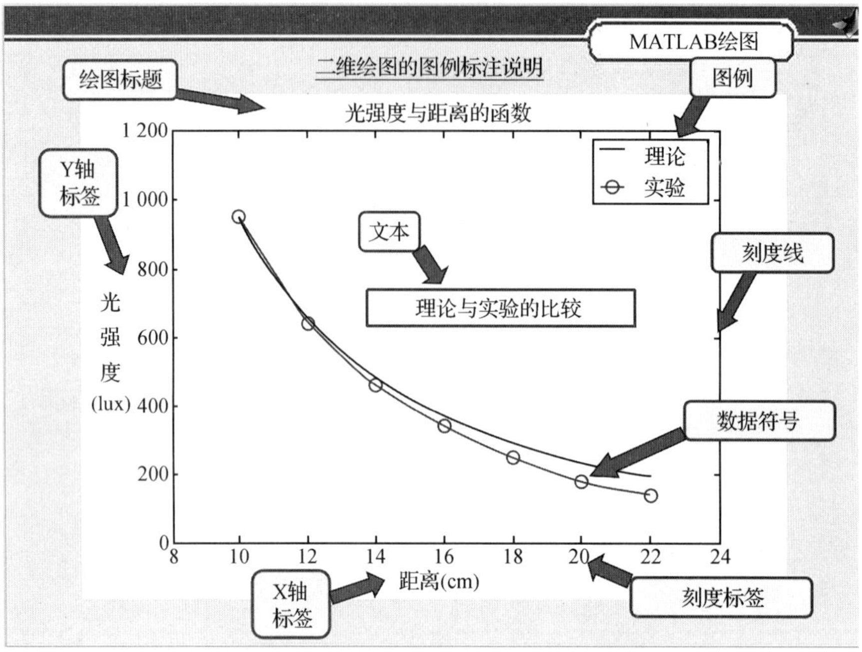

图 15-41　二维绘图的图例标注说明

(4) title 函数　为当前坐标系添加标题。

(5) xlabel 和 ylabel 函数　为当前坐标轴添加标签。

(6) text 函数　在当前坐标系中添加文本对象(text 对象)。

(7) gtext 函数　在当前坐标系中交互式添加文本对象。

(8) legend 函数　在当前坐标系中添加 line 对象和 patch 对象的图形标注框。

(9) annotation 函数　在当前图形窗口建立注释对象(annotation 对象)。

[例 15-7] 根据椭圆方程 $(x \quad y)\begin{pmatrix}3 & 1\\1 & 4\end{pmatrix}\begin{pmatrix}x\\y\end{pmatrix}=5$ 绘制椭圆曲线，并修饰图形(图 15-42)。

```
>>P=[3 1;1 4];
>>r=5;
>>[V,D]=eig(P);
>>a=sqrt(r/D(1));
>>b=sqrt(r/D(4));
>>t=linspace(0,2*pi,60);
>>xy=V*[a*cos(t);b*sin(t)];
>>plot(xy(1,:),xy(2,:),'k','linewidth',3);
>>h=annotation('textarrow',[0.606 0.65],[0.55 0.65]);
>>set(h,'string','3x^2+2xy+4y^2=5','fontsize',15);
>>h=title('这是一个椭圆曲线','fontsize',18,'fontweight','bold');
>>set(h,'position',[-0.00345622 1.35769 1.00011]);
>>axis([-1.5 1.5 -1.2 1.7]);
```

```
>>xlabel('X');
>>ylabel('Y');
```

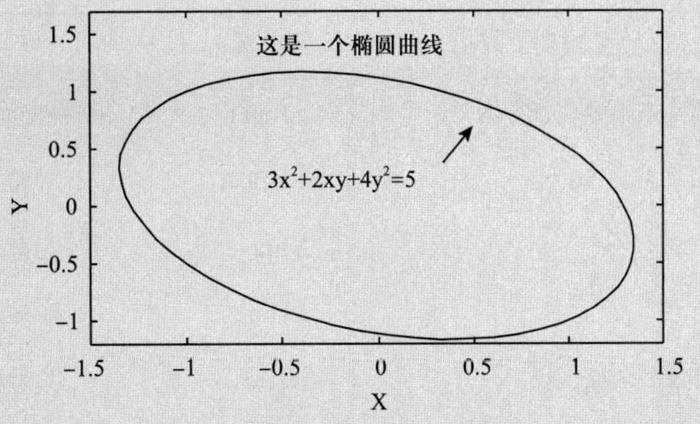

图 15-42 绘制椭圆曲线

[例 15-8] 绘制曲线 $19.6749+\frac{22.2118}{2}(x-0.17)^2+\frac{5.0905}{4}(x-0.17)^4$ 并添加曲线方程(图 15-43)。

```
>>a=[-19.6749  22.2118   5.0905];
>>fun=@(a,x)[a(1)+a(2)/2*(x-0.17).^2+a(3)/4*(x-0.17).^4];
>>x=0:0.01:1;
>>y=fun(a,x);
>>plot(x,y);
>>xlabel('X');  ylabel('Y=f(X)');
>>text('Interpreter','latex',...
'String',['$$-19.6749+\frac{22.2118}{2}(x-0.17)^2'...
          '+\frac{5.0905}{4}(x-0.17)^4$$'],'Position',[0.05,
-12],...
'FontSize',12);
```

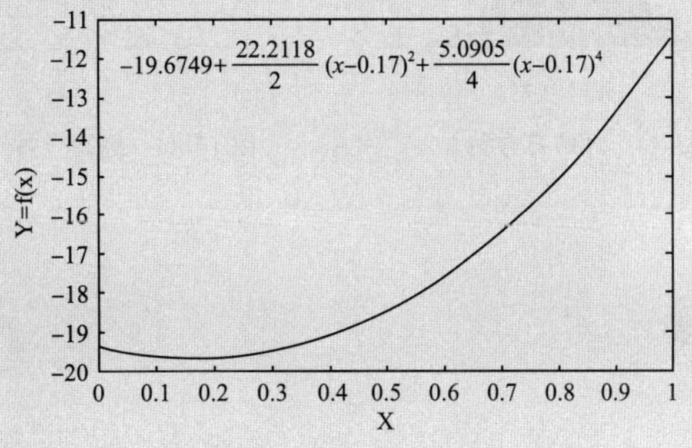

图 15-43 绘制曲线

3. 常用统计绘图函数

常用统计绘图函数见表 15-16。

表 15-16 常用统计绘图函数

函数名	功能说明	函数名	功能说明
hist/hist3	二维 / 三维频数直方图	cdfplot	经验累积分布图
histfit	直方图的正态拟合	ecdfhist	经验分布直方图
boxplot	箱线图	lsline	为散点图添加最小二乘数
probplot	概率图	refline	添加参考直线
qqplot	q-q 图（分位数图）	refcurve	添加参考多项式曲线
normplot	正态概率图	gline	交互式添加一条直线
ksdensity	核密度图	scatterhist	绘制边缘直方图

［**例 15-9**］ 用 normrnd 函数产生 1 000 个标准正态分布随机数，并做出频数直方图和经验分布函数图（图 15-44、图 15-45）。

```
>>x=normrnd(0,1,1000,1);>>hist(x, 20);
>>xlabel('样本数据');
>>ylabel('频数');
>>figure;
>>cdfplot(x);
```

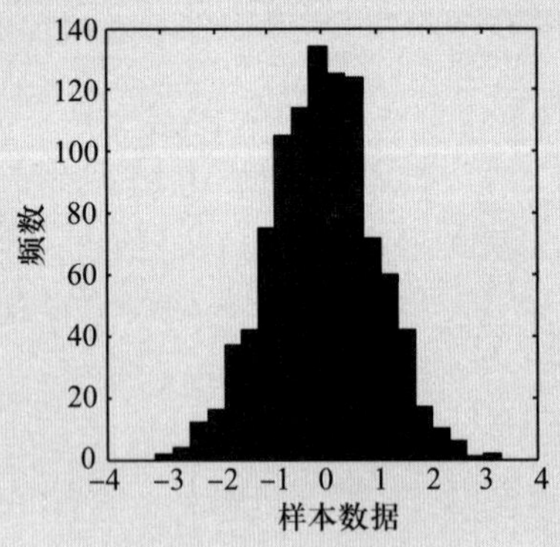

图 15-44 频数直方图

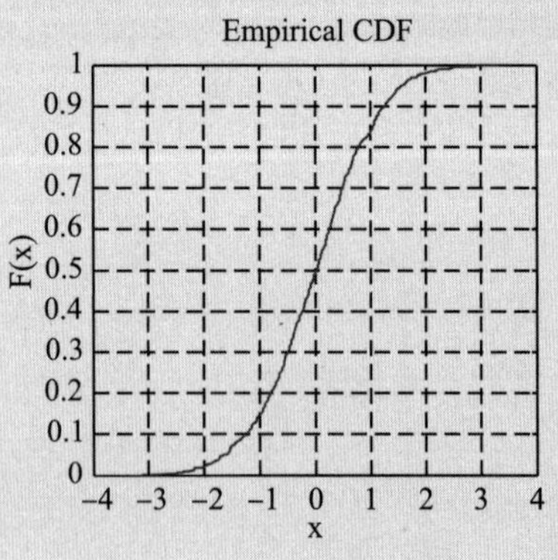

图 15-45 经验分布函数图

4. 特殊二维绘图函数

特殊二维绘图函数见表 15-17。

表 15-17 特殊二维绘图函数

函数名	功能说明	函数名	功能说明
fplot	绘制函数图	comet	彗星图
ezplot	隐函数直角坐标绘图	compass	罗盘图
ezpolar	隐函数极坐标绘图	feather	羽毛图
pie	饼图	rose	玫瑰图
stairs	楼梯图	errorbar	误差柱图
stem	火柴杆图	pareto	Pareto(帕累托)图
bar	柱状图	fill	多边形填充图
barh	水平柱状图	patch	生成 patch 图形对象

[例 15-10] 绘制特殊二维图形(图 15-46)。

```
>>subplot(3,3,1);
>>f=@(x)200*sin(x)./x;
>>fplot(f,[-20 20]);
>>title('y=200*sin(x)/x');
>>subplot(3,3,2);
>>ezplot('x^2+y^2=1',[-1.1 1.1]);
>>axis equal;
>>title('单位圆');
>>subplot(3,3,3);
>>ezpolar('1+cos(t)');
>>title('心形图');
>>subplot(3,3,4);
>>x=[10 10 20 25 35];
>>name={'赵','钱','孙','李','谢'};
>>explode=[0 0 0 0 1];
>>pie(x,explode,name)
>>title('饼图');
>>subplot(3,3,5);
>>stairs(-2*pi:0.5:2*pi,sin(-2*pi:0.5:2*pi));
>>title('楼梯图');
>>subplot(3,3,6);
>>stem(-2*pi:0.5:2*pi,sin(-2*pi:0.5:2*pi));
```

```
>>title('火柴杆图');
>>subplot(3,3,7);
>>Z=eig(randn(20,20));
>>compass(Z);
>>title('罗盘图');
>>subplot(3, 3, 8);
>>theta = (-90 :10 :90)*pi/180 ;
>>r=2*ones(size(theta));
>> [u,v]=pol2cart(theta,r);
>>feather(u,v);
>>title('羽毛图');
>>subplot(3,3,9);
>>t=(1/16 :1/8 :1)'*2*pi;
>>fill(sin(t),cos(t),'r');
>>axis square; title('八边形');
```

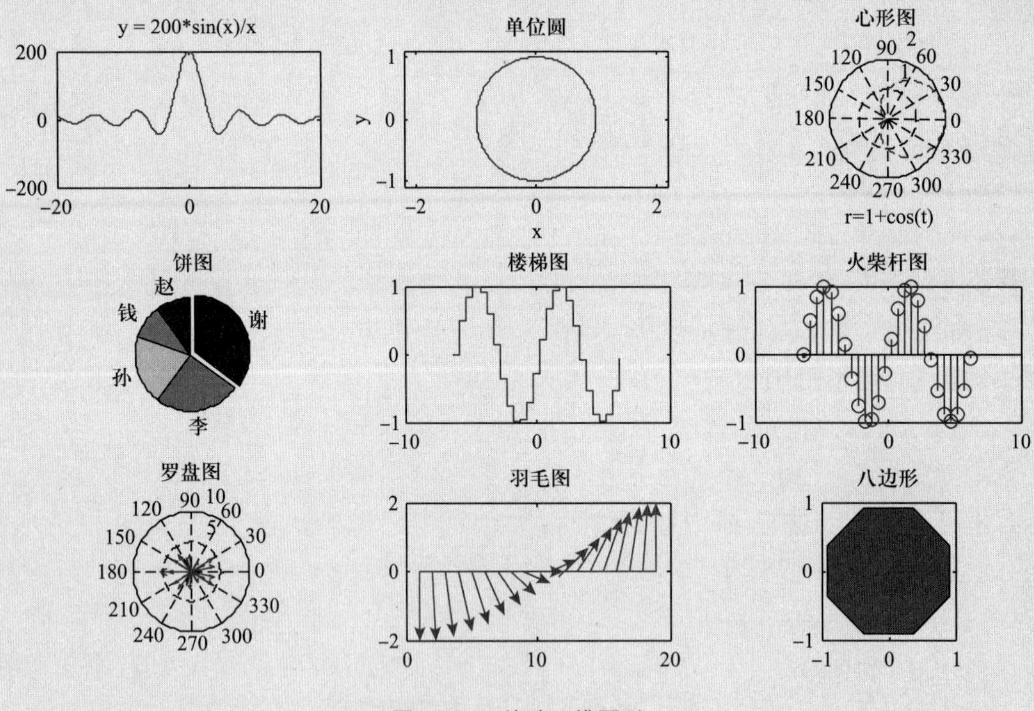

图 15-46　特殊二维图形

(三)三维图形绘制

1. 常用三维绘图函数

常用三维绘图函数见表 15-18。

表 15-18　常用三维绘图函数

函数名	功能说明	函数名	功能说明
plot3	三维线图	sphere	单位球面
mesh	三维网格图	ellipsoid	椭球面
surf	三维表面图	quiver3	三维箭头
fill3	三维填充图	pie3	三维饼图
trimesh	三角网格图	bar3	竖直三维柱状图
trisurf	三角表面图	bar3h	水平三维柱状图
ezmesh	易用的三维网格绘图	stem3	三维火柴杆图
ezsurf	易用的三维彩色面绘图	contour	矩阵等高线图
meshc	带等高线的网格图	contour3	三维等高线图
surfc	带等高线的面图	contourf	填充二维等高线图
surfl	具有亮度的三维表面图	waterfall	瀑布图
hist3	三维直方图	pcolor	伪色彩图
slice	立体切片图	hidden	设置网格图的透明度
cylinder	圆柱面	alpha	设置图形对象的透明度

[例 15-11] 绘制三维曲面 $Z=xe^{-(x^2+y^2)}$的等高线图和梯度场(图 15-47)。

```
>> [X,Y]=meshgrid(-2 :.2 :2);
>>Z=X.*exp(-X.^2-Y.^2);
>> [DX,DY]=gradient(Z,0.2,0.2);
>>contour(X,Y,Z);
>>holdon;
>>quiver(X,Y,DX,DY);
>>h=get(gca,'Children');
>>set(h,'Color','k');
```

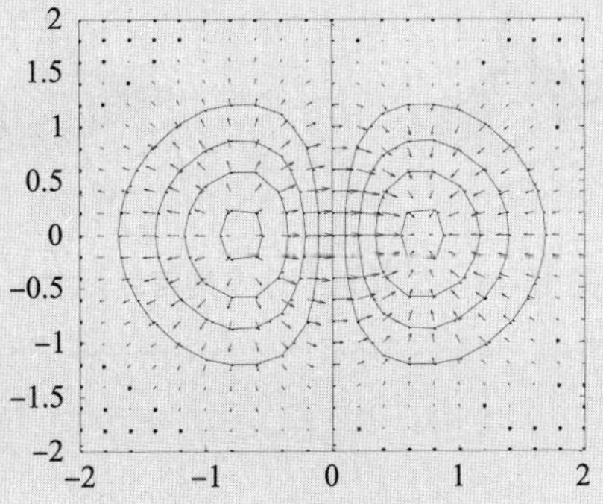

图 15-47　等高线图和梯度场

[**例 15-12**] 用 mesh、surf、surfl、surfc 函数绘制二元正态分布的密度函数图(图 15-48)。

```
>>x=linspace(-3,3,20);
>>y=linspace(-9,9,20);
>> [X,Y]=meshgrid(x,y);
>>Z=mvnpdf([X(:) Y(:)], [0 0], [1 2;2 9]);
>>Z=reshape(Z,size(X));
>>subplot(2,2,1);
>>mesh(X,Y,Z);
>>title('mesh');
>>subplot(2,2,2);
>>surf(X,Y,Z);
>>alpha(0.5);
>>title('surf');
>>subplot(2,2,3);
>>surfl(X,Y,Z);
>>title('surfl');
>>subplot(2,2,4);
>>surfc(X,Y,Z);
>>title('surfc');
```

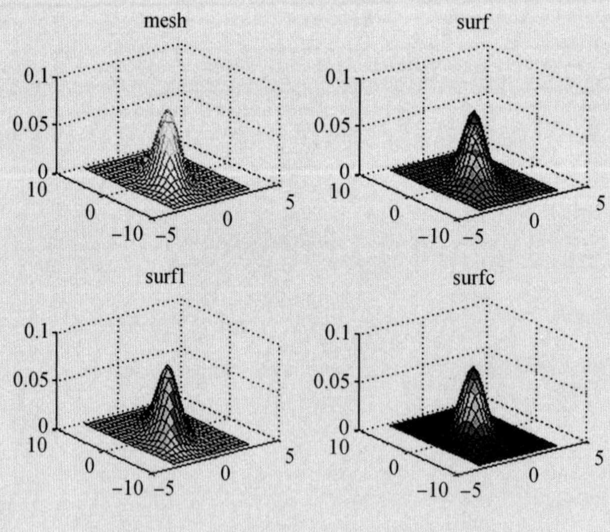

图 15-48　二元正态分布的密度函数图

[**例 15-13**] 绘制三维曲面图 $z=\sin[x+\sin(y)]-x/10$(图 15-49)。

```
>> [x,y]=meshgrid(0:0.25:4*pi);
>>z=sin(x+sin(y))-x/10;  mesh(x,y,z);
>>axis([0 4*pi 0 4*pi -2.5 1]);
```

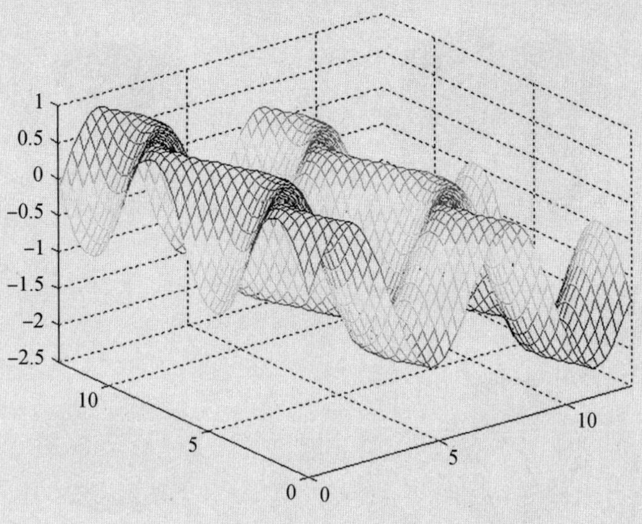

图 15-49 三维曲面图

[**例 15-14**] 调用函数绘制柱面,球面,椭球面(图 15-50)。

```
% 绘制圆柱面
>>subplot(2,2,1);
>> [x,y,z]=cylinder;

>>surf(x,y,z);
% 绘制哑铃面
>>subplot(2,2,2);
>>t=0:pi/10:2*pi;
>> [X,Y,Z]=cylinder(2+cos(t));
>>surf(X,Y,Z);
% 绘制球面,半径为 10,球心(1,1,1)
>>subplot(2,2,3);
>> [x,y,z]=sphere;
>>surf(10*x+1,10*y+1,10*z+1);  axis equal;
% 绘制椭球面
>>subplot(2,2,4);
```

```
>>a=4 ;b=3 ;
>>t=-b:b/10 :b;
>> [x,y,z]=cylinder(a*sqrt(1-t.^2/b^2),30);
>>surf(x,y,z);
```

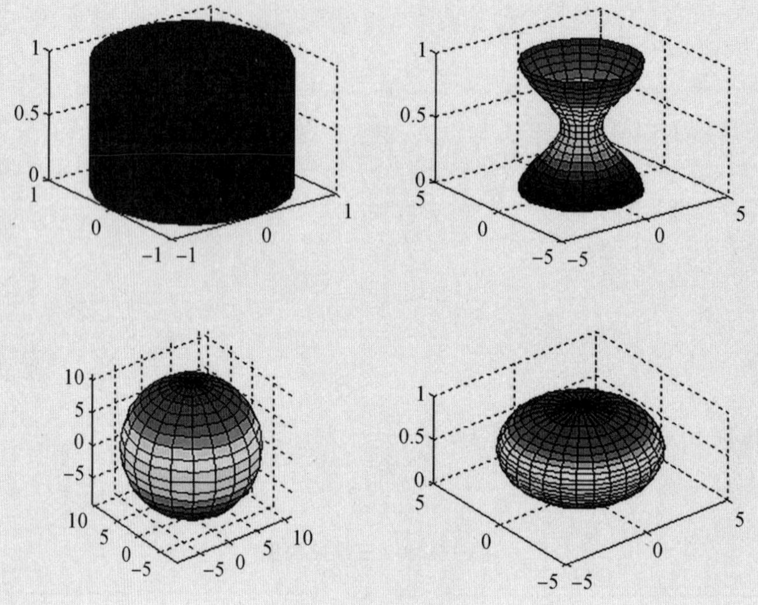

图 15-50　绘制结果

2. 三维图形的修饰和添加注释

(1)绘图色彩的调整　MATLAB 中提供 colormap 函数,可以根据颜色映像矩阵对图形对象的色彩进行调整。所谓的颜色映像矩阵就是一个 $k\times3$ 的矩阵,k 行表示有 k 种颜色,每行 3 个元素分别代表红、绿、蓝三元色的灰度值,取值均在[0,1]之间。

colormap 函数具体设置如下:

① colormap(map)。设置 map 为当前颜色映像矩阵。

② colormap('default')。恢复当前颜色映像矩阵为默认值。

③ cmap = colormap。获取当前颜色映像矩阵。

④ colormap(ax, …)。设置当前 axes 对象的颜色映像矩阵。

map 的设置有两种,可以人为指定一个元素值均在[0,1]之间的矩阵,也可以用 MATLAB 自带的 17 种颜色映像矩阵。在 MATLAB 命令窗口分别运行 autumn、bone、colorcube、cool、copper、flag、gray、hot、hsv、jet、lines、pink、prism、spring、summer、white 和 winter 函数,就可得到这 17 种颜色映像矩阵。

(2)着色方式调整　通常使用 shading 函数,具体设置如下:

① shading flat。平面着色,同一个小网格面和相应的线段用同一种颜色着色。

② shading faceted。类似于 shading flat,平面着色,只是网格线都用黑色,这是默认着色方式。

③ shading interp。通过颜色插值方式着色。

④ shading(axes_handle, …)。为句柄值为 axes_handle 的坐标系内的图形对象设置着色方式。

(3)透明度调整

①利用 alpha 函数调整透明度。

调用:alpha(alpha_data)。

说明:alpha_data 是一个介于 0 和 1 之间的数,alpha_data = 0 表示完全透明,alpha_data = 1 表示完全不透明,alpha_data 的值越接近于 0,透明度越高。

②通过图形对象的“FaceAlpha”属性调整透明度。

调用:set(h,'FaceAlpha',0.25);

说明:h 为图形对象句柄,0.25 是“FaceAlpha”属性的属性值,由用户随意指定。

[例 15-15] 三维图形的透视效果(图 15-51)

```
>>figure;
>> [X,Y,Z]=sphere;
>>surf(X,Y,Z);
>>colormap(lines);
>>shading interp
>>hold on;
>>mesh(2*X,2*Y,2*Z)
>>hidden off
>>axis equal
>>axis off
>>figure;
>>surf(X,Y,Z,'FaceColor','r');
>>hold on;
>>surf(2*X,2*Y,2*Z,'FaceAlpha',0.4);
>>axis equal
>>axis off
```

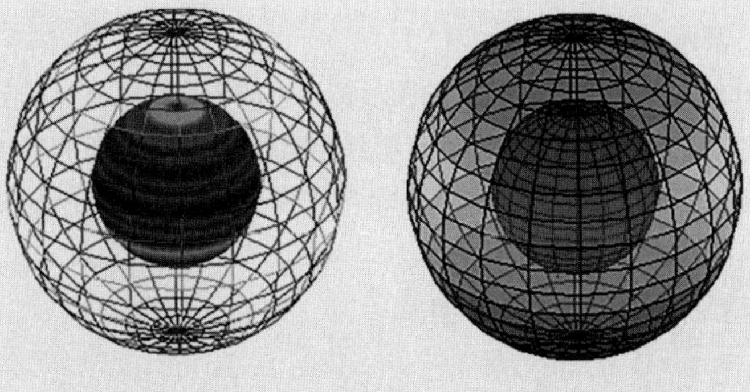

A. 网格图的透视效果图　　B. 面图的透视效果图

图 15-51　网格图和面图的透视效果图

(4)光源设置与属性调整

light 函数调用格式:

```
light('PropertyName',propertyvalue,...)
```

建立一个光源,并设置光源属性(Position、Color 和 Style)'Position' 是位置属性,设置光源位置,其属性值为三个元素的向量[x,y,z],即光源的三维坐标;'Color' 是颜色属性,设置光源颜色,其属性值可以是代表颜色的字符,也可以是由红、绿、蓝三元色的灰度值组成的向量;'Style' 是光源类型属性,设置光源类型,其取值为字符串 'infinite' 或 'local',分别表示平行光源和点光源。

```
handle = light(...)
```

建立一个光源,并获取其句柄值 handle,之后可以通过 get(handle)查看光源的所有属性,也可以通过 set(handle, 'PropertyName',propertyvalue,...)设置光源的属性值。

(四)图形的打印和输出

1. 把图形导出到文件

1)界面操作

在 MATLAB 中通过界面操作可以很方便地把图形窗口中的图形保存为各种标准格式的图像文件。图形窗口的 File 菜单下有 Save、Save As 和 Export Setup 三个选项,均可用来将图形窗口中的图形导出到文件。

2)利用 MATLAB 命令把图形导出到文件

(1)print 函数　其调用格式如下:

```
print
print('argument1','argument2',...)
print(handle,'filename')
print argument1 argument2...argumentn
[pcmd,dev]=printopt
```

[例 15-16] 调用 print 函数保存图形。

```
>>h=figure;
>>ezplot('sin(x)',[0,2*pi]);
>>print(h,'-djpeg','示例 1.jpg')
```

(2)hgexport 函数　其调用格式如下:

① hgexport(h,filename)。把句柄值为 h 的图形窗口中的图形写入默认的 eps 格式文件。filename 为字符串,用来指明文件名和保存路径,如果不指明保存路径,图形默认保存到 MATLAB 当前文件夹。

② hgexport(h,'-clipboard')。把句柄值为 h 的图形窗口中的图形复制到 Windows 剪贴板。

[例 15-17] 调用 hgexport 函数保存图形。

```
>>h=figure;
>>ezplot('sin(x)',[0,2*pi]);
>>hgexport(h,'示例.eps')
```

(3) saveas 函数 其调用格式如下：

① saveas(h,'filename.ext')。把句柄值为 h 的图形或句柄值为 h 的 Simulink 模块图保存为文件 filename.ext。文件格式取决于文件的扩展名 ext。

② saveas(h,'filename','format')。把句柄值为 h 的图形或句柄值为 h 的 Simulink 模块图按指定格式保存为文件 filename。参数“format”是字符串，用来指明文件扩展名。

[例 15-18] 调用 saveas 函数保存图形。

```
>>h=figure;
>>ezplot('sin(x)', [0,2*pi]);
>>saveas(h,'示例2.jpg')
```

2. 打印图形

1)界面操作

在 MATLAB 中绘制好图形之后，单击图形窗口 File 菜单下的 Print Preview 选项，打开打印预览界面，本界面用来设置打印相关属性。设置好打印属性之后，单击界面左上方的 Save As 按钮可将用户设置保存下来以备以后使用。单击界面右上方的 Print 按钮弹出打印机属性设置界面，在打印机属性设置界面中选择合适的打印机，设置好打印机属性和打印份数之后单击“确定”按钮即完成打印。如果在打印机属性设置界面中勾选了“打印到文件”选项，则可将图形导出到文件。

2)利用 MATLAB 命令进行打印操作

print 函数 其调用格式如下：

```
print
print('argument1','argument2',...)
print(handle,'filename')
print argument1 argument2...argumentn
[pcmd,dev]=printopt
```

[例 15-19] 调用 print 函数打印图形。

```
>>x=0:0.25:2*pi;
>>y=sin(x);
>>h=plot(x,y);
>>print;
>>print-dmeta
>>print-djpeg heping.jpg
```

[注]当 MATLAB 中同时打开多个图形窗口(Figure 对象)时，还可利用如下命令对第 i 个图形窗口中的图形进行打印操作：

```
>>print-dmeta-fi
>>print-djpeg-fi filename
>>print-fi
```

四、MATLAB 程序设计

(一)M 文件——脚本文件和函数文件

1. 脚本文件

(1)什么时候适合用脚本文件　指令的增加并且需要频繁重复计算时,直接从指令窗进行计算很麻烦。这时候使用脚本文件最为适宜 。

(2)什么是脚本文件　所谓脚本文件,就是一些按用户意图排列的 MATLAB 指令(包括流程控制指令在内)组成的 M 文件。

(3)脚本文件和函数文件的区别　脚本文件运行后,产生的所有变量都驻留在 MATLAB 基本工作空间(Base Workspace)中。只要用户不使用 clear 指令加以清除,或 MATLAB 不关闭,这些变量将一直保存在基本工作空间。

2. 函数文件

函数文件格式:

每个函数都由“function”引导,格式如下:

function [out1,out2,...]=funname(in1,in2,...)

注释说明部分(% 号引导的行)

函数体

其中,out1、out2、... 为输出参数列表,in1、in2、... 为输入参数列表,funname 为函数名。输入参数和输出参数个数根据问题的需要可以为 0 个到多个。函数文件也需要保存到 MATLAB 的搜索路径下才能被调用。

(二)匿名函数、子函数与嵌套函数

1. 匿名函数

匿名函数格式如下:

```
fhandle=@(arglist) expr
```

其中,expr 是具体的函数表达式,arglist 是指定的函数的自变量。

匿名函数按照不同的分类方法可以分为不同的种类。按照自变量的个数以及层数可以分为以下几种:单变量匿名函数、多变量匿名函数、单重匿名函数、多重匿名函数。

(1)单变量匿名函数　其格式如下:

```
f=@(x) x.^2 ;
```

(2)多变量匿名函数　其格式如下:

```
g=@(x,y) x.^2+y.^2 ;
```

(3)单重匿名函数　无论单变量还是多变量匿名函数,都属于单重匿名函数。这类匿名函数的特点是,只有一个“@”符号引导,“@”之后就是具体的函数表达式。自变量输入单重匿名函数后,得到的是具体的数值。除了单重匿名函数外,还有双层,乃至多重匿名函数。这些多重匿名函数在参数传递方面非常方便。

(4)多重匿名函数　其格式如下:

```
f=@(a,b) @(x) a*x+b
```

```
f=
  @(a,b) @(x) a*x+b
```

其中，“a,b”是外层变量，“x”是内层变量。可以这样理解这个表达式:每个“@”符号后面括号里的变量的作用域一直到表达式的结尾。这样，“a,b”的作用域就是“@(x) a*x+b”,而“x”的作用域就是“a*x+b”。因此,对于给定的“a,b”，“gab = f(a,b)”是一个单层以 x 为变量的单变量匿名函数。

2. 子函数

函数 M 文件中,称第一个“Function”引导的函数为主函数,外部调用函数文件时总是从主函数开始执行。如果整个函数文件只有一个函数,那这个函数就是主函数。

在设计比较复杂的程序的时候,为了能够使程序之间逻辑关系清楚,易于阅读和维护,通常会采用模块化的设计方式,这时就会涉及子函数的使用。从函数编写格式以及形态上来说,子函数和主函数并无区别,区别仅在于函数文件中的位置以及调用关系。

子函数是在同一函数文件中,主函数之后的由“function”引导的函数,一个函数文件可以有多个子函数。这些子函数在函数文件中的顺序可以随意排列,前提是都要位于主函数后。

子函数可以被其所在的函数文件中的主函数和其他子函数调用,子函数也可以调用主函数,在设计子函数调用主函数的程序时一定要小心,避免形成“死”的调用循环。

3. 嵌套函数

在程序编写中,有的数学表达式比较长,不方便用一行来表示,而且这个表达式里还有其他参数。这时需要将其写成函数，用嵌套函数可以方便的解决参数共享问题。

当求解微分方程或者进行优化问题求解时,一些复杂的表达式往往涉及参数传递过程,这时,比较适合将其表达式写成嵌套函数。

在编写 GUI 用户界面的回调函数时,参数传递往往是个棘手的问题。利用嵌套函数,可以方便解决这个问题。

(1)嵌套函数定义　嵌套函数是嵌套在函数体内部的函数。嵌套函数以 function 声明,结束的时候加上 end。需要说明的是,包含有嵌套函数的函数,无论它是主函数、子函数或者嵌套函数,都应该在末尾的地方加上 end。例 15-20 的代码是一个简单的嵌套函数的例子:

[例 15-20] function r=MyTestNestedFun(input)

```
a=5 ;
c=sin(input)+tan(input);
function y=nestedfun(b)
y=a*c+b;
end
r=nestedfun(5);
end
```

(2)嵌套函数种类　嵌套函数可以分为单重嵌套函数和多重嵌套函数 。

①单重嵌套函数。其嵌套在别的函数体内,自己内部不再有嵌套的函数,例如上面介绍的是单重

嵌套函数。

②多重嵌套函数。其嵌套在别的函数体内,同时自己内部又嵌套着别的另一层或几层函数。如下面类型的函数:

```
function x=A(p1,p2)
...
    function y1=B1(p3)
    ...
        function z1=C1(p4)
        ...
        end
    ...
    end
...
    function y2=B2(p5)
    ...
        function z2=C2(p6)
        ...
            function w=D(p7)
            ...
            end
        end
    end
end
```

(3)嵌套函数的变量作用域　变量的作用域指的变量能够被程序访问、修改、设置等的代码范围。

父函数和嵌套在其内的函数其各自的变量是可以互相访问的。但必须注意的是,嵌套函数访问父函数的变量,可以在函数定义里直接拿来用,而父函数访问嵌套在其内的函数里的变量则必须要经过调用之后才能拿来用。

彼此没有嵌套关系的嵌套函数间是不能简单得共享变量的。如果非要共享,则只能通过它们所在的父函数来进行。

4. 嵌套函数彼此调用关系

将主函数看成"父亲",嵌套函数依据嵌套深度可以看成"儿子""孙子""重孙"等。这样最外层的主函数可以认为是所有内部函数的"祖先",位于不同嵌套函数里的函数之间的关系类似于一个家族之间的"亲属关系"。

嵌套函数之间的调用关系可以总结成下面几句话:父亲可以求助儿子,儿子可以求助父亲,即父子可以互相求助。一个人不能求助孙子、重孙等后代,但是可以求助自己的直系祖宗(祖父、曾祖父等)以及其直系祖宗是亲兄弟的先人。一个人可以求助自己的亲兄弟,或者亲叔叔、亲伯伯但不能求助侄儿。

(三)编写高效的 MATLAB 程序

1. 重新认识循环

(1)高版本 MATLAB 对循环结构的优化　从 MATLAB 6.5 版开始,MATLAB 引入了 JIT(Just in Time)技术和加速器(Accelerator),并在后续版本中不断优化。到了 2009 年,很多情况下,循环体本身已经不是程序性能提高的瓶颈了,瓶颈更多的来源于循环体内部的代码实现方式以及使用循环的方式。

(2)选择循环还是向量化　凡是涉及矩阵运算的时候,则尽量用向量化。如果向量化可能导致超大型矩阵的产生,使用前要慎重。向量化的使用要灵活,多分析其运行机制,并与循环做对比。MATLAB 初学者要尽量多用向量化思路编程。高效的编程包括高效的开发和高效的运行。

2. 养成良好的编程风格

(1)命名规则　以下介绍变量、常量及函数的命名规则。

①变量。命名应该能够反映出其意义或者用途。

②常量。常数变量(包括全局变量)命名应该采用大写字母,用下划线分割单词。

③函数。函数命名遵循的原则和变量命名差不多,函数命名更应该强调有意义的命名。

(2)程序设计注意事项　程序设计时需注意模块化和函数语句等相关内容。

①模块化。编写一个比较复杂的程序时最好的方法是利用函数将它分化为小块。这种方式使得程序的可读性、易于理解性和可测试性得到增强。

②函数语句。在对效率要求不是特别高的场合,函数语句编写应以易读性为指导原则,一些简洁但并不易读的语句应该添加详细的注释。

(3)程序编排与注释　以下做简单介绍。

①编排。好的程序编排能帮助读者理解代码,很多编辑器、终端打印机控制的列数通常是 80 列,因此,应该将代码内容控制在前 80 列之内,对于一些较长的行,应该在恰当的地方将行进行切分。

②注释。其目的是为代码增加信息,方便阅读与维护。注释按功能可分为解释用法、提供参考信息、证明结果、阐述需要的改进等。经验表明,在写代码的同时就加上注释比后来再补充注释要好。

第四节　R 语言

一、R 软件介绍

R 是一个有着统计分析功能及强大作图功能的软件系统,是由 Ross Ihaka 和 Robert Gentleman1 共同创立的,R 语言可以看成是由 AT&T 贝尔实验室所创的 S 语言发展出的一种方言。因此,R 即是一种软件也可以说是一种语言。

R 软件是完全免费的,可以在 UNIX、Windows、Linux 及 Macintosh 操作系统上运行。这些安装文件以及安装说明都可以在 Comprehensive R Archive Network (CRAN)网站上下载,详情请参考 CRAN 网站。它还嵌入了一个非常实用的帮助系统。

二、R 软件界面简介

R 软件界面与 Windows 其他编程软件类似(与 Matlab 相似程度最大),由一些菜单和快捷按钮组成。快捷按钮下的窗口是命令输入窗口,也是部分运算结果的输出窗口。

主窗口上方的一些文字是首次运行 R 软件时出现的一些说明和指引。文字下的符号“>”便是 R 软件的命令提示符;在命令提示符后输入命令,回车就会输出计算结果。

三、对象及其模式和属性

R 是一种基于对象(Object)的语言,当 R 运行时,所有变量、数据、函数及结果都以对象的形式存在于计算机的活动内存中,并冠有相应的名字代号。对象的名字必须是以一个字母开头(A-Z 或 a-z),中间可以包含字母、数字(0-9)、点(.)及下划线(_)。R 对对象的名字区分大小写,x 和 X 代表两个完全不同的对象。例如,向量、矩阵、数据框等都属于 R 的对象。

对象包含若干元素作为其数据,如果一个对象的所有元素都是同一种基本类型(如数值、字符串),称这个对象为单纯对象(Atomic),如向量、矩阵等。如果一个对象的元素是不同类型的对象,即一个元素是一个对象,称这个对象为复合对象(Recursive),如列表、数据框等。

对象除了用它们的名称和内容来刻画,还用数据类型即属性(Attribute)来刻画。对象的属性在 R 中提供着所需的信息。更一般地,对于作用于一个对象的函数,其表现将取决于对象的属性。

所有的对象都有两个内在属性:类型(Mode)和长度(Length),分别通过函数 mode 和 length 得到。

1. 对象的类型

R 用来表示数据对象的类型共有四种,分别为数值型(Numeric)、字符型(Charac-ter)、复数型(Complex)和逻辑型(Logical)(FALSE 或 TRUE),字符型的值输入时需加上双引号“”,如上面给对象 A 赋值“Class”。虽然也存在其他的类型,但是并不能用来表示数据,如函数或表达式。

表 15-19 给出了数据对象的类型。

表 15-19 数据对象的类型

对象	类型	是否允许有多种类型
向量	数值型,字符型,复数型或逻辑型	否
因子	数值型,字符型	否
数组	数值型,字符型,复数型或逻辑型	否
矩阵	数值型,字符型,复数型或逻辑型	否
数据框	数值型,字符型,复数型或逻辑型	是
时间序列(ts)	数值型,字符型,复数型或逻辑型	否
列表	数值型,字符型,复数型,逻辑型,函数,表达式等	是

2. 对象的长度

对象的长度表示对象元素的个数,函数 length( )可以得到对象的长度,如

```
>y<-c(1,2,3)
```

```
>length(y)
[1]3
```

向量y的长度为3。向量允许长度为0，如果数值型向量长度为0，表示为numeric( )或numeric(0)。字符型向量长度为0，表示为character( )或character(0)。对象的长度也可以修改，R允许对超出对象长度的下标赋值，这时对象的长度自动伸长以包括此下标。未赋值的元素取缺省值NA，如

```
>y[6]<-6 ;y
[1] 1 2 3 NA NA 6
```

如果要缩短对象长度，只要给其赋值一个长度短的子集即可。当然，也可以给对象的长度赋值，如

>y<-c(1,2,3,NA);y 和 length(y)<-4 ;y

功能相同，结果都得到

```
[1]1 2 3 NA
```

一个对象可以通过赋值（"<-"）操作来产生，"<-"是尖括号"<"和减号"-"的组合。

下面分别介绍各种对象的生成、运算及相应的函数。

四、向量运算及相关函数

向量(Vector)函数vector( )有两个参数：类型和长度，创建向量中元素的值取决于参数所指定的数据类型：数值型向量则元素值都为0，逻辑型都为FALSE，字符型都为""。以下三个函数有几乎相同的效果(创建一个向量0并且只有一个参数即长度)，numeric( )，logical( )，和character( )。

（一）向量

1. 向量的赋值

创建一个向量名为v，相应的分量值为2,5,7,9,10，R命令为

```
>v<-c(2,5,7,9,10)
```

其中，v是向量名，c( )为建立向量的函数。

另外还有两种等价赋值形式：

assign("v",c(2,5,7,9,10))和c(2,5,7,9,10)->v

向量可以赋值给新的向量，如执行命令

```
v1<-c(v,v)
```

定义向量v1，分量是2,5,7,9,10,2,5,7,9,10。

2. 向量的运算

(1)向量运算规则　在算术表达式中使用向量将会对该向量的每一个元素都进行同样算术运算。出现在同一个表达式中的向量最好是长度一致的，如果长度不一样，该表达式的值将是一个和其中最长向量等长的向量。表达式中短的向量会被循环使用(可能是部分的元素)以达到最长向量的长度，对于一个常数就是简单的重复。利用前面例子中的变量，命令

```
>y<-2*v1+v+1
```

将产生一个新的长度为10的向量y。它由2*v1元素，加上v重复两次元素，再加上1重复11次得到的向量，即y的分量是7,16,22,28,31,7,16,22,28,31。

基本的算术运算符就是常用的加(+)、减(-)、乘(*)、除(/)和幂运算(^)，其含义是对向量的每个元

素进行运算。

下面介绍常用的数学函数，如 log、exp、sin、cos、tan、sqrt 等。max 和 min 分别给出一个向量（如 v）的最大值和最小值。函数 range 得到的是一个长度为 2 的向量，即 c(min(v),max(v))。length(v) 给出向量 v 的元素个数。sum(v) 给出 v 中元素的累加和，而 prod(v) 则得到它们的乘积。两个常用统计函数就是计算均值的 mean(v)［等价于 sum(v)/length(v)］和计算样本方差的 var(v) 等价于

```
>sum((x mean(x))^2)/(length(x)-1)
```

例如，输入命令：

```
>v^2
[1] 4 25 49 81 100
>sum(v)
 33
>mean(v)
[1]6.6
>var(v)
[1]10.3
```

另外，还有一些函数列举如下：

① which . min(v)。表示在第几个分量取的最小值。

② which. max(v)。表示在第几个分量取的最大值。

③ sort(v)。表示求向量 v 的顺序统计量。

(2)产生有规律序列　例如，一个从 1 到 30 的规则整数序列，可以这样产生

```
>x<-1 :30
```

与命令

```
x<-c(1,2, …,29,30)
```

等价"a:b"表示从 a 开始，逐项加 1(或减 1，a>b)直到 b 为止。当 a 为实数，b 为整数时，向量 a:b 是实数向量；当 a 为整数，b 为实数时，向量 a:b 是整数向量。如

```
>v1<-2.3 :7 ;v1
[1]2.3 3.3 4.3 5.3 6.3
>v2<-2 :7.3 ;v2
[1]2 3 4 5 6 7
```

在 R 表达式中，算子":"优先级别最高，可从如下表达式中看出

```
>1 :10-1
[1]0 1 2 3 4 5 6 7 8 9
>1 :(10-1)
[1]1 2 3 4 5 6 7 8 9
>2*15 :1
[1]30 28 26 24 22 20 18 16 14 12 10 8 6 4 2
```

函数 seq( )是数列生成中最为常用的工具，它的基本形式为

seq(from=1,to=1,by(to-from)/(length.out-1)),

length=NULL, …)

示例:

```
>v3<-seq(-1,2);v3
[1]-1 0 1 2
>seq(-1,1,by=.2)->v4 ;v4
[1]-1.0 -0.8 -0.6 -0.4 -0.2 0.0 0.2 0.4 0.6 0.8 1.0
>seq(-1,1,length=11)->v5;v5
[1]-1.0 -0.8 -0.6 -0.4 -0.2 0.0 0.2 0.4 0.6 0.8 1.0
```

函数 rep( )是重复函数,一般格式为

rep(x,times)

它可以把向量 x 重复 times 次后放入新的变量中,如

```
>rep(1,10)
[1]1 1 1 1 1 1 1 1 1 1
> rep(v3,4)
[1]-1 0 1 2 -1 0 1 2 -1 0 1 2 -1 0 1 2
```

函数 sequence( )创建一系列连续的整数序列,每个序列都以给定参数的数值结尾。如

```
>sequence(4 :5)
[1]1 2 3 4 1 2 3 4 5
>sequence(c(10,5))
[1]1 2 3 4 5 6 7 8 9 10 1 2 3 4 5
```

(二)缺失数据

在某些情况下,向量的元素可能有缺失,当一个元素或者值在统计的时候不可得到(Not Available)或者值丢失(Missing Value),相关位置可能会被保留并且赋予一个特定的值 NA。任何含有 NA 数据的运算结果都将是 NA。

函数 is.na( )是检验缺失数据的函数。is.na(x)返回一个和 x 同等长度的向量。它的某个元素值为 TRUE 当且仅当 x 中对应元素是 NA,否则,返回值为 FALSE。如

```
[1]1 2 3 4 NA
>is.na(v)
[1]FALSE FALSE FALSE FALSE TRUE
```

另外,还要注意数值计算过程会产生第二种“缺失”值,也称为非数值(Not A Number)可以用函数 is.nan( )来判断数值是否为非数值(是返回值 TRUE),is.finite( )判断数值是否有限(有限时返回值为 TRUE),is.infinite( )判断数值是否无限(无限时返回值为 TRUE),如

```
>v1<-c(1/0,3,NA,Inf/Inf,0/0);v1
[1]Inf  3 NA NaN NaN
>is. nan(v1)
[1]FALSE FALSE FALSE  TRUE  TRUE
```

```
>is. infinite(v1)
[1]TRUE FALSE FALSE FALSE FALSE
>is. finite(v1)
[1]FALSE  TRUE FALSE FALSE FALSE
```

(三)字符型向量

向量的元素取字符串时,就形成字符型向量。字符串要用“”引起来,如

```
>x<-c("This","is","an","example");x
[1]"This" "is" "an" "example"
```

通过函数 c( )可以把几个字符向量连接成一个字符向量,这种用法的例子会常常出现的。

```
>y<-c("for","R")
>z<-c(x,y);z
[1]"This" "is" "an" "example" "for" "R"
```

函数 paste( )可以有任意多的参数,并且把它们一个接一个连成字符串。这些参数中的任何数字都将被显式地强制转换成字符串,而且以同样的方式在终端显示。默认的分隔符是单个的空格符,也可以被指定的参数修改。参数 sep=string 就是将分隔符换成 string,这个参数可以设为空。

```
>paste("This","is","an","example")
[1]"This is an example"
>paste("Page",1:6)
[1]"Page 1" "Page 2" "Page 3" "Page 4" "Page 5" "Page 6"
>paste("Page",1:6,sep="-")
[1]"Page-1" "Page-2" "Page-3" "Page-4" "Page-5" "Page-6"
```

(四)向量的下标系统

下标系统可以用来有效、灵活且有选择性地访问一个对象中的元素,下标可以是数值型、字符型或逻辑型的,下标也可以是向量。如果 v 是向量,则可以直接在 v 末尾方括号中加入下标向量 x,以得到向量 v 的子向量 v[x]。这种下标向量可以采用下面几种方式的任何一种。

1. 取逻辑型值的下标向量

下标向量 x 取逻辑型值时,下标向量 x 必须和被挑选元素的向量 v 长度一致。向量中对应下标向量元素为 TRUE 的元素将会被选中,而那些对应 FALSE 的元素则被忽略,如

```
>v<-c(-1:5,NA);v
[1]-1 0 1 2 3 4 5 NA
>x<-! is.na(v);x
[1]TRUE TRUE TRUE TRUE TRUE TRUE TRUE FALSE
>v1<-v[x];v1
[1]-1 0 1 2 3 4 5
```

v1 是一个含 v 中非缺省且次序不变元素的对象。可见,如果 v 含有缺省值,v1 在长度上将会比 v 短。命令

```
>(v+1)[(! is.na(v)) & v>0]-> z
```

创建了一个对象 z,并且把向量 v+1 的值赋给它,其中要求 v 中对应的元素既非缺省又是正值。z 的元素为 2,3,4,5,6。

2. 取整数值的下标向量

下标向量必须是 1,2, …length(v) 的子向量,v 中与下标向量对应的元素将会被选中,并且在结果向量中的次序和下标向量中的次序一致。这种下标向量可以是任意长度的,结果向量的长度和下标向量完全一致。如 v [6]表示 v 的第六个元素。

```
>v[2:4]
[1]0 1 2
>v[c(1,3,5)]
[1]-1 1 3
```

此外,下标向量也可以为负整数向量,这种下标向量指定排除相应的元素。如

```
>v[-(2:4)]
[1]-1 3 4 5 NA
```

五、因子

因子(Factor)为处理分类数据提供的一种有效方法,因子是一个对等长的其他向量元素进行分类(分组)的向量对象。主要适用离散型随机变量(包括名义变量和有序变量),如性别、职业、受教育程度、产品等级等变量。例如,class 表示产品的三个等级。

```
>class<-c(1,2,3,2,3,2,3,1,2,3,3,2,3,2,3,3,1);class
[1]1 2 3 2 3 2 3 1 2 3 3 2 3 2 3 3 1
```

函数 factor( )用来把一个向量编码成因子,其一般形式为

```
factor(x=character( ),levels,labels=levels,
exclude=NA,ordered=is.ordered(x))
```

其中 x 是向量,levels 是水平,可以指定各个离散取值,不指定时由 x 的不同值求得。labels 可以用来指定各水平的标签。exclude 用来指定要转换为缺省值 NA 的元素值集合。ordered 取值为真时,表示因子水平是有次序的,否则是无次序的(默认值)。例如

```
>class<-c(1,2,3,2,3,2,3,1,2,3,3,2,3,2,3,3,1);class
[1]1 2 3 2 3 2 3 1 2 3 3 2 3 2 3 3 1
>f<-factor(class);f
[1]1 2 3 2 3 2 3 1 2 3 3 2 3 2 3 3 1
Levels:1 2 3
>f<-factor(class,labels="class");f
[1]class1 class2 class3 class2 class3 class2 class3 class1 class2
class3
[11]class3 class2 class3 class2 class3 class3 class1 levels:
class1 class2 class3
```

f就是因子向量。函数 levels( )可以得到因子向量的水平,而函数 table( )可以统计各个水平数据的频数。如

```
>levels(f)
[1]"class1" "class2" "class3"
>table(f)
f
class1 class2 class3
3   6   8
```

六、数组和矩阵

(一)数组

数组(Array)可以看成带有多个下标类型相同的元素集合,如数值型。R 有一些简单的工具创建和处理数组,特别是矩阵。维度向量(Dimension Vector)是一个正整数向量。如果它的长度为 k,那么该数组就是 k 维的,如矩阵是 2 维数组。数组中元素的下标可以从 1 一直标到维度向量中对应元素的值。用函数 array( )构造数组,具体格式为

array(data = NA, dim = length(data), dinnames = NULL)

其中 data 是一个数据向量,dim 是维度向量,dimames 是数组维的名字,默认值为空。例如,向量(0,6,5,3,0,3,6,6,2,0,4)生成一个三维(2×2×3)列联表。属性 A 取 A1 和 A2 两个水平,属性 B 取 B1 和 B2 两个水平,属性 C 取 C1,C2 和 C3 三个水平。

R 命令如下:

```
>v<-array(c(0,0,6,5,3,0,3,6,6,2,0,4),dim=c(2,2,3),
dimnames=list(c("A1","A2"),c("B1","B2"),c("C1","C2","C3")));v
```

它定义了一个三维数组,显示为边缘表。

```
,,C1
B1  B2
A1  0   6
A2   0   5
,,C2
B1  B2
A1  3   3
A2   0   6
,,C3
B1B2
A1   6   0
A2   2   4
```

还有一个极端但普遍的例子是

```
z<-array(0,dim=c(3,4,2))
```

它定义了一个三维数组 z,元素均为 0,常用来对数组作初始化。

数据向量 x 的值在数组中的排列顺序采用“按列次序”,也就是说第一下标变化最快,最后下标变化最慢。看下面的例子

```
>array(1:12,dim=c(4,3))
[,1][,2][,3]
[1,] 1 5 9
[2,] 2 6 10
[3,] 3 7 11
[4,] 4 8 12
```

给向量定义了维度向量后,可以看成是数组。上面的三维列联表也可以按下面命令生成。

```
>v<-c(0,0,6,5,3,0,3,6,6,2,0,4)
>dim(v)=c(2,2,3)
>dimnames(v)=list(c("A1","A2"),c("B1","B2"),c("C1","C2","C3"));v
```

(二)数组的下标系统

与向量的下标系统一样,数组的下标系统可以用来有选择性地访问一个数组中的元素。要访问数组的某个元素,只要使用和数组维数同样多的下标,用逗号分隔,加上[ ]后,放在数组名后则可。例如,一个三维数组 x,x [i,j,k]、x [i,j,]和 x [i, ,]等都可以访问数组的相应元素。如果略写某一维的下标,则表示该维全选,看下面的例子。

```
>v<-array(1:12,dim=c(2,2,3));v
,,1
[,1][,2]
[1,] 1 3
[2,] 2 4
,,2
[,1][,2]
[1,] 5 7
[2,] 6 8
,,3
[,1][,2]
[1,] 9 11
[2,] 10 12
>v[1,1,1]
[1] 1
>v[1,2,]
[1] 3 7 11
>v[,,1]
[,1][,2]
```

```
[1,] 1 3
[2,] 2 4
```

可以看出,v [, , 1]得到一个 2 × 2 的矩阵,也就是三维列联表的一个边缘表。

某一维下标的位置也可以是整数向量,表示这一维取所有下标指定的元素。下面看一个二维数组的例子。

```
> x<-array(1 :20,dim=c(4,5));x
[,1][,2][,3][,4][,5]
[1,] 1 5 9 13 17
[2,] 2 6 10 14 18
[3,] 3 7 11 15 19
[4,] 4 8 12 16 20
> x [2 :3,1 :4]
[,1][,2][,3][,4]
[1,] 2 6 10 14
[2,] 3 7 11 15
> x [c(2,4),c(1,3,5)]
[,1][,2][,3]
[1,] 2 10 18
[2,] 4 12 20
```

通过使用负数下标也可以用来不显示一个或一些行或列。例如,x [-1,]将不显示第一行,x [-c(1,3),]将不显示第 1 和第 3 行。使用上面定义的数组 x。

```
>x [-c(1,3), ]
[,1][,2][,3][,4][,5]
[1,] 2 6 10 14 18
[2,] 4 8 12 16 20
```

更进一步,可以用一个数组作为下标,来访问一个对象的元素。还使用上面定义的数组 x,再定义一个下标数组。访问相应位置的元素,再赋值为 Inf。

```
>i<-array(c(1 :3,3 :1),dim=c(3,2));i
[,1][,2]
[1,] 1 3
[2,] 2 2
[3,] 31
>x [i]
[1] 9 6 3
>x [i]<-Inf;x
[,1][,2][,3][,4][,5]
[1,] 1 5 Inf 13 17
```

```
[2,] 2   Inf  10  14  18
[3,] Inf  7  11  15  19
[4,] 4   8  12  16  20
```

(三)矩阵

矩阵(Matrix)就是两维的数组,它非常的重要,R包括许多矩阵操作的操作符和函数,所以需要单独讨论。

1. 矩阵的生成

矩阵除了用函数 array( )生成外,函数 matrix( )是构造矩阵的函数,一般形式为 matrix(data = NA,nrow = 1,ncol = 1,byrow = FALSE,dimnanes = NULL)其中 data 是一个数据向量,nrow 是矩阵的行数,ncol 是矩阵的列数。byrow=FALSE(缺省值)时,生成矩阵的数据按列放置,否则按行放置。dimames 是数组维的名字,如构造一个 3×3 的矩阵。

```
> d<- matrix(1:9,ncol=3) ;d
[,1][,2][,3]
[1,] 1  4  7
[2,] 2  5  8
[3,] 3  6  9
```

与下面两个命令等价。

```
d<-matrix(c(1,2,3,4,5,6,7,8,9),nrow=3);d
d<-matrix(c(1,2,3,4,5,6,7,8,9),nrow=3,ncol=3) ;d
```

2. 矩阵运算

可以对维数相同的矩阵(或数组)进行四则运算(+、-、*、/),这时进行的是矩阵(或数组)对应元素的四则运算,也可以做数与矩阵(或数组)的数乘运算。

两矩阵乘积的运算符是“%*%”,矩阵的转置由函数 t( )完成,用函数 solve( )求矩阵的逆,用函数 eigen( )来计算特征值和特征向量,函数 det( )求矩阵的行列式。

(四)与数组(矩降)运算的相关函数

1. 维数及维名字

设 A 是数组(矩降),dim(A)计算 A 的维数,dimames(A)得到 A 的维的名字。

若 A 的维没有命名,则显示 NULL,也可以利用函数 dimnames( )对 A 的维进行命名,如

```
>D<-matrix(c(1,2,3,4,5,4,3,2,1),nrow=3)
>dim(D)
[1]33
>dimnames (D)
NULL
>dimnames(D)<- list(c("1","2","3"),c("X1","X2","X3"));D
X1 X2 X3
1  1  4  3
2  2  5  2
```

```
3  3  4  1
```

如果A是矩阵,可用函数nrow(A)得到A的行数,函数ncol(A)得到A的列数。还可以用函数rownames( )访问矩阵A的行名或赋值。函数colnames( )访问矩阵A的列名或赋值。

```
>A<-matrix(c(1,2,3,4,5,4,3,2,1),nrow=3)
>nrow(A)
[1] 3
>rownames (A)
NULL
>rownames(A)<-c("1","2","3")
>colnames(A)<-c("X1","X2","X3");A
X1  X2  X3
1  1  4  3
2  2  5  2
3  3  4  1
```

2. 数组(矩阵)的合并与拉直

如果A是矩阵,as.vector(A)和c(A)可以将矩阵A拉直为向量。函数rbind( )按行上下合并向量或矩阵,和cbind( )按列左右合并向量或矩阵,如

```
>m1<-matrix(1:6,nr=2,nc=3);m1
[,1][,2][,3]
[1,]  1  3  5
[2,]  2  4  6
>m2<-matrix(7:12,r=2,nc=3);m2
[,1][,2][,3]
[1,]  7  9  11
[2,]  8  10  12
>rbind(m1,m2)
[,1][,2][,3]
[1,]  1  3  5
[2,]  2  4  6
[3,]  7  9  11
[4,]  8  10  12
>cbind(m1,m2)
[,1][,2][,3][,4][,5][,6]
[1,]  1  3  5  7  9  11
[2,]2  4  6  8  10  12
>as.vector(cbind(m1,m2))
[1] 1 2 3 4 5 6 7 8 9 10 11 12
```

```
>c(cbind(m1,m2))
[1] 1 2 3 4 5 6 7 8 9 10 11 12
```

七、列表与数据框

1. 列表

R的列表(List)是一个以对象的有序集合构成的对象。列表中包含的对象又称为分量(Components)。分量可以是不同的模式或类型,如一个列表可以同时包括数值向量、逻辑向量、矩阵、复向量、字符数组、函数等。下面利用函数list( )创建列表。

```
>Lst<-list(name="Fred",wife="Mary",no.children=3,+child.ages=c(4,7,
9));Lst
$name
[1]"Fred"
$wife
[1]"Mary"
$no.children
[1] 3
$child.ages
[1] 4 7 9
```

列表的分量会被编号的,可以利用这种编号来访问分量。例如,列表Lst有四个分量,这些分量则可以用Lst [[1]],Lst [[2]],Lst [[3]]和Lst [[4]]独立访问。而Lst [[4]]是一个有下标的数组,那么Lst [[4]] [1]就是该数组的第一个元素。如果要修改列表的元素,只要引用该元素并赋值即可。

列表的分量可以被命名,这种情况下可以通过名字访问。此时,可以把字符串形式的分量名字放在列表名后面的双中括号中,如Lst [["name"]],也可以用符号"$"。又如Lst$name,与Lst [[1]]等价。

2. 数据框

数据框(Data Frame)是特殊的列表对象,是一个属于"data.frame"类的列表。一个列表对象满足下面一些限制条件就成为数据框。

①分量必须是向量(数值、字符、逻辑)、因子、数值矩阵、列表或者其他数据框。

②在数据框中以变量形式出现的向量结构必须长度一致,矩阵结构必须有一样的行数。

数据框也常常会被看成是一个由不同模式和属性的列构成的矩阵,它能以矩阵形式出现,行和列可以通过矩阵下标系统来访问。数据框可以由函data.frame( )生成,用法与list( )同,如

```
DF<-data.frame("Value"=c(2.00,1.19,2.30,2.60,2.50),
"Class"=c("X","Y","X","X","Y"),
"Rank"=c(2,1,3,5,4))
>DF
Value Class Rank
1  2.00   X   2
```

```
2  1.19   Y   1
3  2.30   X   3
4  2.60   X   5
5  2.50   Y   4
```

访问数据框可以用访问矩阵元素的方法，使用下标系统。或与列表类似，如“数据框名 $ 分量名”等。或用一种比较简便的方法，利用 attach( )函数，把数据框的变量链接到内存中，可以直接引用某个分量或运算。如

```
>attach(DF)
>Value
[1] 2.00 1.19 2.30 2.60 2.50
>log(Value)
[1] 0.6931472 0.1739533 0.8329091 0.9555114 0.9162907
```

要把新分量(如 log(Value)，分量名 log.Value)赋值给数据框，只要用下面格式

```
DF$log.Value<-log(Value)
```

取消链接，调入 detach( )(无参数)即可。

数据框的分量名(此属性一定非空)由 names( )访问，还可以由 rownames( )定义各行的名字。如

```
names(DF)
[1]"Value"  "Class"  "Rank"  "log.Value"
>rowmames(DF)<-c("N0.1","No.2","No.3","No.4","No.5");DF
Value Class Rank log. Value
NO.1  2.00   X  2  0.6931472
NO.2  1.19   Y  1  0.1739533
NO.3  2.30   X  3  0.8329091
NO.4  2.60   X  5  0.9555114
NO.5  2.50   Y  4  0.9162907
```

数据框、数组和列表在满足一定条件下，可以相互转换，函数格式为 as.data.frame( )、as.matrix( )和 as.array( )，如

```
>as.matrix(DF)
Value Class Rank log.Value
N0.1 "2.00" "X" "2" "0.6931472"
NO.2 "1.19" "Y" "1" "0.1739533"
NO.3 "2.30" "X" " " "0.8329091"
NO.4 "2.60" "X" "5" "0.9555114"
NO.5 "2.50" "Y" "4" "0.9162907"
>D<-matrix(1:12,nrow=4)
>as.data.frame(D)
```

```
V1 V2 V3
1 1 5 9
2 2 6 10
3 3 7 11
4 4 8 12
```

把数据框 DF 转化为矩阵,行名和列名不变。而矩阵 D 被转化为数据框,列名(原矩阵没有列名)自动定义为 V1,V2,V3。

八、从文件中读取数据

大的数据对象常常是从外部文件中读入,而不是在 R 对话时用键盘输入的,R 软件有多种读数据的方法。

(一)文本文件

文本文件(ASCII)中的数据可以用 read.table( )、scan( )和 read.fwf( )读取。R 也可以读取以其他格式的文件(Excel,SAS,SPSS, …),但是基础包中并不包含所需的这些函数,需调入"foreign"程序包。函数 read.table 用来创建一个数据框( ),它是读取表格形式的数据的主要方法。

数据文件中,如果第一行第一列没有条目,第一行自动作为分量名,第一列作为行的标号,生成的数据框可以作为一般的数据框访问。如

```
mydata1$Value
[1] 2.00 1.19 2.30 2.60 2.50
```

如果想要改变格式,read.table( )的参数需要设置。详见函数帮助。

如果有数据文件"data2.txt",第一行第一列有条目,格式如下:

```
Value Class Rank log.Value
2.00  X  2  0.6931472
1.19  Y  1  0.1739533
2.30  X  3  0.8329091
2.60  X  5  0.9555114
2.50  Y  4  0.9162907
```

若用命令

```
>mydata2< read. table("data2.txt");mydata2
```

则 mydata2 格式为

```
V1 V2 V3    V4
1 Value Class Rank log. Value
2  2.00  X  2  0.6931472
3  1.19  Y  1  0.1739533
4  2.30  X  3  0.8329091
5  2.60  X  5  0.9555114
6  2.50  Y  4  0.9162907
```

自动指定列名是V1,V2,V3,V4,原数据框的列名作为数据处理,自动生成行号1,2,...。需要设置header=TRUE,使文件的第一行作为变量名。

```
>mydata2<-read.table("data2.txt",header=TRUE);mydata2
Value Class Rank log.Value
1  2.00  X  2  0.6931472
2  1.19  Y  1  0.1739533
3  2.30  X  3  0.8329091
4  2.60  X  5  0.9555114
5  2.50  Y  4  0.9162907
```

函数read.fwf( )可以用来读取文件中一些固定宽度格式的数据,一般格式为

```
read.fwf(file,widths,sep="\t",as.is = FALSE,skip=0,row.names,col.names,n=-1,...)
```

如数据文件"data2.txt",也可以用下面的命令读取数据。

```
>mydata3< read. fwf("data2.txt",skip=1,widths=c(6,6,6,6));mydata3
     V1   V2  V3   V4
1  2.00  X   2  0.693
2  1.19  Y   1  0.173
3  2.30  X   3  0.832
4  2.60  X   5  0.955
5 2.50  Y   4  0.916
```

(二)其他格式数据文件

R自带的foreign包(术语推荐包系列)提供其他统计软件系统数据导入及导出的数据工具。

函数read.xport( )导入SAS的可交换格式文件,返回一个包含数据框的列表。函数read.S( )可以读取S-PLUS3.x、4.x和2000版本在UNIX和Windows系统中的二进制对象(可以在不同的操作系统中读取它们),可以读取大部分但不是所有的S对象,也可以读取向量、矩阵、数据框和包含这些内容的列表。

函数read.spss读取SPSS中保存和导出的文件,返回由保存数据集中每个变量组成的一个列表。SPSS变量带有值标签的可以选择转化为R中的因子。

九、写数据文件

函数write.table可以在文件中写入一个对象,一般是写一个数据框,也可以是其他类型的对象(向量、矩阵等)。一般格式为

```
write.table(x,file=" ",append=FALSE,quote=TRUE,sep=" ",
eol="\n",na="NA",dec=".",row.names=TRUE,
col.names=TRUE,qmethod=c("escape","double"))
```

x为要写入的对象的名称。file为文件名,缺省时对象直接被"写"在屏幕上。append如果为TRUE则在写入数据时不删除目标文件中可能已存在的数据,采取往后添加的方式。sep为文件中的

字段分隔符,其他参数详见 R 帮助,如

```
>x<-read.spss("data.exam1.3.1.sav",to.data.frame=TRUE);x
F1  F2  F3  F4  F5
1  33.24  34.30  100.18  41.51  41.81
2  57.40  81.25    3.74  37.46  15.84
3   0.24  46.40  35.36  99.93  21.05
4  42.04    0.07  42.25    0.01 100.24
5  100.13 100.18  0.03  24.94  0.13
```

把 x 写入文本文件 Write.data1.txt. 用下面命令。

```
>write.table(x,file="write.data1.txt")
```

在当前的工作目录下,创建了文件“write.data1.txt”。

若想用更简单的方法将一个对象写入文件,可以使用命令 write( ),一般格式为

```
write(x,file="data",ncolumns=if(is.character(x))1 else 5,
append=FALSE,sep=" ")
```

其中,x 是对象的名字(它可以是向量、矩阵或者数组)。ncolumns 用来定义文件中的列数(在缺省情况下,如果 x 是字符型数据,则 ncolumns=1 ;对于其他数据类型 ncolumns=5)。

要记录一组任意数据类型的对象,可以使用命令 "save(x,y,z,file="xyz.RData")"。可以使用选项 ASCII-TRUE,使得数据在不同的机器之间更简易转移。

十、循环和条件控制

1. 条件控制:if 语句

R 语言的条件语句形式为

```
if(cond) expr
```

其中,cond 为一个标量的真或假值。expr 是 cond 为真是执行的表达式,否则跳过。或

```
if(cond){
cons.Expr
}else{
lt.expr
}
```

cons.expr 是 cond 为真是执行的表达式,否则执行表达式 alt.expr. 特别需要说明下,else 前面的“}”是必须的,位置也是不能改变的,否则 else 会脱离前面的 if。不管条件是否成立,都会执行语句 alt.expr. 表达式可以是大括号括起来的成组表达式一般写为

```
if(条件){
cons.expr1 ;cons.expr2 ;...
}else{
alt.expr1 ;alt.expr;...
```

看下面的例子,计算 x 的对数,只有变量 x>0 才有意义。可用命令

```
if(x>0){
y<-log(x)
print(cbind(x,y))
}else{
cat("Unable to comply\n")
}
```

有多个 if 语句时，else 与最近的前面一个 if 配对。一般形式为

```
if(cond1)
expr1
lse if(cond2)
else2
if(cond3)
expr3
else
expr4
```

多分支也可以使用 switch( ) 函数。

2. 循环控制：for 循环语句

for 循环语句的格式为

```
for(var in seq) expr
```

其中，var 是变量名，seq 是一个向量表达式(通常是一个序列，如 1 : 20)。expr 通常是一个或一组表达式。

[**例 15-21**] 假设一共有 365 个生日，设一班共有 $n(1<n<365)$ 个人，n 个人中至少两个人生日相同的概率记为 $P(n)$。因为 n 个人的生日彼此不同的概率为 $\frac{365\times364\times\cdots\times(365-(n-1))}{365^n}$，所以至少两个人生日相同的概率 $P(n)=1-\frac{365\times364\times\cdots\times(365-(n-1))}{365^n}$。

可以用如下循环语句计算 $P(n)$。

```
x<-numeric(363)
p<-numeric(363)
for(i in 2:364){
x[i]<-1
for(j in 0:(i-1))
x[i]<-x[i]*(365-j)/365
p[i-1]<-1-x[i]
}
```

3. 循环控制:while 循环语句和 repeat 循环语句

while 循环语句的格式为

```
while(cond) expr
```

若条件成立,则执行表达式 expr。

repeat 循环语句的格式为

```
repeat expr
break
```

在循环体内用 break 跳出。

[例 15-22] 用二分法解方程 $f(x)=0$ 在 $[a,b]$ 内的根程序,设 $f(a)<0, f(6)>0$。

```
while((b-a)>1e-5){
c<-(a+b)/2

if(f(c)>0){
b<-c
}else{
a<-c
}
}
```

或

```
repeat{
if((b-a)<1e-5) break
c<-(a+b)/2
if(f(c)>0){
b<-c
}else{
a<-c
}
}
```

十一、R 的统计表

R 给出了详尽的统计表。R 还提供相关工具来计算累计概率分布函数 $P(X\leq x)$ 概率密度函数和分位数函数(给定 q,符合 $P(X\leq x)>q$ 的最小 x 就是对应的分位数),还有基于概率分布的计算机模拟。函数名称、R 对应的名字及相关参数,见表 15-20。

表 15-20 函数分布表

概率分布	R 对应的名字	附加参数
β 分布	beta	shape1,shape2,ncp
二项式分布(Binomial)	binom	size,prob
Cauch 分布(Cauchy)	cauchy	location,scale
卡方分布[Pearson(X2)]	chisq	df,ncp
指数分布(Exponential)	exp	rate
F 分布[Fisher_Snedecor(F)]	f	dfi,df1,ncp
γ 分布(Gamma)	gamma	shape,scale
几何分布(Geometric)	geom	prob
超几何分布(Hypergeometric)	hyper	m,n,k
对数正态分布(Lognormal)	lnorm	meanlog,sdlog
Logistic 分布(Logistic)	logis	location,scale
负二项式分布(Negative Binomial)	nbinom	size,prob
正态分布(Gaussian Normal)	norm	mean,sd
Poisson 分布(Poisson)	pois	lambda
t 分布('Student'(t))	t	df,ncp
均匀分布(Uniform)	unif	min,max
Weibull 分布(Weibull)	weibull	shape,scale
Wilcoxon 分布(Wilcoxon)	wilcox	m,n

在统计学中,产生随机数据是很有用的。R 可以产生多种不同分布下的随机数序列。这些分布函数的形式为 rfunc(n,$p1$,$p2$, …),其中 func 指概率分布函数,n 为生成数据的个数,$p1$,$p2$, …是分布的参数数值。表 15-21(生成随机函数)给出了每个分布的详情和可能的缺省值(如果没有给出缺省值,则意味着用户必须指定参数)。

表 15-21 生成随机函数

概率分布	参数及缺省值
Gaussian(normal)	rnorm(n,mean=0,sd=1)
Exponential	rexp(n,rate=1)
Gamma	rgamma(n,shape,scale=1)
Poisson	rpois(n,lambda)
Weibull	rweibull(n,shape,scale:=1)
Cauchy	rcauchy(n,location=0,scale=1)
beta	rbeta(n,shape1,shape2)

续表 15-21

概率分布	参数及缺省值
‘Student’(t)	rt(n,df)
Fisher. Snedecor(F)	rf(n,df1,df2)
Pearson(X2)	rchisq(n,df)
binomial	rbinom(n,size,prob)
geometric	rgeom(n,prob)
hypergeometric	rhyper(nn,m,n,k)
logistic	rlogis(n,location=0,scale=1)
lognormal	rlnorm(n,meanlog=0,sdlog=1)
negative binomial	rnbinom(n,size,prob)
uniform	runif(n,min=0,max=1)
Wilcoxon’s statistics	rwilcox(nn,m,n),rsignrank(nn,n)

例如,生成服从标准正态分布的 10 个随机数,用命令

```
>rnorm(10)
[1]0.56852614 0.50171120  0.01339493-0.62076287  0.72229106
-0.03948571 0.06846515-1.14657604 0.77065798 1.13668526
```

要生成服从正态分布 N(4,0.1)的 10 个随机数,则要指定参数,用命令

```
>rnorm(10,4,0.1)
[1] 4.034023 4.043818 3.823180 4.064455 4.063882 4.047712
4.055786 3.935625  3.876945  3.828478
```

概率分布函数前面加不同的前缀表示不同的含义,*d* 表示概率密度函数,一般形式为 dfunc(x, …);*p* 表示累积分布函数(Cumulative Distribution Function,CDF),一般形式为 pfunc(x, …);*q* 表示分位函数,一般形式为 qfunc(p,...),0<p<1。

例如,显著性水平为 5% 的正态分布的双侧临界值是

```
>qnorm(0.025)
[1]-1.959964
>qnorm(0.975)
[1]1.959964
```

自由度为 13 的 t 分布在 2.43 处的分布函数为值

```
>pt(2.43,df=13)
[1]0.9848346
```

十二、R 的绘图

图形工具是 R 环境里面一个非常重要和多用途的组成部分,可以用这些图形工具显示各种各样的

统计图并且创建一些全新的图。

R 绘图命令分成了三个基本的类：

(1)高级绘图命令　在图形设备上产生一个新的图区，它可能包括坐标轴、标签、标题等。

(2)低级绘图命令　会在一个已经存在的图上加上更多的图形元素，如额外的点、线和标签。

(3)交互式图形命令　允许交互式地用定点设备(如鼠标)在一个已经存在的图上添加图形信息或者提取图形信息。

(一)高级绘图命令

高级图形显示函数是用来产生输入数据的完整图片。适当的坐标轴、标签和标题会自动产生(除非有其他要求)。高级图形显示命令会开始一个新的图区，必要时会清空当前的图区。

R 中常用高级绘图函数见表 15-22。

表 15-22　常用高级绘图函数

函数	绘制图形
plot(x)	以 x 的元素值为纵坐标、以序号为横坐标绘图
plot(x,y)	x(在 x 轴上)与 y(在 y 轴上)的二元作图
sunflowerplot(x,y)	同上，但是以相似坐标的点作为花朵，其花瓣数目为点的个数
pie(x)	饼图
boxplot(x)	盒形图(“box-and-whiskers”)
stripchart(x)	把 x 的值画在一条线段上，样本量较小时可作为盒形图的替代
coplot(xy|z)	关于 z 的每个数值(或数值区间)绘制 x 与 y 的二元图
pairs(x)	如果 x 是矩阵或是数据框，作 x 的各列之间的二元图
plot.ts(x)	如果 x 是类“ts”的对象，作 x 的时间序列曲线，x 可以是多元的，但是序列必须有相同的频率和时间
ts.plot(x)	同上，但如果 x 是多元的，序列可有不同的时间但须有相同的频率
hist(x)	x 的频率直方图
barplot(x)	x 的值的条形图
qqnorm(x)	正态分位数 - 分位数图
qqplot(x, y)	y 对 x 的分位数 - 分位数图
Stars(x)	如果 x 是矩阵或者数据框，用星形和线段画出
symbols(x, y, ...)	在由 x 和 y 给定坐标画符号(圆，正方形，长方形，星，温度计式或者盒形图)，符号的类型、大小、颜色等由另外的变量指定
termplot(mod.obj)	回归模型(mod.obj)的(偏)影响图

每一个函数，在 R 里都可以在线查询其选项。某些绘图函数的参数是一样的。表 15-23 列出一些主要的常用参数及其缺省值(绘图函数的常用参数)。

表 15-23 绘图函数的常用参数

参数及缺省值	参数意义
add=FALSE	如果是 TRUE，叠加图形到前一个图上（如果有的话）
axes=TRUE	如果是 FALSE，不绘制轴与边框
type= "p"	指定图形的类型，"p"：点；"l"：线；"b"：点连线；"o"：点连线，但是线在点上；"h"：垂直线；"s"：阶梯式，垂直线顶端显示数据；"S"：阶梯式，但是在垂直线底端显示数据
xlim=, ylim=	指定轴的上下限，例如 xlim=c(1,10)或者 xlim=-range(x)
xlab=, ylab=	坐标轴的标签，必须是字符型值
main=	主标题，必须是字符型值
sub=	副标题（用小字体）

[例 15-23] 下面看一个简单的 10 对随机值的二维图形的例子。

```
>x<-rnorm(10)
>y<-rnorm(10)
>plot(x,y)
```

则图形将绘制在当前的绘图设备上，结果如图 15-52 所示。

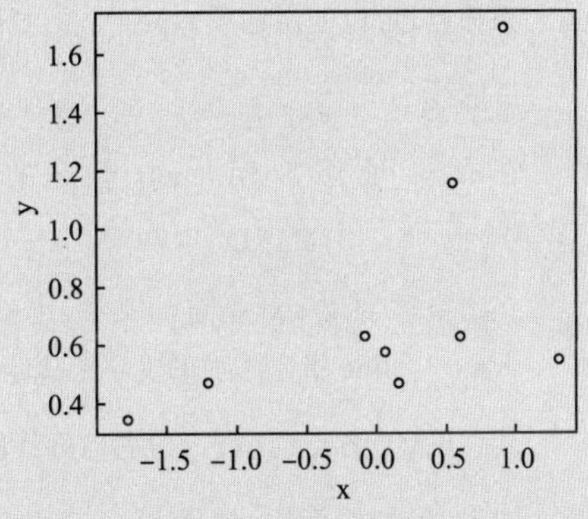

图 15-52 10 对随机值的二维图形

可以用设定参数值取代缺省值来修改图形绘制方式，在上面的例子中，可以用以下方式大大改变图形。执行下面命令，输出如图 15-53 所示。

```
>plot(x,y,xlab="Ten random values",ylab="Ten other values",
xlim=c(-2,2),ylim=c(-2,2),pch=22,col="red",
by="yellow",bty="1",tcl=0.4,main="How to customize a plot
with R",las=1,cex=1.5)
```

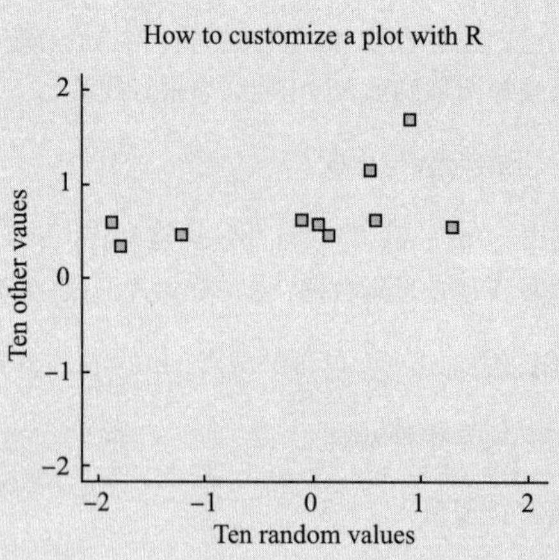

图 15-53　10 对随机值的二维图形

(二)低级绘图命令

有些时候,高级图形函数不能准确地产生想要的图形。此时,低级图形命令可以在当前图上精确增加一些额外信息(如点、线或者文字)。一些非常有用的低级图形命令见表 15-24。

表 15-24　常用低级绘图函数

函数	绘制图形
points(x,y)	添加点(可以使用选项 type=)
lines(x,y)	添加线
text(x,y,labels, …)	在(x,y) 处 添 加 用 labels 指 定 的 文 字; 典 型 的 用 法 是 plot(x,y, type= “n”);text(x,y,names)
mtext(text,side= =3,line:=0, …)	在边空添加用 text 指定的文字,用 side 指定添加到哪一边(参照下面的 axis( ));line 指定添加的文字距离绘图区域的行数
segment<(x0,y0,x1,y1)	从(x0,y0)各点到(x1,y1)各点画线段
arrows(x0,y0,x1,y1, angle=30,code=2)	同上,但加画箭头,如果 code=2 则在各(x0,y0)处画箭头,如果 code=1 则在各(x1,y1)处画箭头,如果 code=3 则在两端都画箭头;angle 控制箭头轴到箭头边的角度
abline(a,b)	绘制斜率为 b 和截距为 a 的直线
abline(h=y)	在纵坐标 y 处画水平线
abline(v=x)	在横坐标 x 处画垂直线
abline(lm.obj)	画由 lm.obj 确定的回归线
rect(x1,y1,x2,y2)	绘制长方形,(x1,y1)为左下角,(x2,y2)为右上角
polygon(x,y)	绘制连接各 x,y 坐标确定的点的多边形
legend(x,y,legend)	在点(x,y)处添加图例,说明内容由 legend 给定

续表 15-24

函数	绘制图形
title( )	添加标题，也可添加一个副标题
axis(side,at)	画坐标轴，side=1 时画在下边，side=2 时画在左边，side=3 时画在上边，side=4 时画在右边。可选参数 at 指定画刻度线的位置坐标
box( )	在当前的图上加上边框
rug(x)	在出 - 轴上用短线画出 x 数据的位置
locator(n,type= "n", …)	用户用鼠标在图上点击 n 次后返回 n 次点击的坐标(x;y);并可以在点击处绘制符号(type="p" 时)或连线(type="1" 时),缺省情况下不画符号或连线

十三、编写 R 函数

大多数 R 的工作是通过 function 函数来实现，用户可以编写自己的函数，并且这些函数和 R 里面的其他函数有一样的特性。如 mean( )、var( )、postscript( )等，这些函数都是用 R 写的，因此，在本质上和用户写的没有差别。编写自己的函数可以更有效地、灵活地与合理地使用 R。

一个函数是通过下面的语句形式定义的：

```
function(arglist) exp
return(value)
```

其中，expr 是一个 R 表达式(常常是一个成组表达式)，它利用参数 arglist 计算最终的结果，该表达式的值就是函数的返回值。返回值可以是向量、数组、矩阵、列表或数据框。编写一个生成斐波那契数列的函数 Fibonacci( )，斐波那契数列指的是这样一个数列，1，1，2，3，5，8，13，21，34，... 这个数列从第三项开始，每一项都等于前两项之和。编写程序如下：

```
Fibonacci<-function(n){
F<-numeric(n)
F[1]=1
F[2]=1
if(n>=3)
for(i in 3:n)
F[i]=F[i-1]+F[i-2]
F
}
```

如果参数 n 取 20，则

```
>Fibonacci(20)
[1] 1 1 2 3 5 8 13 21 34 55 89 144 233 377
[15]610 987 1597 2584 4181 6765
```

思考题

1. 试用 SPSS 做裂区设计方差分析并保存数据。
2. 试用 Origin 绘制随机区组设计结果分析图。
3. 试用 MATLAB 绘制二元正态分布的密度函数图。
4. 试用 MATLAB 调用函数绘制柱面、球面、椭球面。
5. 试用 R 绘制散点图。

参考文献

白瑞霞，张瑞方．谈园林植物的水分管理[J]．河北林业科技，2013，(5)：80-83．

卞勇，杜广华，刘艳平．植物与植物生理[M]．北京：中国农业出版社，2011．

曹敏格，杨海玲，张文，等．苹果砧木矮化性评价指标的研究[J]．中国农业大学学报，2008(5)：11-18．

曹雪，戴忠良，秦文斌，等．植物原生质体融合技术的研究进展[J]．中国农学通报，2016，32(25)：84-90．

曾长立，陈禅友．菠菜有机生态型无土栽培技术研究[J]．江汉大学学报：自然科学版，2012，40(6)：83-86．

陈贵林，高秀瑞．椰壳粉与蛭石不同配比基质对黄瓜幼苗生长的影响[J]．中国蔬菜，2000(2)：4．

程瑞平，李文光．苹果砧木内源激素水平分析[J]．河北农业技术师范学院学报，1994(3)：1-6．

程智慧．蔬菜栽培学总论[M]．2 版．北京：科学出版社，2019．

慈志娟．烟台果树品种概述[M]．北京：中国农业出版社，2019．

崔坤．园艺产品营销[M]．北京：中国农业出版社，2006．

代永欣，贾慧珍，张鹏云，等．苹果砧木八棱海棠和 M9T337 的根系分布及水分输导组织特征[J]．山西农业大学学报(自然科学版)，2019，39(1)：56-60．

董汉松．植病研究法[M]．北京：中国农业出版社，2012．

范富，苏明，刘丽华，等．土壤与肥料[M]．赤峰：内蒙古科学技术出版社，2007．

冯晓英，刘杰．西芹菜有机生态型无土栽培应用研究初报[J]．山地农业生物学报，2007，26(1)：85-87．

高红秀，朱琳，刘天奇，等．水稻植物激素响应低温胁迫反应的转录组分析[J]．分子植物育种，2021，19(13)：4188-4197．

高猛，安玉麟，孙瑞芬．植物染色体分带及其荧光原位杂交技术研究进展[J]．生物技术通报，2010(10)：67-75．

郜森，王恩煜，朱昌伟，等．土壤含水量对温室甜瓜生长、产量及品质的影响[J]．西北农林科技大学学报(自然科学版).2021，(12)：2-9．

耿玉韬，陈照峰，王炳灵．板栗生物学特性的调查与分析[J]．果树科学，1991(2)：103-106．

耿玉韬，王金荣等．苹果树现代保护技术[M]．郑州：河南科学技术出版社，1997．

郭世荣，孙锦．无土栽培学[M].3 版．北京：中国农业出版社，2018．

侯明生．农业植物病理学[M]．2 版．北京：科学出版社，2017．

胡晓辉．园艺设施设计与建造[M]．北京：科学出版社，2016．

胡延吉．植物育种学[M]．北京：高等教育出版社，2003．

黄颖，吴婷，曹伟伟，等.基于主成分和聚类分析的油菜薹营养与感官品质评价[J].食品与发酵工业，2020，46(17)：253-258．

季淑丽．沙芥属植物的细胞学研究[D]．呼和浩特：内蒙古农业大学，2011．

贾继增．分子标记种质资源鉴定和分子标记育种[J]．中国农业科学，1996(4)：2-11．

贾继增．分子标记种质资源鉴定和分子标记育种[J]．中国农业科学，1996，29(4)：1-10．

金亮，徐伟韦，李小白，等.DNA 流式细胞术在植物遗传及育种中的应用[J]．中国细胞生物学学报，2016，38(2)：225-234．

金为民，赵良庆，李根，等．土壤肥料[M]．北京：中国农业出版社，2009．

景士西．园艺植物育种学总论[M].2 版．北京：中国农业出版社，2007．

阚婷婷，汪冲，郑志仁，等．基因编辑技术在花卉育种中应用的研究进展［J］．上海师范大学学报（自然科学版），2021，50（1）：50-56.

康胜乐，刘建玲，李志伟，等．有机基质对番茄生长影响的研究［J］．北方园艺，2010（16）：5.

孔旭晖，高丽霞，洪浩．香根草系统在广东的研究与应用［J］．中国农学通报，2010，26（18）：379-383.

李丙智，王春良，杨周婷，等．2016年春自根砧苹果冻害情况调查［J］．西北园艺（果树），2016（3）：44-46.

李鸿强，孙红，李民赞．基于机器视觉的结球甘蓝形状鉴别方法［J］．农业机械学报，2015（S1）：141-146.

李怀方，刘凤权，黄丽丽．园艺植物病理学［M］．2版．北京：中国农业大学出版社．2009.

李伦政，古丽娜尔•艾拜都拉，杨瑞思，等．小滴玻璃化法超低温保存海岛棉XH33胚性细胞的研究［J］．农业生物技术学报，2019，27（7）：1199-1205.

李睿，娄运生，张震，等．节水灌溉和遮光强度对水稻生长发育的耦合影响［J］．中国农业气象，2018，39（11）：13.

李天来，路涛，刘玉凤，等．高等植物PS Ⅰ和PS Ⅱ光抑制机理的研究进展［J］．沈阳农业大学学报，2016，47（5）：513-519.

李耀维，张沛生，段良骅．枝条电阻率与苹果砧木矮化效应的关系［J］．山西农业大学学报，1995（3）：309-311，332.

连雅茹．基于高光谱成像技术的番茄内部品质检测研究［D］．杨凌：西北农林科技大学，2004.

廖明安．园艺植物研究法［M］．2版．北京：中国农业出版社，2015.

廖明安．园艺植物研究法［M］．北京：中国农业出版社，2005.

廖明安．园艺植物研究法实验实习指导［M］．北京：中国农业出版社，2007.

廖志气，林电，程宁宁，等．巴西香蕉根际营养特性研究［J］．中国农学通报，2008，（3）：405-409.

林文雄．生态学［M］．北京：科学出版，2013.

刘国英．亚低温胁迫下氮素形态对番茄幼苗生理特性和根系形态的影响［D］．咸阳：西北农林科技大学，2014.

刘良式．植物分子遗传学［M］．北京：科学出版社，1997.

刘民法，张令标，王松磊，等．近红外高光谱技术鉴别长枣表面的农药种类［J］．食品研究与开发，2014（15）：81-86.

刘永安，冯海生，陈志国，等．植物染色体核型分析常用方法概述［J］．贵州农业科学，2006（1）：98-102.

刘忠松，罗赫荣．现代植物育种学［M］．北京：科学出版社，2010.

卢旭恒，蒙庆华，唐柳，等．高光谱成像在农产品疾病以及农药残留检测中的应用［J］．食品安全质量检测学报，2021，12（11）：4566-4574.

罗静，王飞，韩明玉，等．2种苹果中间砧致矮的解剖结构机理研究［J］．西北农林科技大学学报（自然科学版），2013，41（6）：124-132.

马国瑞．园艺植物营养与施肥［M］．北京：中国农业出版社，1994.

马军，宋承泽，丁海燕，等．油用型向日葵矮大头杂交种染色体核型分析［J］．东北农业科学，2021：1-5.

毛达如．植物营养研究方法［M］．北京：北京农业大学出版社，1994.

钱恒彦，潘宝贵，刁卫平，等．我国蔬菜作物耐低温性研究进展［J］．中国蔬菜，2019（6）：29-34.

钱皆兵，陈子敏，陈俊伟，等．优质大果杨梅新品系乌紫杨梅的生物学特性及其RAPD鉴定［J］．果树学报，2007（1）：64-67.

日本作物分析法委员会等．栽培植物营养诊断分析测定法［M］．北京：农业出版社，1984.

芮文婧，王晓敏，张倩男，等．番茄353份种质资源表型性状遗传多样性分析［J］．园艺学报，2018，45（03）：561-570.

山仑．植物生理学与国土整治和利用［J］．植物生理学通讯，1994，（3）：218-223.

山仑．植物水分利用效率和半干旱地区农业用水［J］．植物生理学通讯，1994，（1）：61-66.

史宝胜，徐继忠，马宝焜，等．几种苹果矮化砧木枝条与叶片的解剖结构研究［J］．河北林果研究，2000（4）：334-

338.
宋尚伟．柿优质高效栽培新技术[M]．郑州：中原农民出版社，1996.
谭占明，轩正英，张娟，等．不同砧木嫁接对黄瓜产量和品质的影响[J]．分子植物育种，2021，19(2)：679-686.
仝月澳．果树营养诊断的初步探索[J]．中国果树，1980，(1)：1-6.
W·伯姆．根系研究法[M]．北京：科学出版社，1985.
王安邦，龚德勇，许奕，等．物理诱变技术及其在香蕉育种中的研究进展[J]．激光生物学报，2020，29(1)：11-17+33.
王宝山．逆境植物生物学[M]．北京：高等教育出版社，2010.
王辅德．植物原生质体活力测定[M]// 薛应龙．植物生理学实验手册．上海：上海科学技术出版社，1985.
王海洋．野生番茄种质资源性状调查和多毛番茄条件性自发水泡基因初步定位[D]．武汉：华中农业大学，2013.
王建成．构建植物遗传资源核心种质新方法的研究[D]．杭州：浙江大学，2006.
王鹏，崔恒，陈敏，等．专用肥配合种植光叶苕子提高柑橘品质和养分效率[J]．中国土壤与肥料，2021(3)：178-186.
王三根．植物生理学[M]．北京：科学出版社，2013.
王小乐，迟天华，王海滨，等．蔗糖和甘露醇复合处理对菊花低温离体保存的影响[J]．分子植物育种，2019，17(5)：1597-1604.
王洋，李锡香，王海平，等．茄科蔬菜野生资源的研究与利用[J]．植物遗传资源学报，2020，21(6)：1468-1482.
王云中，韩忻彦，张建成，等．水分胁迫下葡萄叶片中几种物质含量的变化[J]．华北农学报，2003(4)：72-75.
王筠竹．侵染三种园艺植物的病毒的分子鉴定与分析[D]．沈阳：沈阳大学，2021.
王中英，解思敏，杨佩芳，等．苹果矮砧解剖构造研究[J]．果树科学，1988(1)：6-10.
王忠．植物生理学[M]．北京：中国农业出版社，2000.
王转莉．青藏高原东缘风毛菊属 6 种 27 个居群的染色体变异的研究及分类学意义[D]．兰州：西北师范大学，2009.
吴改娥．二倍体和四倍体枣的比较研究[D]．保定：河北农业大学，2011.
吴茜，张伟欣，张玲玲，等．植物根系表型信息获取技术研究进展[J]．江苏农业科学，2021，49(5)：31-37.
吴少伯．植物组织中蛋白质及同功酶的聚丙烯酰胺凝胶盘状电泳[J]．植物生理学通讯，1979(1)：30-33.
吴裕．浅论植物种质、种质资源、品系和品种的概念及使用[J]．热带农业科技，2008(2)：45-49.
夏法刚．花椰菜核型分析及单条染色体的显微分离[D]．福州：福建农林大学，2002.
肖军．分子标记在植物分子系统学中的应用[J]．生物学教学，2020，45(11)：4-6.
谢传奇，方孝荣，邵咏妮，等．番茄叶片早疫病近红外高光谱成像检测技术[J]．农业机械学报，2015，46(3)：5.
谢岷，邓渊，雷晓光，等．干旱胁迫下丛枝菌根真菌对草莓根系生长的影响[J]．安徽农业科学，2017，45(19)：10-12.
徐佳宁，刘钢，张利云，等．高温胁迫对不同番茄品种叶片抗氧化系统的影响[J]．山东农业科学，2016，48(10)：27-31.
许建东，张淑娟，郑小南，等．高光谱技术结合变量选择方法的甘薯冻害检测研究[J]．食品与发酵工业，2021，47(8)：7.
杨春玲，冯小涛．农作物太空育种进展及其发展建议[J]．山东农业科学，2012，44(10)：37-39..
杨光瑞，洪霞，何海宁，等．同工酶检测方法及其研究进展[J]．安徽农业科学，2019，47(7)：21-24.
杨洁，赫佳，王丹碧，等．InDel 标记的研究和应用进展[J]．生物多样性，2016，24(2)：237-243.
杨锦．近地面成像光谱技术在水稻氮诊断方面的应用[J]．测绘与空间地理信息，2021，44(3)：160-163.
杨俊雪，王冲，石如岳，等．基质栽培对番茄产量和品质影响的 Meta 分析[J]．中国瓜菜，2021，34(6)：47-53.

杨培浩 . 不同小麦品种的细胞遗传学研究及 SSR 遗传多样性分析[D]. 合肥:安徽农业大学,2010.

杨肖芳,苗立祥,张豫超,等 . 浙江主栽草莓品种的表型遗传多样性分析[M]. 分子植物育种,2021 :1-16.

殷丽娜 . 棘头梅童鱼的遗传多样性与种群遗传结构研究[D]. 青岛:中国海洋大学,2013.

英 . 休伊特 E. J. 等 . 植物营养研究的砂培与水培法[M]. 北京:科学出版社,1965.

于世欣 . 不同地区土壤养分含量与番茄叶片养分含量,产量的关系[D]. 泰安:山东农业大学 .

俞晓凤,曾晓健,封昀,等 . 植物种质资源超低温保存的研究进展[J]. 上饶师范学院学报,2021,41(3):58-65.

袁瑞瑞,刘贵珊,何建国,等 . 可见近红外高光谱成像对灵武长枣定量损伤等级判别[J]. 光谱学与光谱分析,2021,41(4):6.

张恒涛,BUS Vincent G M,张亚茹,等 . 中国实生和无性系苹果砧木及其杂交后代矮化基因型分子鉴定[J]. 果树学报,2020,37(12):1779-1786.

张竞成,袁琳,王纪华,等 . 作物病虫害遥感监测研究进展[J]. 农业工程学报,2012,28(20):11.

张菊平 . 园艺植物育种学[M]. 北京:化学工业出版社,2019.

张黎杰,周玲玲,李志强,等 . 菌渣复合基质栽培对日光温室黄瓜生长发育和产量品质的影响[J]. 江苏农业科学,2014,42(3):109-111.

张立军,梁宗锁 . 植物生理学[M]. 北京:科学出版社,2007.

张令标,何建国,刘贵珊,等 . 基于可见 / 近红外高光谱成像技术的番茄表面农药残留无损检测[J]. 食品与机械,2014(1):4.

张全锋,尹新彦,庞曼,等 . 有髯鸢尾种质离体保存研究[J]. 河南农业科学,2018,47(12):116-120,131.

张宪武 . 土壤微生物研究[M]. 沈阳:沈阳出版社,1993.

张雪松,苏彦斌,陈小文,等 . 我国植物种质资源的搜集、保护与发展[J]. 中国野生植物资源,2022,41(3):96-102.

张竹青 . 辣椒病毒病检测技术和抗性鉴定技术研究进展[J]. 辣椒杂志,2008(4):36-39,45.

赵国栋,贾林光,杨凤秋,等 . 十二种砧木根皮率、枝皮率与嫁接树生长势的相关性[J]. 北方园艺,2020(18):13-17.

赵翔,朱金东,孔培涛,等 . 棉花保卫细胞原生质体的有效分离与活性鉴定[J]. 植物生理学报,2017,53(4):729-735.

赵云霞,颜秀娟,王学梅,等 . 246 份番茄种质资源表型性状的遗传多样性[J]. 江苏农业科学,2021,49(17):134-140.

浙江农业大学 . 蔬菜栽培学各论南方本[M]. 北京:农业出版社,1996.

郑金伟,杨文霞,李辉信,等 . 奶牛粪蚯蚓堆制物对生菜生长及品质的影响[J]. 农业环境科学学报,2006,25(6):4.

郑娜 . 大豆卵细胞特异表达 CRISPR/Cas9 基因编辑体系的开发与应用[D]. 北京:中国农业科学院,2021.

郑秀,成金桃,王忠全,等 . 不同南瓜砧木嫁接对黄瓜植株生长、产量和果实品质的影响[J]. 中国瓜菜,2019,32(11):22-26.

郑永强,邓烈,何绍兰,等 . 几种砧木对哈姆林甜橙植株生长、产量及果实品质的影响[J]. 园艺学报,2010,37(4):532-538.

智晓娜,舒金帅,孙晓荣,等 . 野生种醋栗番茄抗晚疫病资源的筛选与分析[J]. 中国蔬菜,2020(2):20-29.

钟兰,刘玉平,彭静 . 植物种质资源离体保存技术研究进展[J]. 长江蔬菜,2009(16):4-7.

周建民 . 土壤学大辞典[M]. 北京:科学出版社,2013.

周秀红,孟澍雨 . 流式细胞术在农业领域的应用[J]. 安徽农业大学学报,2017,44(3):546-552.

周艳朝,蒋芳玲,刘帅,等 . 基于分子标记的栽培番茄遗传多样性与遗传结构分析[J]. 分子植物育种,2020,18(12):3952-3960.

周燕，高华，高自旸，等．染色体原位杂交技术与植物显微技术实验探索[J]. 生物学通报，2011，46(2)：43-45.

周长吉．周博士考察拾零(九十九)引进荷兰大规模连栋玻璃温室长季节栽培番茄的工艺与设备配置：光管散热器布置形式[J]. 农业工程技术，2019，39(34)：62-66.

朱华玉，宋尚伟，闫滋福，等．园艺植物研究法教学中存在的问题及其对策[J]. 教育教学论坛，2020(7)：237-238.

朱世东，徐文娟，赵国荣．多功能营养型蔬菜无土栽培基质的特性研究[J]. 应用生态学报，2002，13(4)：425-428.

庄得凤，马策，船桥辰吾，等．月季抗根癌病和根腐病复合砧木的预选[J]. 湖北农业科学，2016，55(19)：4960-4963，4966.

Cao M J, Zhang Y L, Liu X, et al. Combining chemical and genetic approaches to increase drought resistance in plants [J]. Nature Communications, 2017, 8(1): 1183.

Delwiche S R, Kim M S, Dong Y. Fusarium damage assessment in wheat kernels by Vis/NIR hyperspectral imaging[J]. Sens Instrum Food Qual Saf, 2011(5): 63-71.

Fang P, Yan M, Chi C, et al. Brassinosteroids Act as a Positive Regulator of Photoprotection in Response to Chilling Stress [J]. Plant Physiology, 2019, 180(4), 2061-2076.

Fazio G, Wan Y, Kviklys D, et al. Dw2, a new dwarfing locus in apple rootstocks and its relationship to induction of early bearing in apple scions [J]. Journal of the American Society for Horticultural Science, 2014, 139(2), 87-98.

Foster T M, Celton J M, Chagné D, et al. Two quantitative trait loci, Dw1 and Dw2, are primarily responsible for rootstock-induced dwarfing in apple [J]. Horticulture Research, 2015(2): 15001.

Fukushima A, Kusano M, Redestig H, et al. Integrated omics approaches in plant systems biology [J]. Current Opinion in Chemical Biology, 2009, 13(5-6), 532-538.

Huang X, Hou L, Meng J, et al. The antagonistic action of abscisic acid and cytokinin signaling mediates drought stress response in arabidopsis [J]. Molecular Plant, 2018, 11(7), 970-982.

Jiang H, Tang B, Xie Z, et al. GSK3-like kinase BIN2 phosphorylates RD26 to potentiate drought signaling in Arabidopsis [J]. The Plant Journal: for Cell and Molecular Biology, 2019, 100(5), 923-937.

Kamada H. Artificial seeds [M]. Practical Technology on The mass Production of Clonal Plants, 1985, 48.

Kao K N, Wetter L R. Advances in techniques of plant protoplasts fusion and culture of heterokaryo cytes [A].//International Cell Biology(1976-1977) [C].The Rockefeller University Press, Boson, MA, 1977 : 216-224.

Klein R, Klein B E K, Moss S E, et al. The Wisconsin Epidemiologic Study of Diabetic Retinopathy. VII. Diabetic nonproliferative retinal lesions [J]. Ophthalmology, 1987, 94(11): 1389-1400.

Levitt J. Responses of plants to environmental stress, Volume 1 : Chilling, freezing, and high temperature stresses [M]. Academic Press. 1980.

Li R, Zhang L, Wang L, et al. Reduction of Tomato-Plant Chilling Tolerance by CRISPR-Cas9-Mediated SlCBF1 Mutagenesis [J]. Journal of Agricaltural and Food Chemistry, 2018, 66(34): 9042-9051.

Li T, Yang X, Yu Y. et al. Domestication of wild tomato is accelerated by genome editing [J]. Nat Biotechnol, 2018, 36 : 1160-1163.

López-Calcagno P E, Fisk S, Brown K L, et al. Overexpressing the H-protein of the glycine cleavage system increases biomass yield in glasshouse and field-grown transgenic tobacco plants [J]. Plant Biotechnol J, 2019, 17(1): 141-151.

Mankin S L, Allen G C, Phelan T, et al. Elevation of Transgene Expression Level by Flanking Matrix Attachment Regions (MAR) is Promoter Dependent: A Study of the Interactions of Six Promoters with the RB7 3′ MAR [J]. Transgenic Research, 2003, 12(1): 3-12.

Melnyk C W. Plant grafting: insights into tissue regeneration [J].Regeneration, 2017.4 (1): -14.

Montoya A L, Chilton M D, Gordon M P, et al. Octopine and nopaline metabolism in Agrobacterium tumefaciens and crown gall tumor cells: role of plasmid genes [J]. J Bacteriol. 1977, 129 (1): 101-107.

Morcia C, Chizzoni R, Delogu C, et al. Digital PCR: What Relevance to Plant Studies? [J]. Biology, 2020, 9 (12): 433.

Murashige T.The impact of plant tissue on agriculture, In: Frontiers of Plant tissue culture [M]. Plant Tissue Culture.Canada: Calgary University Press, 1978.

Napoli C, Lemieux C, Jorgensen R. Introduction of a Chimeric Chalcone Synthase Gene into Petunia Results in Reversible Co-Suppression of Homologous Genes in trans. [J]. Plant Cell, 1990, 2 (4): 279-289.

Pilcher R R, Celton J M, Gardiner S E, Tustin D S. Genetic markers linked to the dwarfing trait of apple rootstock 'Malling 9' [J]. Journal of the American Society for Horticultural Science, 2008, 133 (1): 100-106.

Roell M, Schada von B L, Westhoff P, et al. A synthetic C4 shuttle via the β -hydroxyaspartate cycle in C3 plants [J]. Proceedings of the National Academy of Sciences of the United States of America, 2021, 118 (21), e2022307118.

Rosenberg E. The Prokaryotes: prokaryotic physiology and biochemistry (4th edition) [M]. Berlin Heidelberg: Springer-Verlag, 2013.

Ruf S, Forner J, Hasse C, et al. High-efficiency generation of fertile transplastomic Arabidopsis plants [J]. Nature plants, 2019, 5 (3): 282-289.

Schada von B L, Severi F, Krüger K, et al. Marine Proteobacteria metabolize glycolate via the *β*-hydroxyaspartate cycle [J]. Nature, 2019, 575 (7783): 500-504.

Shahin M A, Symons S J. Detection of fusarium damaged kernels in Canada western red spring wheat using visible/near-infrared hyper-spectral imaging and principal component analysis [J]. Comput Elect Agric, 2011, 75 (1): 107-112.

Tamoi M, Nagaoka M, Miyagawa Y, et al. Contribution of fructose-1, 6-bisphosphatase and sedoheptulose-1, 7-bisphosphatase to the photosynthetic rate and carbon flow in the Calvin cycle in transgenic plants [J]. Plant & Cell Physiology, 2006, 47 (3): 380-390.

Tanksley S D, Ganal M W, Martin G B. Chromosome landing: a paradigm for map-based gene cloning in plants with large genomes [J]. Trends in Genetics, 1995, 11 (2): 63-68.

Trudy T, Candace C, Magdalen L, et al. Common and contrasting themes in host cell-targeted effectors from bacterial, fungal, oomycete and nematode plant symbionts described using the gene ontology [J]. BMC Microbiology, 2009, 9 (S1).

Vlahova M, Hinnisdales S, Frulleux F, et a1.UV irradiationas a tool for obtaining asymmetric somatic hybrids betweenNicotiana plumbaginigolia and Lycopersicon esculentum [J]. Theor Appl Genet, 1997, 94 (1): 184-191.

Wahabzada M, Mahlein A K, Bauckhage C, et al.Plant phenotyping using probabilistic topic models: uncovering the hyperspectral language of plants [J]. Scientific Reports, 2016 (6): 224-282.

Wang Z, Wei X, Yang J, et al. Heterologous expression of the apple hexose transporter MdHT2.2 altered sugar concentration with increasing cell wall invertase activity in tomato fruit [J]. Plant Biotechnology Journal, 2020, 18 (2): 540-552.

Yin Y, Qin K, Song X, et al. BZR1 transcription factor regulates heat stress tolerance through FERONIA receptor-like kinase-mediated reactive oxygen species signaling in tomato [J]. Plant Cell Physiol, 2018, 59 (11): 2239-2254.

Yoshida N, Ikeda T, Yoshida T, et al. Chrysotile asbestos fibers mediate transformation of Escherichia coli by exogenous plasmid DNA [J]. FEMS Microbiology Letters, 2001, 195 (2): 133-137.

Zhang J, Zhao J, Xu Y, et al. Genome-wide association mapping for tomato volatiles positively contributing to tomato flavor [J]. Frontiers in Plant Science, 2015 (6): 1042.

Zhao R, Qi S, Cui Y, et al. Transcriptomic and physiological analysis identifies a gene network module highly associated with brassinosteroid regulation in hybrid sweetgum tissues differing in the capability of somatic embryogenesis [J]. Horticulture Research, 2022, 9: uhab047.